Deepen Your Mind

[前言]

很多大學生在學校學習電腦網路時，對網路一無所知，分不清路由器和交換機，甚至沒有見過網路裝置。然而不少大專院校的「電腦網路原理」課程第 1 章就講解諸如 OSI 參考模型、電腦通訊使用的協定、對等實體、服務、封包和解封包等概念，這對學生無疑是「當頭棒喝」，學生頓覺霧裡看花。

本書打破正常，開門見山，引入電腦通訊使用的協定，直接從應用程式通訊使用的協定入手，封包截取分析應用程式用戶端和伺服器的互動順序和封包格式，讓學生一下子能夠了解電腦通訊使用的協定和互動過程。由於應用層協定可見、可操作、比較具體，因此本書先從應用層協定開始講解；後續章節按照協定分層從高到低的順序來講解，依次是傳輸層、網路層、資料連結層、物理層，把比較抽象的 OSI 參考模型放到後面講解；最後兩章講解 IPv6 和網路安全。

大專院校電腦專業的學生大多需要學習「電腦網路原理」課程，它在很多學校還是必修課。很多非電腦專業的學生想轉行進入 IT 領域發展，想打好紮實的基礎，也應該掌握電腦網路原理。對於那些在職的軟體開發人員、軟體測試人員，以及從事雲端運算、巨量資料、人工智慧的人員，「電腦網路原理」也是必須掌握的一門課程。

當前有關電腦網路的圖書分兩大類：一類是網路裝置廠商認證的教材，如思科認證網路工程師 CCNA、CCNP 等；另一類就是大專院校的「電腦網路原理」課的教材。

然而這些廠商認證的教材，其目的是培養能夠熟練操作和設定其網路裝置的工程師，對電腦網路通訊的原理和過程並沒有進行深入細緻的講解，重點是如何設定網路裝置。而大專院校「電腦網路原理」課的教材，則深入講解電腦通訊的過程和各層協定，並沒講解如何設定具體的網路裝置來驗證所學的理論，更沒有對這些理論可以應用在哪些場景做進一步擴充。

✣ 本書組織結構

本書共分為 10 章，每章講解的主要內容如下。

第 1 章，應用層協定，主要講解幾個常見的應用層協定，應用層協定定義了伺服器和用戶端之間如何交換資訊、伺服器和用戶端之間進行哪些互動、命令的互動順序，規定了資訊的格式以及每個欄位的意義。不同的應用實現的功能不一樣，舉例來說，存取網站和收發電子郵件實現的功能就不一樣，因此需要有不同的應用層協定。本章是整本書的概覽，先介紹電腦網路在當今資訊時代的作用，接著介紹網路、網際網路以及最大的網際網路—Internet。為了讓讀者覺得網路不那麼抽象，本章以一個企業的網路為例展示區域網和廣域網路。

第 2 章，傳輸層協定，講解 TCP/IP 協定層傳輸層的兩個協定 TCP 和 UDP。首先介紹這兩個協定的應用場景，再講解傳輸層協定和應用層協定之間的關係、服務和通訊埠之間的關係。理清這些關係後，自然就會明白設定伺服器防火牆實現網路安全的道理。傳輸層表頭要實現傳輸層的功能，TCP 和 UDP 兩個協定實現的功能不同，因此這兩個協定的傳輸層表頭也不同，需要分別講解。本章的重點是 TCP，將詳細講解 TCP 如何實現可靠傳輸、流量控制、壅塞避免和連接管理。

第 3 章，IP 位址和子網路劃分，講解 IP 位址格式、子網路遮罩的作用、IP 位址的分類以及一些特殊的位址；介紹什麼是公網位址和私網位址，以及私網位址如何透過 NAT 存取 Internet；講解如何進行等長子網路劃分和變長子網路劃分。當然，如果一個網路中的電腦數量非常多，有可能一個網段的位址區塊容納不下，我們也可以將多個網段合併成一個大的網段，這個大的網段就是超網。最後講解子網路劃分的規律和合併網段的規律。

第 4 章，靜態路由和動態路由，講解網路暢通的條件，給路由器設定靜態路由和動態路由，透過合理規劃 IP 位址使用路由整理和預設路由簡化路由表。作為擴充知識，本章還講解了一些排除網路故障的方法，例如使用 ping 命令測試網路是否暢通，使用 pathping 和 tracert 命令追蹤資料封包的路徑。同時講解 Windows 作業系統中的路由表，以及給 Windows 作業系統增加路由的方法。

第 5 章，網路層協定，講解網路層第三部分的內容—網路層協定。講解網路層，當然要講網路層表頭，路由器就是根據網路層表頭轉發資料封包的，可見網路層表頭各欄位就是用於實現網路層功能的。除了講解網路層表頭，還講解了 TCP/IP 協定層網路層的 4 個協定—IP、ICMP、IGMP 和 ARP。

第 6 章，資料連結層協定。不同的網路類型有不同的通訊機制（資料連結層協定），資料封包在傳輸過程中要透過不同類型的網路，就要使用對應網路的通訊協定，同時資料封包也要重新封裝成該網路的框架格式。本章先講解資料連結層要解決的 3 個基本問題—封裝成幀、透明傳輸、差錯檢驗；再講解兩種類型的資料連結層—點到點通道的資料連結層和廣播通道的資料連結層，這兩種資料連結層的通訊機制不一樣，使用的協定也不一樣，點到點通道使用點對點通訊協定（Point to Point Protocol，PPP），廣播通道使用帶衝突檢測的載體監聽多路存取（CSMA/CD）協定。

第 7 章，物理層，講解電腦網路通訊的物理層。本章先講解通訊方面的知識，也就是如何在各種媒體（光纖、銅線）中更快地傳遞數位訊號和類比訊號。相關的通訊概念有類比訊號、數位訊號、全雙工通訊、半雙工通訊、單工通訊、常用的編碼方式和調變方式、通道的極限容量等。

第 8 章，電腦網路和協定。國際標準組織將電腦通訊的過程分為 7 層，即 OSI 參考模型。本章講解 OSI 參考模型和 TCP/IP 的關係，用圖示的方式向讀者展示了電腦使用 TCP/IP 通訊的過程、資料封裝和解封的過程，同時講解集線器、交換機和路由器這些網路裝置分別工作在 OSI 參考模型的哪一層。最後講解電腦網路的性能指標—速率、頻寬、傳輸量、延遲、延遲頻寬積、往返時間和網路使用率，以及電腦網路的分類和企業區域網的設計。

第 9 章，IPv6，介紹 IPv6 相對於 IPv4 有哪些方面的改進、IPv6 表頭、IPv6 的位址系統、IPv6 下的電腦位址設定方式、IPv6 靜態路由和動態路由，以及 IPv6 和 IPv4 共存技術、雙重堆疊技術、6to4 隧道技術和 NAT-PT 技術。

第 10 章，網路安全，本章中的網路安全只專注於資料在傳輸過程中的安全，提到應用層安全協定（如發送數位簽章的電子郵件、發送加密的電子郵件）、在傳輸層和應用層之間增加的安全通訊端層（如存取網站使用 HTTPS）、在網路層實現的安全（IPSec）等。

✤ 本書受眾

- 電腦專業的大學生。
- 電腦專業的研究所考生。
- 想從事 IT 方面的工作，或想系統學習 IT 技術的人。
- 思科認證網路工程師的考生。

韓立剛

[目錄]

01 應用層協定

02 傳輸層協定

03 IP 位址和子網路劃分

04 靜態路由和動態路由

05 網路層協定

06 資料連結層協定

07 物理層

08 電腦網路和協定

09 IPv6

10 網路安全

Chapter 01

應用層協定

• 本章主要內容 •

- 了解應用程式通訊使用的協定
- HTTP
- 使用 Wireshark 封包截取工具篩選資料封包
- FTP
- DNS 協定
- DHCP
- Telnet 協定
- SMTP 和 POP3

電腦通訊實質上是電腦上的應用程式通訊，通常先由用戶端程式向伺服器端程式發起通訊請求，然後伺服器端程式向用戶端程式返回回應，以實現應用程式的功能。

Internet 中有很多應用，如存取網站、域名解析、發送電子郵件、接收電子郵件、檔案傳輸等。每一種應用都需要定義好用戶端程式能夠向伺服器端程式發送哪些請求、伺服器端程式能夠向用戶端程式返回哪些回應、用戶端程式向伺服器端程式發送請求（命令）的順序、出現意外後如何處理、發送請求和回應的封包有哪些欄位、每個欄位的長度、每個欄位的值代表什麼意思。這就是應用程式通訊使用的協定，我們稱這些應用程式通訊使用的協定為「應用層協定」。

既然是協定，就有甲方和乙方，通訊的用戶端程式和伺服器端程式就是協定的甲方和乙方，在很多介紹電腦網路的書中稱其為「對等實體」，如圖 1-1 所示。透過封包截取分析存取網站的流量、檔案傳輸的流量、收發電子郵件的流量，來觀察 HTTP、FTP、DHCP、SMTP 和 POP3 的工作過程，即用戶端程式和伺服器端程式的互動過程、用戶端程式向伺服器端程式發送的請求、伺服器端程式向用戶端程式發送的回應、請求封包格式、回應封包格式，進而了解應用層協定。

學習電腦網路和電腦通訊協定，封包截取工具是必不可少的工具。本章將講解 Wireshark 封包截取工具的使用方法，如何對資料封包進行篩選。

掌握了應用層協定，了解應用層防火牆（進階防火牆）的工作原理也就容易了。進階防火牆透過在伺服器端禁止執行協定的特定方法來實現進階安全控制，也可以在企業的網路中部署進階防火牆控制應用層協定來實現安全控制。

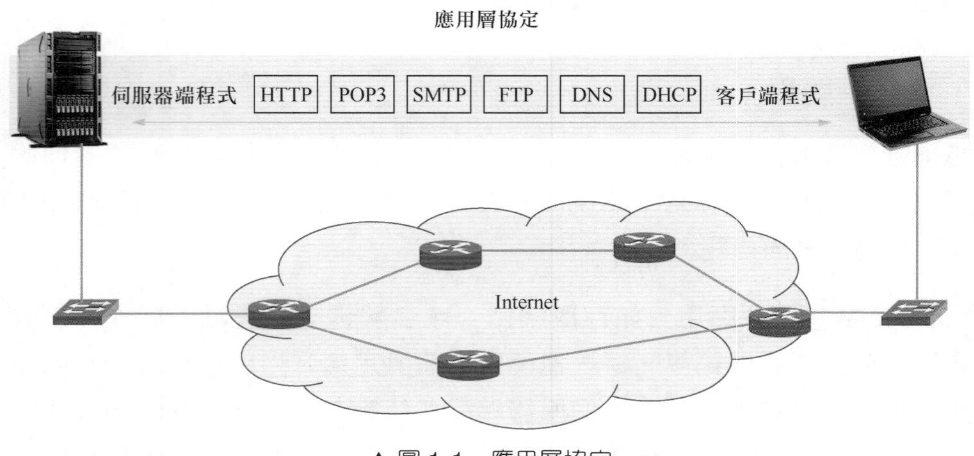

▲ 圖 1-1　應用層協定

1.1 了解應用程式通訊使用的協定

1.1.1 了解協定

電腦通訊使用的協定，有甲方和乙方，除了定義甲方和乙方遵循的約定外，還會定義請求封包和回應封包的格式。在以後的學習中，使用封包截取工具分析資料封包，看到的就是協定封包的格式，協定的具體條款我們看不到。圖 1-2 所示的是 IP 定義的各個欄位，我們稱其為「IP 表頭」。網路中的電腦通訊時只需按以下表格填寫內容，通訊雙方的電腦和網路裝置就能夠按照網路層協定約定的內容工作。

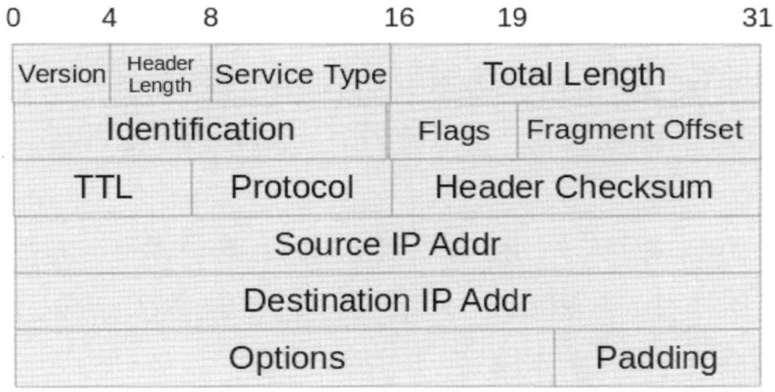

0 4 8 16 19 31

Version	Header Length	Service Type	Total Length	
Identification			Flags	Fragment Offset
TTL		Protocol	Header Checksum	
Source IP Addr				
Destination IP Addr				
Options				Padding

▲ 圖 1-2 IP 定義的需要填寫的表格

應用層協定定義的封包格式，我們稱其為「封包格式」，後面會講到網路層協定和傳輸層協定定義的封包格式，我們稱其為「網路層表頭」和「傳輸層表頭」。有的協定需要定義多種封包格式，舉例來說，ICMP 有 3 種封包格式：ICMP 請求封包、ICMP 回應封包和 ICMP 差錯報告封包。再如，HTTP 定義了兩種封包格式：HTTP 請求封包和 HTTP 回應封包。

上面的契約是雙方協定，協定中有甲、乙雙方。有的協定是多方協定，舉例來說，大學生大四實習，要和實習機關簽訂實習協定，實習協定就是三方協定，包括學生、校方和實習機關。

1.1.2 Internet 中常見的應用協定

Internet 中有各種各樣的應用，那些常見的應用定義了標準的通訊協定，如存取網站、檔案傳輸、域名解析、位址自動設定、發送電子郵件、接收電子郵件、遠端登入等應用。下面列出了 Internet 中常見的應用協定，這些協定都是應用程式通訊使用的協定，因此被稱為「應用層協定」，部分應用層協定如圖 1-3 所示。

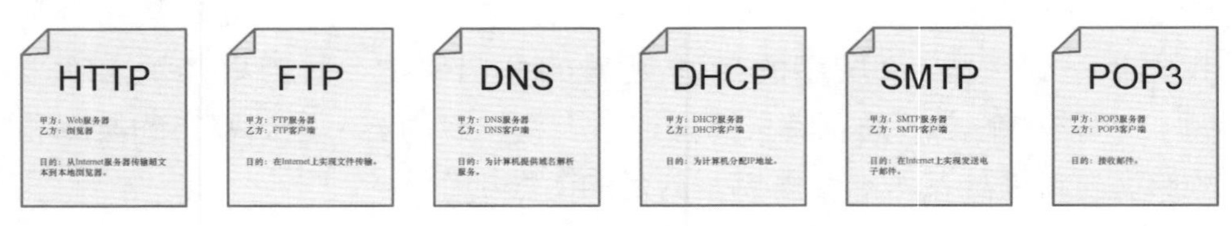

▲ 圖 1-3　常見的應用層協定

（1）超文字傳輸協定── HTTP，用於造訪 web 服務。

（2）安全的超文字傳輸協定── HTTPS，能夠將 HTTP 通訊進行加密存取。

（3）簡單郵件傳輸協定── SMTP，用於發送電子郵件。

（4）郵局協定版本 3── POP3，用於接收電子郵件。

（5）域名解析協定── DNS 協定，用於域名解析。

（6）檔案傳輸通訊協定── FTP，用於在 Internet 上傳和下載檔案。

（7）遠端登入協定── Telnet 協定，用於遠端設定網路裝置和 Linux 作業系統。

（8）動態主機設定通訊協定──DHCP，用於給電腦自動分配 IP 位址。

協定標準化能使不同廠商、不同公司開發的用戶端和伺服器端軟體相互通訊。

Internet 上用於通訊的伺服器端軟體和用戶端軟體往往不是一家公司開發的，舉例來說，Web 伺服器有微軟公司的 IIS、開放原始程式碼的 Apache、俄羅斯人開發的 Nginx 等；瀏覽器有 Edge 瀏覽器、火狐瀏覽器、Google Chrome 瀏覽器等，雖然 Web 伺服器和瀏覽器是不同公司開發的，但這些瀏覽器卻能夠存取全球所有的 Web 伺服器，這是因為 Web 伺服器和瀏覽器都是參照 HTTP 進行開發的。

HTTP 定義了 Web 伺服器和瀏覽器通訊的方法，協定雙方就是 Web 伺服器和瀏覽器。為了更形象地說明，這裡稱 Web 伺服器為甲方，瀏覽器為乙方。

HTTP 是 Internet 中的標準協定，是一個開放式協定。由此可以想到，與之相對的肯定還有私有協定，如思科公司的路由器和交換機上運行的思科發現協定（Cisco Discovery Protocol，CDP）就只有思科的裝置支持。又如，某公司開發的一款軟體有伺服器端和用戶端，它們之間的通訊規範由開發者定義，包括用戶端向伺服器端發送幾個參數、參數之間使用什麼分開、參數的長度；伺服器端向用戶端返回哪些回應、出現異常將錯誤程式返回給用戶端……這些其實就是應用協定。不過軟體開發人員如果沒有系統學習過電腦網路相關知識，他們並不會意識到自己定義的通訊規範就是協定。這樣的協定沒有標準化，只是給自己開發的程式使用，這種協定就是私有協定。

1.2 HTTP

下面就講解在 Internet 中應用最為廣泛的應用層協定 HTTP。封包截取分析 HTTP，查看用戶端（瀏覽器）向 Web 伺服器發送的請求（命令），查看 Web 伺服器向用戶端返回的回應（狀態碼），以及請求封包和回應封包的格式。

使用 HTTP 實現瀏覽器造訪 web 伺服器的網站流程如圖 1-4 所示。

▲ 圖 1-4　HTTP

1.2.1 HTTP 的主要內容

為了更進一步地了解 HTTP，將進行以下説明。注意，下面是 HTTP 的主要內容，而非全部內容。

HTTP 是 Hyper Text Transfer Protocol（超文字傳輸協定）的縮寫，是用於從 WWW（World Wide Web，WWW）伺服器傳輸超文字到本機瀏覽器的傳輸協定。HTTP 是一個以 TCP/IP 為基礎來傳遞資料（HTML 檔案、圖片檔案、查詢結果等）的應用層協定。

HTTP 工作於用戶端 / 伺服器端架構之上。瀏覽器作為 HTTP 用戶端透過 URL 向 HTTP 伺服器端（Web 伺服器）發送所有的請求，Web 伺服器根據接收到的請求向用戶端發送回應資訊。

協定條款

一、HTTP 請求、回應的步驟

1. 用戶端連接到 Web 伺服器

   一個 HTTP 用戶端通常是瀏覽器，它將與 Web 伺服器的 HTTP 通訊埠（預設使用 TCP 的 80 通訊埠）建立一個 TCP 通訊端連接。

2. 發送 HTTP 請求

   透過 TCP 通訊端，用戶端向 Web 伺服器發送一個文字的請求封包。一個請求封包由請求行、請求表頭、空行和請求資料 4 個部分組成。

3. Web 伺服器接受請求並返回 HTTP 回應

   Web 伺服器解析請求，定位請求資源。伺服器將資源備份寫到 TCP 通訊端，由用戶端讀取。一個回應由狀態行、回應標頭、空行和回應資料 4 個部分組成。

4. 釋放 TCP 連接

   若 connection 模式為 close，則 Web 伺服器主動關閉 TCP 連接，用戶端被動關閉 TCP 連接，以釋放 TCP 連接；若 connection 模式為 keepalive，則該連接會保持一段時間，在該時間內可以繼續接收請求。

5. 用戶端（瀏覽器）解析 HTML 內容

   用戶端（瀏覽器）首先解析狀態行，查看表示請求是否成功的狀態碼。然後解析每一個響應表頭，響應表頭告知以下為許多位元組的 HTML 檔案和文件的字元集。用戶端（瀏覽器）讀取回應資料 HTML，根據 HTML 的語法格式化，並在瀏覽器視窗中顯示。

二、請求封包格式

由於 HTTP 是針對文字的，因此在封包中的每一個欄位都是一些 ASCII 串，因而各個欄位的長度都是不確定的。HTTP 請求封包由 3 個部分組成，如圖 1-5 所示。

1. 開始行

   開始行用於區分是請求封包還是回應封包。在請求封包中的開始行叫作請求行，而在回應封包中的開始行叫作狀態行。開始行的 3 個欄位之間都以空格分隔開，最後的 "CR" 和 "LF" 分別代表「確認」和「換行」。

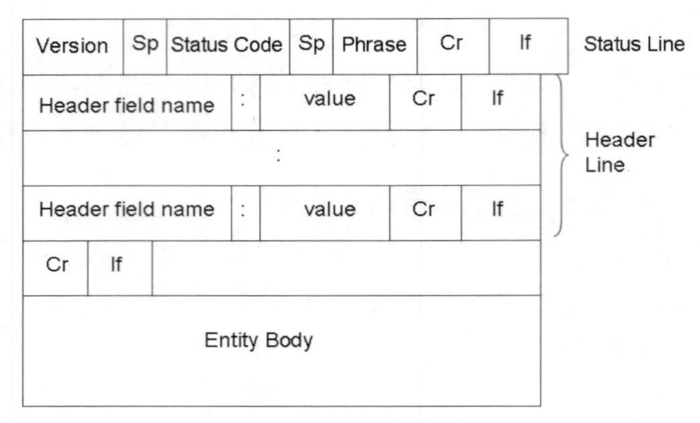

▲ 圖 1-5　請求封包格式

2. 表頭行

   表頭行用來說明瀏覽器、Web 伺服器或封包主體的一些資訊。表頭可以有好幾行，但也可以不使用。在每一個表頭行中都有表頭欄位名稱和它的值，每一行在結束的地方都要有「確認」和「換行」。整個表頭行結束時，還有一行空行將表頭行和後面的實體主體分開。

3. 實體主體

   在請求封包中一般不用這個欄位，而在回應封包中也可能沒有這個欄位。

三、HTTP 請求封包中的方法

瀏覽器能夠向 Web 伺服器發送以下 8 種方法（有時也叫「動作」或「命令」）來表示 Request-URL 指定的資源的不同操作方式。

（1）GET：請求獲取 Request-URL 所標識的資源。當在瀏覽器的網址列中輸入網址存取網頁時，瀏覽器採用 GET 方法向 Web 伺服器請求網頁。

（2）POST：在 Request-URL 所標識的資源後附加新的資料。要求被請求的 Web 伺服器接受附在請求後面的資料，常用於提交表單，如向伺服器提交資訊、發文、登入。

（3）HEAD：請求獲取由 Request-URL 所標識的資源的回應訊息表頭。

（4）PUT：請求 Web 伺服器儲存一個資源，並用 Request-URL 作為其標識。

（5）DELETE：請求 Web 伺服器刪除 Request-URL 所標識的資源。

（6）TRACE：請求 Web 伺服器回送收到的請求資訊，主要用於測試或診斷。

（7）CONNECT：用於代理 Web 伺服器。

（8）OPTIONS：請求查詢 Web 伺服器的性能，或查詢與資源相關的選項和需求。

方法名稱是區分大小寫的。當某個請求所針對的資源不支持對應的請求方法的時候，Web 伺服器應當返回狀態碼 405（method not allowed）；當 Web 伺服器不認識或不支援對應的請求方法的時候，應當返回狀態碼 501（not implemented）。

四、回應封包格式

每一個請求封包發出後，都能收到一個響應封包。回應封包的第一行是狀態行。狀態行包括 3 項內容，即 HTTP 的版本、狀態碼，以及解釋狀態碼的簡單子句，如圖 1-6 所示。

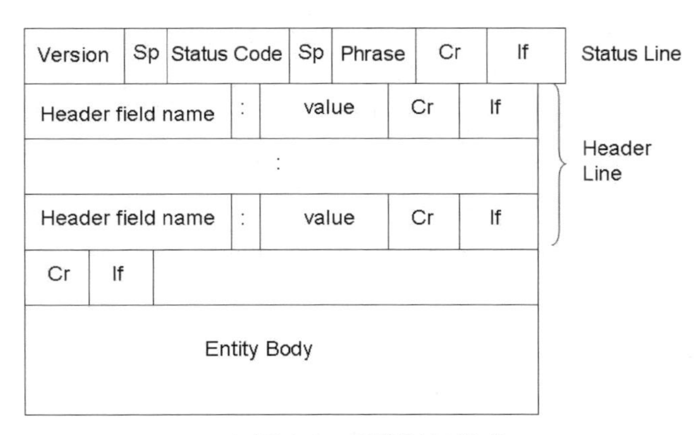

▲ 圖 1-6　回應封包格式

五、HTTP 回應封包狀態碼

狀態碼（status-code）都是 3 位數字的，分為 5 大類共 33 種，簡單介紹如下。

（1）lxx 表示通知資訊，如請求收到了或正在進行處理。
（2）2xx 表示成功，如接受或知道了。
（3）3xx 表示重新導向，如要完成請求還必須採取進一步的行動。
（4）4xx 表示用戶端錯誤，如請求中有錯誤的語法或不能完成。
（5）5xx 表示 Web 伺服器的差錯，如 Web 伺服器故障無法完成請求。

下面幾種狀態行在回應封包中是經常見到的。

HTTP/1.1 202 Accepted（接受）
HTTP/1.1 400 Bad Request（錯誤的請求）
HTTP/1.1 404 Not Found（找不到）

可以看到，HTTP 定義了瀏覽器造訪 Web 伺服器的步驟、能夠向 Web 伺服器發送哪些請求（方法）、HTTP 請求封包格式（有哪些欄位，分別代表什麼意思），也定義了 Web 伺服器能夠向瀏覽器發送哪些回應（狀態碼）、HTTP 回應封包格式（有哪些欄位，分別代表什麼意思）。

舉一反三，其他的應用層協定也需要定義以下內容。

（1）用戶端能夠向 Web 伺服器發送哪些請求（方法或命令）。
（2）用戶端造訪 Web 伺服器的命令互動順序，舉例來說，POP3，需要先驗證使用者的身份才能接收郵件。
（3）Web 伺服器有哪些回應（狀態碼），每種狀態碼代表什麼意思。
（4）定義協定中每種封包的格式：有哪些欄位，欄位是定長還是變長，如果是變長，欄位分隔符號是什麼，都要在協定中定義。一個協定有可能需要定義多種封包格式，舉例來說，ICMP 定義了 ICMP 請求封包格式、ICMP 回應封包格式、ICMP 差錯報告封包格式。

1.2.2 封包截取分析 HTTP

在電腦中安裝封包截取工具可以捕捉網路卡發出和接收到的資料封包，當然也能捕捉應用程式通訊的資料封包。這樣就可以直觀地看到用戶端和伺服器端的互動過程，用戶端發送了哪些請求，伺服器端返回了哪些回應，這就是應用層協定的工作過程。

常用的封包截取工具在 Windows 7 和 Windows 10 作業系統上使用的 Wireshark 封包截取工具。以下操作是使用 Wireshark 封包截取工具捕捉造訪某網站的資料封包。

先運行 Wireshark 封包截取工具。選擇用於封包截取的網路卡，筆者的電腦是無線上網，點擊 "WLAN" 選項，再點擊左上角的按鈕，開始封包截取，如圖 1-7 所示。

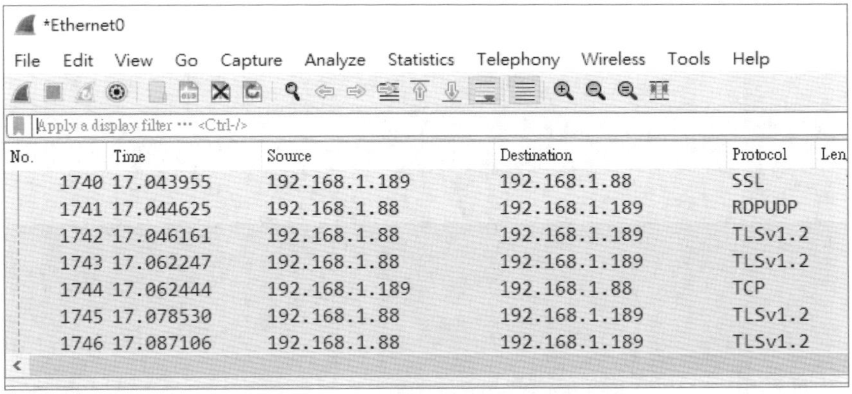

*Ethernet0

File Edit View Go Capture Analyze Statistics Telephony Wireless Tools Help

Apply a display filter … <Ctrl-/>

No.	Time	Source	Destination	Protocol	Len
1740	17.043955	192.168.1.189	192.168.1.88	SSL	
1741	17.044625	192.168.1.88	192.168.1.189	RDPUDP	
1742	17.046161	192.168.1.88	192.168.1.189	TLSv1.2	
1743	17.062247	192.168.1.88	192.168.1.189	TLSv1.2	
1744	17.062444	192.168.1.189	192.168.1.88	TCP	
1745	17.078530	192.168.1.88	192.168.1.189	TLSv1.2	
1746	17.087106	192.168.1.88	192.168.1.189	TLSv1.2	

▲ 圖 1-7　選擇封包截取的網路卡

造訪中國大陸某大學官方網站，在搜索文字標籤中輸入搜索的內容，最好是字元和數字，點擊按鈕，如圖 1-8 所示。

▲ 圖 1-8　登入網站

在命令提示符號處輸入 "ping www.hebtu.edu.cn"，可以解析出該網站的 IP 位址，如圖 1-9 所示。

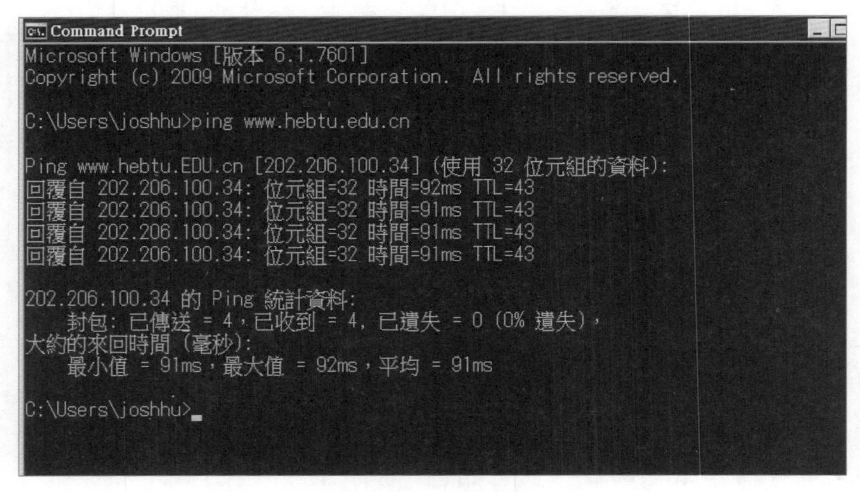

▲ 圖 1-9　解析域名

在顯示篩檢程式處輸入 "http and ip.addr == 202.206.100.34"，點擊按鈕應用顯示篩檢程式，只顯示造訪某大學官方網站的 HTTP 請求和回應的資料封包，如圖 1-10 所示。選中第 1396 個資料封包，可以看到該資料封包中的 HTTP 請求封包，可以參照上一小節 HTTP 請求封包的格式進行對照，請求方法是 GET。

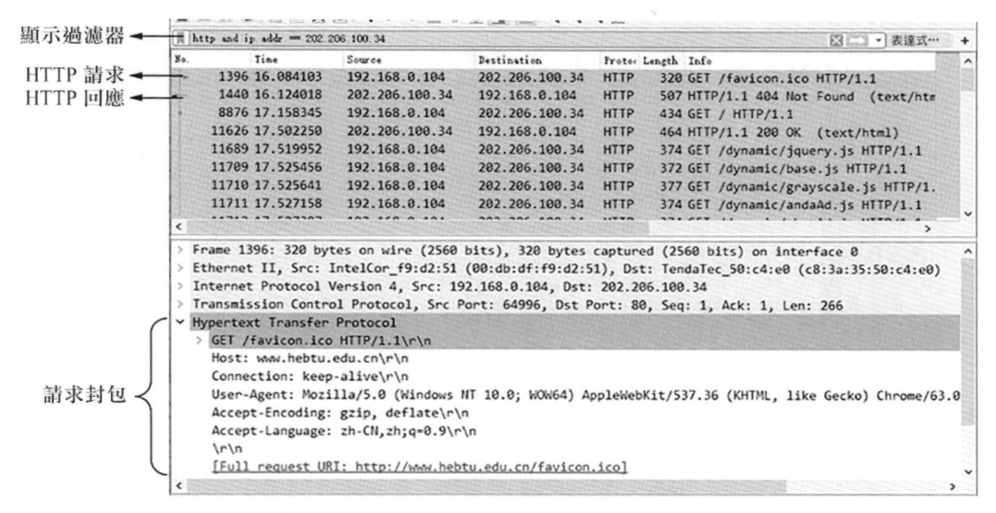

▲ 圖 1-10　HTTP 請求封包

第 1440 個資料封包是 Web 服務回應的資料封包，狀態碼為 404。狀態碼 404 代表 Not Found（找不到）。

圖 1-11 所示的第 11626 個資料封包是 HTTP 回應封包，狀態碼為 200，表示成功處理了請求，一般情況下都是返回此狀態碼。可以看到回應封包的格式，可以參照上一小節 HTTP 回應封包的格式進行對照。

HTTP 除了定義用戶端使用 GET 方法請求網頁，還定義了其他方法，如透過瀏覽器向 Web 伺服器提交內容；又如登入網站、搜索網站需要使用 POST 方法。搜索剛才在搜索文字標籤中輸入的內容，在顯示篩檢程式處輸入 "http.request.method == POST"，點擊 [→] 按鈕應用顯示篩檢程式。可以看到第 19390 個資料封包，用戶端使用 POST 方法將搜索的內容提交給 Web 伺服器，如圖 1-12 所示。

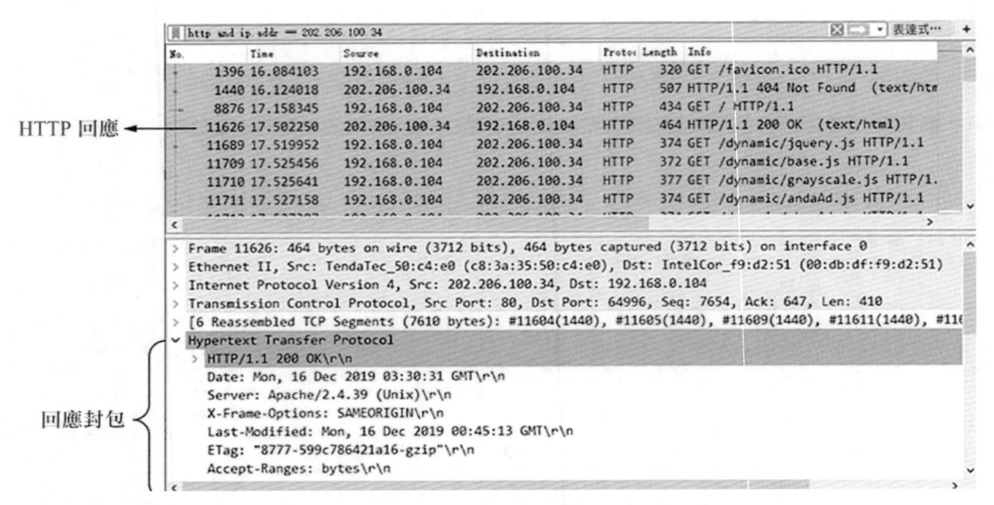

▲ 圖 1-11　HTTP 回應封包

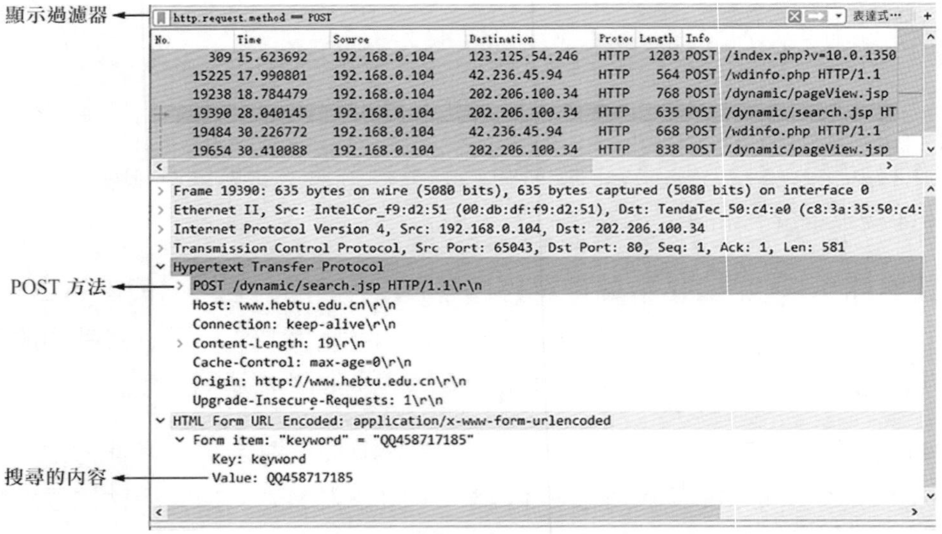

```
顯示過濾器 → http.request.method == POST                         表達式…
No.    Time        Source         Destination     Protocol Length Info
  309 15.623692   192.168.0.104  123.125.54.246  HTTP  1203 POST /index.php?v=10.0.1350
15225 17.990801   192.168.0.104  42.236.45.94    HTTP   564 POST /wdinfo.php HTTP/1.1
19238 18.784479   192.168.0.104  202.206.100.34  HTTP   768 POST /dynamic/pageView.jsp
19390 28.040145   192.168.0.104  202.206.100.34  HTTP   635 POST /dynamic/search.jsp HT
19484 30.226772   192.168.0.104  42.236.45.94    HTTP   668 POST /wdinfo.php HTTP/1.1
19654 30.410088   192.168.0.104  202.206.100.34  HTTP   838 POST /dynamic/pageView.jsp
> Frame 19390: 635 bytes on wire (5080 bits), 635 bytes captured (5080 bits) on interface 0
> Ethernet II, Src: IntelCor_f9:d2:51 (00:db:df:f9:d2:51), Dst: TendaTec_50:c4:e0 (c8:3a:35:50:c4:
> Internet Protocol Version 4, Src: 192.168.0.104, Dst: 202.206.100.34
> Transmission Control Protocol, Src Port: 65043, Dst Port: 80, Seq: 1, Ack: 1, Len: 581
v Hypertext Transfer Protocol
POST 方法 →  > POST /dynamic/search.jsp HTTP/1.1\r\n
    Host: www.hebtu.edu.cn\r\n
    Connection: keep-alive\r\n
  > Content-Length: 19\r\n
    Cache-Control: max-age=0\r\n
    Origin: http://www.hebtu.edu.cn\r\n
    Upgrade-Insecure-Requests: 1\r\n
v HTML Form URL Encoded: application/x-www-form-urlencoded
  v Form item: "keyword" = "QQ458717185"
      Key: keyword
搜尋的內容 →  Value: QQ458717185
```

▲ 圖 1-12　使用 HTTP 中的 POST 方法

在顯示篩檢程式處輸入 "http.request.method == POST"，點擊 [按鈕圖示] 按鈕，應用顯示篩檢程式，如圖 1-13 所示，按右鍵其中一個資料封包，點擊「追蹤串流」→「TCP 串流」。

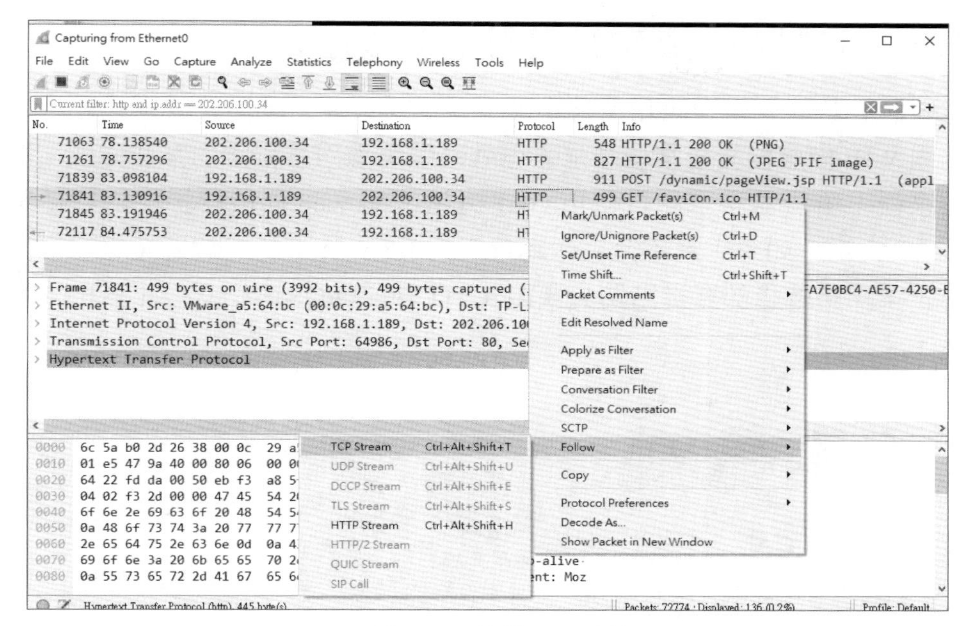

▲ 圖 1-13　追蹤 TCP 串流

這樣即可將造訪中國大陸某大學官方網站所有的用戶端請求和伺服器端回應的互動過程都集中在一起顯示。可以在尋找文字標籤中輸入尋找內容，定位內容所在的位置，如圖 1-14 所示。

```
POST /dynamic/search.jsp HTTP/1.1
Host: www.hebtu.edu.cn
Connection: keep-alive
Content-Length: 19
Cache-Control: max-age=0
Origin: http://www.hebtu.edu.cn
Upgrade-Insecure-Requests: 1
User-Agent: Mozilla/5.0 (Windows NT 10.0; WOW64) AppleWebKit/537.36
(KHTML, like Gecko) Chrome/63.0.3239.132 Safari/537.36
Content-Type: application/x-www-form-urlencoded
Accept: text/html,application/xhtml+xml,application/xml;q=0.9,image/
webp,image/apng,*/*;q=0.8
Referer: http://www.hebtu.edu.cn/
Accept-Encoding: gzip, deflate
Accept-Language: zh-CN,zh;q=0.9

keyword=QQ458717185HTTP/1.1 200 OK
Date: Mon, 16 Dec 2019 03:30:43 GMT
Server: Apache-Coyote/1.1
X-Frame-Options: SAMEORIGIN
Content-Type: text/html;charset=utf-8
```

▲ 圖 1-14　尋找輸入的內容

1.2.3 進階防火牆和應用層協定的方法

進階防火牆能夠辨識應用層協定的方法，可以設定進階防火牆禁止用戶端向 Web 伺服器發送某個請求，也就是禁用應用層協定的某個方法。舉例來說，瀏覽器請求網頁使用 GET 方法，向 Web 伺服器提交內容使用 POST 方法，如果企業不允許內網員工向 Internet 上的討論區發文，可以在企業網路邊緣部署進階防火牆阻止 HTTP 的 POST 方法，如圖 1-15 所示。

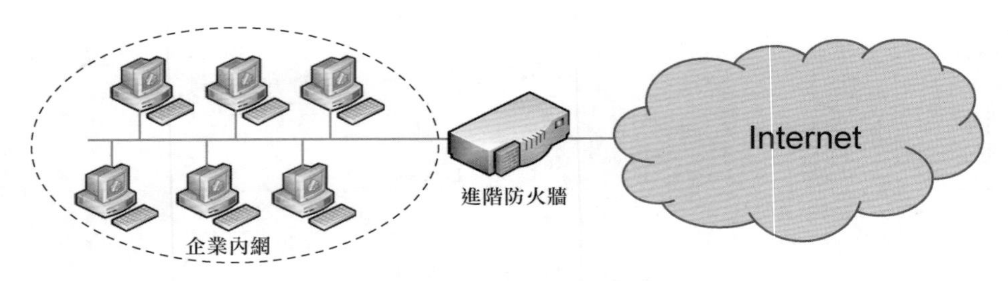

▲ 圖 1-15　進階防火牆部署

1.3 使用 Wireshark 封包截取工具篩選資料封包

顯示篩檢程式運算式的作用是在 Wireshark 封包截取工具捕捉資料封包之後，從已捕捉的所有資料封包中顯示出符合條件的資料封包，隱藏不符合條件的資料封包。顯示篩檢程式的運算式區分大小寫。

1.3.1 顯示篩檢程式

對於經常使用的篩選條件，可以編輯成功顯示篩檢程式將運算式命名並保存。點擊「分析」→「顯示篩檢程式」，如圖 1-16 所示。

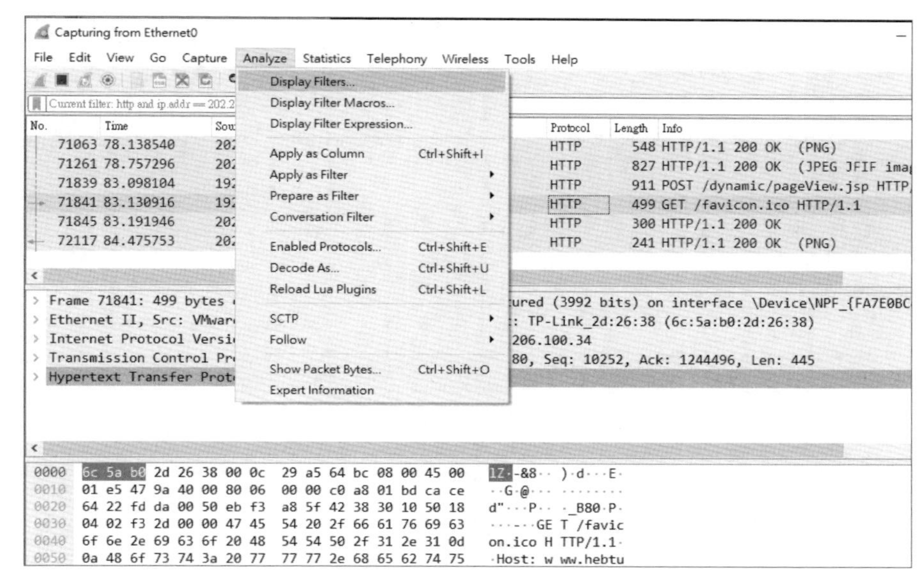

▲ 圖 1-16 打開顯示篩檢程式

點擊左下角的 + 按鈕，可以增加新的運算式；點擊 - 按鈕，可以刪除選定的運算式，如圖 1-17 所示，可以看到運算式中的字元都是小寫的。

Ethernet address 00:00:5e:00:53:00	eth.addr == 00:00:5e:00:53:00
Ethernet type 0x0806 (ARP)	eth.type == 0x0806
Ethernet broadcast	eth.addr == ff:ff:ff:ff:ff:ff
No ARP	not arp
IPv4 only	ip
IPv4 address 192.0.2.1	ip.addr == 192.0.2.1
IPv4 address isn't 192.0.2.1 (don't use != for this!)	!(ip.addr == 192.0.2.1)
IPv6 only	ipv6
IPv6 address 2001:db8::1	ipv6.addr == 2001:db8::1
IPX only	ipx
TCP only	tcp
UDP only	udp
Non-DNS	!(udp.port == 53 || tcp.port == 53)
TCP or UDP port is 80 (HTTP)	tcp.port == 80 || udp.port == 80
HTTP	http
No ARP and no DNS	not arp and !(udp.port == 53)
Non-HTTP and non-SMTP to/from 192.0.2.1	ip.addr == 192.0.2.1 and not tcp.port in {80 25}

▲ 圖 1-17 編輯顯示篩檢程式

定義好顯示篩檢程式運算式，點擊左上角的 按鈕，如圖 1-18 所示，可以選擇應用定義好的顯示篩檢程式運算式。

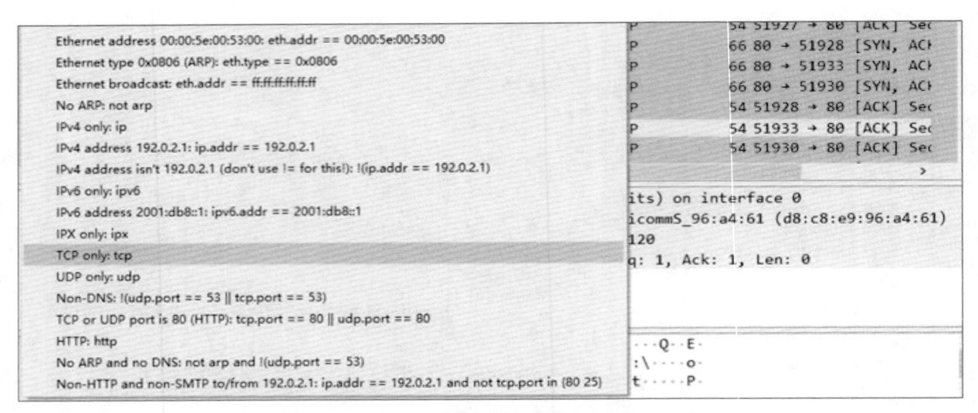

▲ 圖 1-18　應用定義好的顯示篩檢程式運算式

1.3.2 協定篩選和運算式篩選

篩選分為協定篩選和運算式篩選。

協定篩選根據通訊協定篩選資料封包，如 HTTP、FTP 等。常用的協定有 UDP、TCP、ARP、ICMP、SMTP、POP、DNS、IP、Telnet、SSH、RDP、RIP、OSPF 等。

運算式篩選分為基本過濾運算式和複合過濾運算式。

一筆基本的運算式由過濾項、過濾關係、過濾值 3 項組成。

舉例來說，在 ip.addr == 192.168.1.1 這筆運算式中，ip.addr 是過濾項、== 是過濾關係、192.168.1.1 是過濾值。這筆運算式的意思是找出所有 IP 中來源或目標 IP 位址等於 192.168.1.1 的資料封包。

1. 過濾項

初學者往往會感覺過濾運算式比較複雜，最主要的原因就是過濾項：一是不知道有哪些過濾項，二是不知道過濾項該怎麼寫。

這兩個問題有一個共同的答案，Wireshark 的過濾項是「協定 + . + 協定欄位」的模式。以通訊埠為例，通訊埠出現在 TCP 中，那麼有通訊埠這個過濾項的寫法就是 tcp.port。

推廣到其他協定，如 ETH、IP、HTTP、Telnet、FTP、ICMP、SNMP 等都是這個書寫想法。當然，出於縮減長度的原因，有些欄位沒有使用協定規定的名稱，而是使用簡寫（舉例來說，Destination Port 在 Wireshark 中寫為 dstport），又加了一些協定中沒有的欄位（舉例來說，TCP 只主動通訊埠和目標通訊埠欄位，為了簡便，使用 Wireshark 增加了 tcp.port 欄位來同時代表來源通訊埠和目標通訊埠），但整體想法沒有變。而且在實際使用時輸入「協定 + .」，Wireshark 就會有支援的欄位提示，看一下名稱就大概知道要用哪個欄位了。

2. 過濾關係

過濾關係就是大於、小於、等於等幾種等式關係，我們可以直接參照官方列出的表，如表 1-1 所示。注意，其中有 "English" 和 "C-like" 兩個欄位，"English" 和 "C-like" 這兩種寫法在 Wireshark 中是等值的，都是可用的。

表 1-1　基本過濾關係

English	C-like	描述和範例
eq	==	相等，ip.src==10.0.0.5
ne	!=	不相等，ip.src1=10.0.0.5
gt	>	大於，Frame. Len > 10
lt	<	小於，Frame. Len < 128
ge	>=	大於或等於，Frame. Len>=0×100
le	<=	小於或等於，Frame. Len <= 0×20
contains		協定、欄位或切片包含某個值，Sip. To contains "a1762"
matches	–	協定或文字欄位比對 Perl 正規表示法 http.host matches "acme\.(org|comlnet)"
bitwise_and	&	比較位元字元值，Tcp.flags & 0×02

3. 過濾值

過濾值就是設定的過濾項應該滿足過濾關係的標準，如 500、5000、50000 等。過濾值的寫法一般已經被過濾項和過濾關係設定只需要填寫期望值即可。

1.3.3 複合過濾運算式

所謂複合過濾運算式，就是指由多筆基本過濾運算式組合而成的運算式。基本過濾運算式的寫法不變，複合過濾運算式由連接詞連接基本過濾運算式組成。

我們依然直接參照官方列出的表，如表 1-2 所示。"English" 和 "C-like" 這兩個欄位還是説明這兩種寫法在 Wireshark 中是等值的，都是可用的。

表 1-2　複合過濾關係

English	C-like	描述和範例
and	&&	邏輯與，ip.scr==10.0.0.5 and tcp.flags.fin
or	||	邏輯或，Ip.scr==10.0.0.5 or ip.src==192.1.1.1
xor	^^	互斥，Tr.dst[0:3] == 0.6.29 xor tr.src[0:3] == 0.6.29
not	!	邏輯非，Not 11c

1.3.4 常見的顯示過濾需求及其對應運算式

下面列出各層協定運算式的例子。

（1）資料連結層運算式。

篩選目標 MAC 位址為 04:f9:38:ad:13:26 的資料封包 —— eth.dst == 04:f9:38:ad:13:26。

篩選來源 MAC 位址為 04:f9:38:ad:13:26 的資料封包 —— eth.src == 04:f9:38:ad:13:26。

（2）網路層運算式。

篩選 IP 位址為 192.168.1.1 的資料封包── ip.addr == 192.168.1.1。

篩選 IP 位址在 192.168.1.1 和 192.168.1.2 之間的資料封包── ip.addr == 192.168.1.1 && ip.addr == 192.168.1.2。

篩選 IP 位址從 192.168.1.1 到 192.168.1.2 的資料封包── ip.src == 192.168.1.1 && ip.dst == 192.168.1.2。

（3）傳輸層運算式。

篩選 TCP 的資料封包── tcp。

篩選除 TCP 以外的資料封包── !tcp。

篩選通訊埠為 80 的資料封包── tcp.port == 80。

篩選來源通訊埠 51933 到目標通訊埠 80 的資料封包── tcp.srcport == 51933 && tcp.dstport == 80。

（4）應用層運算式。

篩選 URL 中包含 .php 的 http 資料封包──http.request.uri contains ".php"。

篩選 URL 中包含 www.epubit.com 域名的 http 資料封包── http.request.uri contains "www.epubit.com"。

篩選內容包含 username 的 http 資料封包──http contains "username"。

篩選內容包含 password 的 http 資料封包──http contains "password"。

1.4 FTP

檔案傳輸通訊協定（File Transfer Protocol，FTP）是 Internet 中使用廣泛的檔案傳輸通訊協定，用於在 Internet 上控制檔案的雙向傳輸。以不同為基礎的作業系統有不同的 FTP 應用程式，而所有的這些應用程式都遵守同一種協定傳輸檔案。FTP 隱藏了各個電腦系統的細節，因而適合在異質網路中的任意電腦之間傳輸檔案。FTP 只提供檔案傳輸的一些基本服務，它使用 TCP 實現可靠傳輸。FTP 的主要功能是減小或消除在不同系統中處理檔案的不相容性。

在 FTP 的使用當中，使用者經常遇到兩個概念：「下載」（download）和「上傳」（upload）。「下載」檔案就是從遠端主機複製檔案至自己的電腦上；「上傳」檔案就是將檔案從自己的電腦中複製至遠端主機上。用 Internet 語言來說，使用者可透過用戶端程式向（從）遠端主機上傳（下載）檔案。

1.4.1 FTP 的工作細節

與大多數 Internet 服務一樣，FTP 也是一個用戶端 / 伺服器系統。使用者透過一個支援 FTP 的用戶端程式連接到在遠端主機上的 FTP 伺服器程式。使用者透過用戶端程式向 FTP 伺服器程式發出命令，FTP 伺服器程式執行使用者所發出的命令，並將執行的結果返回到用戶端。舉例來說，用戶端程式發出一筆命令，要求 FTP 伺服器向用戶端傳輸某一個檔案的一份備份，FTP 伺服器會響應這筆命令，將指定檔案送至用戶端。用戶端程式代表使用者接收到這個檔案，將其存放在使用者目錄中。

一個 FTP 伺服器處理程序可以為多個客戶處理程序提供服務。FTP 伺服器由兩大部分組成：一個主處理程序，負責接收新的請求；許多從屬處理程序，負責處理單一請求，如圖 1-19 所示。下面是主處理程序的工作過程。

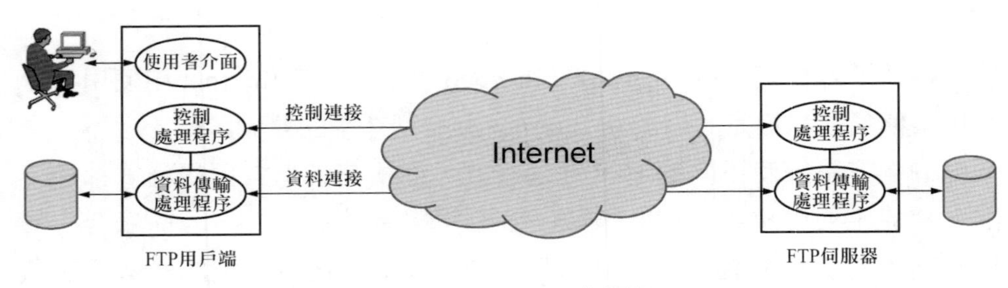

▲ 圖 1-19　FTP 工作過程

（1）打開常用通訊埠（如 21），使客戶處理程序能夠連接上。
（2）等待客戶處理程序發送連接請求。
（3）啟動從屬處理程序處理客戶處理程序發送的連接請求，從屬處理程序處理完請求後結束，從屬處理程序在運行期間可以根據需要創建其他一些子處理程序。
（4）回到等候狀態，繼續接收其他客戶處理程序發起的請求，主處理程序與從屬處理程序的處理是併發進行的。

FTP 和其他協定不一樣的地方就是用戶端存取 FTP 伺服器需要建立兩個 TCP 連接，一個用來傳輸 FTP 命令（控制連接），另一個用來傳輸資料。FTP 控制連接在整個階段期間都保持打開，只用來發送連接或傳輸請求。當客戶處理程序向 FTP 伺服器發送連接請求時，尋找連接伺服器處理程序的常用通訊埠 21，同時還要告訴伺服器處理程序自己的另一個通訊埠編號碼，用於建立資料傳輸連接。接著，伺服器處理程序用自己傳輸資料的常用通訊埠 20 與客戶處理程序所提供的通訊埠編號碼建立資料傳輸連接，FTP 使用了兩個不同的通訊埠編號，所以資料連接和控制連接不會混亂。

在 FTP 伺服器上需要開放兩個通訊埠，一個命令通訊埠（或稱為「控制通訊埠」）和一個資料通訊埠。通常 21 通訊埠是命令通訊埠，20 通訊埠是資料通訊埠。應注意的是，當混入主動或被動模式的概念時，資料通訊埠就有可能不是 20 通訊埠了。

FTP 建立傳輸資料的 TCP 連接模式分為主動模式和被動模式。

1. 主動模式 FTP

主動模式下，FTP 用戶端從任意的非特殊通訊埠 1026（N >1023）連入 FTP 伺服器的命令通訊埠——21 通訊埠，如圖 1-20 所示。然後用戶端在 1027（N +1）通訊埠監聽。

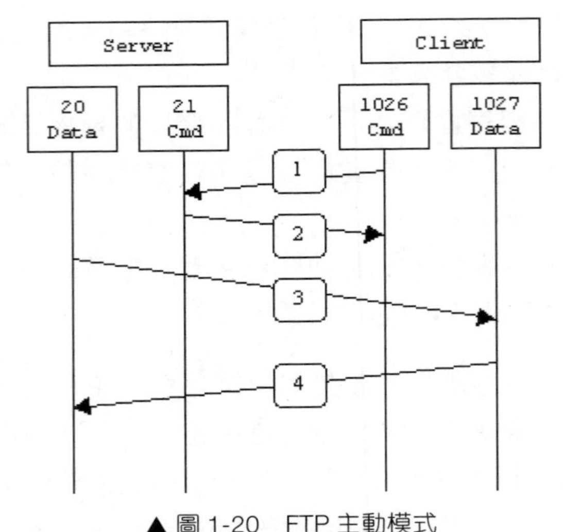

▲ 圖 1-20　FTP 主動模式

（來源：https://blog.csdn.net/rcyl2003/article/details/5948255）

第①步，FTP 用戶端提交 PORT 命令並允許 FTP 伺服器回連它的資料通訊埠（1027 通訊埠）。

第②步，FTP 伺服器返回確認。

第③步，FTP 伺服器向用戶端發送 TCP 連接請求，目標通訊埠為 1027，來源通訊埠為 20，為傳輸資料發起建立連接的請求。

第④步，FTP 用戶端發送確認資料封包 ACK 封包，目標通訊埠為 20，來源通訊埠為 1027，建立起傳輸資料的連接。

主動模式下 FTP 伺服器防火牆只需要打開 TCP 的 21 通訊埠和 20 通訊埠，FTP 用戶端防火牆要將 TCP 通訊埠編號大於 1023 的通訊埠全部打開。

主動模式下 FTP 的主要問題實際上在於用戶端。FTP 用戶端並沒有實際建立一個到 FTP 伺服器資料通訊埠的連接，它只是簡單地告訴 FTP 伺服器自己監聽的通訊埠編號，FTP 伺服器再回來連接用戶端這個指定的通訊埠。對用戶端的防火牆來說，這是從外部系統建立的到內部用戶端的連接，通常會被阻塞，除非關閉用戶端防火牆。

2. 被動模式 FTP

為了解決 FTP 伺服器發起的到用戶端的連接問題，人們開發了一種不同的 FTP 連接方式。這就是所謂的被動方式，或叫作 "PASV"，當用戶端通知 FTP 伺服器它處於被動模式時才啟用。

在被動模式 FTP 中，命令連接和資料連接都由用戶端發起，這樣就可以解決從 FTP 伺服器到用戶端建立的資料傳輸連接請求被用戶端防火牆過濾掉的問題，如圖 1-21 所示。當開啟一個 FTP 連接時，用戶端打開兩個任意的非特權的本機通訊埠（*N* >1024 和 *N* +1）。第一個通訊埠連接伺服器的 21 通訊埠，但與主動模式的 FTP 不同，用戶端不會提交 PORT 命令並允許伺服器回連它的資料通訊埠，而是提交 PASV 命令。這樣做的結果是 FTP 伺服器會開啟一個任意的非特權的通訊埠（*P* >1024），並發送 PORT P 命令給用戶端。然後用戶端發起從本機通訊埠 *N* +1 到 FTP 伺服器的通訊埠 *P* 的連接用來傳輸資料。

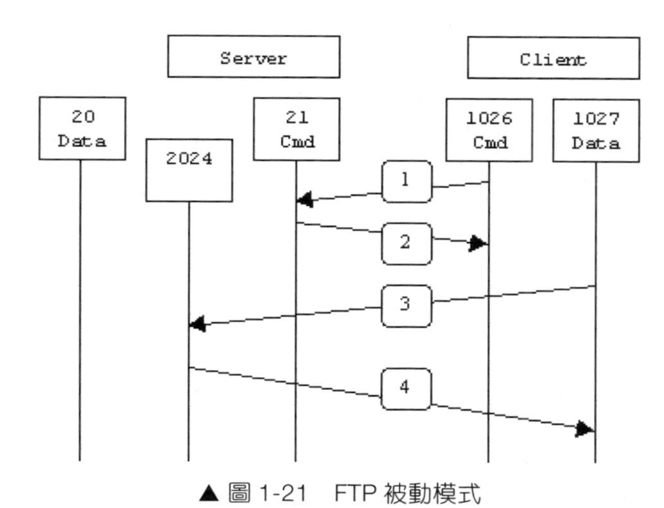

▲ 圖 1-21　FTP 被動模式

（來源：https://blog.csdn.net/rcyl2003/article/details/5948255)

對 FTP 伺服器端的防火牆來說，需要打開 TCP 的 21 通訊埠和大於 1023 的通訊埠。

第①步，用戶端的命令通訊埠與 FTP 伺服器的命令通訊埠建立連接，並發送命令 PASV。

第②步，FTP 伺服器返回命令 PORT 2024，告訴用戶端伺服器用哪個通訊埠監聽資料連接。

第③步，用戶端初始化一個從自己的資料通訊埠到伺服器端指定的資料通訊埠的資料連接。

第④步，FTP 伺服器給用戶端的資料通訊埠返回一個 ACK 響應。

被動模式的 FTP 解決了用戶端的許多問題，但同時給伺服器端帶來了更多的問題。最大的問題是需要允許從任意遠端終端機到 FTP 伺服器高位元通訊埠的連接。幸運的是，許多 FTP 守護程式允許管理員指定 FTP 伺服器使用的通訊埠範圍。

1.4.2 使用 FTP 命令存取 FTP 伺服器

在 Windows 7 作業系統中，也內建了存取 FTP 伺服器的命令。下面就給大家演示如何使用系統內建的 FTP 命令存取 FTP 伺服器。這裡只展示部分命令的使用方法，演示使用 ls 命令列出 FTP 伺服器根目錄的內容、使用 mkdir 命令在 FTP 伺服器上創建目錄、使用 get 命令下載檔案、使用 put 命令上傳檔案的操作。

```
C:\Documents and Settings\han>ftp
ftp> open 192.168.80.20                          -- 連接到 FTP 伺服器
Connected to 192.168.80.20.
220 Microsoft FTP Service
User (192.168.80.20:(none)): administrator       -- 輸入帳戶
331 Password required for administrator.
Password:                                  -- 輸入密碼，不回應輸入，不能是空密碼
```

```
230 User administrator logged in.
ftp> ls                                    -- 列出 FTP 伺服器上的內容
200 PORT command successful.
150 Opening ASCII mode data connection for file list.
01 位址分配方式 OK.mp4                     -- 一個 MP4 檔案
226 Transfer complete.
ftp: 收到 23 位元組，用時 0.00Seconds 23000.00Kbytes/sec.
ftp> ?                                     -- 顯示可用的命令
Commands may be abbreviated.  Commands are:

!               delete          literal         prompt          send
?               debug           ls              put             status
append          dir             mdelete         pwd             trace
ascii           disconnect      mdir            quit            type
bell            get             mget            quote           user
binary          glob            mkdir           recv            verbose
bye             hash            mls             remotehelp
cd              help            mput            rename
close           lcd             open            rmdir
ftp> mkdir admin                           -- 創建一個資料夾
257 "admin" directory created.
ftp> ls                                    -- 再次列出 FTP 伺服器上的內容
200 PORT command successful.
150 Opening ASCII mode data connection for file list.
01 位址分配方式 OK.mp4
admin
226 Transfer complete.
ftp: 收到 30 位元組，用時 0.00Seconds 30000.00Kbytes/sec.
ftp> get "01 位址分配方式 OK.mp4"          -- 使用 get 命令下載檔案，檔案名稱有
空格需要引號
ftp> put                                   -- 使用 put 命令上傳檔案
Local file "e:\01.mp4"                     -- 指定本機檔案路徑和名稱
Remote file 01IPAddress.mp4                -- 指定上傳到 FTP 伺服器後的檔案名稱
200 PORT command successful.
150 Opening ASCII mode data connection for 01IPAddress.mp4.
226 Transfer complete.
ftp: 發送 21291392 位元組，用時 0.80Seconds 26714.42Kbytes/se
ftp> ls                                       -- 列出 FTP 伺服器上的內容
200 PORT command successful.
```

```
150 Opening ASCII mode data connection for file list.
01 位址分配方式 OK.mp4
01IPAddress.mp4                          -- 上傳的檔案
admin
226 Transfer complete.
ftp: 收到 47 位元組，用時 0.00Seconds 47000.00Kbytes/sec.
ftp> quit                                -- 退出 ftp 命令
```

下載的檔案預設存放位置是使用者設定檔所在的目錄，即 C:\Documents and Settings\han，han 是使用者登入名稱。

1.4.3 封包截取分析 FTP 的工作過程

在電腦中安裝 Windows Server 2012 R2 網路作業系統的伺服器，安裝 FTP 服務，在用戶端透過封包截取工具分析 FTP 用戶端存取 FTP 伺服器的資料封包，觀察 FTP 用戶端存取 FTP 伺服器的互動過程，可以看到用戶端向伺服器發送的請求，伺服器向用戶端返回的回應。在 FTP 伺服器上設定禁止 FTP 的某些方法來實現 FTP 伺服器的安全存取，如禁止刪除 FTP 伺服器上的檔案。

在 Windows Server 2012 R2 網路作業系統中安裝 FTP 服務。

打開伺服器管理員，點擊「新增角色和功能」選項，如圖 1-22 所示。

▲ 圖 1-22　增加角色和功能

在彈出的「增加角色和功能精靈」對話方塊的「選擇安裝類型」介面中選擇「角色型或功能型安裝」單選項，點擊「下一步」按鈕，如圖 1-23 所示。

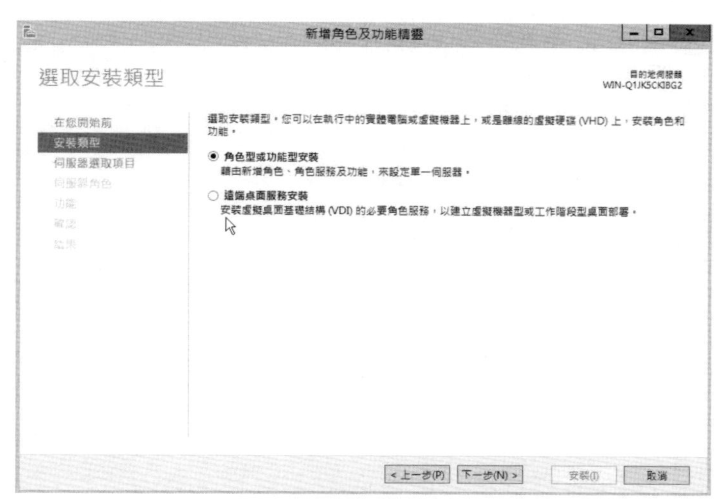

▲ 圖 1-23　選擇安裝類型

在彈出的「伺服器選取項目」介面中選擇伺服器，點擊「下一步」按鈕，如圖 1-24 所示。

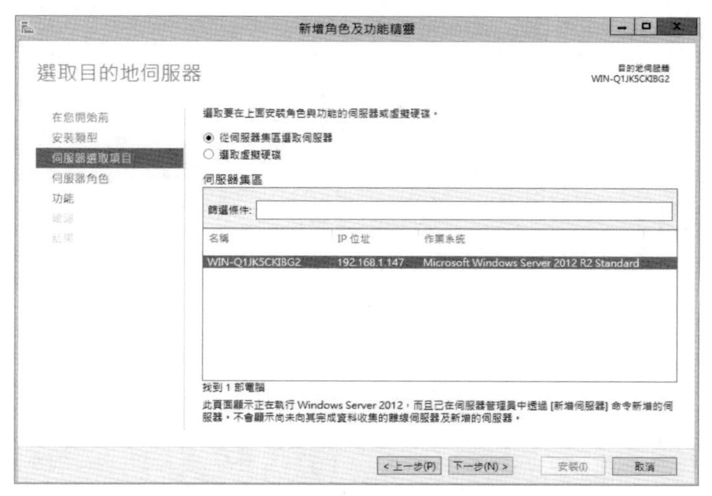

▲ 圖 1-24　選擇目標伺服器

在彈出的「選取伺服器角色」介面中，選取「Web 伺服器（IIS）」核取方塊，彈出「新增角色和功能精靈」對話方塊，如圖 1-25 所示。點擊「增加功能」按鈕，然後點擊「下一步」按鈕。

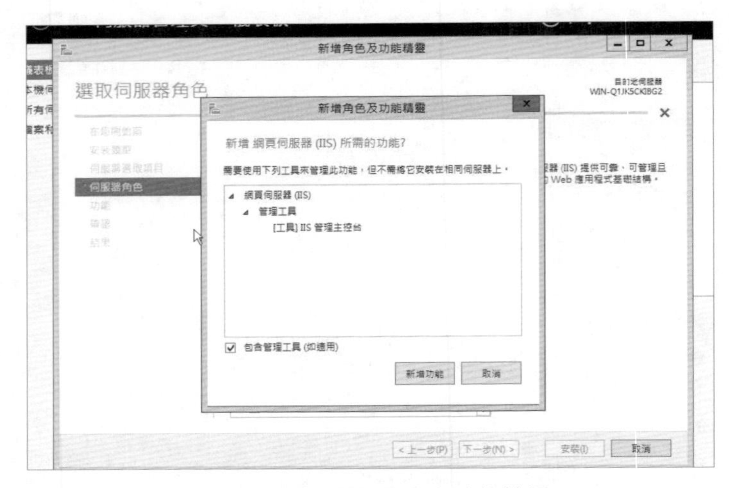

▲ 圖 1-25　增加角色和功能精靈

在彈出的「選擇角色服務」介面中選取「FTP 伺服器」和「FTP 服務」核取方塊，點擊「下一步」按鈕，如圖 1-26 所示。

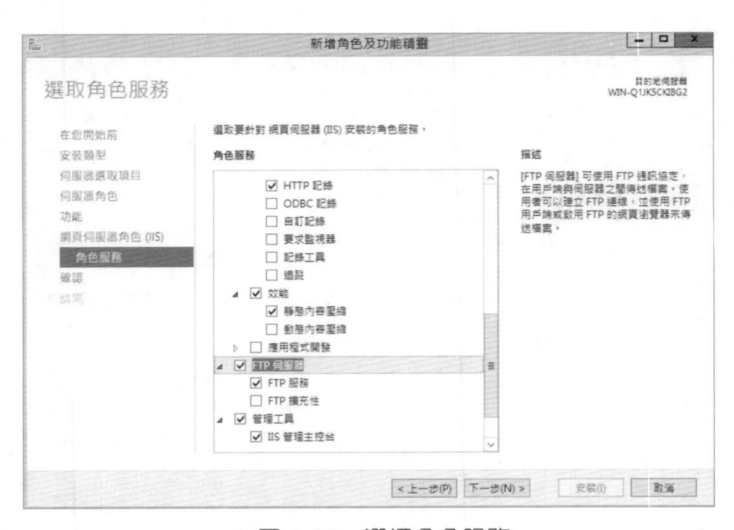

▲ 圖 1-26　選擇角色服務

打開管理工具中的「Internet Information Services（IIS）管理器」視窗，如圖 1-27 所示，按右鍵「網站」並點擊「新增網站」選項。

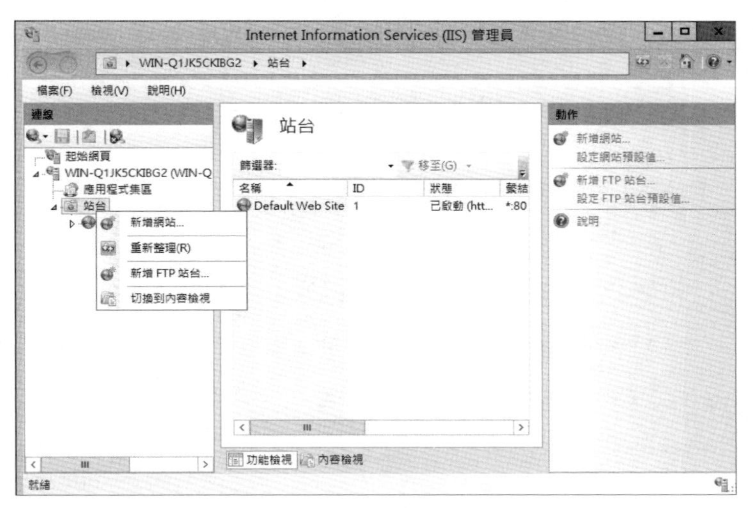

▲ 圖 1-27　增加 FTP 網站

在彈出的「新增 FTP 站台」對話方塊的「站台資訊」介面中輸入 FTP 網站名稱並選擇物理路徑，點擊「下一步」按鈕，如圖 1-28 所示。

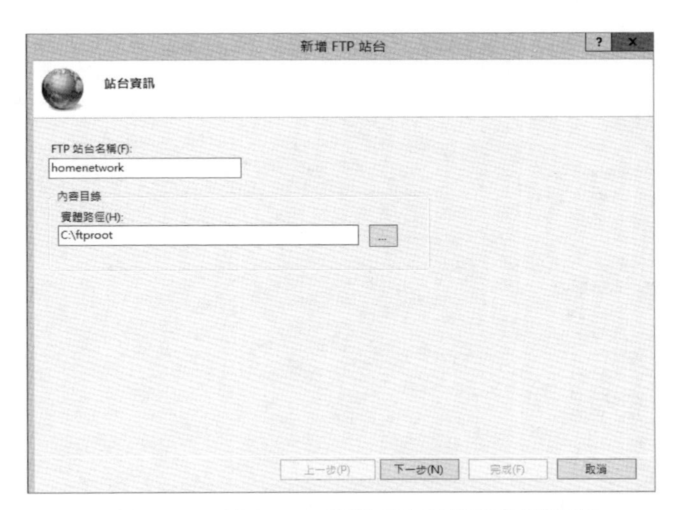

▲ 圖 1-28　輸入 FTP 網站名稱並選擇物理路徑

在彈出的「繫結和 SSL 設定」介面中指定 FTP 服務使用的 IP 位址和通訊埠，其他的選項參照圖中所示進行設定，點擊「下一步」按鈕，如圖 1-29 所示。

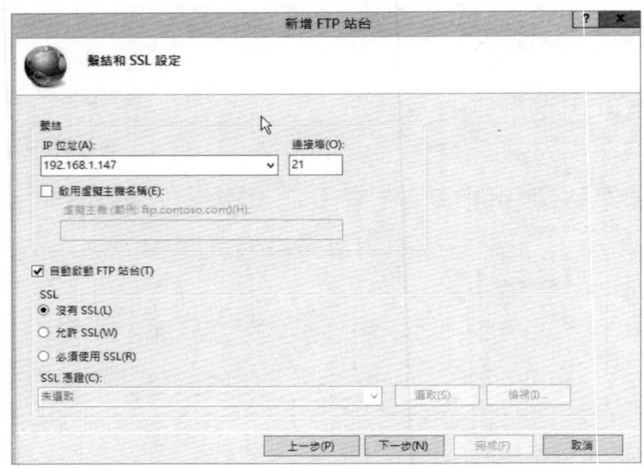

▲ 圖 1-29　指定 IP 位址和通訊埠

在彈出的「身份驗證和授權資訊」介面中選取「匿名」和「基本」核取方塊，允許所有使用者有讀寫許可權，點擊「下一步」按鈕，完成 FTP 網站的創建，如圖 1-30 所示。

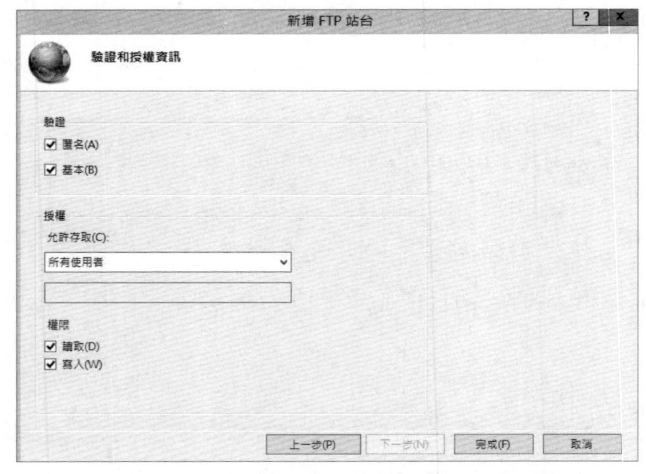

▲ 圖 1-30　指定身份驗證和存取權限

FTP 被動模式需要 FTP 伺服器打開很多通訊埠，還需要關閉 FTP 伺服器的防火牆。打開「運行」對話方塊，輸入 "wf.msc"。可以看到公用設定檔是活動的，如圖 1-31 所示，點擊「Windows 防火牆內容」選項。

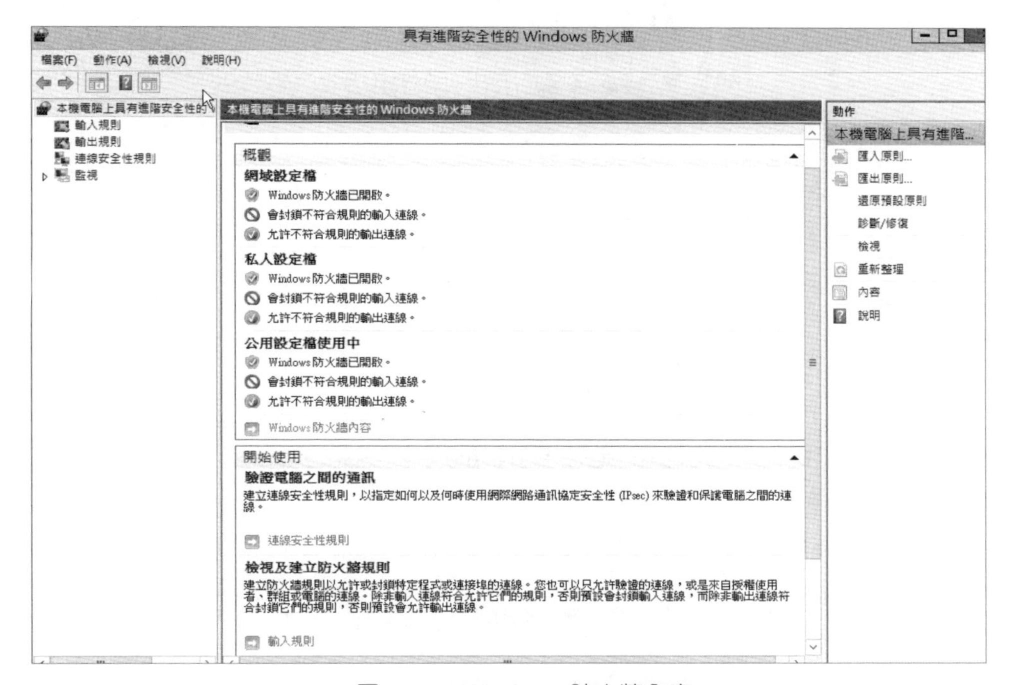

▲ 圖 1-31　Windows 防火牆內容

在彈出的「進階安全 Windows 防火牆 - 本機電腦 內容」對話方塊中點擊「公用設定檔」標籤，將防火牆狀態改為「關閉」，點擊「確定」按鈕，如圖 1-32 所示。

▲ 圖 1-32　關閉防火牆

在 Windows 10 作業系統中安裝 Wireshark 封包截取工具。開始封包截取後，打開資源管理器，資源管理器相當於 FTP 用戶端，存取 Windows Server 2012 R2 網路作業系統上的 FTP 伺服器，如圖 1-33 所示。

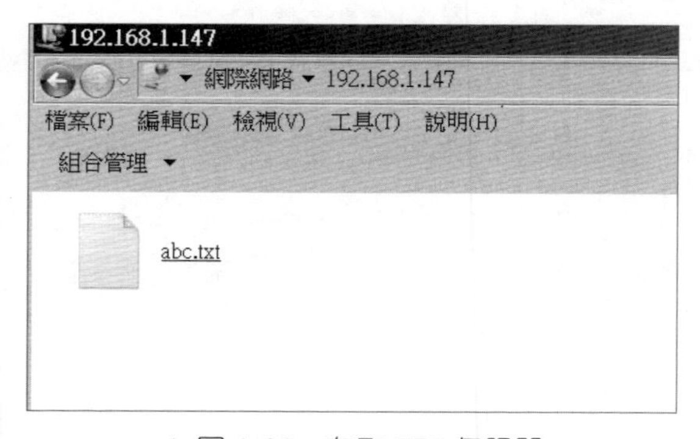

▲ 圖 1-33　存取 FTP 伺服器

上傳一個 test.txt 檔案，重新命名為 abc.txt，最後刪除 FTP 伺服器上的 abc.txt 檔案，封包截取工具捕捉了 FTP 用戶端發送的全部命令以及 FTP 伺服器返回的全部回應。

按右鍵其中的 FTP 資料封包，點擊「追蹤串流」→「TCP 串流」，如圖 1-34 所示。

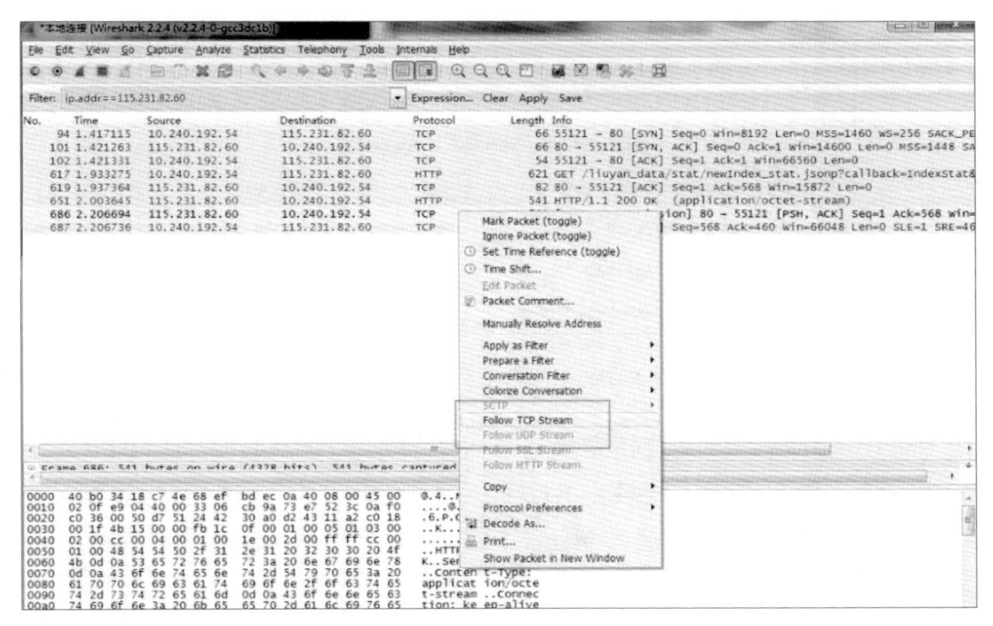

▲ 圖 1-34　追蹤 TCP 串流

出現圖 1-35 所示的視窗，將 FTP 用戶端存取 FTP 伺服器所有的互動過程產生的資料整理到一起，可以看到 FTP 中的方法，STOR 方法用於上傳 test.txt 檔案，CWD 方法用於改變工作目錄，RNFR 方法用於重新命名 test.txt 檔案，DELE 方法用於刪除 abc.txt 檔案。如果想看到 FTP 的其他方法，可以使用 FTP 用戶端在 FTP 伺服器上進行建立資料夾、刪除資料夾、下載資料夾等操作，這些操作對應的方法使用封包截取工具都能看到。

```
200 Type set to I.
PASV
227 Entering Passive Mode (192,168,80,120,192,20).
STOR test.txt
125 Data connection already open; Transfer starting.
226 Transfer complete.
noop
200 noop command successful.
CWD /
250 CWD command successful.
RNFR test.txt
350 Requested file action pending further information.
RNTO abc.txt
250 RNTO command successful.
noop
200 noop command successful.
CWD /
250 CWD command successful.
DELE abc.txt
250 DELE command successful.
```

▲ 圖 1-35　FTP 用戶端存取 FTP 伺服器的互動過程

為了防止用戶端進行某些特定操作，可以設定 FTP 伺服器禁止 FTP 中的一些方法。舉例來說，要禁止 FTP 用戶端刪除 FTP 伺服器上的檔案，可以設定 FTP 服務要求篩選，禁止 DELE 方法。點擊「FTP 要求篩選」選項，如圖 1-36 所示。

▲ 圖 1-36　管理 FTP 要求篩選

在出現的「FTP 請求篩選」介面中點擊「命令」標籤，點擊「拒絕命令」按鈕，在彈出的「拒絕命令」對話方塊中輸入 "DELE"，點擊「確定」按鈕，如圖 1-37 所示。

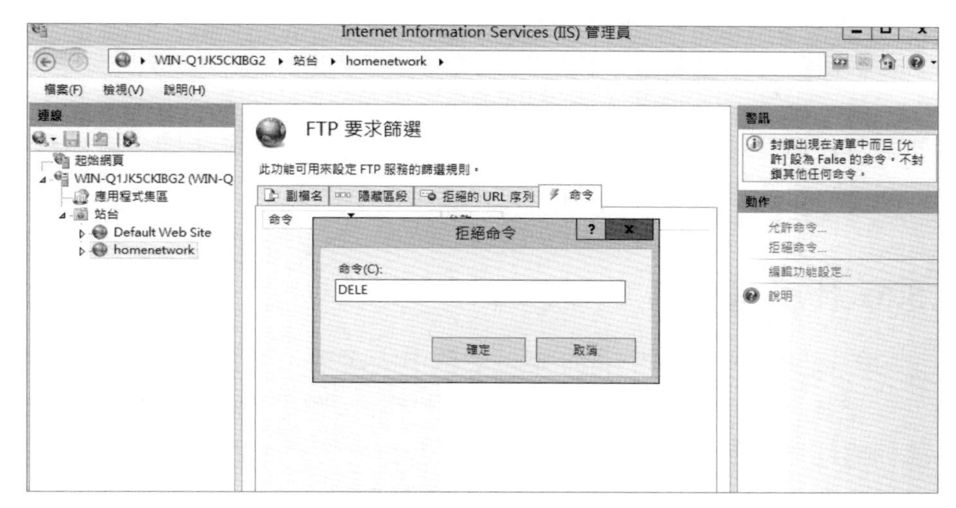

▲ 圖 1-37　禁用 DELE 方法

在 Windows 7 作業系統中再次刪除 FTP 伺服器上的檔案，就會出現提示訊息 "500 Command not allowed."，即命令不被允許，如圖 1-38 所示。

▲ 圖 1-38　命令不被允許

1.5 DNS 協定

我們通常使用域名造訪網站，但電腦造訪網站需要知道網站的 IP 位址。DNS 協定負責將域名解析成 IP 位址。DNS 是 Domain Name System 的縮寫，意思是網域名稱系統。

本節講解什麼是域名、域名的結構、Internet 中的域名伺服器、域名解析的過程、封包截取分析 DNS 協定。

1.5.1 什麼是域名

網路中的電腦通訊使用 IP 位址定位網路中的電腦。但對使用電腦的人來說，這些數字形式的 IP 位址實在是難以記住。整個 Internet 上的網站和各種伺服器數量許多，各個組織的伺服器都需要有一個名稱，這就導致很容易名稱重複。如何確保 Internet 上的伺服器名稱在整個 Internet 上是唯一的呢？這就需要有域名管理認證機構進行統一管理。如果你的公司在 Internet 上有一組伺服器（如郵件伺服器、FTP 伺服器、Web 伺服器等），你需要為你的公司先申請一個域名，也就是向管理認證機構註冊一個域名。

域名的註冊遵循先申請先註冊的原則，管理認證機構要確保每一個註冊的域名都是獨一無二、不可重複的。舉例來說，我現在想申請 taobao 這個域名，管理認證機構肯定不會透過，因為這個域名已經被註冊了。Internet 上有很多網站為我們提供域名註冊服務，"GoDaddy" 就是其中一個，如果你想為你的公司申請一個域名 taobao，先要查一下該域名是否已經被註冊。打開 GoDaddy，輸入 "taobao"，點擊「查詢」按鈕，如圖 1-39 所示。

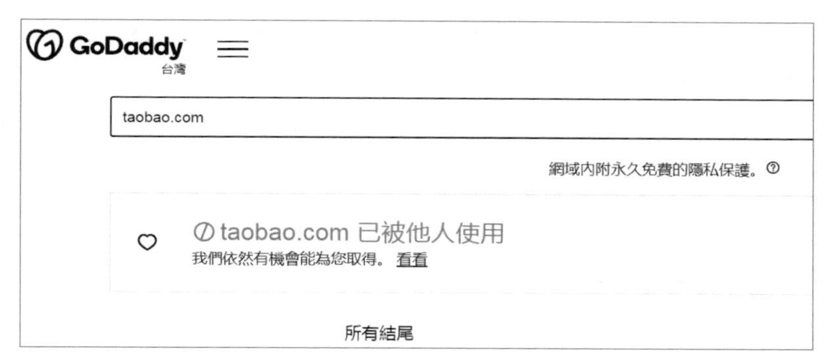

▲ 圖 1-39　查詢域名

從查詢結果可以看到 taobao.*** 已被註冊，如果域名被註冊，只能換一個域名註冊。

所有結尾

精品 請致電 (02) 7703-9087 尋求購買上的協助
taobao.art 預估價值
NT$34,876 NT$17,441
續約價格為 NT$1,748/年

精品 請致電 (02) 7703-9087 尋求購買上的協助
taobao.ink 預估價值
NT$24,831 NT$12,418
續約價格為 NT$24,831/年

精品 請致電 (02) 7703-9087 尋求購買上的協助
taobao.design 預估價值
NT$26,171 NT$12,362
續約價格為 NT$26,171/年

更多名稱

taobao360.xyz NT$470 NT$34 第一年

精品 請致電 (02) 7703-9087 尋求購買上的協助
tb.group 預估價值
NT$95,901
續約價格為 NT$95,901/年

8tb.info NT$844 NT$151 第一年

wotaobao.xyz NT$470 NT$34 第一年

精品 請致電 (02) 7703-9087 尋求

▲ 圖 1-40　相關域名資訊

企業或個人申請域名，通常要考慮以下兩個要素。

(1) 域名應該簡明易記，便於輸入。這是判斷域名好壞最重要的因素之一。一個好的域名應該短而順口，便於記憶，最好讓人看一眼就能記住，而且讀起來發音清晰，不會導致拼字錯誤。此外，域名選取還要避免同音異義詞。

（2）域名要有一定的內涵和意義。用有一定意義和內涵的詞或片語作域名，不但可記憶性好，而且有助實現企業的行銷目標。企業的名稱、產品名稱、商標名稱、品牌名稱等都是域名不錯的選擇，這樣能夠使企業的網路行銷目標和非網路行銷目標達成一致。

1.5.2 域名的結構

一個域名下可以有多個主機，域名全球唯一，「主機名稱」+「域名」肯定也是全球唯一的。「主機名稱」+「域名」稱為「完全限定域名」（FQDN）。

FQDN 是 Fully Qualified Domain Name 的縮寫，含義是完整的域名。舉例來說，一台電腦的主機名稱（hostname）是 www，域名（domain）是 google.com，那麼該主機的 FQDN 應該是 www.google.com.。

從圖 1-41 中可以看到，主機名稱和物理的伺服器並沒有一一對應關係，網站、網誌、討論區在同一個伺服器上，SMTP 服務和 POP 服務在同一個伺服器上，51CTO 學院在一個獨立的伺服器上。大家要明白，這裡的主機名稱更多的是代表一個服務或一個應用。

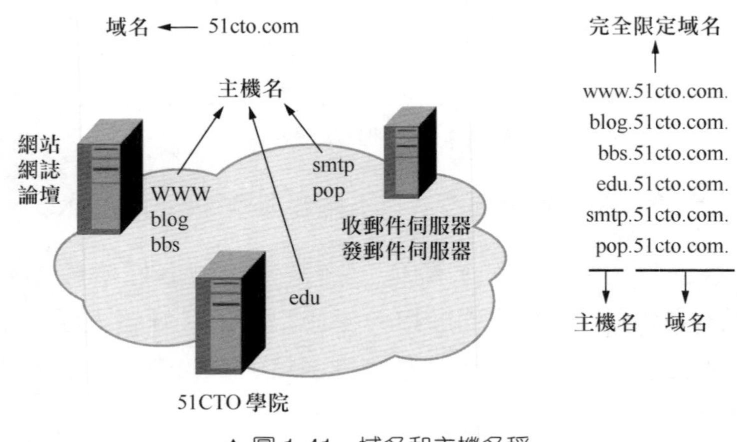

▲ 圖 1-41　域名和主機名稱

域名是分層的，所有的域名都是以英文的 "." 開始，是域名的根，根下面是頂層網域名，頂層網域名共有兩種形式：國家程式頂層網域名（簡稱「國家頂層網域名」）和通用頂層網域名，如圖 1-42 所示。國家程式頂層網域名由各個國家的網際網路資訊中心（Network Information Center，NIC）管理，通用頂層網域名則由位於美國的全球域名最高管理機構（The Internet Corporation for Assigned Names and Numbers，ICANN）負責管理。

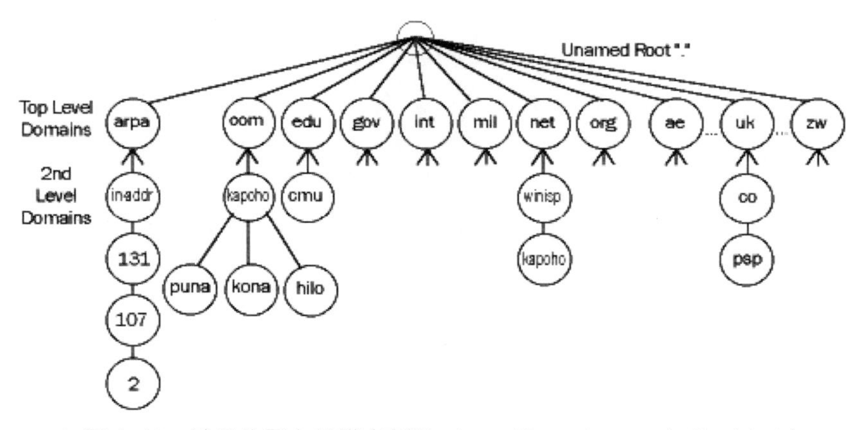

▲ 圖 1-42　域名的層次結構（來源：http://focusky.com/xdkw/ahob）

國家頂層網域名又稱「國家程式頂層網域名」，指示國家區域，如 cn 代表中國、us 代表美國、fr 代表法國、uk 表示英國等。

通用頂層網域名指示註冊者的域名使用領域，它不帶有國家特性。到 2006 年 12 月為止，通用頂層網域名的總數已經達到 18 個。常見的通用頂層網域名有 7 個，即 com（公司企業）、net（網路服務機構）、org（非營利組織）、int（國際組織）、edu（教育機構）、gov（政府部門）、mil（軍事部門）。

在國家頂層網域名下註冊的二級域名均由該國家自行確定。舉例來說，頂層網域名為 jp 的日本，將其教育和企業機構的二級域名定為 ac 和 co，而不用 edu 和 com。

企業或個人申請了域名後，可以在該域名下增加多個主機名稱，也可以根據需要創建子域名，子域名下面也可以有多個主機名稱，如圖 1-43 所示。企業或個人自己管理，不需要再註冊。舉例來說，新浪網註冊了域名 s.com.cn，該域名下有 3 個主機名稱 www、smtp、pop，新浪新聞需要有單獨的域名，於是在 ****.com.cn 域名下設定子域名 news. ****.com.cn；新聞又分為軍事新聞、航空新聞、新浪天氣等模組，分別使用 mil、sky 和 weather 作為專欄的主機名稱。

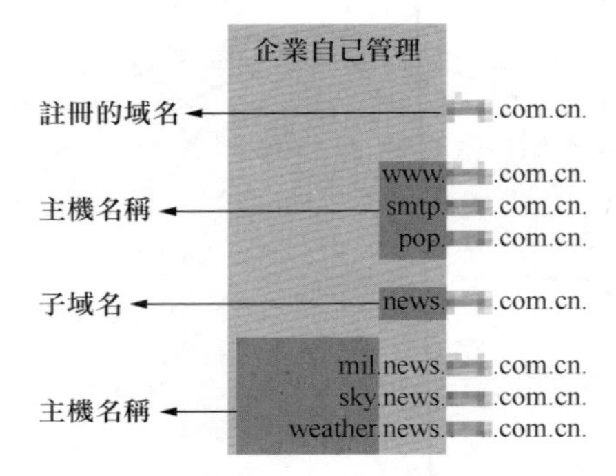

▲ 圖 1-43　域名下的主機名稱和子域名

現在大家知道了域名的結構。所有域名都是以 "." 開始的，不過在使用時域名最後的 "." 經常被省去。

1.5.3 Internet 中的域名伺服器

當透過域名造訪網站或點擊網頁中的超連結跳躍到其他網站時，電腦需要將域名解析成 IP 位址才能造訪這些網站。DNS 伺服器負責域名解析，因此必須為電腦指定域名解析使用的 DNS 伺服器。圖 1-44 所示的電腦就設定了兩個 DNS 伺服器，一個首選的 DNS 伺服器、一個備用的 DNS 伺服器。設定兩個 DNS 伺服器可以實現容錯。大家最好記住幾個 Internet 上的 DNS 伺服器的位址，8.8.8.8 是美國 Google 公司的 DNS 伺服器。

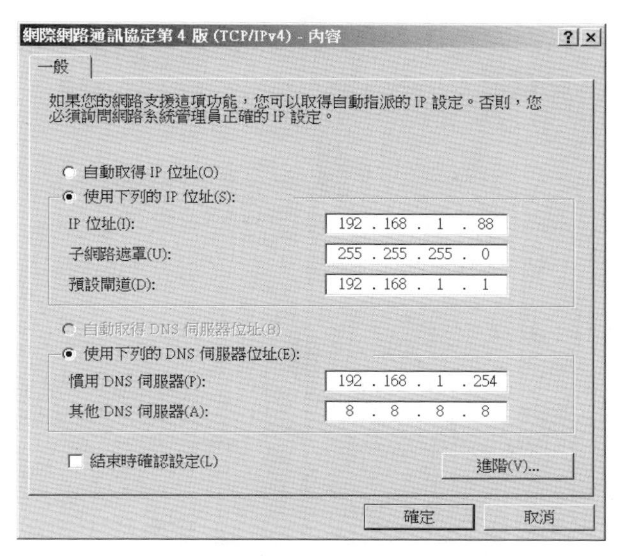

▲ 圖 1-44　設定多個 DNS 伺服器

截至 2019 年第二季，網際網路註冊域名數量增至 3.547 億個。假設全球只有一個 DNS 伺服器負責所有域名的解析，整個 Internet 上每時每刻都有無數網民請求域名解析。大家想想，這個 DNS 伺服器需要多高的設定？該伺服器聯網的頻寬需要多高才能滿足要求？而且如果只有一個 DNS 伺服器，該伺服器一旦壞掉，全球的域名解析部將失敗。因此，域名解析需要一個穩固的、可擴充的架構來實現。下面介紹在 Internet 上部署 DNS 伺服器和域名解析的過程。

要想在 Internet 上架設一個穩固的、可擴充的域名解析系統架構，就要把域名解析的任務分攤到多個 DNS 伺服器上。B 伺服器負責 net 域名解析、C 伺服器負責 com 域名解析、D 伺服器負責 org 域名解析，如圖 1-45 所示。B、C、D 這一級別的 DNS 伺服器稱為頂層網域名伺服器。

A 伺服器是根伺服器，不負責具體的域名解析，但根伺服器知道 B 伺服器負責 net 域名解析、C 伺服器負責 com 域名解析、D 伺服器負責 org 域名解析。具體來說，根伺服器上就一個根區域，然後創建委派，每個頂層網域名指向一個負責的 DNS 伺服器的 IP 位址。每一個 DNS 伺服器都知道根伺服器的 IP 位址。

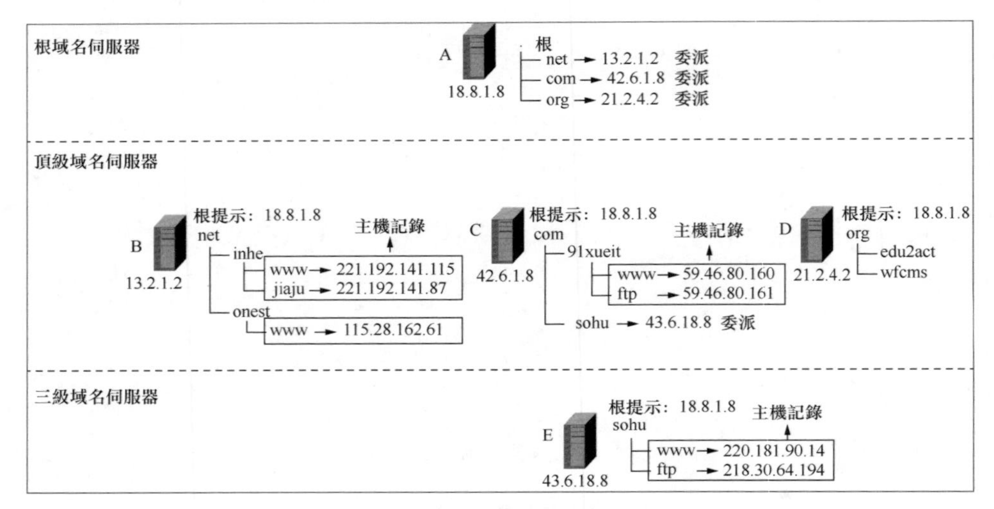

▲ 圖 1-45　DNS 伺服器的層次

C 伺服器負責 com 域名解析，圖中 91xueit.com 子域名下有主機記錄，即「主機名稱→ IP 位址」的記錄，C 伺服器就可以查詢主機記錄解析 91xueit.com 的全部域名。當然 C 伺服器也可以將 com 下的某個子域名的域名解析委派給另一個 DNS 伺服器。

E 伺服器屬於三級域名伺服器，該伺服器記錄有搜狐域名下的主機記錄，E 伺服器也知道根伺服器的 IP 位址，但它不知道 C 伺服器的 IP 位址。

當然三級域名伺服器也可以將某個子域名的域名解析委派給四級域名伺服器。

根伺服器知道頂層網域名伺服器的 IP 位址，上級 DNS 伺服器委派下級 DNS 伺服器，全部的 DNS 伺服器都知道根伺服器 IP 位址。這種架構設計，保證用戶端使用任何一個 DNS 伺服器都能夠解析出全球的域名。下面講解域名解析的過程。

為了方便講解，圖中只畫出了一個根伺服器，其實全球共有 13 台邏輯根伺服器。這 13 台邏輯根伺服器的名字分別為 "A" 至 "M"，真實的根伺服器截至 2014 年 1 月 25 日的資料為 386 台，分佈於全球各大洲。每一個域名也都有多個 DNS 伺服器來負責解析，這樣能夠負載平衡和容錯。

1.5.4 域名解析的過程

大家已經知道了 Internet 中 DNS 伺服器的組織架構，下面講解電腦域名解析的過程。圖 1-46 所示的 Client 電腦的 DNS 伺服器指向了 13.2.1.2，也就是指向了 B 伺服器。現在 Client 向 DNS 伺服器發送一個域名解析請求資料封包，解析 www.inhe.net 的 IP 位址，B 伺服器正巧負責 inhe.net 域名解析，查詢本機記錄後將查詢結果 221.192.141.115 直接返回給 Client，DNS 伺服器直接返回查詢結果就是權威回應，這是一種情況。

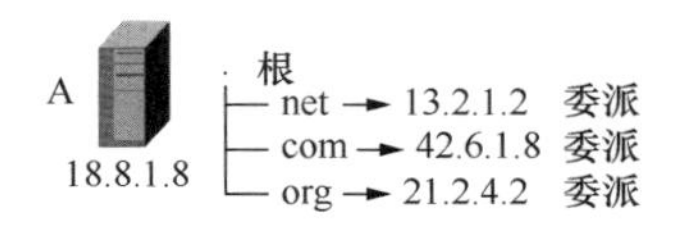

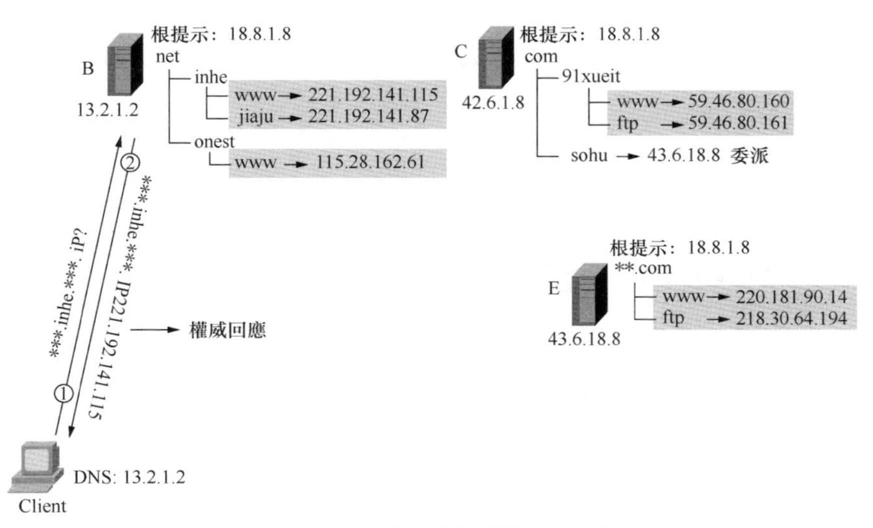

▲ 圖 1-46　域名解析的過程（一）

現在看另一種情況，Client 向 B 伺服器發送請求，解析 www.**.com 域名的 IP 位址，如圖 1-47 所示，解析過程是什麼樣的呢？

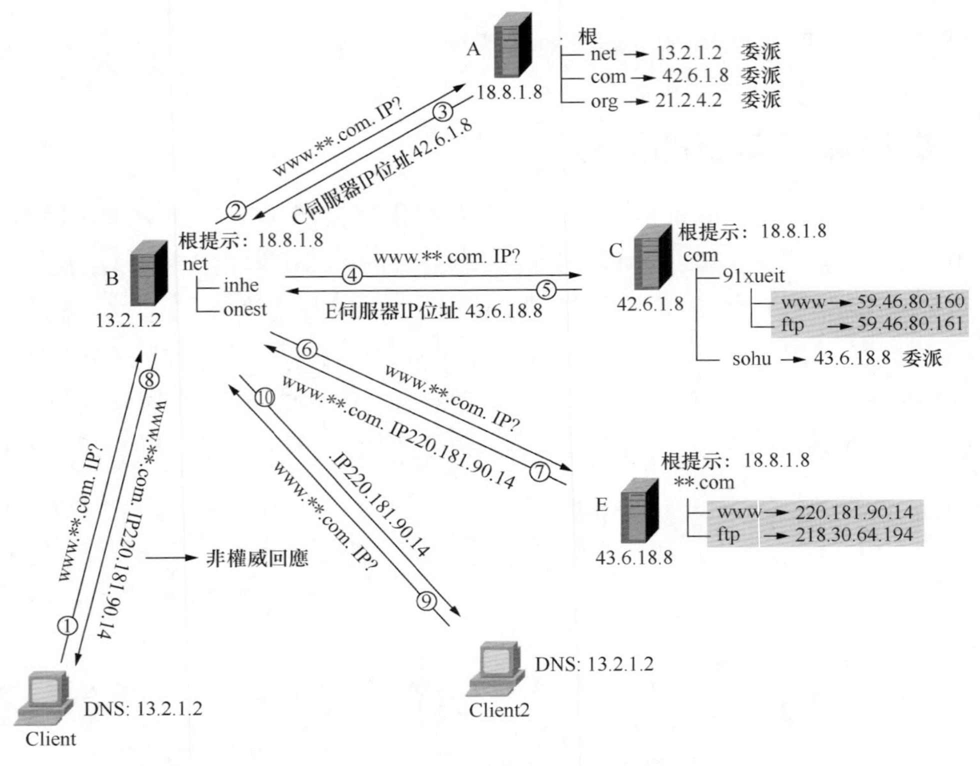

▲ 圖 1-47　域名解析的過程（二）

域名解析的步驟如下。

第①步，Client 向 DNS 伺服器 13.2.1.2 發送域名解析請求。

第②步，B 伺服器只負責 net 域名解析，它也不知道哪個 DNS 伺服器負責 com 域名解析，但它知道根伺服器（A）的 IP 位址，於是將域名解析的請求轉發給根伺服器。

第③步，根伺服器返回查詢結果，告訴 B 伺服器去查詢 C 伺服器。

第④步，B 伺服器將域名解析請求轉發到 C 伺服器。

第⑤步，C 伺服器雖然負責 com 域名解析，但 **.com 域名解析委派給了 E 伺服器，C 伺服器返回查詢結果，告訴 B 伺服器去查詢 E 伺服器。

第⑥步，B 伺服器將域名解析請求轉發到 E 伺服器。

第⑦步，E 伺服器上有 **.com 域名下的主機記錄，將 www.**.com 的 IP 位址 220.181.90.14 返回給 B 伺服器。

第⑧步，B 伺服器將費盡周折尋找到的結果快取一份到本機，將解析到的 www.**.com 的 IP 位址 220.181.90.14 返回給 Client。這個查詢結果是 B 伺服器查詢得到的，因此是非授權回應。Client 快取解析的結果。

> 至此，Client 得到解析的最終結果，它並不知道 B 伺服器所經歷的曲折的尋找過程。對 Client 來說，它可以使用 B 伺服器解析全球的域名。

第⑨步，Client2 的 DNS 也指向了 13.2.1.2，現在 Client2 也需要解析 www.**.com 的位址，它將域名解析請求發送給 B 伺服器。

第⑩步，B 伺服器剛剛快取了 www.**.com 的查詢結果，所以直接查詢快取，將 www.**.com 的 IP 位址返回給 Client2。

> 可見 DNS 伺服器的快取功能能夠減少向根伺服器轉發查詢次數、減少 Internet 上 DNS 查詢封包的數量，快取的結果有效期通常為 1 天。如果沒有時間限制，當 www.**.com 的 IP 位址變化了，Client2 就不能查詢到新的 IP 位址了。

1.5.5 封包截取分析 DNS 協定

運行 Wireshark 封包截取工具，選中存取 Internet 的網路卡。設定區域連線的首選 DNS 伺服器，這就是在設定 DNS 用戶端，如圖 1-48 所示。

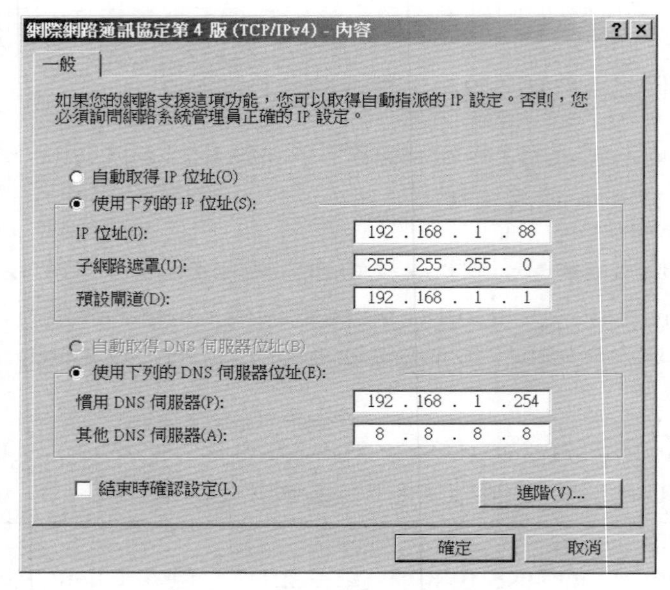

▲ 圖 1-48　設定 DNS 用戶端

在命令提示符號處輸入 "ping www.91xueit.com"。停止捕捉，在顯示篩檢程式中輸入 "dns.qry.name == www.91xueit.com"，點擊 按鈕應用顯示篩檢程式，如圖 1-49 所示。可以看到第 26 個資料封包是 DNS 域名解析請求封包，封包中的欄位是用 DNS 協定定義的。圖 1-50 所示的第 37 個資料封包是 DNS 伺服器回應封包，可以看到其中有解析到的 IP 位址 219.148.36.48。

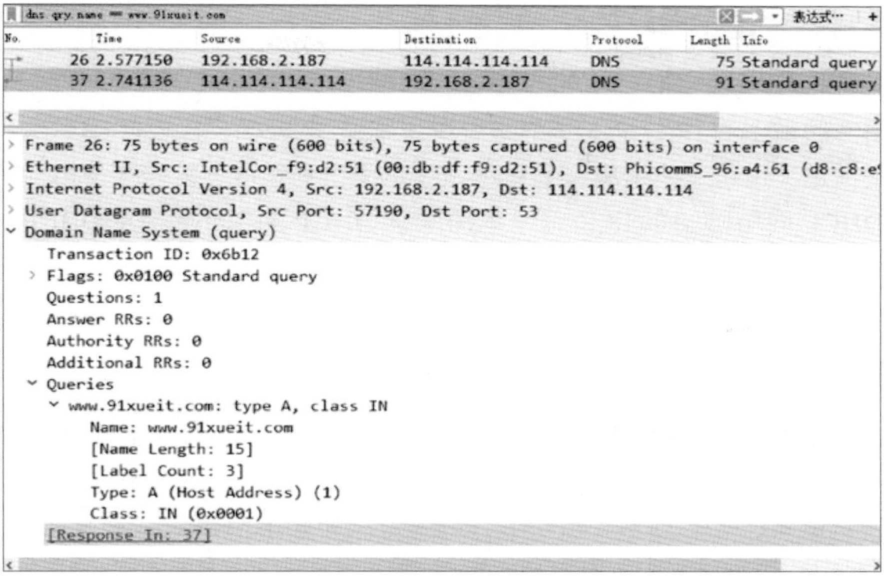

```
dns.qry.name == www.91xueit.com                                    表达式…  +
No.   Time        Source            Destination       Protocol  Length  Info
   26 2.577150    192.168.2.187     114.114.114.114   DNS           75  Standard query
   37 2.741136    114.114.114.114   192.168.2.187     DNS           91  Standard query

> Frame 26: 75 bytes on wire (600 bits), 75 bytes captured (600 bits) on interface 0
> Ethernet II, Src: IntelCor_f9:d2:51 (00:db:df:f9:d2:51), Dst: PhicommS_96:a4:61 (d8:c8:e
> Internet Protocol Version 4, Src: 192.168.2.187, Dst: 114.114.114.114
> User Datagram Protocol, Src Port: 57190, Dst Port: 53
v Domain Name System (query)
    Transaction ID: 0x6b12
  > Flags: 0x0100 Standard query
    Questions: 1
    Answer RRs: 0
    Authority RRs: 0
    Additional RRs: 0
  v Queries
    v www.91xueit.com: type A, class IN
        Name: www.91xueit.com
        [Name Length: 15]
        [Label Count: 3]
        Type: A (Host Address) (1)
        Class: IN (0x0001)
    [Response In: 37]
```

▲ 圖 1-49　域名解析請求封包

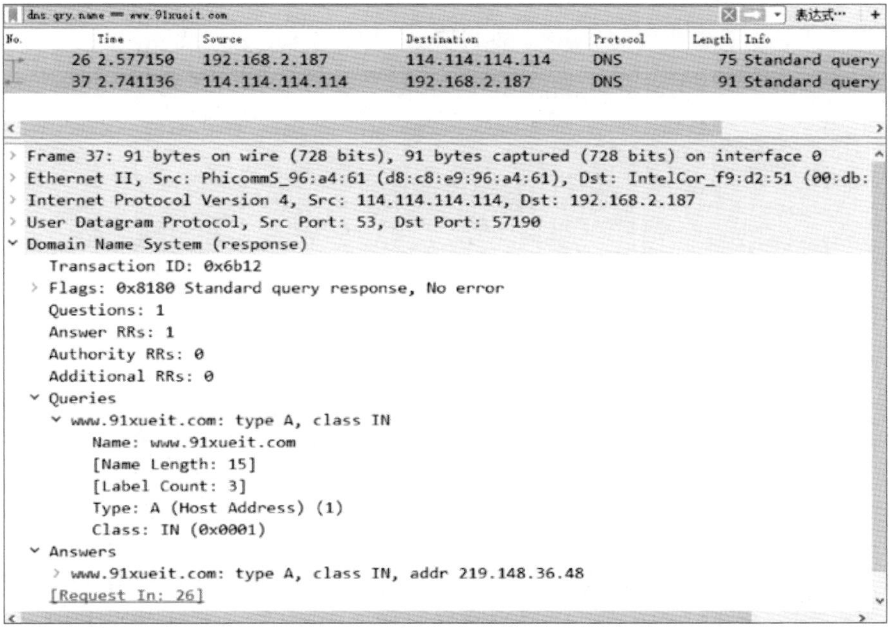

```
dns.qry.name == www.91xueit.com                                    表达式…  +
No.   Time        Source            Destination       Protocol  Length  Info
   26 2.577150    192.168.2.187     114.114.114.114   DNS           75  Standard query
   37 2.741136    114.114.114.114   192.168.2.187     DNS           91  Standard query

> Frame 37: 91 bytes on wire (728 bits), 91 bytes captured (728 bits) on interface 0
> Ethernet II, Src: PhicommS_96:a4:61 (d8:c8:e9:96:a4:61), Dst: IntelCor_f9:d2:51 (00:db:
> Internet Protocol Version 4, Src: 114.114.114.114, Dst: 192.168.2.187
> User Datagram Protocol, Src Port: 53, Dst Port: 57190
v Domain Name System (response)
    Transaction ID: 0x6b12
  > Flags: 0x8180 Standard query response, No error
    Questions: 1
    Answer RRs: 1
    Authority RRs: 0
    Additional RRs: 0
  v Queries
    v www.91xueit.com: type A, class IN
        Name: www.91xueit.com
        [Name Length: 15]
        [Label Count: 3]
        Type: A (Host Address) (1)
        Class: IN (0x0001)
  v Answers
    > www.91xueit.com: type A, class IN, addr 219.148.36.48
    [Request In: 26]
```

▲ 圖 1-50　域名解析回應封包

1.6 DHCP

網路中的電腦的 IP 位址、子網路遮罩、閘道和 DNS 伺服器等設定既可以人工指定，也可以設定成自動獲得。設定成自動獲得，就需要使用 DHCP 從 DHCP 伺服器請求 IP 位址。本節講解 DHCP 的工作過程、DHCP 的 4 種封包。

1.6.1 靜態位址和動態位址的應用場景

設定電腦的 IP 位址有兩種方式：自動獲得 IP 位址（動態位址）和使用設定好的 IP 位址（靜態位址）。當選擇自動獲得 IP 位址時，DNS 伺服器的 IP 位址既可以人工指定，也可以自動獲得，如圖 1-51 所示。

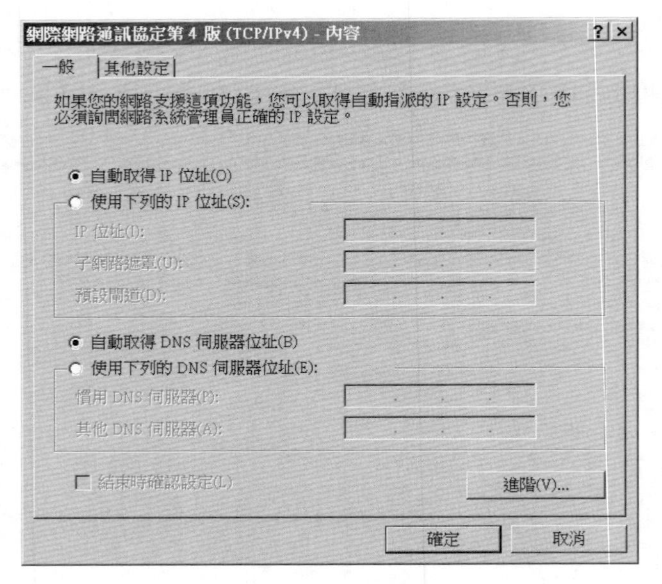

▲ 圖 1-51　靜態位址和動態位址

自動獲得位址就需要網路中有 DHCP 伺服器為網路中的電腦分配 IP 位址、子網路遮罩、閘道和 DNS 伺服器。那些設定成自動獲得 IP 位址的電腦就是 DHCP 用戶端。DHCP 伺服器為 DHCP 用戶端分配 IP 位址所使用的協定就是 DHCP。

那麼什麼情況下使用靜態位址，什麼情況下使用動態位址呢？

使用靜態位址的情況如下。

IP 位址不經常更改的裝置就可以使用靜態位址。舉例來說，企業中的伺服器會單獨在一個網段，很少更改 IP 位址或移動到其他網段，這些伺服器通常使用靜態位址。使用靜態位址還方便企業員工使用位址存取這些伺服器。又如學校機房都是桌上型電腦，很少移動，這些電腦最好也使用靜態位址，按電腦的位置設定 IP 位址，如第一排第一台電腦的 IP 位址設定為 192.168.0.11，第二排第三台電腦的 IP 位址設定為 192.168.0.23，這樣規律地指定靜態位址，不僅方便老師管理，也方便學生存取某個位置的電腦。

使用動態位址的情況如下。

（1）網路中的電腦不固定時，就應該使用動態位址。舉例來說，軟體學院的學生每人一台可攜式電腦，每個教室一個網段。學生這節課在 204 教室上課，下節課在 306 教室上課，如果讓學生自己指定 IP 位址，就很有可能發生位址衝突了。這種情況下，將電腦設定成自動獲得 IP 位址，由 DHCP 伺服器統一分配 IP 位址，就不會發生衝突了，學生也省去了更換教室就得手動更改 IP 位址的麻煩。

（2）無線裝置最好也使用動態位址。舉例來說，家裡部署了無線路由器，可攜式電腦、iPad、智慧型手機連線無線，預設也是自動獲得 IP 位址，簡化無線裝置聯網的設定。再如你去飯店吃飯，想用其 Wi-Fi 上網，只需問一下連接 Wi-Fi 的密碼即可，連接 Wi-Fi 的同時會自動獲得 IP 位址、閘道和 DNS 伺服器等設定。

（3）ADSL 撥號上網通常也使用動態位址。電信業者為撥號上網的使用者自動分配上網使用的公網 IP 位址、閘道和 DNS 伺服器等設定，使用者不知道這些電信業者使用哪些網段的位址，也不知道哪些位址沒有被其他使用者使用。

1.6.2 DHCP 位址租約

假如外單位組織員工到你公司開會，他們的可攜式電腦臨時連線你公司的網路，DHCP 伺服器給他們的可攜式電腦分配了 IP 位址，DHCP 伺服器會記錄下這些位址已經被分配，就不能再分配給其他電腦使用了。這些人開完會，直接拔掉網線、關機，他們的可攜式電腦沒來得及告訴 DHCP 伺服器不再使用這些 IP 的位址了，DHCP 伺服器會一直認為這些位址已分配，不會分配給其他電腦使用。

為了解決這個問題，DHCP 伺服器會以租約的形式向 DHCP 用戶端分配 IP 位址。租約有時間限制，如果到期不續約，DHCP 伺服器就認為該電腦已不在網路中，租約就會被 DHCP 伺服器單方面廢除，分配的 IP 位址就會被收回，這就要求 DHCP 用戶端在租約未到期前及時更新租約，如圖 1-52 所示。

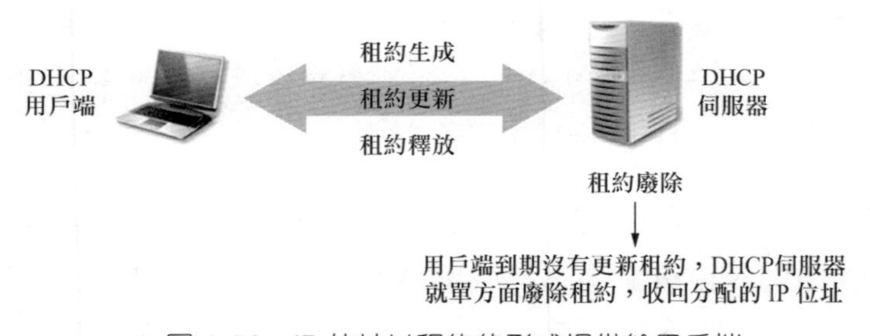

▲ 圖 1-52　IP 位址以租約的形式提供給用戶端

如果電腦要離開網路，就應該正常關機，電腦會向 DHCP 伺服器發送釋放租約的請求，DHCP 伺服器收回分配的 IP 位址。如果不關機離開網路，則最好使用命令 ipconfig/release 釋放租約。

1.6.3 DHCP 伺服器分配 IP 位址的過程

DHCP 用戶端會在以下所列舉的幾種情況下，從 DHCP 伺服器獲取一個新的 IP 位址。

（1）該用戶端是第一次從 DHCP 伺服器獲取 IP 位址。

（2）該用戶端原先所租用的 IP 位址已經被 DHCP 伺服器收回，而且已經租給其他用戶端了，因此該用戶端需要重新從 DHCP 伺服器租用一個新的 IP 位址。

（3）該用戶端自己釋放原先所租用的 IP 位址，並要求租用一個新的 IP 位址。

（4）該用戶端更換了網路卡。

（5）該用戶端轉移到另一個網段。

以上幾種情況下，DHCP 用戶端與 DHCP 伺服器之間會透過以下 4 個封包來相互通訊，其過程如圖 1-53 所示。DHCP 定義了 4 種類型的資料封包。

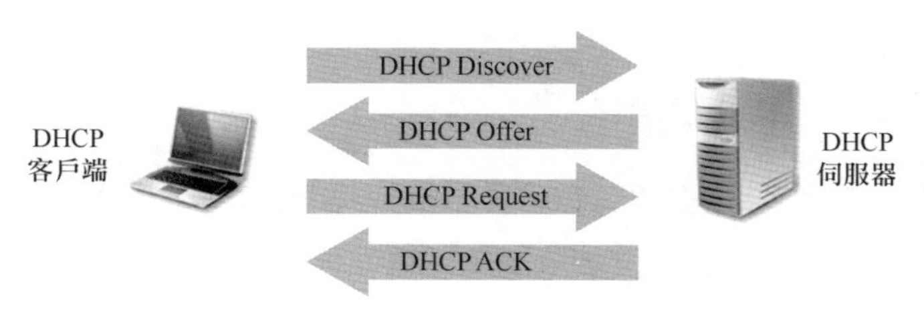

▲ 圖 1-53　DHCP 用戶端請求 IP 位址的過程

（1）DHCP Discover。DHCP 用戶端會先送出 DHCP Discover 的廣播資訊到網路，以便尋找一台能夠提供 IP 位址的 DHCP 伺服器。

（2）DHCP Offer。當網路中的 DHCP 伺服器收到 DHCP 用戶端的 DHCP Discover 資訊後，就會從 IP 位址集區中挑選一個尚未出租的 IP 位址，然後利用廣播的方式傳輸給 DHCP 用戶端。之所以使用廣播方式，是因為此時 DHCP 用戶端還沒有 IP 位址。在尚未與 DHCP 用戶端完成租用 IP 位址的程式之前，這個 IP 位址會被暫時保留起來，以避免再分配給其他的 DHCP 用戶端。如果網路中有多台 DHCP 伺服器收到 DHCP 用戶端的 DHCP Discover 資訊，並且也都回應 DHCP 用戶端（表示它們都可以提供 IP 位址給此用戶端），那麼 DHCP 用戶端會選擇第一個收到的 DHCP Offer 資訊。

（3）DHCPR Request。當 DHCP 用戶端選擇第一個收到的 DHCP Offer 資訊後，它就利用廣播的方式，響應一個 DHCP Request 資訊給 DHCP 伺服器。之所以利用廣播方式，是因為它不但要通知所挑選的 DHCP 伺服器，還必須通知沒有被選擇的其他 DHCP 伺服器，以便這些 DHCP 伺服器將原本欲分配給此 DHCP 用戶端的 IP 位址收回，供其他 DHCP 用戶端使用。

（4）DHCP ACK。DHCP 伺服器收到 DHCP 用戶端要求 IP 位址的 DHCP Request 資訊後，就會利用廣播的方式送出 DHCP ACK 確認資訊給 DHCP 用戶端。之所以利用廣播的方式，是因為此時 DHCP 用戶端還沒有 IP 位址，此資訊包含著 DHCP 用戶端所需要的 TCP/IP 設定資訊，如子網路遮罩、預設閘道器、DNS 伺服器等。

DHCP 用戶端在收到 DHCP ACK 資訊後，就完成了獲取 IP 位址的步驟，也就可以開始利用這個 IP 位址與網路中的其他電腦通訊了。

1.6.4 DHCP 位址租約更新

在租約過期之前，DHCP 用戶端需要向 DHCP 伺服器續租指派給它的位址租約。DHCP 用戶端按照設定好的時間週期性地續租以保證其使用的是最新的設定資訊。當租約期滿而 DHCP 用戶端依然沒有更新其位址租約時，DHCP 用戶端將失去這個位址租約並開始一個新的 DHCP 租約產生過程。DHCP 租約更新的步驟如下。

（1）當租約時間過去一半後，用戶端向 DHCP 伺服器發送一個請求，請求更新和延長當前租約。用戶端直接向 DHCP 伺服器發送請求，最多可重發 3 次，分別在 4s、8s 和 16s。

如果找到 DHCP 伺服器，伺服器就會向用戶端發送一個 DHCP 回應訊息，這樣就更新了租約。

如果用戶端未能與原 DHCP 伺服器通訊，等到租約時間過去 87.5%，用戶端就會進入重綁定狀態，向任何可用 DHCP 伺服器廣播（最多可重試 3 次，分別在 4s、8s、16s）一個 DHCP Discover 訊息，用來更新當前 IP 位址的租約。

（2）如果某台伺服器回應一個 DHCP Offer 訊息，以更新用戶端的當前租約，用戶端就用該伺服器提供的資訊更新租約並繼續工作。

（3）如果用戶端直到租約終止也沒有連接到任何一台伺服器，用戶端必須立即停止使用其租約的 IP 位址。然後，用戶端執行與它初始啟動時相同的過程來獲得新的 IP 位址租約。

租約更新的兩種方法如下。

1. 自動更新

DHCP 自動進行租約的更新，也就是前面部分描述的租約更新的過程，當租約時間達到租約期限的 50% 時，DHCP 用戶端將自動開始嘗試續租該租約。每次 DHCP 用戶端重新啟動的時候也將嘗試續租該租約。為了續租該租約，DHCP 用戶端向為它提供租約的 DHCP 伺服器發出一個 DHCP Request 請求資料封包。如果該 DHCP 伺服器可用，它將續租該租約並向 DHCP 用戶端提供一個包含新的租約期和任何需要更新的設定參數值的 DHCP ACK 資料封包，當用戶端收到該確認資料封包後更新自己的設定。如果 DHCP 伺服器不可用，用戶端將繼續使用現有的設定。

如果 DHCP 用戶端第一次更新租約沒有成功，當租約時間達到租約期限 87.5% 時，DHCP 用戶端將發出一個 DHCP Discover 資料封包。這時 DHCP 用戶端將接受任何 DHCP 伺服器為其分配的租約。

注意：如果 DHCP 用戶端請求的是一個無效的或存在衝突的 IP 位址，則 DHCP 伺服器可以向其響應一個 DHCP 拒絕訊息（DHCP NAK），該訊息強迫用戶端釋放其 IP 位址並獲得一個新的、有效的 IP 位址。

如果 DHCP 用戶端重新啟動而網路上沒有 DHCP 伺服器回應其 DHCP Request 請求，它將嘗試連接預設的閘道（ping）。如果連接到預設閘道器的嘗試也宣告失敗，則 DHCP 用戶端將中止使用現有的位址租約，並會認為自己已不在以前的網段，需要獲得新的 IP 位址了。

如果 DHCP 伺服器向 DHCP 用戶端響應一個用於更新用戶端現有租約的 DHCP Offer 資料封包，DHCP 用戶端將根據 DHCP 伺服器提供的資料封包對租約進行續租。

如果租約過期，DHCP 用戶端必須立即終止使用現有的 IP 位址並開始一個新的 DHCP 租約產生過程，以嘗試得到一個新的 IP 位址租約。如果 DHCP 用戶端無法得到一個新的 IP 位址，DHCP 用戶端自己會產生一個 169.254.0.0/16 網段中的 IP 位址作為臨時位址。

2. 手動更新

如果需要立即更新 DHCP 設定資訊，可以手動對 IP 位址租約進行續租操作，舉例來說，我們希望 DHCP 用戶端立即從 DHCP 伺服器上得到一台新安裝的路由器的位址，只需簡單地在用戶端做續租操作就可以了。

直接在客戶端裝置的命令提示符號處輸入 "ipconfig /renew" 即可更新。

1.6.5 封包截取分析 DHCP

家庭無線上網的路由器通常會設定成 DHCP 伺服器為上網使用者分配 IP 位址。下面在 DHCP 用戶端上使用 Wireshark 封包截取工具，捕捉 DHCP 伺服器給電腦分配 IP 位址的 4 種資料封包：DHCP Discover、DHCP Offer、DHCP Request、DHCP ACK。

運行 Wireshark 封包截取工具，將區域連線的位址由靜態位址設定成「自動獲得 IP 位址」，將 DNS 伺服器位址設定成「自動獲得 DNS 伺服器位址」，點擊「確定」按鈕，如圖 1-54 所示。

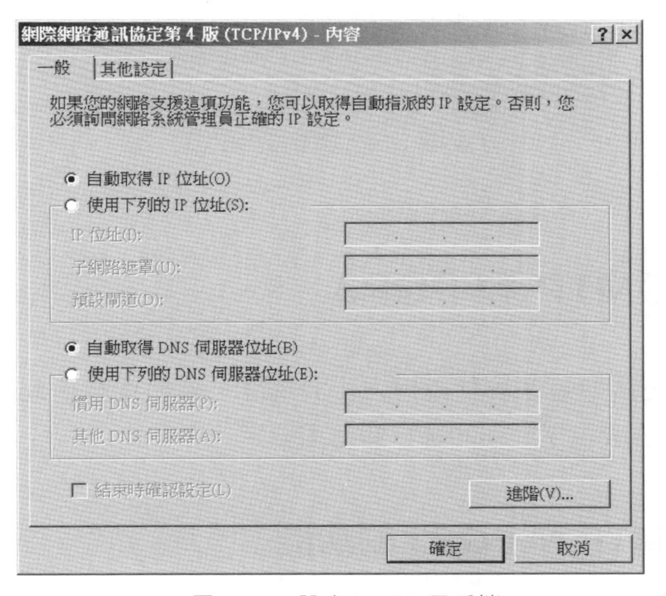

▲ 圖 1-54　設定 DHCP 用戶端

停止封包截取，在顯示篩檢程式中輸入 "ip.dst == 255.255.255.255"，因為在請求 IP 位址和提供 IP 位址的過程中目標 IP 位址都是廣播位址。可以看到 DHCP 伺服器給電腦分配 IP 位址的 4 種封包。圖 1-55 所示的是 Offer 封包的格式。DHCP 定義了 4 種封包格式，也定義了這 4 種封包的互動順序。

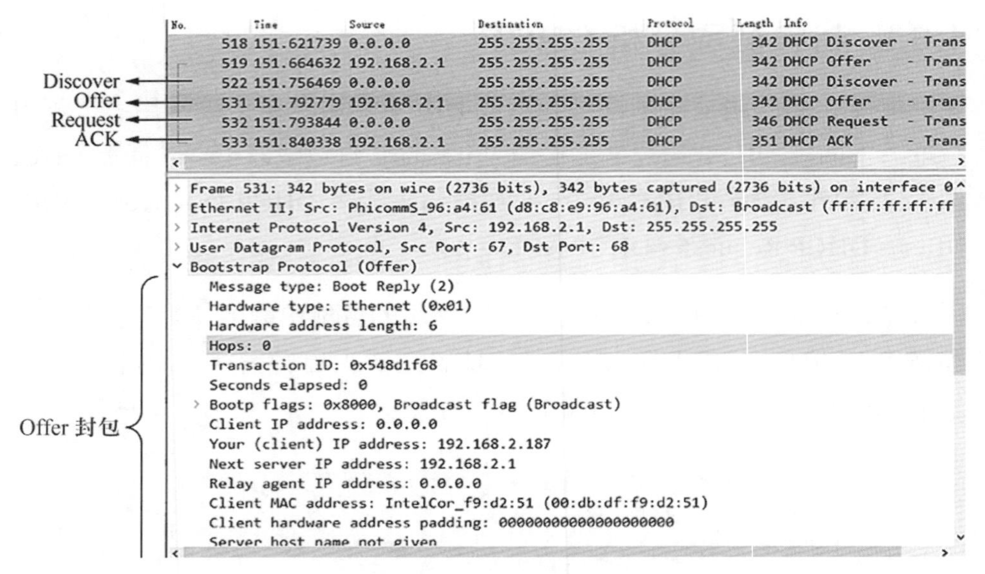

▲ 圖 1-55　Offer 封包格式

1.7 SMTP 和 POP3

在 Internet 上收發電子郵件應用得十分廣泛，本節講解在 Internet 上發送電子郵件、接收電子郵件的過程和使用協定。

1.7.1 SMTP 和 POP3 的功能

SMTP（Simple Mail Transfer Protocol，簡單郵件傳輸協定）規定了在兩個相互通訊的 SMTP 處理程序之間應如何交換資訊。由於 SMTP 使用用戶端 / 伺服器方式，因此負責發送郵件的 SMTP 處理程序就是 SMTP 用戶端，而負責接收郵件的 SMTP 處理程序就是 SMTP 伺服器。至於郵件內部的格式、郵件如何儲存，以及郵件系統應以多快的速度來發送郵件，SMTP 未做規定。

SMTP 規定了 14 筆命令和 21 種回應資訊。每筆命令由 4 個字母組成，而每一種回應資訊一般只有一行資訊，由一個 3 位數字的程式開始，後面附上（也可不附上）很簡單的文字說明。

POP3（Post Office Protocol - Version 3，郵局協定版本 3）用來發送郵件，從郵件伺服器接收郵件到本機電腦。

郵局協定 POP 是一個非常簡單、功能有限的郵件讀取協定，它已成為 Internet 的正式標準。大多數的 ISP 支持 POP，POP3 可簡稱為 POP。

POP 也使用用戶端 / 伺服器的工作方式。接收郵件的電腦中的使用者代理必須運行 POP 用戶端程式，而在收件人所連接的郵件伺服器中則運行 POP 伺服器程式。當然，這個郵件伺服器還必須運行 SMTP 伺服器程式，以便接收發送方郵件伺服器的 SMTP 用戶端程式發來的郵件。POP 伺服器只有在使用者輸入鑑別資訊（用戶名和密碼）後，才允許對電子郵件進行讀取。

POP3 的特點就是只要使用者從 POP 伺服器讀取了郵件，POP 伺服器就把該郵件刪除。這在某些情況下不夠方便。舉例來說，某使用者在辦公室的桌上型電腦上接收了一些郵件，還來不及寫回信，就馬上攜帶可攜式電腦出差。當他打開可攜式電腦寫回信時，卻無法再看到原先在辦公室收到的郵件（除非他事先將這些郵件複製到可攜式電腦中）。為了解決這一問題，POP3 進行了一些功能擴充，其中包括讓使用者能夠事先設定郵件讀取後仍然在 POP 伺服器中存放的時間。POP3 規定了 15 筆命令和 24 種回應資訊。

1.7.2 電子郵件發送和接收的過程

一個電子郵件系統應具有圖 1-56 所示的 3 個主要組成元件，即使用者代理（收發雙方的）、郵件伺服器（收發雙方的），以及郵件發送協定（發件方的，如 SMTP）和郵件讀取協定（收件方，如 POP3）。

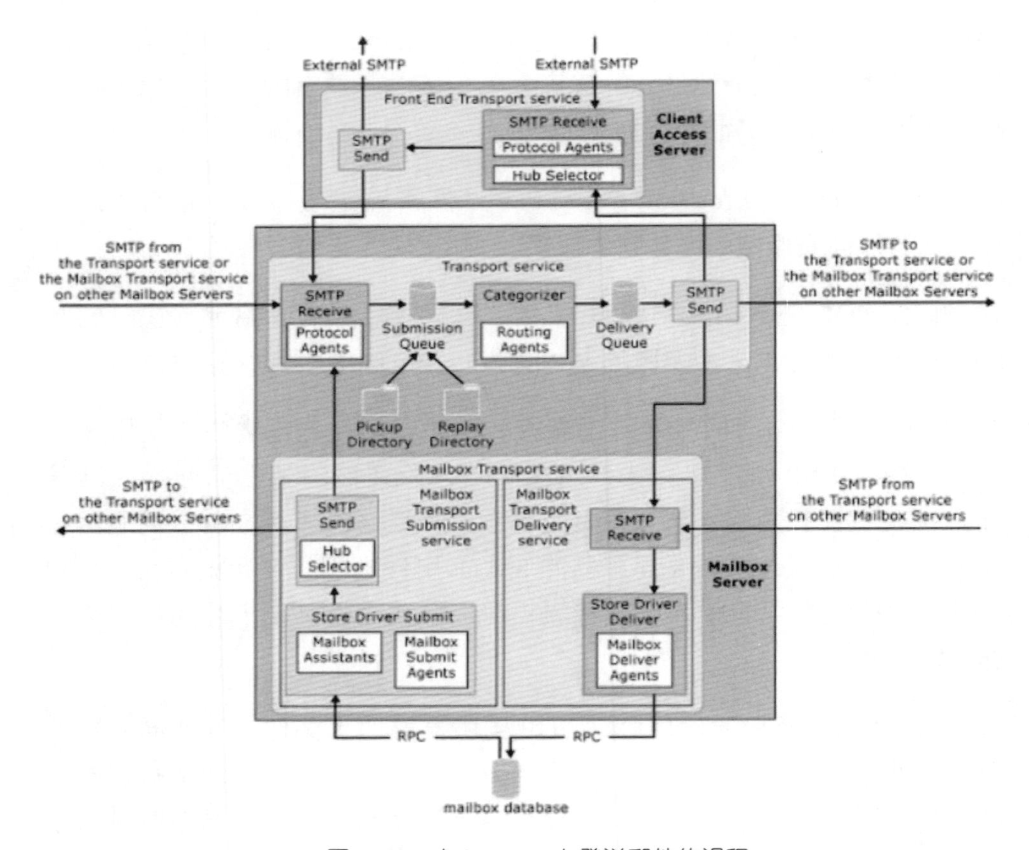

▲ 圖 1-56　在 Internet 上發送郵件的過程

（來源：https://techgenix.com/exchange-2013-mail-flow-part1/）

使用者代理（User Agent，UA）就是使用者與電子郵件系統的介面，在大多數情況下它就是運行在使用者電腦中的程式。因此使用者代理又被稱為「電子郵件用戶端軟體」。使用者代理向使用者提供一個很友善的介面（目前主要使用視窗介面）來發送和接收郵件。現在可供選擇的使用者代理有很多種。例如 Outlook Express 和 Foxmail 都是很受歡迎的電子郵件使用者代理。

使用者代理至少應當具有以下 4 個功能。

（1）撰寫。給使用者提供編輯信件的環境。舉例來說，應讓使用者能創建便於使用的通訊錄（有常用的人名和位址）。回信時不僅能很方便地從來信中提取出對方位址，並自動地將此位址寫入郵件中合適的位置，而且還能方便地對來信提出的問題進行答覆（系統自動將來信複製在使用者撰寫回信的視窗中，使用者不需要再輸入來信中的問題）。

（2）顯示。能方便地在電腦螢幕上顯示來信（包括來信附上的聲音和圖型）。

（3）處理。處理包括發送郵件和接收郵件。收件人應能根據情況按不同的方式對來信進行處理。舉例來說，閱讀後刪除、存檔、列印、轉發等，以及自建目錄對來信進行分類保存。有時還可在讀取信件之前先查看一下郵件的寄件者和信件長度等，對於不願接收的信件可直接在電子郵件中刪除。

（4）通訊。寄件者在撰寫完郵件後，要利用郵件發送協定將郵件發送到收件人所使用的郵件伺服器中。收件人在接收郵件時，要使用郵件讀取協定從本機郵件伺服器中接收郵件。

Internet 上有許多郵件伺服器可供使用者選用（有些要收取少量的費用），這些郵件伺服器 24h 不斷工作，並且具有很大容量的郵件信箱。郵件伺服器的功能是發送和接收郵件，同時還要向寄件者報告郵件傳輸的結果（已發表、被拒絕、遺失等）。郵件伺服器按照用戶端 / 伺服器的方式工作。郵件伺服器需要使用兩種不同的協定。一種協定用於使用者代理向郵件伺服器發送郵件或在郵件伺服器之間發送郵件，如 SMTP；而另一種協定用於使用者代理從郵件伺服器讀取郵件，如 POP3。

這裡應當注意，郵件伺服器必須能夠同時充當用戶端和伺服器。舉例來說，當郵件伺服器 A 向另一個郵件伺服器 B 發送郵件時，A 就作為 SMTP 用戶端，而 B 是 SMTP 伺服器；反之，當 B 向 A 發送郵件時，B 就是 SMTP 用戶端，而 A 就是 SMTP 伺服器。

下面講解在 Internet 上兩個人發送郵件的過程。

圖 1-56 所示的 A 使用者申請了電子郵件，位址為 ess2005@yeah.net，B 使用者申請了電子郵件，位址為 dongqing91@sohu.com。

A 使用者給 B 使用者發送郵件的過程如下。

第①步，發件方 A 打開電腦上的使用者代理軟體，需要先設定使用者代理軟體，指定發送郵件的伺服器和接收郵件的伺服器，並且指定接收郵件的電子郵件位址和密碼。設定完成後，編輯要發送的郵件。

第②步，編輯完成後，點擊「發送郵件」按鈕，把發送郵件的工作全都交給使用者代理來完成。使用者代理把郵件用 SMTP 發給發送方郵件伺服器，使用者代理充當 SMTP 用戶端，而發件方郵件伺服器充當 SMTP 伺服器。

第③步，SMTP 伺服器收到使用者代理發來的郵件後，就把郵件臨時存放在郵件快取佇列中，等待發送到收件方的郵件伺服器。

第④步，郵件伺服器上的 SMTP 用戶端透過 DNS 伺服器解析出 **.com 郵件伺服器的位址。

第⑤步，發件方郵件伺服器的 SMTP 用戶端與收件方郵件伺服器的 SMTP 伺服器建立 TCP 連接，然後就把郵件快取佇列中的郵件依次發送出去。如果有多封電子郵件需要發送到 sohu.com 郵件伺服器，那麼可以在原來已建立的 TCP 連接上重複發送。如果 SMTP 用戶端無法和 SMTP 伺服器建立 TCP 連接（舉例來説，收件方郵件伺服器負荷過重或出了故障），那麼要發送的郵件就會繼續保存在發件方的郵件伺服器中，並在稍後一段時間再進行新的嘗試。如果 SMTP 用戶端超過了規定的時間還不能把郵件發送出去，那麼發送郵件伺服器就把這種情況通知使用者代理。

第⑥步，運行在收件方郵件伺服器中的 SMTP 伺服器處理程序收到郵件後，把郵件放入收件方的使用者電子郵件中，等待收件方進行讀取。

第⑦步，收件方在打算收信時，就運行電腦中的使用者代理軟體，使用 POP3（或 IMAP）讀取發送給自己的郵件。請注意，在圖 1-74 中，POP3 伺服器和 POP3 用戶端之間的箭頭表示的是郵件傳輸的方向，但它們之間的通訊是由 POP3 用戶端發起的。

這裡有兩種不同的通訊方式：一種是「推」(push)，即 SMTP 用戶端把郵件「推」給 SMTP 伺服器；另一種是「拉」(pull)，即 POP3 用戶端把郵件從 POP3 伺服器「拉」過來。

電子郵件由信封（envelope）和內容（content）兩部分組成。電子郵件的傳輸程式根據郵件信封上的資訊來傳輸郵件，這與郵局按照信封上的資訊投遞信件是相似的。

在郵件的信封上，最重要的就是收件人的位址。TCP/IP 系統的電子郵件系統規定電子郵件位址（E-mail address）的格式為：收件人電子郵件名 @ 電子郵件所在主機的域名。

符號 "@" 讀作 "at"，表示「在」的意思。收件人電子郵件名又簡稱為「用戶名」(username)，是收件人自己定義的字串識別符號。但應注意，標示收件人電子郵件名的字串在電子郵件所在郵件伺服器的電腦中必須是唯一的。這樣就保證了這個電子郵件位址在全世界是唯一的。這對保證電子郵件能夠在整個 Internet 範圍內準確發表是十分重要的。使用者一般採用容易記憶的字串為自己的電子郵件命名。

1.8 習題

1. 圖 1-57 所示的 Client 電腦設定的 DNS 伺服器的 IP 位址是 43.6.18.8，現在需要解析 www.91xueit.com 的 IP 位址，請畫出解析過程，並標注每次解析返回的結果。

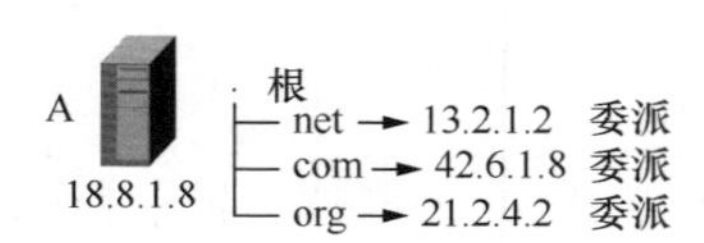

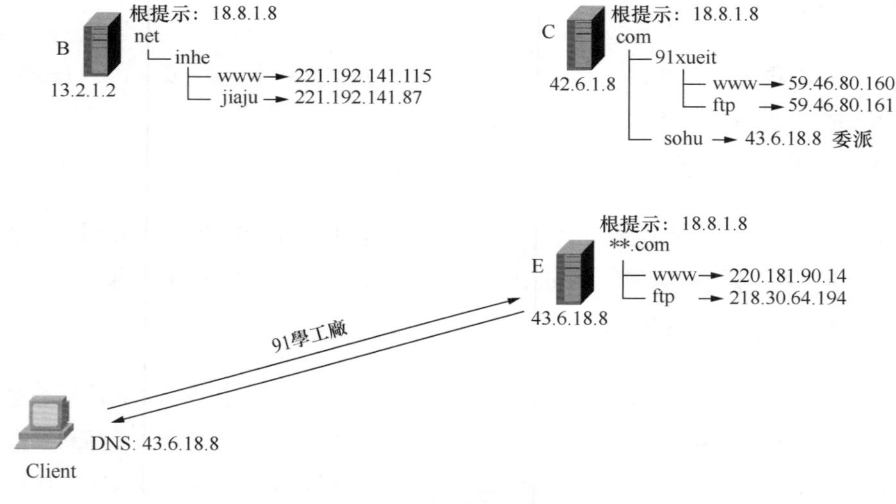

▲ 圖 1-57　域名解析過程

2. 若使用者 1 與使用者 2 之間發送和接收電子郵件的過程如圖 1-58 所示，則圖中 A、B、C 階段分別使用的應用層協定可以是（　　）。

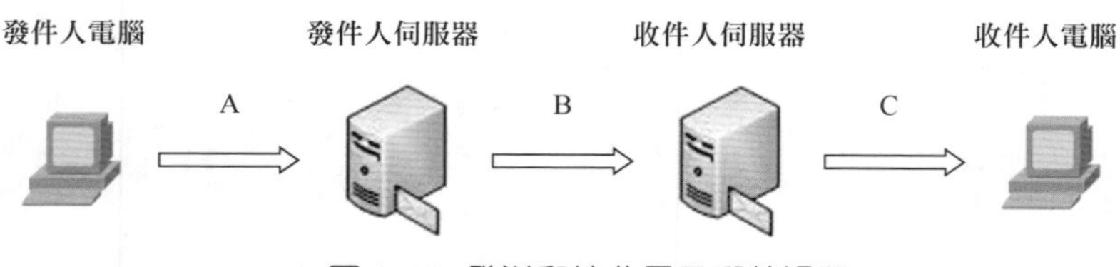

▲ 圖 1-58 發送和接收電子郵件過程

A. SMTP、SMTP、SMTP　　B. POP3、SMTP、POP3
C. POP3、SMTP、SMTP　　D. SMTP、SMTP、POP3

3. Internet 的域名結構是什麼？

4. 網域名稱系統的主要功能是什麼？

5. DHCP 客戶端裝置請求 IP 位址租約時首先發送的資訊是（　　）。
A. DHCP Discover　　B. DHCP Offer
C. DHCP Request　　D. DHCP Positive

6. 在 www.tsinghua.edu.cn 這個完全限定域名（FQDN）裡，（　　）是主機名稱。
A. edu.cn　　B. tsinghua
C. tsinghua.edu.cn　　D. www

7. 下列 4 項中表示電子郵寄位址的是（　　）。
A. ks@183.net　　B. 192.168.0.1
C. www.gov.cn　　D. www.cctv.com

8. 一個 FTP 使用者發送了一個 LIST 命令來獲取伺服器的檔案列表，這時伺服器應該透過（　　）通訊埠來傳輸該列表。
A. 21　　B. 20　　C. 22　　D. 19

9. 下列關於 FTP 連接的敘述正確的是（　　）。
A. 控制連接先於資料連接被建立，並先於資料連接被釋放
B. 資料連接先於控制連接被建立，並先於控制連接被釋放
C. 控制連接先於資料連接被建立，並晚於資料連接被釋放
D. 資料連接先於控制連接被建立，並晚於控制連接被釋放

10. 當電子郵件使用者代理向郵件伺服器發送郵件時，使用的協定是（　　）；當使用者想從郵件伺服器讀取郵件時，可以使用協定（　　）。
A. PPP　　B. POP3　　C. P2P　　D. SMTP

11. HTTP 中要求被請求伺服器接收附在請求後面的資料，常用於提交表單的命令是（　　）。

    A GET　　B. POST　　C. TRACE　　D. LIST

12. Wireshark 封包截取工具的顯示篩檢程式只顯示篩選內容包含 password 的 http 資料封包的運算式是（　　）。

    A. http contains "password"

    B. http == "password"

    C. http.request.uri contains "password "

    D. http.request == "password "

Chapter 02

傳輸層協定

• 本章主要內容 •

- TCP 和 UDP 的應用場景
- 傳輸層協定和應用層協定之間的關係
- 服務和通訊埠的關係
- 通訊埠和網路安全的關係
- UDP 封包的表頭格式
- TCP 封包的表頭格式
- TCP 可靠傳輸
- TCP 流量控制
- TCP 壅塞控制
- TCP 連接管理

Internet 是不可靠的。當網路壅塞時，來不及處理的資料封包就被路由器直接捨棄。應用程式通訊發送的封包需要完整地發送到對方，這就要求在通訊的電腦之間有可靠傳輸機制。Internet 中的電腦有不同的作業系統，如 Windows 作業系統、Linux 作業系統和 UNIX 作業系統等，智慧型手機也要存取 Internet，智慧型手機有 Android 系統和蘋果系統，這些系統能夠相互通訊、實現可靠傳輸，是因為這些系統使用了相同的可靠傳輸協定—— TCP（Transmission Control Protocol，傳輸控制協定），TCP 是 Internet 的標準協定。有些應用程式通訊使用 TCP 不合適，就使用（User Datagram Protocol，UDP）使用者資料封包通訊協定。

TCP 和 UDP 工作在相互通訊的電腦上，為應用層協定提供服務，這兩個協定被稱為「傳輸層協定」，如圖 2-1 所示。

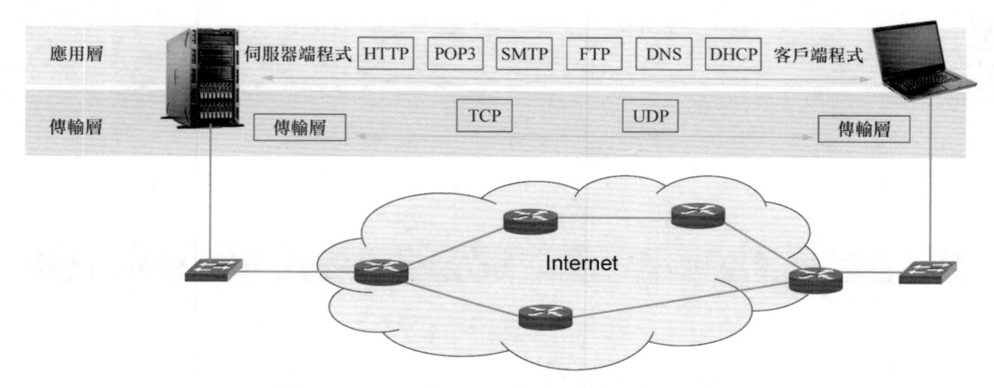

▲ 圖 2-1　TCP 和 UDP 為應用層協定提供服務

本章講解 TCP 和 UDP 的主要內容，重點是建立 TCP 連接、可靠傳輸的實現、釋放連接的過程；講解傳輸層協定和應用層協定之間的關係，弄清楚它們之間的關係，就能夠確保伺服器和電腦的網路安全。

2.1 傳輸層的兩個協定

本節主要講解傳輸層的兩個協定 TCP 和 UDP 的應用場景，傳輸層協定和應用層協定之間的關係，服務和通訊埠之間的關係，通訊埠和網路安全的關係。

2.1.1 TCP 和 UDP 的應用場景

傳輸層的兩個協定── TCP 和 UDP 有各自的應用場景。

TCP 為應用層協定提供可靠傳輸，發送端按順序發送，接收端按順序接收，其間如果發生封包遺失、亂數由 TCP 負責重傳和排序。下面是 TCP 的應用場景。

（1）用戶端程式和伺服器端程式需要多次互動才能實現應用程式的功能。舉例來說，接收電子郵件使用的是 POP3，發送電子郵件使用的是 SMTP，傳輸檔案使用的是 FTP，在傳輸層使用的是 TCP。

（2）應用程式傳輸的檔案需要分段傳輸，舉例來說，使用瀏覽器存取網頁，網頁中的圖片和 HTML 檔案需要分段後發送給瀏覽器；又如使用 LINE 傳檔案，在傳輸層也是選用 TCP。

如果需要將發送的內容分成多個資料封包發送，這就要求在傳輸層使用 TCP 在發送方和接收方建立連接，實現可靠傳輸、流量控制和避免壅塞。

舉例來說，從網路中下載一個 500MB 的電影或下載一個 200MB 的軟體，這麼大的檔案需要拆分成多個資料封包發送，發送過程需要持續幾分鐘或幾十分鐘。在此期間，發送方將要發送的內容一邊發送一邊放到快取中，將快取中的內容分成多個資料封包，並進行編號，按順序發送。這就需要在發送方和接收方建立連接，協商通訊過程的一些參數（如一個資料封包最大有多少位元組等）。如果網路不穩定造成某個資料封包遺失，發送方必須重新發送遺失的資料封包，否則就會造成接收到的檔案不完整，這就需要 TCP 能夠實現可靠傳輸。如果發送方發送速度太快，接收方來不及處理，接收方還會通知發送方降低發送速度，甚至停止發送。TCP 還能實現流量控制，因為 Internet 中的流量不固定，流量過高時會造成網路壅塞（這一點很好了解，就像城市上下班高峰時的交通堵塞一樣），在整個傳輸過程中，發送方要一直探測網路是否壅塞來調整發送速度。TCP 還有壅塞避免機制。

發送方的發送速度由網路是否壅塞和接收方接收速度兩個因素控制，哪個速度低，就用哪個速度發送，如圖 2-2 所示。

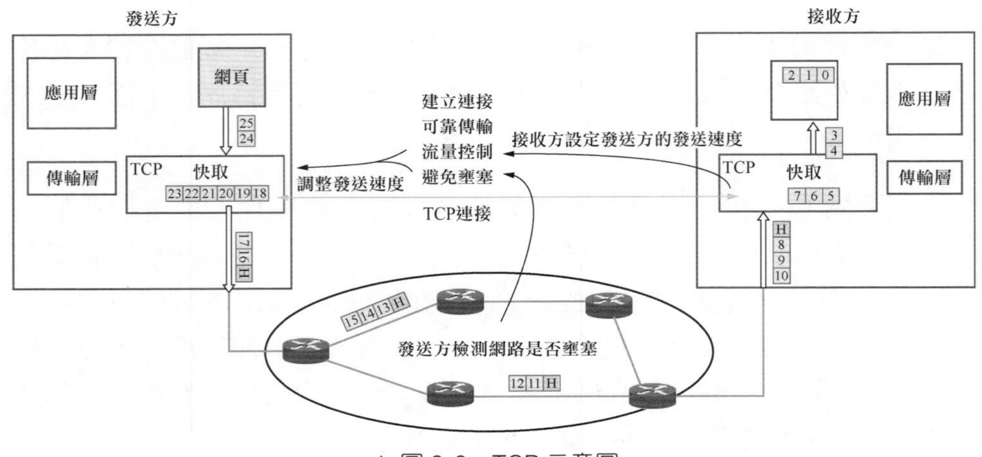

▲ 圖 2-2 TCP 示意圖

有些應用程式通訊使用 TCP 就顯得效率低了。舉例來說，有些應用的用戶端只需向伺服器端發送一個請求封包，伺服器端返回一個回應封包就可以完成其功能。這類應用如果使用 TCP 發送 3 個資料封包建立連接，再發送 4 個資料封包釋放連接，只為了發送一個封包，就很不值得，這時乾脆讓應用程式直接發送。如果封包遺失了，應用程式再發送一遍即可。這類應用，在傳輸層就使用 UDP。

UDP 的應用場景如下。

(1) 用戶端程式和伺服器端程式通訊，應用程式發送的資料封包不需要分段。如域名解析，DNS 協定使用的就是傳輸層的 UDP，用戶端向 DNS 伺服器發送一個封包請求解析某個網站的域名，DNS 伺服器將解析的結果透過一個封包返回給用戶端。

(2) 即時通訊。這類如 LINE 語音聊天，或視訊聊天的應用，發送方和接收方需要即時互動，也就是不允許較長延遲，即使有幾句話因為網路堵塞沒聽清，也不允許使用 TCP 等待遺失的封包，等待的時間太長了，就不能愉快地聊天了。

（3）多播或廣播通訊。如學校多媒體機房，老師的電腦螢幕需要分享給教室裡的學生電腦，在老師的電腦上安裝多媒體教室伺服器端軟體，在學生的電腦上安裝多媒體教室用戶端軟體，老師的電腦使用多播位址或廣播位址發送封包，學生的電腦都能收到。這類應用在傳輸層使用 UDP。

知道了傳輸層兩個協定的特點和應用場景，就很容易判斷某個應用層協定在傳輸層使用什麼協定了。

現在判斷一下，LINE 聊天在傳輸層使用的是什麼協定，LINE 傳檔案在傳輸層使用的是什麼協定？

如果使用 LINE 給好友傳輸檔案，這個過程會持續幾分鐘至幾十分鐘，肯定不是使用一個資料封包就能把檔案傳輸完的，需要將要傳輸的檔案分段傳輸。在傳輸檔案之前需要建立階段，在傳輸過程中實現可靠傳輸、流量控制、避免壅塞等，這些功能需要在傳輸層使用 TCP 來實現。

使用 LINE 聊天，通常一次輸入的聊天內容不會有太多文字，使用一個資料封包就能把聊天內容發送出去，並且聊完第一句，也不定什麼時候聊第二句，發送資料不是持續的，發送 LINE 聊天的內容在傳輸層使用 UDP。

可見根據通訊的特點，一個應用程式通訊可以在傳輸層選擇不同的協定。

2.1.2 傳輸層協定和應用層協定的關係

應用層協定很多，但傳輸層就兩個協定，如何使用傳輸層的兩個協定標識應用層協定呢？

通常使用傳輸層協定加一個通訊埠編號來標識一個應用層協定，如圖 2-3 所示，展示了傳輸層協定和應用層協定之間的關係。

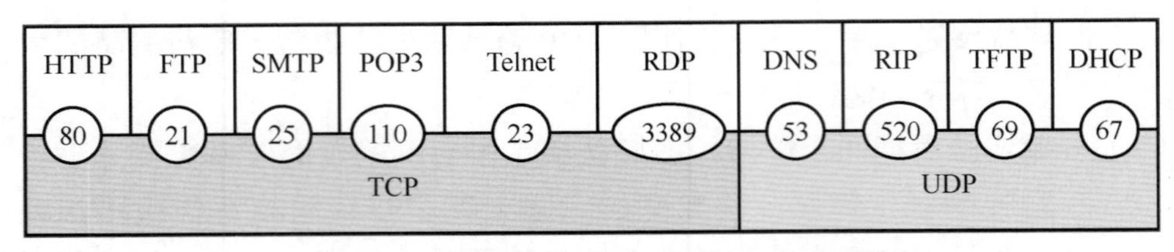

▲ 圖 2-3 傳輸層協定和應用層協定之間的關係

下面列出了一些常見的應用層協定和傳輸層協定，以及它們之間的關係。

（1）HTTP 預設使用 TCP 的 80 通訊埠。
（2）FTP 預設使用 TCP 的 21 通訊埠。
（3）SMTP 預設使用 TCP 的 25 通訊埠。
（4）POP3 預設使用 TCP 的 110 通訊埠。
（5）HTTPS 預設使用 TCP 的 443 通訊埠。
（6）DNS 預設使用 UDP 的 53 通訊埠。
（7）遠端桌面協定（RDP）預設使用 TCP 的 3389 通訊埠。
（8）Telnet 預設使用 TCP 的 23 通訊埠。
（9）Windows 存取共用資源預設使用 TCP 的 445 通訊埠。
（10）微軟 SQL 資料庫預設使用 TCP 的 1433 通訊埠。
（11）MySQL 資料庫預設使用 TCP 的 3306 通訊埠。

以上列出的都是預設通訊埠，當然可以更改應用層協定使用的通訊埠。如果不使用預設通訊埠，用戶端需要指明所使用的通訊埠。

圖 2-4 所示的伺服器運行了 Web 服務、SMTP 服務和 POP3 服務。這 3 個服務分別使用 HTTP、SMTP 和 POP3 與用戶端通訊。現在網路中的 A 電腦、B 電腦和 C 電腦分別打算存取伺服器的 Web 服務、SMTP 服務和 POP3 服務。發送了 3 個資料封包①②③，這 3 個資料封包的目標通訊埠分別是 80、25 和 110，伺服器收到這 3 個資料封包，就根據目標通訊埠將資料封包提交給不同的服務。

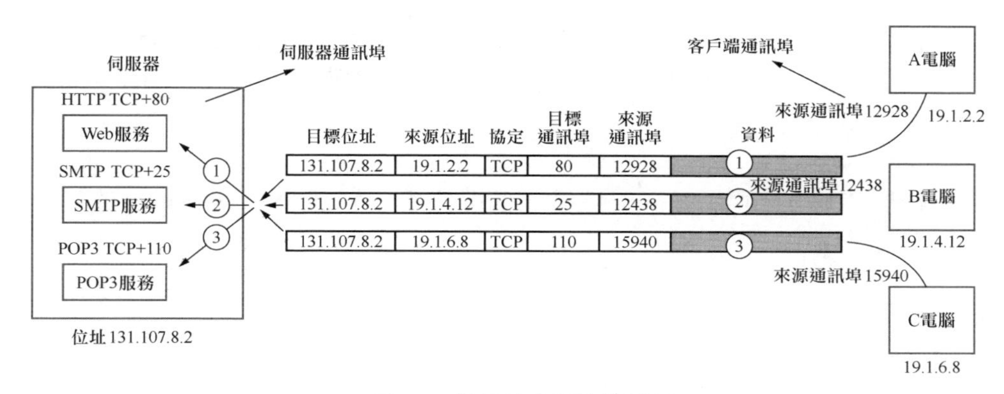

▲ 圖 2-4 通訊埠和服務的關係

現在大家明白，資料封包的目標 IP 位址是用來在網路中定位某一個伺服器的，目標通訊埠是用來定位伺服器上的某個服務的。

圖 2-4 展示了 A、B、C 電腦存取伺服器的資料封包，有目標通訊埠和來源通訊埠，來源通訊埠是電腦臨時為用戶端程式分配的，伺服器向 A、B、C 電腦發送回應資料封包，來源通訊埠就變成了目標通訊埠。

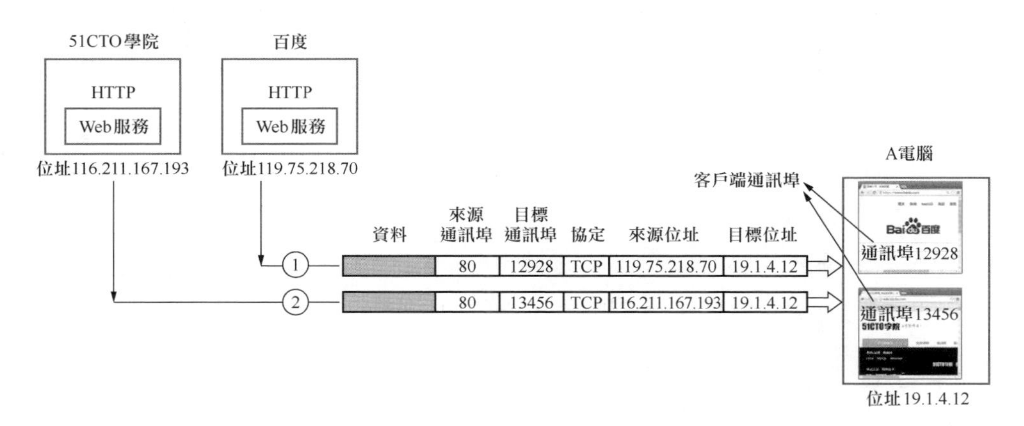

▲ 圖 2-5 用戶端通訊埠的作用

A 電腦打開 Google 瀏覽器，一個頁面造訪網址百度，另一個頁面造訪網址 51CTO，這就需要建立兩個 TCP 連接，如圖 2-5 所示。A 電腦會給每個頁面臨分時配一個用戶端通訊埠（要求本機唯一），從 51CTO 學院返回的資料封包的目標通訊埠是 13456，從百度網站返回的資料封包的目標通訊埠是 12928，這樣 A 電腦就知道這些資料封包是來自哪個網站的，應提交給哪一個頁面。

在傳輸層使用 16 位元二進位標識一個通訊埠，通訊埠編號的設定值範圍是 0 ～ 65535。

通訊埠編號分為以下兩大類。

1. 伺服器使用的通訊埠編號

伺服器端使用的通訊埠編號又分為兩類，最重要的一類叫作「常用通訊埠編號」(well-known port number）或「系統通訊埠編號」，數值為 0 ～ 1023。這些數值可在網址 IANA 官網查到。網際網路數字分配機構（IANA）把這些通訊埠編號指派給了 TCP/IP 最重要的一些應用程式，讓所有的使用者都知道。圖 2-6 列出了一些常用的常用通訊埠編號。

應用程式或服務	FTP	Telnet	SMTP	DNS	TFTP	HTTP	SNMP
常用通訊埠編號	21	23	25	53	69	80	161

▲ 圖 2-6 常用通訊埠編號

另一類叫作「登記通訊埠編號」，數值為 1024 ～ 49151。這類通訊埠編號是供沒有常用通訊埠編號的應用程式使用的。使用這類通訊埠編號必須在 IANA 按照規定的手續登記，以防止重複。舉例來說，微軟的 RDP 使用 TCP 的 3389 通訊埠，就屬於登記通訊埠編號的範圍。

2. 用戶端使用的通訊埠編號

當打開瀏覽器存取網站或登入 LINE 等用戶端軟體和伺服器建立連接時，電腦會為用戶端軟體分配一個臨時通訊埠，這就是用戶端通訊埠，設定值範圍為 49152 ～ 65535。由於這類通訊埠編號僅在客戶處理程序執行時期才動態選擇，因此又叫作「臨時（短暫）通訊埠編號」。這類通訊埠編號是留給客戶處理程序暫時使用的。當伺服器處理程序收到客戶處理程序的封包時，就知道了客戶處理程序所使用的通訊埠編號，因而可以把資料發送給客戶處理程序。通訊結束後，剛才已使用過的客戶通訊埠編號就不復存在，這個通訊埠編號就可以供其他客戶處理程序以後使用。

2.1.3 服務和通訊埠的關係

下面先介紹作業系統上的服務，再介紹服務和通訊埠的關係。

有些程式是以服務的形式運行的，在 Linux 和 Windows 作業系統上都有很多服務，這些服務在開機時就運行，而不用像程式一樣需要使用者登入後點擊運行，因此我們通常會說服務是後台運行的。

有些服務為本機電腦提供服務，有些服務為網路中的電腦提供服務。為本機電腦提供服務的服務不需要監聽用戶端的請求。

有些服務是為網路中的其他電腦提供服務的，這類服務一運行就要使用 TCP 或 UDP 的某個通訊埠監聽用戶端的請求，等待用戶端的連接。

使用 Telnet 命令或通訊埠掃描工具掃描遠端電腦打開的通訊埠，就能判斷遠端電腦開啟了什麼服務。駭客入侵伺服器，透過掃描伺服器通訊埠就能探測伺服器開啟了什麼服務，知道運行了什麼服務才可以進一步檢測該服務是否有漏洞，然後進行攻擊。

Windows 7 作業系統雖然也能提供檔案共用等一些基礎服務，但要想在 Windows 作業系統上安裝更多的服務還需要 Windows Server 這些版本的作業系統。下面在虛擬機器 Windows2003Web 啟用遠端桌面，講解如何掌握服務和通訊埠的關係。

在虛擬機器 Windows2003Web 上打開命令列工具，輸入 "netstat -an" 查看現有服務使用的協定和監聽的通訊埠，如圖 2-7 所示。可以看到 TCP 的 445 通訊埠，State（狀態）為 LISTENING（監聽）。

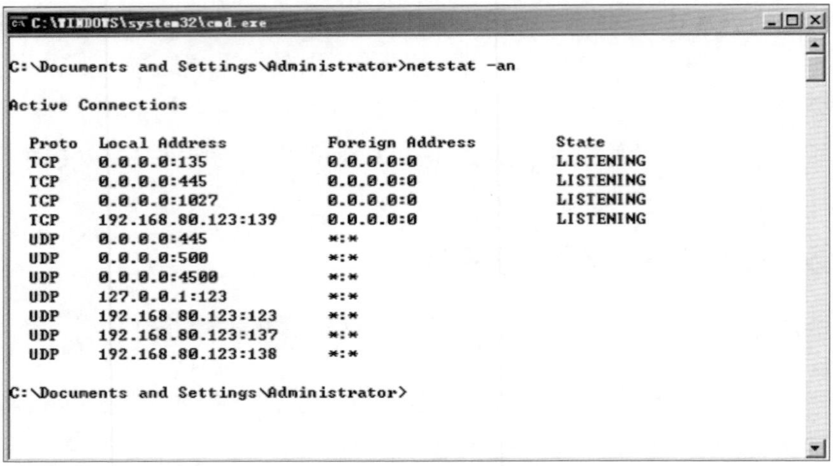

```
C:\WINDOWS\system32\cmd.exe

C:\Documents and Settings\Administrator>netstat -an

Active Connections

  Proto  Local Address          Foreign Address        State
  TCP    0.0.0.0:135            0.0.0.0:0              LISTENING
  TCP    0.0.0.0:445            0.0.0.0:0              LISTENING
  TCP    0.0.0.0:1027           0.0.0.0:0              LISTENING
  TCP    192.168.80.123:139     0.0.0.0:0              LISTENING
  UDP    0.0.0.0:445            *:*
  UDP    0.0.0.0:500            *:*
  UDP    0.0.0.0:4500           *:*
  UDP    127.0.0.1:123          *:*
  UDP    192.168.80.123:123     *:*
  UDP    192.168.80.123:137     *:*
  UDP    192.168.80.123:138     *:*

C:\Documents and Settings\Administrator>
```

▲ 圖 2-7 查看使用的協定和監聽的通訊埠

2.1.4 通訊埠和網路安全的關係

用戶端和伺服器端之間的通訊使用應用層協定，應用層協定使用傳輸層協定加通訊埠標識，知道了這個關係後，也可以確保伺服器的網路安全了。

如果在一個伺服器上安裝多個服務，其中一個服務有漏洞，被駭客入侵了，駭客就能獲得作業系統的控制權，從而進一步破壞其他服務。

伺服器對外提供 Web 服務，在伺服器上還安裝了微軟的資料庫服務 MSSQL，網站的資料就儲存在本機的資料庫中。如果伺服器的防火牆沒有對進入的流量做任何限制，且資料庫的內建管理員帳戶 sa 的密碼為空或是弱密碼，網路中的駭客就可以透過 TCP 的 1433 通訊埠連接到資料庫服務，並能很容易猜出資料庫帳戶 sa 的密碼，從而獲得伺服器作業系統管理員的身份，進一步在該伺服器中為所欲為。這就表示伺服器被入侵了。

TCP/IP 在傳輸層有兩個協定：TCP 和 UDP，相當於網路中的兩扇大門，門上開的洞就相當於開放 TCP 和 UDP 的通訊埠，如圖 2-8 所示。

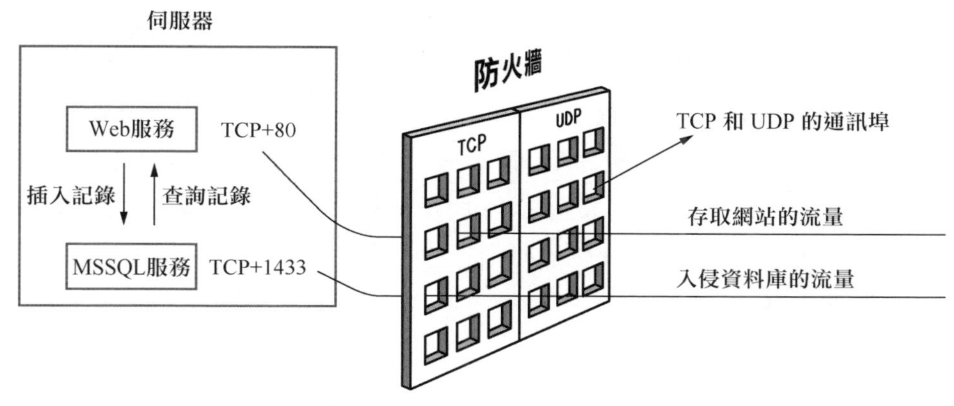

▲ 圖 2-8 伺服器上的防火牆示意圖

如果想讓伺服器更加安全，就把能夠通往應用層的 TCP 和 UDP 的兩扇大門關閉，只在大門上開放必要的通訊埠，如圖 2-9 所示。如果你的伺服器對外只提供 Web 服務，便可以設定 Web 伺服器防火牆只對外開放 TCP 的 80 通訊埠，其他通訊埠都關閉，這樣即使伺服器運行了資料庫服務，使用 TCP 的 1433 通訊埠監聽用戶端的請求，Internet 上的入侵者也沒有辦法透過資料庫入侵伺服器。

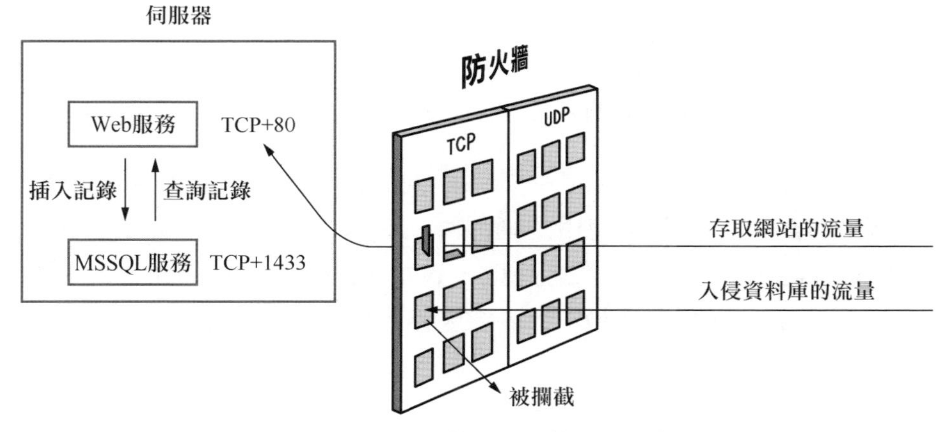

▲ 圖 2-9 防火牆只打開特定通訊埠

設定伺服器的防火牆只開放必要的通訊埠，可以加強伺服器的網路安全。

也可以在連接企業內網和外網的路由器上設定存取控制清單（ACL）來實現網路防火牆的功能，控制內網存取 Internet 的流量。企業路由器只開放了 UDP 的 53 通訊埠和 TCP 的 80 通訊埠，允許內網電腦將域名解析的資料封包發送到 Internet 的 DNS 伺服器，允許內網電腦使用 HTTP 存取 Internet 上的 Web 伺服器，如圖 2-16 所示。但內網電腦不能存取 Internet 上的其他服務，如向 Internet 發送郵件（使用 SMTP）、從 Internet 接收郵件（使用 POP3）。

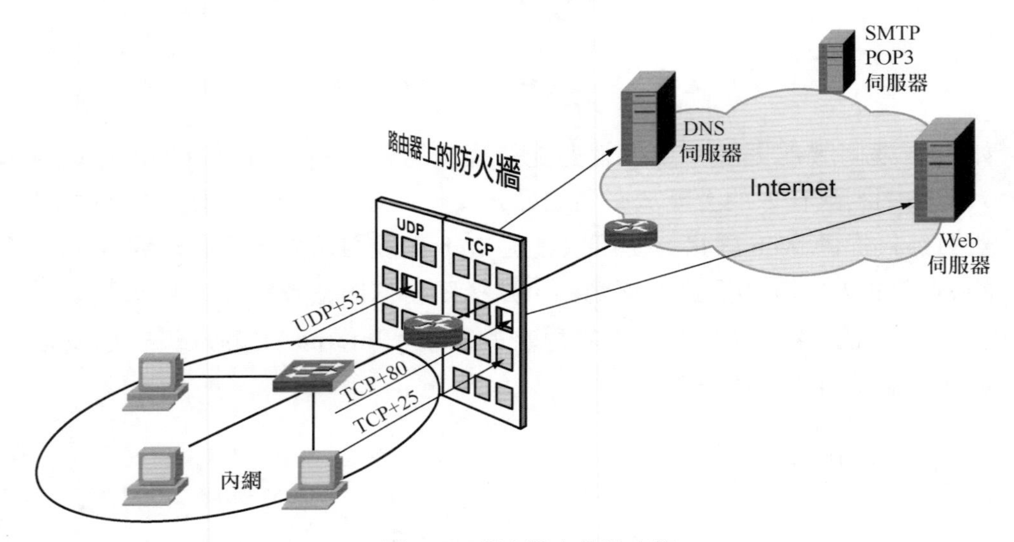

▲ 圖 2-10 路由器上的防火牆

現在大家就會明白，如果不能存取某個伺服器的服務，也有可能是網路中的路由器封掉了該服務使用的通訊埠。在圖 2-10 中，內網電腦 Telnet SMTP 伺服器的 25 通訊埠就會失敗，這並不是因為 Internet 上的 SMTP 伺服器沒有運行 SMTP 服務，而是因為網路中的路由器封掉了存取 SMTP 伺服器的 25 通訊埠。

2.2 UDP

雖然都是傳輸層協定，但 TCP 和 UDP 所實現的功能不同，TCP 和 UDP 的表頭也不相同。下面講解 UDP 的主要特點和 UDP 封包的表頭格式。

2.2.1 UDP 的主要特點

UDP 只在 IP 的資料封包服務之上增加了很少的一點功能，即重複使用和分用功能以及差錯檢驗功能。這裡所說的重複使用和分用，就是使用通訊埠標識不同的應用層協定。UDP 的主要特點如下。

（1）UDP 是不需連線的，即發送資料之前不需要建立連接（當然發送資料結束時也沒有連接可釋放），因此減少了負擔和發送資料之前的延遲。

（2）UDP 使用盡最大努力發表，即不保證可靠發表，因此主機不需要維持複雜的連接狀態表（這裡面有許多參數），通訊的兩端不用保持連接，因此節省了系統資源。

（3）UDP 是針對封包的，發送方的 UDP 對應用程式交下來的封包增加表頭後就向下發表給網路層。UDP 對應用層交下來的封包既不合併，也不拆分，而是保留這些封包的邊界。這就是說，應用層交給 UDP 多長的封包，UDP 就原樣發送，一次發送一個封包，如圖 2-11 所示。在接收方的 UDP，對 IP 層交上來的 UDP 使用者資料封包，在去除表頭後就原封不動地發表給上層的應用處理程序。也就是說，UDP 一次發表一個完整的封包。因此，應用程式必須選擇大小合適的封包。若封包太長，UDP 把它交給 IP 層後，IP 層在傳輸時可能需要進行分片，這會降低 IP 層的效率；反之，若封包太短，UDP 把它交給 IP 層後，會使 IP 資料封包的表頭的相對長度太大，這也會降低 IP 層的效率。

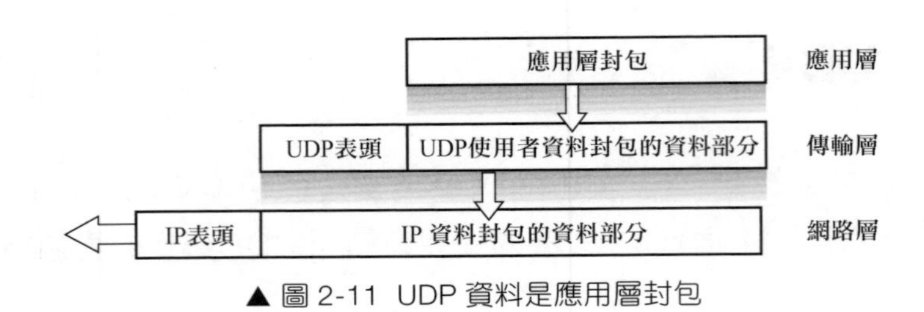

▲ 圖 2-11 UDP 資料是應用層封包

（4）UDP 沒有壅塞控制，因此網路出現的壅塞不會使來源主機的發送速率降低。這對某些即時應用是很重要的。很多的即時應用（如 IP 電話、即時視訊會議等）要求來源主機以恒定的速率發送資料，並且允許在網路發生壅塞時遺失一些資料，但不允許資料有太大的延遲。UDP 正好適合這種要求。

（5）UDP 支持一對一、一對多、多對一和多對多的互動通訊。

（6）UDP 的表頭負擔小，只有 8 位元組，比 TCP 的 20 位元組的表頭要短。

雖然某些即時應用需要使用沒有壅塞控制功能的 UDP，但當很多來源主機同時在網路發送高速率的即時視訊流時，網路就有可能發生壅塞，使大家都無法正常接收資料。因此，使用沒有壅塞控制功能的 UDP 有可能會使網路發生嚴重的壅塞問題。還有一些使用 UDP 的即時應用，需要對 UDP 的不可靠的傳輸進行適當的改進，以減少資料的遺失。在這種情況下，應用處理程序本身可以在不影響應用的即時性的前提下，增加一些提高可靠性的措施，如採用前向校正或重傳已遺失的封包。

2.2.2 UDP 封包的表頭格式

在講 UDP 封包的表頭格式之前，先來看看封包截取工具捕捉的域名解析的資料封包，域名解析使用 DNS 協定，在傳輸層使用 UDP。UDP 的表頭包括 4 個欄位：來源通訊埠、目標通訊埠、長度和檢驗和，每個欄位的長度是兩位元組，如圖 2-12 所示。

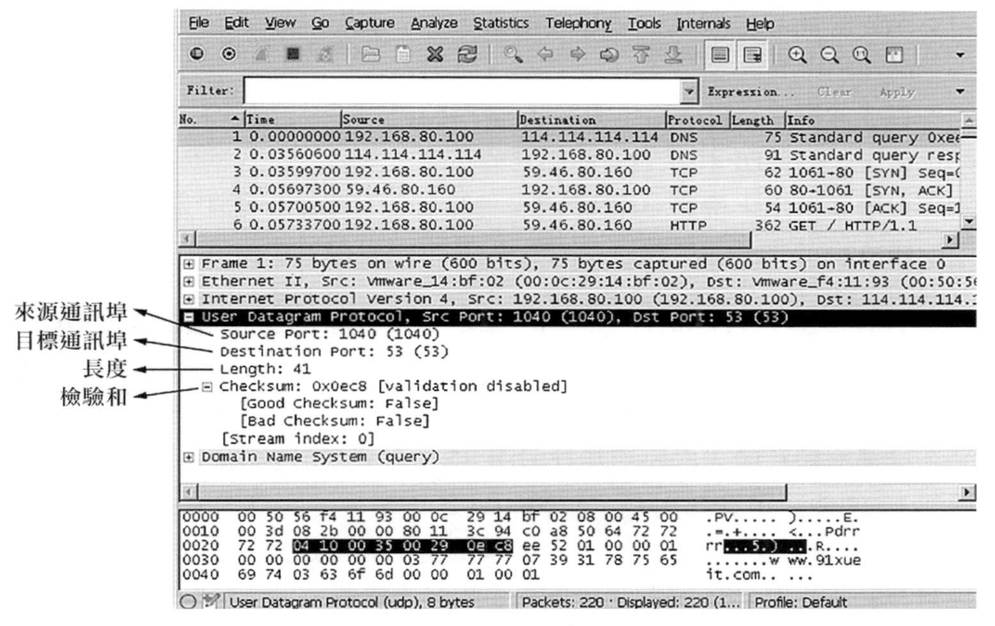

▲ 圖 2-12 UDP 表頭

UDP 使用者資料封包有兩個欄位：資料欄位和表頭欄位。表頭欄位很簡單，只有 8 位元組，由 4 個欄位組成，每個欄位的長度都是兩位元組，如圖 2-13 所示。各欄位的含義如下。

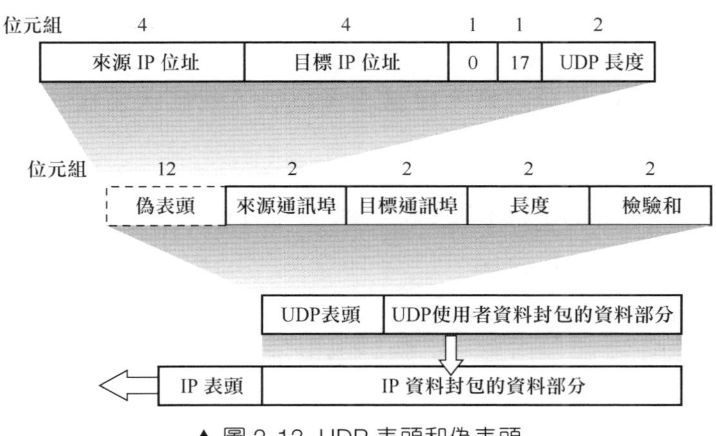

▲ 圖 2-13 UDP 表頭和偽表頭

（1）來源通訊埠，即來源通訊埠編號，在需要對方回信時選用，不需要時可用全 0。
（2）目標通訊埠，目標通訊埠編號，在終點發表封包時必須使用到。
（3）長度，即 UDP 使用者資料封包的長度，其最小值是 8（僅有表頭）。
（4）檢驗和，用來檢測 UDP 使用者資料封包在傳輸過程中是否有錯，有錯就捨棄。

UDP 使用者資料封包表頭中檢驗和的計算方法有些特殊。在計算檢驗和時，要在 UDP 使用者資料封包之前增加 12 位元組的偽表頭。所謂「偽表頭」，是因為這種偽表頭並不是 UDP 使用者資料封包真正的表頭。只是在計算檢驗和時，臨時增加在 UDP 使用者資料封包前面，得到一個臨時的 UDP 使用者資料封包。檢驗和就是按照這個臨時的 UDP 使用者資料封包來計算的。偽表頭既不向下傳輸也不向上遞交，其作用只是計算檢驗和。圖 2-27 最上面列出了偽表頭的各個欄位。

UDP 計算檢驗和的方法和計算 IP 資料封包表頭檢驗和的方法相似，不同的是 IP 資料封包的檢驗和只檢驗 IP 資料封包的表頭，而 UDP 的檢驗和是把表頭和資料部分一起檢驗。發送方首先把全 0 放入檢驗和欄位，再把偽表頭以及 UDP 使用者資料封包看成是由許多 16 位元的字串接起來的。若 UDP 使用者資料封包的資料部分不是偶數，則要填入一個全 0 位元組（但此位元組不發送）。然後按二進位反碼計算出這些 16 位元字的和，將此和的二進位反碼寫入檢驗和欄位後，就發送這樣的 UDP 使用者資料封包。

接收方把收到的 UDP 使用者資料封包連同偽表頭（以及可能的填充全 0 位元組）一起按二進位反碼求這些 16 位元字的和。當無差錯時其結果應為全 1；否則就表示有差錯出現，接收方就應捨棄這個 UDP 使用者資料封包（也可以上交給應用層，但附上出現了差錯的警告）。

圖 2-14 列出了一個計算 UDP 檢驗和的例子。這裡假設使用者資料封包的長度是 15 位元組，因此要增加一個全 0 的位元組。你可以自己檢驗一下在接收端是怎樣對檢驗和進行檢驗的。不難看出，這種簡單的差錯檢驗方法的檢錯能力並不強，但它的好處是簡單，處理起來較快。

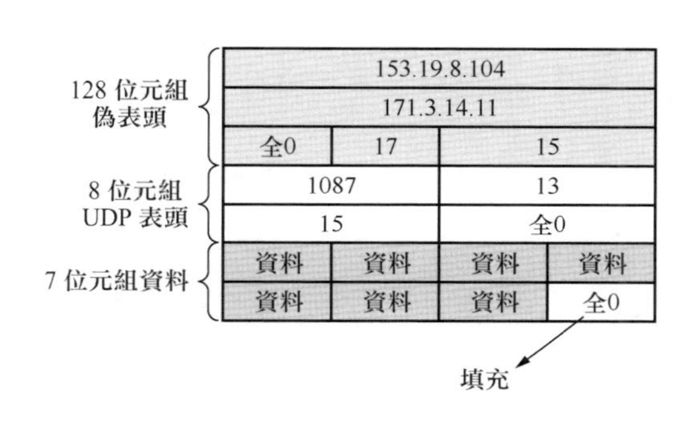

10011001 00010011 → 153.19
00001000 01101000 → 8.104
10101011 00000011 → 171.3
00001110 00001011 → 14.11
00000000 00010001 → 0和17
00000000 00001111 → 15
00000100 00111111 → 1087
00000000 00001101 → 13
00000000 00001111 → 15
00000000 00000000 → 0 (檢驗和)
01010100 01000101 → 資料
01010011 01010100 → 資料
01001001 01001110 → 資料
01000111 00000000 → 資料和 0 (填充)

按二進位反碼運算求和　10010110 11101101 → 求和得出的結果
將得出的結果求反碼　01101001 00010010 → 檢驗和

▲ 圖 2-14 計算 UDP 檢驗和的例子

偽表頭的第 3 個欄位是全 0。第 4 個欄位是 IP 表頭中的協定欄位的值，對於 UDP，此協定欄位值為 17。第 5 個欄位是 UDP 使用者資料封包的長度。因此，這樣的檢驗和，既檢查了 UDP 使用者資料封包的來源通訊埠編號和目標通訊埠編號，以及 UDP 使用者資料封包的資料部分，又檢查了 IP 資料封包的來源 IP 位址和目標 IP 位址。

2.3 TCP

TCP 比 UDP 實現的功能要多，資料傳輸過程要解決的問題也比 UDP 多。下面先介紹 TCP 的主要特點，然後再講解 TCP 封包的表頭格式。

2.3.1 TCP 的主要特點

TCP 是 TCP/IP 系統中非常複雜的協定。下面介紹 TCP 主要的特點。

（1）TCP 是連線導向的傳輸層協定。應用程式在使用 TCP 之前，必須先建立 TCP 連接；在傳輸資料完畢後，必須釋放已經建立的 TCP 連接。這就是說，應用處理程序之間的通訊好像在「打電話」：通話前要先撥號建立連接，通話結束後要掛機釋放連接。

（2）每一條 TCP 連接只能有兩個端點（end point），只能是點對點（一對一）的連接。

（3）TCP 提供可靠發表的服務。也就是說，透過 TCP 連接傳輸的資料無差錯、不遺失、不重複且按序發送。

（4）TCP 提供全雙工通訊。TCP 允許通訊雙方的應用處理程序在任何時候都能發送資料。TCP 連接的兩端都設有發送快取和接收快取，用來臨時存放雙向通訊的資料。在發送時，應用程式把資料傳輸給 TCP 的快取後就可以做自己的事，而 TCP 在合適的時候再把資料發送出去。在接收時，TCP 把收到的資料放入快取，上層的應用處理程序會在合適的時候讀取快取中的資料。

（5）針對位元組流。TCP 中的「串流」（steam）指的是流入處理程序或從處理程序流出的位元組序列。「針對位元組流」的含義是：雖然應用程式和 TCP 的互動是一次一個資料區塊（大小不等），但 TCP 把應用程式交下來的資料僅看成是一連串的無結構的位元組流。TCP 並不知道所傳輸的位元組流的含義，也不保證接收方應用程式收到的資料區塊和發送方應用程式發出的資料區塊具有對應的大小關係（舉例來說，發送方應用程式交給發送方的 TCP 共 10 個資料區塊，而接收方的 TCP 可能只用了 4 個資料區塊就把收到的位元組流發表給了上層的應用程式）。但接收方應用程式收到的位元組流必須和發送方應用程式發出的位元組流完全一樣。當然，接收方的應用程式必須有能力辨識收到的位元組流，把它還原成有意義的應用層資料。圖 2-15 所示的是上述概念的示意圖。

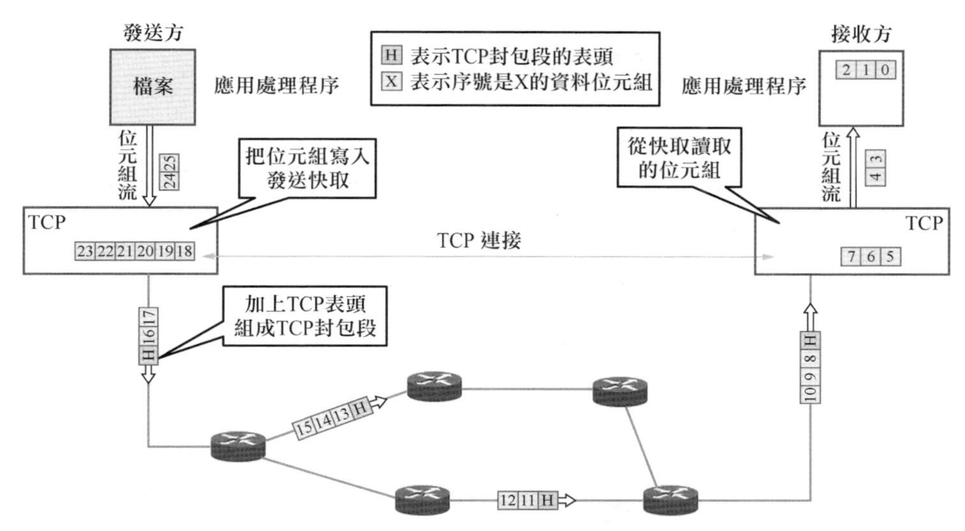

▲ 圖 2-15 TCP 針對位元組流的概念

為了突出示意圖的要點，這裡只畫出了一個方向的資料流程。但請注意，在實際的網路中，一個 TCP 封包段包含上千個位元組是很常見的，而圖中的各部分都只畫出了幾個位元組，這僅是為了更方便地說明「針對位元組流」的概念。另一點很重要的是：圖 2-10 中的 TCP 連接是一條虛連接，而非一條真正的物理連接。TCP 封包段先要傳輸到 IP 層，加上 IP 表頭後，再傳輸到資料連結層；再加上資料連結層的表頭和尾部後，才離開主機發送到物理鏈路。

從圖 2-10 中可以看出，TCP 和 UDP 在發送封包時所採用的方式完全不同。TCP 對應用處理程序一次把多長的封包發送到 TCP 的快取中是不關心的，只根據對方列出的視窗值和當前網路壅塞的程度來決定一個封包段應包含多少位元組（UDP 發送的封包長度是應用處理程序列出的）。如果應用處理程序傳輸到 TCP 快取的資料區塊太長，TCP 就可以把它劃分得短一些再傳輸。如果應用處理程序一次只發來一位元組，TCP 也可以等待累積到足夠多的位元組後再組成封包段發送出去。

2.3.2 TCP 封包的表頭格式

下面講解 TCP 封包的表頭格式，TCP 能夠實現資料分段傳輸、可靠傳輸、流量控制、網路壅塞避免等功能，因此 TCP 封包表頭比 UDP 封包表頭欄位要多，並且表頭長度不固定。

圖 2-17 所示的是封包截取工具捕捉的資料封包，找到一個 HTTP 的資料封包分析，HTTP 在傳輸層使用的是 TCP，圖中標注了 TCP 傳輸層表頭的各個欄位，該資料封包的 TCP 表頭沒有選項部分。

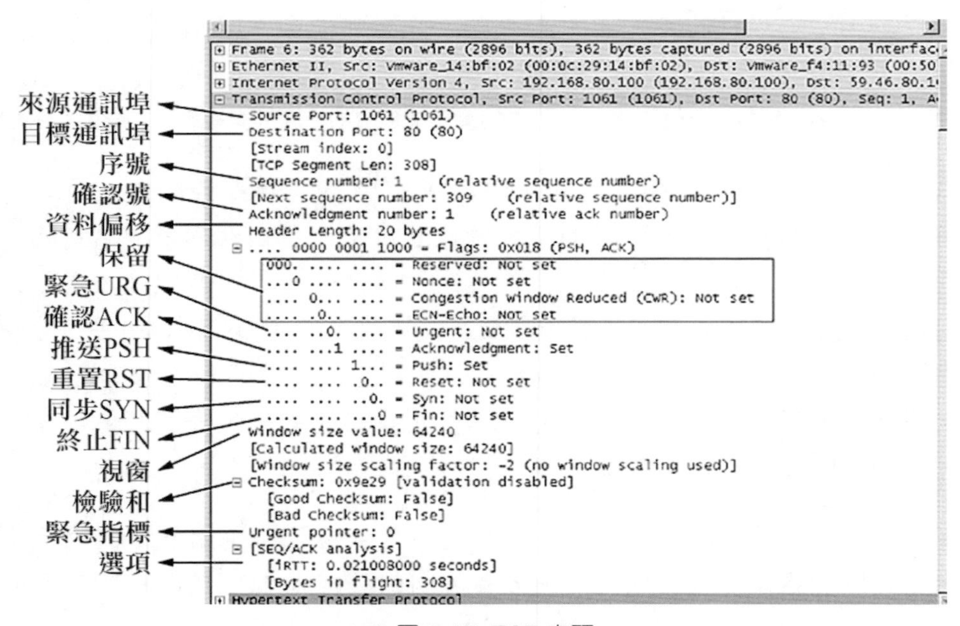

▲ 圖 2-17 TCP 表頭

TCP 雖然是針對位元組流的，但 TCP 傳輸的資料單元卻是封包段。一個 TCP 封包段分為表頭和資料兩部分，TCP 的全部功能都表現在它的表頭中各欄位的作用上。因此，只有弄清 TCP 表頭各欄位的作用，才能掌握 TCP 的工作原理。下面討論 TCP 封包段的表頭格式。TCP 封包段表頭的前 20 位元組是固定的，後面有 4*N* 位元組是根據需要而增加的選項（*N* 是整數），如圖 2-18 所示。因此 TCP 表頭的最小長度是 20 位元組。

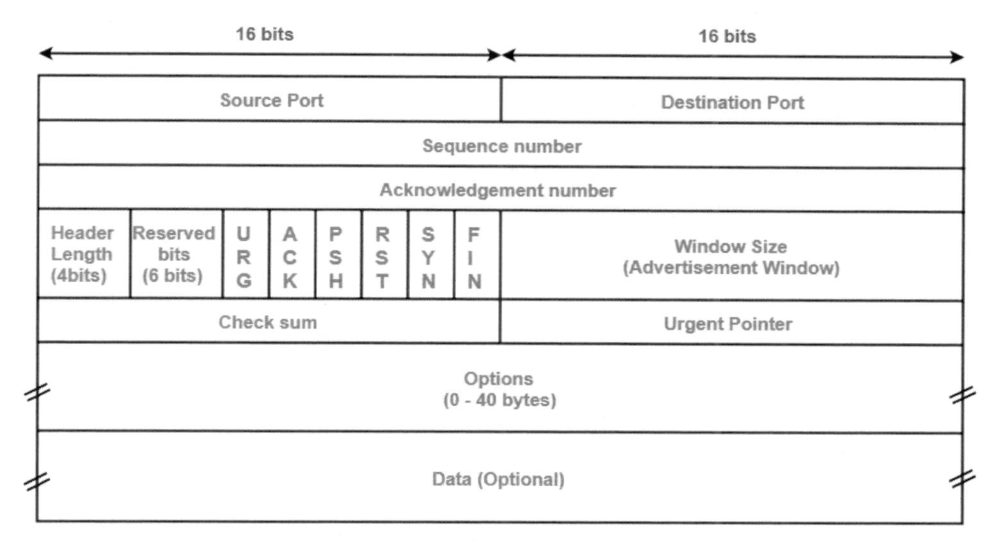

▲ 圖 2-18 TCP 表頭

（來源：https://www.gatevidyalay.com/transmission-control-protocol-tcp-header/）

表頭固定部分各欄位的意義如下。

（1）來源通訊埠和目標通訊埠，各佔 2 位元組，分別寫入來源通訊埠編號和目標通訊埠編號。和 UDP 一樣，TCP 使用通訊埠編號標識不同的應用層協定。

（2）序號，佔 4 位元組，序號範圍是 $[0,2^{32}-1]$，共 2^{32}（4,294,967,296）個序號。序號增加到 $2^{32}-1$ 後，下一個序號就又回到 0。TCP 是針對位元組流的。在一個 TCP 連接中傳輸的位元組流的每一位元組都按順序編號。整個要傳輸的位元組流的起始序號必須在連接建立時設定。表頭中的序號欄位值則指的是本封包段所發送的資料的第一個位元組的序號。下面以 A 電腦給 B 電腦發送一個檔案為例來說明序號和確認號的用法，為了方便說明問題，傳輸層其他欄位沒有展現，第 1 個封包段的序號欄位值是 1，而攜帶的資料共有 100 位元組，如圖 2-19 所示。這就表示本封包段的資料的第一個位元組的序號是 1，最後一個位元組的序號是 100。下一個封包段的資料序號應當從 101 開始，即下一個封包段的序號欄位值應為 101。這個欄位的名稱也叫作「封包段序號」。

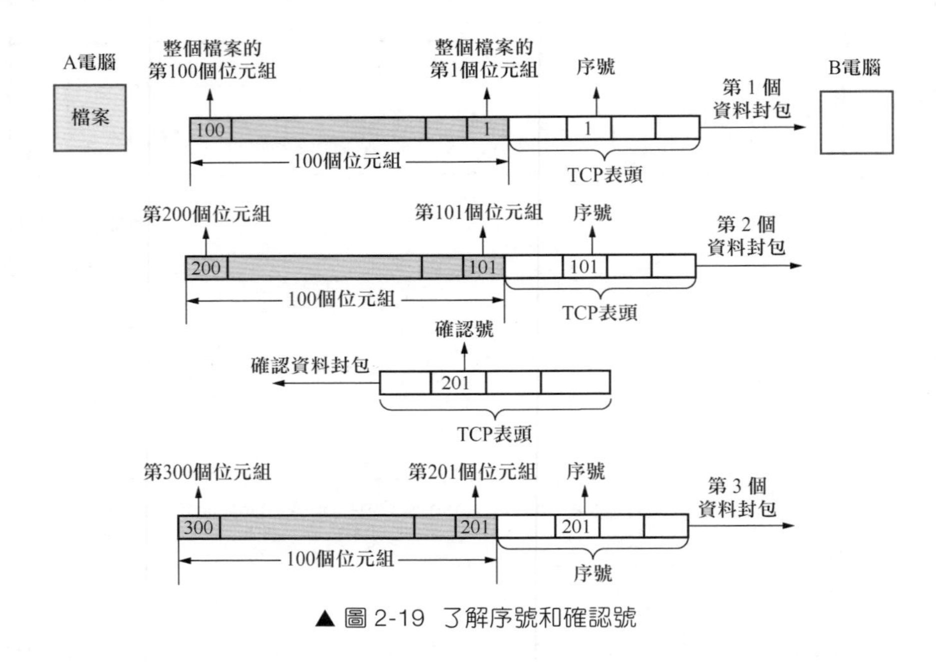

▲ 圖 2-19 了解序號和確認號

B 電腦將收到的資料封包放到快取，根據序號對收到的資料封包中的位元組進行排序，B 電腦的程式會從快取中讀取編號連續的位元組。

（3）確認號，佔 4 位元組，是期望收到對方下一個封包段的第一個資料位元組的序號。

TCP 能夠實現可靠傳輸，接收方收到幾個資料封包後，就會給發送方發送一個確認資料封包，告訴發送方下一個資料封包該發第多少個位元組了。圖 2-20 所示的例子中，B 電腦收到了兩個資料封包，將兩個資料封包位元組排序得到連續的前 200 位元組，B 電腦要發一個確認封包給 A 電腦，告訴 A 電腦應該發送第 201 位元組了，這個確認資料封包的確認號就是 201。確認資料封包沒有資料部分，只有 TCP 表頭。

總之，應當記住：若確認號是 N，則表示到序號 $N-1$ 為止的所有資料都已正確收到。

由於序號欄位有 32 位元長，因此可對 4GB 的資料進行編號。在一般情況下可保證當序號重複使用時，舊序號的資料早已透過網路到達終點了。

（4）資料偏移，佔 4 位元，它指出 TCP 封包段的資料起始處距離 TCP 封包段的起始處有多遠。這個欄位實際上是指出 TCP 封包段的表頭長度。由於表頭中還有長度不確定的選項欄位，因此資料偏移欄位是必要的。但請注意，「資料偏移」的單位為 4 位元組，由於 4 位元二進位數字能夠表示的最大十進位數字是 15，因此資料偏移的最大值是 60 位元組，這也是 TCP 表頭的最大長度，表示選項長度不能超過 40 位元組。

（5）保留，佔 6 位元，保留為今後使用，目前應置為 0。

（6）緊急 URG（urgent）。當 URG = 1 時，表示緊急指標欄位有效。它告訴系統此封包段中有緊急資料，應儘快傳輸（相當於高優先順序的資料），而不要按原來的排隊順序傳輸。舉例來說，已經發送了一個很長的程式要在遠端的主機上運行，但後來發現了一些問題，需要取消該程式的運行，因此使用者從鍵盤發出中斷命令（Control-C）。如果不使用緊急資料，那麼這兩個字元將儲存在接收 TCP 的快取尾端。只有在所有的資料被處理完畢後，這兩個字元才會被發表到接收方的應用處理程序。這樣就浪費了許多時間。

當 URG 置為 1 時，發送應用處理程序就告訴發送方的 TCP 有緊急資料要傳輸。於是發送方 TCP 就把緊急資料插入本封包段資料的最前面，而在緊急資料後面的資料仍是普通資料。這時要與表頭中緊急指標（urgent pointer）欄位配合使用。

（7）確認 ACK（acknowlegment）。僅當 ACK=1 時，確認號欄位才有效；當 ACK=0 時，確認號無效。TCP 規定，在連接建立後所有傳輸的封包段都必須把 ACK 置為 1。

（8）推送 PSH（push）。當兩個應用處理程序進行互動式的通訊時，有時一端的應用處理程序希望在輸入一個命令後立即就能收到對方的響應。在這種情況下，TCP 就可以使用推送（Push）操作。即發送方 TCP 把 PSH 置為 1，並立即創建一個封包段發送出去。接收方 TCP 收到 PSH=1 的封包段後，就儘快地（即「推送」向前）發表給接收應用處理程序，而不再等到整個快取都填滿後再向上發表。雖然應用程式可以選擇推送操作，但實際上推送操作很少使用。

（9）重置 RST（reset）。當 RST = 1 時，表示 TCP 連接中出現嚴重差錯（如主機崩潰或其他原因），必須釋放連接，然後再重新建立傳輸連接。RST 置為 1 還用來拒絕一個非法的封包段或拒絕打開一個連接。RST 也可稱為「重建位元」或「重置位」。

（10）同步 SYN（synchronization），在連接建立時用來同步序號。當 SYN=1 而 ACK=0 時，表示這是一個連接請求封包段。對方若同意建立連接，則應在回應的封包段中使 SYN=1 和 ACK=1。因此，SYN 置為 1 就表示這是一個連接請求或連接接受封包。關於連接的建立和釋放，在後面 TCP 連接管理部分將詳細講解。

（11）終止 FIN（finish，意思為「完」、「終」），用來釋放一個連接。當 FIN=1 時，表示此封包段的發送方的資料已發送完畢，並要求釋放傳輸連接。

（12）視窗，佔 2 位元組。視窗值是 $[0,2^{16}-1]$ 之間的整數。TCP 有流量控制功能，視窗值用來告訴對方從本封包段表頭中的確認號算起，接收方目前允許對方發送的資料量的最大值（單位是位元組）。之所以要有這個限制，是因為接收方的資料快取空間是有限的。總之，視窗值是接收方讓發送方設定其發送視窗的依據。使用 TCP 傳輸資料的電腦會根據自己的接收能力隨時調整視窗值，發送方參照這個值及時調整發送視窗，從而達到流量控制功能。

（13）檢驗和，佔 2 位元組。檢驗和欄位檢驗的範圍包括表頭和資料這兩部分。和 UDP 使用者資料封包一樣，在計算檢驗和時，要在 TCP 封包段的前面加上 12 位元組的偽表頭。偽表頭的格式與圖 2-27 中 UDP 使用者資料封包的偽表頭一樣，但應把偽表頭第 4 個欄位中的 17 改為 6（TCP 的協定編號是 6），把第 5 個欄位中的 UDP 長度改為 TCP 長度。接收方收到此封包段後，仍要加上這個偽表頭來計算檢驗和。請注意，若使用 IPv6，則對應的偽表頭也要改變。

（14）緊急指標，佔 2 位元組。緊急指標僅在 URG=1 時才有意義，它指出本封包段中的緊急資料的位元組數（緊急資料結束後就是普通資料）。因此緊急指標指出了緊急資料的尾端在封包段中的位置。當所有緊急資料都處理完後，TCP 就告訴應用程式恢復到正常操作。值得注意的是，即使視窗值為 0 也可發送緊急資料。

（15）選項，長度可變，最長可達 40 位元組。當沒有使用選項時，TCP 的表頭長度是 20 位元組。TCP 最初只規定了一種選項，即最大封包段長度（Maximum Segment Size，MSS）。MSS 是每一個 TCP 封包段中的資料欄位的最大長度，如圖 2-33 所示。資料欄位加上 TCP 表頭才等於整個 TCP 封包段，所以 MSS 並不是整個 TCP 封包段的最大長度，而是「TCP 封包段長度減去 TCP 表頭長度」。

資料連結層都有最大傳輸單元（Maximum Transfer Unit，MTU）的限制，乙太網的 MTU 預設是 1500 位元組，要想資料封包在傳輸過程中在資料連結層不分片，MSS 應該是多少呢？由圖 2-33 可知 MSS 應為 1460 位元組。

▲ 圖 2-20 最大封包段長度

我們知道，TCP 封包段的資料部分至少要加上 40 位元組的表頭（TCP 表頭 20 位元組和 IP 表頭 20 位元組，這裡都還沒有考慮表頭中的選項部分），才能組合成一個 IP 資料封包。若選擇較小的 MSS，網路的使用率就降低。設想在極端的情況下，當 TCP 封包段只含有 1 位元組的資料時，在 IP 層傳輸的資料封包的負擔至少有 40 位元組（包括 TCP 封包段的表頭和 IP 資料封包的表頭）。這樣，網路的使用率就不會超過 1/41，到了資料連結層還要加上一些負擔。但反過來，若 TCP 封包段非常長，那麼在 IP 層傳輸時就有可能要分解成多個短資料封包片。在終點還要把收到的各個短資料封包片組合成原來的 TCP 封包段。當傳輸出錯時還要進行重傳，這些操作都會使負擔增大。

因此，MSS 應盡可能設定得大些，只要在 IP 層傳輸時不需要再分片就行。由於 IP 資料封包所經歷的路徑是動態變化的，所以在這條路徑上確定不需要分片的 MSS 如果改走另一條路徑就可能需要進行分片。因此最佳的 MSS 是很難確定的。在連接建立的過程中，雙方都把自己能夠支持的 MSS 寫入這一欄位，以後就按照這個數值傳輸資料，兩個傳輸方在可以有不同的 MSS 值。若主機未填寫這一項，則 MSS 的預設值是 536 位元組。因此，所有在 Internet 上的主機都能接受的封包段長度是 536+20（固定表頭長度）= 556 位元組。隨著 Internet 的發展，又陸續增加了幾個選項，如視窗擴大選項、時間戳記選項（RFC 1323）等，以後又增加了選擇確認（SACK）選項（RFC 2018）。

視窗擴大選項是為了擴大視窗。我們知道，TCP 表頭中視窗欄位的長度是 16 位元，因此最大的視窗大小為 64K 位元組。雖然這對早期的網路是足夠用的，但對於包含衛星通道的網路，傳播延遲和頻寬都很大，要獲得高吞吐量就需要更大的視窗值。

視窗擴大選項佔 3 位元組，其中有一個位元組表示移位值 S。新的視窗值等於把 TCP 表頭中的視窗位數從 16 增大到（16+S），這相當於把視窗值向左移動 S 位元後獲得的實際視窗大小。移位值允許使用的最大值是 14，相當於視窗最大值增大到 $2^{(16+14)}-1=2^{30}-1$。

視窗擴大選項可以在雙方初始建立 TCP 連接時進行協商。如果連接的某一端實現了視窗擴大，當它不再需要擴大視窗時，可發送 S=0 的選項，使視窗大小回到 16。

時間戳記選項佔 10 位元組，其中最主要的欄位是時間戳記值欄位（4 位元組）和時間戳記回送回答欄位（4 位元組）。時間戳記選項有以下兩個功能。

（1）用來計算往返時間 RTT。發送方在發送封包段時把當前時鐘的時間值放入時間戳記欄位，接收方在確認該封包段時把時間戳記欄位值複製到時間戳記回送回答欄位。因此，發送方在收到確認封包後，可以準確地計算出 RTT。

（2）用於處理 TCP 序號超過 2^{32} 的情況，又稱為「防止序號繞回」（Protect Against Wrapped Sequence Number，PAWS）。我們知道，序號只有 32 位元，每增加 2^{32} 個序號就會重複使用原來用過的序號。當使用高速網路時，在一次 TCP 連接的資料傳輸中序號很可能會被重複使用。舉例來說，若用 1Gbit/s 的速率發送封包段，則不到 4.3s，資料位元組的序號就會重複。為了使接收方能夠把新的封包段和遲到很久的封包段區分開，此時可以在封包段中加上這種時間戳記。

2.4 可靠傳輸

TCP 發送的封包段是交給網路層傳輸的，透過前面的學習，我們知道網路層只是盡最大努力將資料封包發送到目的地，而不考慮網路是否堵塞，資料封包是否遺失。這就需要 TCP 採取適當的措施使發送方和接收方之間的通訊變得可靠。

理想的傳輸條件有以下兩個特點。

（1）資料封包在網路中傳輸時既不產生差錯，也不封包遺失。

（2）不管發送方以多快的速度發送資料，接收方總是來得及處理收到的資料。

在這樣的理想條件下，不需要採取任何措施就能夠實現可靠傳輸。然而實際的網路並不具備以上兩個理想條件。但我們可以使用一些可靠傳輸協定，當出現差錯時讓發送方重傳出現差錯的資料，同時在接收方來不及處理收到的資料時，及時告訴發送方適當降低發送資料的速度。下面從最簡單的停止等待協定講起。

2.4.1 TCP 可靠傳輸的實現──停止等待協定

TCP 建立連接後，雙方可以使用建立的連接相互發送資料。為了討論問題方便，下面僅考慮 A 發送資料而 B 接收資料並發送確認的情況。A 叫作發送方，B 叫作接收方。因為這裡討論的是可靠傳輸的原理，因此把傳輸的資料單元都稱為「分組」，而並不考慮資料是在哪一個層次上傳輸的。「停止等待」就是每發送完一個分組就停止發送，等待對方的確認，在收到確認後再發送下一個分組。

1. 無差錯情況

停止等待協定可用圖 2-21 來說明，圖 2-21a 是最簡單的無差錯情況。A

發送分組 M1，發完就暫停發送，等待 B 的確認。B 收到了 M1 就向 A 發送確認，A 在收到了 B 對 M1 的確認後，就再發送下一個分組 M2。同樣，A 在收到 B 對 M2 的確認後，再發送下一個分組 M3。

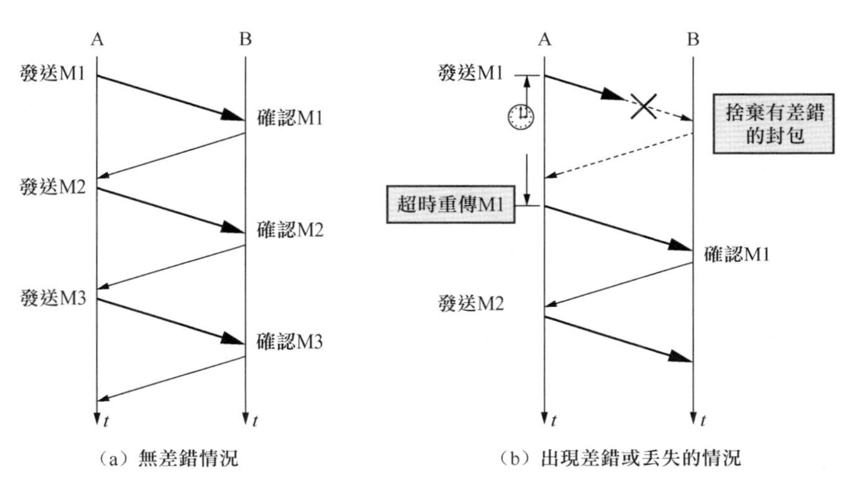

▲ 圖 2-21 停止等待協定

2. 出現差錯或遺失的情況

圖 2-21b 是分組在傳輸過程中出現差錯或遺失的情況。A 發送的分組 M1 在傳輸過程中被路由器捨棄，或 B 接收 M1 時檢測到了差錯，就捨棄 M1，其他什麼也不做（不通知 A 收到有差錯的分組）。在這兩種情況下，B 不會發送任何資訊。可靠傳輸協定是這樣設計的：A 只要超過了一段時間仍然沒有收到確認，就認為剛才發送的分組遺失了，因而重傳前面發送過的分組，這叫作「逾時重傳」。要實現逾時重傳，每發送完一個分組就要設定一個逾時計時器。如果在逾時計時器到期之前收到了對方的確認，就取消已設定的逾時計時器。其實在圖 2-21 中，A 為每一個已發送的分組都設定了一個逾時計時器，但 A 只要在逾時計時器到期之前收到了對應的確認，就取消該逾時計時器。

這裡應注意以下 3 點。

（1）A 在發送完一個分組後，必須暫時保留已發送的分組的備份（以備發生逾時重傳時使用）。只有在收到對應的確認後才能清除暫時保留的分組備份。

（2）分組和確認分組都必須進行編號。這樣才能明確是哪一個發送出去的分組收到了確認，哪一個分組還沒有收到確認。

（3）逾時計時器的重傳時間應當設定得比資料分組傳輸的平均往返時間更長一些。圖 2-21b 中的一段虛線表示 M1 正確到達 B，同時 A 也正確收到確認的過程。可見重傳時間應設定為比平均往返時間更長一些。顯然，如果重傳時間設定得過長，那麼通訊的效率就會很低；但如果重傳時間設定得太短，以致產生不必要的重傳，就浪費了網路資源。然而傳輸層重傳時間的準確設定是非常複雜的，這是因為已發送出的分組到底會經過哪些網路，以及這些網路將產生多大的延遲（取決於這些網路當時的壅塞情況），這些都是不確定因素。圖中都把往返時間設為固定的（這並不符合實際情況），只是為了說明原理的方便。關於重傳時間應如何選擇，在後面還會進一步討論。

3. 確認遺失和確認遲到的情況

圖 2-22a 所示是另一種情況：B 發送的對分組 M2 的確認遺失了。A 在設定的逾時重傳時間內沒有收到確認，但無法知道是自己發送的分組出錯、遺失，還是 B 發送的確認遺失。因此 A 在逾時計時器到期後就要重傳 M2。現在應注意 B 的動作。假設 B 又收到了重傳的分組 M2，這時應採取兩個行動，如下所示。

（1）捨棄這個重複的分組 M2，不向上層發表。

（2）向 A 發送確認。不能因為已經發送過確認就不再發送，A 會重傳 M2 就表示 A 沒有收到對 M2 的確認。

圖 2-22b 所示也是一種可能出現的情況：傳輸過程中沒有出現差錯，但 B 發送的對分組 M1 的確認遲到了，A 會收到重複的確認。對重複的確認的

處理很簡單：收下後就捨棄。B 仍然會收到重複的 M1，並且同樣要捨棄重複的 M1，並重傳確認分組。通常 A 最終總是可以收到對所有發出的分組的確認。如果 A 不斷重傳分組但總是收不到確認，就説明通訊線路太差，不能進行通訊。

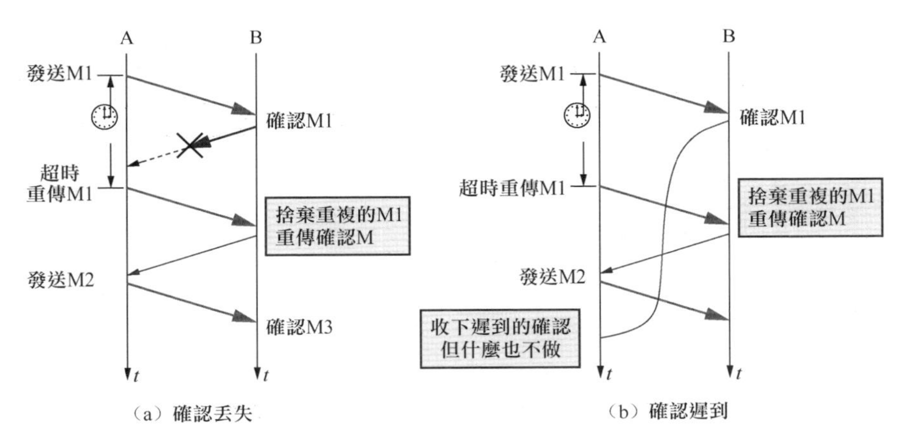

▲ 圖 2-22 確認遺失和確認遲到

使用上述的確認和重傳機制，我們就可以在不可靠的傳輸網路上實現可靠的通訊。像上述這種可靠傳輸協定常被稱為「自動重傳請求」(Automatic Repeat Request，ARQ)。意思是重傳是自動進行的，只要沒收到確認，發送方就重傳，接收方不需要請求發送方重傳某個出錯的分組。

2.4.2 連續 ARQ 協定和滑動視窗協定——改進的停止等待協定

前面講了出現幾種差錯時可靠傳輸會如何處理。為了講解方便，假設發送方發送一個分組就等待確認，收到確認後，再發送下一個分組，這種發送一個分組後就等待確認再發送下一個分組的方式就是停止等待協定。如果網路中的電腦都使用這種方式實現可靠傳輸，效率會非常低。圖 2-23a 展示了使用停止等待協定發送 4 個分組的過程。

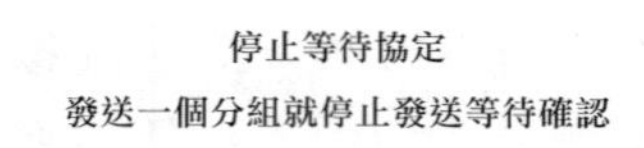

連續ARQ協定和滑動視窗協定

發送視窗中的分組連續發送，發送完後，停止等待確認

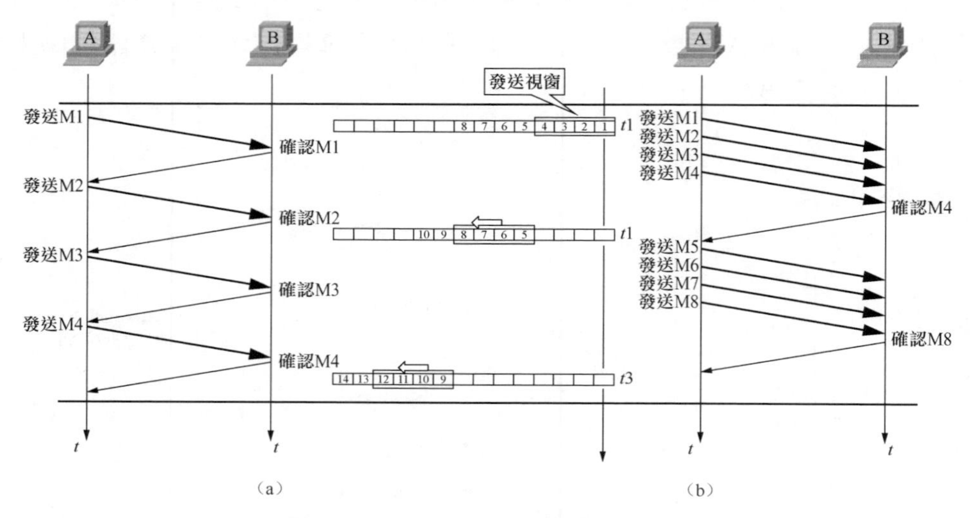

▲ 圖 2-23 連續 ARQ 協定和滑動視窗協定

如何提高傳輸效率呢？連續 ARQ 協定和滑動視窗協定就是改進的停止等待協定，使用它們可以大大提高傳輸效率。

如圖 2-23b 所示，在 *t*1 時刻，在發送端 A 設定一個發送視窗，視窗值的單位是位元組，發送視窗為 400 位元組，一個分組有 100 位元組，在發送視窗中就有 M1、M2、M3 和 M4 這 4 個分組，發送端 A 就可以連續發送這 4 個分組，發送完畢後就停止發送，接收端 B 收到這 4 個連續分組，只需給 A 發送一個 M4 確認，發送端 A 收到分組 M4 的確認。在 *t*2 時刻，發送視窗就向前滑動，M5、M6、M7 和 M8 這 4 個分組就進入發送視窗，這 4 個分組也可以連續發送，發送完後停止發送，等待確認。

比較停止等待協定、連續 ARQ 協定和滑動視窗協定，可以發現在相同的時間裡停止等待協定只能發送 4 個分組，而連續 ARQ 協定和滑動視窗協定可以發送 8 個分組，如圖 2-23 所示。

2.4.3 以位元組為單位的滑動視窗技術詳解

滑動視窗是針對位元組流的，為了方便大家記住每個分組的序號，下面就假設每一個分組是 100 位元組。為了方便畫圖，將分組進行編號，簡化表示，如圖 2-24 所示，不過一定要記住每一個分組的序號是多少。

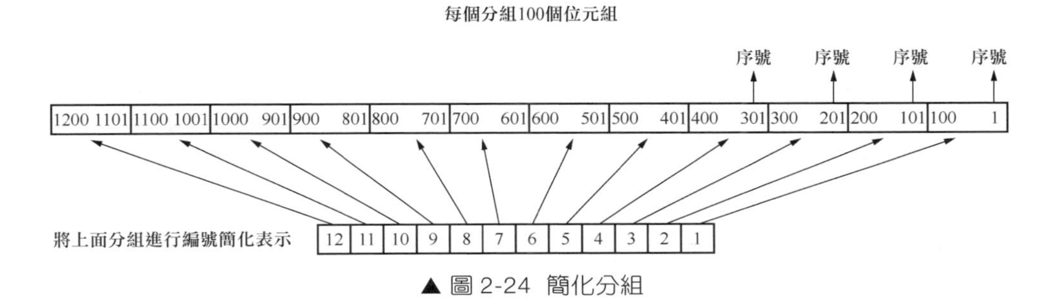

▲ 圖 2-24 簡化分組

下面就以 A 電腦給 B 電腦發送一個檔案為例，詳細講解 TCP 針對位元組流的可靠傳輸（滑動視窗技術）實現過程，整個過程如圖 2-25 所示。

（1）A 電腦和 B 電腦通訊之前先建立 TCP 連接，B 電腦的接收視窗為 400 位元組，在建立 TCP 連接時，B 電腦告訴 A 電腦自己的接收視窗為 400 位元組，A 電腦為了匹配 B 電腦的接收速度，將發送視窗設定為 400 位元組。

（2）在 *t*1 時刻，A 電腦發送應用程式將要傳輸的資料以位元組流形式寫入發送快取，發送視窗為 400 位元組，每個分組為 100 位元組，1、2、3、4 這 4 個分組在發送視窗內，這 4 個分組按順序發送給 B 電腦。在發送視窗中的這 4 個分組，沒有收到 B 的確認，就不能從發送視窗中刪除，因為如果遺失或出現錯誤還需要重傳。

（3）在 *t*2 時刻，B 電腦將收到的 4 個分組放入快取中的接收視窗，按 TCP 表頭的序號排序分組，視窗中的分組編號連續，接收視窗向前移動，接收視窗就留出空餘空間。接收應用程式按順序讀取接收視窗外連續的位元組。

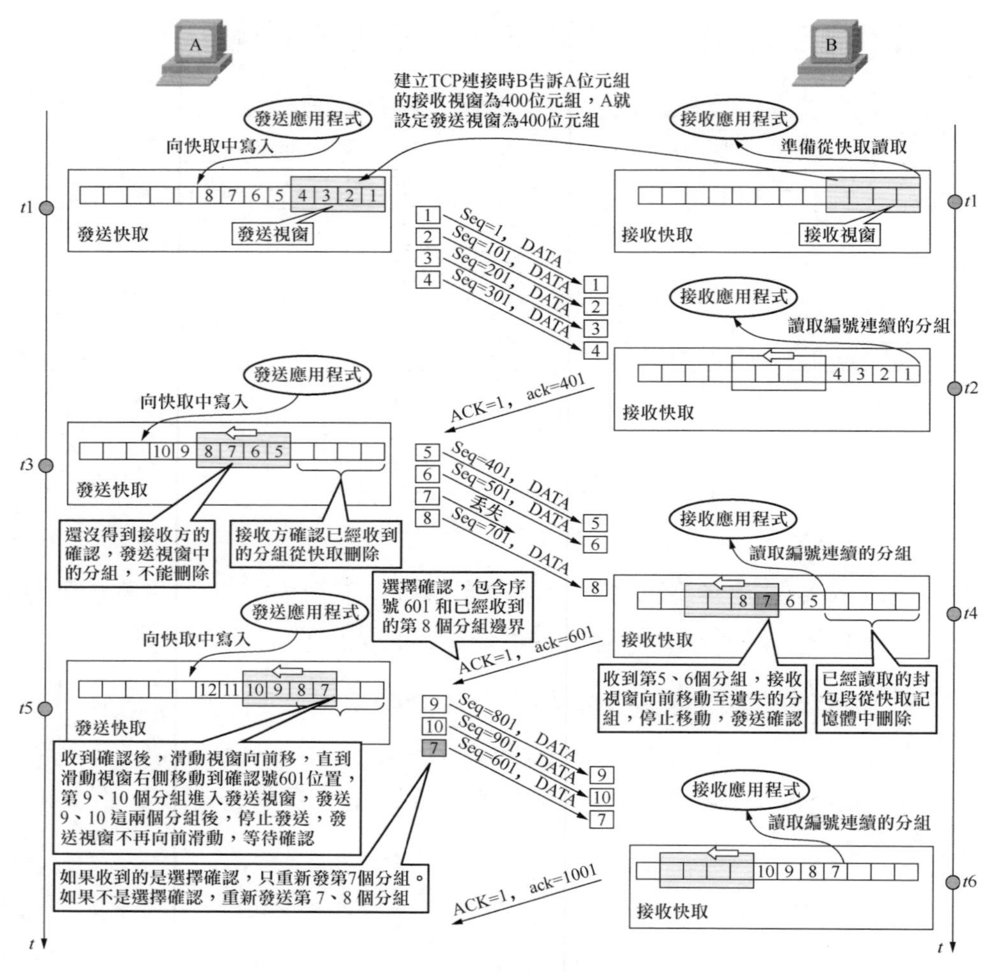

▲ 圖 2-25 滑動視窗技術實現過程

(4) B 電腦向 A 電腦發送一個確認。圖 2-38 中大寫的 ACK=1，代表 TCP 表頭 ACK 標記位元為 1；小寫的 ack=401，代表確認號是 401。

(5) *t*3 時刻，A 電腦收到 B 電腦的確認，確認號是 401，發送視窗向前移動，401 後面的位元組就進入發送視窗，將進入發送視窗的 5、6、7、8 這 4 個分組按順序發出。從發送視窗移出的 1、2、3、4 這 4 個分組已經確認發送成功，就可以從快取中刪除了，反射程式可以向騰出的空間中存放後續位元組。

（6）5、6、7、8 這 4 個分組在發送過程中，分組 7 遺失或出現錯誤。

（7）在 *t*4 時刻，B 電腦收到了 5、6、8 這 3 個分組，接收視窗只能向前移 200 位元組，等待分組 7，5、6 分組移出接收視窗，接收應用程式就可以讀取已經讀取的位元組並且可以刪除，騰出的空間可以被重複使用。

（8）B 電腦向 A 電腦發送一個確認，確認號是 601，告訴 A 電腦已經成功接收到 600 位元組以前的位元組，可以從 601 位元組開始發送。

注意：TCP 在建立連接時，用戶端就和伺服器端協商了是否支持選擇確認（SACK），如果都支持選擇確認，以後通訊過程中發送的確認，除包含了確認號 601，同時還包含了已經收到的分組（分組 8）的邊界，這樣發送方就不用再重複發送分組 8。

（9）在 *t*5 時刻，A 電腦收到確認後，發送視窗向前移動 200 位元組，這樣，9、10 分組進入發送視窗。按順序發送這兩個分組後，發送視窗中的分組全部發送完畢，停止發送，等待確認。等到分組 7 逾時後，重傳分組 7。

（10）在 *t*6 時刻，B 電腦收到分組 7 後，接收視窗的分組序號就能連續，接收視窗前移，同時給 A 電腦發送確認，序號為 1001。

（11）A 電腦收到確認後，發送視窗向前移，按順序發送視窗中的分組。依此類推，直到完成資料發送。

2.4.4 改進的確認——選擇確認（SACK）

連續 ARQ 協定和滑動視窗協定都採用累積確認的方式。

TCP 通訊時，如果發送序列中間的某個資料封包遺失，TCP 會重傳最後確認的分組後續的分組，這樣原先已經正確傳輸的分組也可能重複發送，降低了 TCP 性能。為改善這種情況，發展出選擇確認（Selective Acknowledgment，SACK）技術，使 TCP 只重新發送遺失的封包，而不用發送後續所有的分組，並提供對應機制使接收方能告訴發送方哪些資料遺失，哪些資料已經提前收到等。

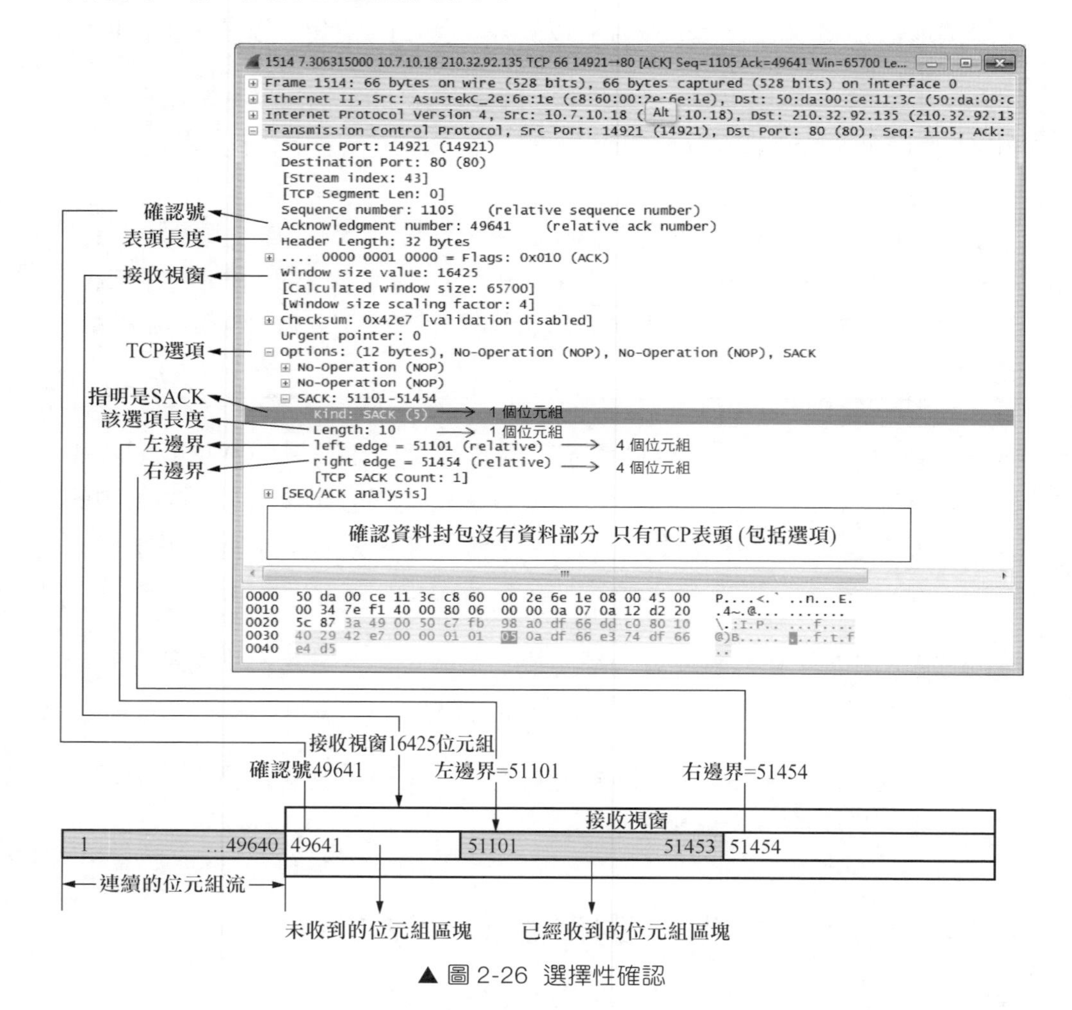

▲ 圖 2-26 選擇性確認

當前的電腦通訊預設是支援選擇確認的，圖 2-26 所示的是捕捉的接收方給發送方發送的確認，在傳輸層可以看到，確認號為 49641，表頭長度是 32 位元組，沒有資料部分，Windows size value 欄位是接收方的接收視窗，該欄位告訴發送方將發送視窗調整到 16425 位元組。

圖 2-26 所示的是捕捉的選擇性確認資料封包，該資料封包只有 TCP 表頭「選項」部分，Kind：SACK（5）用來指明是選擇確認，佔 1 位元組；Length 指明選項的長度，佔 1 位元組；left edge 和 right edge 指示已經收到的位元組區塊的起始位元組和結束位元組。

注意：右邊界是 51454，而非 51553。

根據捕捉的資料封包，畫出了接收方接收視窗的位置和大小，以及接收視窗中已經接收到的位元組區塊。接收方收到選擇確認，就不再發送已經收到的位元組區塊。

由於 TCP 表頭選項最長為 40 位元組，而指明一個邊界需要用掉 4 位元組（因為序號有 32 位元，需要使用 4 位元組表示），因此在 TCP 選項中一次最多只能指明 4 個位元組區塊的邊界資訊，如圖 2-27 所示。這是因為 4 個位元組區塊有 8 個邊界，一個邊界佔用 4 位元組，共佔用 32 個位元組。另外還需要 2 位元組，一位元組用來指明是 SACK 選項，另一位元組用來指明這個選項佔多少位元組。

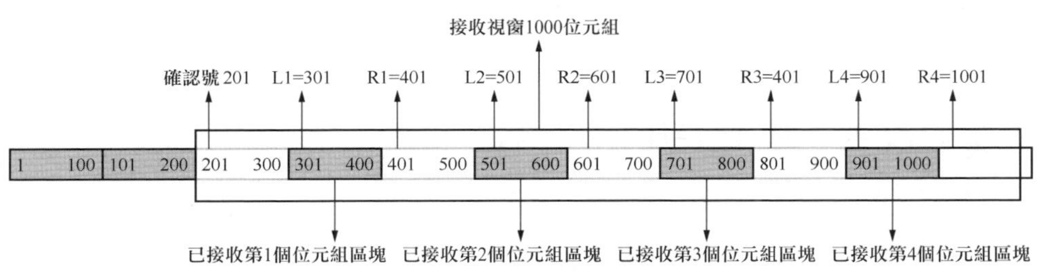

▲ 圖 2-27 選擇性確認最多表示 4 個邊界

SACK 選項可以使 TCP 發送方只發送遺失的資料而不用發送後續全部的資料，提高了資料的傳輸效率。

2.4.5 逾時重傳的時間調整

前面已經講到，TCP 的發送方在規定的時間內沒有收到確認就要重傳已發送的封包段。這種重傳的概念是很簡單的，但重傳時間的選擇卻是 TCP 最複雜的問題之一。

由於 TCP 的下層是網際網路環境，發送的封包段既可能只經過一個高速率的區域網，也可能經過多個低速率的網路，並且每個 IP 資料封包所選擇的路由還可能不同。如果把逾時重傳時間設定得太短，就會導致很多封包段進行不必要的重傳，網路負荷增大；但如果把逾時重傳時間設定得過長，則會使網路的閒置時間增大，降低了傳輸效率。

那麼，傳輸層的逾時計時器的逾時重傳時間究竟應設定為多大呢？ TCP 往返傳輸時間（RTT）的測量可以採用以下兩種方法。

1. TCP 時間戳記（timestamp）選項

TCP 時間戳記選項可以用來精確地測量 RTT。發送方在發送封包段時把當前時鐘的時間值放入時間戳記欄位，接收方在確認該封包段時把時間戳記欄位值複製到時間戳記回送回答欄位中。這樣一來，發送方在收到確認封包後，可以準確地計算出 RTT。RTT= 當前時間 – 資料封包中時間戳記選項的回應時間。

2. 重傳佇列中資料封包的 TCP 控制區塊

在 TCP 發送視窗中保存著發送而未被確認的資料封包，資料封包 skb 的 TCP 控制區塊中包含一個變數 tcp_skb_cb → when，它記錄了該資料封包的第一次發送時間，當收到該資料封包的確認後，就可以計算 RTT，RTT

= 當前時間 –when。這就表示發送端收到一個確認，就能計算新的 RTT。

Wireshark 封包截取工具也可以幫我們計算 RTT。圖 2-41 所示的第 5 個資料封包是用戶端發送的請求建立 TCP 連接的資料封包，第 6 個資料封包是伺服器端返回的建立 TCP 連接回應的資料封包，往返時間 RTT= 收到 TCP 連接回應的時間 – 發送請求建立 TCP 連接資料封包的時間。在封包截取工具中顯示的時間是從 Wireshark 捕捉到第一個資料封包開始計時，每個資料封包捕捉的時間，而非作業系統的時間。

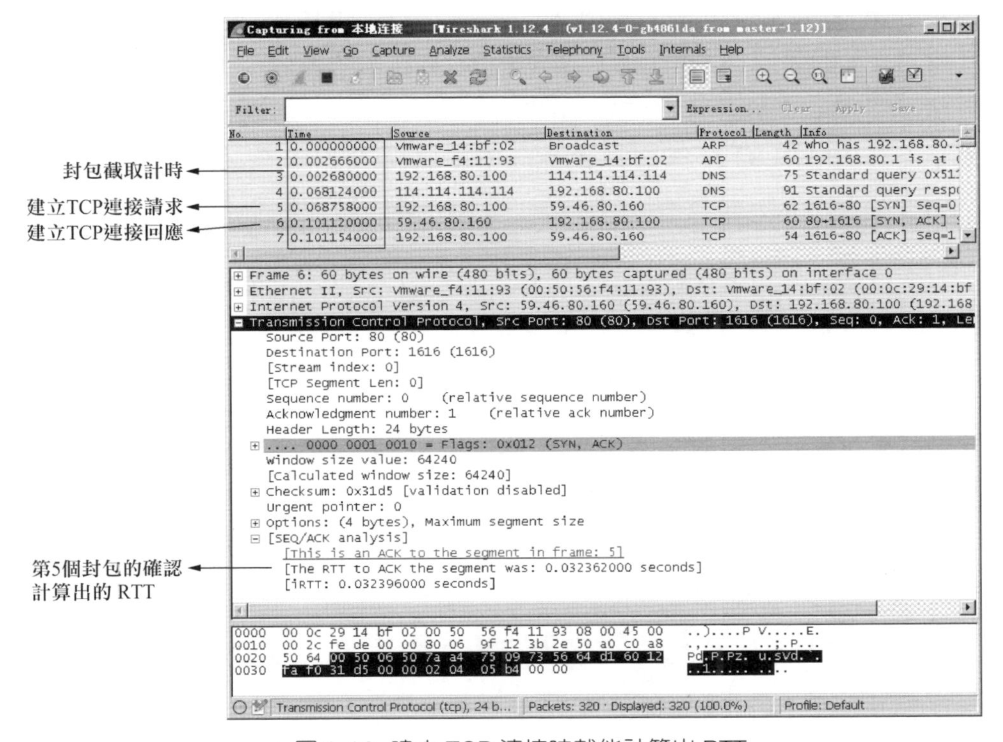

▲ 圖 2-28 建立 TCP 連接時就能計算出 RTT

在圖 2-28 中，第 5 個資料封包的捕捉時間是 0.068758000s，第 6 個資料封包的捕捉時間是 0.101120000s。往返時間 RTT=0.101120000s–0.068758000s=0.032362s。

RTT 是隨著網路狀態動態變化的，TCP 保留了 RTT 的加權平均往返時間 RTTs（又稱為平滑的往返時間，S 表示 Smoothed。因為進行的是加權平均，因此得出的結果更加平滑）。每當第一次測量到 RTT 樣本時，RTTs 值就取為所測量到的 RTT 樣本值。以後每測量到一個新的 RTT 樣本，就按下列公式重新計算一次 RTTs。

$$新的\ RTTs=(1-\alpha)\times(舊的\ RTTs)+\alpha\times(新的\ RTT\ 樣本)$$

在上式中，$0\leq\alpha<1$。若 α 很接近於 0，表示新的 RTTs 值和舊的 RTTs 值相比變化不大，對新的 RTT 樣本影響不大（RTT 值更新較慢）。若 α 接近於 1，則表示新的 RTTs 值受新的 RTT 樣本的影響較大（RTT 值更新較快），（RFC 2988）推薦的 α 值為 1/8，即 0.125。用這種方法得出的加權平均往返時間 RTTs 就比測量出的 RTT 值更加平滑。

顯然，逾時計時器設定的逾時重傳時間（Retransmission Time-Out，RTO）應略大於上面得出的加權平均往返時間 RTTs。（RFC 2988）建議使用下列公式計算 RTO。

$$RTO=RTTs+4\times RTT_D$$

在上式中，RTT_D 是 RTT 的偏差的加權平均值，它與 RTTs 和新的 RTT 樣本之差有關。（RFC 2988）建議這樣計算 RTT_D：當第一次測量時，RTT_D 值取為測量到的 RTT 樣本值的一半。在以後的測量中，則使用下列公式計算加權平均的 RTT_D。

$$新的\ RTT_D=(1-\beta)\times(舊的\ RTT_D)+\beta\times|RTTs-新的\ RTT\ 樣本|$$

這裡的 β 是個小於 1 的係數，它的推薦值是 1/4，即 0.25。

上面所說的往返時間的測量，實現起來相當複雜。試看下面的例子。

發送出一個封包段，設定的重傳時間已經到了還沒有收到確認，於是重傳封包段。經過了一段時間後，收到了確認封包段，如圖 2-29 所示。現在的問題是：如何判定此確認封包段是對先發送的封包段的確認，還是對後來重傳的封包段的確認？由於重傳的封包段和原來的封包段完全一樣，因此來源主機在收到確認後，就無法做出正確的判斷，而正確的判斷對確定加權平均 RTTs 的值關係很大。

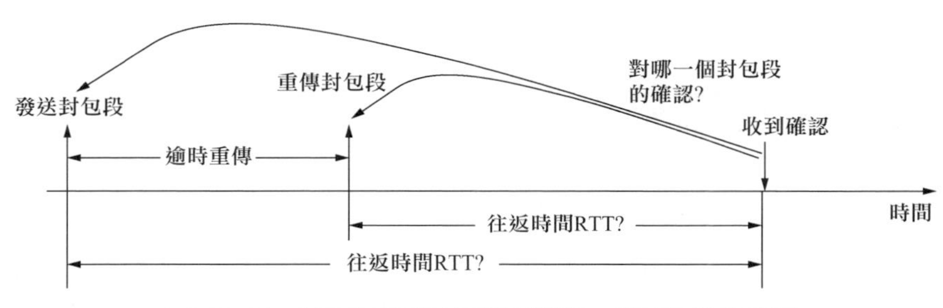

▲ 圖 2-29 收到的確認封包段是對哪一個封包段的確認

若收到的確認是對重傳的封包段的確認，但卻被來源主機當成是對原來的封包段的確認，則這樣計算出的 RTTs 和 RTO 就會偏大。若後面再發送的封包段又是經過重傳後才能收到確認封包段，則按此方法得出的逾時重傳時間 RTO 就會越來越長。

同樣，若收到的確認是對原來的封包段的確認，但被當成是對重傳的封包段的確認，則由此計算出的 RTTs 和 RTO 都會偏小。這就必然導致封包段過多地重傳，有可能使 RTO 越來越短。

綜上所述，卡恩（Karn）提出了一個演算法：在計算加權平均 RTTs 時，只要封包段重傳了，就不採用其往返時間樣本。這樣得出的加權平均 RTTs 和 RTO 較為準確。

但是，這又引起新的問題。假設封包段的延遲突然增大了很多，那麼在原來得出的重傳時間內不會收到確認封包段，於是就重傳封包段。但根據 Karn 演算法，不考慮重傳的封包段的往返時間樣本。這樣一來，逾時重傳時間就無法更新。

因此要對 Karn 演算法進行修正，方法是：封包段每重傳一次，就把逾時重傳時間增大一些。典型的做法是取新的重傳時間為舊的重傳時間的兩倍。當不再發生封包段的重傳時，才根據上面列出的公式計算逾時重傳時間。實踐證明，這種策略較為合理。

2.5 TCP 流量控制

一般說來，我們總是希望資料傳輸得更快一些。但如果發送方把資料發送得過快，接收方就可能來不及接收，就會造成資料的遺失。所謂流量控制（flow control）就是讓發送方的發送速率不要太快，要讓接收方來得及接收。

在用戶端向伺服器端發送 TCP 連接請求時，TCP 表頭會包含用戶端的接收視窗大小，伺服器端就會根據這個用戶端的接收視窗大小調整發送視窗大小。在傳輸過程中，用戶端發送的確認資料封包，除了包含確認號還包含視窗資訊，伺服器端收到確認資料封包後，會根據視窗資訊調整發送視窗。使用這種方式就能進行流量控制。

圖 2-30 所示是在造訪某網站的電腦上捕捉的資料封包，第 3 個資料封包是建立 TCP 連接時用戶端告訴網站自己的接收視窗為 64240，後面是打開網頁的流量產生的資料封包，可以發現下載網頁的資料封包中有間隔發送的確認資料封包，ACK= 後面是確認號，Win= 後面是接收視窗大小，仔細觀察會發現第 24 個和第 28 個確認封包的視窗大小進行了調整。網站會根據這個值調整發送視窗大小。

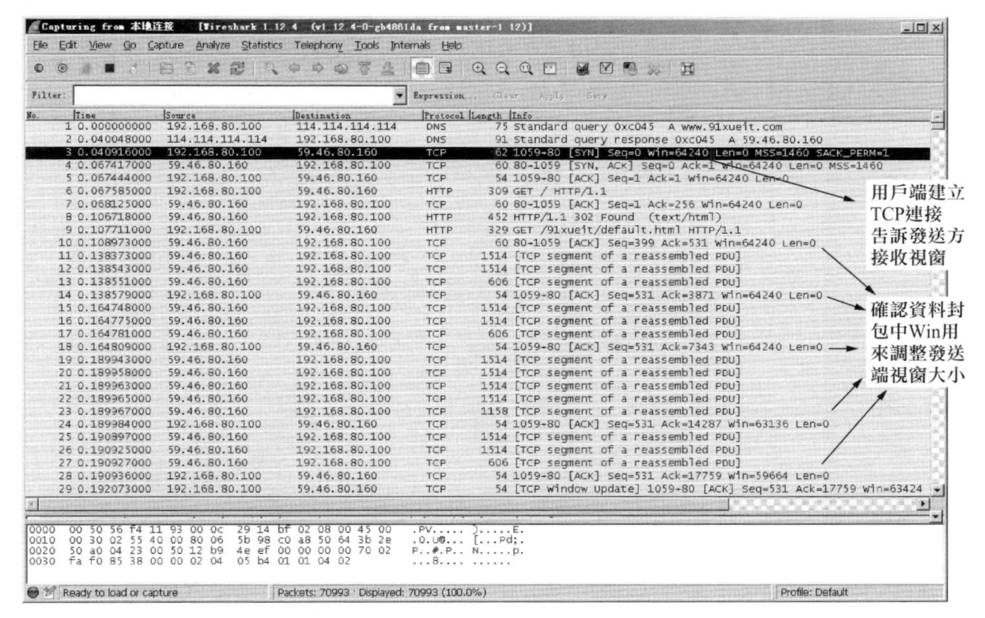
用戶端建立
TCP連接
告訴發送方
接收視窗
確認資料封
包中Win用
來調整發送
端視窗大小

▲ 圖 2-30 觀察資料封包的確認號和視窗的大小調整

流量控制的過程如圖 2-31 所示，為了講解方便假設 A 向 B 發送資料。

在連接建立時，B 告訴 A：「我的接收視窗 rwnd=400」（這裡 rwnd 表示 receiver window）。因此，發送方的發送視窗不能超過接收方列出的接收視窗的數值。請注意，TCP 的視窗單位是位元組，不是封包段。再設每一個分組大小為 100 位元組，分別用編號 1、2、3 表示，資料封包段序號的初值設定為 1（圖中的註釋可幫助我們了解整個過程）。請注意，圖中箭頭上面大寫 ACK 表示表頭中的確認位元，小寫 ack 表示確認欄位的值。

應注意到，接收方的主機 B 進行了 3 次流量控制。第一次把視窗減小到 rwnd=300，第二次又減到 rwnd=100，最後減到 rwnd=0，即不允許發送方再發送資料了。這種使發送方暫停發送的狀態將持續到主機 B 重新發出一個新的視窗值為止。還應注意到，B 向 A 發送的 3 個封包段都設定了 ACK=1，只有在 ACK=1 時確認號欄位才有意義。

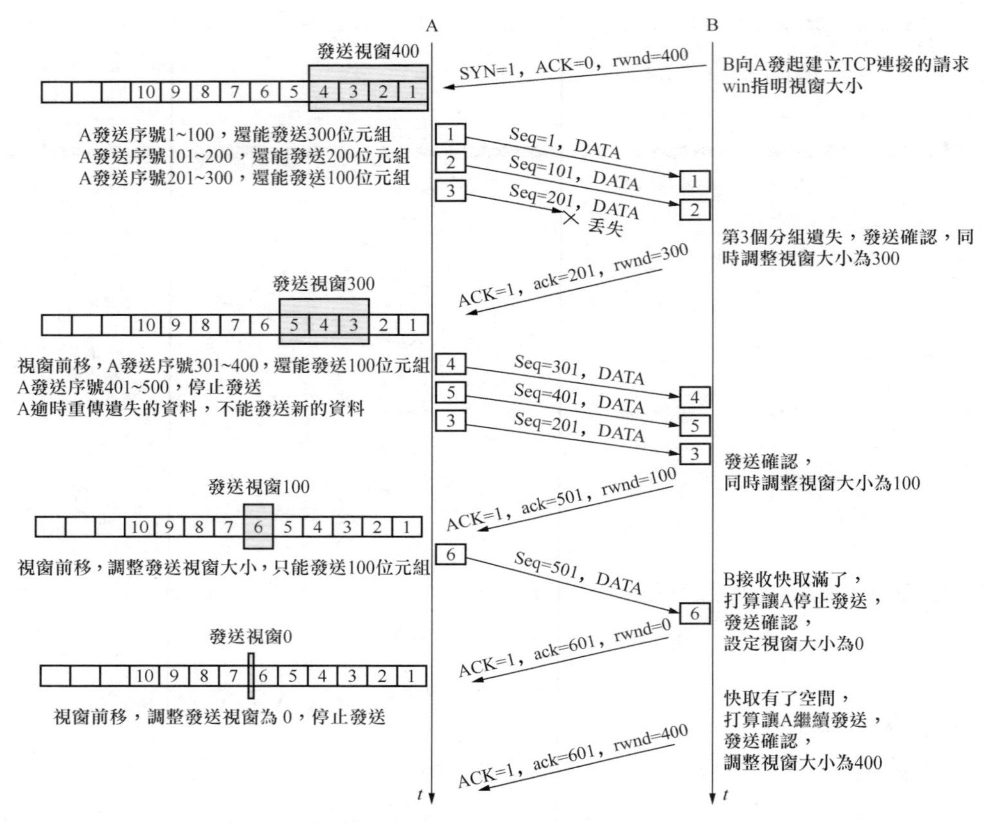

▲ 圖 2-31 利用可變視窗進行流量控制

現在考慮一種情況：在圖 2-31 中，B 向 A 發送了 0 視窗的封包段後不久，B 的接收快取又有了一些儲存空間，於是 B 向 A 發送了 rwnd=400 的封包段，然而這個封包段在傳輸過程中遺失了；A 一直等待收到 B 發送的非 0 視窗的通知，而 B 也一直等待 A 發送的資料，如果沒有其他措施，這種互相等待的鎖死局面將一直延續下去。

為了解決這個問題，TCP 為每一個連接設定了一個持續計時器（persistence timer）。只要 TCP 連接的一方收到對方的 0 視窗通知，就啟動持續計時器。若持續計時器設定的時間到期，就發送一個 0 視窗探測封包段（僅攜帶 1 位元組的資料），而對方就在確認這個探測封包段時列出現在的視窗值。如果視窗仍然是 0，那麼收到這個封包段的一方就重新設定持續計時器；如果視窗不是 0，那麼鎖死的僵局就可以打破了。

2.6 TCP 壅塞控制

下面講解什麼是網路壅塞、壅塞控制的一般原理和幾種壅塞控制方法。

2.6.1 壅塞控制的原理

城市中上下班的高峰時間往往會出現交通擁堵，想想交通擁堵是某一輛車造成的嗎？當然不是！許多的車輛在一個時間段集中駛入道路，才造成交通擁堵。如果出現交通擁堵後不及時進行控制，繼續有更多的車駛入道路，最終會造成交通堵塞。如果一發現交通擁堵，就開始減少駛入道路的車輛，那麼交通擁堵將逐漸變成交通暢通。

電腦網路也是一樣，如果發往網路中的資料流量過高，超過鏈路傳輸能力或路由器處理能力，那些來不及轉發或從路由器介面發送佇列溢位的資料封包將被捨棄。這就會導致網路堵塞。如果網路中的電腦不能感知網路狀態，依然全速向網路中發送資料封包，路由器最終將停止工作，導致一個資料封包也不能透過網路，出現鎖死。

舉例來說，路由器 R3 和 R4 之間的鏈路頻寬為 1000Mbit/s，理想情況下，路由器 R1 和 R2 向 R3 提供的負載不超過 1000Mbit/s，都能從 R3 發送到 R4，如圖 2-32 所示。將鏈路傳輸量和提供的負載同步提高（兩者提高量一樣），當提供的負載達到 1000Mbit/s 後，如果再提供更多的負載，由於鏈路傳輸量最多為 1000Mbit/s，不能再提高了，所以多餘的資料封包將被捨棄。

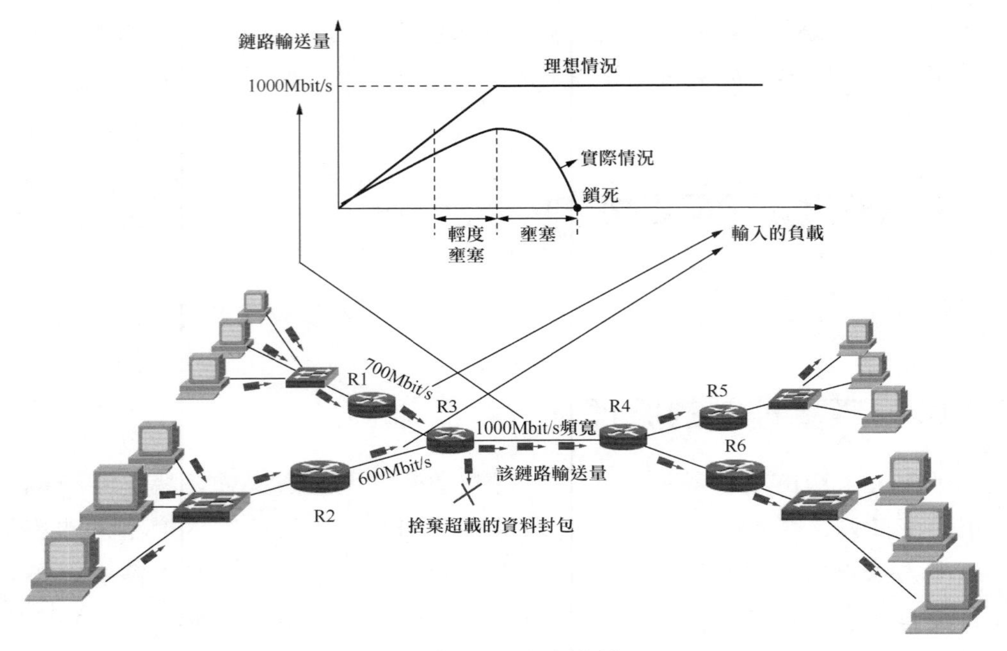

▲ 圖 2-32　壅塞控制

以上是一種理想情況，實際上網路系統傳輸量與輸入負載之間的關係永不會是線性關係，因為實際的網路中不可能完全是理想狀態。從圖 2-32 中可看出，隨著提供的負載的增大，網路傳輸量的增長速率逐漸減小。也就是說，在網路傳輸量還未達到飽和時，就已經有一部分的輸入分組被捨棄了。當網路的傳輸量明顯地小於理想的傳輸量時，網路就進入了輕度壅塞的狀態。更值得注意的是，當提供的負載達到某一數值後，網路的傳輸量反而隨提供的負載的增大而下降，這時網路就進入了壅塞狀態。當提供的負載繼續增大到某一數值時，網路的傳輸量就下降到 0，網路已無法執行，這就是所謂的「鎖死」(Deadlock)。

壅塞本質上是一個動態問題，我們沒有辦法用一個靜態方案去解決。從這個意義上來說，壅塞是不可避免的。下面探討壅塞控制的方法。

2.6.2 壅塞控制方法——慢開始和壅塞避免

Internet 建議標準（RFC 2581）定義了進行壅塞控制的 4 種演算法，即慢開始（slow-start）、壅塞避免（congestion avoidance）、快重傳（fast retransmit）和快恢復（fast recovery），我們假設以下兩點。

（1）資料單方向傳輸，另外一個方向只傳輸確認。

（2）接收方總是有足夠大的快取空間，因而發送視窗的大小由網路的壅塞程度決定。

1. 慢開始

下面就以一個實例來講解 A 電腦給 B 電腦發送資料如何使用慢開始感知網路是否壅塞，發現網路壅塞後如何進行壅塞控制。

B 電腦和 A 電腦建立 TCP 連接時，通知 A 電腦其支援的最大封包段長度是 100 位元組（MSS=100），其接收視窗大小為 3000 位元組（rwnd = 3000），如圖 2-33 所示。

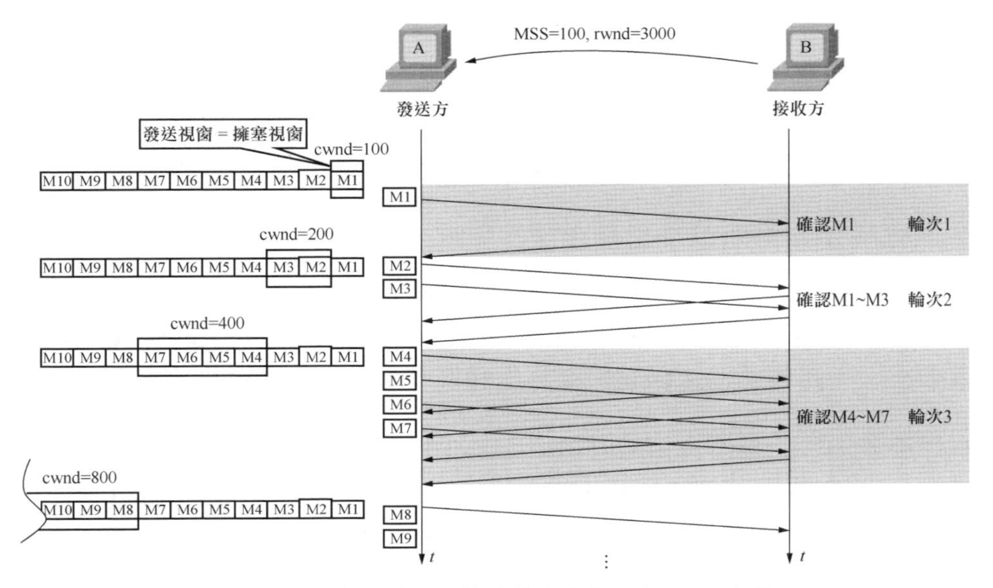

▲ 圖 2-33 每經過一個傳輸輪次壅塞視窗 cwnd 加倍

為了說明方便，假設 B 電腦發送的每個分組都是 100 位元組，如果 A 電腦不考慮網路是否擁堵，將發送視窗大小設定成與接收視窗大小 3000 位元組一樣，就可以連續發送 30 個分組，然後等待確認。如果網路現在擁堵，會出現大量封包遺失，然後進行重傳，白白浪費了頻寬。最好的方式是：先感知一下網路狀態，再調整發送速度，而非直接使用接收端提供的視窗大小設定發送視窗。

使用慢開始的方法感知網路狀態，先發送一個分組，測試一下網路是否擁堵，如果收到確認（也就是沒重傳，不封包遺失），再進一步提高發送速度，這就是慢開始。等出現封包遺失現象，就可以斷定網路出現壅塞，再放慢增速，這就是壅塞避免，下面以圖 2-33 為例給大家講解慢開始的過程。

發送方維持一個叫作「壅塞視窗」（congestion window）的狀態變數 cwnd。壅塞視窗的大小取決於網路的壅塞程度，並且動態地變化。發送方讓自己的發送視窗等於壅塞視窗。以後我們就知道，如果再考慮到接收方的接收能力，那麼發送視窗還可能小於壅塞視窗。

發送方控制壅塞視窗的原則是：只要網路沒有出現壅塞，壅塞視窗就增大一些，以便把更多的分組發送出去；但只要網路出現壅塞，壅塞視窗就減小一些，以減少發送到網路中的分組數。

發送方又是如何知道網路發生了壅塞呢？我們知道，當網路發生壅塞時，路由器就要捨棄分組。因此只要發送方沒有按時收到應當到達的確認封包，就可以猜想網路可能出現了壅塞。現在通訊線路的傳輸品質普遍都很好，因傳輸出差錯而捨棄分組的機率是很小的（遠小於 1%）。

本例中發送方的壅塞視窗的初值設定為 100 位元組（cwnd=100），這和建立 TCP 連接時用戶端通知的 MSS 大小有關，先發送一個分組 M1，接收方收到後確認 M1。發送方收到對 M1 的確認後，把 cwnd 值從 100 增大到 200，於是發送方接著發送 M2 和 M3 兩個分組。接收方收到後，返回對 M2 和 M3 的確認。發送方每收到一個對新封包段的確認（重傳的不算在內）就調整發送方的壅塞視窗為原來的兩倍，因此發送方在收到兩個確認後，cwnd 值就從 200 增大到 400，並可發送 M4 ～ M7 共 4 個分組（見圖 2-33）。因此使用慢開始演算法後，每經過一個傳輸輪次，壅塞視窗 cwnd 值就加倍。

這裡使用了一個新名詞——傳輸輪次。從圖 2-33 中可以看出，一個傳輸輪次所經歷的時間其實就是往返時間 RTT。不過使用「傳輸輪次」更加強調把壅塞視窗 cwnd 所允許發送的分組都連續發送出去，並收到了對已發送的最後一位元組的確認。舉例來說，壅塞視窗 cwnd 的大小是 400 位元組，那麼這時的往返時間 RTT 就是發送方連續發送 4 個分組，並收到這 4 個分組的確認總共經歷的時間。

這裡還要指出，慢開始的「慢」並不是指 cwnd 的增長速率慢，而是指在 TCP 開始發送分組時先設定 cwnd=100，使得發送方在開始時只發送一個分組（目的是試探一下網路的壅塞情況），然後再逐漸增大 cwnd 值。這當然比按照大的 cwnd 一下子把許多分組段突然注入網路中要「慢得多」。這對防止網路出現壅塞是一個非常有力的措施。

2. 壅塞避免

為了防止壅塞視窗 cwnd 增長過快而引起網路壅塞，還需要設定一個慢開始門限狀態變數 ssthresh（如何設定 ssthresh，後面還要講）。慢開始門限 ssthresh 的用法如下。

（1）當 cwnd<ssthresh 時，使用上述的慢開始演算法。

（2）當 cwnd>ssthresh 時，停止使用慢開始演算法而改用壅塞避免演算法。

（3）當 cwnd=ssthresh 時，既可使用慢開始演算法，也可使用壅塞避免演算法。

壅塞避免演算法的想法是讓壅塞視窗 cwnd 值緩慢地增大，即每經過一個往返時間 RTT 就把發送方的壅塞視窗 cwnd 值加 1 個 MSS，而非加倍。

這樣，壅塞視窗 cwnd 值按線性規律緩慢增長，比慢開始演算法的壅塞視窗增長速率緩慢得多。

無論在慢開始階段還是在壅塞避免階段，只要發送方判斷網路出現壅塞（其根據就是沒有按時收到確認），就要把慢開始門限 ssthresh 值設定為出現壅塞時的發送方視窗值的一半（但不能小於 2）。然後把壅塞視窗 cwnd 值重新設定為 1，執行慢開始演算法。這樣做的目的就是要迅速減少發送到網路中的分組數，使得發生壅塞的路由器有足夠的時間把佇列中積壓的分組處理完畢。

圖 2-34 所示的例子用具體數值說明了上述壅塞控制的過程。現在發送視窗的大小和壅塞視窗一樣。

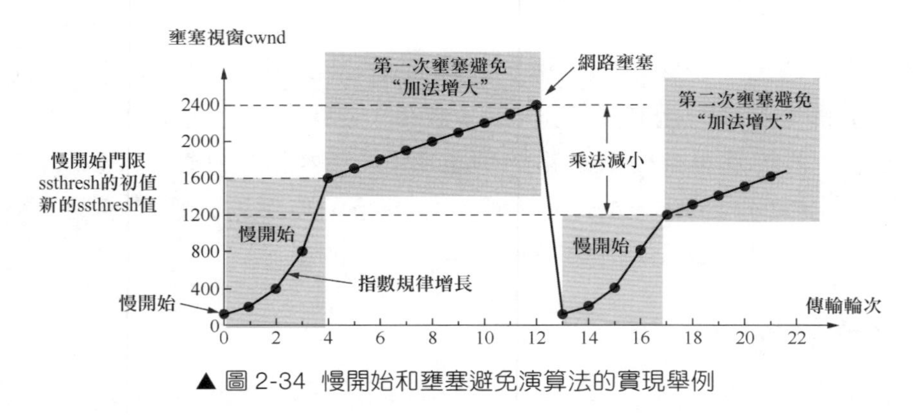

▲ 圖 2-34　慢開始和壅塞避免演算法的實現舉例

（1）當 TCP 連接進行初始化時，把壅塞視窗 cwnd 的值設定為 100 位元組。慢開始門限 ssthresh 的初值設定為 1600 位元組，即 ssthresh=1600。

（2）在執行慢開始演算法時，壅塞視窗 cwnd 的初值為 100。以後發送方每收到一個對新封包段的確認 ACK，就把壅塞視窗 cwnd 值加倍，然後開始下一輪的傳輸（請注意，圖的水平座標是傳輸輪次）。因此壅塞視窗 cwnd 值隨著傳輸輪次按指數規律增長。當壅塞視窗 cwnd 值增長到慢開始門限 ssthresh 的值（cwnd=1600）時，就改為執行壅塞避免演算法，壅塞視窗按線性規律增長。

（3）假設壅塞視窗 cwnd 值增長到 2400 時，網路出現逾時（這很可能就是網路發生壅塞了）。更新後的 ssthresh 值變為 1200（變為出現逾時的壅塞視窗 cwnd 數值 2400 的一半），壅塞視窗 cwnd 值再重新設定為 100，並執行慢開始演算法。當 cwnd=ssthresh=1200 時改為執行壅塞避免演算法，壅塞視窗 cwnd 值按線性規律增長，每經過一個往返時間增加一個 MSS 的大小。

在 TCP 壅塞控制的文獻中經常可看到「乘法減小」（multiplicative decrease）和「加法增大」（additive increase）這樣的提法。「乘法減小」是指不論在慢開始階段還是壅塞避免階段，只要出現逾時（很可能出現了網路壅塞），就把慢開始門限 ssthresh 值減半，即設定為當前的壅塞視窗 cwnd 值的一半（與此同時，執行慢開始演算法）。當網路頻繁出現壅塞時，ssthresh 值就下降得很快，以大大減少發送到網路中的分組數。而「加法增大」是指執行壅塞避免演算法後，使壅塞視窗 cwnd 值緩慢增大，以防止網路過早出現壅塞。上面兩種演算法常合起來稱為「AIMD（加法增大乘法減小）演算法」。對這種演算法進行適當修改後，又出現了其他一些改進的演算法。但使用最廣泛的還是 AIMD 演算法。

這裡要再強調一下，「壅塞避免」並非指完全能夠避免壅塞。利用以上的措施要完全避免網路壅塞是不可能的。「壅塞避免」是說在壅塞避免階段將壅塞視窗控制為按線性規律增長，使網路不容易出現壅塞。

2.6.3 壅塞控制方法──快重傳和快恢復

前面講的慢開始和壅塞避免演算法是 1988 年提出的 TCP 壅塞控制演算法，1990 年又增加了兩個新的壅塞控制演算法── 快重傳和快恢復。

提出這兩個演算法是基於以下的考慮：如果發送方設定的逾時計時器時限已到但還沒有收到確認，那麼很可能是網路出現了壅塞，致使分組在網路中的某處被捨棄；在這種情況下，TCP 馬上把壅塞視窗 cwnd 值減小到 1 個 MSS，並執行慢開始演算法，同時把慢開始門限 ssthresh 值減半。這是不使用快重傳的情況。

再看使用快重傳的情況。快重傳演算法首先要求接收方每收到一個失序的分組後就立即發出重複確認（為的是使發送方及早知道有分組沒有到達對方），而不要等待發送資料時才進行捎帶確認。在圖 2-35 所示的例子中，接收方收到 M1 和 M2 後都分別發出了確認。現假設接收方沒有收到 M3 但接著收到了 M4。顯然，接收方不能確認 M4，因為 M4 是收到的失序分組（按照順序的 M3 還沒有收到）。根據可靠傳輸原理，接收方既可以什麼都不做，也可以在適當時機再發送一次對 M2 的確認。

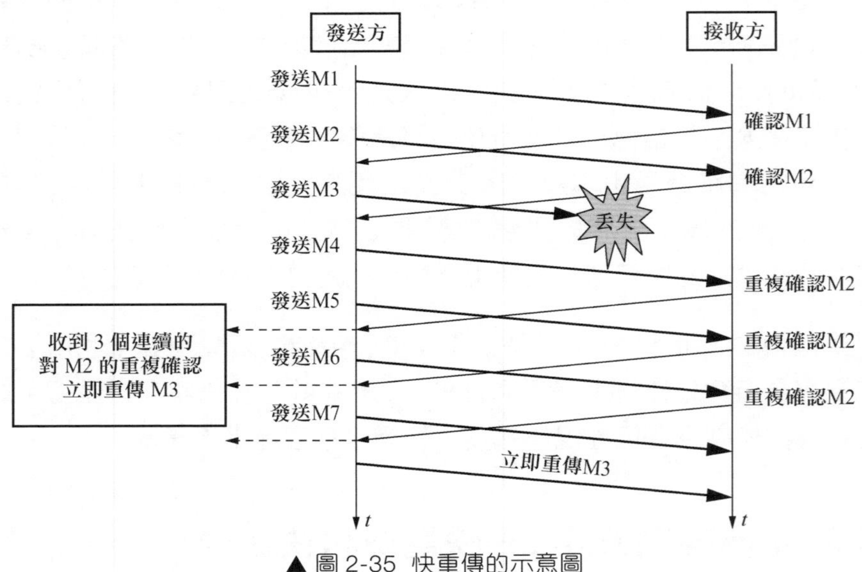

▲ 圖 2-35 快重傳的示意圖

但按照快重傳演算法的規定，接收方應及時發送對 M2 的重複確認，這樣做可以讓發送方及早知道分組 M3 沒有到達接收方。發送方接著發送 M5 和 M6，接收方收到後，也還要再次發出對 M2 的重複確認。這樣，發送方共收到了接收方的 4 個對 M2 的確認，其中後 3 個都是重複確認。快重傳演算法規定，發送方只要一連收到 3 個重複確認，就應當立即重傳對方尚未收到的封包段 M3，而不必繼續等待為 M3 設定的重傳計時器到期。由於發送方儘早重傳未被確認的封包段，因此採用快重傳後可以使整個網路的傳輸量提高約 20%。

與快重傳配合使用的還有快恢復演算法，其過程有以下兩個要點。

（1）當發送方連續收到 3 個重複確認時，就執行「乘法減小」演算法，把慢開始門限 ssthresh 值減半。這是為了預防網路發生壅塞。請注意，接下來不執行慢開始演算法。

（2）由於發送方現在認為網路很可能沒有發生壅塞（如果網路發生了嚴重的壅塞，不會一連有好幾個封包段連續到達接收方，就不會導致接收方連續發送重複確認），因此與慢開始的不同之處是現在不執行慢開始演算法（即現在不設定壅塞視窗 cwnd 為 100），而是把 cwnd 值設定為慢開始門限 ssthresh 減半後的數值，然後開始執行壅塞避免演算法（「加法增大」），使壅塞視窗 cwnd 值緩慢地線性增大。

圖 2-36 所示的是快重傳和快恢復的示意圖，並標明了「TCP Reno 版本」，這是目前使用很廣泛的版本。圖中還畫出了已經廢棄不用的虛線部分（TCP Tahoe 版本）。請注意，它們的區別是新的 TCP Reno 版本在快重傳之後採用快恢復演算法，而非慢開始演算法。

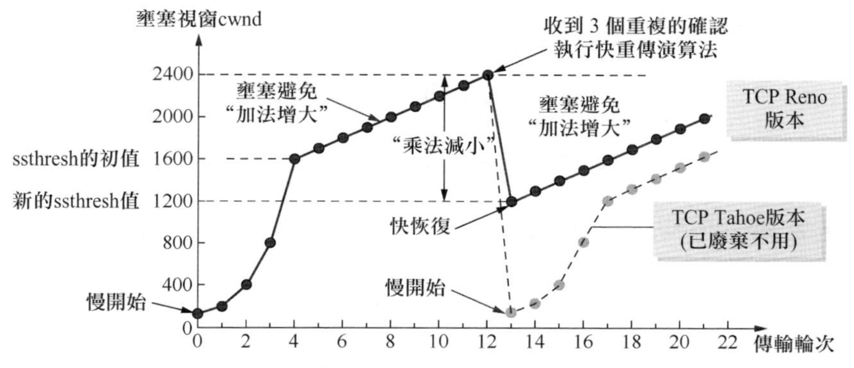

▲ 圖 2-36 從連續收到 3 個重複的確認轉入壅塞避免

請注意，也有的快重傳實現方法是把開始時的壅塞視窗 cwnd 值再增大一些（增大 3 個分組的長度），即等於 ssthresh+3×MSS。這樣做的理由是：既然發送方收到 3 個重複的確認，就表示有 3 個分組已經離開了網路。這 3 個分組不再消耗網路的資源而是停留在接收方的快取中（接收方發送出 3 個重複的確認就證明了這個事實）。可見現在網路中並不是堆積了分組，而是減少了 3 個分組，因此可以適當把壅塞視窗 cwnd 值擴大些。

在採用快恢復演算法時，慢開始演算法只是在 TCP 連接建立時和網路出現逾時才使用。採用這樣的壅塞控制方法使得 TCP 的性能有明顯的改進。

2.6.4 發送視窗的上限

假設接收方總是有足夠大的快取空間，因而發送視窗的大小由網路的壅塞程度來決定。但實際上接收方的快取空間總是有限的。接收方根據自己的接收能力設定接收視窗 rwnd 值，並把這個視窗值寫入 TCP 表頭中的視窗欄位傳輸給發送方。因此，接收視窗又稱為「通知視窗」（advertised window）。從接收方對發送方的流量控制的角度考慮，發送方的發送視窗值一定不能超過對方列出的接收視窗 rwnd 值。

如果把本節所討論的壅塞控制和接收方對發送方的流量控制放在一起考慮，那麼很顯然，發送方視窗的上限值應當取為接收方視窗 rwnd 和壅塞視窗 cwnd 這兩個變數值中較小的如下所示。

發送方視窗的上限值 = Min [rwnd,cwnd]

當 rwnd<cwnd 時，是接收方的接收能力限制發送方視窗的最大值。

反之，當 cwnd<rwnd 時，則是網路的壅塞限制發送方視窗的最大值。

也就是說，rwnd 和 cwnd 中值較小的控制發送方發送資料的速率。

2.7 TCP 連接管理

TCP 是可靠傳輸協定，使用 TCP 通訊的電腦在正式通訊之前需要先確保對方是否存在，協商通訊的參數，如接收端的接收視窗大小、支持的最大封包段長度（MSS）、是否允許選擇確認（SACK）、是否支持時間戳記等。建立連接後就可以進行雙向通訊了，通訊結束後釋放連接。

TCP 連接的建立採用用戶端伺服器方式。主動發起連接建立的應用處理程序叫作用戶端（client），而被動等待連接建立的應用處理程序叫作伺服器（server）。

2.7.1 建立 TCP 連接

在講建立 TCP 連接的過程之前，先看看造訪 91 學 IT 網站建立 TCP 連接的資料封包。圖 2-37 所示的第 3 個資料封包是用戶端向伺服器發出的請求建立 TCP 連接的資料封包，第 4 個資料封包是伺服器返回的確認資料封包，第 5 個資料封包是用戶端給伺服器返回的確認資料封包。

前面講過 A 電腦和 B 電腦使用 TCP 通訊，為了講解方便，下面所舉例子都是 A 電腦向 B 電腦發送資料，B 電腦向 A 電腦發送確認，其實一旦 A 電腦和 B 電腦建立了 TCP 連接，B 電腦也可以使用該連接給 A 電腦發送資料，這一來一往的資料封包中都有確認號和序號。

先看用戶端發送的請求建立 TCP 連接的資料封包，圖 2-37 所示的第 3 個資料封包是用戶端向伺服器發送的第 1 個資料封包，請求建立 TCP 連接的資料封包的特徵：SYN（同步）標記位元為 1，ACK（確認）標記位元為 0（這就表示確認號 ACK 無效，不過這裡大家看到的是 0），這是用戶端向伺服器發送的第 1 個資料封包，所以序號為 0（seq=0）。

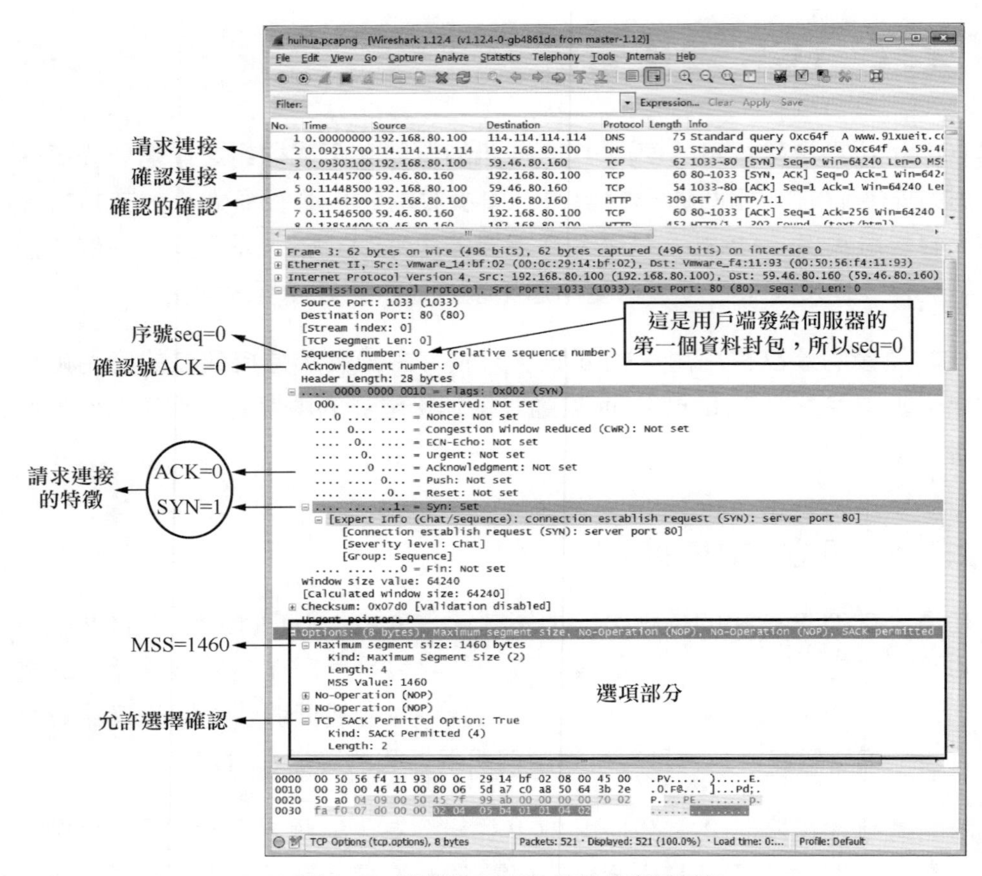

▲ 圖 2-37 請求建立 TCP 連接的資料封包

該資料封包 TCP 表頭的選項部分指明用戶端支援的最大封包段長度（MSS）和允許選擇確認，請求建立 TCP 連接的資料封包沒有資料部分。

再來看伺服器發送給用戶端的 TCP 確認連接資料封包，也就是圖 2-38 所示的第 4 個資料封包。確認連接資料封包的特徵：SYN（同步）標記位元為 1，ACK（確認）標記位元為 1，這是伺服器向用戶端發送的第 1 個資料封包，所以序號為 0（seq=0），伺服器收到了用戶端的請求（seq=0），確認已經收到，發送的確認號為 1，選項部分指明伺服器支援的最大封包段長度（MSS）為 1460。

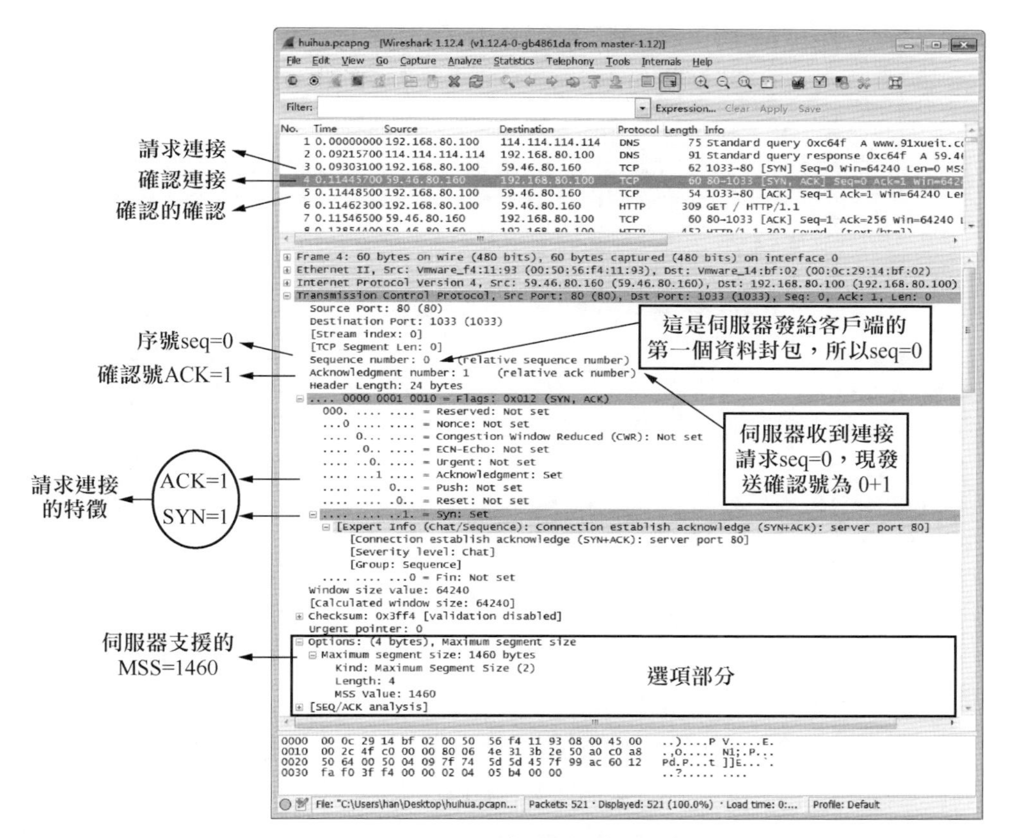

▲ 圖 2-38 TCP 連接確認資料封包

用戶端收到伺服器的確認後，還需再向伺服器發送一個確認，這裡稱之為「確認的確認」，如圖 2-39 所示。這個確認資料封包和以後通訊的資料封包，ACK 標記位元為 1，SYN 標記位元為 0。

這 3 個資料封包就是 TCP 建立連接的資料封包，整個過程稱為「三次交握」。

為什麼用戶端還要發送一次確認呢？這主要是為了防止已故障的連接請求封包段突然又傳輸到了伺服器，從而產生錯誤。

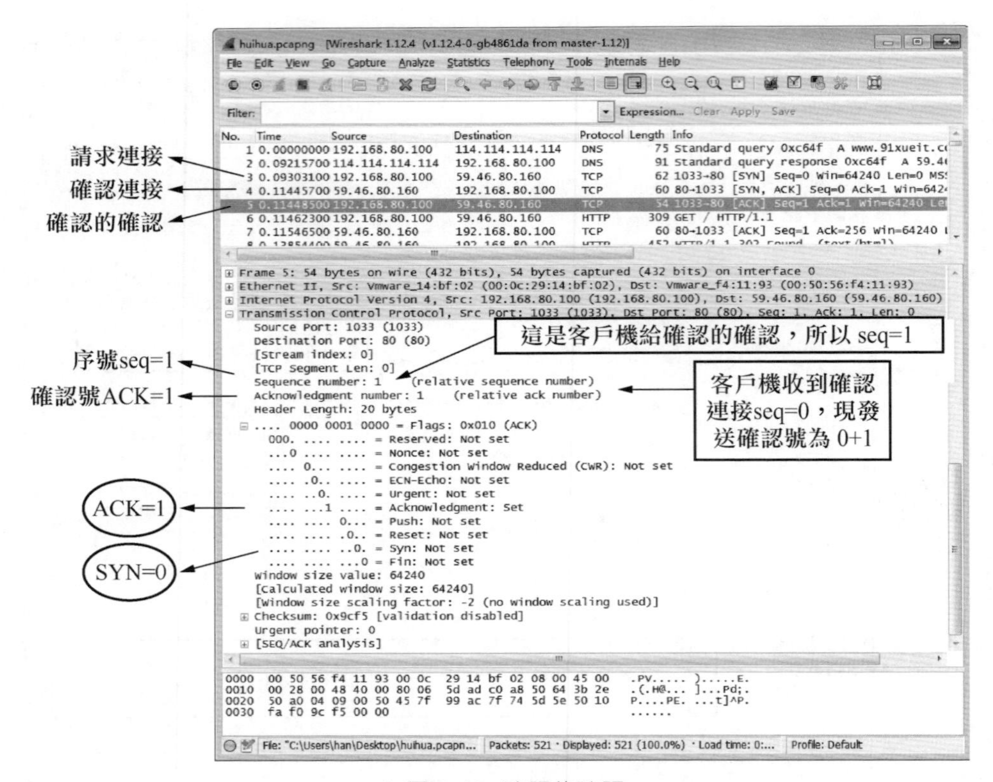

▲ 圖 2-39 確認的確認

所謂「已故障的連接請求封包段」是這樣產生的。考慮一種正常情況：用戶端發出連接請求，但因連接請求封包遺失而未收到確認，於是用戶端再重傳一次連接請求；後來收到了確認，建立了連接；資料傳輸完畢後，就釋放了連接。在這個過程中，用戶端共發送了兩個連接請求封包段，其中第一個遺失，第二個到達了伺服器，所以沒有「已故障的連接請求封包段」。

現假設出現一種異常情況，即用戶端發出的第一個連接請求封包段並沒有遺失，而是在某些網路節點長時間滯留了，以致延誤到連接釋放以後的某個時間才到達伺服器。本來這是一個早已故障的封包段。但伺服器收到此故障的連接請求封包段後，就誤認為是 A 又發出了一次新的連接請求。於是就向用戶端發出確認封包段，同意建立連接。假設不採用「三次交握」，那麼只要伺服器發出確認，新的連接就建立了。

由於現在用戶端並沒有發出建立連接的請求，因此既不會理睬伺服器的確認，也不會向伺服器發送資料。但伺服器卻以為新的傳輸連接已經建立了，並一直等待用戶端發來資料。伺服器的許多資源就這樣白白浪費了。採用「三次交握」的辦法可以防止上述現象的發生。舉例來說，在剛才的情況下，用戶端不會向伺服器的確認發出確認。伺服器由於收不到確認，就知道用戶端並沒有要求建立連接。

TCP 建立連接的過程如圖 2-40 所示，不同階段在用戶端和伺服器端能夠看到不同的狀態。

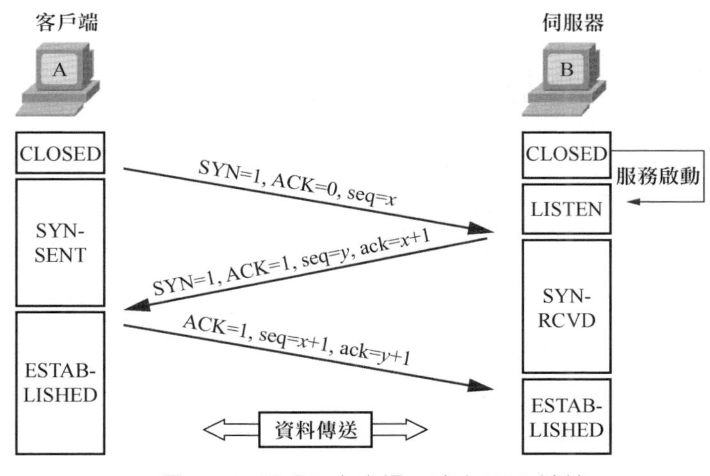

▲ 圖 2-40 用「三次交握」建立 TCP 連接

伺服器的服務只要已啟動就會監聽用戶端的請求，等待用戶端的連接，就處於 LISTEN 狀態。

用戶端的應用程式發送 TCP 連接請求封包，這個封包的 TCP 表頭的 SYN 標記位元為 1，ACK 標記位元為 0，用戶端列出初始序號為 x。發送出連接請求封包後，用戶端就處於 SYN-SENT 狀態。

> **注意**：這個封包段也不攜帶資料，但同樣要消耗掉一個序號。

伺服器收到用戶端的 TCP 連接請求後，發送確認連接封包，這個封包的 TCP 表頭的 SYN 標記位元為 1，ACK 標記位元為 1，伺服器列出初始序號為 y，確認號為 $x+1$。伺服器端就處於 SYN-RCVD 狀態。

用戶端收到連接請求確認封包後，狀態就變為 ESTAB-LISHED，再次發送給伺服器一個確認封包，該封包的 SYN 標記位元為 0，ACK 標記位元為 1，序號為 $x+1$，確認號為 $y+1$。

伺服器收到確認封包，狀態變為 ESTAB-LISHED。

然後就可以進行雙向通訊了。

2.7.2 釋放 TCP 連接

TCP 通訊結束後，需要釋放連接。TCP 連接釋放過程比較複雜，下面我們仍結合雙方狀態的改變來闡明連接釋放的過程。資料傳輸結束後，通訊的雙方都可釋放連接。現在 A 和 B 都處於 ESTAB-LISHED 狀態，A 的應用處理程序先向其 TCP 發出連接釋放封包段，並停止再發送資料，主動關閉 TCP 連接，如圖 2-41 所示。A 把連接釋放封包段表頭的 FIN 置為 1，其序號 seq=u，它等於前面已傳輸過的資料的最後一位元組的序號加 1。這時 A 進入 FIN-WAIT-1（終止等待 1）狀態，等待 B 的確認。

> **注意**：TCP 規定，FIN 封包段即使不攜帶資料也消耗掉一個序號。

B 收到連接釋放封包段後隨即發出確認，確認號是 ack=$u+1$，而這個封包段自己的序號是 v，等於 B 前面已傳輸過的資料的最後一位元組的序號加 1。然後 B 就進入 CLOSE-WAIT（關閉等待）狀態。TCP 伺服器處理程序這時應通知高層應用處理程序，因而從 A 到 B 這個方向的連接就釋放了，這時的 TCP 連接處於半關閉（half-dose）狀態，即 A 已經沒有資料要發送了，但若 B 發送資料，A 仍要接收。也就是說，從 B 到 A 這個方向的連接並未關閉。這個狀態可能會持續一段時間。

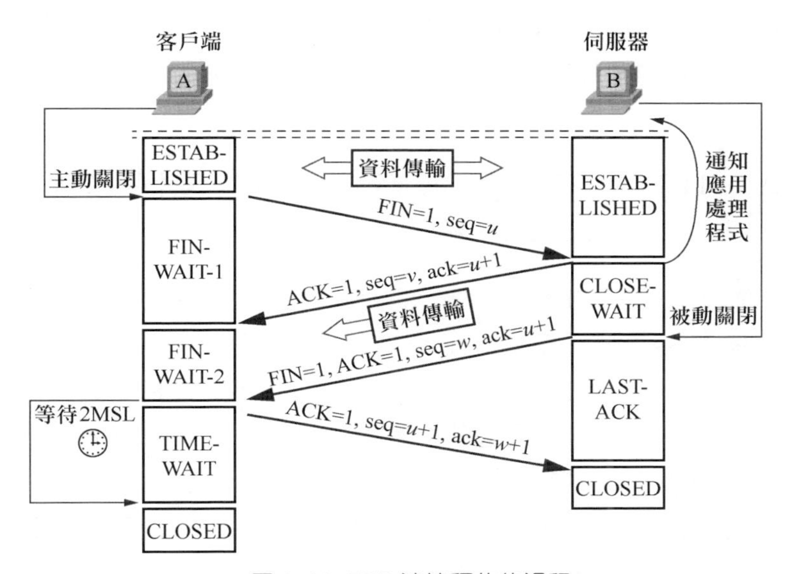

▲ 圖 2-41 TCP 連接釋放的過程

A 收到來自 B 的確認後，就進入 FIN-WAIT-2（終止等待 2）狀態，等待 B 發出連接釋放封包段。若 B 已經沒有要向 A 發送的資料，其應用處理程序就通知 TCP 釋放連接。這時 B 發出的連接釋放封包段必須使 FIN=1。現假設 B 的序號為 w（在半關閉狀態 B 可能又發送了一些資料）。B 還必須重複上次已發送過的確認號 ack=u+1。這時 B 就進入 LAST-ACK（最後確認）狀態，等待 A 的確認。

A 在收到 B 的連接釋放封包段後，必須對此發出確認。在確認封包段中把 ACK 置為 1，確認號 ack=w+1，而自己的序號是 seq=u+1（根據 TCP 標準，前面發送過的 FIN 封包段要消耗一個序號）。然後進入 TIME-WAIT（時間等待）狀態。請注意，現在 TCP 連接還沒有釋放掉。必須經過時間等待計時器（TIME-WAIT timer）設定的時間 2MSL 後，A 才進入

CLOSED 狀態。時間 MSL 叫作「最長封包段壽命」(maximum segment lifetime),(RFC 793)建議設為 2 分鐘。但這完全是從工程上來考慮的,對於現在的網路,MSL=2 分鐘可能太長了。因此 TCP 允許不同的實現可根據具體情況使用更小的 MSL 值。因此,從 A 進入 TIME-WAIT 狀態後,要經過 4 分鐘才能進入 CLOSED 狀態,才能開始建立下一個新的連接。

為什麼 A 在 TIME-WAIT 狀態下必須等待 2MSL 的時間呢?有以下兩個理由。

(1)為了保證 A 發送的最後一個 ACK 封包段能夠到達 B。這個 ACK 封包段有可能遺失,因而使處在 LAST-ACK 狀態的 B 收不到對已發送的 FIN+ACK 封包段的確認。B 會逾時重傳這個 FIN+ACK 封包段,而 A 就能在 2MSL 時間內收到這個重傳的 FIN+ACK 封包段。接著 A 重傳一次確認,重新啟動 2MSL 計時器。最後,A 和 B 都正常進入 CLOSED 狀態。如果 A 在 TIME-WAIT 狀態下不等待一段時間,而是在發送完 ACK 封包段後立即釋放連接,那麼就無法收到 B 重傳的 FIN+ACK 封包段,因而也不會再發送一次確認封包段。這樣,B 就無法按照正常步驟進入 CLOSED 狀態了。

(2)防止前面提到的「已故障的連接請求封包段」出現在本連接中。A 在發送完最後一個 ACK 封包段後,再經過 2MSL 的時間,就可以使本連接持續的時間內所產生的所有封包段都從網路中消失,這樣就可以使下一個新的連接中不會出現這種舊的連接請求封包段。

上述的 TCP 連接釋放過程是「四次交握」,也可以看成是兩個「二次交握」。除時間等待計時器外,TCP 還設有一個保活計時器(keepalive timer)。設想有這樣的情況:用戶端已主動與伺服器建立了 TCP 連接,但後來用戶端的主機突然出故障。顯然,伺服器以後就不能再收到用戶端發來的資料。因此,應當有措施使伺服器不要再白白等待下去。這就要使用保活計時器。伺服器每收到一次用戶端的資料，就重新設定保活計時器，時間的設定通常是兩小時。若兩小時沒有收到用戶端的資料，伺服器端就發送一個探測封包段，以後則每隔 75min 發送一次。若一連發送 10 個探測封包段後用戶端仍然沒有回應，伺服器就認為用戶端出了故障，接著就關閉這個連接。

2.7.3 實戰：查看 TCP 釋放連接的資料封包

運行 Wireshark 封包截取工具開始封包截取，存取一個 FTP 伺服器，下載一個檔案，下載完畢，過一會兒，就會看到捕捉的釋放連接的資料封包。FTP 伺服器的位址是 192.168.80.111，用戶端的位址是 192.168.80.100，如圖 2-42 所示。可以看到第 8354 個資料封包是用戶端發送的釋放連接封包段，第 8355 個資料封包是伺服器發送的釋放連接確認封包段，第 8356 個資料封包是伺服器發送的釋放連接封包段，第 8357 個資料封包是用戶端發送的釋放連接確認封包段。

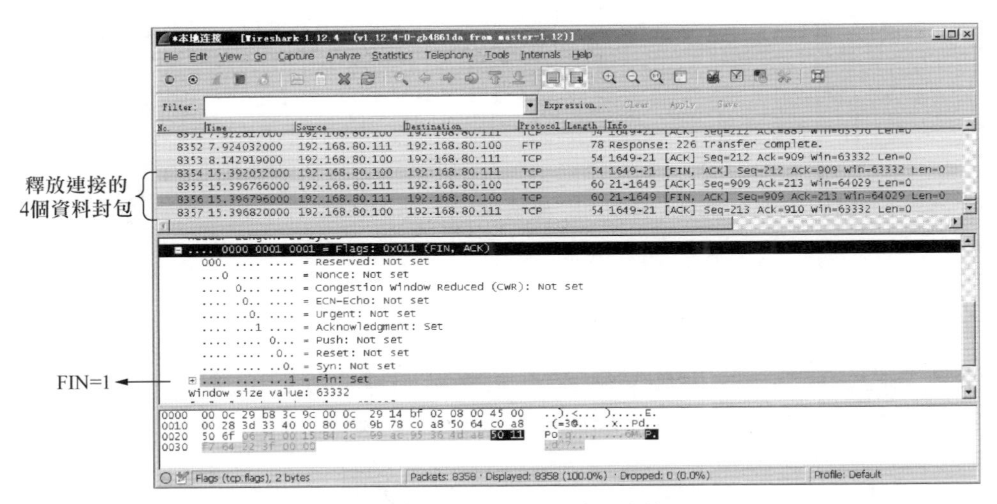

▲ 圖 2-42 釋放連接的資料封包

觀察這 4 個資料封包的 TCP 表頭的 FIN 標記位元，就知道哪個資料封包是連接釋放封包；觀察序號和確認號，就知道哪個資料封包是哪個資料封包的確認。

在 Windows 作業系統的電腦上打開一些網頁，在命令提示符號處輸入 "netstat -n" 可以看到建立的 TCP 活動的連接以及狀態，如圖 2-43 所示。

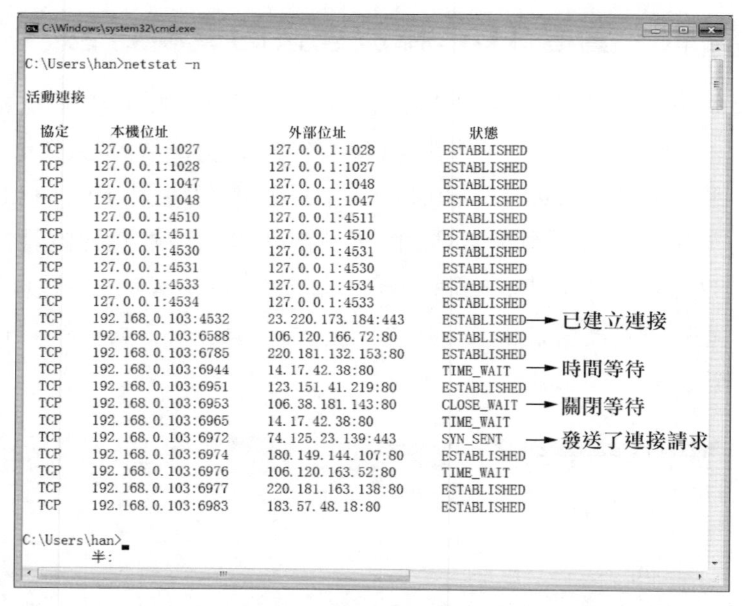

▲ 圖 2-43 查看 TCP 連接的狀態

2.7.4 實戰：SYN 攻擊

透過前面的講解，大家應該明白了 TCP 通訊建立連接的過程。這個過程可以被駭客利用攻擊網路中的伺服器，這就是 SYN 攻擊。

SYN 攻擊屬於 DoS 攻擊的一種，它利用 TCP 通訊建立連接，使用偽造的來源 IP 位址給伺服器發送大量的 TCP 連接請求封包，伺服器會給這些偽造的來源位址發送連接確認封包，這時伺服器就會進入 SYN-RCVD

狀態，等待用戶端確認封包。但這些偽造的位址並不會給伺服器返回確認封包。當伺服器未收到用戶端的確認封包時，將重發連接確認封包，一直到逾時才會將此項目從未連接佇列中刪除。這些偽造的 SYN 封包將長時間佔用未連接佇列，導致正常的 SYN 請求被捨棄，目標系統運行緩慢，嚴重時還會引起網路堵塞甚至系統癱瘓。

SYN 攻擊除了能影響伺服器外，還能危害路由器、防火牆等網路系統，事實上 SYN 攻擊並不管目標是什麼系統，只要這些系統上的服務監聽 TCP 的某個通訊埠就行。

下面使用兩個虛擬機器給大家演示 SYN 攻擊。在虛擬機器 Windows2003Web 服務上運行封包截取工具，進行封包截取。在電腦 B 上運行 SYN 攻擊器，輸入 Windows2003Web 服務的 IP 位址，通訊埠輸入 445（TCP 的 445 通訊埠是存取共用資源使用的通訊埠，通常供 Windows 作業系統運行 Windows 共用服務），如果 Windows2003Web 服務運行了 Web 服務，這裡也可以輸入 80 通訊埠，點擊 "Start" 按鈕，開始攻擊，如圖 2-44 所示。

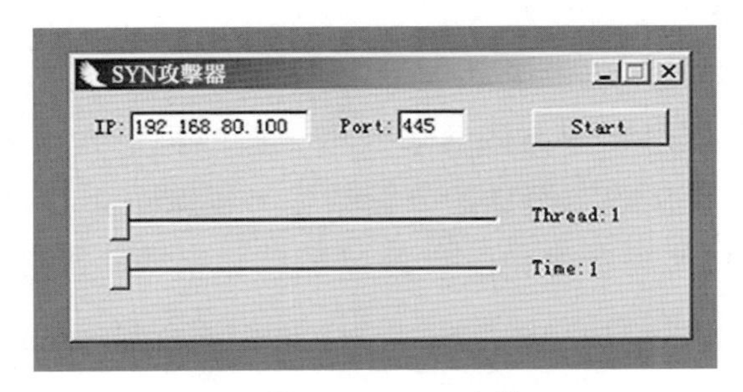

▲ 圖 2-44 SYN 攻擊

可以感覺到，在攻擊過程中 Windows2003Web 服務回應緩慢。停止攻擊後，可以看到封包截取工具捕捉的 TCP 連接請求資料封包，這時資料封包的來源位址（Source）是偽造的公網位址，如圖 2-45 所示。

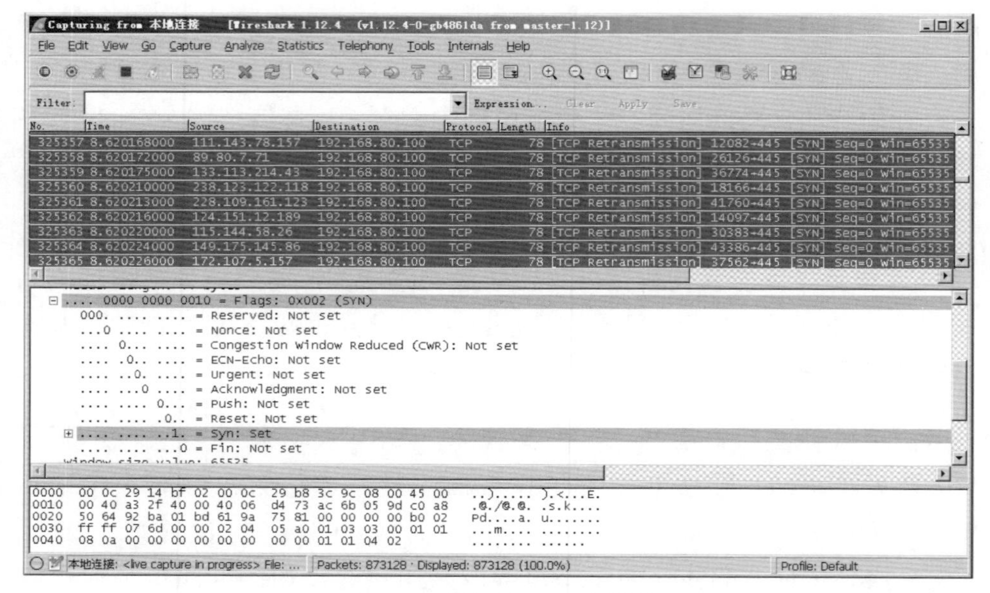

▲ 圖 2-45 捕捉的 SYN 攻擊封包

2.8 習題

1. 圖 2-46 所示的是接收方的接收快取，接收視窗大小為 600 位元組。圖 2-47 所示是接收方發送的確認封包，根據圖 2-46 中標注的接收視窗中收到的位元組區塊，在圖 2-47 的括號中填寫適當的數值。

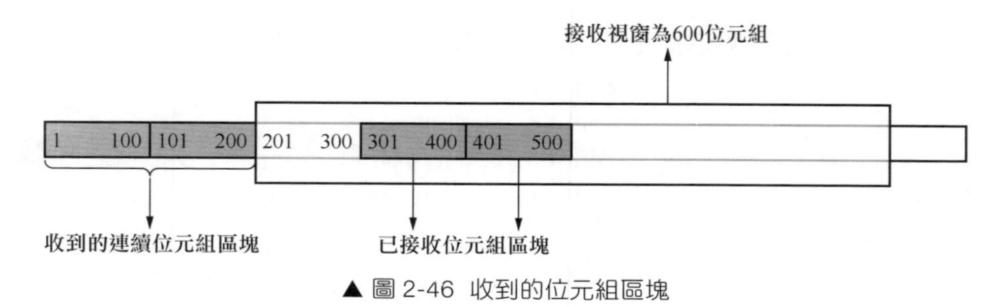

▲ 圖 2-46 收到的位元組區塊

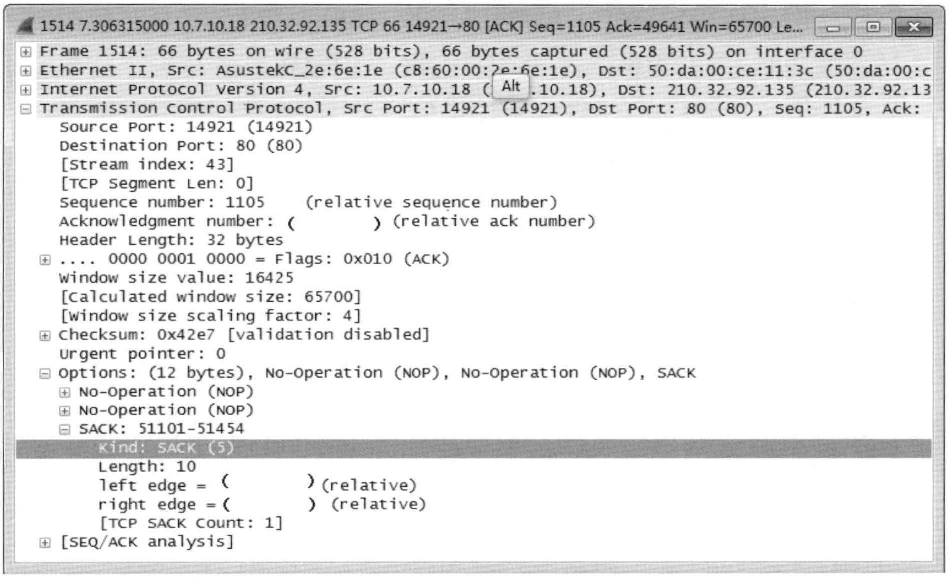

```
1514 7.306315000 10.7.10.18 210.32.92.135 TCP 66 14921→80 [ACK] Seq=1105 Ack=49641 Win=65700 Le...
⊞ Frame 1514: 66 bytes on wire (528 bits), 66 bytes captured (528 bits) on interface 0
⊞ Ethernet II, Src: AsustekC_2e:6e:1e (c8:60:00:2e:6e:1e), Dst: 50:da:00:ce:11:3c (50:da:00:c
⊞ Internet Protocol Version 4, Src: 10.7.10.18 ( Alt .10.18), Dst: 210.32.92.135 (210.32.92.13
⊟ Transmission Control Protocol, Src Port: 14921 (14921), Dst Port: 80 (80), Seq: 1105, Ack:
    Source Port: 14921 (14921)
    Destination Port: 80 (80)
    [Stream index: 43]
    [TCP Segment Len: 0]
    Sequence number: 1105    (relative sequence number)
    Acknowledgment number: (         ) (relative ack number)
    Header Length: 32 bytes
  ⊞ .... 0000 0001 0000 = Flags: 0x010 (ACK)
    Window size value: 16425
    [Calculated window size: 65700]
    [Window size scaling factor: 4]
  ⊞ Checksum: 0x42e7 [validation disabled]
    Urgent pointer: 0
  ⊟ Options: (12 bytes), No-Operation (NOP), No-Operation (NOP), SACK
    ⊞ No-Operation (NOP)
    ⊞ No-Operation (NOP)
    ⊟ SACK: 51101-51454
        Kind: SACK (5)
        Length: 10
        left edge = (          )(relative)
        right edge = (          ) (relative)
        [TCP SACK Count: 1]
  ⊞ [SEQ/ACK analysis]
```

▲ 圖 2-47 選擇性確認資料封包

2. OSI 標準中能表現點對點傳輸的是哪一層（　　）。

   A. 資料連結層　　B. 傳輸層　　C. 會談層　　D. 應用層

3. 主機甲和主機乙之間已建立一個 TCP 連接，主機甲向主機乙發送了兩個連續的 TCP 封包段，分別包含 300 位元組和 500 位元組的有效酬載，第一個封包段的序號為 200，主機乙正確接收到兩個封包段後，發送給主機甲的確認序號是（　　）。

   A. 500　　B. 700　　C. 800　　D. 1000

4. 主機甲和主機乙之間已建立一個 TCP 連接，TCP 最大封包段長度為 1000 位元組，若主機甲的當前壅塞視窗 cwnd 值為 4000 位元組，在主機甲向主機乙連續發送兩個最大封包段後，成功收到主機乙發送的對第一段的確認段，確認段中通告的接收視窗大小為 2000 位元組，則此時主機甲還可以向主機乙發送的最大位元組數是（　　）。

   A. 1000　　B. 2000　　C. 3000　　D. 4000

5. 主機甲向主機乙發送了一個 SYN = 1、seq = 11220 的 TCP 封包段，期望與主機乙建立 TCP 連接，若主機乙接受該連接請求，則主機乙向主機甲發送的正確的 TCP 封包段可能是（　　）。

   A. SYN = 0, ACK = 0, seq = 11221, ack =11221

   B. SYN =1, ACK = 1, seq = 11220, ack = 11220

   C. SYN =1, ACK = 1, seq = 11221, ack = 11221

   D. SYN =0, ACK = 0, seq = 11220, ack = 11220

6. 主機甲與主機乙之間已建立一個 TCP 連接，主機甲向主機乙發送了 3 個連續的 TCP 封包段，分別包含 300 位元組、400 位元組和 500 位元組的有效酬載，第 3 個封包段的序號為 900。若主機乙僅正確接收到第 1 個和第 3 個封包段，則主機乙發送給主機甲的確認序號是（　　）。

   A. 300　　B. 500　　C. 1200　　D. 1400

7. 試說明傳輸層在協定層中的地位和作用。傳輸層的通訊和網路層的通訊有什麼重要的區別？為什麼傳輸層是必不可少的？

8. 當應用程式使用連線導向的 TCP 和不需連線的 IP 時，這種傳輸是連線導向的還是不需連線的？

9. 試著畫圖解釋傳輸層的重複使用。

10. 試舉例說明有哪些應用程式願意採用不可靠的 UDP，而不願意採用可靠的 TCP，若接收方收到有差錯的 UDP 使用者資料封包時應如何處理？

11. 如果應用程式願意使用 UDP 完成可靠傳輸，這可能嗎？請說明理由。為什麼說 UDP 是針對封包的，而 TCP 是針對位元組流的？

12. 通訊埠的作用是什麼？為什麼通訊埠編號要劃分為 3 種？

13. 某個應用處理程序使用傳輸層的使用者資料封包 UDP，然後繼續向下交給 IP 層後，又封裝成 IP 資料封包。既然都是資料封包，是否可以跳過 UDP 而直接交給 IP 層？哪些功能 UDP 提供了但 IP 沒有提供？

14. 一個應用程式用 UDP，到了 IP 層把資料封包再劃分為 4 個資料封包片發送出去。結果前兩個資料封包片遺失，後兩個到達目的站。過了一段時間應用程式重傳 UDP，而 IP 層仍然劃分為 4 個資料封包片來傳輸。結果這次前兩個資料封包片到達目的站而後兩個遺失。試問：在目的站能否將這兩次傳輸的 4 個資料封包片組合成為完整的資料封包？假設目的站第一次收到的後兩個資料封包片仍然保存在目的站的快取中。

15. 一個 UDP 使用者資料封包的資料欄位為 8192 位元組。在鏈路層要使用乙太網來傳輸。試問應當劃分為幾個 IP 資料封包片？說明每一個 IP 資料封包片的資料欄位長度和片偏移欄位的值。

16. 一個 UDP 使用者資料封包的表頭的十六進位表示是 06 32 00 45 00 1C E2 17。試求來源通訊埠、目標通訊埠、使用者資料封包的總長度、資料部分長度。這個使用者資料封包是從用戶端發送給伺服器還是從伺服器發送給用戶端？使用 UDP 的這個伺服器程式是什麼？

17. 使用 TCP 對即時通話語音資料的傳輸有沒有什麼影響？使用 UDP 在傳輸資料檔案時會有什麼問題？

18. 在停止等待協定中如果不使用編號是否可行？為什麼？

19. 在停止等待協定中，如果收到重複的封包段時不予理睬（即悄悄地捨棄它而其他什麼也不做）是否可行？試列出具體例子說明理由。

20. 主機 A 向主機 B 發送一個很長的檔案，其長度為 L 位元組。假設 TCP 使用的 MSS 為 1460 位元組。
    (1) 在 TCP 的序號不重複使用的條件下，L 的最大值是多少？
    (2) 假設使用上面計算出的檔案長度，而運輸層、網路層和資料連結層所用的表頭負擔共 66 位元組，鏈路的頻寬為 10Mbit/s，試求這個檔案所需的最短髮送時間。

21. 主機 A 向主機 B 連續發送了兩個 TCP 封包段，其序號分別是 70 和 100。
   (1) 第一個封包段攜帶了多少位元組的資料？
   (2) 主機 B 收到第一個封包段後，發回的確認中的確認號應當是多少？
   (3) 如果 B 收到第二個封包段後發回的確認中的確認號是 180，請問 A 發送的第二個封包段中的資料有多少位元組？
   (4) 如果 A 發送的第一個封包段遺失了，但第二個封包段到達了 B。B 在第二個封包段到達後向 A 發送確認。請問這個確認號應為多少？

22. 為什麼在 TCP 表頭中要把 TCP 的通訊埠編號放入最開始的 4 位元組？

23. 為什麼在 TCP 表頭中有一個表頭長度欄位，而 UDP 的表頭中就沒有這個欄位？

24. 一個 TCP 封包段的資料部分最多為多少位元組？為什麼？如果使用者要傳輸的資料的位元組長度超過 TCP 封包段中的序號欄位可能編出的最大序號，請問還能否用 TCP 來傳輸？

25. 主機 A 向主機 B 發送 TCP 封包段，表頭中的來源通訊埠是 m，目標通訊埠是 n。當 B 向 A 發送回信時，其 TCP 封包段的表頭中的來源通訊埠和目標通訊埠分別是什麼？

26. 在使用 TCP 傳輸資料時，如果有一個確認封包段遺失了，也不一定會引起與該確認封包段對應的資料的重傳。以上這句話對嗎？試說明理由。

27. 試用具體例子說明為什麼傳輸層連接建立時要使用「三次交握」。試說明如果不這樣做可能會出現什麼情況。

28. 在 TCP 中，發送方的視窗大小取決於（　　）。
   A. 僅接收方允許的視窗　B. 接收方允許的視窗和發送方允許的視窗
   C. 接收方允許的視窗和壅塞視窗　D. 發送方允許的視窗和壅塞視窗

29. A 和 B 建立了 TCP 連接，當 A 收到確認號為 100 的確認封包段時，表示（　　）。
    A. 封包段 99 已收到
    B. 封包段 100 已收到
    C. 末位元組序號為 99 的封包段已收到
    D. 末位元組序號為 100 的封包段已收到

30. 在採用 TCP 連接的資料傳輸階段，如果發送方的發送視窗值由 1000 變為 2000，那麼發送方在收到一個確認之前可以發送（　　）。
    A. 2000 個 TCP 封包段
    B. 2000 位元組
    C. 1000 位元組
    D. 1000 個 TCP 封包段

31. 為保證資料傳輸的可靠性，TCP 採用了對（　　）確認的機制。
    A. 封包段　B. 分組　C. 位元組　D. 位元

32. 滑動視窗的作用是（　　）。
    A. 流量控制　B. 壅塞控制　C. 路由控制　D. 差錯控制

33. TCP「三次交握」過程中，第二次「交握」時，發送的封包段中（　　）標示位元被置為 1。
    A. SYN　B. ACK　C. ACK 和 RST　D. SYN 和 ACK

34. A 和 B 之間建立了 TCP 連接，A 向 B 發送了一個封包段，其中序號欄位 seq=200，確認號欄位 ACK=201，資料部分有 2 位元組，那麼在 B 對該封包的確認封包段中（　　）。
    A. seq=202，ACK=200　B. seq=201，ACK=201
    C. seq=201，ACK=202　D. seq=202，ACK=201

35. 在採用 TCP 連接的資料傳輸階段，如果發送端的發送視窗值由 2000 變為 3000，表示發送端（　　）。

A. 在收到一個確認之前可以發送 3000 個 TCP 封包段
B. 在收到一個確認之前可以發送 1000 位元組
C. 在收到一個確認之前可以發送 3000 位元組
D. 在收到一個確認之前可以發送 2000 個 TCP 封包段

36. 以下關於 TCP 工作原理與過程的描述中，錯誤的是（　　）。
A. TCP 連接建立過程需要經過「三次交握」的過程
B. 當 TCP 傳輸連接建立之後，用戶端與伺服器端的應用處理程序進行全雙工的位元組流傳輸
C. TCP 傳輸連接的釋放過程很複雜，只有用戶端可以主動提出釋放連接的請求
D. TCP 連接的釋放需要經過「四次揮手」的過程

37. 以下關於 TCP 視窗與壅塞控制概念的描述中，錯誤的是（　　）。
A. 接收端視窗（rwnd）透過 TCP 表頭中的視窗欄位通知資料的發送方
B. 發送視窗確定的依據是：發送視窗 =Min[接收端視窗 , 壅塞視窗]
C. 壅塞視窗是接收端根據網路壅塞情況確定的視窗值
D. 壅塞視窗大小在開始時可以按指數規律增長

38. UDP 資料封包表頭不包含（　　）。
A. UDP 來源通訊埠編號　　B. UDP 校正碼
C. UDP 目標通訊埠編號　　D. UDP 資料封包表頭長度

39. 在（　　）範圍內的通訊埠編號被稱為「常用通訊埠編號」並限制使用，表示這些通訊埠編號是為常用的應用層協定，如 FTP、HTTP 等保留的。
A. 0 ～ 127　　B. 0 ～ 255　　C. 0 ～ 511　　D. 0 ～ 1023

40. 一個 UDP 使用者資料封包的資料欄位為 8192 位元組，要使用乙太網來傳輸。假設 IP 資料封包無選項。請問應當劃分為幾個 IP 資料封包片？說明每一個 IP 資料封包片的資料欄位長度和片偏移欄位的值。

Chapter 03

IP 位址和子網路劃分

• 本章主要內容 •

- 了解 IP 位址
- IP 位址分類
- 公網位址
- 私網位址
- 等長子網路劃分
- 變長子網路劃分
- 超網

網路層負責在通訊的裝置之間轉發資料封包，為傳輸層提供服務。網路層以資料封包為基礎的 IP 位址轉發資料，網路裝置根據路由表為資料封包確定轉發出口。為了講解清楚，將網路層分成以下 3 章來講解：IP 位址和子網路劃分、靜態路由和動態路由、網路層協定。本章講解 IP 位址和子網路劃分。

網路中的電腦通訊需要有位址，每個網路卡有物理層位址（MAC 位址），每台電腦還需要有網路層位址，使用 TCP/IP 通訊的電腦的網路層位址稱為「IP 位址」。

本章講解 IP 位址格式、子網路遮罩的作用、IP 位址的分類和一些特殊的位址、公網位址和私網位址，以及私網位址透過 NAT 存取 Internet。

為了給網路中的電腦分配合理的 IP 位址，避免 IP 位址的浪費，需要進行等長子網路劃分或變長子網路劃分。也可以將多個網路合併成一個網段，這就是「超網」。在路由器上透過超網這種方式增加路由，能夠簡化路由表。

最後講解子網路劃分的規律和合併網段的規律。

3.1 學習 IP 位址基礎知識

網路中電腦和網路裝置介面的 IP 位址由 32 位元的二進位數字組成，後面學習 IP 位址和子網路劃分的過程需要我們將二進位數字轉化成十進位數字，還需要將十進位數字轉化成二進位數字。因此在學習 IP 位址和子網路劃分之前，先來了解一下二進位的相關知識，同時要求讀者熟記下面講到的二進位和十進位之間的關係。

3.1.1 二進位和十進位

學習子網路劃分需要讀者看到一個十進位形式的子網路遮罩，就能很快判斷出該子網路遮罩寫成二進位形式有幾個 1；看到一個二進位形式的子網路遮罩，也能熟練寫出該子網路遮罩對應的十進位數字。

二進位是計算技術中廣泛採用的一種數制。二進位資料是用 0 和 1 兩個數字來表示的數。它的基數為 2，進位規則是「逢二進一」，借位規則是「借一當二」，當前的電腦系統使用的基本上都是二進位。

下面列出二進位和十進位的對應關係，要求讀者最好記住這些對應關係。其實也不用死記硬背，這裡有規律可循，二進位中的 1 向前移 1 位元，對應的十進位乘以 2，如下所示。

二進位	十進位
1	1
10	2
100	4
1000	8
1 0000	16
10 0000	32
100 0000	64
1000 0000	128

下面列出的二進位數字和十進位數字的對應關係讀者最好也能記住。要求列出下面的十進位數字，立即就能寫出對應的二進位數字；列出一個二進位數字，能立即寫出對應的十進位數字。後面列出了記憶規律。

二進位	十進位	
1000 0000	128	
1100 0000	192	這樣記 1000 0000+100 000 也就是 128+64=192
1110 0000	224	這樣記 1000 0000+100 0000+10 0000 也就是 128+64+32=224
1111 0000	240	這樣記 128+64+32+16=240
1111 1000	248	這樣記 128+64+32+16+8=248
1111 1100	252	這樣記 128+64+32+16+8+4=252
1111 1110	254	這樣記 128+64+32+16+8+4+2=254
1111 1111	255	這樣記 128+64+32+16+8+4+2+1=255

可見 8 位元二進位全是 1，最大值就是 255。

萬一忘記了上面的對應關係，可以使用下面的方法，如圖 3-1 所示，只要記住數軸上的幾個關鍵的點，對應關係立刻就能想出來。我們畫一條線，左端代表二進位數字 0000 0000，右端代表二進位數字 1111 1111。

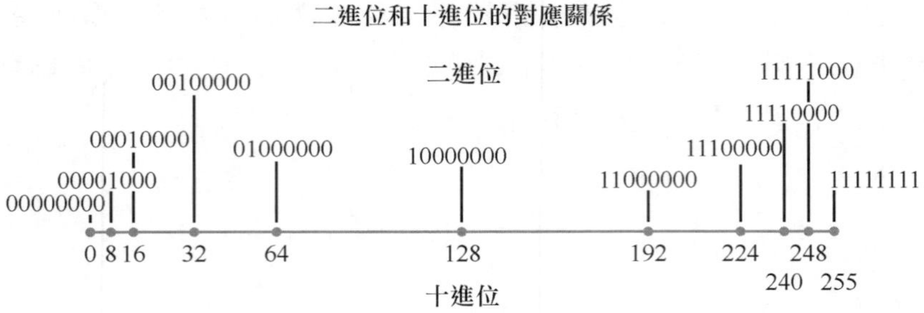

▲ 圖 3-1 二進位和十進位的對應關係

可以看到 0 ～ 255 共計 256 個數字，中間的數字就是 128，128 對應的二進位數字就是 1000 0000。這是一個分界點，128 以前的二進位數字最高位元是 0，128 之後的數，二進位最高位元都是 1。

128 ～ 255 中間的數，就是 192，二進位數字就是 1100 0000，這就表示從 192 開始的數，其二進位數字最前面的兩位元都是 1。

192 ～ 555 中間的數，就是 224，二進位數字就是 1110 0000，這就表示從 224 開始的數，其二進位數字最前面的 3 位元都是 1。

使用這種方式很容易找出 0 ～ 128 中間的數 64 是二進位數字 100 0000 對應的十進位數字。0 ～ 64 中間的數 32 就是二進位數字 10 0000 對應的十進位數字。

使用這種方式，即使忘記了上面的對應關係，只要畫一筆數軸，按照上述方法就能很快找到二進位和十進位的對應關係。

3.1.2 二進位數字的規律

在後面學習合併網段時需要讀者判斷列出的幾個子網路是否能夠合併成一個網段，需要讀者能夠寫出一個數轉換成二進位後的後幾位元。下面看看二進位的規律，並介紹一種快速寫出一個數的二進位形式的後幾位數的方法，如圖 3-2 所示。

十進位	二進位	十進位	二進位
0	0	11	1011
1	1	12	1100
2	10	13	1101
3	11	14	1110
4	100	15	1111
5	101	16	10000
6	110	17	10001
7	111	18	10010
8	1000	19	10011
9	1001	20	10100
10	1010	21	10101

▲ 圖 3-2　二進位規律

觀察圖 3-2 中的十進位和二進位的對應關係，能找到以下規律。

（1）能夠被 2 整除的數，寫成二進位形式，最後一位元是 0。如果餘數是 1，則最後一位元是 1。

（2）能夠被 4 整除的數，寫成二進位形式，最後兩位元是 00。如果餘數是 2，那就把 2 寫成二進位，最後兩位元是 10。

（3）能夠被 8 整除的數，寫成二進位形式，最後 3 位元是 000。如果餘數是 5，那就把 5 寫成二進位，最後 3 位元是 101。

（4）能夠被 16 整除的數，寫成二進位形式，最後 4 位元是 0000。如果餘數是 6，那就把 6 寫成二進位，最後 4 位元是 0110。

我們可以找出規律，如果要寫出一個十進位數字轉換成二進位數字後的後面的 n 位元二進位數字，可以將該數除以 2^n，將餘數寫成 n 位元二進位即可。

下面根據前面的規律，寫出十進位數字 242 轉換成二進位數字後的最後 4 位元。

2^4 是 16，242 除以 16，餘 2，將餘數寫成 4 位元二進位，就是 0010。

3.2 了解 IP 位址

IP 位址就是給每個連接在 Internet 上的主機分配的 32 位元位址。IP 位址用來定位網路中的電腦和網路裝置。

3.2.1 MAC 位址和 IP 位址

電腦的網路卡有物理層位址（MAC 位址），為什麼還需要 IP 位址呢？

網路中有 3 個網段，一個交換機一個網段，使用兩個路由器連接這 3 個網段，如圖 3-3 所示。圖中 MA、MB、MC、MD、ME、MF 以及 M1、M2、M3 和 M4，分別代表電腦和路由器介面的 MAC 位址。

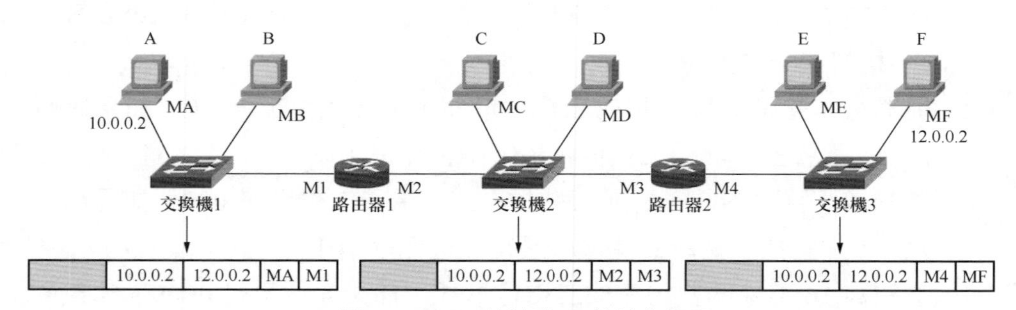

▲ 圖 3-3 MAC 位址和 IP 位址的作用

電腦 A 給電腦 F 發送一個資料封包，電腦 A 在網路層給資料封包增加來源 IP 位址（10.0.0.2）和目標 IP 位址（12.0.0.2）。

該資料封包要想到達電腦 F，要經過路由器 1 轉發，該資料封包如何才能讓交換機 1 轉發到路由器 1 呢？那就需要在資料連結層增加 MAC 位址，來源 MAC 位址為 MA，目標 MAC 位址為 M1。

路由器 1 收到該資料封包，需要將該資料封包轉發到路由器 2，這就要求將資料封包重新封裝成幀。幀的目標 MAC 位址是 M3，來源 MAC 位址是 M2，這時也要求重新計算幀驗證序列。

資料封包到達路由器 2 後，需要重新封裝，目標 MAC 位址為 MF，來源 MAC 位址為 M4。交換機 3 將該幀轉發給電腦 F。

從圖 3-3 中可以看出，資料封包的目標 IP 位址決定了資料封包最終到達哪一台電腦，而目標 MAC 位址決定了該資料封包下一次轉發由哪個裝置接收，但不一定是終點。

如果全球電腦網路是一個大的乙太網，那就不需要使用 IP 位址通訊，只使用 MAC 位址就可以了。大家想想那將是一個什麼樣的場景？一個電腦發廣播幀，全球電腦都能收到，且都要處理，整個網路的頻寬將被廣播幀耗盡。所以還必須由網路裝置路由器來隔絕乙太網的廣播，預設路由器不轉發廣播幀，只負責在不同的網路間轉發資料封包。

3.2.2 IP 位址的組成

在講解 IP 位址之前，先介紹讀者熟知的電話號碼，透過電話號碼來了解 IP 位址。

大家都知道，電話號碼由區號和本機號碼組成。舉例來說，台北市的區號是 02，台中市的區號是 04，同一個市的電話號碼有相同的區號，打本機電話不用撥區號，打長途電話才需要撥區號。

和電話號碼的區號一樣，電腦的 IP 位址也由兩部分組成，一部分為網路標識，另一部分為主機標識。如圖 3-4 所示，同一網段的電腦網路部分相同。路由器連接不同的網段，負責不同網段之間的資料轉發，交換機連接的則是同一網段的電腦。

電腦在和其他電腦通訊之前，首先要判斷目標 IP 位址和自己的 IP 位址是否在一個網段，這決定了資料連結層的目標 MAC 位址是目的電腦的還是路由器介面的。

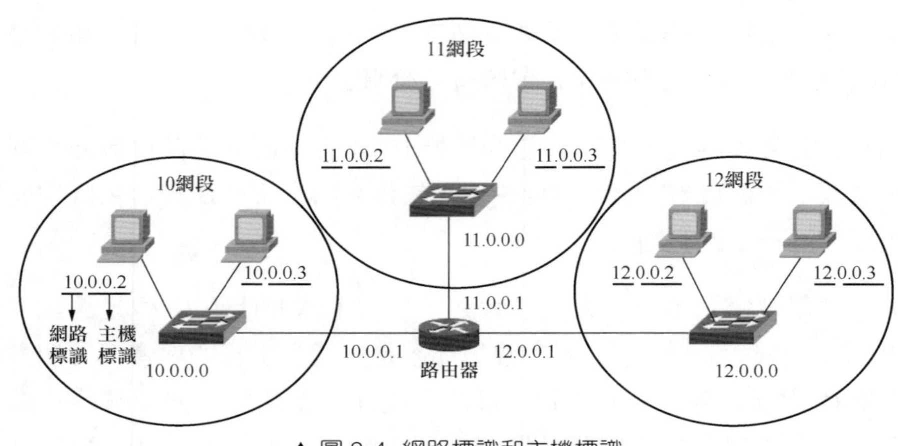

▲ 圖 3-4 網路標識和主機標識

3.2.3 IP 位址格式

按照 TCP/IP 規定，IP 位址用 32 位元二進位來表示，也就是 32 位元，換算成位元組，就是 4 位元組。舉例來說，一個採用二進位形式的 IP 位址是 10101100000100000001111000111000，這麼長的位址，人們處理起來太費勁了。為了方便人們使用，這些位元被分割為 4 個部分，每一部分為 8 位元二進位，中間使用符號 "." 分開，分成 4 部分的二進位 IP 位址 10101100.00010000. 00011110.00111000，經常被寫成十進位的形式，於是，上面的 IP 位址可以表示為 172.16.30.56。IP 位址的這種標記法叫作「點分十進位標記法」，這顯然比 1 和 0 的組合容易記憶得多。

點分十進位這種 IP 位址標記法方便人們書寫和記憶，通常設定電腦 IP 位址時就採用這種寫法，如圖 3-5 所示。本書為了方便描述，給 IP 位址的這 4 個部分進行了編號，從左到右分別為第 1 部分、第 2 部分、第 3 部分和第 4 部分。

8 位元二進位的 11111111 轉換成十進位就是 255，因此點分十進位的每一部分最大不能超過 255。平時在替電腦設定 IP 位址時，還要設定子網路遮罩、預設閘道器和 DNS 伺服器位址，下面先介紹子網路遮罩的作用。

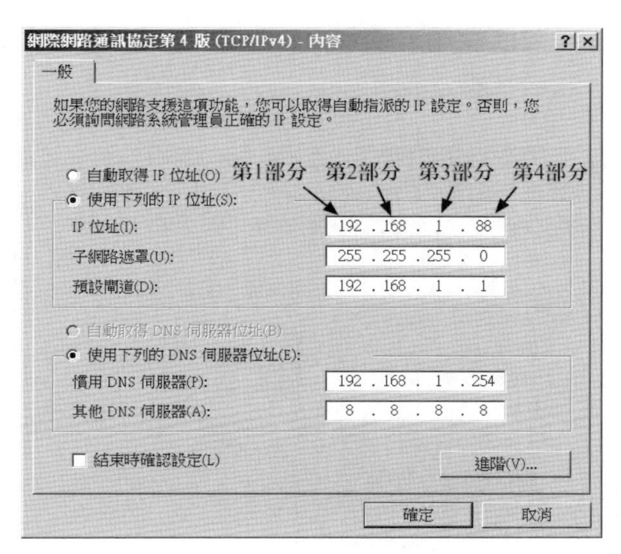

▲ 圖 3-5 點分十進位標記法

3.2.4 子網路遮罩的作用

子網路遮罩（subnet mask）又叫「網路隱藏」、「位址隱藏」，它是一種用來指明一個 IP 位址的哪些位元標識的是主機所在的子網路、哪些位元標識的是主機的位元隱藏。子網路遮罩只有一個作用，就是將某個 IP 位址劃分成網路位址和主機位址兩部分。

圖 3-6 所示的電腦的 IP 位址是 131.107.41.6，子網路遮罩是 255.255.255.0，所在網段是 131.107.41.0，主機部分歸零，就是該主機所在的網段。該電腦和遠端電腦通訊，只要目標 IP 位址前面 3 個部分是 131.107.41，就認為和該電腦在同一個網段。舉例來說，該電腦和 IP 位址 131.107.41.123 在同一個網段，而和 IP 位址 131.107.42.123 不在同一個網段，因為網路部分不相同。

圖 3-7 所示的電腦的 IP 位址是 131.107.41.6，子網路遮罩是 255.255.0.0，所在網段是 131.107.0.0。該電腦和遠端電腦通訊，只要目標 IP 位址前面兩部分是 131.107，就認為和該電腦在同一個網段。舉例來說，該電腦和

IP 位址 131.107.42.123 在同一個網段，而和 IP 位址 131.108.42.123 不在同一個網段，因為網路部分不同。

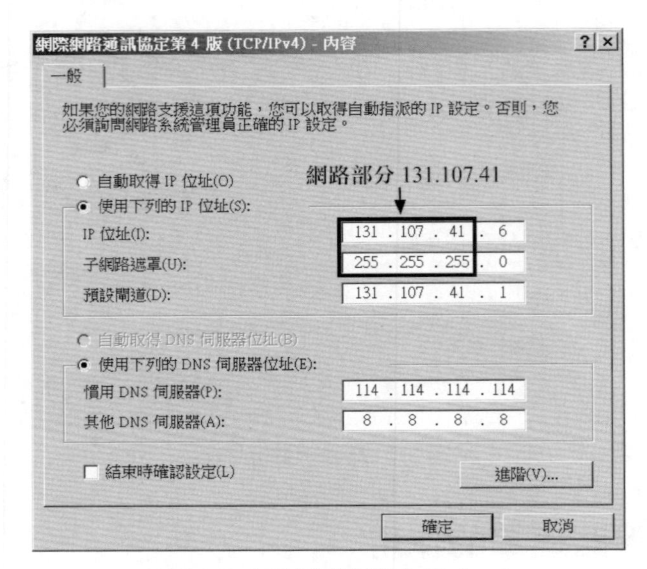

▲ 圖 3-6 子網路遮罩的作用（一）

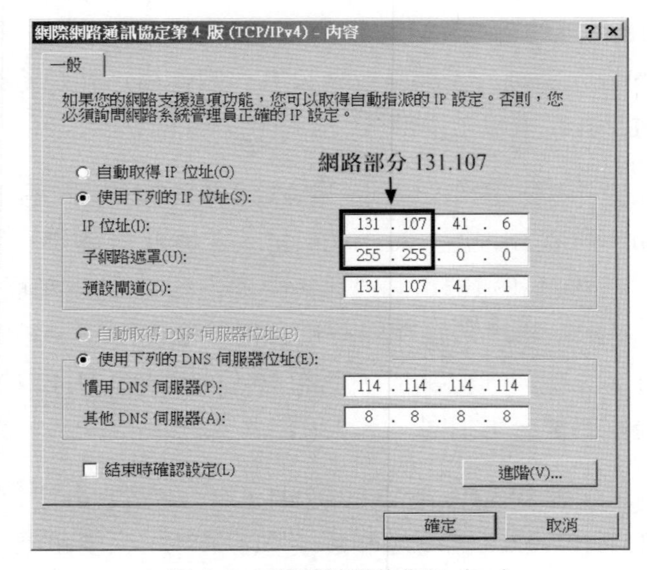

▲ 圖 3-7 子網路遮罩的作用（二）

圖 3-8 所示的電腦的 IP 位址是 131.107.41.6，子網路遮罩是 255.0.0.0，所在網段是 131.0.0.0。該電腦和遠端電腦通訊，只要目標 IP 位址前面一部分是 131，就認為和該電腦在同一個網段。舉例來說，該電腦和 IP 位址 131.108.42.123 在同一個網段，而和 IP 位址 132.108.42.123 不在同一個網段，因為網路部分不同。

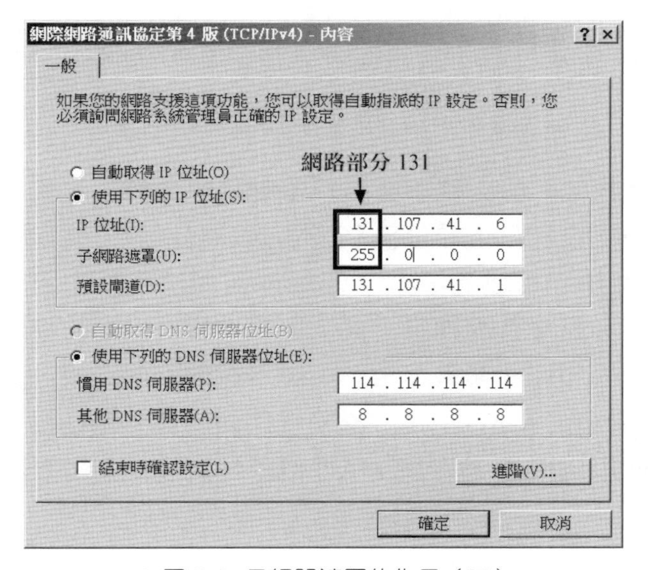

▲ 圖 3-8 子網路遮罩的作用（三）

電腦如何使用子網路遮罩來計算自己所在的網段呢？

如果一台電腦的 IP 位址設定為 131.107.41.6，子網路遮罩為 255.255.255.0，如圖 3-9 所示。將其 IP 位址和子網路遮罩都寫成二進位，對應的二進位位元進行「與」運算，兩個都是 1 才得 1，否則都得 0，即 1 和 1 做「與」運算得 1，0 和 1 或 1 和 0 做「與」運算都得 0，0 和 0 做「與」運算也得 0。這樣將 IP 位址和子網路遮罩做完「與」運算後，主機位元不管是什麼值都歸零，網路位元的值保持不變，得到該電腦所在的網段為 131.107.41.0。

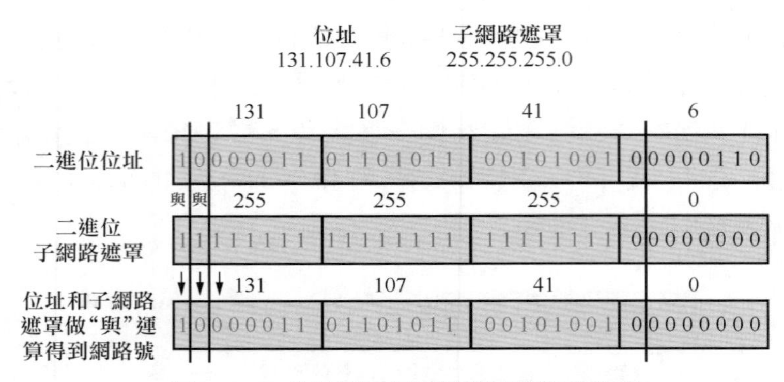

▲ 圖 3-9 IP 位址和子網路遮罩計算所在網段

子網路遮罩很重要，設定錯誤會造成電腦通訊故障。電腦和其他電腦通訊時，首先斷定目標位址和自己是否在同一個網段，先用自己的子網路遮罩和自己的 IP 位址進行「與」運算得到自己所在的網段，再用自己的子網路遮罩和目標位址進行「與」運算，看看得到的網路部分與自己所在的網段是否相同。如果不相同，則不在同一個網段，封裝幀時目標 MAC 位址用閘道的 MAC 位址，交換機將幀轉發給路由器介面；如果相同，則直接使用目標 IP 位址的 MAC 位址封裝幀，直接把幀發給目標 IP 位址。

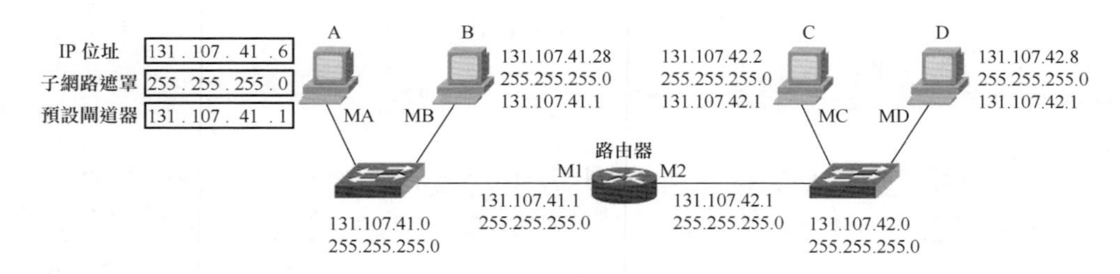

▲ 圖 3-10 子網路遮罩和閘道的作用

圖 3-10 所示的路由器連接兩個網段 131.107.41.6 255.255.255.0 和 131.107.42.0 255.255.255.0，同一個網段中的電腦子網路遮罩相同，電腦的閘道就是到其他網段的出口，也就是路由器介面位址。路由器介面使用的位址可以是本網段中任何一個位址，不過通常使用該網段第一個可

用的位址或最後一個可用的位址，這是為了盡可能避免和網路中的其他電腦位址產生衝突。

如果電腦沒有設定閘道，那麼跨網段通訊時它就不知道誰是路由器，下一次轉發該給哪個裝置。因此電腦要想實現跨網段通訊，必須先指定閘道。

連接在交換機上的電腦 A 和電腦 B 的子網路遮罩設定不一樣，都沒有設定閘道，如圖 3-11 所示。思考一下，電腦 A 是否能夠和電腦 B 通訊？只有資料封包能去能回，網路才算連通。

電腦 A 和自己的子網路遮罩做「與」運算，得到自己所在的網段 131.107.0.0，目標位址 131.107.41.28 也屬於 131.107.0.0 網段，電腦 A 把幀直接發送給電腦 B。電腦 B 給電腦 A 發送返回的資料封包，電腦 B 在 131.107.41.0 網段，目標位址 131.107.41.6 碰巧也屬於 131.107.41.0 網段，所以電腦 B 能夠把資料封包直接發送給電腦 A，因此電腦 A 能夠和電腦 B 通訊。

連接在交換機上的電腦 A 和電腦 B 的子網路遮罩設定不一樣，IP 位址如圖 3-12 所示，都沒有設定閘道。思考一下，電腦 A 是否能夠和電腦 B 通訊？

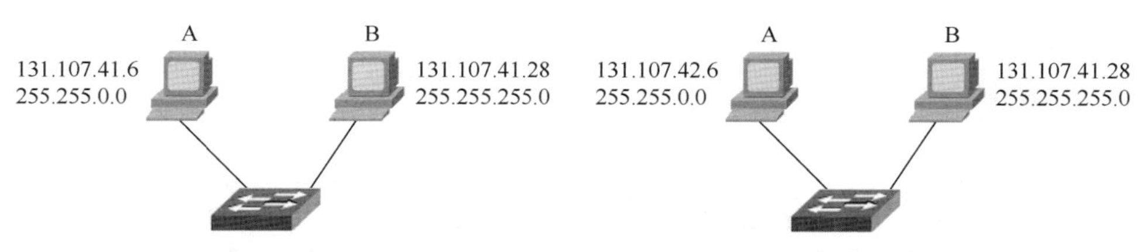

▲ 圖 3-11 子網路遮罩設定不同（一）　▲ 圖 3-12 子網路遮罩設定不同（二）

電腦 A 和自己的子網路遮罩做「與」運算，得到自己所在的網段 131.107.0.0，目標位址 131.107.41.28 也屬於 131.107.0.0 網段，電腦 A 可以把資料封包發送給電腦 B。電腦 B 給電腦 A 發送返回的資料封包，電腦 B 使用自己的子網路遮罩計算自己所屬的網段，得到自己所在的網段為 131.107.41.0，目標位址 131.107.42.6 不屬於 131.107.41.0 網段，電腦 B 沒有設定閘道，不能把資料封包發送給電腦 A，因此電腦 A 能發送資料封包給電腦 B，但是電腦 B 不能發送返回的資料封包，因此網路不通。

3.3 IP 位址詳解

3.3.1 IP 位址分類

最初設計 Internet 時，Internet 委員會定義了 5 種 IP 網路址類別型以配合不同容量的網路，即 A 類～ E 類。其中 A、B、C 這 3 類由國際網際網路網路資訊中心（Internet Network Information Center，InterNIC）在全世界統一分配，D、E 類為特殊位址。

IPv4 位址共 32 位元二進位，分為網路 ID 和主機 ID。哪些位元是網路 ID、哪些位元是主機 ID，最初是使用 IP 位址第 1 部分進行標識的。也就是說只要看到 IP 位址的第 1 部分就知道該位址的子網路遮罩，透過這種方式將 IP 位址分成了 A 類、B 類、C 類、D 類和 E 類 5 類。

網路位址最高位元是 0 的位址為 A 類位址，如圖 3-13 所示。網路 ID 全 0 不能用，127 作為保留網段，因此 A 類位址第 1 部分的設定值範圍為 1 ～ 126。

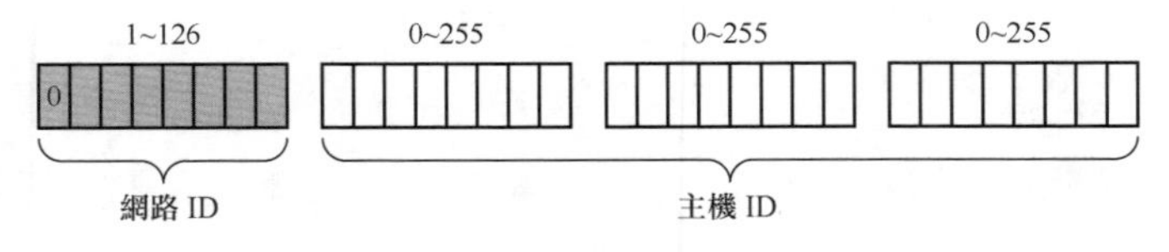

▲ 圖 3-13 A 類位址網路 ID 和主機 ID

A 類網路預設子網路遮罩為 255.0.0.0。主機 ID 由第 2 部分、第 3 部分和第 4 部分組成，每部分的設定值範圍為 0 ～ 255，共 256 種設定值，學過排列組合就會知道，一個 A 類網路的主機數量是 256×256×256 = 16,777,216，設定值範圍是 0 ～ 16,777,215，0 也算一個數。可用的位址還需減去 2，主機 ID 全 0 的位址為網路位址，不能給電腦使用，而主機 ID 全 1 的位址為廣播位址，也不能給電腦使用，可用的位址數量為 16,777,214。如果給主機 ID 全 1 的位址發送資料封包，電腦將產生一個廣播幀，發送到本網段的全部電腦。

網路位址最高位元是 10 的位址為 B 類位址，如圖 3-14 所示。B 類位址第 1 部分的設定值範圍為 128 ～ 191。

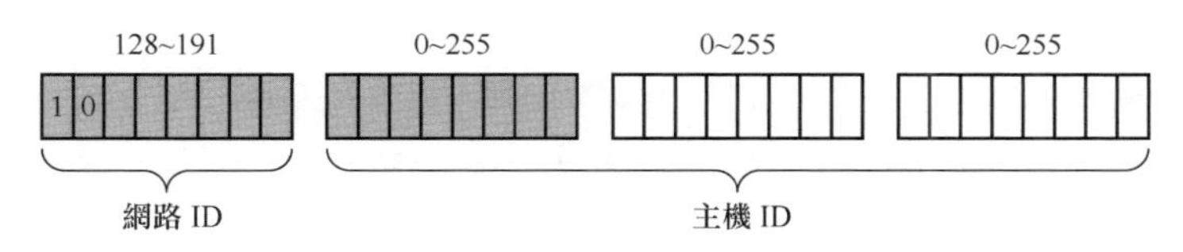

▲ 圖 3-14 B 類位址網路 ID 和主機 ID

B 類網路預設子網路遮罩為 255.255.0.0。主機 ID 由第 3 部分和第 4 部分組成，每個 B 類網路可以容納的最大主機數量為 256×256=65,536，設定值範圍為 0 ～ 65,535，去掉主機 ID 全 0 和全 1 的位址，可用的位址數量為 65,534。

網路位址最高位元是 110 的位址為 C 類位址，如圖 3-15 所示。C 類位址第 1 部分的設定值範圍為 192 ～ 223。

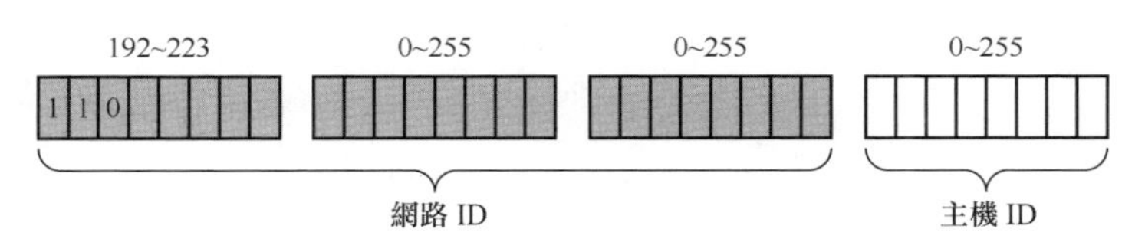

▲ 圖 3-15 C 類位址網路 ID 和主機 ID

C 類網路預設子網路遮罩為 255.255.255.0。主機 ID 由第 4 部分組成，每個 C 類網路的主機數量為 256，設定值範圍為 0 ～ 255，去掉主機 ID 全 0 和全 1 的位址，可用的位址數量為 254。

網路位址最高位元是 1110 的位址為 D 類位址，如圖 3-16 所示。D 類位址第 1 部分的設定值範圍為 224 ～ 239。D 類位址是用於多播（也稱為「多點傳輸」）的位址，多點傳輸位址沒有子網路遮罩。希望讀者能夠記住多播位址的範圍，因為有些病毒除了在網路中發送廣播外，還有可能發送多播資料封包，當使用封包截取工具排除網路故障時，必須能夠快速斷定捕捉的資料封包是多播還是廣播。

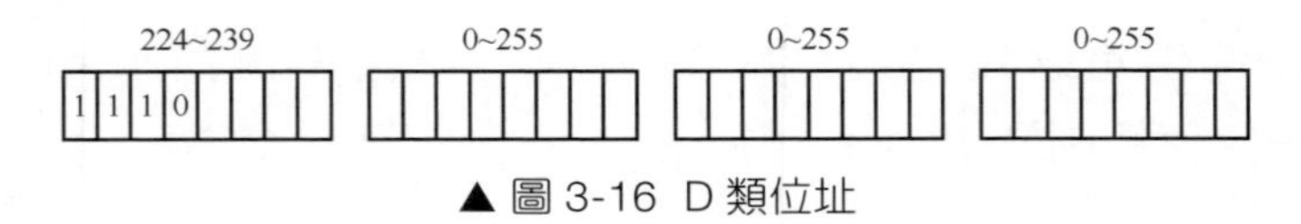

▲ 圖 3-16 D 類位址

網路位址最高位元是 11110 的位址為 E 類位址，如圖 3-17 所示。E 類位址第 1 部分的設定值範圍為 240 ～ 254，保留為今後使用，本書中並不討論 D、E 這兩個類型的位址。

▲ 圖 3-17 E 類位址

為了方便讀者記憶，請觀察圖 3-18，將 IP 位址的第 1 部分畫一筆數軸，數值範圍從 0 ～ 255。這樣 A 類位址、B 類位址、C 類位址、D 類位址以及 E 類位址的設定值範圍就一目了然。

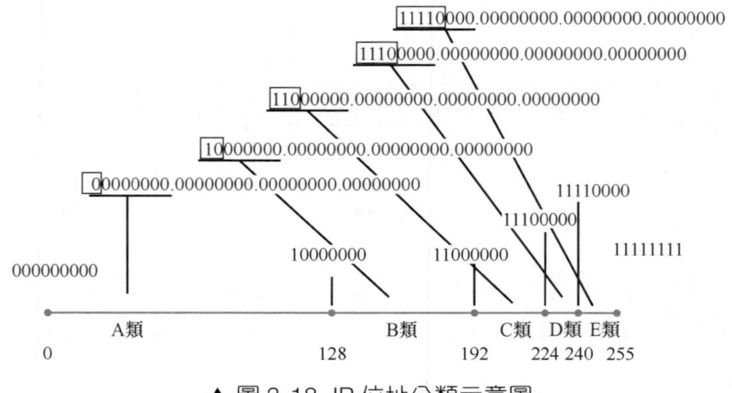

▲ 圖 3-18 IP 位址分類示意圖

3.3.2 保留的 IP 位址

有些 IP 位址被保留用於某些特殊目的，網路系統管理員不能將這些位址分配給電腦。下面列出了這些被保留的位址，並說明為什麼要保留它們。

（1）主機 ID 全為 0 的位址：特指某個網段，如 192.168.10.0 255.255.255.0 指 192.168.10.0 網段。

（2）主機 ID 全為 1 的位址：特指該網段的全部主機。如果電腦發送資料封包使用主機 ID 全是 1 的 IP 位址，資料連結層位址用廣播位址 ff:ff:ff:ff:ff:ff。同一網段電腦名稱解析就需要發送名稱解析的廣播封包。舉例來說，你的電腦 IP 位址是 192.168.10.10，子網路遮罩是 255.255.255.0，它要發送一個廣播封包，如目標 IP 位址是 192.168.10.255，幀的目標 MAC 位址是 ff:ff:ff:ff:ff:ff，該網段中全部電腦都能收到。

（3）127.0.0.1：這是回送位址，指本機位址，一般為測試使用。回送位址（127.×.×.×）即本機回送位址（loopback address），指主機 IP 堆疊內部的 IP 位址，主要用於網路軟體測試以及本機機處理程序間的通訊。無論什麼程式，一旦使用回送位址發送資料，協定軟體立即返回，不進行任何網路傳輸。任何電腦都可以用該位址造訪自己的共用資源或網站，如果 ping 該位址能夠通，說明電腦的 TCP/IP 協定層工作正常，即使電腦沒有網路卡，ping 127.0.0.1 還是能夠通。

（4）169.254.0.0：169.254.0.0 ～ 169.254.255. 255 實際上是自動私有 IP 位址。在 Windows 2000 以前的作業系統中，如果電腦無法獲取 IP 位址，則自動設定成「IP 位址：0.0.0.0」、「子網路遮罩：0.0.0.0」的形式，導致其不能與其他電腦通訊。而對於 Windows 2000 以後的作業系統，則在無法獲取 IP 位址時自動設定成「IP 位址：169.254.×.×」、「子網路遮罩：255.255.0.0」的形式，這樣可以使所有獲取不到 IP 位址的電腦之間能夠通訊，如圖 3-19 和圖 3-20 所示。

網際網路通訊協定第 4 版 (TCP/IPv4) - 內容
一般 其他設定
如果您的網路支援這項功能，您可以取得自動指派的 IP 設定。否則，您必須詢問網路系統管理員正確的 IP 設定。
自動取得 IP 位址(O)
使用下列的 IP 位址(S):
IP 位址(I):
子網路遮罩(U):
預設閘道(D):
自動取得 DNS 伺服器位址(B)
使用下列的 DNS 伺服器位址(E):
慣用 DNS 伺服器(P):
其他 DNS 伺服器(A):
結束時確認設定(L)
進階(V)...
確定 取消

▲ 圖 3-19 自動獲得 IP 位址

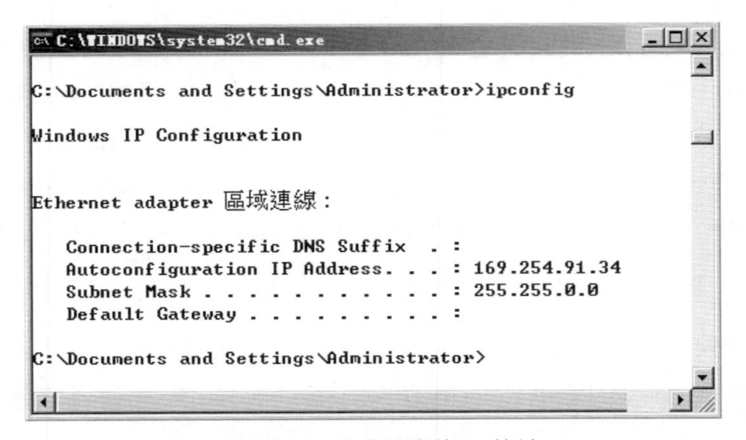

▲ 圖 3-20 自動設定的 IP 位址

（5）0.0.0.0：如果電腦的 IP 位址和網路中的其他電腦位址發生衝突，使用 ipconfig 命令看到的就是 0.0.0.0，子網路遮罩也是 0.0.0.0，如圖 3-21 所示。

```
C:\WINDOWS\system32\cmd.exe

Ping statistics for 192.168.10.100:
    Packets: Sent = 4, Received = 0, Lost = 4 (100% loss),

C:\Documents and Settings\han>ipconfig

Windows IP Configuration


Ethernet adapter 區域連線:

        Connection-specific DNS Suffix  . :
        IP Address. . . . . . . . . . . . : 0.0.0.0
        Subnet Mask . . . . . . . . . . . : 0.0.0.0
        Default Gateway . . . . . . . . . :

C:\Documents and Settings\han>_
```

▲ 圖 3-21 位址衝突

3.3.3 實戰：本機環路位址

127.0.0.0 255.0.0.0 這個網段中的任何一個位址都可以作為存取本機電腦的位址，該網段中的位址稱為「本機環路位址」。

在 Windows 7 作業系統中 ping 127 網段中任何一個位址都可以通，如圖 3-22 所示。

```
C:\Users\joshhu>PING 127.12.32.12

Ping 127.12.32.12 (使用 32 位元組的資料):
回覆自 127.12.32.12: 位元組=32 time<1ms TTL=64
回覆自 127.12.32.12: 位元組=32 time<1ms TTL=64
回覆自 127.12.32.12: 位元組=32 time<1ms TTL=64
回覆自 127.12.32.12: 位元組=32 time<1ms TTL=64

127.12.32.12 的 Ping 統計資料:
    封包: 已傳送 = 4，已收到 = 4, 已遺失 = 0 (0% 遺失)，
大約的來回時間 (毫秒):
    最小值 = 0ms，最大值 = 0ms，平均 = 0ms

C:\Users\joshhu>_
```

▲ 圖 3-22 本地環路位址

禁用了 Server 電腦的網路卡，ping 127.0.0.1 也能通，足以說明存取該位址不產生網路流量，如圖 3-23 所示。在 Windows Server 2003 網路作業系

統中 ping 127 網段中的任何位址，都會從 127.0.0.1 位址返回資料封包。

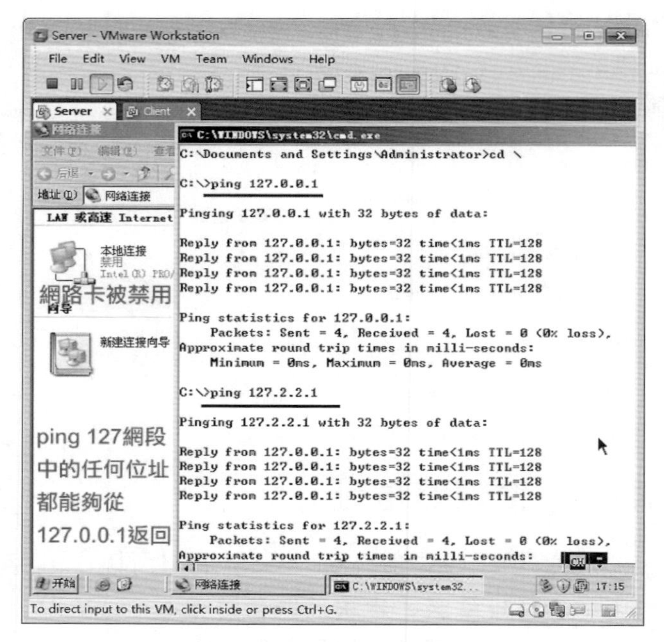

▲ 圖 3-23 禁用網路卡的本機環路位址

啟用網路卡，重新啟動 Server 電腦，點擊「開始」→「運行」，在打開的「運行」對話方塊中輸入 "\\127.0.0.1"，點擊「確定」按鈕，能夠透過 127.0.0.1 存取到本機的共用資源，如圖 3-24 所示。

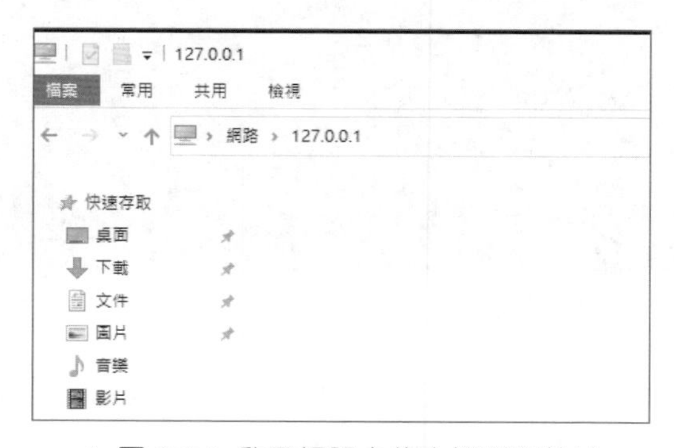

▲ 圖 3-24 啟用網路卡的本機環路位址

如果想造訪本機資源，卻又懶得查看本機電腦的 IP 位址和電腦名稱，就可以使用 127.0.0.1 造訪本機資源。舉例來說，本機有個網站，你可以打開瀏覽器，輸入 "http://127.0.0.1" 就可以造訪這個網站，即使你啟用了 Windows 防火牆，也不會影響你使用本機環路位址存取本機資源。

3.3.4 實戰：給本網段發送廣播

前面已經講過，IP 位址中主機位元都是 1 的位址代表該網段的全部電腦，如果電腦給這樣的位址發送資料封包，資料連結層將使用廣播 MAC 位址封裝帧，該網段中的全部電腦都能夠收到。下面來驗證一下。

現有一台電腦的 IP 位址是 10.7.10.49，子網路遮罩是 255.255.255.0，如果這台電腦 ping 10.7.10.255，就會發送 ICMP 請求的廣播帧，網路中的全部電腦都能收到，所有收到 ICMP 請求的電腦都會給這台電腦返回一個 ICMP 回應封包，如圖 3-25 所示。從圖 3-25 中可以看到來自不同電腦的回應，就能夠說明 10.7.10.255 是本機廣播位址。

▲ 圖 3-25 本機廣播位址

使用封包截取工具也能捕捉電腦發送的廣播帧和接收的廣播帧。目標 IP 位址主機位元全 1 的資料封包的目標 MAC 位址是 ff:ff:ff:ff:ff:ff，如圖 3-26 所示。

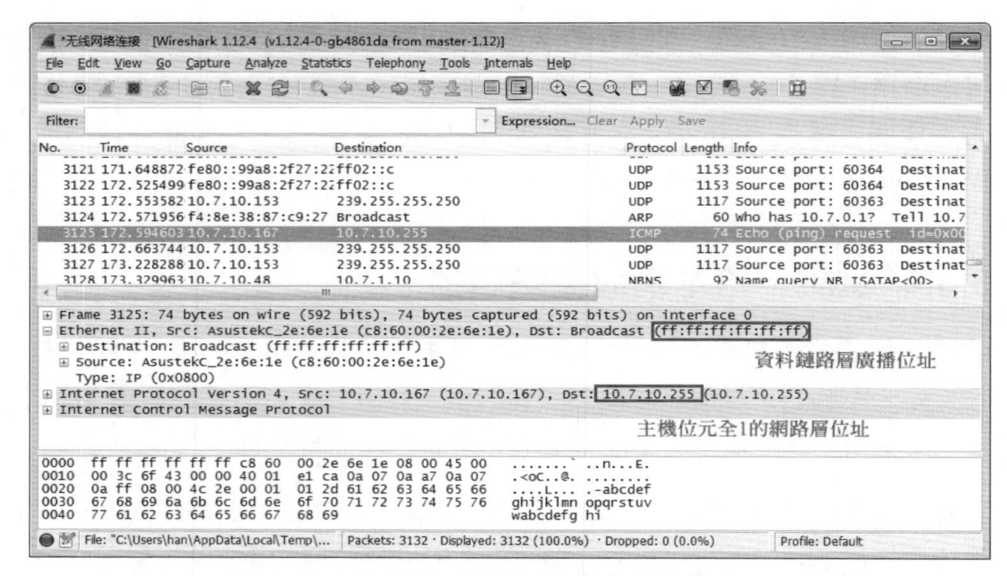

▲ 圖 3-26 本機廣播 IP 位址和資料連結層廣播 MAC 位址

3.4 公網位址和私網位址

下面詳細講解公網 IP 位址和私網 IP 位址相關知識。

3.4.1 公網位址

在 Internet 上同時有大量主機需要使用 IP 位址進行通訊，這就要求連線 Internet 的各個國家的各級 ISP 使用的 IP 位址區塊不能重疊，需要有一個組織進行統一的位址規劃和分配。這些統一規劃和分配的全球唯一的位址被稱為「公網位址」(public address)。

公網位址的分配和管理由 InterNIC 負責。各級 ISP 使用的公網位址都需要向 InterNIC 提出申請，由 InterNIC 統一發放，這樣就能確保位址區塊不衝突。

正是因為 IP 位址是統一規劃、統一分配的，所以我們只要知道 IP 位址，就能很方便地查到該位址是哪個城市的哪個 ISP 提供的。

3.4.2 私網位址

創建 IP 定址方案的人也創建了私網 IP 位址。這些位址可以被用於私有網路，在 Internet 上沒有這些 IP 位址，Internet 上的路由器也沒有到私有網路的路由。在 Internet 上不能存取這些私網位址，從這一點來說，使用私網位址的電腦更加安全，同時也有效地節省了公網 IP 位址。

下面列出保留的私有 IP 位址。

（1）A 類：10.0.0.0 255.0.0.0，保留了一個 A 類網路。

（2）B 類：172.16.0.0 255.255.0.0 ～ 172.31.0.0 255.255.0.0，保留了 16 個 B 類網路。

（3）C 類：192.168.0.0 255.255.255.0 ～ 192.168.255.0 255.255.255.0，保留了 256 個 C 類網路。

使用私網位址的電腦可以透過網路位址編譯（Network Address Translation，NAT）技術存取 Internet。企業內網使用私有網段 10.0.0.0 255.0.0.0 的位址，在連接 Internet 的路由器 R1 上設定 NAT，R1 連接 Internet 的介面有公網位址 11.1.5.25，如圖 3-27 所示。內網電腦存取 Internet 的資料封包經過 R1 路由器（設定了 NAT 功能的路由器）轉發到 Internet，來源位址替換成公網位址 11.1.5.25，同時來源通訊埠也替換成公網通訊埠，公網通訊埠由路由器統一分配，確保公網通訊埠唯一。以後返回來的資料封包還要根據公網通訊埠將資料封包的目標位址和目標通訊埠替換成內網電腦的私有位址和專用通訊埠。

在 NAT 路由器上維護著一張通訊埠位址轉換表，用來記錄內網電腦通訊埠位址和公網通訊埠位址的映射關係。只要內網有到 Internet 上的流量，就會在該表中增加記錄，資料封包回來時，再根據這張表將資料封包的目標位址和目標通訊埠修改成內網位址和專用通訊埠發送給內網電腦。經過 NAT 路由器需要修改資料封包的網路層位址和傳輸層的通訊埠，因此性能比路由器直接轉發要差一些。

這種位址轉換不只是網路位址的轉換（NAT），嚴格來說應該是通訊埠位址轉換（Port Address Translation，PAT），不過我們通常模糊地說這就是 NAT。

位址轉換應用非常普遍，家庭撥號上網的路由器就內建有 NAT 功能，撥號上網獲得一個公網位址，能夠讓家中多個電腦同時存取 Internet。

試想，如果你負責為一個公司規劃網路，到底使用哪一類私有位址呢？如果公司目前有 7 個部門，每個部門不超過 200 台電腦，你可以考慮使用保留的 C 類私有位址；幾百所中小學的網路連接，網路規模較大，這時就選擇保留的 A 類私有網路位址，最好用 10.0.0.0 網路位址並帶有 /24 的子網路遮罩，因為可以有 65,536 個網路可供使用，並且每個網路允許帶有 254 台主機，這樣會給學校留有非常大的位址空間。

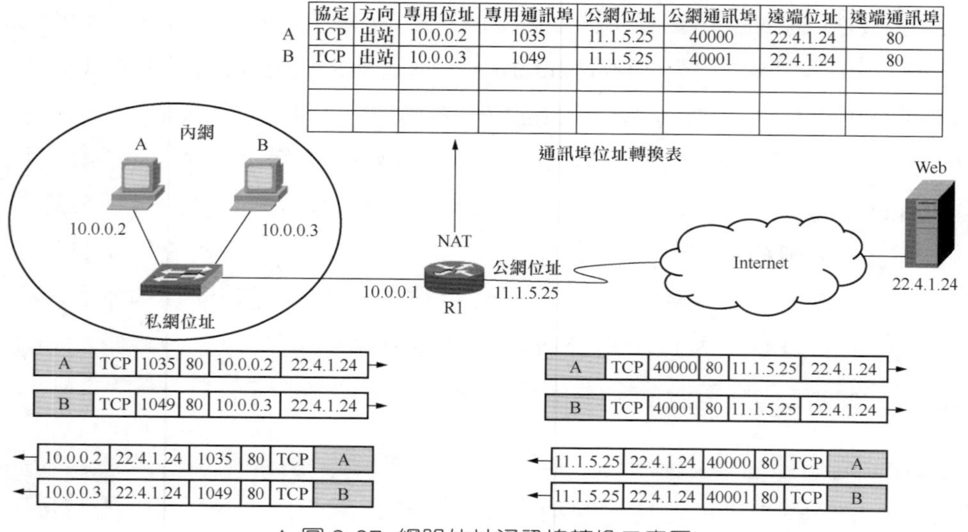

	協定	方向	專用位址	專用通訊埠	公網位址	公網通訊埠	遠端位址	遠端通訊埠
A	TCP	出站	10.0.0.2	1035	11.1.5.25	40000	22.4.1.24	80
B	TCP	出站	10.0.0.3	1049	11.1.5.25	40001	22.4.1.24	80

▲ 圖 3-27 網路位址通訊埠轉換示意圖

3.5 子網路劃分

當今在 Internet 上使用的協定是 TCP/IP 的第 4 版，也就是 IPv4，IP 位址由 32 位元的二進位數字組成，這些位址如果全部能分配給電腦，共計 2^{32} = 4,294,967,296，大約 40 億個可用位址。這些位址去除掉 D 類位址和 E 類位址，還有保留的私網位址，能夠在 Internet 上使用的公網位址就變得越發緊張。並且每個人需要使用的位址也不止 1 個，現在智慧型手機、智慧家電連線 Internet 也都需要 IP 位址。

目前，IPv6 還沒有完全在 Internet 上普遍應用，IPv4 和 IPv6 共存，IPv4 公網位址資源日益減少，這時就需要用到本節講的子網路劃分技術，使 IP 位址能夠充分利用，減少位址浪費。

3.5.1 位址浪費

按照 IP 位址傳統的分類方法，一個網段有 200 台電腦，分配一個 C 類網路 212.2.3.0 255.255.255.0，可用的位址範圍為 212.2.3.1 ～ 212.2.3.254，儘管沒有全部用完，但這種情況還不算是極大浪費，如圖 3-28 所示。

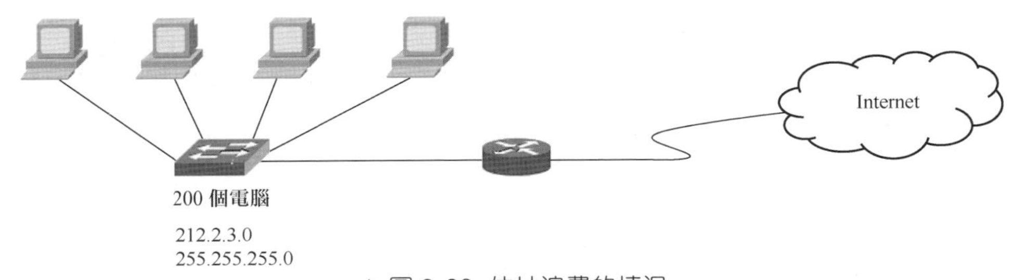

▲ 圖 3-28 位址浪費的情況

如果一個網路中有 400 台電腦，分配一個 C 類網路，位址就不夠用了，那就分配一個 B 類網路 131.107.0.0 255.255.0.0。該 B 類網路可用的位址範圍為 131.107.0.1 ～ 131.107.255.254，一共有 65,534 個位址可用，這就造成了極大浪費。

子網路劃分就是要打破 IP 位址的分類所限定的位址區塊，使得 IP 位址的數量和網路中的電腦數量更加匹配。下面由簡單到複雜，先講解等長子網路劃分，再講解變長子網路劃分。

3.5.2 等長子網路劃分

子網路劃分就是借用現有網段的主機位元做子網路位元，劃分出多個子網路。子網路劃分的任務包括以下兩部分。

（1）確定子網路遮罩的長度。

（2）確定子網路中第一個可用的 IP 位址和最後一個可用的 IP 位址。

等長子網路劃分就是將一個網段等分成多個網段，也就是等分成多個子網路。

1. 等分成兩個子網路

下面以將一個 C 類網路劃分為兩個子網路為例，講解等長子網路劃分的過程。

某公司有兩個部門，每個部門有 100 台電腦，透過路由器連接到 Internet。給這 200 台電腦分配一個 C 類網路 192.168.0.0，該網段的子網路遮罩為 255.255.255.0，連接區域網的路由器介面使用該網段的第一個可用的 IP 位址 192.168.0.1，如圖 3-29 所示。

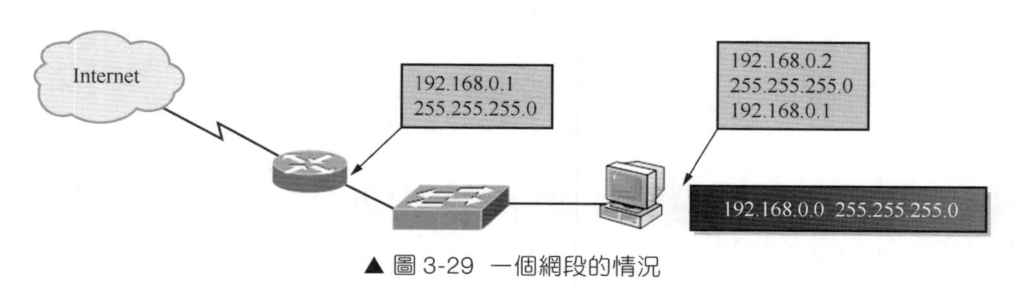

▲ 圖 3-29 一個網段的情況

為了安全考慮，打算將這兩個部門的電腦分為兩個網段，中間使用路由器隔開。電腦數量沒有增加，還是 200 台，因此一個 C 類網路的 IP 位址是足夠用的。現在將 192.168.0.0 255.255.255.0 這個 C 類網路等分成兩個子網路。

將 IP 位址的第 4 部分寫成二進位形式，子網路遮罩使用兩種方式表示：二進位和十進位，如圖 3-30 所示。子網路遮罩往右移 1 位，這樣 C 類位址主機 ID 的第 1 位元就成為網路 ID 位元，該位元為 0 是 A 子網路，該位元為 1 是 B 子網路。

IP 位址第 4 部分的值在 0 ～ 127 的，第 1 位元均為 0；值在 128 ～ 255 的，第 1 位元均為 1，如圖 3-30 所示。分成 A、B 兩個子網路，以 128 為界。現在的子網路遮罩中的 1 變成了 25 個，寫成十進位就是 255.255.255.128。子網路遮罩在右移動 1 位（子網路遮罩中 1 的數量增加 1），就劃分出了兩個子網路。

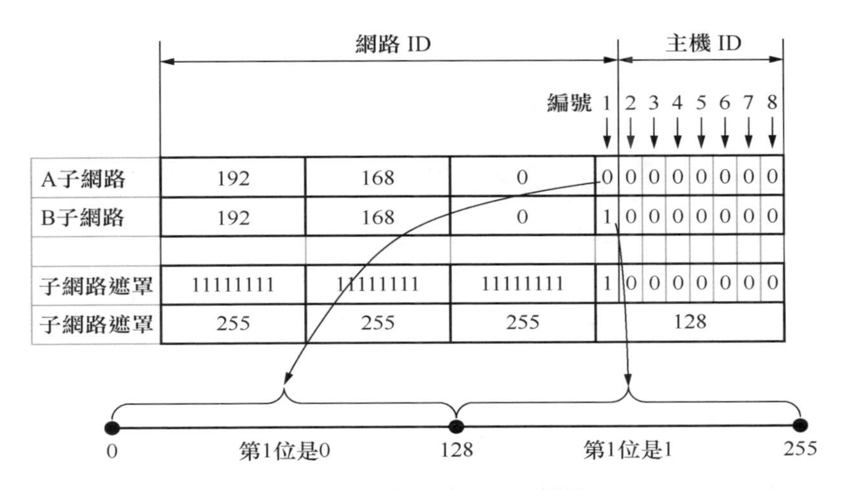

▲ 圖 3-30　等分成兩個子網路

註：規律是如果一個子網路是原來網路的 1/2，子網路遮罩往右移 1 位。

A 和 B 兩個子網路的子網路遮罩都為 255.255.255.128。

A 子網路可用的 IP 位址範圍為 192.168.0.1 ～ 192.168.0.126。IP 位址 192.168.0.0 由於主機 ID 全為 0，不能分配給電腦使用；192.168.0.127 由於主機 ID 全為 1，也不能分配給電腦使用，如圖 3-31 所示。

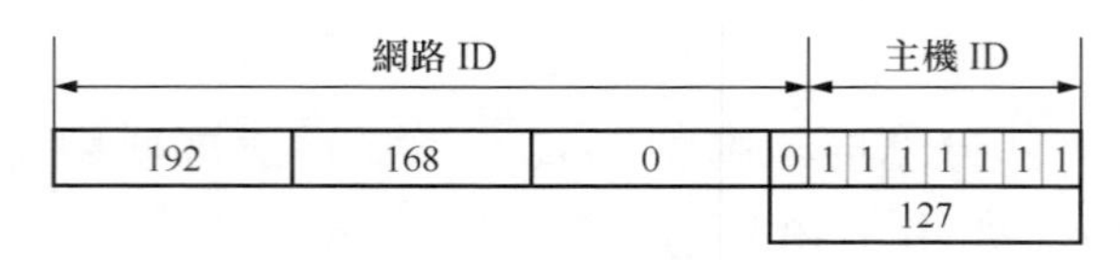

▲ 圖 3-31 網路 ID 和主機 ID

B 子網路可用的 IP 位址範圍為 192.168.0.129 ～ 192.168.0.254。IP 位址 192.168.0.128 由於主機 ID 全為 0，不能分配給電腦使用；IP 位址 192.168.0.255 由於主機 ID 全為 1，也不能分配給電腦使用。

劃分成兩個子網路後，網路規劃如圖 3-32 所示。

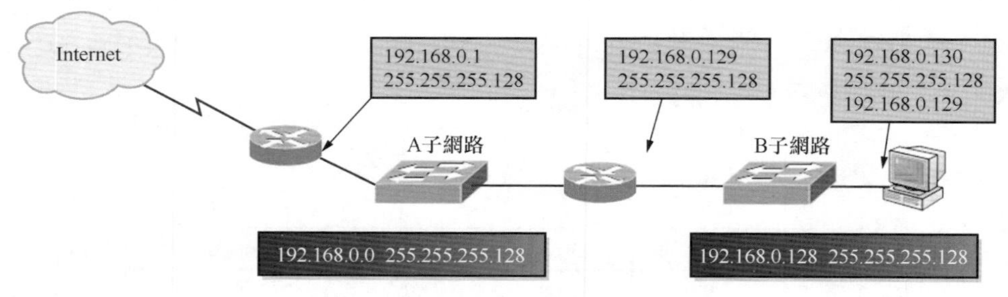

▲ 圖 3-32 劃分子網路後的網路規劃

2. 等分成 4 個子網路

假如公司有 4 個部門，每個部門有 50 台電腦，現在使用 192.168.0.0/24 這個 C 類網路。從安全方面考慮，打算將每個部門的電腦放置到獨立的網段，這就要求將 192.168.0.0 255.255.255.0 這個 C 類網路劃分為 4 個子網路，那麼如何劃分成 4 個子網路呢？

將 192.168.0.0　255.255.255.0 網段的 IP 位址的第 4 部分寫成二進位，要想分成 4 個子網路，需要將子網路遮罩往右移動位，這樣第 1 位元和第 2

位元就變為網路位元，就可以分成 4 個子網路，如圖 3-33 所示。第 1 位元和第 2 位元為 00 是 A 子網路，01 是 B 子網路，10 是 C 子網路，11 是 D 子網路。

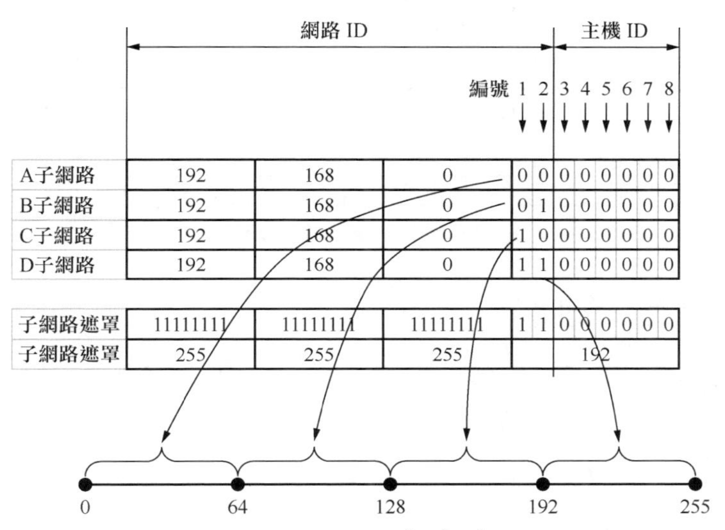

▲ 圖 3-33 等距為 4 個子網路

A、B、C、D 子網路的子網路遮罩都為 255.255.255.192。

A 子網路可用的開始位址和結束位址為 192.168.0.1 ～ 192.168.0.62；

B 子網路可用的開始位址和結束位址為 192.168.0.65 ～ 192.168.0.126；

C 子網路可用的開始位址和結束位址為 192.168.0.129 ～ 192.168.0.190；

D 子網路可用的開始位址和結束位址為 192.168.0.193 ～ 192.168.0.254。

注意：每個子網路的最後一個位址都是本子網路的廣播位址，不能分配給電腦使用，如 A 子網路的 63、B 子網路的 127、C 子網路的 191 和 D 子網路的 255，如圖 3-34 所示。

	網路 ID				主機 ID 全1
A子網路	192	168	0	0 0	1 1 1 1 1 1
				63	
B子網路	192	168	0	0 1	1 1 1 1 1 1
				127	
C子網路	192	168	0	1 0	1 1 1 1 1 1
				191	
D子網路	192	168	0	1 1	1 1 1 1 1 1
				255	
子網路遮罩	11111111	11111111	11111111	1 1	0 0 0 0 0 0
子網路遮罩	255	255	255	192	

▲ 圖 3-34 網路 ID 和主機 ID

3. 等距為 8 個子網路

如果想把一個 C 類網路等分成 8 個子網路，如圖 3-35 所示，子網路遮罩需要往右移 3 位元，才能劃分出 8 個子網路，第 1 位元、第 2 位元和第 3 位元都變成網路位元。

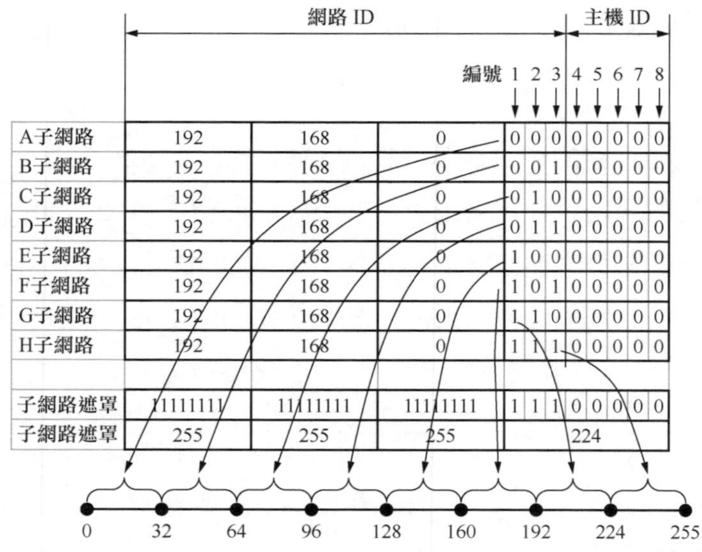

註：規律是如果一個子網路是原來網路的 $\frac{1}{2}\times\frac{1}{2}\times\frac{1}{2}=\frac{1}{8}$，子網路遮罩往右移3位。

▲ 圖 3-35 等分成 8 個子網路

每個子網路的子網路遮罩都一樣，為 255.255.255.224。

A 子網路可用的開始位址和結束位址為 192.168.0.1 ～ 192.168.0.30；
B 子網路可用的開始位址和結束位址為 192.168.0.33 ～ 192.168.0.62；
C 子網路可用的開始位址和結束位址為 192.168.0.65 ～ 192.168.0.94；
D 子網路可用的開始位址和結束位址為 192.168.0.97 ～ 192.168.0.126；
E 子網路可用的開始位址和結束位址為 192.168.0.129 ～ 192.168.0.158；
F 子網路可用的開始位址和結束位址為 192.168.0.161 ～ 192.168.0.190；
G 子網路可用的開始位址和結束位址為 192.168.0.193 ～ 192.168.0.222；
H 子網路可用的開始位址和結束位址為 192.168.0.225 ～ 192.168.0.254。

注意：每個子網路能用的主機 IP 位址，都要去掉主機 ID 全 0 和主機 ID 全 1 的位址。如圖 3-35 所示，31、63、95、127、159、191、223、255 都是對應子網路的廣播位址。

每個子網路是原來的 1/8，即 3 個 1/2，子網路遮罩往右移 3 位元。

綜上所述，如果一個子網路位址區塊是原來網段的 $\left(\frac{1}{2}\right)^n$，子網路遮罩就在原網段的基礎上右移 n 位。

3.5.3 B 類網路子網路劃分

前面使用一個 C 類網路講解了等長子網路劃分，複習的規律照樣也適用於 B 類網路的子網路劃分。在進行 B 類網路子網路劃分時，最好將主機 ID 寫成二進位的形式，確定子網路遮罩和每個子網路第一個和最後一個能用的位址。

下面將 131.107.0.0 255.255.0.0 等分成兩個子網路，如圖 3-36 所示。將子網路遮罩往右移動 1 位，就能等分成兩個子網路。

	網路 ID		主機 ID		
A子網路	131	107	0	0 0 0 0 0 0 0	0 0 0 0 0 0 0 0
B子網路	131	107	1	0 0 0 0 0 0 0	0 0 0 0 0 0 0 0
子網路遮罩	11111111	11111111	1	0 0 0 0 0 0 0	0 0 0 0 0 0 0 0
子網路遮罩	255	255		128	0

▲ 圖 3-36 B 類網路子網路劃分

這兩個子網路的子網路遮罩都是 255.255.128.0。

先確定 A 子網路第一個可用的 IP 位址和最後一個可用的 IP 位址，讀者在不熟悉的情況下最好按照圖 3-37 所示的方法將主機 ID 寫成二進位，主機 ID 不能全是 0，也不能全是 1，然後再根據二進位寫出第一個可用位址和最後一個可用位址。

	網路 ID		主機 ID		
A子網路第一個可用的位址	131	107	0	0 0 0 0 0 0 0	0 0 0 0 0 0 0 1
	131	107		0	1
A子網路最後一個可用的位址	131	107	0	1 1 1 1 1 1 1	1 1 1 1 1 1 1 0
	131	107		127	254

▲ 圖 3-37 A 子網路的位址範圍

A 子網路第一個可用的位址是 131.107.0.1，最後一個可用的位址是 131.107.127.254。思考一下，A 子網路中 131.107.0.255 這個位址是否可以給電腦使用？

B 子網路第一個可用的位址是 131.107.128.1，最後一個可用的位址是 131.107.255.254，如圖 3-38 所示。

這種方式雖然步驟煩瑣一點，但不容易出錯，等熟悉了之後就可以直接寫出子網路的第一個位址和最後一個位址了。

	網路 ID		主機 ID		
B子網路第一個可用的位址	131	107	1	0 0 0 0 0 0 0	0 0 0 0 0 0 0 1
	131	107		128	1
B子網路最後一個可用的位址	131	107	1	1 1 1 1 1 1 1	1 1 1 1 1 1 1 0
	131	107		255	254

▲ 圖 3-38 B 子網路的位址範圍

3.5.4 A 類網路子網路劃分

和 C 類網路、B 類網路子網路劃分的規律一樣，將 A 類網路子網路遮罩往右移動 1 位，也能劃分出兩個子網路。只是寫出每個網段第一個和最後一個可用的 IP 位址時，需要更加謹慎。

下面以將 A 類網路 42.0.0.0 255.0.0.0 等分成 4 個子網路為例，寫出各個子網路的第一個和最後一個可用的 IP 位址。要劃分出 4 個子網路，子網路遮罩需要右移 2 位元，如圖 3-39 所示。每個子網路的子網路遮罩為 255.192.0.0。

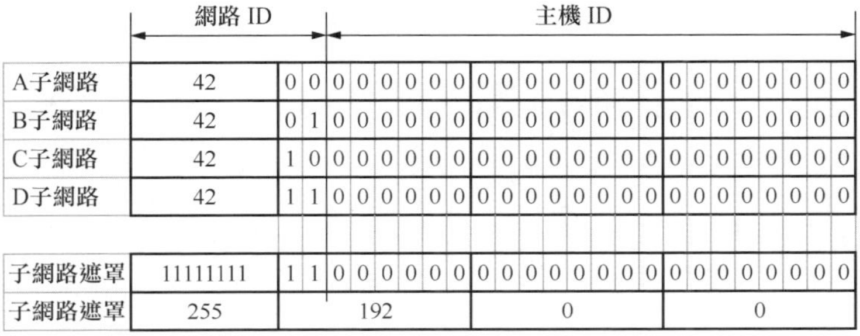

	網路 ID	主機 ID			
A子網路	42	0 0	0 0 0 0 0 0	0 0 0 0 0 0 0 0	0 0 0 0 0 0 0 0
B子網路	42	0 1	0 0 0 0 0 0	0 0 0 0 0 0 0 0	0 0 0 0 0 0 0 0
C子網路	42	1 0	0 0 0 0 0 0	0 0 0 0 0 0 0 0	0 0 0 0 0 0 0 0
D子網路	42	1 1	0 0 0 0 0 0	0 0 0 0 0 0 0 0	0 0 0 0 0 0 0 0
子網路遮罩	11111111	1 1	0 0 0 0 0 0	0 0 0 0 0 0 0 0	0 0 0 0 0 0 0 0
子網路遮罩	255	192		0	0

▲ 圖 3-39 A 類網路子網路劃分

以十進位和二進位的比較形式，寫出各個子網路能使用的第一個 IP 位址和最後一個 IP 位址，如圖 3-40 所示。

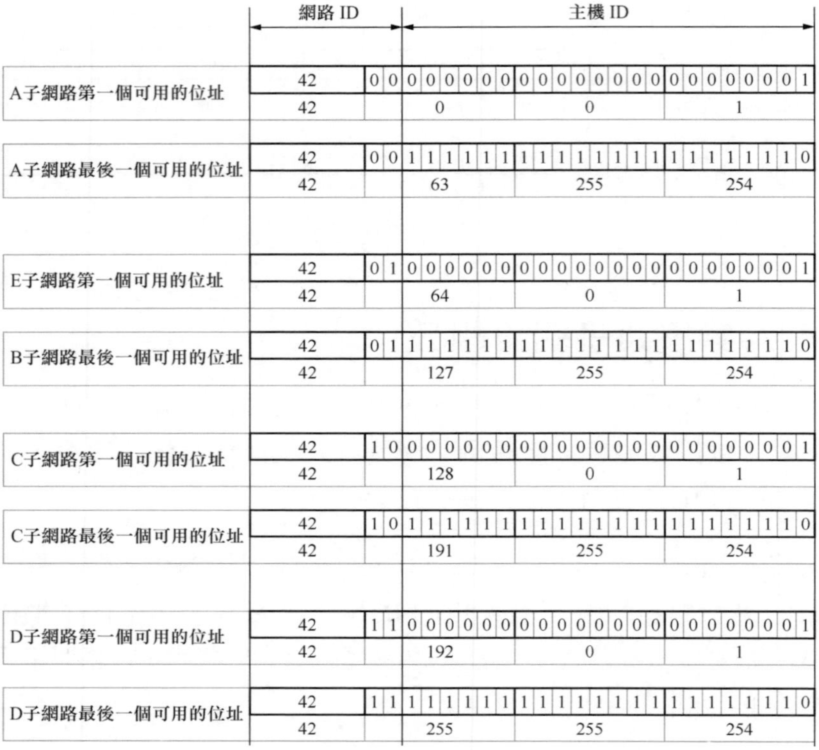

	網路 ID	主機 ID		
A子網路第一個可用的位址	42	0 0 0 0 0 0 0 0	0 0 0 0 0 0 0 0	0 0 0 0 0 0 0 1
	42	0	0	1
A子網路最後一個可用的位址	42	0 0 1 1 1 1 1 1	1 1 1 1 1 1 1 1	1 1 1 1 1 1 1 0
	42	63	255	254
E子網路第一個可用的位址	42	0 1 0 0 0 0 0 0	0 0 0 0 0 0 0 0	0 0 0 0 0 0 0 1
	42	64	0	1
B子網路最後一個可用的位址	42	0 1 1 1 1 1 1 1	1 1 1 1 1 1 1 1	1 1 1 1 1 1 1 0
	42	127	255	254
C子網路第一個可用的位址	42	1 0 0 0 0 0 0 0	0 0 0 0 0 0 0 0	0 0 0 0 0 0 0 1
	42	128	0	1
C子網路最後一個可用的位址	42	1 0 1 1 1 1 1 1	1 1 1 1 1 1 1 1	1 1 1 1 1 1 1 0
	42	191	255	254
D子網路第一個可用的位址	42	1 1 0 0 0 0 0 0	0 0 0 0 0 0 0 0	0 0 0 0 0 0 0 1
	42	192	0	1
D子網路最後一個可用的位址	42	1 1 1 1 1 1 1 1	1 1 1 1 1 1 1 1	1 1 1 1 1 1 1 0
	42	255	255	254

▲ 圖 3-40 A 類網路子網路位址範圍

參照圖 3-39，可以很容易地寫出這些子網路能夠使用的第一個 IP 位址和最後一個 IP 位址。

A 子網路第一個可用的位址為 42.0.0.1，最後一個可用的位址為 42.63.255.254；

B 子網路第一個可用的位址為 42.64.0.1，最後一個可用的位址為 42.127.255.254；

C 子網路第一個可用的位址為 42.128.0.1，最後一個可用的位址為 42.191.255.254；

D 子網路第一個可用的位址為 42.192.0.1，最後一個可用的位址為 42.255.255.254。

希望這幾個例子的講解能夠讓讀者達到舉一反三的效果，只要掌握了子網路劃分的規律，A 類、B 類、C 類位址的子網路劃分方法其實是一樣的。

3.6 變長子網路劃分

前面講的都是將一個網段等分成多個子網路，如果每個子網路中電腦的數量不一樣，就需要將該網段劃分成位址空間不等的子網路，這就是變長子網路劃分。有了前面等長子網路劃分的基礎，了解變長子網路劃分也就容易多了。

3.6.1 變長子網路劃分實例

下面有一個 C 類網路 192.168.0.0 255.255.255.0，需要將該網路劃分成 5 個網段以滿足以下網路需求：該網路中有 3 個交換機，分別連接 20 台電腦、50 台電腦和 100 台電腦；路由器之間的連接介面需要 IP 位址，這兩個 IP 位址也是一個網段，這樣網路中一共有 5 個網段，如圖 3-41 所示。

將 192.168.0.0　255.255.255.0 的主機 ID 0 ～ 255 畫一筆數軸，128 ～ 255 範圍內的位址空間給 100 台電腦的網段比較合適，該子網路的位址範圍是原來網路的 1/2，子網路遮罩往右移 1 位，寫成十進位形式就是 255.255.255.128，如圖 3-41 所示。該子網路第一個能用的位址是 192.168.0.129，最後一個能用的位址是 192.168.0.254。

64 ～ 127 範圍內的位址空間分配給 50 台電腦的網段比較合適，該子網路的位址範圍是原來網路的 $\frac{1}{2} \times \frac{1}{2}$，子網路遮罩往右移 2 位元，寫成十進位形式就是 255.255.255.192。該子網路第一個能用的位址是 192.168.0.65，最後一個能用的位址是 192.168.0.126。

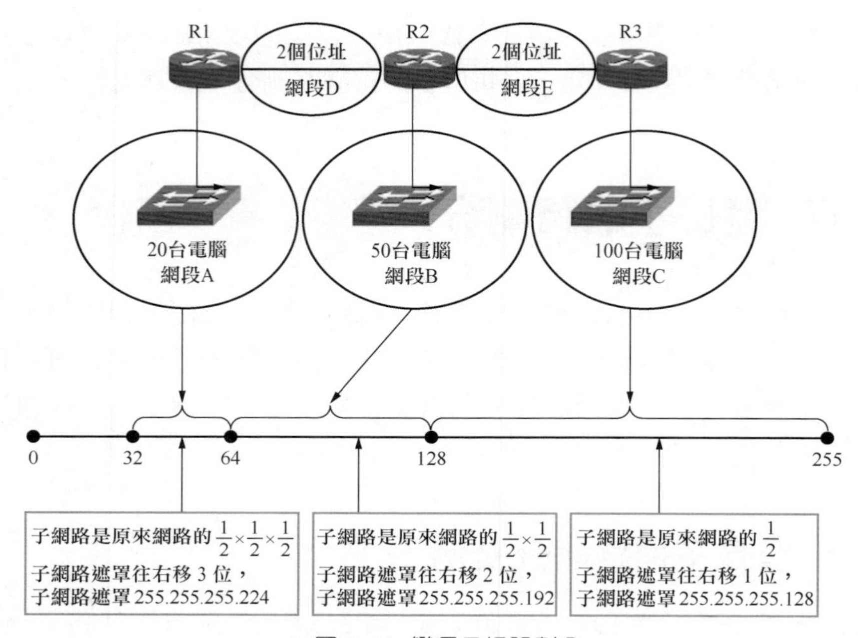

▲ 圖 3-41 變長子網路劃分

32 ～ 63 範圍內的位址空間分配給 20 台電腦的網段比較合適，該子網路的位址範圍是原來網路的 $\frac{1}{2} \times \frac{1}{2} \times \frac{1}{2}$，子網路遮罩往右移 3 位元，寫成十進位形式就是 255.255.255.224。該子網路第一個能用的位址是 192.168.0.33，最後一個能用的位址是 192.168.0.62。

當然也可以使用以下的子網路劃分方案：100 台電腦的網段可以使用 0 ～ 127 範圍內的位址空間，50 台電腦的網段可以使用 128 ～ 191 範圍內的位址空間，20 台電腦的網段可以使用 192 ～ 223 範圍內的位址空間，如圖 3-42 所示。

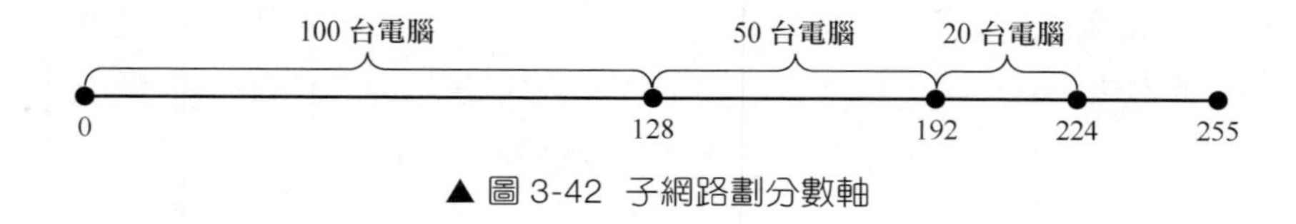

▲ 圖 3-42 子網路劃分數軸

注意：如果一個子網路位址區塊是原來網段的$\left(\frac{1}{2}\right)^n$，子網路遮罩就在原網段的基礎上右移 n 位，不等長子網路，子網路遮罩也不同。

3.6.2 點到點網路的子網路遮罩

如果一個網路中需要兩個 IP 位址，子網路遮罩該是多少呢？圖 3-41 所示的路由器之間連接的介面也是一個網段，且需要兩個 IP 位址。下面看看如何給圖 3-41 中的 D 網段和 E 網段規劃子網路。

0 ～ 3 範圍內的位址空間可以給 D 網段中的兩個路由器介面，第一個可用的位址是 192.168.0.1，最後一個可用的位址是 192.158.0.2，192.168.0.3 是該網段中的廣播位址，如圖 3-43 所示。

	網路 ID			主機ID
D子網路	192	168	0	0 0 0 0 0 0 | 1 1
	192	168	0	3
子網路遮罩	11111111	11111111	11111111	1 1 1 1 1 1 | 0 0
子網路遮罩	255	255	255	252

▲ 圖 3-43　D 網段的廣播位址

4 ～ 7 範圍內的位址空間可以給 E 網段中的兩個路由器介面，第一個可用的位址是 192.168.0.5，最後一個可用的位址是 192.158.0.6，192.168.0.7 是該網段中的廣播位址，如圖 3-44 所示。

	網路 ID			主機ID
E子網路	192	168	0	0 0 0 0 0 1 | 1 1
	192	168	0	7
子網路遮罩	11111111	11111111	11111111	1 1 1 1 1 1 | 0 0
子網路遮罩	255	255	255	252

▲ 圖 3-44　E 網段的廣播位址

每個子網路的位址範圍是原來網路的 $\frac{1}{2}\times\frac{1}{2}\times\frac{1}{2}\times\frac{1}{2}\times\frac{1}{2}\times\frac{1}{2}$，也就是 $\left(\frac{1}{2}\right)^6$，子網路遮罩向右移動位，即 11111111.11111111.11111111.11111100，寫成十進位形式也就是 255.255.255.252。

子網路劃分的最終結果如圖 3-45 所示，經過精心規劃，不但滿足了 5 個網段的位址需求，還剩餘了兩個位址區塊，8 ～ 15 位址區塊和 16 ～ 31 位址區塊沒有被使用。

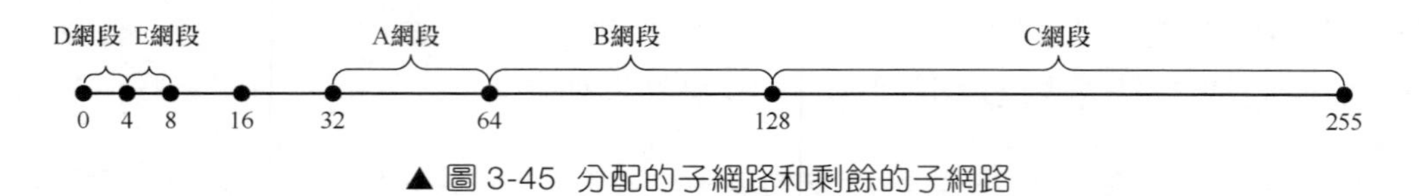

▲ 圖 3-45 分配的子網路和剩餘的子網路

3.6.3 子網路遮罩的另一種表示方法

IP 位址有「類」的概念，A 類網路預設子網路遮罩 255.0.0.0、B 類網路預設子網路遮罩 255.255.0.0、C 類網路預設子網路遮罩 255.255.255.0。等長子網路劃分和變長子網路劃分打破了 IP 位址「類」的概念，子網路遮罩也打破了位元組的限制，這種子網路遮罩被稱為「可變長子網路遮罩」(Variable Length Subnet Masking，VLSM)。為了方便表示可變長子網路遮罩，子網路遮罩還有另一種寫法，如 131.107.23.32/25、192.168.0.178/26，反斜線後面的數字表示子網路遮罩寫成二進位形式後 1 的個數。

這種方式打破了 IP 位址「類」的概念，使得 Internet 服務提供者(Internet Service Provider，ISP)可以靈活地將大的位址區塊分成恰當的小位址區塊（子網路）給客戶使用，不會造成大量 IP 位址浪費。這種方式也使 Internet 上的路由器的路由表大大精簡，被稱為「無類別域間路由」(Classless Inter-Domain Routing，CIDR)，子網路遮罩中 1 的個數被稱為「CIDR 值」。

CIDR 的作用就是支持 IP 位址的無類別規劃，CIDR 採用 13 ～ 27 位元可變網路 ID，而非 A、B、C 類網路 ID 所用的固定的 8、16 和 24 位元。在 IP 位址後面增加一個 /，後面是二進位子網路遮罩的位元數。舉例來說，192.168.10.32/24 表示該位址的子網路遮罩長度為 24，即 11111111.11111111.11111111.00000000，等於子網路遮罩 255.255.255.0。

子網路遮罩的二進位寫法以及相對應的 CIDR 的斜線表示如表 3-1 所示。

表 3-1　子網路遮罩標記法

二進位子網路遮罩	子網路遮罩	CIDR 值
11111111. 00000000. 00000000.00000000	255.0.0.0	/8
11111111. 10000000. 00000000.00000000	255.128.0.0	/9
11111111. 11000000. 00000000.00000000	255.192.0.0	/10
11111111. 11100000. 00000000.00000000	255.224.0.0	/11
11111111. 11110000. 00000000.00000000	255.240.0.0	/12
11111111. 11111000. 00000000.00000000	255.248.0.0	/13
11111111. 11111100. 00000000.00000000	255.252.0.0	/14
11111111. 11111110. 00000000.00000000	255.254.0.0	/15
11111111. 11111111. 00000000.00000000	255.255.0.0	/16
11111111. 11111111. 10000000.00000000	255.255.128.0	/17
11111111. 11111111. 11000000.00000000	255.255.192.0	/18
11111111. 11111111. 11100000.00000000	255.255.224.0	/19
11111111. 11111111. 11110000.00000000	255.255.240.0	/20
11111111. 11111111. 11111000.00000000	255.255.248.0	/21
11111111. 11111111. 11111100.00000000	255.255.252.0	/22
11111111. 11111111. 11111110.00000000	255.255.254.0	/23
11111111. 11111111. 11111111.00000000	255.255.255.0	/24
11111111. 11111111. 11111111.10000000	255.255.255.128	/25
11111111. 11111111. 11111111.11000000	255.255.255.192	/26
11111111. 11111111. 11111111.11100000	255.255.255.224	/27

二進位子網路遮罩	子網路遮罩	CIDR 值
11111111. 11111111. 11111111.11110000	255.255.255.240	/28
11111111. 11111111. 11111111.11111000	255.255.255.248	/29
11111111. 11111111. 11111111.11111100	255.255.255.252	/30

3.6.4 判斷 IP 位址所屬的網段

下面介紹如何根據列出的 IP 位址和子網路遮罩判斷該 IP 位址所屬的網段。前面說過，IP 位址中主機 ID 歸零就是該主機所在的網段。

下面判斷 192.168.0.101/26 所屬的子網路。

該位址為 C 類網路位址，預設子網路遮罩為 24 位元，現在是 26 位元。子網路遮罩往右移了兩位元，根據前面內容複習的規律，每個子網路的位址範圍是原來的 $\frac{1}{2} \times \frac{1}{2}$，即將這個 C 類網路等分成了 4 個子網路。101 位於 64 ～ 127 的範圍內，主機位元歸零後等於 64，因此該位址所屬的子網路是 192.168.0.64，如圖 3-46 所示。

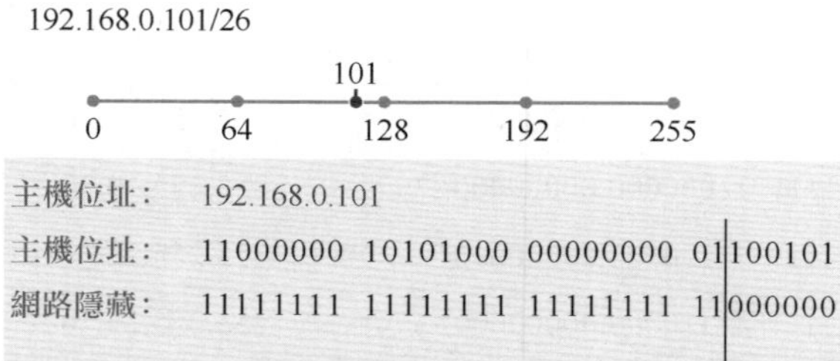

▲ 圖 3-46 判斷位址所屬子網路（一）

下面判斷 192.168.0.101/27 所屬的子網路。

該位址為 C 類網路位址，預設子網路遮罩為 24 位元，現在是 27 位元。子網路遮罩往右移了 3 位元，根據前面內容複習的規律，每個子網路的

位址範圍是原來的 $\frac{1}{2} \times \frac{1}{2} \times \frac{1}{2}$，即將這個 C 類網路等分成了 8 個子網路。101 位於 96 ～ 127 的範圍內，主機位元歸零後等於 96，因此該位址所屬的子網路是 192.168.0.96，如圖 3-47 所示。

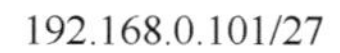

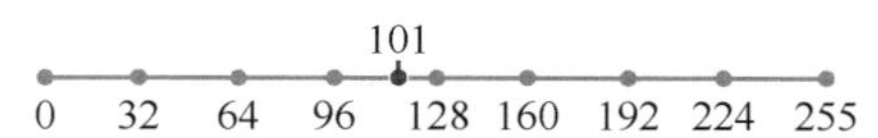

主機位址：	192.168.0.101
主機位址：	11000000 10101000 00000000 011 | 00101
網路隱藏：	11111111 11111111 11111111 111 | 00000
子網路位址：	11000000 10101000 00000000 011 | 00000
子網路遮罩：	192.168.0.96　　主機位歸零

▲ 圖 3-47 判斷位址所屬子網路（二）

複習如下。

IP 位址範圍為 192.168.0.0 ～ 192.168.0.63 的都屬於 192.168.0.0/26 子網路。

IP 位址範圍為 192.168.0.64 ～ 192.168.0.127 的都屬於 192.168.0.64/26 子網路。

IP 位址範圍為 192.168.0.128 ～ 192.168.0.191 的都屬於 192.168.0.128/26 子網路。

IP 位址範圍為 192.168.0.192 ～ 192.168.0.255 的都屬於 192.168.0.192/26 子網路。

規律如圖 3-48 所示。

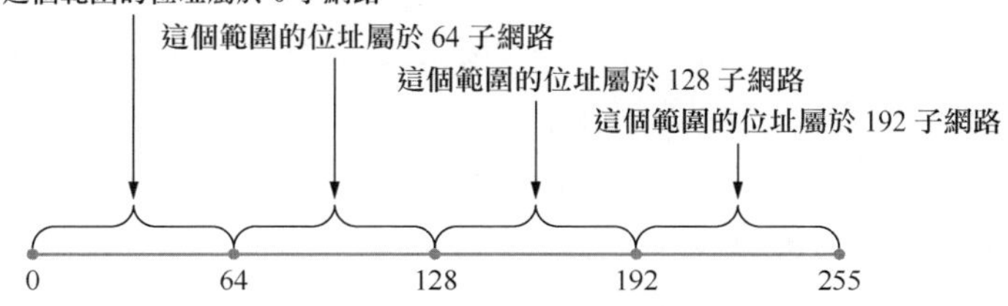

▲ 圖 3-48 判斷 IP 位址所屬子網路的規律

3.7 超網

前面講的子網路劃分是將一個網路的主機 ID 當作網路 ID 來劃分出多個子網路，也可以將多個網段合併成一個大的網段，合併後的網段稱為「超網」。下面講解合併網段的方法。

3.7.1 合併網段

某企業有一個網段，該網段有 200 台電腦，使用 192.168.0.0 255.255.255.0 網段，後來電腦數量增加到 400 台，如圖 3-49 所示。

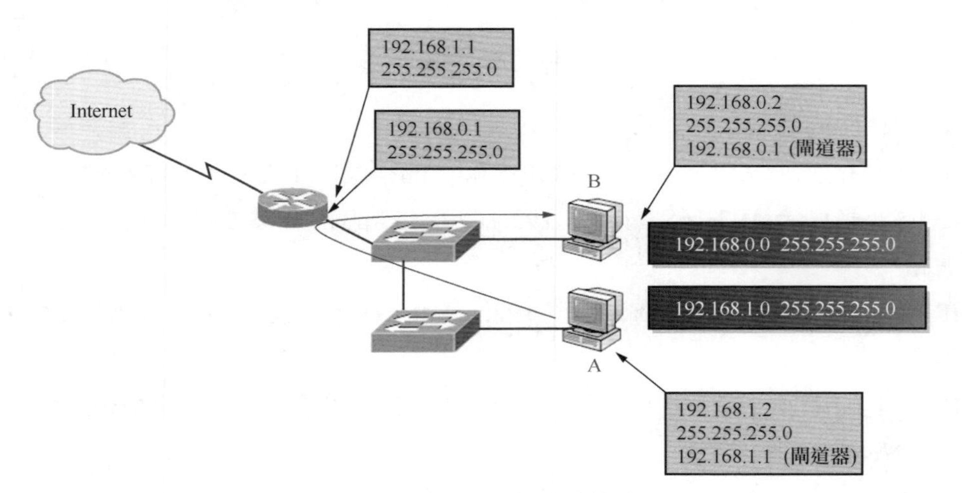

▲ 圖 3-49 兩個網段的位址

在該網路中增加交換機，可以擴充網路的規模，一個 C 類網路不夠用，再增加一個 C 類網路 192.168.1.0 255.255.255.0。這些電腦物理上在一個網段，但是 IP 位址沒在一個網段，即邏輯上不在一個網段。如果想讓這些電腦之間能夠通訊，可以在路由器的介面增加這兩個 C 類網路的位址作為這兩個網段的閘道。

在這種情況下，A 電腦要與 B 電腦進行通訊，必須透過路由器轉發，這樣兩個子網路才能夠通訊。本來這些電腦物理上在一個網段，但還需要路由器轉發，可見效率不高。

有沒有更好的辦法可以讓這兩個 C 類網路的電腦被認為是在一個網段？這時就需要將 192.168.0.0/24 和 192.168.1.0/24 兩個 C 類網路合併。

將這兩個網段的 IP 位址的第 3 部分和第 4 部分寫成二進位，可以看到將子網路遮罩往左移動了 1 位（子網路遮罩中 1 的數量減少 1），兩個網段的網路 ID 一樣了，這樣兩個網段就在一個網段了，如圖 3-50 所示。

	網路 ID				主機 ID
192.168.0.0	192	168	0 0 0 0 0 0 0	0	0 0 0 0 0 0 0 0
192.168.1.0	192	168	0 0 0 0 0 0 0	1	0 0 0 0 0 0 0 0
子網路遮罩	11111111	11111111	1 1 1 1 1 1 1	0	0 0 0 0 0 0 0 0
子網路遮罩	255	255	254		0

▲ 圖 3-50 合併兩個網段

合併後的網段為 192.168.0.0/23，子網路遮罩寫成十進位形式為 255.255.254.0，可用 IP 位址範圍為 192.168.0.1 ～ 192.168.1.254。網路中電腦的 IP 位址和路由器介面的位址設定如圖 3-51 所示。

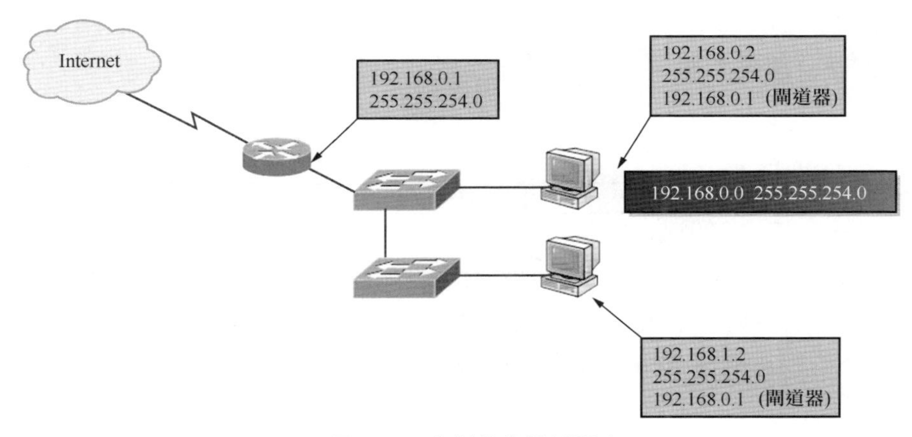

▲ 圖 3-51 合併後的位址設定

合併之後，IP 位址 192.168.0.255/23 就可以給電腦使用。有讀者也許會覺得該位址的主機 ID 好像全部是 1，不能給電腦使用，但是把這個 IP 位址的第 3 部分和第 4 部分寫成二進位，就會看出主機 ID 並不全為 1，如圖 3-52 所示。

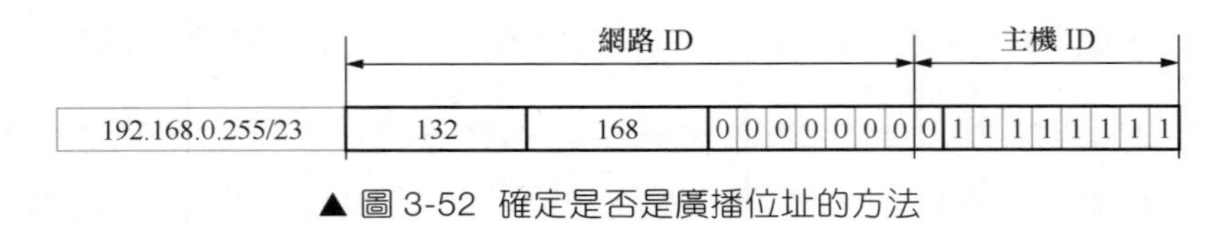

▲ 圖 3-52 確定是否是廣播位址的方法

注意：子網路遮罩往左移 1 位能夠合併兩個連續的網段，但不是任何連續的網段都能合併。

3.7.2 合併網段的規律

前面講了子網路遮罩往左移動 1 位能夠合併兩個連續的網段，但不是任何兩個連續的網段都能夠向左移動 1 位合併成 1 個網段。

舉例來説，192.168.1.0/24 和 192.168.2.0/24 就不能向左移動 1 位子網路遮罩合併成一個網段。將這兩個網段的第 3 部分和第 4 部分寫成二進位就能夠看出來，如圖 3-53 所示，向左移動 1 位子網路遮罩，這兩個網段的網路部分還是不相同，説明不能合併成一個網段。

	網路 ID			主機 ID
192.168.1.0	192	168	0 0 0 0 0 0 0 1	0 0 0 0 0 0 0 0
192.168.2.0	192	168	0 0 0 0 0 0 1 0	0 0 0 0 0 0 0 0
子網路遮罩	11111111	11111111	1 1 1 1 1 1 1 0	0 0 0 0 0 0 0 0
子網路遮罩	255	255	254	0

▲ 圖 3-53 合併網段的規律（一）

要想合併成一個網段，子網路遮罩就要向左移動 2 位，但如果移動 2 位，其實就是合併了 4 個網段，如圖 3-54 所示。

	網路 ID			主機 ID
192.168.0.0	192	168	0 0 0 0 0 0 0 0	0 0 0 0 0 0 0 0
192.168.1.0	192	168	0 0 0 0 0 0 0 1	0 0 0 0 0 0 0 0
192.168.2.0	192	168	0 0 0 0 0 0 1 0	0 0 0 0 0 0 0 0
192.168.3.0	192	168	0 0 0 0 0 0 1 1	0 0 0 0 0 0 0 0
子網路遮罩	11111111	11111111	1 1 1 1 1 1 0 0	0 0 0 0 0 0 0 0
子網路遮罩	255	255	252	0

▲ 圖 3-54　合併網段的規律（二）

下面講解哪些連續的網段能夠合併，即合併網段的規律。

1. 判斷兩個網段是否能夠合併

舉例來說，將 192.168.0.0/24 和 192.168.1.0/24 的子網路遮罩往左移 1 位，可以合併為一個網段 192.168.0.0/23，如圖 3-55 所示。

	網路 ID			主機 ID
192.168.0.0/24	192	168	0 0 0 0 0 0 0 0	0 0 0 0 0 0 0 0
192.168.1.0/24	192	168	0 0 0 0 0 0 0 1	0 0 0 0 0 0 0 0

▲ 圖 3-55　合併兩個網段（一）

而將 192.168.2.0/24 和 192.168.3.0/24 的子網路遮罩往左移 1 位，可以合併為一個網段 192.168.2.0/23，如圖 3-56 所示。

	網路 ID			主機 ID
192.168.2.0/24	192	168	0 0 0 0 0 0 1 0	0 0 0 0 0 0 0 0
192.168.3.0/24	192	168	0 0 0 0 0 0 1 1	0 0 0 0 0 0 0 0

▲ 圖 3-56　合併兩個網段（二）

可以看出規律：合併兩個連續的網段，第一個網段的網路號寫成二進位最後一位元是 0，這兩個網段就能合併。由 3.1.2 小節所講的規律可知，只要一個數能夠被 2 整除，寫成二進位最後一位元肯定是 0。

由此可知，判斷連續的兩個網段是否能夠合併，只要第一個網段的網路號能被 2 整除，就能夠左移 1 位子網路遮罩合併這兩個網段。

那麼，131.107.31.0/24 和 131.107.32.0/24 是否能夠左移 1 位子網路遮罩合併？

根據上面的結論可知：31 除 2，餘 1，所以 131.107.31.0/24 和 131.107.32.0/24 不能透過左移 1 位子網路遮罩合併成一個網段。

131.107.142.0/24 和 131.107.143.0/24 是否能夠左移 1 位子網路遮罩合併？

根據上面的結論可知：142 除 2，餘 0，所以 131.107.142.0/24 和 131.107.143.0/24 能透過左移 1 位子網路遮罩合併成一個網段。

2. 判斷 4 個網段是否能合併

舉例來說，要合併 192.168.0.0/24、192.168.1.0/24、192.168.2.0/24 和 192.168.3.0/24 這 4 個子網路，子網路遮罩需要向左移動 2 位，如圖 3-57 所示。

	網路 ID			主機 ID
192.168.0.0	192	168	0 0 0 0 0 0 0 0	0 0 0 0 0 0 0 0
192.168.1.0	192	168	0 0 0 0 0 0 0 1	0 0 0 0 0 0 0 0
192.168.2.0	192	168	0 0 0 0 0 0 1 0	0 0 0 0 0 0 0 0
192.168.3.0	192	168	0 0 0 0 0 0 1 1	0 0 0 0 0 0 0 0
子網路遮罩	11111111	11111111	1 1 1 1 1 1 0 0	0 0 0 0 0 0 0 0
子網路遮罩	255	255	252	0

▲ 圖 3-57　合併 4 個網段（一）

而要合併 192.168.4.0/24、192.168.5.0/24、192.168.6.0/24 和 192.168.7.0/24 這 4 個子網路，子網路遮罩需要向左移動 2 位，如圖 3-58 所示。

	網路 ID								主機 ID									
192.168.4.0/24	192	168	0	0	0	0	0	1	0	0	0	0	0	0	0	0	0	0
192.168.5.0/24	192	168	0	0	0	0	0	1	0	1	0	0	0	0	0	0	0	0
192.168.6.0/24	192	168	0	0	0	0	0	1	1	0	0	0	0	0	0	0	0	0
192.168.7.0/24	192	168	0	0	0	0	0	1	1	1	0	0	0	0	0	0	0	0
子網路遮罩	11111111	11111111	1	1	1	1	1	1	0	0	0	0	0	0	0	0	0	0
子網路遮罩	255	255	252								0							

▲ 圖 3-58 合併 4 個網段（二）

要合併連續的 4 個網路，只要第一個網路的網路號寫成二進位最後兩位元是 00，這 4 個網段就能合併，根據 3.1.2 小節講到的二進位數字的規律，只要一個數能夠被 4 整除，寫成二進位的最後兩位元肯定是 00。

由此可知，判斷連續的 4 個網段是否能夠合併，只要第一個網段的網路號能被 4 整除，就能夠左移 2 位元子網路遮罩將這 4 個網段合併。

那麼，131.107.232.0/24、131.107.233.0/24、131.107.234.0/24 和 131.107.235.0/24 這 4 個網段是否能夠左移 2 位元子網路遮罩合併成一個網段？

根據上面的結論可知：用第一個網段的網路號 232 除以 4，餘 0，所以這 4 個網段能夠合併。

131.107.154.0/24、131.107.155.0/24、131.107.156.0/24 和 131.107.157.0/24 這 4 個網段是否能夠左移 2 位元子網路遮罩合併成一個網段？

根據上面的結論可知：用第一個網段的網路號 154 除以 4，餘 2，所以這 4 個網段不能夠合併。

依次類推，要想判斷連續的 8 個網段是否能夠合併，只要第一個網段的網路號能被 8 整除，這 8 個連續的網段就能夠左移 3 位元子網路遮罩合併。

圖 3-59 所示的是網段合併的規律。子網路遮罩左移 1 位能夠合併兩個網段；左移 2 位元能夠合併 4 個網段；左移 3 位元能夠合併 8 個網段。

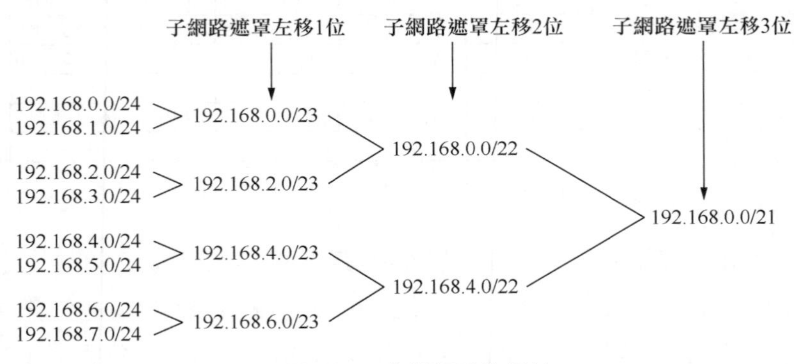

▲ 圖 3-59 合併網段的規律

綜上所述：子網路遮罩左移 *n* 位，合併的網路數量是 2*n*。

3.7.3 判斷一個網段是超網還是子網路

左移子網路遮罩可以合併多個網段，右移子網路遮罩可以將一個網段劃分成多個子網路，使 IP 位址打破了傳統的 A 類、B 類、C 類的界限。

判斷一個網段到底是子網路還是超網，就要看該網段是 A 類網路、B 類網路，還是 C 類網路。預設 A 類網路的子網路遮罩是 /8，B 類網路的子網路遮罩是 /16，C 類網路的子網路遮罩是 /24。如果該網段的子網路遮罩比預設子網路遮罩長，則是子網路；如果該網段的子網路遮罩比預設子網路遮罩短，則是超網。

那麼，12.3.0.0/16 是 A 類網路還是 C 類網路呢？是超網還是子網路呢？

根據上面的結論可知：IP 位址的第一部分是 12，這是一個 A 類網路，A 類網路預設子網路遮罩是 /8，該網路的子網路遮罩是 /16，比預設子網路遮罩長，所以說這是 A 類網路的子網路。

222.3.0.0/16 是 C 類網路還是 B 類網路呢？是超網還是子網路呢？

根據上面的結論可知：IP 位址的第一部分是 222，這是一個 C 類網路，C 類網路預設子網路遮罩是 /24，該網路的子網路遮罩是 /16，比預設子網路遮罩短，所以說這是一個合併了 222.3.0.0/24 ～ 222.5.255.0/24 共 256 個 C 類網路的超網。

3.8 習題

1. 根據圖 3-60 所示的網路拓撲和網路中的主機數量，將左側的 IP 位址分配給對應的位置。

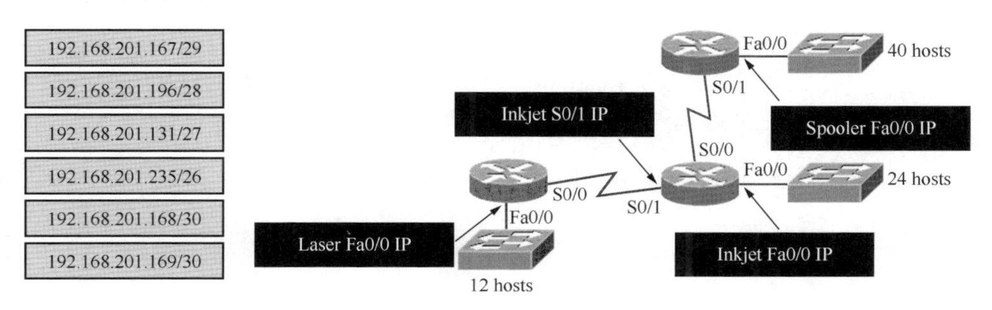

▲ 圖 3-60 網路拓撲（一）

2. 以下（　　）位址屬於 113.64.4.0/22 網段。（選擇 3 個答案）

   A. 113.64.8.32　　B. 113.64.7.64

   C. 113.64.6.255　　D. 113.64.5.255

   E. 113.64.3.128　　F. 113.64.12.128

3. （　　）子網路被包含在 172.31.80.0/20 網段。（選擇兩個答案）

   A. 172.31.17.4/30　　B. 172.31.51.16/30

   C. 172.31.64.0/18　　D. 172.31.80.0/22

   E. 172.31.92.0/22　　F. 172.31.192.0/18

4. 某公司設計網路，需要 300 個子網路，每個子網路的主機數量最多為 50 個，將一個 B 類網路進行子網路劃分，以下（　　）子網路遮罩可以用。

   A. 255.255.255.0　　B. 255.255.255.128

   C. 255.255.255.224　　D. 255.255.255.192

5. 網段 172.25.0.0/16 被分成 8 個等長子網路，以下（　　）位址屬於第 3 個子網路。（選擇 3 個答案）

   A. 172.23.78.243　　B. 172.25.98.16

   C. 172.23.72.0　　D. 172.25.94.255

   E. 172.25.96.17　　F. 172.23.100.16

6. 根據圖 3-61 所示的網路規劃，以下（　　）網段能夠指派給網路 A 和鏈路 A。（選擇兩個答案）

   A. 網路 A──172.16.3.48/26　　B. 網路 A──172.16.3.128/25

   C. 網路 A──172.16.3.192/26　　D. 鏈路 A──172.16.3.0/30

   E. 鏈路 A──172.16.3.40/30　　F. 鏈路 A──172.16.3.112/30

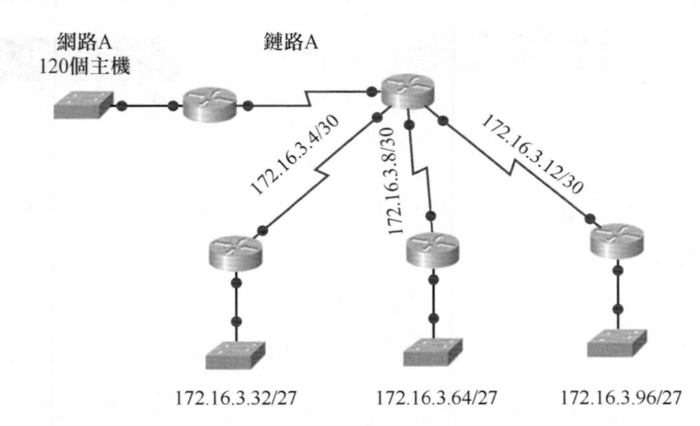

▲ 圖 3-61　網路拓撲（二）

7. IP 位址中的網路部分用來辨識（　　）。

   A. 路由器　　B. 主機　　C. 網路卡　　D. 網段

8. 以下（　　）是私網位址。

   A. 192.178.32.0/24　　B. 128.168.32.0 /24

   C. 172.13.32.0/24　　D. 192.168.32.0/24

9. 122.21.136.0/22 中最多可用的位址數量是（　　）。

   A. 102　B. 1023　C. 1022　D. 1000

10. 主機 IP 位址 192.15.2.160 所在的網路是（　　）。

    A. 192.15.2.64/26　　B. 192.15.2.128/26

    C. 192.15.2.96/26　　D. 192.15.2.192/26

11. 某公司的網路位址為 192.168.1.0/24，要劃分成 5 個子網路，每個子網路最多 20 台主機，則適用的子網路遮罩是（　　）。

    A. 255.255.255.192　　B. 255.255.255.240

    C. 255.255.255.224　　D. 255.255.255.248

12. 某通訊埠的 IP 位址為 202.16.7.131/26，則該 IP 位址所在網路的廣播位址是（　　）。

    A. 202.16.7.255　　B. 202.16.7.129

    C. 202.16.7.191　　D. 202.16.7.252

13. 在 IPv4 中，多點傳輸位址是（　　）位址。

    A. A 類　B. B 類　C. C 類　D. D 類

14. 某主機的 IP 位址為 180.80.77.55，子網路遮罩為 255.255.252.0。該主機向所在子網路發送廣播分組，則目標位址可以是（　　）。

    A. 180.80.76.0　　B. 180.80.76.255

    C. 180.80.77.255　　D. 180.80.79.255

15. 某網路的 IP 位址空間為 192.168.5.0/24，採用等長子網路劃分，子網路遮罩為 255.255.255.248，則劃分的子網路個數、每個子網路內的最大可分配位址個數為（　　）。

    A. 32，8　B. 32，6　C. 8，32　D. 8，30

16. 將 192.168.10.0/24 網段劃分成 3 個子網路，每個網段的電腦數量如圖 3-62 所示，寫出各個網段的子網路遮罩，以及能夠給電腦使用的第一個位址和最後一個位址。

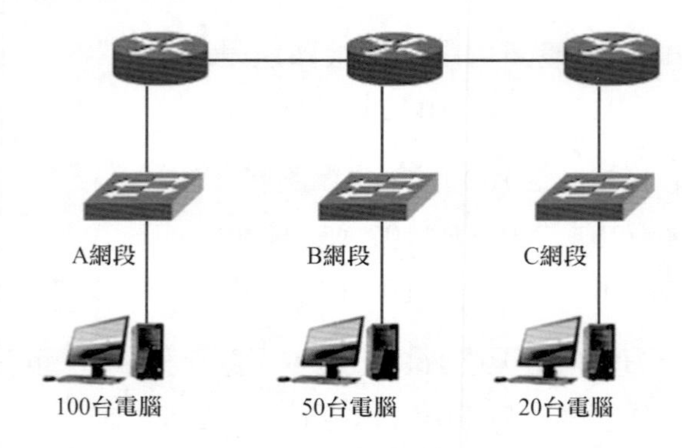

▲ 圖 3-62 網段劃分

	第一個可用位址	最後一個可用位址	子網路遮罩
A 網段			
B 網段			
C 網段			

17. 某單位申請到一個 C 類 IP 位址，其網路號為 192.168.1.0/24，現進行子網路劃分，需要 6 個子網路，每個子網路 IP 位址數量相等。請寫出子網路遮罩以及第一個子網路的網路號和主機位址範圍。

18. 試辨認以下 IP 位址的網路類別。

128.36.199.3/24

21.12.240.17/16

183.194.76.253/24

192.12.69.248/14

89.3.0.1/16

200.3.6.2/24

19. IP 位址分為幾類？各類 IP 位址應如何表示？ IP 位址的主要特點是什麼？

20. 試說明 IP 位址與硬體位址的區別。為什麼要使用這兩種不同的位址？

21. 子網路遮罩為 255.255.255.0 代表什麼意思？

22. 一個網路現在的隱藏為 255.255.255.248，請問該網路能夠連接多少個主機？

23. 一個 B 類網路的子網路遮罩是 255.255.240.0。請問每一個子網路上的主機數量最多是多少？

24. 一個 A 類網路的子網路遮罩為 255.255.0.255，它是否為一個有效的子網路遮罩？

25. 某個 IP 位址用十六進位表示是 C2.2E.14.81，試將其轉為點分十進位的形式。這個位址是哪一類 IP 位址？

26. 某單位分配到一個 B 類 IP 位址，其網路 ID 為 129.250.0.0。該單位有 400 台電腦，分佈在 16 個不同的城市。需要將該 B 類位址劃分成多個子網路，每個城市一個子網路，且每個子網路最少容納 400 台主機。請寫出同時滿足這兩個要求的子網路遮罩。

27. 有以下的 4 個 /24 位址區塊，寫出最大可能的聚合　　。

    212.56.132.0/24

    212.56.133.0/24

    212.56.134.0/24

    212.56.135.0/24

28. 有兩個 CIDR 位址區塊 202.128.0.0/11 和 208.130.28.0/22，這兩個子網路位址是否有疊加？如果有，請指出，並說明理由。

29. 以下位址中的哪一個和 86.32.0.0/12 符合？請說明理由。
    86.35.224.123
    86.79.65.216
    86.58.119.74
    86.68.206.154
30. 下面字首中的哪一個和位址 152.7.77.159 及 152.31.47.252 都符合？請說明理由。
    152.40.0.0/13
    153.40.0.0/9
    152.64.0.0/12
    152.0.0.0/11
31. 已知位址區塊中的位址是 140.120.84.24/20。試求這個位址區塊中的最小可用位址和最大可用位址，子網路遮罩是什麼？位址區塊中共有多少個可用位址？相當於多少個 C 類位址？
32. 已知位址區塊中的位址是 190.87.140.202/29。試求這個位址區塊中的最小可用位址和最大可用位址，子網路遮罩是什麼？位址區塊中共有多少個可用位址？
33. 某單位分配到一個位址區塊 136.23.12.64/26，現需要將其進一步劃分為 4 個一樣大的子網路。
    （1）每個子網路的子網路遮罩是什麼？
    （2）每個子網路中有多少個可用位址？
    （3）每個子網路的位址區塊是什麼？

Chapter

04

靜態路由和動態路由

• 本章主要內容 •

- 路由──網路層實現的功能
- 設定靜態路由
- 路由整理
- 預設路由
- RIP 和 OSPF 協定
- 設定 OSPF 協定

Internet 中的路由器根據路由表為不同網段間通訊的電腦轉發資料封包。

本章先講解網路層實現的功能、網路暢通的條件；再講解如何給路由器設定靜態路由、控制資料封包從一個網段到達另一個網段的路徑；然後講解使用路由整理和預設路由簡化路由表的方法；最後講解排除網路故障的方法、使用 ping 命令測試網路是否暢通、使用 pathping 和 tracert 命令追蹤資料封包的路徑，以及 Windows 作業系統中的路由表和給 Windows 作業系統增加路由的方法。

對於規模比較大的網路，設定靜態路由的工作量很大，路由器又不能隨著網路的變化動態調整路由表。因此最好使用動態路由式通訊協定設定路由器，讓路由器建構到各個網段的路由。對於動態路由式通訊協定，重點介紹 RIP 和 OSPF 協定的特點、應用場景以及設定方法。

4.1 路由——網路層實現的功能

網路層的功能就是給傳輸層協定提供簡單靈活的、不需連線的、盡最大努力發表的資料封包服務，如圖 4-1 所示。一般來說，網路中通訊的兩台電腦，通訊之前不需要先建立連接，網路中的路由器為每一個資料封包單獨地選擇轉發路徑，網路層不提供服務品質的承諾。也就是說，路由器會直接捨棄傳輸過程中出錯的資料封包。如果網路中待轉發的資料封包太多，路由器處理不了，就直接捨棄。路由器不判斷資料封包是否重複，也不確保資料封包按發送順序到達終點。

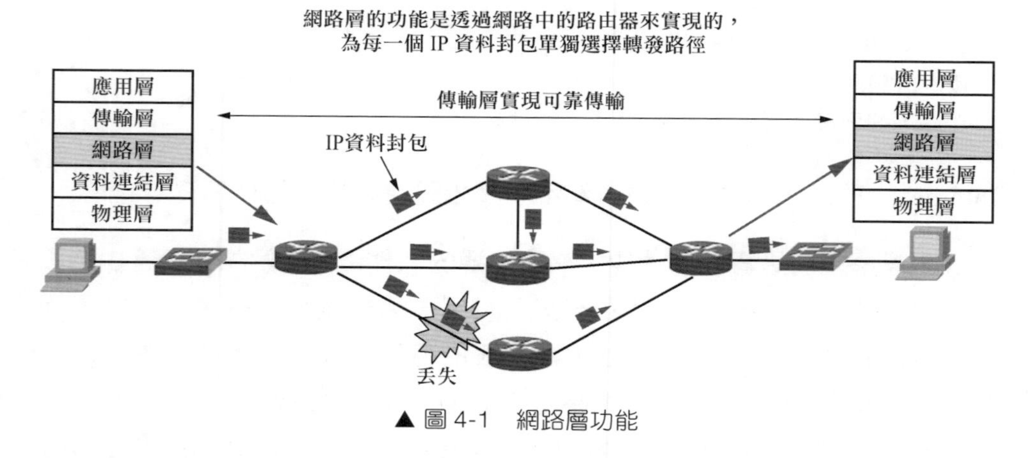

▲ 圖 4-1　網路層功能

本節講解設定路由實現網路層功能，即給路由器設定靜態路由和動態路由。

路由是指路由器從一個網段到另外一個網段轉發資料封包的過程，即資料封包透過路由器轉發的過程，也叫「資料路由」。私網位址的路由器透過網路位址編譯（NAT）將資料封包發送到 Internet，這也叫路由，只不過在路由過程中修改了資料封包的來源 IP 位址和來源通訊埠。

4.1.1 網路暢通的條件

網路暢通就是指資料封包能去能回，道理很簡單，這也是我們排除網路故障的理論依據。

網路中的電腦 A 要想實現和電腦 B 通訊，沿途的所有路由器都必須有到 192.168.1.0/24 網段的路由，電腦 B 給電腦 A 返回資料封包，沿途的所有路由器都必須有到 192.168.0.0/24 網段的路由，如圖 4-2 所示。

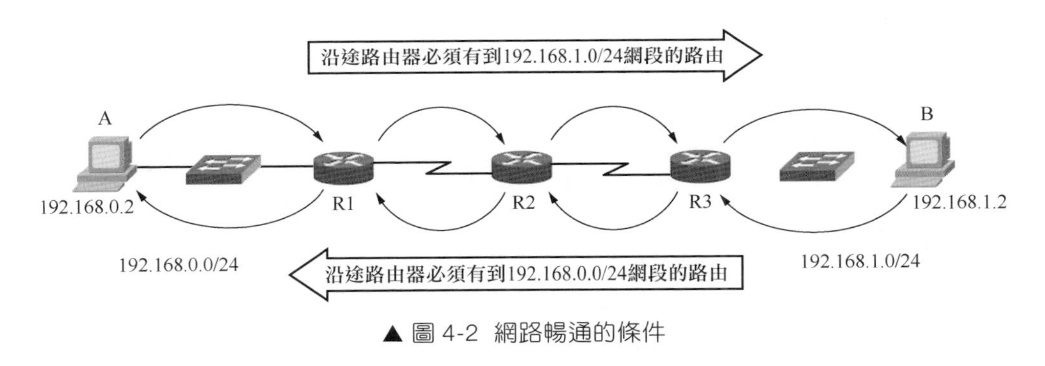

▲ 圖 4-2 網路暢通的條件

在電腦 A 上 ping 192.168.1.2，如果沿途的任何一個路由器缺少到達目標網路 192.168.1.0/24 的路由，該路由器將返回資料封包，提示目標主機不可到達，如圖 4-3 所示。

如果資料封包能夠到達目標位址，而返回途徑中的任何一個路由器缺少到達目標網路 192.168.0.0/24 的路由，就表示從電腦 B 返回的資料封包不能到達電腦 A，將在電腦 A 上顯示請求逾時，如圖 4-4 所示。

```
C:\WINDOWS\system32\cmd.exe
C:\Documents and Settings\han>ping 192.168.1.2

Pinging 192.168.1.2 with 32 bytes of data:

Reply from 192.168.0.1: Destination host unreachable. 目標主機不可到達
Reply from 192.168.0.1: Destination host unreachable.
Reply from 192.168.0.1: Destination host unreachable. 資料封包沒到目的地
Reply from 192.168.0.1: Destination host unreachable.

Ping statistics for 192.168.1.2:
    Packets: Sent = 4, Received = 4, Lost = 0 (0% loss),
Approximate round trip times in milli-seconds:
    Minimum = 0ms, Maximum = 0ms, Average = 0ms
```

▲ 圖 4-3　目標主機不可到達

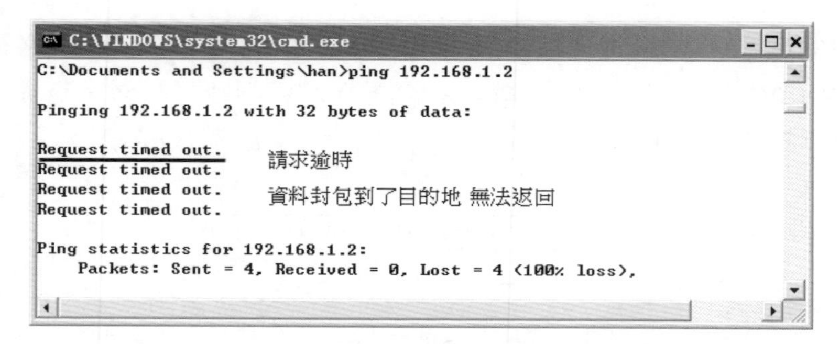

▲ 圖 4-4　請求逾時

以以上原理為基礎，網路校正就變得簡單了。如果網路不通，就要檢查電腦是否設定了正確的 IP 位址、子網路遮罩以及閘道，逐一檢查沿途路由器上的路由表，查看是否有到達目標網路的路由；然後逐一檢查歸途路由器上的路由表，檢查是否有資料封包返回所需的路由。

路由器如何知道網路中有哪些網段，以及資料封包到這些網段後下一次轉發應該轉發給哪個位址？在每個路由器上都有一個路由表，路由表記錄了資料封包到各個網段後下一次轉發應轉發給哪個位址。

路由器建構路由表有兩種方式：一種方式是管理員在每個路由器上增加到各個網路的路由，這就是靜態路由，適合規模較小的網路或網路不怎麼變化的情況；另一種方式是設定路由器使用路由式通訊協定（RIP、

EIGRP 或 OSPF）自動建構路由表，這就是動態路由，適合規模較大的網路，能夠針對網路的變化自動選擇最佳路徑。

4.1.2 靜態路由

要想實現全網通訊，也就是網路中的任意兩個節點都能通訊，就要求網路中所有路由器的路由表中必須有到所有網段的路由。對路由器來說，它只知道自己直連的網段，而那些沒有直連的網段，就需要管理員人工增加到這些網段的路由。

圖 4-5 所示的是使用 eNSP 架設的網路實驗環境，圖中的網路有 A、B、C、D 共 4 個網段，電腦和路由器介面的 IP 位址已在圖中標出，網路中的 3 個路由器 AR1、AR2 和 AR3 如何增加路由才能使全網暢通呢？

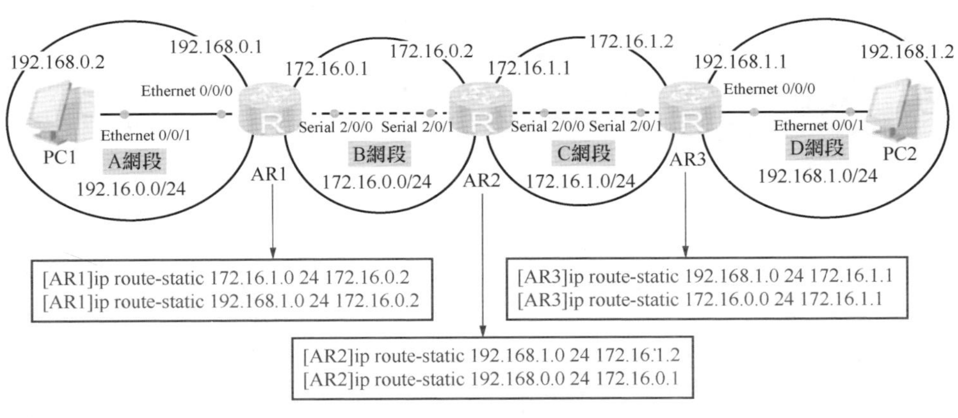

▲ 圖 4-5 增加靜態路由

AR1 路由器直連 A、B 兩個網段，C、D 網段沒有直連，需要增加到 C、D 網段的路由。

AR2 路由器直連 B、C 兩個網段，A、D 網段沒有直連，需要增加到 A、D 網段的路由。

AR3 路由器直連 C、D 兩個網段，A、B 網段沒有直連，需要增加到 A、B 網段的路由，圖 4-5 所示。

這裡一定要正確了解「下一次轉發」，在 AR1 路由器上增加到 192.168.1.0/24 網段的路由，下一次轉發寫入的是 AR2 路由器的 Serial 2/0/1 介面的位址，而非 AR3 路由器的 Serial 2/0/1 介面的位址。

如果轉發到目標網路要經過一條點到點鏈路，增加靜態路由還有另外一種格式，下一次轉發位址可以寫成到目標網路的出口。舉例來説，可以按圖 4-6 所示的命令在 AR2 路由器上增加到 192.168.1.0/24 網段的路由。請注意，後面的 Serial 2/0/0 是路由器 AR2 的介面，這就是告訴路由器 AR2，到 192.168.1.0/24 網段的資料封包由 Serial 2/0/0 介面發送出去。

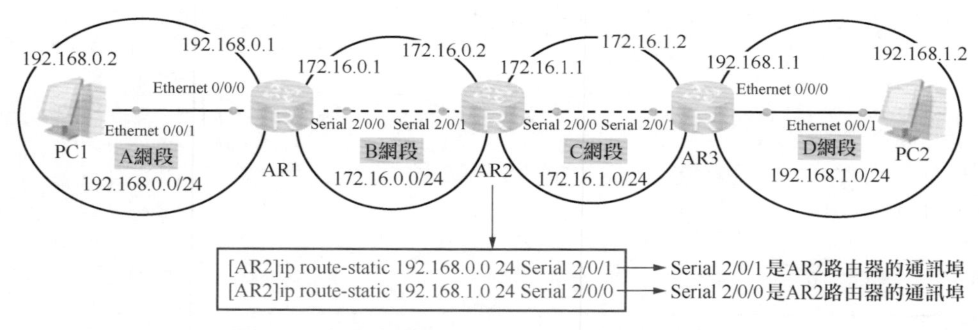

▲ 圖 4-6 點到點鏈路的路由下一次轉發可以寫成出口

如果路由器之間是乙太網連接，在這種情況下增加路由，最好寫下一次轉發位址，如圖 4-7 所示，不要寫路由器的出口了，請讀者想想為什麼？

乙太網中可以連接多台電腦或路由器，如果增加路由時下一次轉發不寫位址，就無法判斷下一次轉發應該由哪台裝置接收。點到點鏈路就不存在這個問題，一端發送另一端接收，根本用不上資料連結層位址。請讀者想想 PPP 框架格式，資料連結層位址欄位為 0xFF，根本沒有目標位址和來源位址。

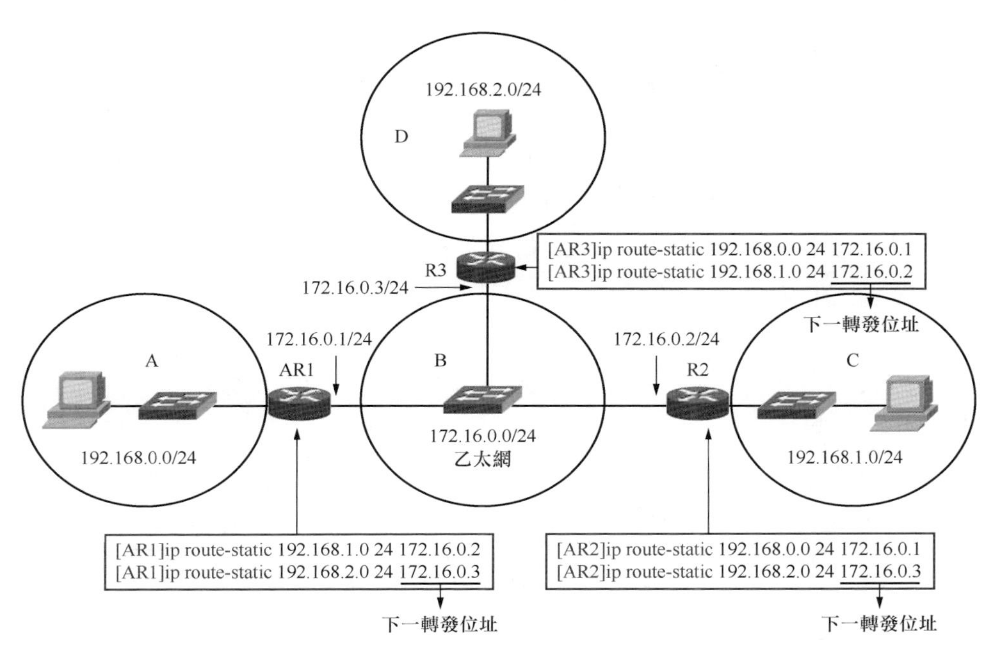

▲ 圖 4-7 乙太網介面只能填寫下一次轉發位址

路由器只關心到某個網段如何轉發資料封包，因此在路由器上增加路由時，必須是到某個網段（子網路）的路由，而不能是到特定 IP 位址的路由。增加到某個網段的路由時，一定要確保 IP 位址的主機位元全是 0。

舉例來說，下面增加路由時顯示出錯了，原因是 172.16.1.2/24 不是網段，而是 172.16.1.0/24 網段中的 IP 位址。

```
[AR1]ip route-static 172.16.1.2 24 172.16.0.2
Info: The destination address and mask of the configured static route
mismatched, and the static route 172.16.1.0/24 was generated.  --錯誤的位
址和子網路遮罩
```

如果想增加到具體 IP 位址的路由，子網路遮罩要寫成 4 個 255，這就表示 IP 位址的 32 位元全部是網路 ID。

```
[AR1]ip route-static 172.16.1.2 32 172.16.0.2       --增加到 172.16.1.2/32
網段的路由
```

4.2 設定靜態路由

下面透過一個案例來學習靜態路由的設定。使用 eNSP 參照圖 4-8 所示的網路拓撲架設網路環境，設定網路中的電腦和路由器介面的 IP 位址，PC1 和 PC2 都要設定閘道。可以看到，該網路中有 4 個網段。現在需要在路由器上增加路由，實現這 4 個網段間暢通的網路通訊。

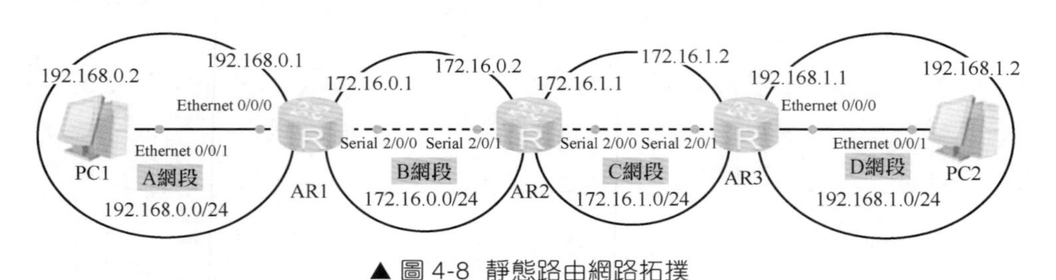

▲ 圖 4-8 靜態路由網路拓撲

4.2.1 查看路由表

前面已經講過，只要給路由器介面設定了 IP 位址和子網路遮罩，路由器的路由表就有了到直連網段的路由，不需要再增加到直連網段的路由。在增加靜態路由之前先看看路由器的路由表。

在 AR1 路由器上，進入系統視圖，輸入 "display ip routing-table"，可以看到兩個直連網段的路由。

```
[AR1]display ip routing-table
Route Flags: R - relay, D - download to fib
------------------------------------------------------------------------------
Routing Tables: Public
        Destinations : 11       Routes : 11
Destination/Mask    Proto   Pre  Cost   Flags NextHop        Interface
      127.0.0.0/8   Direct  0    0        D   127.0.0.1      InLoopBack0
      127.0.0.1/32  Direct  0    0        D   127.0.0.1      InLoopBack0
127.255.255.255/32  Direct  0    0        D   127.0.0.1      InLoopBack0
```

```
      172.16.0.0/24  Direct  0    0        D   172.16.0.1    Serial2/0/0
-- 直連網段的路由
      172.16.0.1/32  Direct  0    0        D   127.0.0.1     Serial2/0/0
      172.16.0.2/32  Direct  0    0        D   172.16.0.2    Serial2/0/0
    172.16.0.255/32  Direct  0    0        D   127.0.0.1     Serial2/0/0
     192.168.0.0/24  Direct  0    0        D   192.168.0.1   Vlanif1
-- 直連網段的路由
     192.168.0.1/32  Direct  0    0        D   127.0.0.1     Vlanif1
   192.168.0.255/32  Direct  0    0        D   127.0.0.1     Vlanif1
255.255.255.255/32  Direct  0    0        D   127.0.0.1     InLoopBack0
```

可以看到路由表中已經有了到兩個直連網段的路由項目。

4.2.2 增加靜態路由

在路由器 AR1、AR2 和 AR3 上增加靜態路由。

（1）在路由器 AR1 上增加到 172.16.1.0/24、192.168.1.0/24 網段的路由。

```
[AR1]ip route-static 172.16.1.0 24 172.16.0.2       -- 增加靜態路由、下一次
轉發位址
[AR1]ip route-static 192.168.1.0 24 Serial 2/0/0    -- 增加靜態路由、出口
[AR1]display ip routing-table                       -- 顯示路由表
[AR1]display ip routing-table protocol static       -- 只顯示靜態路由表
Route Flags: R - relay, D - download to fib
------------------------------------------------------------------------
Public routing table : Static
         Destinations : 2        Routes : 2        Configured Routes : 2

Static routing table status : <Active>
         Destinations : 2        Routes : 2

Destination/Mask    Proto   Pre  Cost      Flags  NextHop         Interface

   172.16.1.0/24  Static   60   0           RD   172.16.0.2
Serial2/0/0
```

```
  192.168.1.0/24  Static   60   0          D   172.16.0.1
Serial2/0/0

Static routing table status : <Inactive>
         Destinations : 0        Routes : 0
```

R 和 D 是路由標記（flag）。

R 說明是疊代路由，會根據路由下一次轉發的 IP 位址獲取出口，設定靜態路由時如果只指定下一次轉發的 IP 位址，而不指定出口，那麼就是疊代路由，需要根據下一次轉發 IP 位址的路由獲取出口。

D 是 Download 的字首，表示將路由下發到 FIB（forward information base）表。每個路由器都有一張路由表和一張 FIB 表，其中路由表用來決策路由，FIB 表用來轉發分組。

可以看到 192.168.1.0/24 網段的路由標記是 D，因為增加路由時直接寫了出口，就不用疊代尋找出口了。

Cost 是負擔，靜態路由的負擔預設是 0，動態路由會計算到目標網路的累計負擔。

（2）在路由器 AR2 上增加到 192.168.0.0/24、192.168.1.0/24 網段的路由。

```
[AR2]ip route-static 192.168.0.0 24 172.16.0.1
[AR2]ip route-static 192.168.1.0 24 172.16.1.2
```

（3）在路由器 AR3 上增加到 192.168.0.0/24、172.16.0.0/24 網段的路由。

```
[AR3]ip route-static 192.168.0.0 24 172.16.1.1
[AR3]ip route-static 172.16.0.0 24 172.16.1.1
```

4.2.3 測試網路是否暢通

在 PC1 上測試到 PC2 的網路是否暢通。根據下面的測試結果，除第一個資料封包請求逾時外，後面的資料封包都是從 PC2 返回的 ICMP 響應封包，說明網路暢通。

```
PC>ping 192.168.1.2
Ping 192.168.1.2: 32 data bytes, Press Ctrl_C to break
Request timeout!
From 192.168.1.2: bytes=32 seq=2 ttl=125 time=31 ms
From 192.168.1.2: bytes=32 seq=3 ttl=125 time=32 ms
From 192.168.1.2: bytes=32 seq=4 ttl=125 time=15 ms
From 192.168.1.2: bytes=32 seq=5 ttl=125 time=15 ms

--- 192.168.1.2 ping statistics ---
  5 packet(s) transmitted
  4 packet(s) received
  20.00% packet loss
  round-trip min/avg/max = 0/23/32 ms
```

追蹤資料封包的路徑。eNSP 模擬器中的 PC 使用 tracert 命令追蹤資料封包的路徑，在 Windows 作業系統中則使用 pathping 或 tracert 命令追蹤資料封包的路徑。

```
PC>tracert 192.168.1.2
traceroute to 192.168.1.2, 8 hops max
(ICMP), press Ctrl+C to stop
 1  192.168.0.1    31 ms  <1 ms   16 ms        -- 第一個路由器
 2  172.16.0.2     31 ms  31 ms   16 ms        -- 第二個路由器
 3  172.16.1.2     31 ms  31 ms   16 ms        -- 第三個路由器
 4  192.168.1.2    31 ms  32 ms   31 ms        -- 目標位址
```

從追蹤結果來看，沿途經過了路由器 AR1、AR2 和 AR3，最後到達目標位址。

4.2.4 刪除靜態路由

前面講過，資料封包有去有回就說明網路暢通。從本案例來說，PC1 發送給 PC2 的資料封包能夠到達 PC2，PC2 發送給 PC1 的資料封包能夠到達 PC1，PC1 和 PC2 間的網路就是暢通的。

如果沿途的路由器缺少到達 192.168.1.0/24 網路的路由，PC1 ping PC2 的資料封包就不能到達 PC2，這就說明目標主機不可到達，PC1 和 PC2 不能通訊。

在 AR2 路由器上刪除到 192.168.1.0/24 網路的路由。

```
[AR2]undo ip route-static 192.168.1.0 24      --刪除到某個網段的路由，不用指定下一次轉發位址
```

PC1 ping PC2，顯示 "Request timeout!" 請求逾時，實際上是目標主機不可到達。

並不是所有的「請求逾時」都是路由器的路由表造成的，其他的原因也可能導致請求逾時，如對方的電腦啟用防火牆，或對方的電腦關機，這些情況都能造成「請求逾時」。

4.3 路由整理

Internet 是全球最大的網際網路。如果 Internet 上的路由器把全球所有的網段都增加到路由表中，那將是一張非常龐大的路由表。路由器每轉發一個資料封包，都要檢查路由表，為該資料封包選擇轉發出口，龐大的路由表勢必會增加處理延遲。

如果為物理位置連續的網路分配位址連續的網段，就可以在邊界路由器上將遠端的網段合併成一條路由，這就是路由整理。使用路由整理能夠大大減少路由器上的路由表項目。

4.3.1 使用路由整理簡化路由表

下面以實例來説明如何實現路由整理。

A 市的網路可以認為是物理位置連續的網路，為 A 市的網路分配連續的網段，即從 192.168.0.0/24、192.168.1.0/24、192.168.2.0/24、192.168.3.0/24、192.168.4.0/24 一直到 192.168.255.0/24 的網段。

B 市的網路也可以認為是物理位置連續的網路，為 B 市的網路分配連續的網段，即從 172.16.0.0/24、172.16.1.0/24、172.16.2.0/24、172.16.3.0/24、172.16.4.0/24 一直到 172.16. 255.0/24 的網段，如圖 4-9 所示。

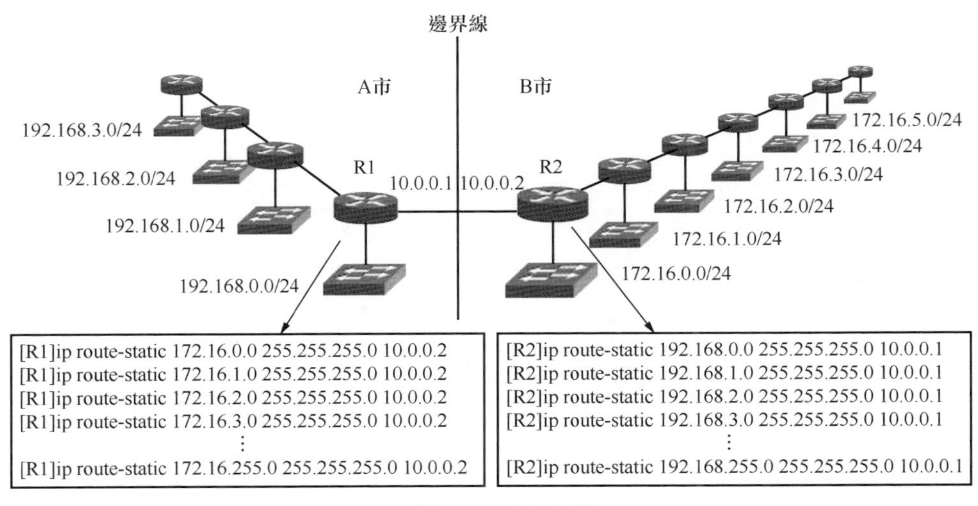

▲ 圖 4-9 位址規劃

在 A 市的路由器中增加 B 市全部網段的路由，如果為每一個網段增加一條路由，需要增加 256 條路由。在 B 市的路由器中增加到 A 市全部網段的路由，如果為每一個網段增加一條路由，也需要增加 256 條路由。

B 市的這些網段 172.16.0.0/24、172.16.1.0/24、172.16.2.0/24、…、172.16.255.0/24 都屬於 172.16.0.0/16 網段，這個網段包括全部以 172.16

開始的網段。因此，在 A 市的路由器中增加一筆到 172.16.0.0/16 這個網段的路由即可。

A 市的網段從 192.168.0.0/24、192.168.1.0/24、192.168.2.0/24、192.168.3.0/24、192.168.4.0/24 一直到 192.168.255.0/24，也可以合併成一個網段 192.168.0.0/16（請讀者回憶第 3 章講到的使用超網合併網段，192.168.0.0/16 就是一個超網，子網路遮罩往左移了 8 位，合併了 256 個 C 類網路），這個網段包括全部以 192.168 開始的網段。因此，在 B 市的路由器中增加一筆到 192.168.0.0/16 這個網段的路由即可。

整理 A 市的路由器 R1 中的路由和 B 市的路由器 R2 中的路由後，路由表得到極大的精簡，如圖 4-10 所示。

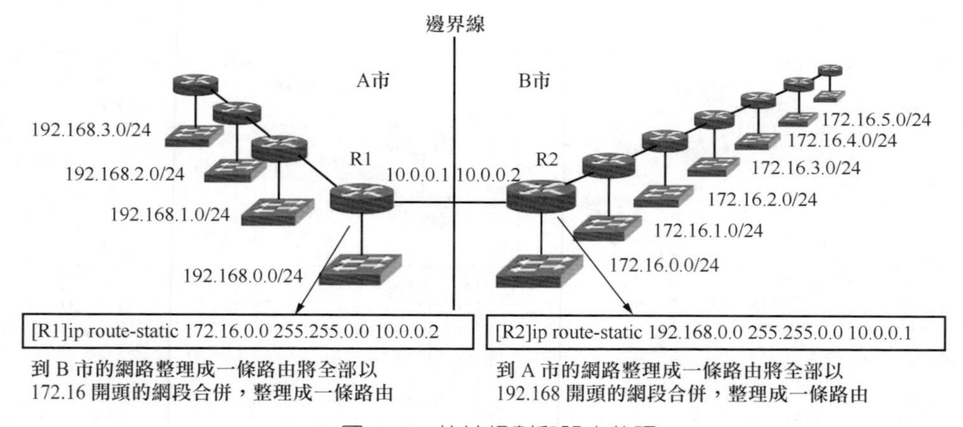

▲ 圖 4-10 位址規劃和路由整理

進一步，如果 B 市的網路使用 172.0.0.0/16、172.1.0.0/16、172.2.0.0/16、…、172.255.0.0/16 這些網段，總之，凡是以 172 開頭的網路都在 B 市，那麼可以將這些網段合併為一個網段 172.0.0.0/8，如圖 4-11 所示。在 A 市的邊界路由器 R1 中只需要增加一筆到 172.0.0.0/8。

這個網段的路由即可。如果 A 市的網路使用 192.0.0.0/16、192.1.0.0/16、192.2.0.0/16、…、192.255.0.0/16 這些網段，總之，凡是以 192 開頭的網

路都在 A 市，那麼也可以將這些網段合併為一個網段 192.0.0.0/8。

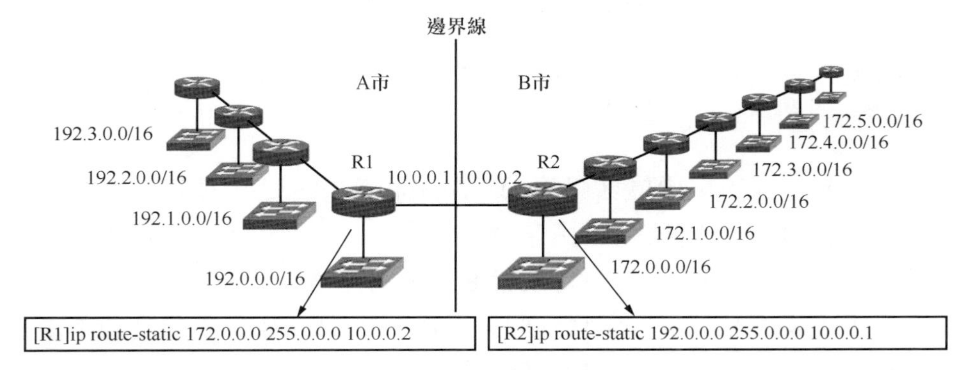

▲ 圖 4-11 路由整理

由此可以看出規律，增加路由時，網路 ID 越少（子網路遮罩中 1 的個數越少），路由整理的網段越多。

4.3.2 路由整理例外

在 A 市有個網路使用了 172.16.10.0/24 網段，如圖 4-12 所示。後來 B 市的網路連接 A 市的網路，給 B 市的網路規劃使用 172.16 開頭的網段，這種情況下，A 市網路的路由器還能不能把 B 市的網路整理成一條路由呢？

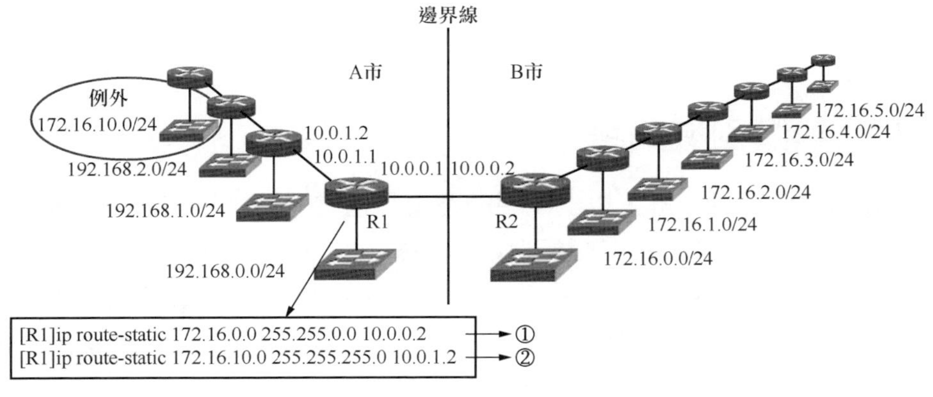

▲ 圖 4-12 路由整理例外

這種情況下，在 A 市的路由器中照樣可以把到 B 市網路的路由整理成一條路由，但要針對例外的網段單獨再增加一條路由，如圖 4-12 所示。

那麼如果路由器 R1 收到目標位址是 172.16.10.2 的資料封包，應該使用哪一條路由進行路徑選擇呢？

因為該資料封包的目標位址與第①條路由和第②條路由都符合，路由器將使用最精確符合的那條路由來轉發資料封包。這叫作「最長字首符合」(longest prefix match)，是指在 IP 中被路由器用於在路由表中進行選擇的一種演算法，之所以這樣稱呼，是因為透過這種方式選定的路由也是路由表中與目標位址的高位元符合得最多的路由。

下面舉例説明什麼是最長字首符合演算法，舉例來説，在路由器中增加了 3 條路由。

```
[R1]ip route-static 172.0.0.0  255.0.0.0  10.0.0.2            -- 第 1 條路由
[R1]ip route-static 172.16.0.0  255.255.0.0  10.0.1.2         -- 第 2 條路由
[R1]ip route-static 172.16.10.0  255.255.255.0  10.0.3.2      -- 第 3 條路由
```

可以看出，路由器 R1 如果收到一個目標位址是 172.16.10.12 的資料封包，會使用第 3 筆路由轉發該資料封包。路由器 R1 如果收到一個目標位址是 172.16.7.12 的資料封包，會使用第 2 筆路由轉發該資料封包。路由器 R1 如果收到一個目標位址是 172.18.17.12 的資料封包，會使用第 1 筆路由轉發該資料封包。

4.3.3 無類別域間路由

為了讓初學者容易了解，以上説明的路由整理透過將子網路遮罩向左移 8 位，合併了 256 個網段。無類別域間路由（CIDR）採用 13 ～ 27 位元可變網路 ID，而非 A、B、C 類網路 ID 所用的固定的 8、16 和 24 位元。這樣可以將子網路遮罩向左移動 1 位，以合併兩個網段；向左移動 2 位以合併 4 個網段；向左移動 3 位，以合併 8 個網段；依此類推，向左移動 n 位，就可以合併 2^n 個網段。

下面舉例說明 CIDR 如何靈活地將連續的子網路進行合併。在 A 區有 4 個連續的 C 類網路，透過將子網路遮罩左移 2 位，可以將這 4 個 C 類網路合併到 192.168.16.0/22 網段。在 B 區有 2 個連續的子網路，透過將子網路遮罩左移 1 位，可以將這兩個網段合併到 10.7.78.0/23 網段，如圖 4-13 所示。

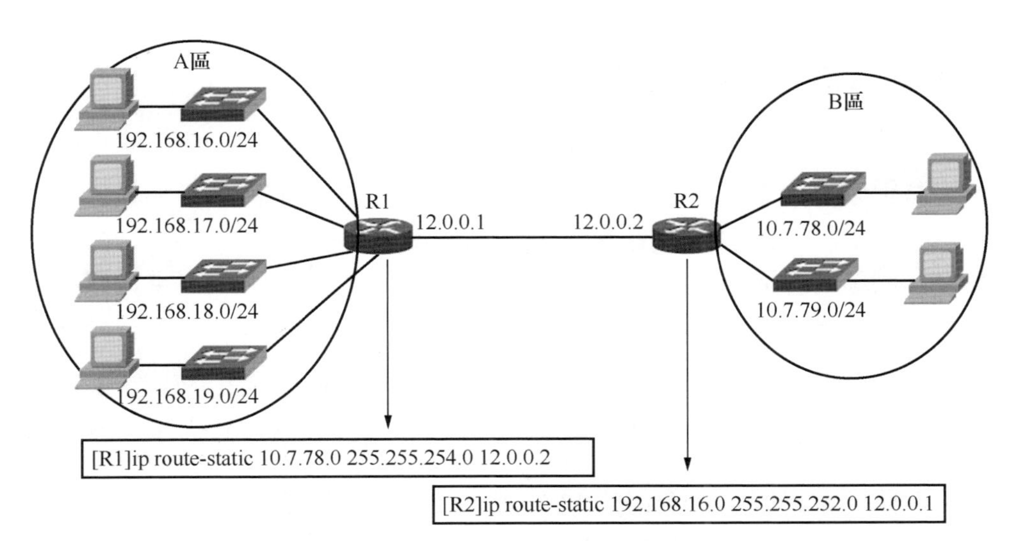

▲ 圖 4-13 使用 CIDR 簡化路由表

注意：學習本小節知識時，一定要結合第 3 章所講的使用超網合併網段來了解。

4.4 預設路由

預設路由是一種特殊的靜態路由，指的是當路由表中沒有與資料封包的目標位址相符合的路由時路由器能夠做出的選擇。如果沒有預設路由，那麼目標位址在路由表中沒有符合的路由的資料封包將被捨棄。預設路由在某些時候非常有用。舉例來說，連接末端網路的路由器使用預設路由會大大簡化路由器的路由表，減輕管理員的工作負擔，提高網路性能。

4.4.1 全球最大的網段

在了解預設路由之前，先看看全球最大的網段在路由器中如何表示。在路由器中增加以下 3 條路由。

```
[R1]ip route-static 172.0.0.0   255.0.0.0   10.0.0.2          -- 第 1 條路由
[R1]ip route-static 172.16.0.0   255.255.0.0   10.0.1.2       -- 第 2 條路由
[R1]ip route-static 172.16.10.0   255.255.255.0   10.0.3.2    -- 第 3 條路由
```

從上面 3 條路由可以看出，子網路遮罩越短（子網路遮罩寫成二進位形式後 1 的個數越少），主機 ID 越多，該網段的位址數量就越大。

如果想讓一個網段包括全部的 IP 位址，就要求子網路遮罩短到極限，最短就是 0，子網路遮罩變成了 0.0.0.0，這也表示該網段的 32 位元二進位形式的 IP 位址都是主機 ID，任何一個位址都屬於該網段。因此，0.0.0.0 0.0.0.0 網段包括全球所有的 IPv4 位址，也就是全球最大的網段，換一種寫法就是 0.0.0.0/0。

在路由器中增加到 0.0.0.0 0.0.0.0 網段的路由，就是預設路由。

```
[R1]ip route-static 0.0.0.0 0.0.0.0 10.0.0.2          -- 第 4 條路由
```

任何一個目標位址都與預設路由符合，根據前面所講的「最長字首符合」演算法，可知預設路由是在路由器沒有為資料封包找到更為精確符合的路由時最後符合的一條路由。

下面的幾個小節講解預設路由的幾個經典應用場景。

4.4.2 使用預設路由作為指向 Internet 的路由

本案例是預設路由的應用場景。

某公司內網有 A、B、C 和 D 共 4 個路由器，有 10.1.0.0/24、10.2.0.0/24、10.3.0.0/24、10.4.0.0/24、10.5.0.0/24、10.6.0.0/24 共 6 個網段，網路拓撲和位址規劃如圖 4-14 所示。現在要求在這 4 個路由器中增加路由，使內網的 6 個網段之間能夠相互通訊，同時這 6 個網段也要能夠存取 Internet。

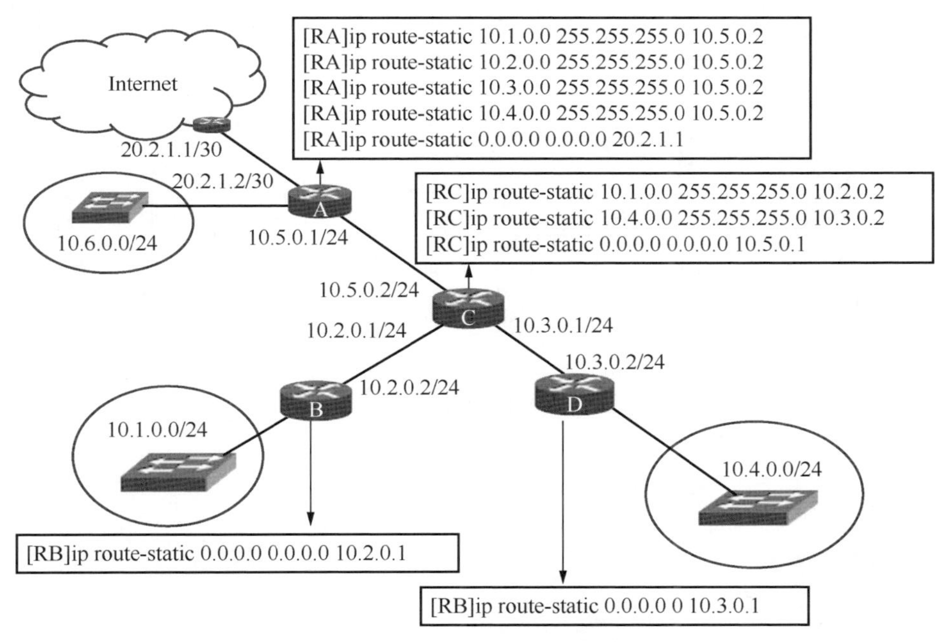

▲ 圖 4-14 使用預設路由簡化路由表

路由器 B 和 D 是網路的末端路由器，直連兩個網段，到其他網路都需要轉發到路由器 C，在這兩個路由器中只需要增加一筆預設路由即可。

路由器 C 直連了 3 個網段，到 10.1.0.0/24、10.4.0.0/24 兩個網段的路由需要單獨增加，到 Internet 或 10.6.0.0/24 網段的資料封包都需要轉發給路由器 A，再增加一筆預設路由即可。

路由器 A 直連 3 個網段，對於沒有直連的幾個內網，需要單獨增加路由，到 Internet 的存取只需要增加一筆預設路由即可。

到 Internet 上所有網段的路由，只需要增加一筆預設路由即可。

觀察圖 4-14，看看 A 路由器中的路由表是否可以進一步簡化。企業內網使用的網段可以合併到 10.0.0.0/8 網段中，因此在路由器 A 中，到內網網段的路由可以整理成一筆，如圖 4-15 所示。請讀者想想，路由器 C 中的路由表還能再簡化嗎？

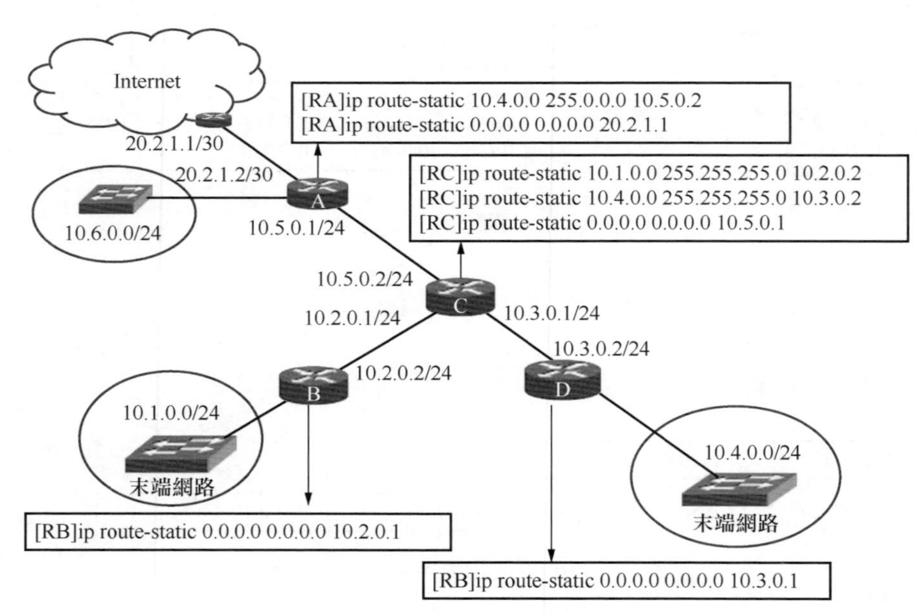

▲ 圖 4-15 使用路由整理和預設路由簡化路由表

4.4.3 讓預設路由代替大多數網段的路由

在同一網路中給路由器增加靜態路由，不同的管理員可能會有不同的設定。整體原則是儘量使用預設路由和路由整理讓路由器中的路由表精簡。

來看下面的案例，在路由器 C 中增加路由，有兩種方案都可以使網路暢通。第 1 種方案只需要增加 3 條路由，第 2 種方案需要增加 4 條路由，如圖 4-16 所示。

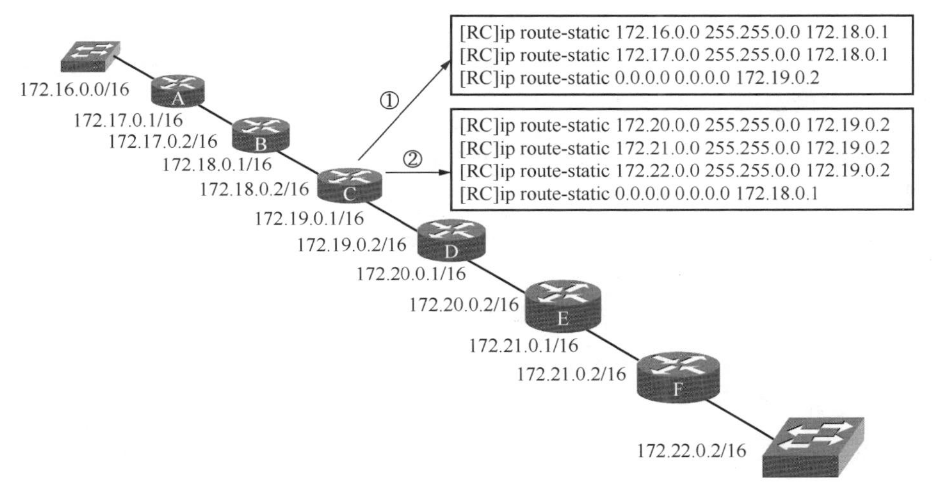

▲ 圖 4-16 用預設路由代替大多數網段的路由

用預設路由代替大多數網段的路由是明智的選擇。在替路由器增加靜態路由時，先要判斷一下路由器哪邊的網段多，針對這些網段使用一筆預設路由，然後針對其他網段增加路由。

4.4.4 預設路由和環狀網路

如果網路中的路由器 A、B、C、D、E、F 連成一個環，要想讓整個網路暢通，只需要在每個路由器中增加一筆預設路由，指向下一個路由器的位址即可，設定方法如圖 4-17 所示。

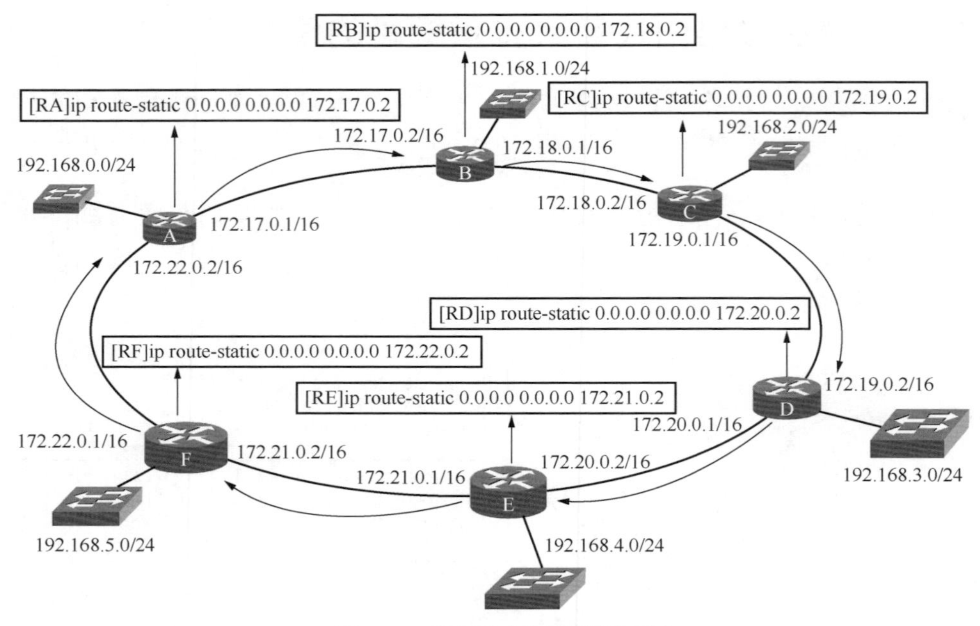

▲ 圖 4-17 環狀網路使用預設路由

透過這種方式設定路由，網路中的資料封包就沿著環路順時鐘傳遞。下面就以網路中的電腦 A 與電腦 B 通訊為例，電腦 A 到電腦 B 的資料封包途經路由器 F → A → B → C → D → E，電腦 B 到電腦 A 的資料封包途經路由器 E → F。可以看到資料封包到達目標位址的路徑和返回的路徑不一定是同一條路徑，資料封包走哪條路徑，完全由路由表決定，如圖 4-18 所示。

該環狀網路沒有 40.0.0.0/8 這個網段，請讀者思考如果電腦 A ping 40.0.0.2 這個位址，會出現什麼情況呢？

所有的路由器都會使用預設路由將資料封包轉發到下一個路由器。資料封包會在這個環狀網路中一直順時鐘轉發，永遠也不能到達目標網路。幸好資料封包的網路層表頭有一個欄位用來指定資料封包的存活時間，存活時間（Time To Live，TTL）是一個數值，它的作用是限制 IP 資料封包在電腦網路中存在的時間。TTL 的最大值是 255，推薦值是 64。

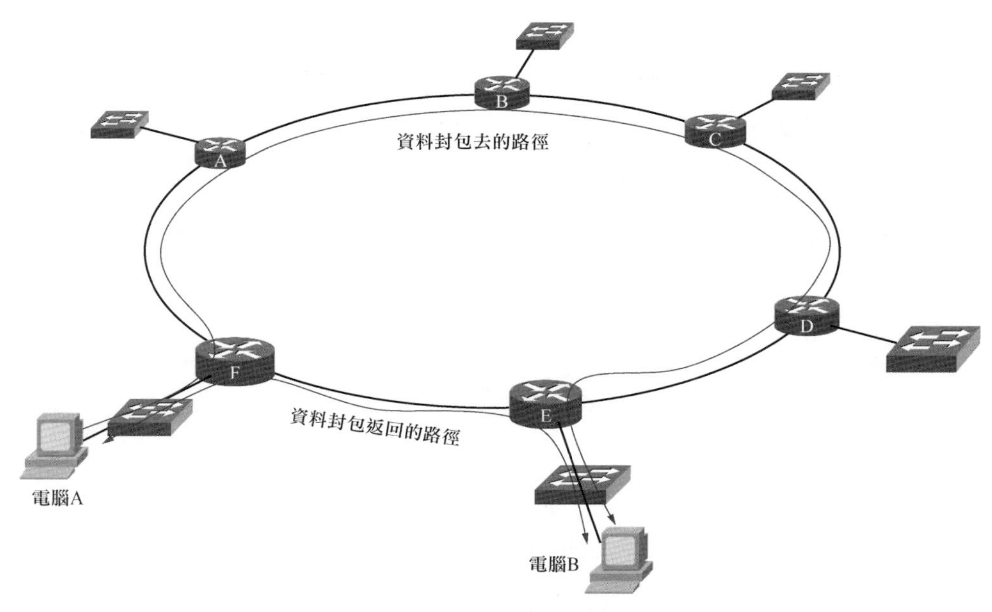

▲ 圖 4-18 資料封包往返路徑

雖然 TTL 從字面上了解是指可以存活的時間，但實際上，TTL 是 IP 資料封包在電腦網路中可以經過的路由器的數量。TTL 欄位由 IP 資料封包的發送者設定，在 IP 資料封包從來源位址到目標位址的整條轉發路徑上，每經過一個路由器，路由器都會修改 TTL 欄位的值，具體的做法是把 TTL 的值減 1，然後將 IP 資料封包轉發出去。如果在 IP 資料封包到達目標位址之前，TTL 減少為 0，路由器將捨棄收到的 TTL=0 的 IP 資料封包，並向 IP 資料封包的發送者發送 ICMP time exceeded 訊息。

4.4.5 使用預設路由和路由整理簡化路由表

Internet 是全球最大的網際網路，也是全球擁有最多網段的網路。整個 Internet 上的電腦要想實現互相通訊，就要正確設定 Internet 上路由器中的路由表。如果公網 IP 位址規劃得當，就能夠使用預設路由和路由整理大大簡化 Internet 上路由器中的路由表。

下面舉例說明 Internet 上的 IP 位址規劃，以及網路中的各級路由器如何使用預設路由和路由整理簡化路由表。為了方便說明，在這裡只以 3 個國家為例，如圖 4-19 所示。

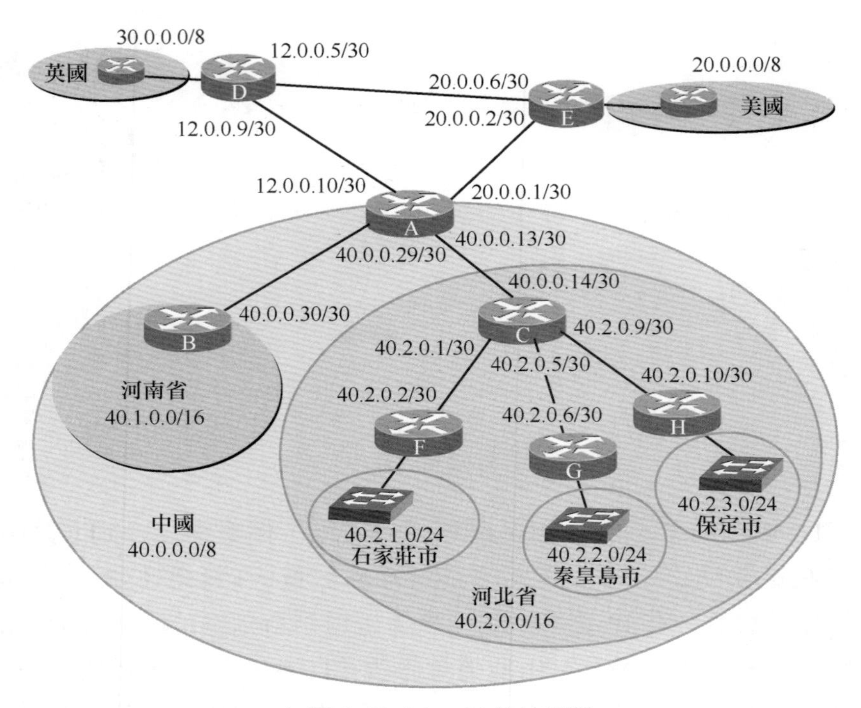

▲ 圖 4-19 Internet 位址規劃

國家級網路規劃：英國使用 30.0.0.0/8 網段，美國使用 20.0.0.0/8 網段，一個國家分配一個大的網段，方便路由整理。

路由表的增加如圖 4-20 所示，路由器 D 和 E 分別是英國和美國的國際出口路由器。這一級別的路由器，到美國的只需要增加一筆 20.0.0.0 255.0.0.0 路由，到英國的只需要增加一筆 30.0.0.0 255.0.0.0 路由。由於極佳地規劃了 IP 位址，可以將一個國家的網路整理為一條路由，這一級別的路由器中的路由表就變得精簡了。

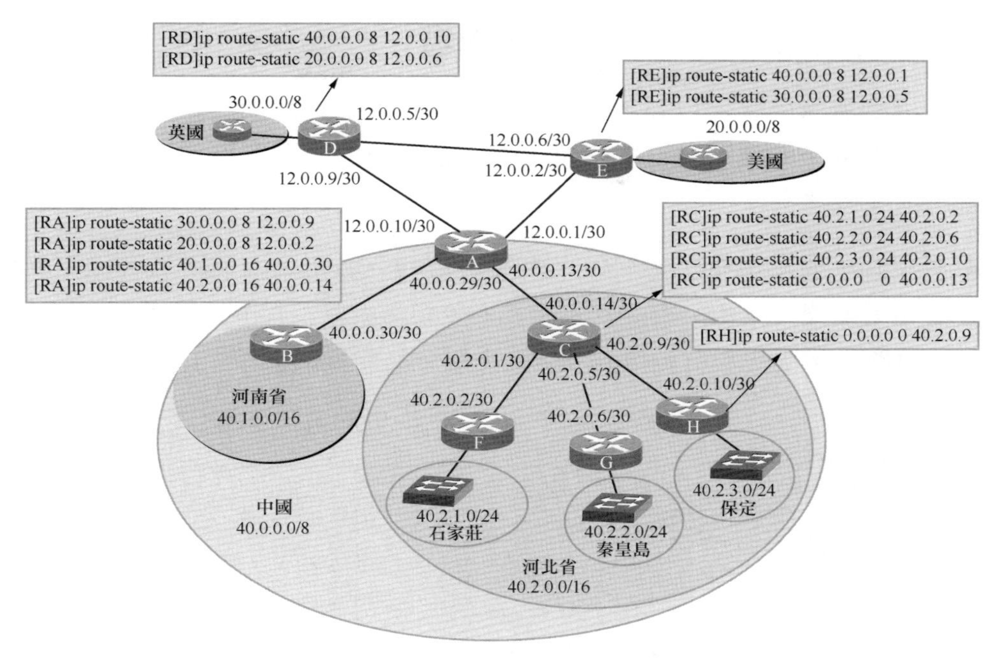

▲ 圖 4-20 使用路由整理和預設路由簡化路由表

河北省的路由器 C，它的路由如何增加呢？對路由器 C 來說，資料封包除了到、秦皇島市和保定市的網路以外，其他不是是出省的，就是是出國的，都需要轉發到路由器 A。在省級路由器 C 中要增加到石家莊市、秦皇島市或保定市的網路的路由，到其他網路的路由則使用一筆預設路由指向路由器 A。這一級別的路由器使用預設路由，也能夠使路由表變得精簡。

對網路末端的路由器 F、G 和 H 來說，只需要增加一筆預設路由指向省級路由器 C 即可。

由此可見，要想網路位址規劃合理，骨幹網路上的路由器可以使用路由整理精簡路由表，網路末端的路由器可以使用預設路由精簡路由表。

4.4.6 預設路由造成的往復轉發

上面講到環狀網路使用預設路由造成資料封包在環狀網路中一直順時鐘轉發的情況。即使不是環狀網路，使用預設路由也可能造成資料封包在鏈路上往復轉發，直到資料封包的 TTL 耗盡為止。

舉例來說，網路中有 3 個網段、兩個路由器，如圖 4-21 所示。在 RA 路由器中增加預設路由，下一次轉發指在 RB 路由器；在 RB 路由器中也增加預設路由，下一次轉發指向 RA 路由器，從而實現這 3 個網段間網路通訊的暢通。

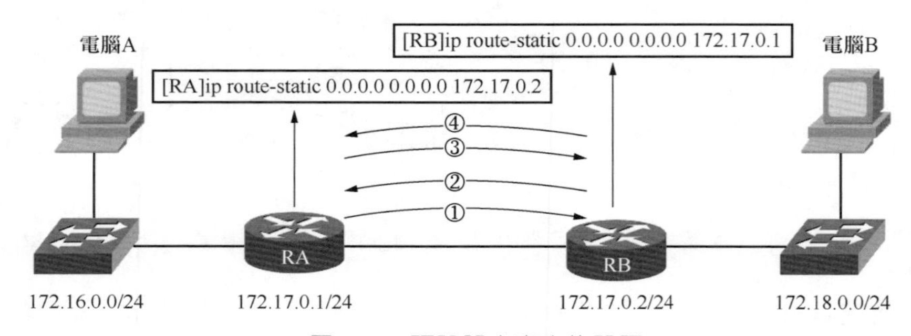

▲ 圖 4-21 預設路由產生的問題

該網路中沒有 40.0.0.0/8 網段，如果電腦 A ping 40.0.0.2 這個位址，該資料封包會轉發給 RA 路由器，RA 路由器根據預設路由將該資料封包轉發給 RB 路由器，RB 路由器使用預設路由，轉發給 RA 路由器，RA 路由器再轉發給 RB 路由器，直到該資料封包的 TTL 減為 0，路由器捨棄該資料封包，並向發送者發送 ICMP time exceeded 訊息。

4.4.7 Windows 作業系統中的預設路由和閘道

前面介紹了如何為路由器增加靜態路由，其實電腦也有路由表，可以在 Windows 作業系統中執行 route print 命令來顯示 Windows 作業系統中的路由表，執行 netstat -r 命令也可以實現相同的效果。

以下操作在 Windows 7 作業系統中進行，以管理員身份打開命令提示符號，如圖 4-22 所示。如果直接打開命令提示符號，運行一些管理員才能執行的命令時會提示沒有許可權。

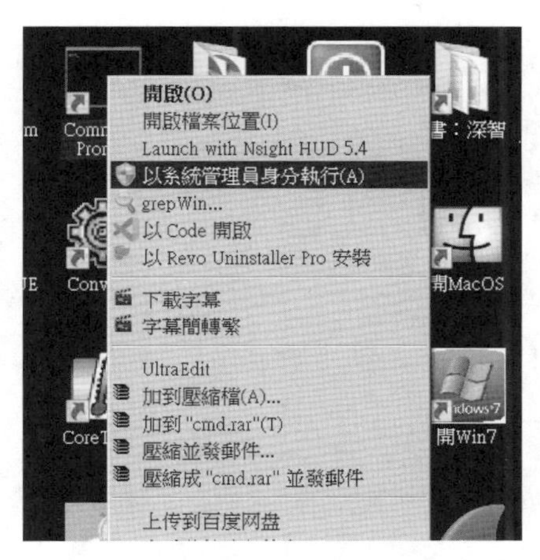

▲ 圖 4-22　以管理員身份運行命令提示符號

給電腦設定閘道就是為電腦增加預設路由，閘道通常是本網段路由器介面的位址，如圖 4-23 所示。如果不設定閘道，電腦將不能跨網段通訊，因為不知道把到其他網段的下一次轉發給哪個介面。

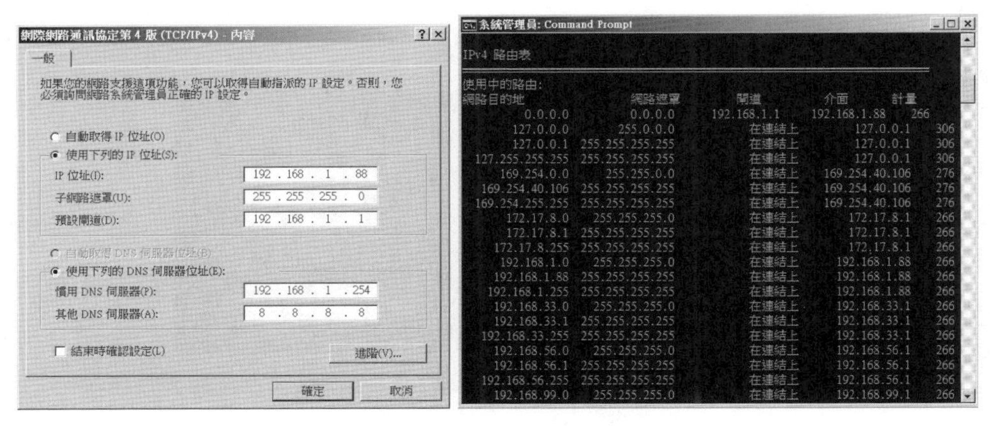

網路目的地	網路遮罩	閘道	介面	計量
0.0.0.0	0.0.0.0	192.168.1.1	192.168.1.88	266
127.0.0.0	255.0.0.0	在連結上	127.0.0.1	306
127.0.0.1	255.255.255.255	在連結上	127.0.0.1	306
127.255.255.255	255.255.255.255	在連結上	127.0.0.1	306
169.254.0.0	255.255.0.0	在連結上	169.254.40.106	276
169.254.40.106	255.255.255.255	在連結上	169.254.40.106	276
169.254.255.255	255.255.255.255	在連結上	169.254.40.106	276
172.17.8.0	255.255.255.0	在連結上	172.17.8.1	266
172.17.8.1	255.255.255.255	在連結上	172.17.8.1	266
172.17.8.255	255.255.255.255	在連結上	172.17.8.1	266
192.168.1.0	255.255.255.0	在連結上	192.168.1.88	266
192.168.1.88	255.255.255.255	在連結上	192.168.1.88	266
192.168.1.255	255.255.255.255	在連結上	192.168.1.88	266
192.168.33.0	255.255.255.0	在連結上	192.168.33.1	266
192.168.33.1	255.255.255.255	在連結上	192.168.33.1	266
192.168.33.255	255.255.255.255	在連結上	192.168.33.1	266
192.168.56.0	255.255.255.0	在連結上	192.168.56.1	266
192.168.56.1	255.255.255.255	在連結上	192.168.56.1	266
192.168.56.255	255.255.255.255	在連結上	192.168.56.1	266
192.168.99.0	255.255.255.0	在連結上	192.168.99.1	266

▲ 圖 4-23　閘道等於預設路由

如果電腦的區域連線沒有設定閘道，使用 route add 命令增加預設路由也可以。去掉區域連線的閘道，在命令提示符號處輸入 "netstat –r" 將顯示路由表，可以看到沒有預設路由了，如圖 4-24 所示。

```
系統管理員: Command Prompt
 38    276 fe80::4082:8254:564c:c60f/128
                                        在連結上
 32    266 fe80::4573:720f:f50c:be86/128
                                        在連結上
 26    266 fe80::5156:e2a:bb86:bbe5/128
                                        在連結上
 25    266 fe80::887f:b033:c38c:685a/128
                                        在連結上
 22    266 fe80::c4bb:d3d8:35d9:dbe7/128
                                        在連結上
 23    266 fe80::dcfd:3c24:cd98:da2c/128
                                        在連結上
  1    306 ff00::/8                     在連結上
 32    266 ff00::/8                     在連結上
 22    266 ff00::/8                     在連結上
 23    266 ff00::/8                     在連結上
 25    266 ff00::/8                     在連結上
 26    266 ff00::/8                     在連結上
 37    276 ff00::/8                     在連結上
 38    276 ff00::/8                     在連結上
===========================================================================
持續路由:
  無

C:\Users\joshhu>
```

▲ 圖 4-24 查看路由表

該電腦將不能存取其他網段，ping 公網位址 222.222.222.222，提示「傳輸失敗」，如圖 4-25 所示。

```
C:\Users\joshhu>ping 222.222.222.222

Ping 222.222.222.222 (使用 32 位元組的資料):
要求等候逾時。
要求等候逾時。
要求等候逾時。
要求等候逾時。

222.222.222.222 的 Ping 統計資料:
    封包: 已傳送 = 4，已收到 = 0, 已遺失 = 4 (100% 遺失)，
```

▲ 圖 4-25 傳輸失敗

在命令提示符號處輸入 "route /?" 可以看到該命令的說明資訊。

```
C:\Users\win7>route /?
操作網路由表。
UTE [-f] [-p] [-4|-6] command [destination]
                  [MASK netmask]  [gateway] [METRIC metric]  [IF interface]
-f                清除所有閘道項的路由表。如果與某個命令結合使用，在運行該命令
前，應清除路由表
-p                與 ADD 命令結合使用時，將路由設定為在系統啟動期間保持不變。預
設情況下，重新
                  啟動系統時，不保存路由。忽略所有其他命令，這始終會影響對應的永
久路由。Windows 95
                  作業系統不支援此選項
-4                強制使用 IPv4
-6                強制使用 IPv6

command           其中之一：
                   PRINT       輸出路由
                   ADD         增加路由
                   DELETE      刪除路由
                   CHANGE      修改現有路由
destination      指定主機
MASK             指定下一個參數為「網路隱藏」值
netmask          指定此路由項的子網路遮罩值。如果未指定，其預設設定為
255.255.255.255
gateway          指定閘道
interface        指定路由的介面號碼
METRIC           指定躍點數，如目標的成本
```

在命令提示符號處輸入 "route add 0.0.0.0 mask 0.0.0.0 192.168.80.1 –p"，如圖 4-26 所示，-p 參數代表增加一筆永久預設路由，即重新啟動電腦後預設路由依然存在。

在命令提示符號處輸入 "route print -4" 可以顯示 IPv4 路由表，增加的預設路由已經出現。

ping 202.99.160.68，可以 ping 通。

```
系統管理員: Command Prompt
 20...00 00 00 00 00 00 00 e0 Microsoft ISATAP Adapter #7
 21...00 00 00 00 00 00 00 e0 Microsoft ISATAP Adapter #8
===========================================================================

IPv4 路由表
===========================================================================
使用中的路由:
網路目的地              網路遮罩            閘道           介面        計量
          0.0.0.0          0.0.0.0      192.168.1.1    192.168.1.88    266
          0.0.0.0          0.0.0.0     192.168.80.1    192.168.1.88     11
        127.0.0.0        255.0.0.0           在連結上         127.0.0.1    306
        127.0.0.1  255.255.255.255           在連結上         127.0.0.1    306
  127.255.255.255  255.255.255.255           在連結上         127.0.0.1    306
      169.254.0.0      255.255.0.0           在連結上    169.254.40.106    276
   169.254.40.106  255.255.255.255           在連結上    169.254.40.106    276
  169.254.255.255  255.255.255.255           在連結上    169.254.40.106    276
       172.17.8.0    255.255.255.0           在連結上        172.17.8.1    266
       172.17.8.1  255.255.255.255           在連結上        172.17.8.1    266
     172.17.8.255  255.255.255.255           在連結上        172.17.8.1    266
      192.168.1.0    255.255.255.0           在連結上      192.168.1.88    266
     192.168.1.88  255.255.255.255           在連結上      192.168.1.88    266
    192.168.1.255  255.255.255.255           在連結上      192.168.1.88    266
     192.168.33.0    255.255.255.0           在連結上      192.168.33.1    266
     192.168.33.1  255.255.255.255           在連結上      192.168.33.1    266
   192.168.33.255  255.255.255.255           在連結上      192.168.33.1    266
```

▲ 圖 4-26 增加預設路由

什麼情況下會給電腦增加路由呢？下面介紹一個應用場景。

某公司在電信機房部署了一個 Web 伺服器，該 Web 伺服器需要存取資料庫伺服器，為了安全起見，該公司在電信機房又部署了一個路由器和一個交換機，將資料庫伺服器單獨部署在一個網段（內網），如圖 4-27 所示。

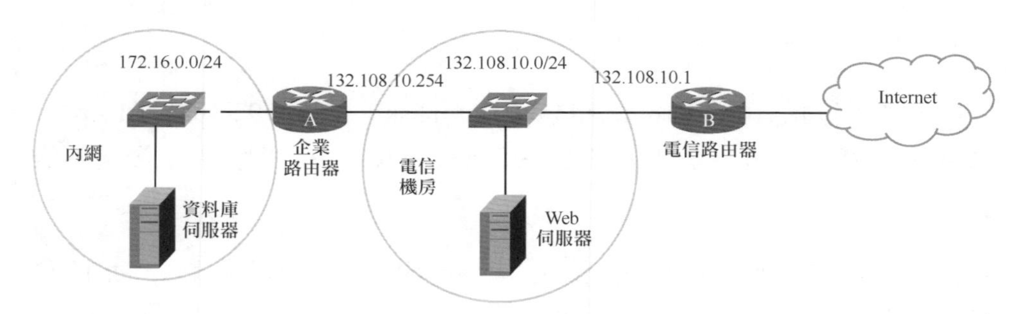

▲ 圖 4-27 需要增加靜態路由

在企業路由器上沒有增加任何路由，在電信路由器上也沒有增加到內網的路由（並且電信機房的網路系統管理員也不同意增加到內網的路由）。

在這種情況下，需要在 Web 伺服器上增加一筆到 Internet 的預設路由，再增加一筆到內網的靜態路由，如圖 4-28 所示。

```
C:\Users\win7>route add 172.16.0.0 mask 255.255.255.0 132.108.10.254 -p
 操作完成!

C:\Users\win7>route add 0.0.0.0 mask 0.0.0.0 132.108.10.1 -p
 操作完成!
```

▲ 圖 4-28 增加靜態路由和預設路由

這種情況下千萬別在 Web 伺服器上增加兩筆預設路由，一筆指在 132.108.10.1，另一筆指在 132.108.10.254，或在區域連線中增加兩個預設閘道器。如果增加兩筆預設路由，就相當於到 Internet 有兩筆等值路徑，到 Internet 的一半流量將發送到企業路由器，從而被企業路由器丟掉。

如果想刪除到 172.16.0.0 255.255.255.0 網段的路由，執行以下命令即可。

```
route delete 172.16.0.0 mask 255.255.255.0
```

4.5 動態路由——RIP

前面講的在路由器上增加的路由是靜態路由。如果網路有變化，如增加了一個網段，就需要在網路中的所有沒有直連的路由器上增加到新網段的路由；如果網路中某個網路改成了新的網段，就需要在網路中的路由器上刪除到原來網段的路由，增加新網段的路由；如果網路中的某條鏈路斷了，靜態路由依然會把資料封包轉發到該鏈路，這就會造成通訊故障。

總之，靜態路由不能隨著網路的變化自動地調整路由器的路由表，並且在網路規模比較大的情況下，手動增加路由表也是一件很麻煩的事情。有沒有辦法讓路由器自動檢測到網路中有哪些網段，自己選擇到各個網段的最佳路徑呢？有，那就是下面要講的動態路由。

動態路由就是設定網路中的路由器，使其運行動態路由式通訊協定。路由記錄是透過相互連接的路由器交換彼此的資訊，然後按照一定的演算法最佳化出來的。而這些路由資訊是在一定時間間隙裡不斷更新的，以適應不斷變化的網路，並隨時獲得最佳的尋徑效果。

動態路由式通訊協定有以下功能。

（1）能夠知道有哪些鄰居路由器。
（2）學習網路中有哪些網段。
（3）能夠學習某個網段的所有路徑。
（4）能夠從許多的路徑中選擇最佳的路徑。
（5）能夠維護和更新路由資訊。

下面學習動態路由，也就是設定路由器使用動態路由資訊通訊協定來構造路由表。

4.5.1 RIP

路由資訊通訊協定（Routing Information Protocol，RIP）是一個真正的距離向量路由選擇協定。它每隔 30s 就送出自己完整的路由表到所有啟動的介面。RIP 只使用轉發數來決定到達遠端網路的最佳方式，在預設時它所允許的最大轉發數為 15 次轉發，也就是說，16 次轉發的距離將被認為是不可達到的。

在小型網路中，RIP 會運轉良好，但是對使用慢速 WAN 連接的大型網路或安裝有大量路由器的網路來說，它的效率就很低了。即使是網路沒有變化，RIP 也是每隔 30s 反射式路由表到所有啟動的介面，佔用網路頻寬。

當路由器 A 出現意外故障當機，需要由它的鄰居路由器 B 將「路由器 A 所連接的網段不可到達」的資訊通告出去。路由器 B 如何斷定某個路由故障？如果路由器 B 在 180s 內沒有得到關於某個指定路由的任何更新，就認為這個路由故障，所以這個週期性更新是必需的。

RIP 版本 1（RIPv1）使用有類別路由選擇，即在該網路中的所有裝置必須使用相同的子網路遮罩，這是因為 RIPv1 不發送帶有子網路遮罩資訊的更新資料。RIPv1 使用廣播封包通告路由資訊。RIP 版本 2（RIPv2）提供了被稱為「字首路由選擇」的資訊，並利用路由更新來傳輸子網路遮罩資訊，這就是所謂的無類別路由選擇。RIPv2 使用多播位址通告路由資訊。

RIP 只使用轉發數來決定到達某個網路的最佳路徑。如果 RIP 發現對於同一個遠端網路存在不止一條鏈路，並且它們又都具有相同的轉發數，則路由器將自動執行循環負載平衡。RIP 可以對多達 6 個相同負擔的鏈路實現負載平衡（預設為 4 個）。

4.5.2 RIP 的工作原理

下面介紹 RIP 的工作原理，如圖 4-29 所示，網路中有 A、B、C、D、E 5 個路由器，A 路由器連接 192.168.10.0/24 這個網段，為了描述方便，下面就以該網段為例，講解網路中的路由器如何透過 RIP 學習到該網段的路由。

首先確保網路中的 A、B、C、D、E 這 5 個路由器都設定了 RIP。RIP 有 RIPv1 和 RIPv2 兩個版本，RIPv1 通告的路由資訊不包括子網路遮罩資訊，RIPv2 通告的路由資訊包括子網路遮罩資訊，因此 RIPv2 支持變長子網路，RIPv1 支持等長子網路。

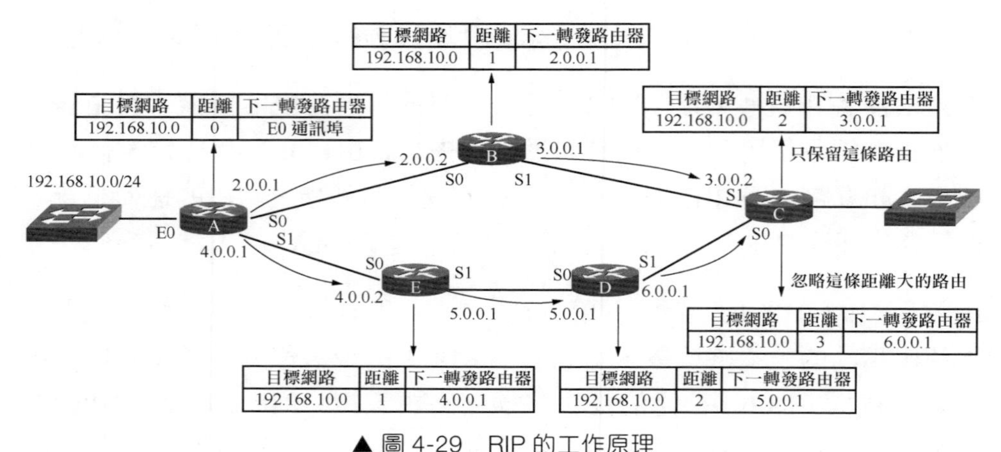

▲ 圖 4-29　RIP 的工作原理

下面以 RIPv2 為例講解 RIP 的工作原理。

路由器 A 的 E0 介面直接連接 192.168.10.0/24 網段，在路由器 A 上就有一筆到該網段的路由。由於是直連的網段，距離是 0，因此下一次轉發路由器是 E0 介面。

路由器 A 每隔 30s 就要把自己的路由表透過多播位址通告出去，透過 S0 介面通告的資料封包來源位址是 2.0.0.1，路由器 B 接收到路由通告後，就會把到 192.16.10.0/24 網段的路由增加到路由表，距離加 1，下一次轉發路由器指向 2.0.0.1。

路由器 B 每隔 30s 就要把自己的路由表透過 S1 介面通告出去，透過 S1 介面通告的資料封包來源位址是 3.0.0.1，路由器 C 接收到路由通告後，就會把到 192.16.10.0/24 網段的路由增加到路由表，距離再加 1 變為 2，下一次轉發路由器指向 3.0.0.1。這種演算法稱為「距離向量路由演算法」(distance vector routing)。

同樣，到 192.168.10.0/24 網段的路由還會通過路由器 E 和路由器 D 傳遞到路由器 C，路由器 C 收到路由通告後，距離經過 3 次加 1 變為 3，比透過路由器 B 的那條路由距離大，因此路由器 C 忽略這條路由。

總之，RIP 讓網路中的所有路由器都和自己相鄰的路由器定期交換路由資訊，並週期性地更新路由表，使得從每一個路由器到每一個目標網路的路由都是最短的（轉發數最少）。值得注意的是，如果網路中的鏈路頻寬都一樣，按轉發數最少選擇出來的路徑是最佳路徑；如果每條鏈路頻寬不一樣，只考慮轉發數最少，RIP 選擇出來的最佳路徑也許不是真正的最佳路徑。

4.5.3 在路由器上設定 RIP

下面使用 eNSP 模擬器架設學習 RIP 的環境。網路拓撲如圖 4-30 所示，為了方便記憶，網路中路由器的乙太網介面使用該網段的第一個位址，路由器和路由器連接的鏈路的左側介面使用對應網段的第一個位址，右側介面使用該網段的第二個位址。給路由器和 PC 設定 IP 位址的過程在這裡不再贅述。

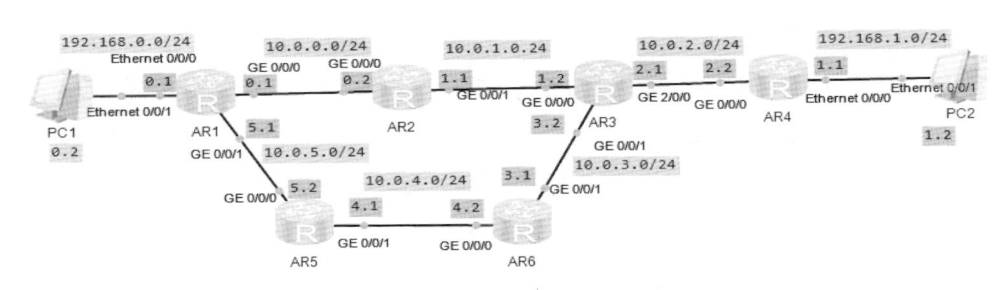

▲ 圖 4-30 學習 RIP 的網路環境

下面設定網路中的路由器，啟用 RIPv2 並指定參與 RIP 的介面。

在路由器 AR1 上啟用並設定 RIP。路由器 AR1 連接 3 個網段，network 命令後面跟著這 3 個網段，就是告訴路由器 AR1 這 3 個網段都參與 RIP，即路由器 AR1 透過 RIP 將這 3 個網段通告出去，同時連接這 3 個網段的介面能夠發送和接收 RIP 產生的路由通告資料封包。version 2 命令將 RIP 更改為 RIPv2。

```
[AR1]rip ?                                   -- 查看 RIP 後面的參數
  INTEGER<1-65535>   Process ID      -- 處理程序號的範圍，可以運行多個處理程序
  mib-binding        Mib-Binding a process
  vpn-instance       VPN instance
  <cr>               Please press ENTER to execute command
[AR1]rip 1                                   -- 啟用 RIP 處理程序號是 1
[AR1-rip-1]network 192.168.0.0               -- 指定 rip 1 處理程序工作的網路
[AR1-rip-1]network 10.0.0.0                  -- 指定 rip 1 處理程序工作的網路
[AR1-rip-1]version 2                         -- 指定 RIP 的版本預設是 1
[AR1-rip-1]display this                      -- 顯示 RIP 的設定
[V200R003C00]
#
rip 1
 version 2
 network 192.168.0.0
 network 10.0.0.0
#
return
[AR1-rip-1]
```

network 命令後面的網段是不寫子網路遮罩的。如果是 A 類網路，子網路遮罩預設是 255.0.0.0；如果是 B 類網路，子網路遮罩預設是 255.255.0.0；如果是 C 類網路，子網路遮罩預設是 255.255.255.0。圖 4-31 所示的路由器 AR1 連接 3 個網段，172.16.10.0/24 和 172.16.20.0/24 是同一個 B 類網路的子網路，因此 network 172.16.0.0 就包括了這兩個子網路，在路由器 AR1 上啟用並設定 RIP，network 命令需要寫以下兩個網段，這 3 個網段就能參與到 RIP 中。

```
[AR1-rip-1]network 172.16.0.0
[AR1-rip-1]network 192.168.10.0
```

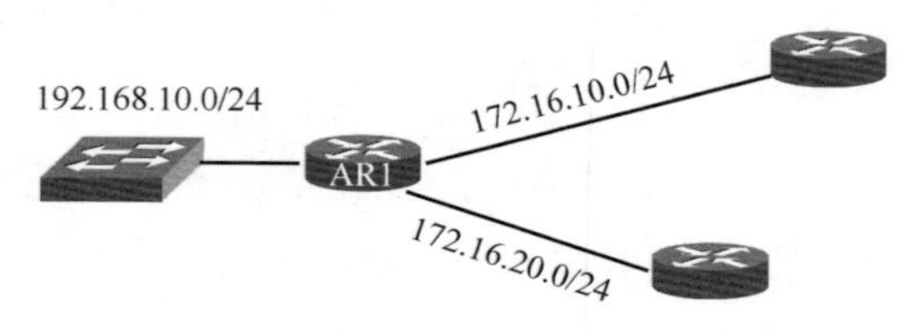

▲ 圖 4-31 RIP 的 network 寫法（一）

圖 4-32 所示的路由器 AR1 連接的 3 個網段都是 B 類網路，但不是同一個 B 類網路，因此 network 命令需要針對這兩個不同的 B 類網路分別設定。

```
[AR1-rip-1]network 172.16.0.0
[AR1-rip-1]network 172.17.0.0
```

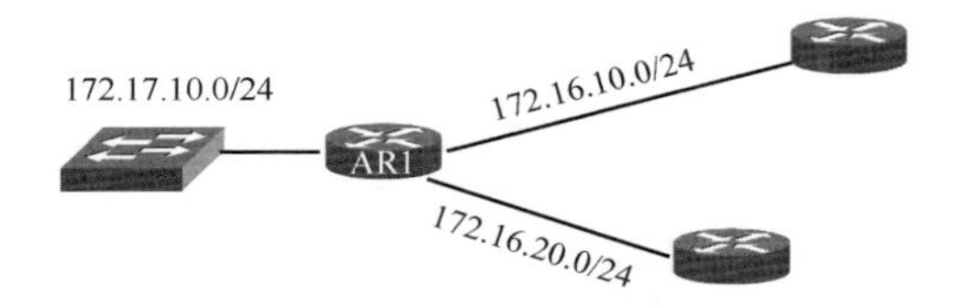

▲ 圖 4-32 RIP 的 network 寫法（二）

圖 4-33 所示的路由器 A 連接的 3 個網段都屬於同一個 A 類網路 72.0.0.0/8，network 命令只需要寫這個 A 類網路即可。

```
[AR1-rip-1]network 72.0.0.0
```

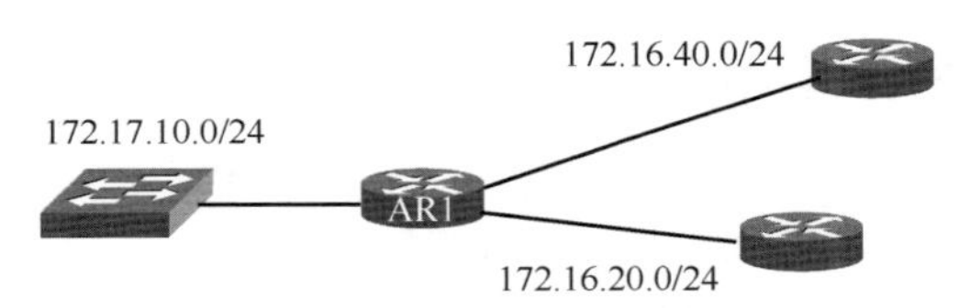

▲ 圖 4-33 RIP 的 network 寫法（三）

在路由器 AR2 上啟用並設定 RIP。

```
[AR2]rip 1
[AR2-rip-1]network 10.0.0.0
[AR2-rip-1]version 2
```

在路由器 AR3 上啟用並設定 RIP。

```
[AR3]rip 1
[AR3-rip-1]network 10.0.0.0
[AR3-rip-1]version 2
```

在路由器 AR4 上啟用並設定 RIP。

```
[AR4]rip 1
```

```
[AR4-rip-1]network 192.168.1.0
[AR4-rip-1]network 10.0.0.0
[AR4-rip-1]version 2
```

在路由器 AR5 上啟用並設定 RIP。

```
[AR5]rip 1
[AR5-rip-1]network 10.0.0.0
[AR5-rip-1]version 2
```

在路由器 AR6 上啟用並設定 RIP。

```
[AR6]rip 1
[AR6-rip-1]network 10.0.0.0
[AR6-rip-1]version 2
```

處理程序號不一樣，也可以交換路由資訊。

如果 network 命令後接的網段寫錯了，可以輸入 undo network 命令來取消，如下所示。

```
[AR4-rip-1]undo network 10.0.0.0
```

4.5.4 查看路由表

在網路中的所有路由器上設定 RIP 後，現在可以查看網路中的路由器是否透過 RIP 學到了到各個網段的路由。

下面的操作在路由器 AR3 上執行，在特權模式下執行 display ip routing-table protocol rip 可以只顯示由 RIP 學到的路由。可以看到透過 RIP 學到了 5 個網段的路由，到 10.0.5.0/24 網段有兩筆等值路由。

```
[AR3]display ip routing-table                          -- 顯示路由表
[AR3]display ip routing-table protocol rip             -- 只顯示 RIP 學到的路由
Route Flags: R - relay, D - download to fib
------------------------------------------------------------------------------
```

```
Public routing table : RIP
       Destinations : 5        Routes : 6

RIP routing table status : <Active>
       Destinations : 5        Routes : 6

Destination/Mask     Proto   Pre  Cost  Flags NextHop     Interface

       10.0.0.0/24  RIP     100  1     D   10.0.1.1  GigabitEthernet 0/0/0
       10.0.4.0/24  RIP     100  1     D   10.0.3.1  GigabitEthernet 0/0/1
       10.0.5.0/24  RIP     100  2     D   10.0.1.1  GigabitEthernet 0/0/0
-- 兩筆等值路由
RIP     100  2    D   10.0.3.1      GigabitEthernet 0/0/1
    192.168.0.0/24  RIP     100  2     D   10.0.1.1  GigabitEthernet 0/0/0
    192.168.1.0/24  RIP     100  1     D   10.0.2.2  GigabitEthernet 2/0/0

RIP routing table status : <Inactive>
       Destinations : 0        Routes : 0
```

Pre 是優先順序，在思科路由器上 RIP 的優先順序預設是 120。

Cost 是負擔，負擔小的路由出現在路由表中，RIP 的負擔就是轉發數，也就是到目標網路要經過的路由器的個數。

Flags 標記 D，代表載入到轉發表。

靜態路由的優先順序高於 RIP，在 AR3 路由器上增加到 192.168.0.0/24 網段的靜態路由。

```
[AR3]ip route-static 192.168.0.0 24 10.0.3.1
```

再次查看 RIP 學習到的路由。

```
[AR3]display ip routing-table protocol rip
Route Flags: R - relay, D - download to fib
------------------------------------------------------------------------------
Public routing table : RIP
       Destinations : 5        Routes : 6
```

```
RIP routing table status : <Active>           -- 活躍的路由
       Destinations : 4        Routes : 5

Destination/Mask     Proto   Pre  Cost   Flags NextHop    Interface

       10.0.0.0/24  RIP     100  1     D   10.0.1.1  GigabitEthernet 0/0/0
       10.0.4.0/24  RIP     100  1     D   10.0.3.1  GigabitEthernet 0/0/1
       10.0.5.0/24  RIP     100  2     D   10.0.1.1  GigabitEthernet 0/0/0
                    RIP     100  2     D   10.0.3.1  GigabitEthernet 0/0/1
    192.168.1.0/24  RIP     100  1     D   10.0.2.2  GigabitEthernet 2/0/0

RIP routing table status : <Inactive>         -- 不活躍的路由
       Destinations : 1        Routes : 1

Destination/Mask     Proto   Pre  Cost   Flags NextHop    Interface

    192.168.0.0/24  RIP     100  2         10.0.1.1  GigabitEthernet 0/0/0
-- 不活躍的路由
```

可以看到針對某個網段的靜態路由的優先順序高於 RIP 學習到的路由。

在路由器的作業系統中，路由優先順序的設定值範圍為 0 ～ 255，值越小，優先順序越高。

直連介面的優先順序為 0。
靜態路由的優先順序為 60。
OSPF 協定的優先順序為 10。
RIP 的優先順序為 100。
顯示 RIP 的設定和運行情況。

```
[AR1]display rip 1
Public VPN-instance
   RIP process : 1
      RIP version    : 2
      Preference     : 100
      Checkzero      : Enabled
```

```
Default-cost  : 0
Summary       : Enabled
Host-route    : Enabled
Maximum number of balanced paths : 4
Update time   : 30 sec              Age time : 180 sec
Garbage-collect time : 120 sec
Graceful restart  : Disabled
BFD               : Disabled
Silent-interfaces : None
Default-route : Disabled
Verify-source : Enabled
Networks :
10.0.0.0           192.168.0.0
Configured peers              : None
```

顯示 RIP 學到的路由。

```
<AR1>display ip routing-table protocol rip
```

顯示 RIP 1 處理程序的設定。

```
<AR4>display rip 1
```

顯示 RIP 學到的路由。

```
<AR4>display rip 1 route
```

顯示運行 RIP 的介面。

```
<AR4>display rip 1 interface
```

4.5.5 觀察 RIP 的路由更新活動

預設情況下，RIP 發送和接收路由更新資訊以及構造路由表的細節是不顯示的。如果我們想觀察 RIP 的路由更新活動，可以輸入命令 "debugging rip 1 packet"，執行後將顯示發送和接收到的 RIP 路由更新資訊，顯示路由器使用了哪個版本的 RIP。可以看到反射式路由訊息使用的多播位址是 224.0.0.9，輸入 "undo debugging all" 以關閉所有的診斷輸出。

```
<AR3>terminal monitor                    -- 開啟終端監視
Info: Current terminal monitor is on.
<AR3>terminal debugging                  -- 開啟終端診斷
Info: Current terminal debugging is on.
<AR3>debugging rip 1 packet              -- 診斷 rip 1 資料封包
<AR3>
May  6 2018 10:19:05.320.1-08:00 AR3 RIP/7/DBG: 6: 13465: RIP 1: Receive
response from 10.0.1.1 on GigabitEthernet0/0/0 -- 介面 GigabitEthernet0/0/0
從 10.0.1.1 接收回應
<AR3>
May  6 2018 10:19:05.320.2-08:00 AR3 RIP/7/DBG: 6: 13476: Packet: Version
2,
Cmd response, Length 64              --RIP 版本 2
<AR3>
May  6 2018 10:19:05.320.3-08:00 AR3 RIP/7/DBG: 6: 13546: Dest
10.0.0.0/24,
Nexthop 0.0.0.0, Cost 1, Tag 0     -- 收到一筆到 10.0.0.0/24 的路由，負擔是 1
<AR3>
May  6 2018 10:19:05.320.4-08:00 AR3 RIP/7/DBG: 6: 13546: Dest
10.0.5.0/24,
Nexthop 0.0.0.0, Cost 2, Tag 0     -- 收到一筆到 10.0.5.0/24 的路由，負擔是 2
<AR3>
May  6 2018 10:19:05.320.4-08:00 AR3 RIP/7/DBG: 6: 13546: Dest
192.168.0.0/24, Nexthop 0.0.0.0, Cost 2, Tag 0          -- 收到一筆到
192.168.0.0/24 的路由，負擔是 2
<AR3>
May  6 2018 10:19:06.550.1-08:00 AR3 RIP/7/DBG: 6: 13456: RIP 1: Sending
response on interface GigabitEthernet2/0/0 from 10.0.2.1 to 224.0.0.9
   -- 介面 GigabitEthernet2/0/0 使用 224.0.0.9 位址發送 RIP 資訊
<AR3>
May  6 2018 10:19:06.550.2-08:00 AR3 RIP/7/DBG: 6: 13476: Packet: Version 2,
Cmd response, Length 124
<AR3>
```

```
May  6 2018 10:19:06.550.3-08:00 AR3 RIP/7/DBG: 6: 13546: Dest
10.0.0.0/24,
Nexthop 0.0.0.0, Cost 2, Tag 0
<AR3>
May  6 2018 10:19:06.550.4-08:00 AR3 RIP/7/DBG: 6: 13546: Dest
10.0.1.0/24,
Nexthop 0.0.0.0, Cost 1, Tag 0
```

從上面的輸出可以看到 RIP 在各個介面發送和接收路由更新資訊的活動。

關閉 RIP 1 診斷輸出。

```
<AR3>undo debugging rip 1 packet
```

關閉全部診斷輸出。

```
<AR3>undo debugging all
Info: All possible debugging has been turned off
```

4.5.6 測試 RIP 的穩固性

動態路由式通訊協定會隨著網路的變化重新生成到各個網路的路由，如果最佳路徑沒有了，路由器就會從備用路徑中重新選擇一筆最佳路徑。現在我們來測試一下 PC1 到 PC2 的資料封包路徑。

在 PC1 上，運行 tracert 192.168.1.2，追蹤到 PC2 的資料封包路徑，可以看到資料封包經過路由器 AR1 → AR2 → AR3 → AR4 到達 PC2。

```
PC>tracert 192.168.1.2
traceroute to 192.168.1.2, 8 hops max
(ICMP), press Ctrl+C to stop
 1  192.168.0.1   15 ms  <1 ms  16 ms              --路由器 AR1
 2  10.0.0.2      15 ms  16 ms  16 ms              --路由器 AR2
 3  10.0.1.2      31 ms  31 ms  16 ms              --路由器 AR3
 4  10.0.2.2      31 ms  31 ms  32 ms              --路由器 AR4
 5  192.168.1.2   31 ms  47 ms  31 ms              --PC2
```

在路由器 AR3 上，啟用 RIP 診斷。

```
<AR3>debugging rip 1 packet                         --診斷 RIP 1 資料封包
```

按右鍵路由器 AR1 和 AR2 之間的鏈路，點擊「刪除連接」選項，如圖 4-34 所示。

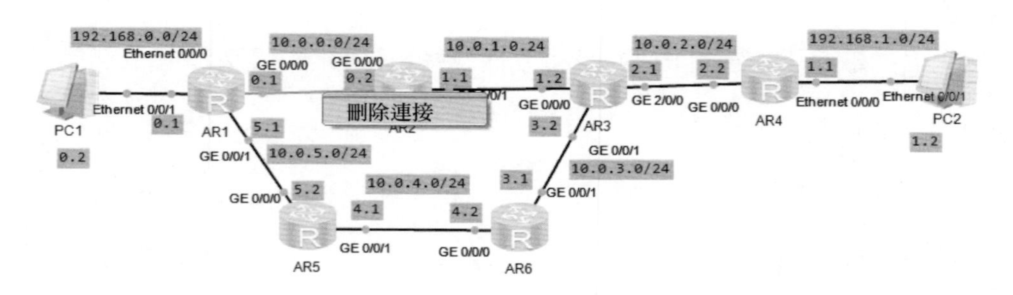

▲ 圖 4-34 刪除連接

下面的輸出顯示了 AR2 路由器檢測出 GE 0/0/0 介面斷掉後，將到 192.168.0.0/24、10.0.0.0/24 和 10.0.5.0/24 網段的路由距離（負擔）設定為 16（不可到達），然後從 AR3 路由器收到去往 192.168.0.0/24 網段的路由更新資訊，將重新建構路由表。到 10.0.0.0/24 網段的路由收不到更新，經過一段時間後從路由表中徹底刪除。

```
<AR3>
May  6 2018 17:02:27.770.1-08:00 AR3 RIP/7/DBG: 6: 13465: RIP 1: Receive
response from 10.0.1.1 on GigabitEthernet0/0/0
<AR3>
May  6 2018 17:02:27.770.2-08:00 AR3 RIP/7/DBG: 6: 13476: Packet: Version
2, Cmd response, Length 64
<AR3>
May  6 2018 17:02:27.770.3-08:00 AR3 RIP/7/DBG: 6: 13546: Dest
10.0.0.0/24,
Nexthop 0.0.0.0, Cost 16, Tag 0
<AR3>
May  6 2018 17:02:27.770.4-08:00 AR3 RIP/7/DBG: 6: 13546: Dest
```

```
192.168.0.0/24, Nexthop 0.0.0.0, Cost 16, Tag 0
<AR3>
May  6 2018 17:02:27.770.4-08:00 AR3 RIP/7/DBG: 6: 13546: Dest
10.0.5.0/24,
Nexthop 0.0.0.0, Cost 16, Tag 0
```

在 PC1 上再次追蹤到 PC2 的路徑，可以看到途經路由器 AR1 → AR5 → AR6 → AR3 → AR4 到達 PC2，從而驗證動態路由會根據網路的情況自動更新路由，為資料封包選擇最佳路徑。

將路由器 AR1 和 AR2 之間的鏈路重新連接。再次追蹤 PC1 到 PC2 的資料封包路徑，會發現很快選擇了最佳路徑。

4.5.7 RIP 資料封包封包格式

可以透過封包截取工具捕捉 RIP 反射式路由資訊的資料封包，按右鍵路由器 AR3，點擊「資料封包截取」→ "GE 0/0/0"，如圖 4-35 所示。

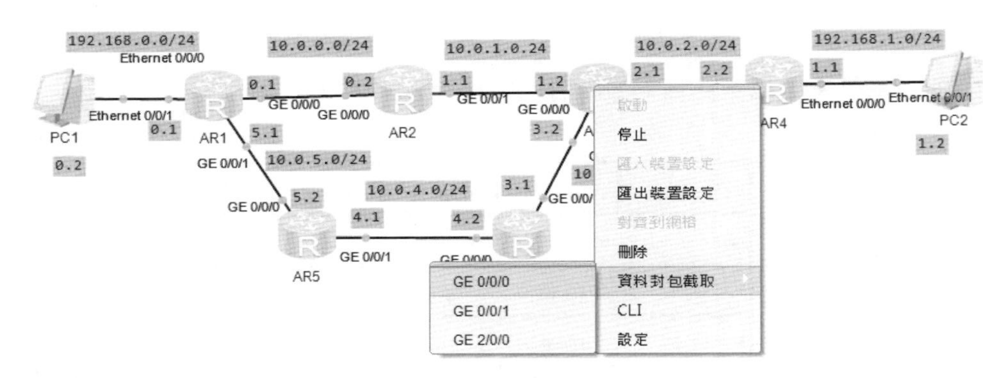

▲ 圖 4-35 捕捉 RIP 資料封包

封包截取工具捕捉的 RIP 資料封包格式如圖 4-36 所示，可以看到 RIP 封包的表頭和路由資訊部分，每一條路由資訊佔 20 位元組，每一條路由資訊都包含子網路遮罩資訊，一個 RIP 封包最多可包括 25 條路由資訊。

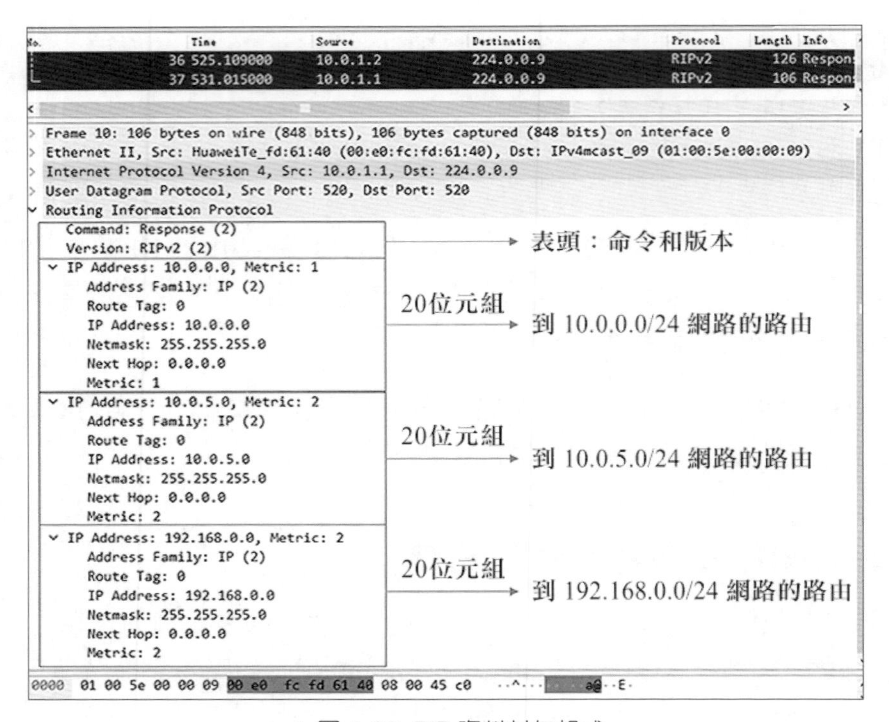

▲ 圖 4-36 RIP 資料封包格式

RIP 封包由表頭和路由資訊部分組成，如圖 4-37 所示。

command(1)	version (1)	must be zero (2)
address family identifier (2)		must be zero (2)
IP address (4)		
must be zero (4)		
must be zero (4)		
metric (4)		

⋮

▲ 圖 4-37 RIP 封包的表頭和路由資訊部分

（來源：https://cs.baylor.edu/~donahoo/tools/hacknet/original/Rip/techni.htm）

RIP 封包的表頭佔 4 位元組，其中的命令欄位指出封包的意義。舉例來說，1 表示請求路由資訊，2 表示對請求路由資訊的回應或未被請求而發出的路由更新封包。表頭最後的「必為 0」是為了實現 4 位元組對齊。

RIP 封包中的路由資訊部分由許多條路由資訊組成。每條路由資訊佔用 20 位元組。位址族識別符號（又稱為「網址類別」）欄位用來標示所使用的位址協定。如採用 IP 位址，就令這個欄位的值為 2（考慮 RIP 也可用於其他非 TCP/IP 的情況）。為路由標記填入自治系統號（Autonomous System Number，ASN），這是考慮到 RIP 有可能收到本自治系統以外的路由選擇資訊。後面依次指出網路位址、子網路遮罩、下一次轉發路由器位址以及到這個網路的距離。一個 RIP 封包最多可包括 25 條路由資訊，因而一個 RIP 封包的最大長度是 4+20×25=504 位元組。如果超出，就必須再使用一個 RIP 封包來傳輸。

4.5.8 RIP 計時器

RIP 使用了 3 個計時器。

1. 更新計時器

運行 RIP 的路由器，每隔 30s 將路由資訊通告給其他路由器。

2. 無效計時器

每條路由資訊都有一個無效計時器，路由資訊更新後，無效計時器的值就被重置成初值（預設 180s），開始倒計時。如果到某個網段的路由資訊經過 180s 沒有更新，無效計時器的值為 0，這條路由資訊就被設定為無效路由資訊，到該網段的負擔就被設定為 16。在 RIP 路由通告中依然包括這條路由資訊，確保網路中的其他路由器也能學到該網段不可到達的資訊。

3. 垃圾收集計時器

一條路由資訊的無效計時器為 0 時，該路由資訊就成了一筆無效路由資訊，負擔就被設定為 16，路由器並不會立即將這筆無效的路由資訊刪掉，而是為該無效路由資訊啟用一個垃圾收集計時器，開始倒計時，垃圾收集計時器的預設初值為 120s。

圖 4-38 顯示某條路由資訊在兩次週期性更新後，沒有後續更新，該路由經過 180s 後，負擔就被設定成 16，變成無效路由資訊，經過 120s 後，從路由表中刪除該路由資訊。

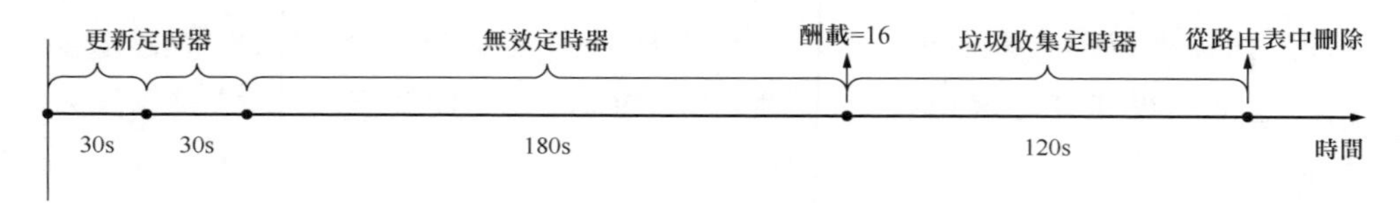

▲ 圖 4-38 RIP 計時器

4.6 動態路由——OSPF 協定

RIP 是距離向量路由選擇協定，透過 RIP，路由器可以學習到某網段的距離（負擔）以及下一次轉發該給哪個路由器，但不知道全網的拓撲結構（只有到了下一次轉發路由器，才能知道再下一次轉發怎樣走）。RIP 的最大轉發數為 15，因此不適合大規模網路。

下面學習能夠在 Internet 上使用的動態路由式通訊協定——OSPF 協定。

OSPF（Open Shortest Path First）協定是開放式最短路徑優先協定，是鏈路狀態協定。OSPF 協定透過路由器之間通告鏈路的狀態來建立鏈路狀態資料庫，網路中的所有路由器具有相同的鏈路狀態資料庫，透過鏈路狀態資料庫就能建構網路拓撲（哪個路由器連接哪個路由器，每個路由器連接哪些網段，以及連接的負擔。頻寬越高，負擔越低）。運行 OSPF 協定的路由器透過網路拓撲計算到各個網路的最短路徑（負擔最小的路徑），路由器使用這些最短路徑構造路由表。

4.6.1 最短路徑優先

為了讓讀者更進一步地了解最短路徑優先，下面舉一個生活中容易了解的例子，類比說明 OSPF 協定的工作過程。圖 4-39 列出了石家莊市的公車站路線，圖中畫出了連接青園社區、北國超市、43 中學、富強小學、河北劇場、亞太大酒店、車輛廠和博物館的公共汽車線路，並標注了每條線路的乘車費用（這就相當於使用 OSPF 協定的鏈路狀態資料庫建構的網路拓撲）。

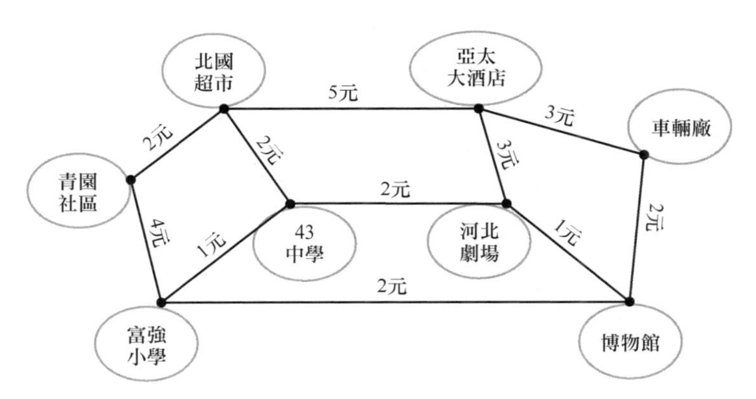

▲ 圖 4-39 最短路徑優先演算法示意圖

假設每個車站都有一個人負責計算到其他目的地的最短（費用最低）乘車路徑。在網路中，運行 OSPF 協定的路由器負責計算到各個網段負擔最小的路徑，即最短路徑。

以青園社區為例，該車站的負責人計算以青園社區為出發點，到其他車站乘車費用最低的路徑，計算費用最低的路徑時需要將經過的每一段線路的乘車費用累加，求得費用最低的路徑（這種演算法叫作「最短路徑優先演算法」)。合計費用就相當於 OSPF 協定計算到目標網路的負擔。下面列出了從青園社區到其他車站乘車費用最低的路徑。

到北國超市乘車路徑：青園社區→北國超市，合計 2 元。
到亞太大酒店乘車路徑：青園社區→北國超市→亞太大酒店，合計 7 元。
到車輛廠乘車路徑：青園社區→富強小學→博物館→車輛廠，合計 8 元。
到博物館乘車路徑：青園社區→富強小學→博物館，合計 6 元。
到河北劇場乘車路徑：青園社區→北國超市→ 43 中學→河北劇場，合計 6 元。
到 43 中學乘車路徑：青園社區→北國超市→ 43 中學，合計 4 元。
到富強小學乘車路徑：青園社區→富強小學，合計 4 元。

為了出行方便，該車站的負責人在青園社區公共汽車站放置指示牌，指示到目的地的下一站以及總負擔，如圖 4-40 所示，這就相當於運行 OSPF 協定由最短路徑演算法得到的路由表。

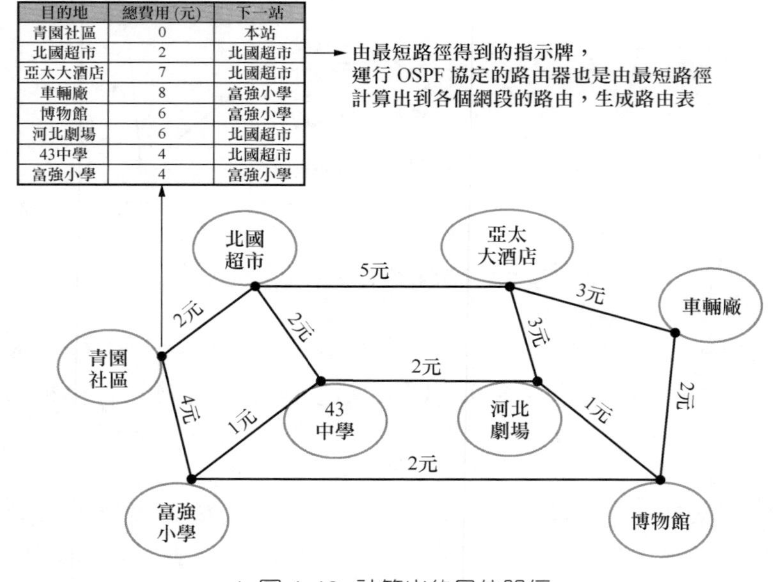

目的地	總費用 (元)	下一站
青園社區	0	本站
北國超市	2	北國超市
亞太大酒店	7	北國超市
車輛廠	8	富強小學
博物館	6	富強小學
河北劇場	6	北國超市
43中學	4	北國超市
富強小學	4	富強小學

▲ 圖 4-40 計算出的最佳路徑

以上是以青園社區為例説明由公共汽車線路計算出到各個車站的最短路徑，進而得到去往每個車站的指示牌。類似的，北國超市、亞太大酒店等車站的負責人也要進行相同的演算法和過程以得到去往每個車站的指示牌。

4.6.2 OSPF 術語

下面學習 OSPF 協定相關的一些術語。

1. Router-ID

網路中運行 OSPF 協定的路由器都要有一個唯一的標識，這就是 Router-ID，並且 Router-ID 在網路中不可以重複，否則路由器收到的鏈路狀態就無法確定發起者的身份，也就無法透過鏈路狀態資訊確定網路的位置，OSPF 路由器發出的鏈路狀態都會寫上自己的 Router-ID。

每一台 OSPF 路由器只有一個 Router-ID。Router-ID 使用 IP 位址的形式來表示，確定 Router-ID 的方法有以下幾種。

（1）手動指定 Router-ID。

（2）路由器上活動的 Loopback 介面中最大的 IP 位址，也就是數字最大的 IP 位址，如 C 類位址優先於 B 類位址，一個非活動介面的 IP 位址是不能用作 Router-ID 的。

（3）如果沒有活動的 Loopback 介面，則選擇活動物理介面中最大的 IP 位址。

2. 負擔（cost）

OSPF 協定選擇最佳路徑的標準是頻寬，頻寬越高，計算出來的負擔越低。到達目標網路的各條鏈路中累計負擔最低的就是最佳路徑。

OSPF 使用介面的頻寬來計算度量值（Metric）。舉例來説，一個頻寬為 10Mbit/s 的介面，計算負擔的方法如下。

將 10Mbit 換算成 bit，為 10000000bit，然後用 100000000 除以該頻寬，結果為 100000000/ 10000000 = 10，所以對一個頻寬為 10Mbit/s 的介面，OSPF 認為該介面的度量值為 10。需要注意的是，在計算中，頻寬的單位取 bit/s 而非 Kbit/s，舉例來説，一個頻寬為 100Mbit/s 的介面，負擔值為 100000000/100000000=1，因為負擔值必須為整數，所以即使是一個頻寬為 1000Mbit/s（1Gbit/s）的介面，負擔值也和 100Mbit/s 一樣，為 1。如果路由器要經過兩個介面才能到達目標網路，那麼很顯然，兩個介面的負擔值要累加起來，才算是到達目標網路的度量值，所以 OSPF 路由器計算到達目標網路的度量值時，必須將沿途所有介面的負擔值累加起來，在累加時，只計算出介面，不計算進介面。

OSPF 會自動計算介面上的負擔值，但也可以人工指定介面的負擔值，人工指定的負擔值優先於自動計算的。到達目標網路負擔值相同的路徑可以執行負載平衡，最多允許 6 條鏈路同時執行負載平衡。

3. 鏈路（link）

鏈路就是路由器上的介面，在這裡，應該指運行在 OSPF 處理程序下的介面。

4. 鏈路狀態（link-state）

鏈路狀態就是 OSPF 介面的描述資訊，如介面的 IP 位址、子網路遮罩、網路類型、負擔值等，OSPF 路由器之間交換的並不是路由表，而是鏈路狀態。OSPF 透過獲得網路中所有的鏈路狀態資訊，從而計算出到達每個目標的精確的網路徑。OSPF 路由器會將自己所有的鏈路狀態毫無保留地全部發給鄰居，該鄰居將收到的鏈路狀態全部放入鏈路狀態資料庫（Link-State Database），該鄰居再發給自己的所有鄰居，並且在傳遞過程中，絕對不會有任何更改。透過這樣的過程，最終網路中所有的 OSPF 路由器都擁有網路中所有的鏈路狀態，並且所有路由器的鏈路狀態應該能描繪出相同的網路拓撲。

OSPF 根據路由器各介面的資訊（鏈路狀態）計算出網路拓撲圖，OSPF 之間交換鏈路狀態，而不像 RIP 直接交換路由表，交換路由表就等於直接給人看線路圖，可見 OSPF 的智慧演算法相比距離向量協定對網路有更精確的認知。

5. 鄰居（neighbor）

OSPF 只有在鄰接狀態下才會交換鏈路狀態，路由器會將鏈路狀態資料庫中所有的內容毫無保留地發給所有鄰居，要想在 OSPF 路由器之間交換鏈路狀態，必須先形成 OSPF 鄰居，OSPF 鄰居靠發送 Hello 封包來建立和維護，Hello 封包會在啟動 OSPF 的介面上週期性地發送，在不同的網路中，發送 Hello 封包的時間間隔也會不同，如果超出 4 倍的 Hello 時間間隔，也就是 Dead 時間過後還沒有收到鄰居的 Hello 封包，鄰居關係將被斷開。

4.6.3 OSPF 協定的工作過程

運行 OSPF 協定的路由器有 3 張表，分別是鄰居表、鏈路狀態表（鏈路狀態資料庫）和路由表。下面以這 3 張表的產生過程為線索，分析在這個過程中路由器發生了哪些變化，從而說明 OSPF 協定的工作過程。

1. 鄰居表的生成

OSPF 區域的路由器首先要跟鄰居路由器建立鄰接關係，過程如下。

當一個路由器剛開始工作時，每隔 10s 就發送一個 Hello 資料封包，它透過發送 Hello 資料封包得知有哪些相鄰的路由器在工作，以及將資料發往相鄰路由器所需的「代價」，生成「鄰居表」。

若超過 40s 沒有收到某個相鄰路由器發來的問候資料封包，則可以認為該相鄰路由器是不可到達的，應立即修改鏈路狀態資料庫，並重新計算路由表。

圖 4-41 展示了路由器 R1 和 R2 透過 Hello 資料封包建立鄰居表的過程。一開始路由器 R1 介面的 OSPF 狀態為 down state，路由器 R1 發送一個 Hello 資料封包之後，狀態變為 init state，等收到路由器 R2 發過來的 Hello 資料封包，看到自己的 Router-ID 出現在其他路由器回應的鄰居表中，就建立了鄰接關係，將狀態更改為 two-way state。

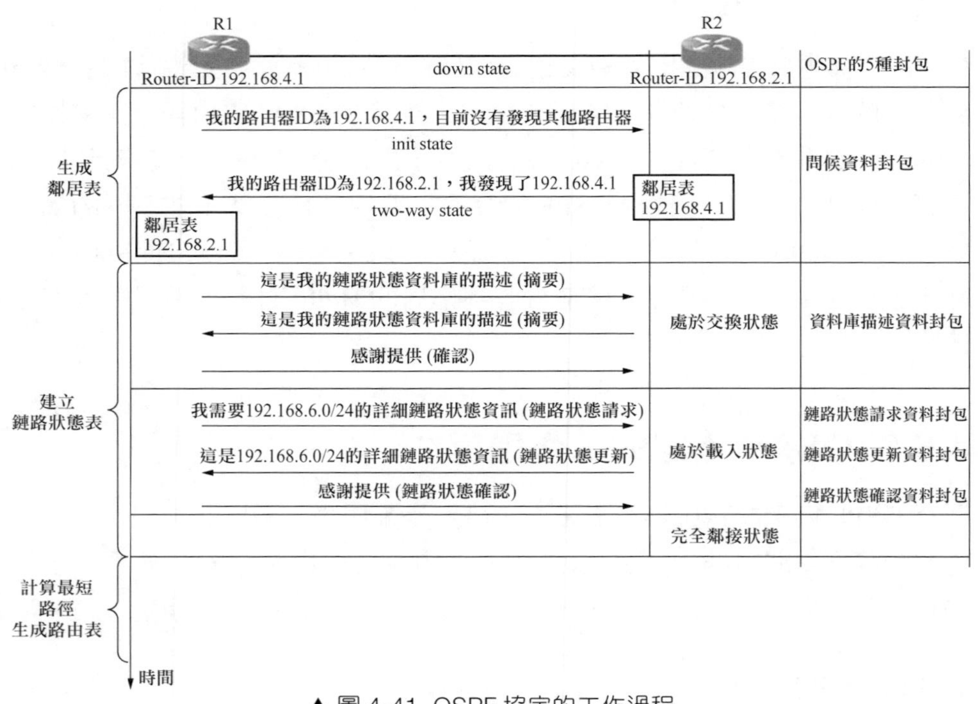

▲ 圖 4-41 OSPF 協定的工作過程

2. 鏈路狀態表的建立

生成鄰居表之後，相鄰路由器就要交換鏈路狀態，在建立鏈路狀態表的時候，路由器要經歷交換狀態、載入狀態、完全鄰接狀態，如圖 4-41 所示。

交換狀態：OSPF 讓每一個路由器用資料庫描述資料封包和相鄰路由器交換本資料庫中已有的鏈路狀態摘要資訊。

載入狀態：與相鄰路由器交換資料庫描述資料封包後，路由器就使用鏈路狀態請求資料封包向對方請求發送自己所缺少的某些鏈路狀態項目的詳細資訊，透過這種一系列的封包交換，全網同步的鏈路狀態資料庫就建立了。

完全鄰接狀態：鄰居間的鏈路狀態資料庫同步完成，透過鄰居鏈路狀態請求清單為空且鄰居狀態為載入來判斷。

3. 路由表的生成

每個路由器按照建立的全區域鏈路狀態表，運行 SPF 演算法，產生到達目標網路的路由項目。

4.6.4 OSPF 協定的 5 種封包

OSPF 協定共有以下 5 種封包類型，如圖 4-41 所示。

（1）問候（hello）資料封包：發現並建立鄰接關係。

（2）資料庫描述（database description）資料封包：向鄰居列出自己的鏈路狀態資料庫中所有鏈路狀態項目的摘要資訊。

（3）鏈路狀態請求（Link State Request，LSR）資料封包：向對方請求某些鏈路狀態項目的完整資訊。

（4）鏈路狀態更新（Link State Update，LSU）資料封包：用洪泛法對全網更新鏈路狀態。這種資料封包最複雜，也是 OSPF 協定最核心的部分。路由器使用這種資料封包將其鏈路狀態通知給相鄰路由器。在 OSPF 協定中，只有 LSU 需要顯示確認。

在網路運行的過程中，只要一個路由器的鏈路狀態發生變化，該路由器就要使用鏈路狀態更新資料封包，用洪泛法向全網更新鏈路狀態。OSPF 協定使用的是可靠的洪泛法，路由器 R 用洪泛法發出鏈路狀態更新資料封包，第一次先發給相鄰的路由器。相鄰的路由器將收到的資料封包再次轉發時，要將其上游的路由器除外。可靠的洪泛法是需要在收到更新資料封包後發送確認的（收到重複的更新分組只需要發送一次確認）。

（5）鏈路狀態確認（Link State Acknowledgement，LSAck）資料封包：對 LSU 做確認。

4.6.5 OSPF 協定支援多區域

OSPF 協定的鏈路狀態資料庫能較快地進行更新，使各個路由器能及時更新其路由表。OSPF 協定的更新過程收斂較快是其重要優點。

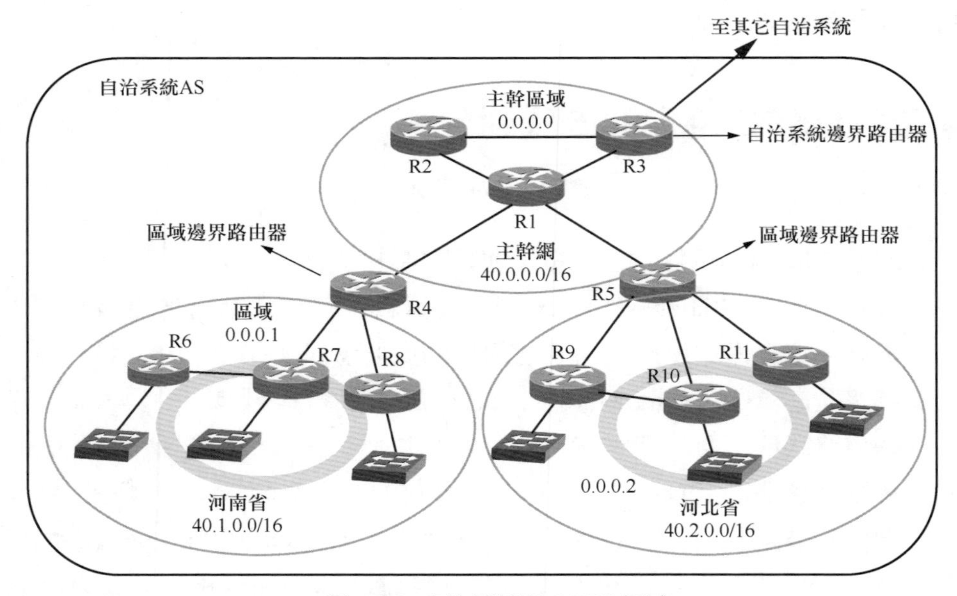

▲ 圖 4-42 自治系統和 OSPF 區域

為了使 OSPF 協定能夠用於規模很大的網路，OSPF 將一個自治系統再劃分為許多更小的範圍，叫作區域（area）。圖 4-42 所示的示意圖中畫出了一個有 3 個區域的自治系統。每一個區域都有一個 32 位元的區域識別符號（用點分十進位表示）。當然，一個區域也不能太大，一個區域內的路由器最好不超過 200 個。

下面介紹一下自治系統。

Internet 採用的路由選擇協定主要是自我調整的（即動態的）分散式路由選擇協定。由於以下兩點，Internet 採用分層次的路由選擇協定。

（1）Internet 的規模非常大，現在已經有幾百萬個路由器互連在一起。如果讓所有的路由器知道所有的網路應怎樣到達，路由表將非常大，處理起來花費的時間也長。所有這些路由器之間交換路由資訊所需的頻寬就會使 Internet 的通訊鏈路飽和。

（2）許多單位不願意外界了解自己單位網路的版面配置細節和本單位所採用的路由選擇協定（這屬於本單位內部的事情），但同時還希望連接到 Internet。為此將整個 Internet 劃分為許多較小的自治系統（autonomous system），一般都記為 AS。（RFC 4271）標準對自治系統有以下描述。

自治系統的經典定義是在單一技術管理下的一組路由器，而這些路由器使用一種 AS 內部的路由選擇協定和共同的度量以確定資料封包在 AS 內的路由，同時還使用一種 AS 之間的路由選擇協定用以確定資料封包在 AS 之間的路由。

因此，路由選擇協定也分為兩大類。

（1）內部閘道通訊協定（Interior Gateway Protocol，IGP），即在一個自治系統內部使用的路由選擇協定，而這與在 Internet 上的其他自治系統中選用什麼路由選擇協定無關。目前這類路由選擇協定使用最多，如 RIP 和 OSPF 協定。

（2）外部閘道協定（External Gateway Protocol，EGP），即負責在不同的自治系統中進行路由選擇的協定（不同的自治系統可能使用不同的內部閘道通訊協定），這樣的協定就是外部閘道協定。目前使用最多的外部閘道協定是 BGPv4。自治系統之間的路由選擇叫作「域間路由選擇」（interdomain routing），而自治系統內部的路由選擇叫作「域內路由選擇」（intradomain routing）。

還是回到多區域上來，使用多區域劃分要和 IP 位址規劃相結合，確保一個區域的位址空間連續，這樣才能將一個區域的網路整理成一條路由資訊通告給主幹區域，如圖 4-42 所示。

劃分區域的好處，就是可以把利用洪泛法交換鏈路狀態資訊的範圍侷限在每一個區域而非整個自治系統，這就減少了整個網路上的通訊量。一個區域內部的路由器只知道本區域的完整網路拓撲，而不需要知道其他區域的網路拓撲情況。為了使每一個區域能夠和本區域以外的區域進行通訊，OSPF 使用層次結構的區域劃分。

上層的區域叫作「主幹區域」（backbone area）。主幹區域的識別符號規定為 0.0.0.0。主幹區域的作用是連通其他下層區域。從其他區域發來的資訊都由區域界限路由器（area border router）進行概括（路由整理）。圖 4-42 所示的路由器 R4 和 R5 都是區域界限路由器。顯然，每一個區域至少應當有一個區域界限路由器。主幹區域內的路由器叫作「骨幹路由器」（backbone router），如 R1、R2、R3、R4 和 R5。骨幹路由器可以同時是區域界限路由器，如 R4 和 R5。主幹區域內還要有一個路由器（圖 4-42 中的 R3）專門和本自治系統外的其他自治系統交換路由資訊，這樣的路由器叫作「自治系統邊界路由器」。

4.7 設定 OSPF 協定

前面講解了 OSPF 協定的特點和工作過程，下面使用 eNSP 模擬器架設網路環境來學習如何設定網路中的路由器使用 OSPF 協定建構路由表。

4.7.1 在路由器上設定 OSPF 協定

參照圖 4-43 所示的網路拓撲，使用 eNSP 模擬器架設網路環境，網路中的路由器和電腦按照圖中的拓撲連接並設定介面 IP 位址。一定要確保直連的路由器能夠相互 ping 通。以下操作設定這些路由器使用 OSPF 協定構造路由表，將這些路由器設定在一個區域，如果只有一個區域，只能是主幹區域，區域編號是 0.0.0.0，也可以寫成 0。

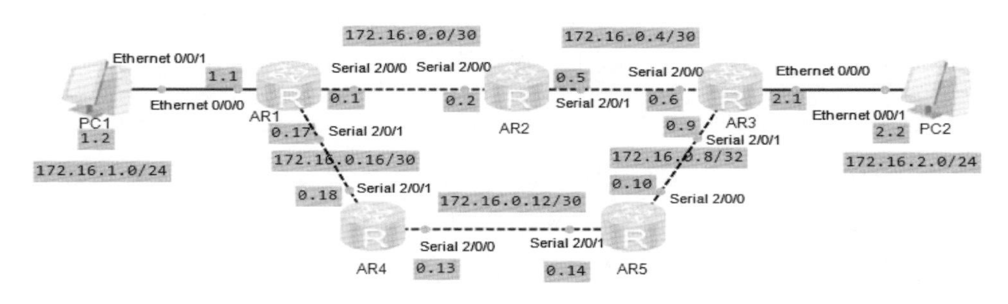

▲ 圖 4-43 設定 OSPF 協定的網路拓撲

路由器 AR1 上的設定如下。

```
[AR1]display router id          -- 查看路由器的當前 ID
RouterID:172.16.1.1
[AR1]ospf 1 router-id 1.1.1.1  -- 啟用 ospf 1 處理程序並指明使用的 Router-ID
[AR1-ospf-1]area 0.0.0.0        -- 進入區域 0.0.0.0
[AR1-ospf-1-area-0.0.0.0]network 172.16.0.0 0.0.255.255    -- 指明網路範圍
[AR1-ospf-1-area-0.0.0.0]quit
```

提示如下。

命令 [AR1]ospf 1 router-id 1.1.1.1 在路由器上啟用 OSPF 處理程序，後面的數字 1 是給處理程序分配的編號，編號的範圍是 1 ～ 65,535。

Router-ID 用來區分運行 OSPF 的路由器，要求 Router-ID 唯一。雖然採用 IP 位址的格式，但不能用於通訊。

Router-ID 預設使用路由器活動介面的最大 IP 位址充當，也可以使用命令 router-id 指定路由器的 Router-ID。啟用 OSPF 協定時如果不指定 Router-ID，就使用 router-id 命令指定的 Router-ID。

```
[AR1]router-id 1.1.1.1
```

[AR1-ospf-1]area 0.0.0.0。OSPF 協定資料封包內用來表示區域的欄位佔用 4 位元組，正好是一個 IPv4 位址佔用的空間，所以設定的時候既可以直接寫數字，也可以用點分十進位來表示指定 ospf 1 處理程序的區域。區域 0 可以寫成 0.0.0.0，區域 1 也可以寫成 0.0.0.1。

network 命令用來指明在本路由器的 OSPF 處理程序中網路範圍的作用。後面的 0.0.255.255 是反轉隱藏（inverse mask），也就是子網路遮罩寫成二進位後的形式，將其中的 0 變成 1、1 變成 0 就是反轉隱藏。舉例來說，子網路遮罩 255.0.0.0 的反轉隱藏就是 0.255.255.255。

既然 OSPF 協定中的 network 命令後面指定的是 OSPF 處理程序的網路範圍，路由器 AR1 的 3 個介面都屬於 172.16.0.0 255.255.0.0 這個網段，network 命令就可以寫成一筆，別忘了後面跟的是反轉隱藏。

路由器 AR2 上的設定如下。

```
[AR2]ospf 1 router-id 2.2.2.2
[AR2-ospf-1]area 0
[AR2-ospf-1-area-0.0.0.0]network 172.16.0.0 0.0.255.255
[AR2-ospf-1-area-0.0.0.0]quit
```

路由器 AR3 上的設定如下。

```
[AR3]ospf 1 router-id 3.3.3.3
[AR3-ospf-1]area 0
[AR3-ospf-1-area-0.0.0.0]network 172.16.0.6 0.0.0.0  --寫介面位址，反轉隱
藏就是 0.0.0.0
[AR3-ospf-1-area-0.0.0.0]network 172.16.0.9 0.0.0.0  --寫介面位址，反轉隱
藏就是 0.0.0.0
```

```
[AR3-ospf-1-area-0.0.0.0]network 172.16.2.1 0.0.0.0  -- 寫介面位址，反轉隱
藏就是 0.0.0.0
```

network 命令後面也可以寫介面的位址，反轉隱藏要寫成 0.0.0.0。

路由器 AR4 上的設定如下。

```
[AR4]ospf 1 router-id 4.4.4.4
[AR4-ospf-1]area 0
[AR4-ospf-1-area-0.0.0.0]network 172.16.0.16 0.0.0.3   -- 寫介面所在的網段
[AR4-ospf-1-area-0.0.0.0]network 172.16.0.12 0.0.0.3   -- 寫介面所在的網段
[AR4-ospf-1-area-0.0.0.0]
```

network 命令後也可以寫介面所在的網段，172.16.0.16 網段的子網路遮罩是 255.255.255.252，反轉隱藏是 0.0.0.3。

路由器 AR5 上的設定如下。

```
[AR4-ospf-1]area 0
[AR4-ospf-1-area-0.0.0.0]net
[AR4-ospf-1-area-0.0.0.0]network 0.0.0.0 255.255.255.255
```

如果想更省事，network 命令後面可以寫 0.0.0.0 0.0.0.0，這是最大的網段，反轉隱藏是 255.255.255.255。

4.7.2 查看 OSPF 協定的 3 張表

前面講了運行 OSPF 協定的路由器有 3 張表，分別是鄰居表、鏈路狀態表和路由表。下面就看看這 3 張表。

查看 AR1 路由器的鄰居表，在系統視圖下輸入 "display ospf peer" 可以查看鄰居路由器的資訊，輸入 "display ospf peer brief" 可以顯示鄰居路由器的摘要資訊。設定 OSPF 時指定的 Router-ID 並沒有立即生效，在所有路由器上運行 save，重新開機全部路由器。

```
<AR1>save
  The current configuration will be written to the device.
  Are you sure to continue? (y/n)[n]:y
<AR1>reboot                              -- 重新啟動路由
<AR1>display ospf peer brief             -- 顯示鄰居路由器的摘要資訊

    OSPF Process 1 with Router ID 1.1.1.1
         Peer Statistic Information
 ------------------------------------------------------------------------
 Area Id        Interface                 Neighbor id       State
 0.0.0.0        Serial2/0/0               2.2.2.2           Full
 0.0.0.0        Serial2/0/1               4.4.4.4           Full
 ------------------------------------------------------------------------
<AR1>display ospf peer                    -- 顯示鄰居詳細資訊
```

在 Full 狀態下，路由器及其鄰居會達到完全鄰接狀態。所有路由器和網路 LSA 都會交換，並且路由器鏈路狀態資料庫達到同步。

顯示鏈路狀態資料庫，以下命令顯示鏈路狀態資料庫中有幾個路由器通告了鏈路狀態。通告鏈路狀態的路由器就是 AdvRouter。

```
<AR1>display ospf lsdb

    OSPF Process 1 with Router ID 1.1.1.1
        Link State Database

                         Area: 0.0.0.0
 Type       LinkState ID    AdvRouter          Age  Len    Sequence   Metric
 Router     4.4.4.4         4.4.4.4           1296  72     8000000C     48
 Router     2.2.2.2         2.2.2.2           1321  72     80000007     48
 Router     1.1.1.1         1.1.1.1           1312  84     8000000B      1
 Router     5.5.5.5         5.5.5.5           1294  72     8000000E     48
 Router     3.3.3.3         3.3.3.3           1294  84     80000010      1
```

前面講過 OSPF 是根據鏈路狀態資料庫計算最短路徑的。鏈路狀態資料庫記錄了運行 OSPF 的路由器有哪些，每個路由器連接幾個網段（subnet），每個路由器有哪些鄰居，每個路由器透過什麼鏈路連接（點到點還是乙太網鏈路）。如果想查看完整的鏈路狀態資料庫，需要輸入 "display ospf lsdb router" 命令，可以看到每個路由器的相關鏈路狀態。

```
<AR1>display ospf lsdb router

     OSPF Process 1 with Router ID 1.1.1.1
              Area: 0.0.0.0
        Link State Database                           -- 鏈路狀態資料庫
   Type        : Router
   Ls id       : 4.4.4.4
   Adv rtr     : 4.4.4.4                              --AR4 路由器相關的鏈路狀態
   Ls age      : 1216
   Len         : 72
   Options     :  E
   seq#        : 8000000c
   chksum      : 0x6694
   Link count: 4

    * Link ID: 5.5.5.5
      Data    : 172.16.0.13         -
      Link Type: P-2-P
      Metric : 48
    * Link ID: 172.16.0.12
     Data    : 255.255.255.252
      Link Type: StubNet
      Metric : 48
      Priority : Low

    * Link ID: 1.1.1.1
      Data    : 172.16.0.18
      Link Type: P-2-P
      Metric : 48

    * Link ID: 172.16.0.16
     Data    : 255.255.255.252
      Link Type: StubNet
      Metric : 48
      Priority : Low
```

```
Type      : Router
Ls id     : 1.1.1.1
Adv rtr   : 1.1.1.1                    --AR1 路由器相關的鏈路狀態
Ls age    : 1233
Len       : 84
Options   :  E
seq#      : 8000000b
chksum    : 0x75e8
Link count: 5                          -- 有 5 個鏈路狀態、3 個子網路、兩條鏈路
 * Link ID: 172.16.1.0
   Data   : 255.255.255.0
   Link Type: StubNet                  -- 子網路
   Metric : 1
   Priority : Low
 * Link ID: 2.2.2.2
   Data   : 172.16.0.1
   Link Type: P-2-P                    -- 點到點鏈路
   Metric : 48
 * Link ID: 172.16.0.0
   Data   : 255.255.255.252
   Link Type: StubNet                  -- 子網路
   Metric : 48
   Priority : Low
 * Link ID: 4.4.4.4
   Data   : 172.16.0.17
   Link Type: P-2-P                    -- 點到點鏈路
   Metric : 48
 * Link ID: 172.16.0.16
   Data   : 255.255.255.252
   Link Type: StubNet                  -- 子網路
   Metric : 48
   Priority : Low
     ......
```

輸入 "display ip routing-table" 可以查看路由表。Proto 是透過 OSPF 協定學到的路由，OSPF 協定的優先順序（也就是 Pre）是 10，Cost 是透過頻寬計算的到達目標網段的累計負擔。

```
<AR1>display ip routing-table
Route Flags: R - relay, D - download to fib
------------------------------------------------------------------------------
Routing Tables: Public
       Destinations : 19       Routes : 20

Destination/Mask    Proto   Pre  Cost      Flags NextHop
Interface

      127.0.0.0/8   Direct  0    0           D   127.0.0.1       InLoopBack0
      127.0.0.1/32  Direct  0    0           D   127.0.0.1       InLoopBack0
127.255.255.255/32  Direct  0    0           D   127.0.0.1       InLoopBack0
     172.16.0.0/30  Direct  0    0           D   172.16.0.1      Serial2/0/0
     172.16.0.1/32  Direct  0    0           D   127.0.0.1       Serial2/0/0
     172.16.0.2/32  Direct  0    0           D   172.16.0.2      Serial2/0/0
     172.16.0.3/32  Direct  0    0           D   127.0.0.1       Serial2/0/0
     172.16.0.4/30  OSPF    10   96          D   172.16.0.2      Serial2/0/0
     172.16.0.8/30  OSPF    10   144         D   172.16.0.2      Serial2/0/0
                    OSPF    10   144         D   172.16.0.18     Serial2/0/1
    172.16.0.12/30  OSPF    10   96          D   172.16.0.18     Serial2/0/1
    172.16.0.16/30  Direct  0    0           D   172.16.0.17     Serial2/0/1
    172.16.0.17/32  Direct  0    0           D   127.0.0.1       Serial2/0/1
    172.16.0.18/32  Direct  0    0           D   172.16.0.18     Serial2/0/1
    172.16.0.19/32  Direct  0    0           D   127.0.0.1       Serial2/0/1
     172.16.1.0/24  Direct  0    0           D   172.16.1.1      Vlanif1
     172.16.1.1/32  Direct  0    0           D   127.0.0.1       Vlanif1
   172.16.1.255/32  Direct  0    0           D   127.0.0.1       Vlanif1
     172.16.2.0/24  OSPF    10   97          D   172.16.0.2      Serial2/0/0
255.255.255.255/32  Direct  0    0           D   127.0.0.1       InLoopBack0

<AR1>display ip routing-table protocol ospf      --查看 OSPF 協定學到的路由
```

輸入以下命令，只顯示 OSPF 協定生成的路由。

```
<AR1>display ospf routing

    OSPF Process 1 with Router ID 1.1.1.1
         Routing Tables
```

```
Routing for Network
Destination        Cost  Type     NextHop          AdvRouter       Area
172.16.0.0/30      48    Stub     172.16.0.1       1.1.1.1         0.0.0.0
172.16.0.16/30     48    Stub     172.16.0.17      1.1.1.1         0.0.0.0
172.16.1.0/24      1     Stub     172.16.1.1       1.1.1.1         0.0.0.0
172.16.0.4/30      96    Stub     172.16.0.2       2.2.2.2         0.0.0.0
172.16.0.8/30      144   Stub     172.16.0.2       3.3.3.3         0.0.0.0
172.16.0.8/30      144   Stub     172.16.0.18      5.5.5.5         0.0.0.0
172.16.0.12/30     96    Stub     172.16.0.18      4.4.4.4         0.0.0.0
172.16.2.0/24      97    Stub     172.16.0.2       3.3.3.3         0.0.0.0

Total Nets: 8
Intra Area: 8  Inter Area: 0  ASE: 0  NSSA: 0
```

4.7.3 OSPF 協定設定校正

如果為網路中的路由器設定了 OSPF 協定，但在查看路由表後發現有些網段沒有透過 OSPF 學到，那麼需要檢查路由器介面是否設定了正確的 IP 位址和子網路遮罩。除了進行這些正常檢查，還要檢查 OSPF 協定的設定。

要查看 OSPF 協定的設定，可以輸入 "display current-configuration"。

```
[AR1]display current-configuration
...
ospf 1 router-id 1.1.1.1
 area 0.0.0.0
  network 172.16.0.0 0.0.255.255
...
```

也可以進入 ospf 1 視圖，輸入 "display this" 顯示 OSPF 協定的設定。

```
[AR1]ospf 1
[AR1-ospf-1]display this
[V200R003C00]
#
ospf 1 router-id 1.1.1.1
```

```
 area 0.0.0.0
  network 172.16.0.0 0.0.255.255
#
return
```

輸入 "display ospf interface" 可以查看運行 OSPF 協定的介面。如果發現缺少路由器的某個介面，可以使用 network 命令增加該介面。

```
<AR1>display ospf interface

    OSPF Process 1 with Router ID 1.1.1.1
        Interfaces

 Area: 0.0.0.0          (MPLS TE not enabled)
 IP Address      Type         State    Cost    Pri   DR            BDR
 172.16.1.1      Broadcast    DR       1       1     172.16.1.1   0.0.0.0
 172.16.0.1      P2P          P-2-P    48      1     0.0.0.0      0.0.0.0
 172.16.0.17     P2P          P-2-P    48      1     0.0.0.0      0.0.0.0
```

可以看到當時設定 OSPF 協定用 network 命令增加的 3 個網段和所屬的區域。如果 network 命令後面的 3 個網段和路由器的介面所在的網段不一致，該介面就不能發送和接收 OSPF 協定相關的資料封包，該網段也不會包含在鏈路狀態中。或如果 network 命令後面的區域編號和相鄰路由器設定的區域編號不一致，既不能交換鏈路狀態資訊，也可能導致錯誤。

如果設定 OSPF 時 network 命令寫錯網段，可以使用 undo network 命令刪除該網段，然後用 network 命令增加正確的網段。

可以在 AR3 路由器上使用以下命令取消 192.168.0.0/24 網段參與 OSPF 協定。

```
[AR3]ospf 1
[AR3-ospf-1]display this
[V200R003C00]
#
ospf 1 router-id 3.3.3.3
```

```
 area 0.0.0.0
  network 172.16.0.6 0.0.0.0
  network 172.16.0.9 0.0.0.0
  network 172.16.2.1 0.0.0.0
#
return
[AR3-ospf-1]area 0
[AR3-ospf-1-area-0.0.0.0]undo network 172.16.2.1 0.0.0.0
```

在 AR1 路由器上查看路由表，可以看到已經沒有到 172.16.2.0/24 網段的路由了。

```
<R1>display ospf routing
```

4.8 習題

1. 路由器靜態路由的設定命令為（　　）。

   A. ip route-static　　B. ip route static

   C. route-static ip　　D. route static ip

2. 假設有 4 條路由 170.18.129.0/24、170.18.130.0/24、170.18.132.0/24 和 170.18.133.0/24，如果進行路由整理，能覆蓋這 4 條路由的位址是（　　）。

   A. 170.18.128.0/21　　B. 170.18.128.0/22

   C. 170.18.130.0/22　　D. 170.18.132.0/23

3. 假設有兩條路由 21.1.193.0/24 和 21.1.194.0/24，如果進行路由整理，能覆蓋這兩條路由的位址是（　　）。

   A. 21.1.200.0/22　　B. 21.1.192.0/23

   C. 21.1.192.0/22　　D. 21.1.224.0/20

4. 路由器收到一個 IP 資料封包，其目標位址為 202.31.17.4，與該位址符合的子網路是（　　）。

A. 202.31.0.0/21　　B. 202.31.16.0/20

C. 202.31.8.0/22　　D. 202.31.20.0/22

5. 假設有兩個子網路 210.103.133.0/24 和 210.103.130.0/24，如果進行路由整理，得到的網路位址是（　　）。

A. 210.103.128.0/21　　B. 210.103.128.0/22

C. 210.103.130.0/22　　D. 210.103.132.0/20

6. 在路由表中設定一筆預設路由，目標位址和子網路遮罩應為（　　）。

A. 127.0.0.0 255.0.0.0　　B. 127.0.0.1 0.0.0.0

C. 1.0.0.0 255.255.255.255　　D. 0.0.0.0 0.0.0.0

7. 網路 122.21.136.0/24 和 122.21.143.0/24 經過路由整理後，得到的網路位址是（　　）。

A. 122.21.136.0/22　　B. 122.21.136.0/21

C. 122.21.143.0/22　　D. 122.21.128.0/24

8. 路由器收到一個資料封包，其目標位址為 195.26.17.4，該位址屬於（　　）子網路。

A. 195.26.0.0/21　　B. 195.26.16.0/20

C. 195.26.8.0/22　　D. 195.26.20.0/22

9. R1 路由器連接的網段在 R2 路由器上整理成一條路由 192.1.144.0/20，（　　）資料封包會被 R2 路由器使用這筆整理的路由轉發給 R1，如圖 4-44 所示。

▲ 圖 4-44 範例網路（一）

A. 192.1.159.2　　B. 192.1.160.11

C. 192.1.138.41　　D. 192.1.1.144

10. 試在 RouterA 和 RouterB 路由器中增加路由表，讓 A 網段和 B 網段能夠相互存取，如圖 4-45 所示。

```
[RouterA]ip route-static
[RouterB]ip route-static
```

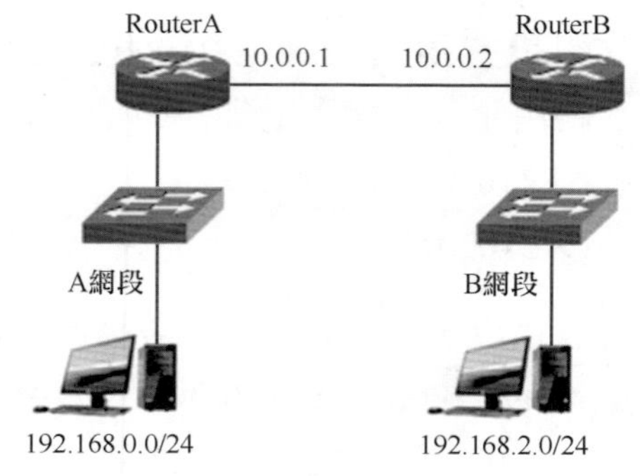

▲ 圖 4-45 範例網路（二）

11. 要求 192.168.1.0/24 網段到達 192.168.2.0/24 網段的資料封包經過 R1 → R2 → R4；192.168.2.0/24 網段到達 192.168.1.0/24 網段的資料封包經過 R4 → R3 → R1，如圖 4-46 所示。在這 4 個路由器上增加靜態路由，讓 192.168.1.0/24 和 192.168.2.0/24 兩個網段能夠相互通訊。

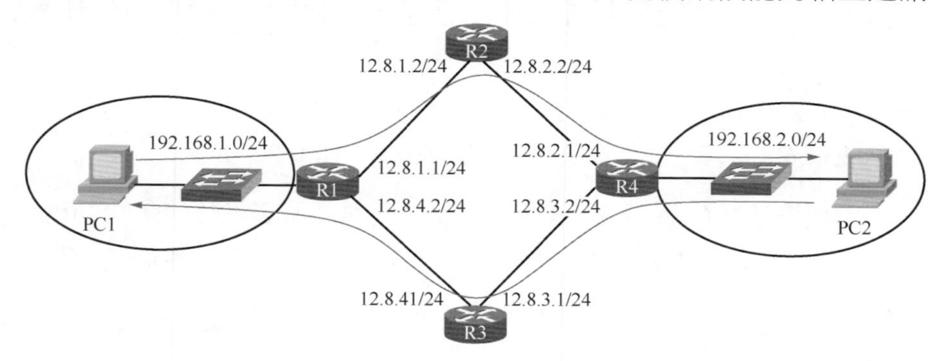

▲ 圖 4-46 範例網路（三）

```
[R1]ip route-static
[R2]ip route-static
[R3]ip route-static
[R4]ip route-static
```

12. 在路由器上執行以下命令來增加靜態路由。

```
[R1]ip route-static 0.0.0.0 0 192.168.1.1
[R1]ip route-static 10.1.0.0 255.255.0.0 192.168.3.3
[R1]ip route-static 10.1.0.0 255.255.255.0 192.168.2.2
```

將圖 4-47 左側的目標 IP 位址和對應的右側路由器的下一次轉發位址連線。

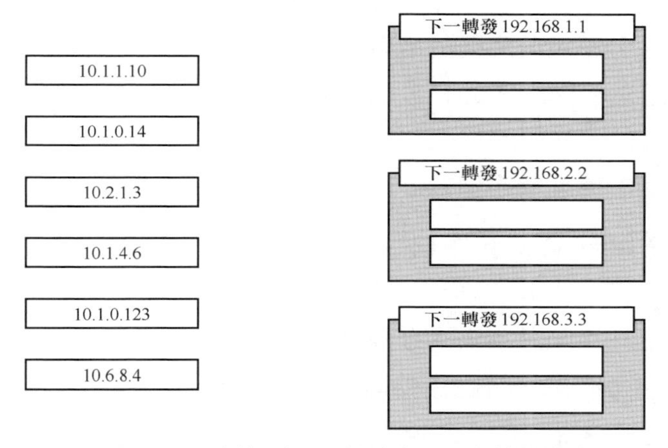

▲ 圖 4-47 連線目標 IP 位址和下一次轉發位址

13. 下列靜態路由設定中正確的是（　　）。

A. [R1]ip route-static 129.1.4.0 16 serial 0

B. [R1]ip route-static 10.0.0.2 16 129.1.0.0

C. [R1]ip route-static 129.1.0.0 16 10.0.0.2

D. [R1]ip route-static 129.1.2.0 255.255.0.0 10.0.0.2

14. IP 封包表頭有一個 TTL 欄位，以下關於該欄位的說法中正確的是（　　）。

A. 該欄位長度為 7 位元

B. 該欄位用於資料封包分片

C. 該欄位用於資料封包防環

D. 該欄位用來表述資料封包的優先順序

15. 路由器在轉發某個資料封包時，如果未符合到對應的明細路由且無預設路由，將直接捨棄該資料封包。該說法正確嗎？（　　）。
   A. 正確　B. 錯誤

16. 以下哪一項不包含在路由表中？（　　）
   A. 來源位址　B. 下一次轉發　C. 目標網路　D. 路由負擔

17. 下列關於裝置中靜態路由的優先順序說法中，錯誤的是（　　）。
   A. 靜態路由優先順序值的範圍為 0 ～ 65 535
   B. 靜態路由優先順序的預設值為 60
   C. 靜態路由優先順序值可以指定
   D. 靜態路由優先順序值為 255 表示該路由不可用

18. 下面關於 IP 封包表頭中 TTL 欄位的說法中，正確的是（　　）。
   A. TTL 定義了來源主機可以發送的資料封包數量
   B. TTL 定義了來源主機可以發送資料封包的時間間隔
   C. IP 封包每經過一台路由器時，其 TTL 值會減 1
   D. IP 封包每經過一台路由器時，其 TTL 值會加 1

19. 關於命令 ip route-static 10.0.12.0 255.255.255.0 192.168.11，以下描述中正確的是（　　）。
   A. 此命令設定一筆到達 192.168.1.1 網路的路由
   B. 此命令設定一筆到達 10.0.12.0/24 網路的路由
   C. 該路由的優先順序為 100
   D. 如果路由器透過其他協定學習到和此路由相同的網路的路由，路由器將優先選擇此路由

20. 已知某台路由器的路由表中有以下兩個項目。

```
Destination/Mask     Proto   Pre    Cost       NextHop      Interface
   9.0.0.0/8         OSPF     10     50         1.1.1.1      Serial0
   9.1.0.0/16        RIP      100     5         2.2.2.2      Ethernet0
```

如果該路由器要轉發目標位址為 9.1.4.5 的封包，則下列說法中正確的是（　　）。

A. 選擇第一項作為最佳符合項，因為 OSPF 協定的優先順序較高
B. 選擇第二項作為最佳符合項，因為 RIP 的負擔較小
C. 選擇第二項作為最佳符合項，因為出口是 Ethernet0，比 Serial0 速度快
D. 選擇第二項作為最佳符合項，因為該路由對目標位址 9.1.4.5 來說，是更為精確的符合

21. 下面（　　）程式或命令可以用來探測來源節點到目標節點資料封包所經過的路徑。

A. route　　B. netstat　　C. tracert　　D. send

22. 和總公司網路連接的網路是分公司的內網，分公司為了存取 Internet，又組建了外網，分公司內網和外網的位址規劃如圖 4-48 所示。分公司電腦有兩根網線，存取 Internet 時接分公司外網，存取總公司網路時接分公司內網。請規劃一下分公司的網路，使分公司電腦在不用切換網路的情況下，既能存取 Internet，又能存取總公司網路。

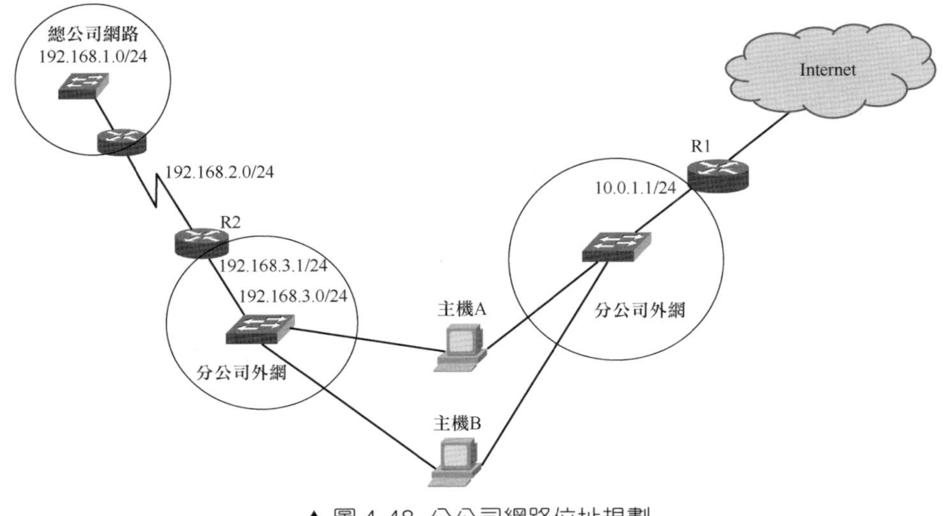

▲ 圖 4-48　分公司網路位址規劃

23. 在 RIP 中，預設的路由更新週期是（　　）s。

    A. 30　　B. 60　　C. 90　　D. 100

24. 以下關於 OSPF 協定的描述中，最準確的是（　　）。

    A. OSPF 協定根據鏈路狀態法計算最佳路由

    B. OSPF 協定是用於自治系統之間的外部閘道協定

    C. OSPF 協定不能根據網路通訊情況動態地改變路由

    D. OSPF 協定只適用於小型網路

25. RIPv1 與 RIPv2 的區別是（　　）。

    A. RIPv1 是距離向量路由式通訊協定，RIPv2 是鏈路狀態路由式通訊協定

    B. RIPv1 不支援可變長子網路遮罩，RIPv2 支援可變長子網路遮罩

    C. RIPv1 每隔 30s 廣播一次路由資訊，RIPv2 每隔 90s 廣播一次路由資訊

    D. RIPv1 的最大轉發數為 15，RIPv2 的最大轉發數為 30

26. 關於 OSPF 協定，下面的描述中不正確的是（　　）。

    A. OSPF 是一種鏈路狀態協定

    B. OSPF 使用鏈路狀態公告（LSA）擴散路由資訊

    C. OSPF 網路中用區域 1 表示主幹網段

    D. OSPF 路由器中可以設定多個路由處理程序

27. 路由器 A 和路由器 B 都在運行 RIPv1，如圖 4-49 所示。在路由器 A 上執行以下命令。

```
[A]rip 1
[A-rip-1]network 192.168.10.0
[A-rip-1]network 10.0.0.0
[A-rip-1]network 72.0.0.0.0
```

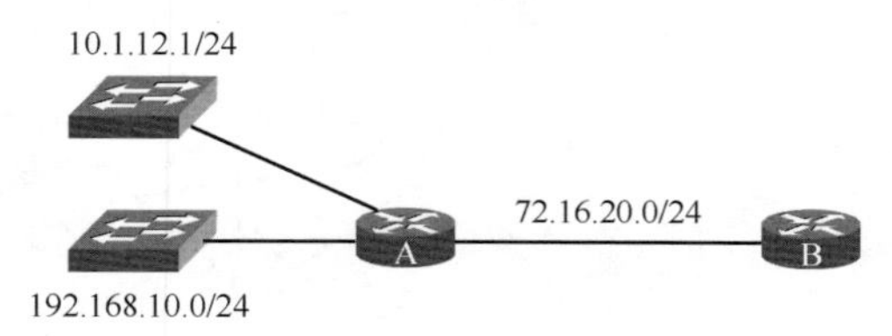

▲ 圖 4-49　網路拓撲

路由器 B 的路由表中將不會出現到以下哪個網段的路由項目？（　　）

A. 10.0.0.0/8　B. 192.168.10.0/24　C. 10.1.12.0/24　D. 72.16.20.0/24

28. OSPF 支援多處理程序，如果不指定處理程序號，則預設使用的處理程序號是（　　）。

    A. 0　B. 1　C. 10　D. 100

29. 路由器 AR2200 透過 OSPF 和 RIPv2 協定同時學習到了到達同一網路的路由項目，透過 OSPF 協定學習到的路由的負擔值是 4882，透過 RIPv2 協定學習到的路由的轉發數是 4，則該路由器的路由表中將有（　　）。

    A. RIPv2 路由　B. OSPF 和 RIPv2 路由
    C. OSPF 路由　D. 兩者都不存在

30. 網路拓撲和鏈路頻寬如圖 4-50 所示，下面哪句話正確？（　　）（選擇兩個答案）

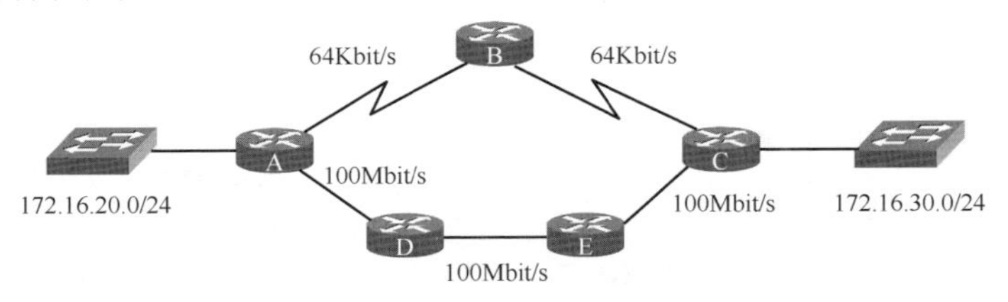

▲ 圖 4-50　網路拓撲和鏈路頻寬

A. 如果網路中的路由器運行 OSPF 協定，從 172.16.20.0/24 網段存取 172.16.30.0/24 網段，資料封包經過 A → D → E → C。

B. 如果網路中的路由器運行 OSPF 協定，從 172.16.20.0/24 網段存取 172.16.30.0/24 網段，資料封包經過 A → B → C。

C. 如果網路中的路由器運行 RIP，從 172.16.20.0/24 網段存取 172.16.30.0/24 網段，資料封包經過 A → B → C。

D. 如果網路中的路由器運行 RIP，從 172.16.20.0/24 網段存取 172.16.30.0/24 網段，資料封包經過 A → D → E → C。

31. 為網路中的路由器設定了 RIP，如圖 4-51 所示，在路由器 A 和 C 上應該如何設定？

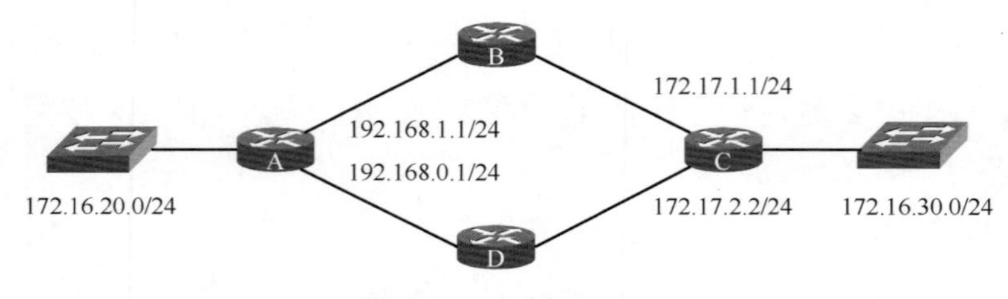

▲ 圖 4-51 網路拓撲（一）

```
[A]rip 1
[A-rip-1]network
[A-rip-1]network
[A-rip-1]network
[C]rip 1
[C-rip-1]network
[C-rip-1]network
```

32. 為網路中的路由器設定了 OSPF 協定，如圖 4-52 所示，在路由器 A 和 B 上進行以下設定。

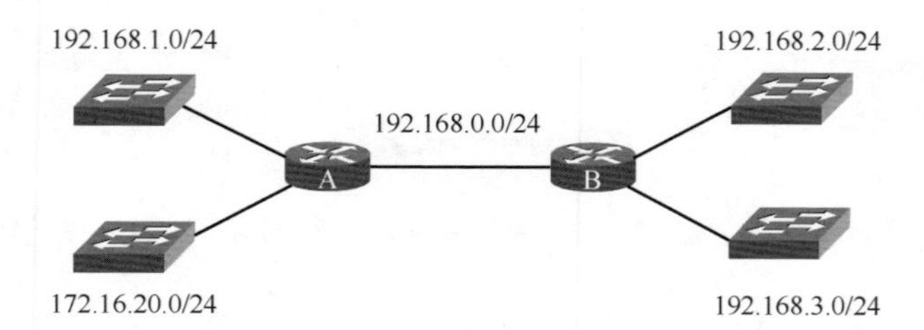

▲ 圖 4-52 網路拓撲（二）

```
[A]ospf 1 router-id 1.1.1.1
[A-ospf-1]area 0.0.0.0
[A-ospf-1-area-0.0.0.0]network 172.16.0.0 0.0.255.255
[A-ospf-1-area-0.0.0.0]network 192.168.0.0 0.0.0.255
[B]ospf 1 router-id 1.1.1.2
[B-ospf-1]area 0.0.0.0
[B-ospf-1-area-0.0.0.0]network 192.168.0.0 0.0.255.255
```

以下哪些說法不正確？（　　）

A. 在路由器 B 上能夠透過 OSPF 協定學到到 172.16.0.0/24 網段的路由。

B. 在路由器 B 上能夠透過 OSPF 協定學到到 192.168.1.0/24 網段的路由。

C. 在路由器 A 上能夠透過 OSPF 協定學到到 192.168.2.0/24 網段的路由。

D. 在路由器 A 上能夠透過 OSPF 協定學到到 192.168.3.0/24 網段的路由。

33. 圖 4-53 所示的網路中的路由器 A、B、C、D 運行著 OSPF 協定，路由器 A、E、D 運行著 RIP，進行正確的設定後，從 172.16.20.0/24 網段存取 172.16.30.0/24 網段的資料封包經過哪些路由器？（　　）

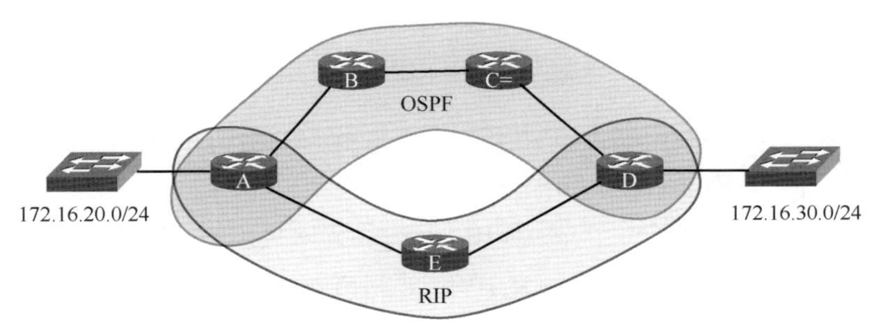

▲ 圖 4-53　網路拓撲（三）

A. A → B → C → D　　B. A → E → D

34. 管理員希望在網路中設定 RIPv2，下面哪筆命令能夠宣告網路到 RIP 處理程序中？（　　）

```
[R1]rip 1
[R2-rip-1]version 2
```

A. import-route GigabitEthernet 0/0/1

B. network 192.168.1.0 0.0.0.255

C. network GigabitEthernet 0/0/1

D. network 192.168.1.0

35. 在一台路由器上設定 OSPF，必須手動進行的設定有（　　）。（選擇 3 個答案）

A. 設定 Router-ID　　B. 開啟 OSPF 處理程序

C. 創建 OSPF 區域　　D. 指定每個區域中包含的網段

36. 在 VRP 平台上，直連路由、靜態路由、RIP、OSPF 的預設協定的優先順序從高到低依次是（　　）。

A. 直連路由、靜態路由、RIP、OSPF

B. 直連路由、OSPF、靜態路由、RIP

C. 直連路由、OSPF、RIP、靜態路由

D. 直連路由、RIP、靜態路由、OSPF

37. 管理員在某台路由器上設定 OSPF，但該路由器上未設定 back 介面，則以下關於 Router-ID 的描述中正確的是（　　）。

A. 該路由器物理介面的最小 IP 位址將成為 Router-ID

B. 該路由器物理介面的最大 IP 位址將成為 Router-ID

C. 該路由器管理介面的 IP 位址將成為 Router-ID

D. 該路由器的優先順序將成為 Router-ID

38. 以下關於 OSPF 中 Router-ID 的描述中正確的是（　　）。

A. 同一區域內 Router-ID 必須相同，不同區域內的 Router-ID 可以不同

B. Router-ID 必須是路由器某介面的 IP 位址

C. 必須透過手動設定方式來指定 Router-ID

D. OSPF 協定正常運行的前提條件是路由器有 Router-ID

39. 一台路由器透過 RIP、OSPF 和靜態路由學習到了到達同一目標位址的路由。預設情況下，VRP 將最終選擇透過哪種協定學習到的路由？（　　）

A. RIP　　B. OSPF　　C. 靜態路由

40. 假設設定如下所示。

```
[R1]ospf
[R1-ospf-1]area 1
[R1-ospf-1-area-0.0.0.1]network 10.0.12.0 0.0.0.255
```

管理員在路由器 R1 上設定了 OSPF，但路由器 R1 學習不到其他路由器的路由，那麼可能的原因是（　　）。（選擇 3 個答案）

A. 此路由器設定的區域 ID 和它的鄰居路由器的區域 ID 不同

B. 此路由器沒有設定認證功能，但是鄰居路由器設定了認證功能

C. 此路由器在設定時沒有設定 OSPF 處理程序號

D. 此路由器在設定 OSPF 時沒有宣告連接鄰居的網路

Chapter

05

網路層協定

• 本章主要內容 •

- 網路層表頭
- ICMP
- ARP
- IGMP

傳輸層協定中 TCP 實現可靠傳輸，UDP 實現不可靠傳輸，這兩個協定都需要將資料段和封包發送到接收方。路由器連接不同網段，負責在不同網段轉發資料封包。要想讓全球不同廠商的路由器連接的網路能夠通訊，就要有統一的轉發協定。目前 Internet 中的網路裝置使用 IP 實現資料封包轉發。

網路層協定為傳輸層提供服務，負責把傳輸層的段發送到接收方。IP 實現網路層協定的功能，發送方將傳輸層的段加上 IP 表頭，在圖 5-1 中使用 H 表示，IP 表頭包括來源 IP 位址和目標 IP 位址，加了 IP 表頭的段稱為「資料封包」，網路中的路由器根據 IP 表頭轉發資料封包。

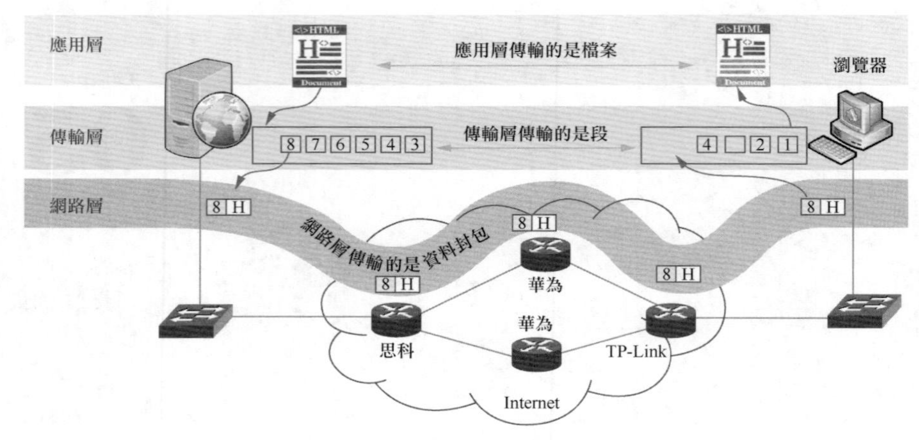

▲ 圖 5-1 應用層、傳輸層和網路層

IP 是多方協定，發送方的網路層、接收方的網路層以及沿途所有的路由器都要遵守 IP 的約定來轉發資料封包。

IP 負責把資料封包從發送方傳輸到接收方，IP 是網路層協定的主要協定。在乙太網中，IP 還需要 ARP 將 IP 位址解析成 MAC 位址，ARP 也被列入網路層。

網路層協定還有 ICMP，用來診斷網路是否暢通，為發送端返回差錯報告，ICMP 依賴 IP，ICMP 也被列入網路層。

網路層協定還有 IGMP，運行在路由器介面和加入多點傳輸的電腦之間，路由器的介面使用 IGMP 管理多點傳輸成員。

網路層有 4 個協定，在乙太網中 ARP 為 IP 提供服務，IP 為 ICMP 和 IGMP 提供服務。這 4 個協定的上下位置表示了它們之間的依賴關係，如圖 5-2 所示。

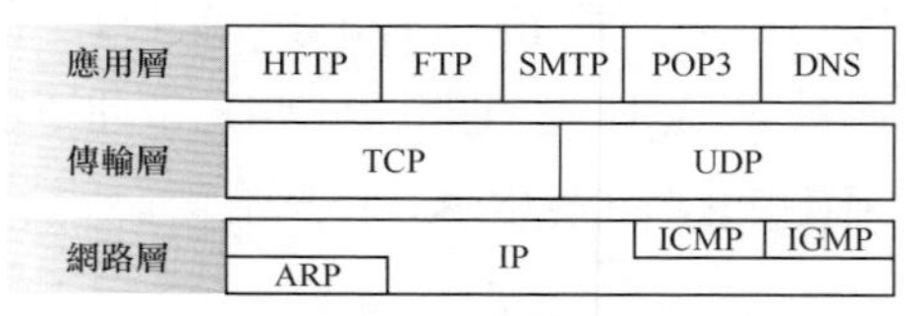

▲ 圖 5-2 應用層、傳輸層和網路層協定

5.1 網路層表頭

網路層表頭用於實現網路層功能，各個欄位用於實現資料封包在不同網段轉發的功能。網路中的路由器能夠讀懂資料封包的網路層表頭，並且根據網路層表頭中的目標 IP 位址為資料封包選擇轉發路徑。要想了解網路層功能，就要了解網路層表頭格式以及各個欄位代表的意思。下面詳細講解網路層表頭。

5.1.1 封包截取查看網路層表頭

在講解網路層表頭之前，先使用封包截取工具捕捉資料封包，來看看網路層表頭都有哪些欄位。

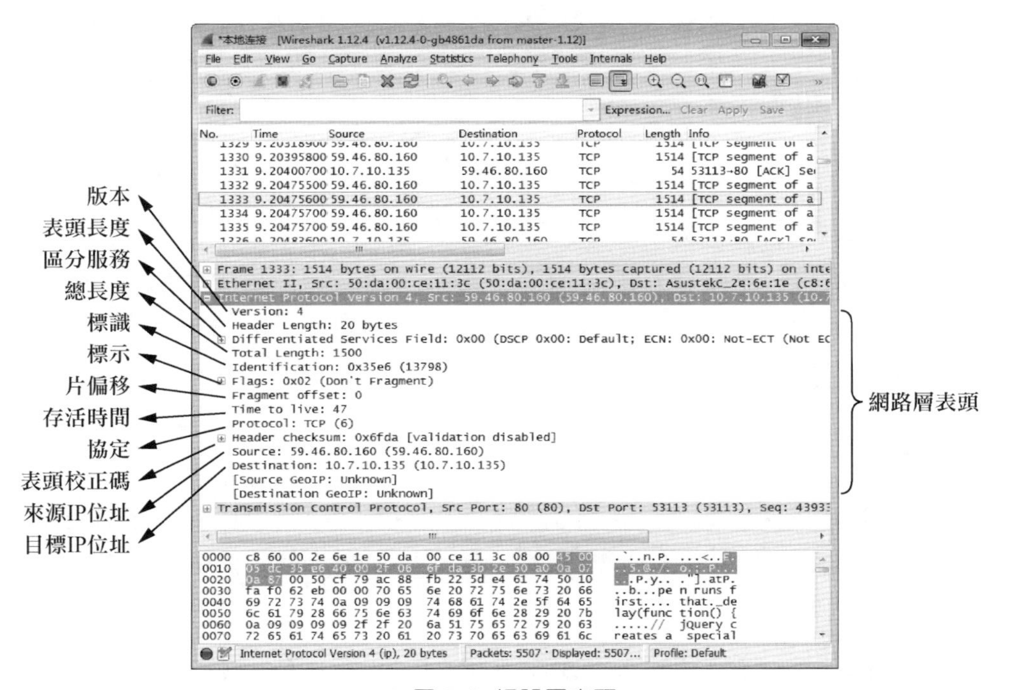

▲ 圖 5-3 網路層表頭

運行封包截取工具 Wireshark，在瀏覽器中打開任意一個網址。捕捉資料封包後，停止捕捉，選中其中的資料封包，展開 Internet Protocol Version 4，這一部分就是網路層表頭，可以看到網路層表頭包含的全部欄位，如圖 5-3 所示。下面講解每一個欄位佔的長度及其代表的意義。

5.1.2 網路層表頭格式

IP 定義了 IP 表頭，IP 表頭的欄位能夠實現 IP 的功能。在 TCP/IP 的標準中，各種資料格式常常以 32 位元（4 位元組）為單位來描述。圖 5-4 所示的是 IP 資料封包的完整格式。

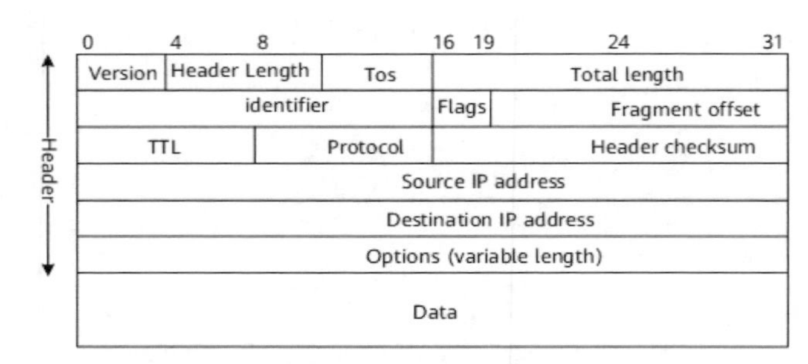

▲ 圖 5-4 IP 資料封包的格式 (來源：support.huawei.com)

IP 資料封包由表頭和資料部分組成。表頭的前一部分是固定部分，共 20 位元組，是所有 IP 資料封包必須有的；在固定部分的後面是一些可選欄位，其長度是可變的。

下面就網路層表頭固定部分的各個欄位進行詳細講解。

（1）版本。佔 4 位元，指 IP 的版本。IP 目前有兩個版本，即 IPv4 和 IPv6。通訊雙方使用的 IP 版本必須一致。目前廣泛使用的 IP 版本編號為 4（IPv4）。

（2）表頭長度。佔 4 位元，可表示的最大十進位數字是 15。請注意，這個欄位所表示數的單位是 32 位元二進位數字（4 位元組），因此，當 IP

的表頭長度為 1111 時（十進位的 15），表頭長度就達到 60 位元組。當 IP 分組的表頭長度不是 4 位元組的整數倍時，必須利用最後的填充欄位加以填充。因此資料部分永遠從 4 位元組的整數倍開始，這樣在實現 IP 時較為方便。表頭長度限制為 60 位元組的缺點是有時可能不夠用，但這樣做是希望使用者儘量減少負擔。最常用的表頭長度是 20 位元組（表頭長度為 0101），這時不使用任何選項。

正是因為表頭長度有可變部分，才需要有一個欄位來指明表頭長度。如果表頭長度是固定的，也就沒有必要有「表頭長度」這個欄位了。

（3）區分服務。佔 8 位元，設定電腦給特定應用程式的資料封包增加一個標示，然後再設定網路中的路由器優先轉發這些帶標示的資料封包。在網路頻寬比較緊張的情況下，也能確保這種應用的頻寬有保障，這就是區分服務，因為這種服務能確保服務品質（Quality of Service，QoS）。這個欄位在舊標準中叫作「服務類型」，但實際上一直沒有使用過。1998 年，網際網路工程任務小組（Internet Engineering Task Force，IETF）把這個欄位改名為區分服務（Differentiated Service，DS）。只有在使用區分服務時，這個欄位才起作用。

（4）總長度。總長度是指 IP 表頭和資料部分之和的長度，也就是資料封包的長度，單位為位元組。總長度欄位為 16 位元，因此資料封包的最大長度為 $2^{16}-1 = 65{,}535$ 位元組。實際上，傳輸這樣長的資料封包在現實中是極少遇到的。

前面講資料連結層時曾講過，乙太網幀所能封裝的資料封包最大為 1500 位元組，即乙太網資料連結層的最大傳輸單元（Maximum Transmission Unit，MTU）為 1500 位元組，如圖 5-5 所示。資料封包的最大長度可以是 65,535 位元組，這就表示一個資料封包的長度可能大於資料連結層的 MTU。如果是這樣，就需要將該資料封包分片傳輸。

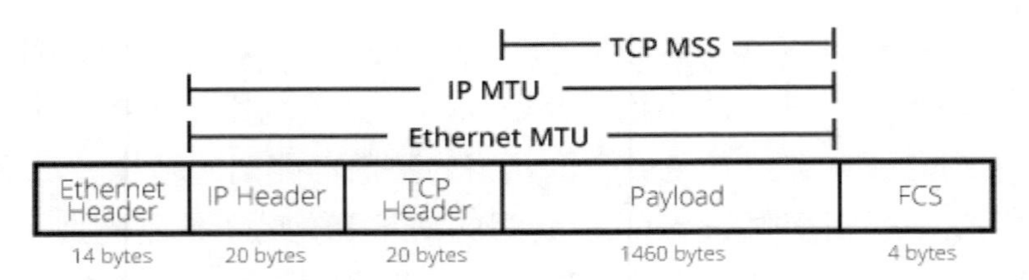

▲ 圖 5-5 最大傳輸單元（來源：https://www.imperva.com/blog/mtu-mss-explained/）

網路層表頭的標識、標示和片偏移都是和資料封包分片相關的欄位。

（5）標識（identification）。佔 16 位元。IP 軟體在記憶體中維持一個計數器，每產生一個資料封包，計數器就加 1，並將此值指定給標識欄位。注意，這個「標識」並不是序號，因為 IP 是無連接服務，資料封包不存在按序接收的問題。當資料封包由於長度超過網路的 MTU 而必須分片時，同一個資料封包被分成多個片，這些片的標識都一樣，也就是資料封包的標識欄位的值被複製到所有的資料封包片的標識欄位中。相同的標識欄位的值使分片後的各資料封包片最後能正確地重裝成為原來的資料封包。

（6）標示（flag）。佔 3 位元，但目前只有後兩位元有意義。

標示欄位中的最低位元記為 MF（more fragment）。MF=1 即表示後面「還有分片」的資料封包；MF=0 表示這已是許多資料封包片中的最後一個。

標示欄位中間的一位元記為 DF（don't fragment），意思是「不能分片」。只有當 DF=0 時才允許分片。

（7）片偏移。佔 13 位元。片偏移是指較長的分組在分片後，某片在原分組中的相對位置。也就是説相對於使用者資料欄位的起點，該片從何處開始。片偏移以 8 位元組為偏移單位。這就是説，每個分片的長度一定是 8 位元組（64 位元）的整數倍。

下面舉一個例子。

一個資料封包的總長度為 3820 位元組，其資料部分為 3800 位元組（使用固定表頭），需要分為長度不超過 1420 位元組的資料封包片。因固定表頭長度為 20 位元組，所以每個資料封包片的資料部分長度不能超過 1400 位元組。於是分為 3 個資料封包片，其資料部分的長度分別為 1400、1400 和 1000 位元組。原始資料封包表頭被複製為各資料封包片的表頭，但必須修改有關欄位的值。圖 5-6 所示為分片後得出的結果（注意片偏移的數值）。

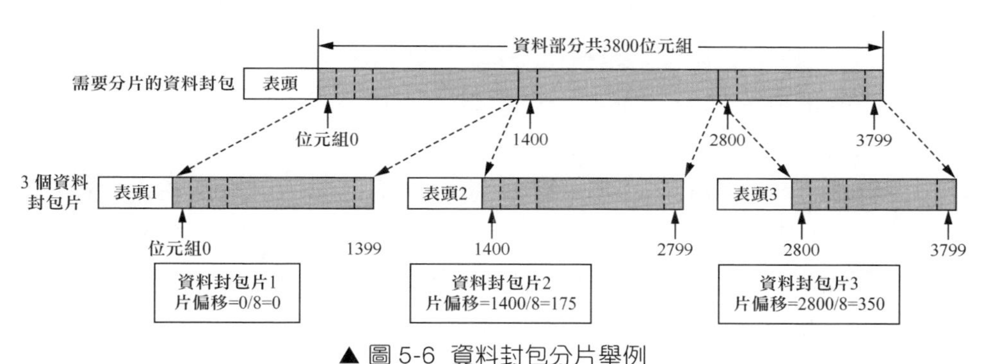

▲ 圖 5-6 資料封包分片舉例

圖 5-7 所示是本例中資料封包表頭與分片有關的欄位中的數值，其中標識欄位的值是任意指定的（12345）。具有相同標識的資料封包片在目的站就可以無誤地重裝成原來的資料封包。

	總長度	標識	MF	DF	片偏移
原始資料封包	3820	12345	0	0	0
資料封包片1	1420	12345	1	0	0
資料封包片2	1420	12345	1	0	175
資料封包片3	1020	12345	0	0	350

▲ 圖 5-7 資料封包表頭與分片相關欄位中的數值

（8）存活時間。存活時間欄位常用的英文縮寫是 TTL（Time To Live），表示資料封包在網路中的壽命，由發出資料封包的來源點設定這個欄位。其目的是防止無法發表的資料封包無限制地在網路中兜圈子。舉例來説，從路由器 R1 轉發到 R2，再轉發到 R3，然後又轉發到 R1，白白消耗網路資源。最初的設計是以秒（s）作為 TTL 值的單位。每經過一個路由器，就把 TTL 減去資料封包在路由器中消耗掉的一段時間。若資料封包在路由器消耗的時間小於 1s，就把 TTL 值減 1。當 TTL 值減為 0 時，就捨棄這個資料封包。

然而，隨著技術的進步，路由器處理資料封包所需的時間在不斷縮短，一般都遠遠小於 1s，後來就把 TTL 欄位的功能改為「轉發數限制」(但名稱不變)。路由器在轉發資料封包之前就把 TTL 值減 1。若 TTL 值減小到 0，就捨棄這個資料封包，不再轉發。因此，現在 TTL 的單位不再是秒，而是次數。TTL 的意義是指明資料封包在網路中至多可經過多少個路由器。顯然，資料封包能在網路中經過的路由器的最大數值是 255。若把 TTL 的初值設定為 1，就表示這個資料封包只能在本區域網中傳輸。因為這個資料封包一旦傳輸到區域網上的某個路由器，在被轉發之前 TTL 值就減小到 0，因而就會被這個路由器捨棄。

（9）協定。佔 8 位元，協定欄位指出此資料封包攜帶的資料使用何種協定，以便使目的主機的網路層知道應將資料部分上交給哪個處理過程。常用的一些協定和對應的協定欄位值如圖 5-8 所示。

協定名	ICMP	ICMP	IP	TCP	EGP	IGP	UDP	IPv6	ESP	OSPF
協定欄位值	1	2	4	6	8	9	17	41	50	89

▲ 圖 5-8 協定編號

（10）表頭檢驗和。佔 16 位元，這個欄位只檢驗資料封包的表頭，不包括資料部分。這是因為資料封包每經過一個路由器，路由器都要重新計算一下表頭檢驗和（一些欄位，如存活時間、標示、片偏移等都可能發生變化）。不檢驗資料部分可減少計算的工作量。

（11）來源 IP 位址。佔 32 位元。

（12）目標 IP 位址。佔 32 位元。

5.1.3 資料分片詳解

在 IP 層下面的每一種資料連結層都有其特有的框架格式，框架格式也定義了幀中資料欄位的最大長度，資料欄位的最大長度稱為「最大傳輸單元」(MTU)。當一個 IP 資料封包封裝成鏈路層的幀時，此資料封包的總長度（表頭加上資料部分）一定不能超過下面的資料連結層的 MTU 值。舉例來說，乙太網規定其 MTU 值是 1500 位元組。若所傳輸的資料封包長度超過資料連結層的 MTU 值，就必須把過長的資料封包進行分片處理。

雖然使用盡可能長的資料封包會使傳輸效率提高，但由於乙太網的普遍應用，實際使用的資料封包長度很少有超過 1500 位元組的。為了不使 IP 資料封包的傳輸效率降低，有關 IP 標準的文件規定，所有的主機和路由器必須能夠處理的 IP 資料封包長度不得小於 576 位元組。這個數值也就是最小的 IP 資料封包的總長度。當資料封包長度超過網路所容許的最大傳輸單元時，就必須把過長的資料封包進行分片後才能在網路上傳輸。這時，資料封包表頭中的「總長度」欄位就不再指未分片前的資料封包長度，而是指分片後的每一個分片的表頭長度與資料長度的總和。

電腦 A 到電腦 B 要途經乙太網、點到點鏈路和乙太網，每一個資料連結都定義了最大傳輸單元，預設都是 1500 位元組，如圖 5-9 所示。如果電腦 A 的網路層的資料封包為 2980 位元組，電腦 A 連接的乙太網 MTU 為 1500 位元組，電腦 A 就要將該資料封包分片後，再發送到乙太網。

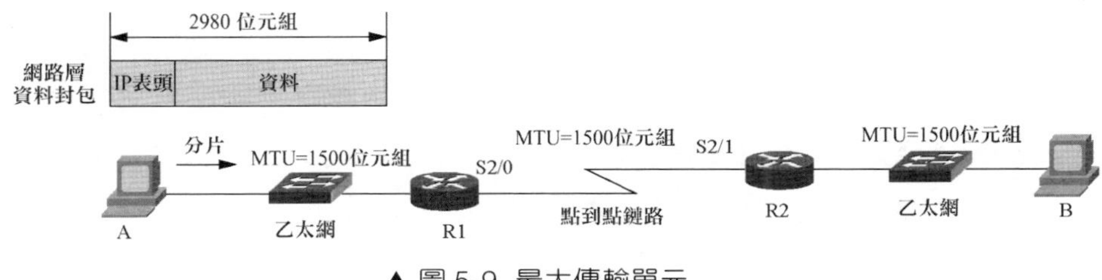

▲ 圖 5-9 最大傳輸單元

乙太網、點到點鏈路的最大傳輸單元不一樣，如果電腦 A 發送的資料封包是 1500 位元組，電腦 A 不用分片，但路由器 R1 和 R2 之間的點到點鏈路的最大傳輸單元為 800 位元組，如圖 5-10 所示。路由器 R1 將該資料封包分片後轉發給 R2，不同的分片將獨立選擇路徑到達目的地，電腦 B 再根據網路層表頭的標識將分片組裝成一個完整的資料封包。

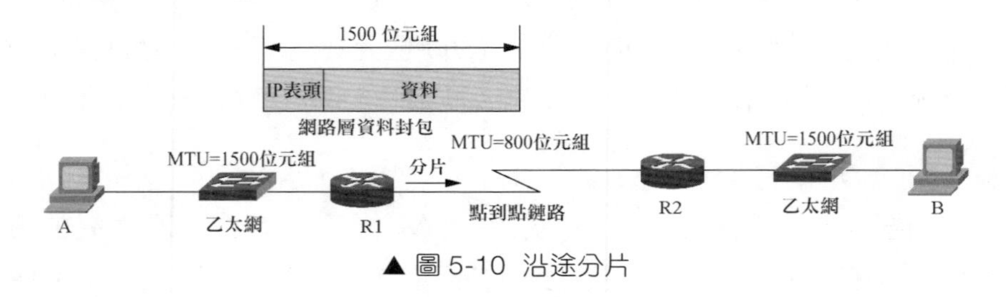

▲ 圖 5-10 沿途分片

由此可見，分片既可以發生在發送方，也可以發生在沿途的路由器。

5.1.4 捕捉並觀察資料封包分片

前面講了資料封包大小如果超過資料連結層的 MTU，就會將資料封包分片。下面就在 Windows 7 作業系統中使用 ping 命令發送大於 1500 位元組的資料封包，然後使用封包截取工具捕捉資料封包分片。

ping 命令有很多參數，如下所示，在 Windows 7 作業系統命令提示符號處輸入 "ping /?"，將列出全部可用的參數，其中 -l 參數指定資料封包的大小，-f 參數指定資料封包是否允許分片。

```
C:\Users\han>ping  /?
用法: ping [-t] [-a] [-n count] [-l size] [-f] [-i TTL] [-v TOS]
          [-r count] [-s count] [[-j host-list] | [-k host-list]]
          [-w timeout] [-R] [-S srcaddr] [-4] [-6] target_name
選項:
    -t             Ping 指定的主機，直到停止。
                   若要查看統計資訊並繼續操作，請輸入 Control-Break;
                   若要停止，請輸入 Control-C。
    -a             將位址解析成主機名稱。
```

```
-n count        要發送的回應要求數。
-l size         發送緩衝區大小。
-f              在資料封包中設定「不分段」標示（僅適用於 IPv4）。
-i TTL          存活時間。
```

在電腦上運行封包截取工具 Wireshark，開始封包截取，在命令提示符號處輸入 "ping CCTV 網址 - l 3500"，可以看到預設 ping 命令構造的資料封包是 32 位元組，如圖 5-11 所示。

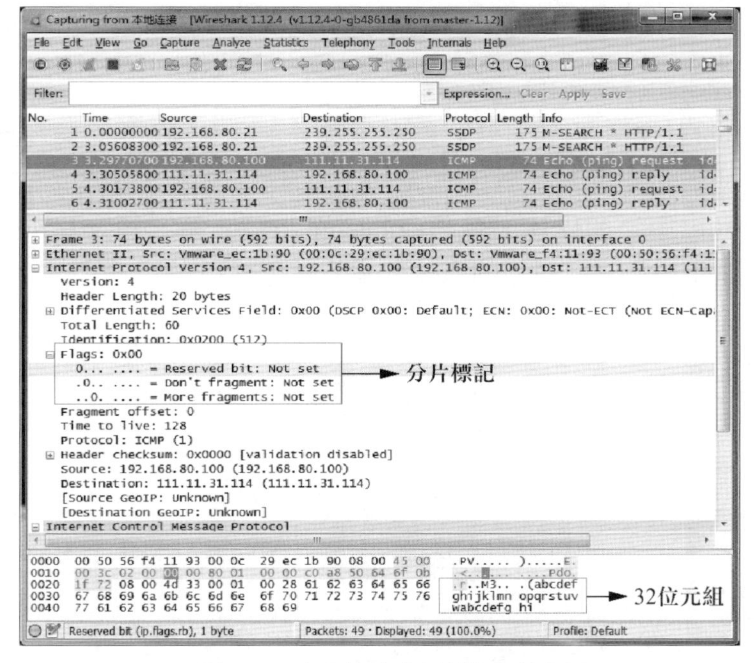

▲ 圖 5-11　未分片的資料封包分片標記

使用 -l 參數指定資料封包的大小為 3500 位元組。乙太網 MTU 的大小為 1500 位元組，該資料封包會被分成 3 片。

```
C:\Users\win7>ping CCTV 網址 -l 3500
正在 Ping cctv.xdwscache.ourglb0.com [111.11.31.114] 具有 3500 位元組的資料：
來自 111.11.31.114 的回覆： 位元組 =3500 時間 =10ms TTL=128
來自 111.11.31.114 的回覆： 位元組 =3500 時間 =11ms TTL=128
```

```
來自 111.11.31.114 的回覆： 位元組 =3500 時間 =10ms TTL=128
來自 111.11.31.114 的回覆： 位元組 =3500 時間 =11ms TTL=128
111.11.31.114 的 Ping 統計資訊：
    資料封包： 已發送 = 4，已接收 = 4，遺失 = 0 (0% 遺失)，
往返行程的估計時間 ( 以毫秒為單位 )：
    最短 = 10ms，最長 = 11ms，平均 = 10ms
```

停止封包截取，查看資料封包分片。先觀察沒有分片的 ICMP 資料封包，可以看到分片標記 MF 為 0，說明該資料封包是一個完整的資料封包，在最下面可以看到這 32 位元組是什麼資料，如圖 5-11 所示。一定要注意查看來源位址是本機電腦的 ICMP 資料封包。

下面觀察 ICMP 資料封包分片。電腦發送了 4 個 ICMP 請求資料封包，每個請求資料封包指定大小為 3500 位元組，資料封包會被分成 3 個分片。第一個分片、第二個分片都有 Fragmented 標記，第三個分片沒有分片標記，表示這是一個資料封包的最後一個分片，如圖 5-12 所示。

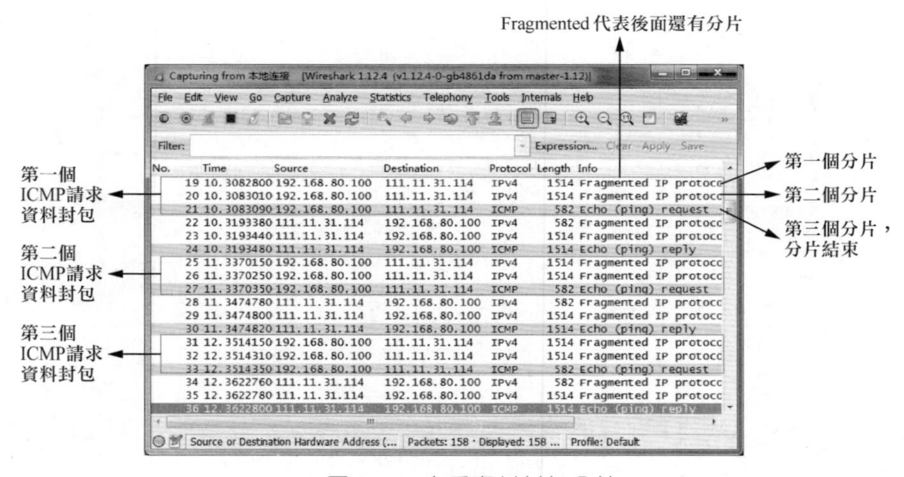

▲ 圖 5-12 查看資料封包分片

下面觀察圖 5-12 中第一個 ICMP 請求資料封包的 3 個分片，圖 5-13 所示是第一個分片，注意 3 個分片的標識都是 517，第一個分片標示為 1，片偏移 0 位元組。

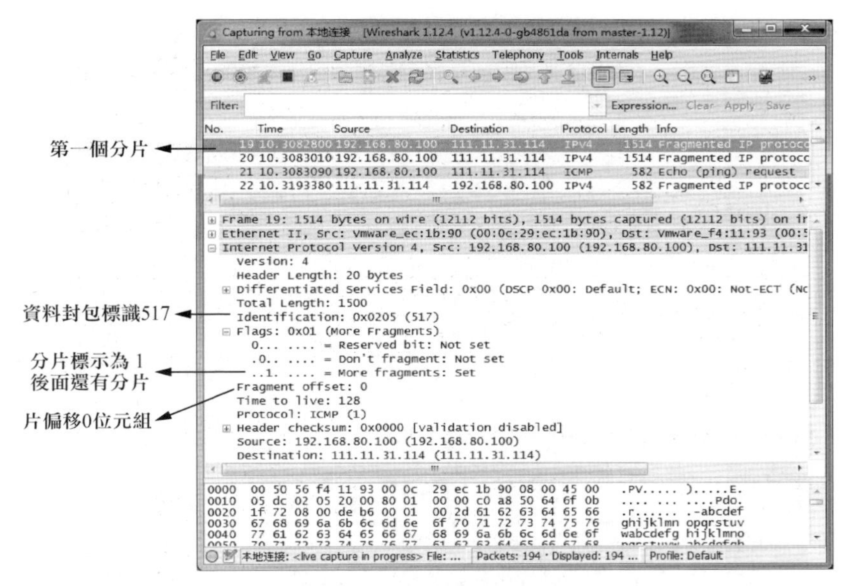

▲ 圖 5-13 查看分片表頭標記

圖 5-14 所示是第二個分片，資料封包標識和第一個分片一樣為 517，分片標示為 1，片偏移 1480 位元組。

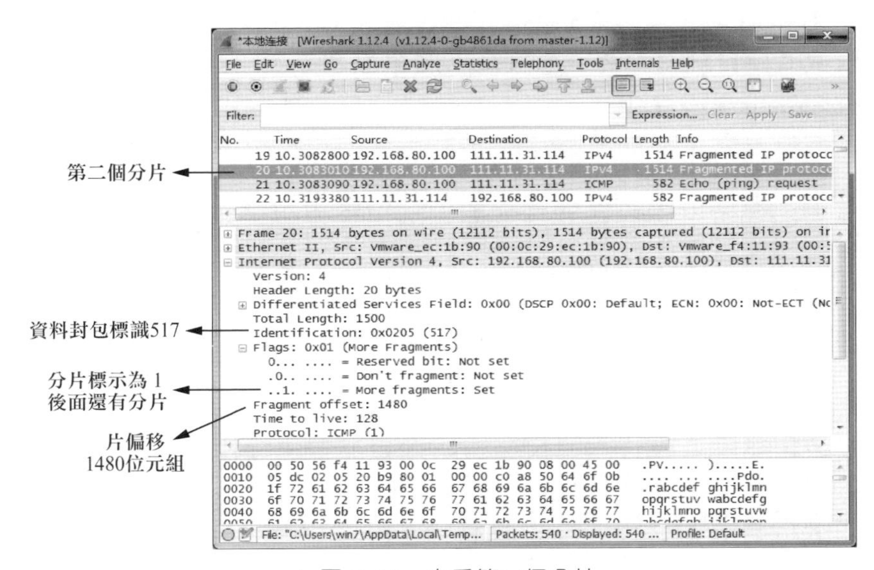

▲ 圖 5-14 查看第二個分片

圖 5-15 所示是第三個分片，可以看到資料封包標識為 517，分片標示為 0，這表示該分片是資料封包的最後一個分片，片偏移 2960 位元組。

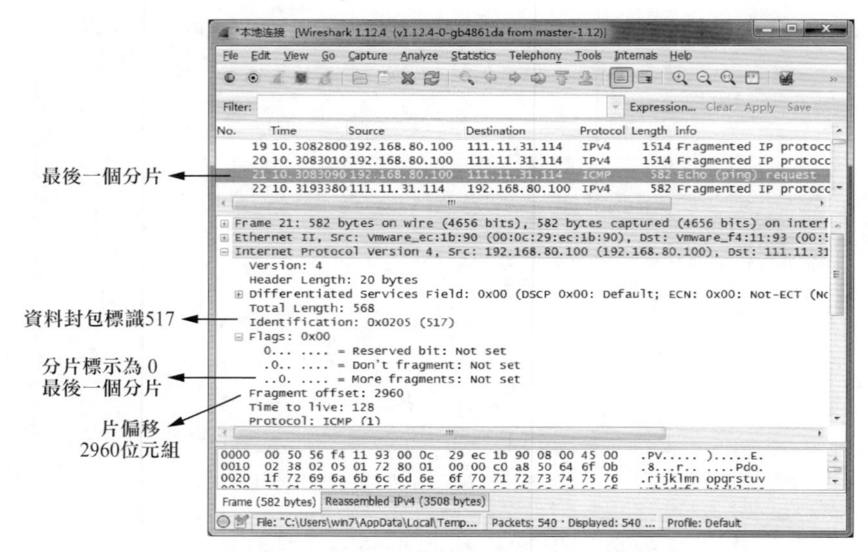

▲ 圖 5-15 查看資料封包的最後一個分片

現在讀者明白了什麼是資料封包分片，當然，應用程式也可以禁止資料封包在傳輸過程中分片，這就要求將網路層表頭的標示欄位第二位元 Don't fragment 設定為 1。

如果在 ping 一個主機時指定了資料封包的大小，同時增加一個參數 -f 禁止資料封包分片，就會看到下面的輸出「需要拆分資料封包但是設定 DF」。DF 就是 Don't fragment（禁止分片）。下面是在 Windows 7 作業系統中執行的命令。

```
C:\Users\Administrator>ping 111.11.31.114 -l 3500 -f
正在 Ping 111.11.31.114 具有 3500 位元組的資料：
需要拆分資料封包但是設定 DF。
需要拆分資料封包但是設定 DF。
需要拆分資料封包但是設定 DF。
需要拆分資料封包但是設定 DF。
```

```
111.11.31.114 的 Ping 統計資訊：
    資料封包：已發送 = 4，已接收 = 0，遺失 = 4 (100% 遺失)，
```

運行封包截取工具 Wireshark，執行下面的操作。

```
C:\Users\win7>ping 111.11.31.114-f -l 500
正在 Ping 111.11.31.114 具有 500 位元組的資料：
來自 111.11.31.114 的回覆：位元組 =500 時間 =8ms TTL=128
來自 111.11.31.114 的回覆：位元組 =500 時間 =10ms TTL=128
來自 111.11.31.114 的回覆：位元組 =500 時間 =8ms TTL=128
來自 111.11.31.114 的回覆：位元組 =500 時間 =8ms TTL=128
111.11.31.114 的 Ping 統計資訊：
    資料封包：已發送 = 4，已接收 = 4，遺失 = 0 (0% 遺失)，
往返行程的估計時間 (以毫秒為單位)：
    最短 = 8ms，最長 = 10ms，平均 = 8ms
```

圖 5-16 所示為捕捉的 ICMP 資料封包，即電腦發送的 ICMP 資料封包，注意查看網路層表頭的標示欄位的 Don't fragment 標記，該標記如果為 1，則表示該資料封包不允許分片。

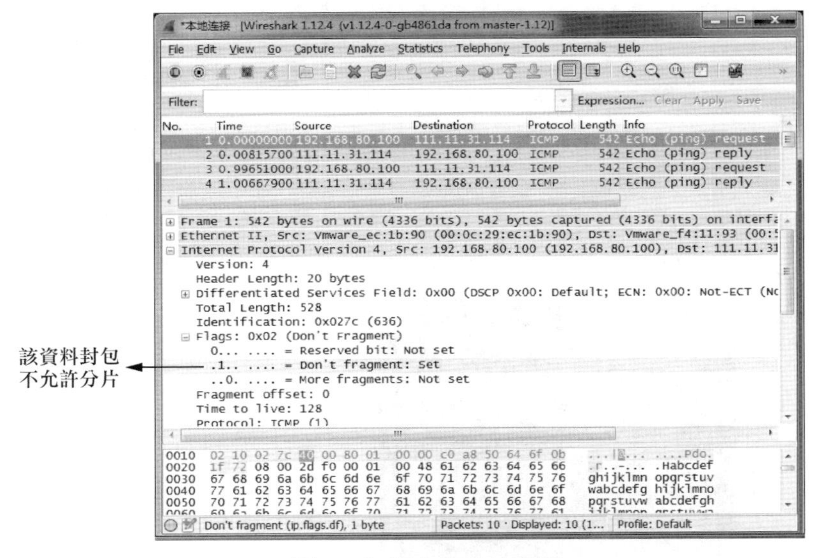

▲ 圖 5-16 不允許分片標記

5.1.5 資料封包存活時間（TTL）詳解

各種作業系統發送資料封包，在網路表頭都要給 TTL 欄位設定值，用來限制該資料封包能夠透過的路由器數量。下面列出一些作業系統發送資料封包預設的 TTL 值。

```
Windows NT 4.0/2000/XP/2003      128
MS Windows 95/98/NT 3.51         32
Linux                            64
MacOS/MacTCP 2.0.x               60
```

當我們在電腦上 ping 一個遠端電腦的 IP 位址，可以看到從遠端電腦發過來的回應資料封包的 TTL。電腦 A ping 遠端電腦 Windows 7，Windows 7 給電腦 A 返回回應資料封包，如圖 5-17 所示。Windows 7 作業系統將發送到網路上的資料封包的 TTL 設定為一個值，每經過一個路由器，該資料封包的 TTL 值就會減 1，這樣到達電腦 A 回應資料封包的 TTL 就減少了，因此可以看到 ping 命令的輸出結果如下。

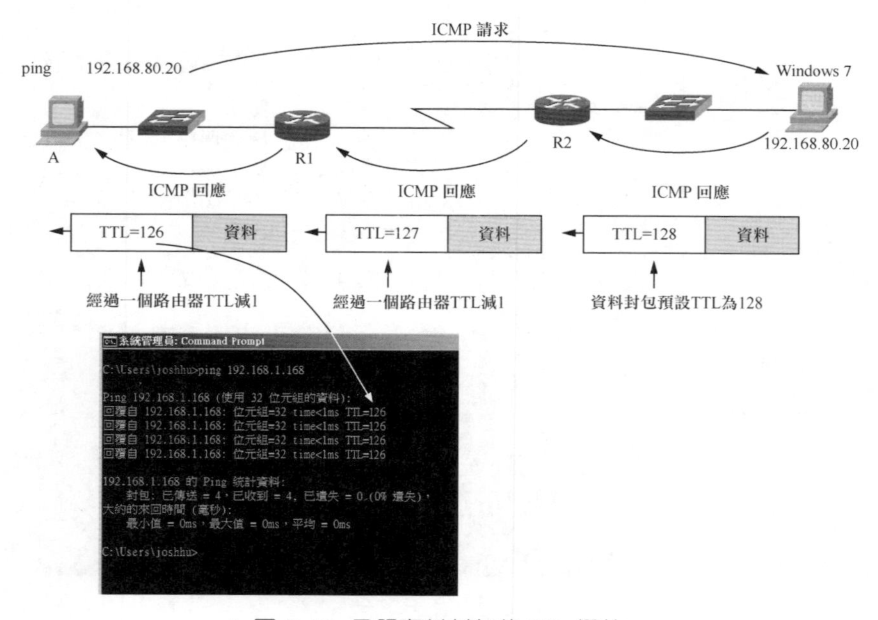

▲ 圖 5-17 了解資料封包的 TTL 欄位

現在讀者應該明白 ping 命令的輸出結果 TTL 的值是什麼意思了吧！路由器的工作除了根據資料封包的目標位址尋找路由表給資料封包選擇轉發的路徑，還要修改資料封包網路層表頭的 TTL，修改了資料封包的網路層表頭，還要重新計算表頭校正碼再進行轉發。

如果電腦 A 和 Windows 7 在同一個網段，電腦 A ping Windows 7，電腦 A 顯示返回回應資料封包的 TTL 是多少呢？對了，是 128。因為沒有經過路由器轉發，所以看到的就是 Windows 7 發送時給資料封包指定的 TTL。

5.1.6 指定 ping 命令發送資料封包的 TTL 值

雖然作業系統會給發送的資料封包指定預設的 TTL 值，但是 ping 命令允許我們使用參數 -i 指定發送的 ICMP 請求資料封包的 TTL 值。

一個路由器在轉發資料封包之前將該資料封包的 TTL 減 1，如果減 1 後 TTL 變為 0，路由器就會捨棄該資料封包，然後產生一個 ICMP 響應資料封包給發送方，說明 TTL 耗盡。使用這種方法，就能夠知道到達目標位址經過了哪些路由器。

舉例來說，電腦 A ping 遠端網站 51CTO 學院網址，指定 TTL 為 1，如圖 5-18 所示。

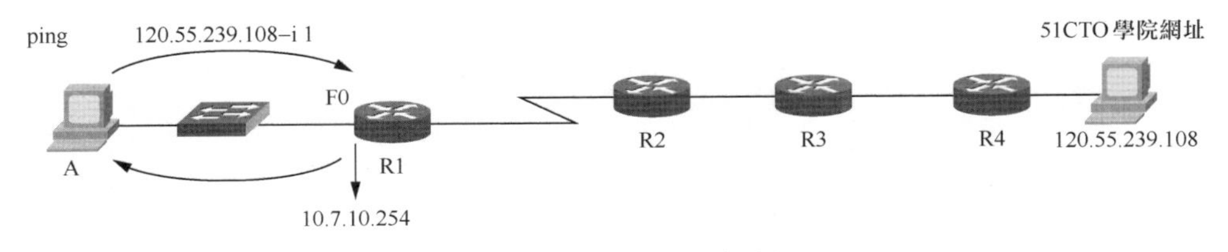

▲ 圖 5-18 TTL 是 1 的情況

路由器 R1 的 F0 介面收到 ICMP 請求資料封包，將其 TTL 減 1 後，發現其 TTL 為 0，於是捨棄該 ICMP 請求資料封包。路由器 R1 產生一個新的 ICMP 響應資料封包，發送給電腦 A，電腦 A 收到一個「來自 10.7.10.254 的回覆：TTL 傳輸中過期」。這樣就會知道途經的第一個路由器是 10.7.10.254。

```
C:\Users\han>ping 51CTO學院網址 -i 1
正在 Ping 51CTO學院網址 [120.55.239.108] 具有 32 位元組的資料：
來自 10.7.10.254 的回覆： TTL 傳輸中過期。
來自 10.7.10.254 的回覆： TTL 傳輸中過期。
來自 10.7.10.254 的回覆： TTL 傳輸中過期。
來自 10.7.10.254 的回覆： TTL 傳輸中過期。
120.55.239.108 的 Ping 統計資訊：
    資料封包： 已發送 = 4，已接收 = 4，遺失 = 0 (0% 遺失)。
```

現在電腦 A ping 遠端網站 51CTO 學院網址，指定 TTL 為 2，如圖 5-19 所示。該 ICMP 請求資料封包經過路由器 R1，TTL 變為 1，路由器 R2 收到後將其 TTL 減 1，發現其 TTL 為 0，於是捨棄該 ICMP 請求資料封包。路由器 R2 產生一個新的 ICMP 響應資料封包，發送給電腦 A，電腦 A 收到一個「來自 172.16.0.250 的回覆：TTL 傳輸中過期」。這樣就會知道途經的第二個路由器是 172.16.0.250。

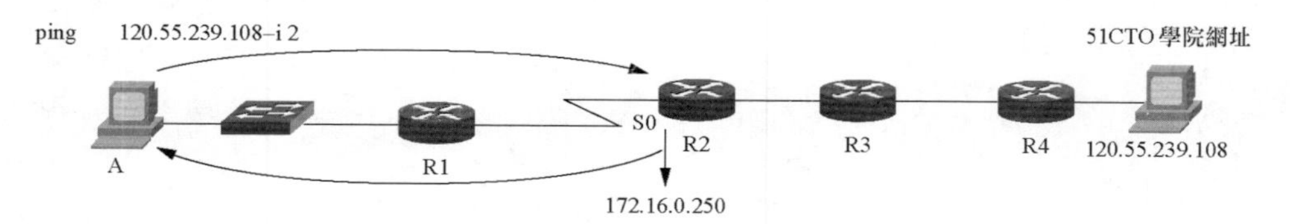

▲ 圖 5-19 TTL 是 2 的情況

```
C:\Users\han>ping 51CTO學院網址 -i 2
正在 Ping 51CTO學院網址 [120.55.239.108] 具有 32 位元組的資料：
來自 172.16.0.250 的回覆： TTL 傳輸中過期。
來自 172.16.0.250 的回覆： TTL 傳輸中過期。
來自 172.16.0.250 的回覆： TTL 傳輸中過期。
來自 172.16.0.250 的回覆： TTL 傳輸中過期。
120.55.239.108 的 Ping 統計資訊：
    資料封包： 已發送 = 4，已接收 = 4，遺失 = 0 (0% 遺失)。
```

現在電腦 A ping 遠端網站 51CTO 學院網址，指定 TTL 為 4，如圖 5-20 所示，就會收到從第四個路由器 R4 發過來的 ICMP 回應資料封包。電腦 A 收到一個「來自 111.11.24.141 的回覆：TTL 傳輸中過期」。這樣就會知道途經的第四個路由器是 111.11.24.141。

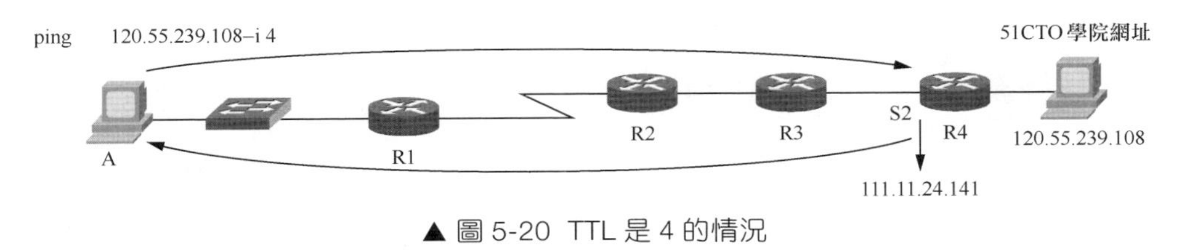

▲ 圖 5-20 TTL 是 4 的情況

透過這種方法能夠知道電腦給目標位址發送資料封包，途經的第 *n* 個路由器是哪個路由器。

5.2 ICMP

ICMP 是 TCP/IP 協定層中網路層的協定，ICMP 即 Internet Control Message Protocol（網際網路控制封包協定）的縮寫，用於在 IP 主機、路由器之間傳遞控制訊息。控制訊息是指網路通不通、主機是否可達、路由是否可用等網路本身的訊息。

ICMP 封包是在 IP 資料封包內部被傳輸的，它封裝在 IP 資料封包內。ICMP 封包通常被 IP 層或更高層協定（TCP 或 UDP）使用。一些 ICMP 封包把差錯封包返回給使用者處理程序。

5.2.1 封包截取查看 ICMP 封包格式

現在不是查看網路層表頭格式，而是查看 ICMP 封包的格式。舉例來說，PC1 ping PC2，ping 命令產生一個 ICMP 請求封包發送給目標位址，用來測試網路是否暢通，如果目的電腦 PC2 收到 ICMP 請求封包，就會返回

ICMP 回應封包，如圖 5-21 所示。下面的操作就是使用封包截取工具捕捉鏈路上的 ICMP 請求封包和 ICMP 回應封包，注意觀察這兩種封包的區別。

捕捉路由器 AR1 和 AR2 鏈路上的 ICMP 資料封包，如圖 5-21 所示。

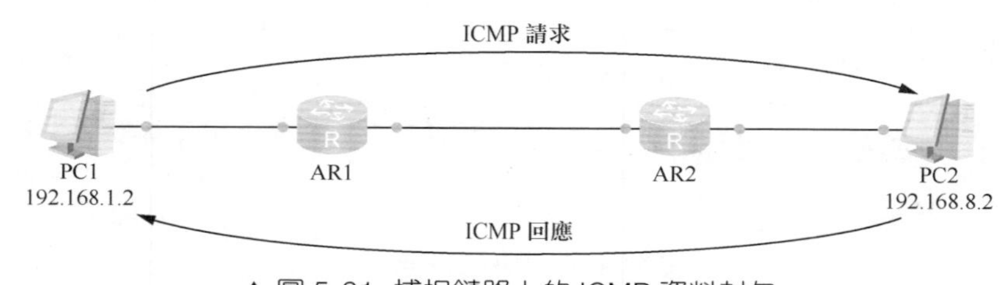

▲ 圖 5-21 捕捉鏈路上的 ICMP 資料封包

在 PC1 上 ping PC2 的 IP 位址。

圖 5-22 所示是 ICMP 請求封包，請求封包中有 ICMP 封包類型欄位、ICMP 封包程式欄位、校正碼欄位以及 ICMP 資料部分。請求封包類型值為 8，封包程式為 0。

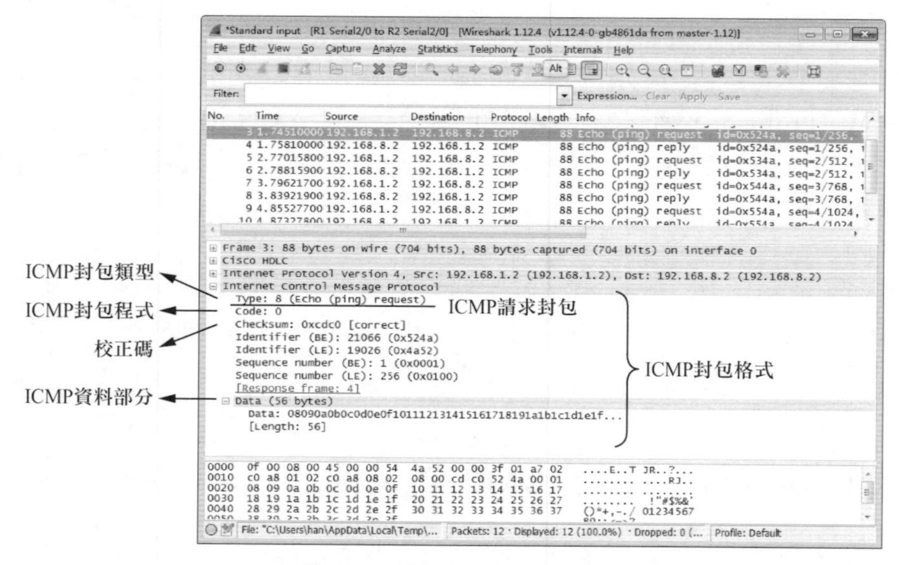

▲ 圖 5-22 捕捉的 ICMP 請求封包

圖 5-23 所示是 ICMP 回應封包，回應封包類型值為 0，封包程式為 0。

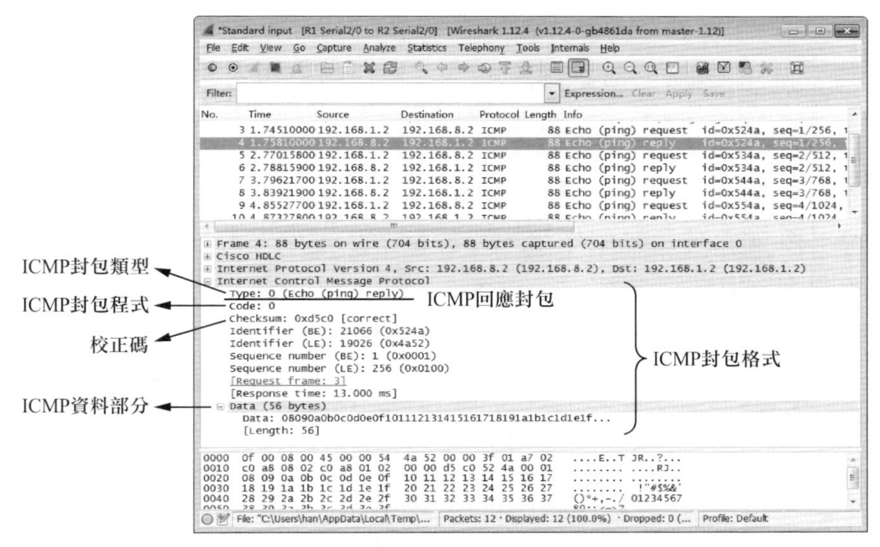

▲ 圖 5-23 捕捉的 ICMP 回應封包

ICMP 封包分幾種類型，每種類型又使用程式來進一步指明 ICMP 封包所代表的不同的含義。圖 5-24 列出了常見的 ICMP 封包的類型和程式所代表的含義。

封包種類	類型值	程式	描述
請求封包	8	0	請求回應封包
回應封包	0	0	回應回應封包
差錯報告封包	3 終點不可到達	0	網路不可達
		1	主機不可達
		2	協定不可達
		3	通訊埠不可達
		4	需要進行分片但設定了不分片
		13	由於路由器過濾，通訊被禁止
	4 源點抑制	0	源端被關閉
	5 改變路由 (重新導向)	0	對網路重新導向
		1	對主機重新導向
	11 時間逾時	0	傳輸期間存活時間 (TTL) 為 0
	12 參數問題	0	壞的 IP 表頭
		1	缺少必要的選項

▲ 圖 5-24 ICMP 封包類型和程式代表的意義

ICMP 差錯報告共有 5 種，分別如下。

（1）終點不可到達。當路由器或主機沒有到達目標位址的路由時，就捨棄該資料封包，給來源點發送終點不可到達封包。

（2）來源點抑制。當路由器或主機由於壅塞（被關閉）而捨棄資料封包時，就會向來源點發送來源點抑制封包，使來源點知道應當降低資料封包的發送速率。

（3）改變路由（重新導向）。路由器把改變路由（重新導向）封包發送給主機，讓主機知道下次應將資料封包發送給另外的路由器（可透過更好的路由）。

（4）時間逾時。當路由器收到存活時間為 0 的資料封包時，除了捨棄該資料封包，還要向來源點發送時間逾時封包。當終點在預先規定的時間內不能收到一個資料封包的全部資料封包片時，就把已收到的資料封包片都捨棄，並向來源點發送時間逾時封包。

（5）參數問題。當路由器或目的主機收到的資料封包的表頭中有的欄位的值不正確時，就捨棄該資料封包，並向來源點發送參數問題封包。

下面先講解 ICMP 封包格式，再透過封包截取工具捕捉幾種 ICMP 差錯報告封包。

5.2.2 ICMP 封包格式

ICMP 封包格式如圖 5-25 所示，前 4 位元組是統一的格式，共有 3 個欄位：類型、程式和檢驗和。接下來 4 位元組的內容與 ICMP 的類型有關。最後是資料欄位，其長度取決於 ICMP 的類型。

所有的 ICMP 差錯報告封包中的資料欄位都具有同樣的格式，如圖 5-26 所示。把收到的需要進行差錯報告的 IP 資料封包的表頭和資料欄位的前 8 位元組提取出來，作為 ICMP 封包的資料欄位。再加上對應的 ICMP 差錯報告封包的前 8 位元組，就組成了 ICMP 差錯報告封包。

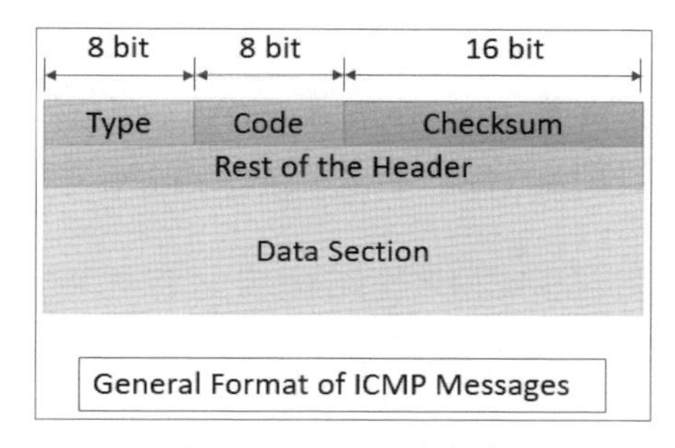

▲ 圖 5-25 ICMP 封包格式
（來源：https://binaryterms.com/internet-control-message-protocol-version-4-icmpv4.html）

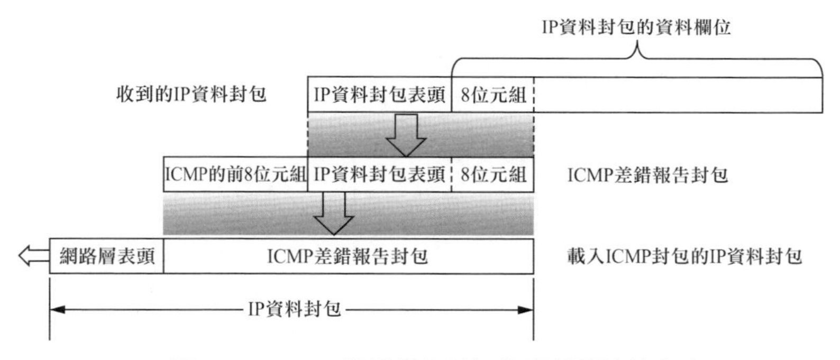

▲ 圖 5-26 ICMP 差錯報告封包的資料欄位的內容

提取收到的資料封包的資料欄位的前 8 位元組是為了得到傳輸層的通訊埠編號（對於 TCP 和 UDP）以及傳輸層封包的發送序號（對於 TCP）。這些資訊對來源點通知高層協定是有用的。整個 ICMP 封包作為 IP 資料封包的資料欄位發送給來源點。

5.2.3 ICMP 差錯報告封包──TTL 過期

下面的操作將捕捉 ICMP 差錯報告封包，讓路由器產生 TTL 耗盡的錯誤報告。

捕捉路由器 AR1 和 AR2 之間的鏈路中的資料封包，如圖 5-21 所示。在 PC1 上 ping PC2，輸入 "PC>ping 192.168.8.2 -i 2"，使用 -i 參數指定資

料封包的 TTL 為 2，該 ICMP 請求封包到達路由器 AR2 後其 TTL 就變為 1，減 1 後才能轉發，發現 TTL 變為 0，於是捨棄該 ICMP 請求封包，路由器 AR2 就會產生一個差錯報告封包返回給 PC1。

查看封包截取工具捕捉的 ICMP 差錯報告封包，可以看到類型（Type）值為 11，程式（Code）為 0，如圖 5-27 所示。

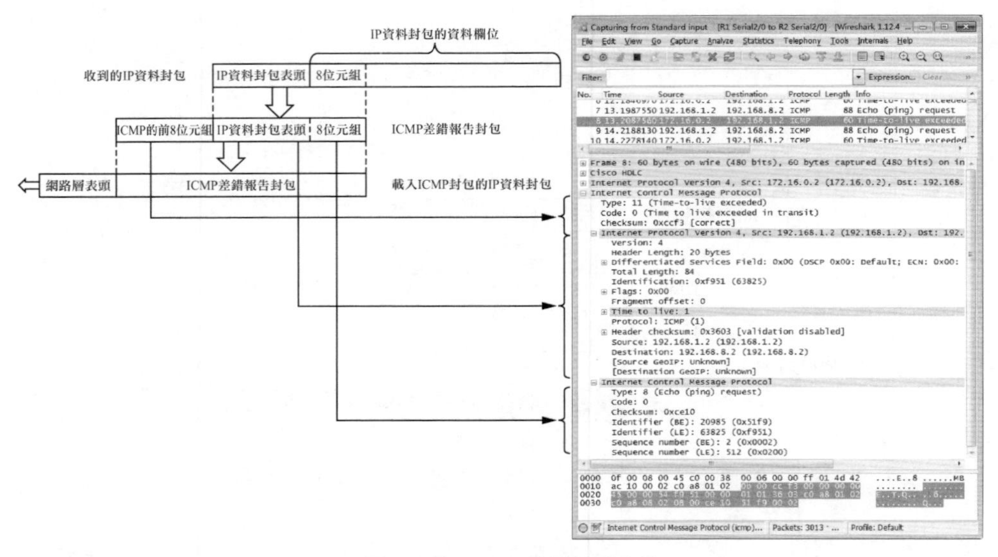

▲ 圖 5-27 ICMP 差錯報告封包

5.2.4 幾種 ICMP 差錯報告封包

如果 PC1 ping 131.107.1.2 這個位址，資料封包到達路由器 AR1 之後，路由器 AR1 尋找路由表，沒有發現到達該位址的路由，於是捨棄該資料封包，則產生一個 ICMP 差錯報告封包返回給 PC1，告知目標主機不可到達。

在 PC1 上 ping 131.107.1.2，在 PC1 介面上捕捉資料封包，如圖 5-28 所示，可以看到路由器 AR1 返回來的 ICMP 差錯報告封包，ICMP 類型（Type）值為 3，程式（Code）為 1，代表目標主機不可到達。

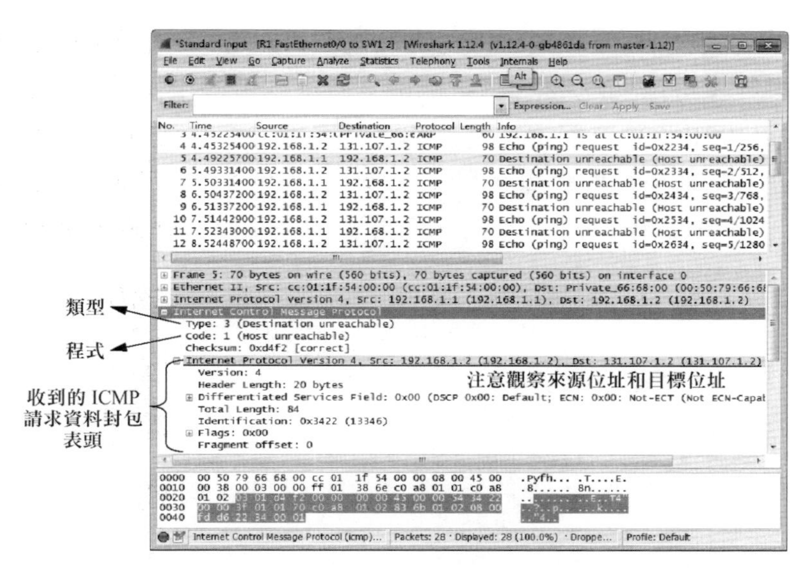

▲ 圖 5-28 目標主機不可到達

PC1 的閘道是 192.168.1.1，現在 PC1 要給 PC3 發送資料封包，資料封包發送給路由器 AR1，路由器 AR1 再轉發到 AR3，這樣效率不高，如圖 5-29 所示。如果出現這種情況，路由器 AR1 會把第一個資料封包轉發給 AR3，然後給 PC1 發送一個 ICMP 重新導在資料封包，告訴 PC1 到達主機 192.168.2.2，下一次轉發是 192.168.1.254，PC1 增加一筆到主機 192.168.2.2 的路由，下一次轉發指向 192.168.1.254，以後再有發送給 PC3 的資料封包，PC1 將直接發送給路由器 AR3 的介面。

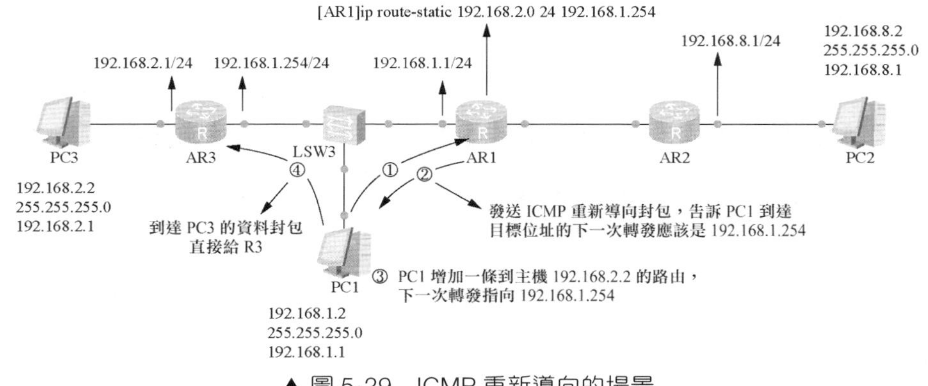

▲ 圖 5-29 ICMP 重新導向的場景

在 PC1 的介面上捕捉資料封包，在 PC1 上 ping PC3，如圖 5-30 所示。可以看到重新導向封包的類型值為 5，程式為 0。

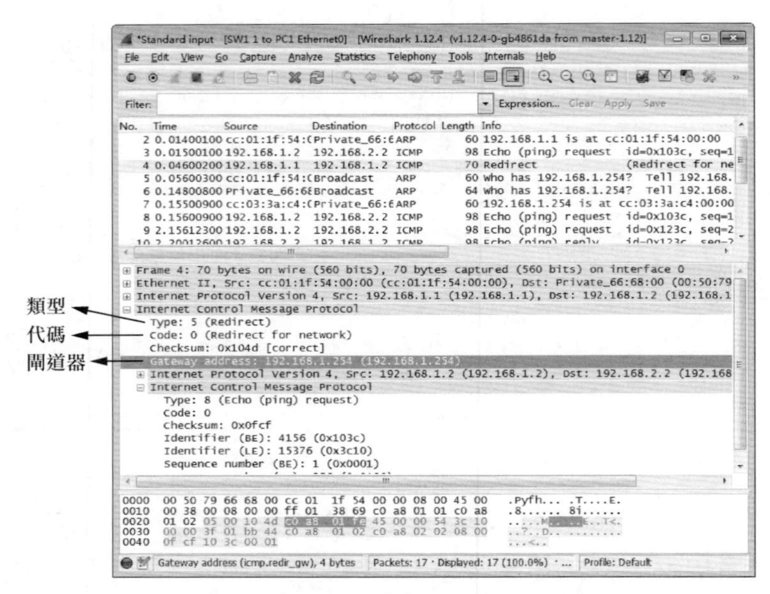

▲ 圖 5-30　觀察路由重新導向的資料封包

注意：PC1 會增加到主機 192.168.2.2 的路由，而非到 192.168.2.0/24 網段的路由。在路由器上增加到主機的路由的命令為 [AR1]ip route-static 192.168.2.2 32 192.168.1.254。

重新導向封包的類型值為 5，程式有效值為 0 ～ 3。其中 0 代表網路重新導向，1 代表主機重新導向，2 代表服務類型和網路重新導向，3 代表服務類型和主機重新導向。原則上，重新導向封包是由路由器產生供主機使用的。路由器預設發送的重新導向封包只有 1 或 3，只是對主機的重新導向，而非對網路的重新導向。

前面演示捕捉 ICMP 資料封包，都是使用 ping 命令發送 ICMP 請求封包。請讀者不要產生錯覺，認為只有 ping 命令發出去的 ICMP 請求封包才能產生差錯報告封包或 ICMP 回應封包，事實上 ICMP 差錯報告封包也可以為電腦上的應用程式返回差錯報告。

封包截取工具捕捉的第 2 個資料封包是存取網站 http://59.46.80.160 建立 TCP 連接發送的資料封包，注意觀察該資料封包協定是 TCP，目標通訊埠是 80，來源通訊埠是 1058。該資料封包的 TTL 在網路中耗盡後，路由器 AR2 產生 ICMP 差錯報告封包，第 3 個資料封包就是路由器 AR2 產生的 ICMP 差錯報告封包。該封包中有第 2 個資料封包傳輸的 8 位元組，指明了出現差錯的資料封包的協定、來源通訊埠和目標通訊埠，如圖 5-31 所示。

▲ 圖 5-31 ICMP 返回的回應通知應用層 TTL 耗盡

5.3 使用 ICMP 排除網路故障的案例

如果只是知道了 ICMP 封包格式和 ICMP 封包的類型，而不會使用 ICMP 解決實際問題，那就成了紙上談兵。前面分析了 ICMP 封包格式，本節介紹使用 ICMP 排除網路故障的幾個案例。

5.3.1 使用 ping 命令診斷網路故障

使用 ping 命令可以幫助我們診斷網路故障，為斷定網路故障提供參考。下面介紹使用 ping 命令斷定網路故障的案例。

某企業的網路存取 Internet 網速慢，封包截取分析是否內網堵塞，圖 5-32 所示是內網某台電腦 ping 閘道的情況，同時也捕捉了網路中的資料封包。

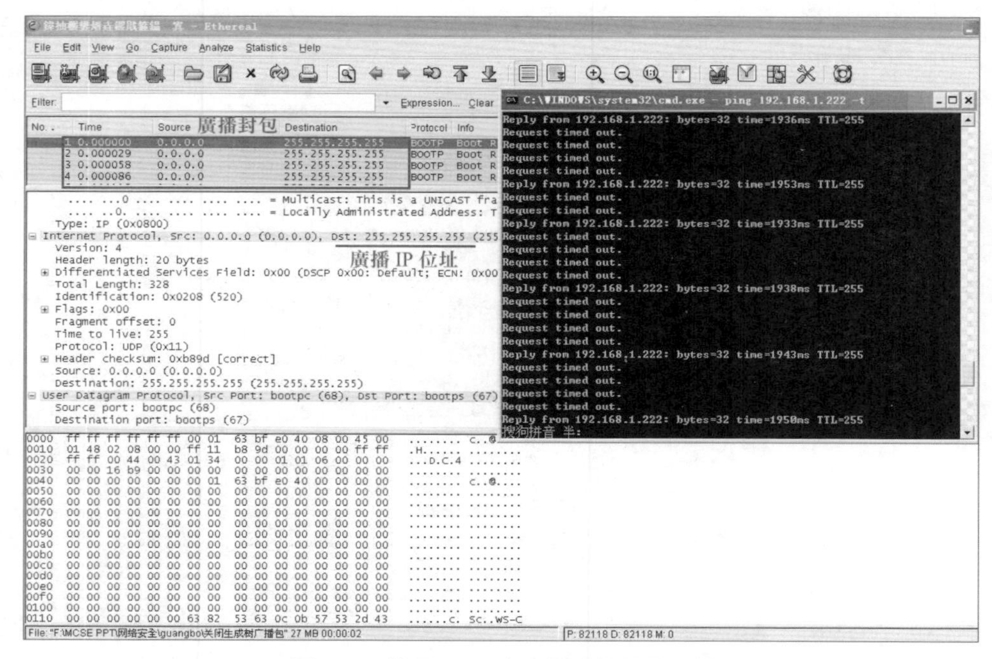

▲ 圖 5-32 使用 ping 命令測試網路是否暢通

可以看到，大多數是 Request timed out（請求逾時），中間會有 ICMP 回應資料封包，但 time 值接近 2000ms，即 2s，這樣的網路是通還是不通呢？既不能說通，也不能說不通，那就是不暢通。

請求逾時是如何產生的呢？如果電腦發送一個 ICMP 請求資料封包，在一段時間內沒有得到 ICMP 回應資料封包或針對該 ICMP 請求資料封包的差錯報告資料封包，就會顯示請求逾時。舉例來說，網路壅塞出現嚴重封包遺失現象就會出現請求逾時。企業內網頻寬 100Mbit/s，正常情況下 time 的值應該小於 10ms，透過 ping 的結果初步斷定是網路壅塞。

使用封包截取工具捕捉資料封包，發現網路中有大量的廣播資料封包佔用了網路頻寬，造成正常通訊的資料封包被捨棄，查看發送廣播幀的來源 IP 位址或來源 MAC 位址，找到發送廣播的電腦，拔掉網線，網路恢復暢通。

5.3.2 使用 tracert 命令追蹤資料封包路徑

ping 命令並不能追蹤從來源位址到目標位址沿途經過了哪些路由器，Windows 作業系統中的 tracert 命令是路由追蹤應用程式，專門用於確定 IP 資料封包存取目標位址的路徑，能夠幫助我們發現到達目標網路到底是哪一行鏈路出現了故障。tracert 命令是 ping 命令的擴充，用 IP 封包存活時間（TTL）欄位和 ICMP 差錯報告封包來確定沿途經過的路由器。

tracert 命令的工作原理就是透過給目標位址發送 TTL 逐漸增加的 ICMP 請求資料封包，根據返回的 ICMP 錯誤報告封包來確定沿途經過的路由器。

在命令提示符號處輸入 "tracert www.91xueit.com"，可以看到網站途經 17 個路由器，第 18 個是該網站的位址（終點），如圖 5-33 所示。可以看到第 12、16 和 17 個路由器顯示「請求逾時」，表示這幾個路由器沒有發送

ICMP 差錯報告封包，因為這些路由器設定了存取控制清單（ACL），禁止路由器發出 ICMP 差錯報告封包。

```
選取 命令提示字元 - tracert www.91xueit.com
Microsoft Windows [版本 10.0.19044.1466]
(c) Microsoft Corporation. 著作權所有，並保留一切權利。

C:\Users\joshhu>tracert www.91xueit.com

在上限 30 個躍點上
追蹤 www.91xueit.com [119.28.70.55] 的路由:

  1    <1 ms    <1 ms    <1 ms  192.168.1.1
  2     2 ms     1 ms     1 ms  h254.s98.ts.hinet.net [168.95.98.254]
  3     1 ms     2 ms     2 ms  tpdt-3308.hinet.net [168.95.83.74]
  4     3 ms     3 ms     3 ms  tpdt-3032.hinet.net [220.128.27.94]
  5     *        *        *     要求等候逾時。
  6     2 ms     1 ms     2 ms  pcpd-4101.hinet.net [220.128.13.205]
  7    25 ms    24 ms    24 ms  hk-r32.us.hinet.net [220.128.6.189]
  8    24 ms    24 ms    24 ms  103.152.83.5
  9     *        *        *     要求等候逾時。
 10     *        *
```

▲ 圖 5-33 追蹤資料封包路徑

tracert 命令能夠幫助我們發現路由設定錯誤的問題，觀察圖 5-34 中 tracert 的結果，能得到什麼結論？會發現資料封包在 172.16.0.2 和 172.16.0.1 兩個路由器之間往復轉發，可以斷定問題就出在這兩個路由器的路由設定上，需要檢查這兩個路由器的路由表。

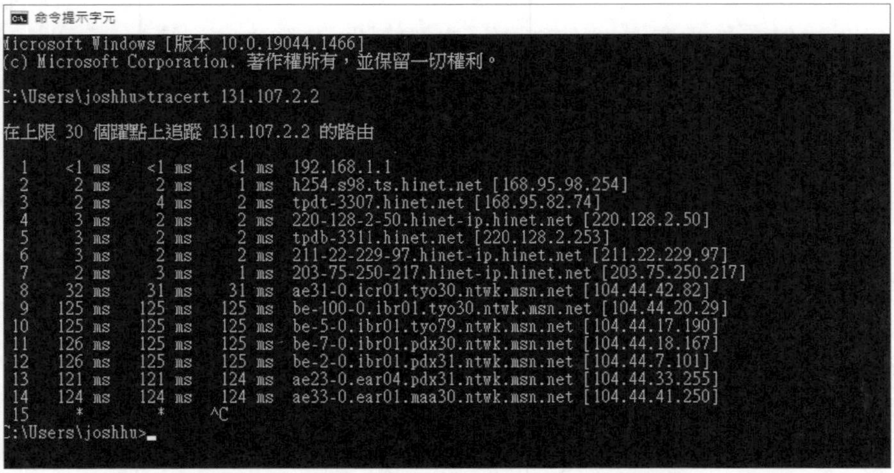

```
命令提示字元
Microsoft Windows [版本 10.0.19044.1466]
(c) Microsoft Corporation. 著作權所有，並保留一切權利。

C:\Users\joshhu>tracert 131.107.2.2

在上限 30 個躍點上追蹤 131.107.2.2 的路由

  1    <1 ms    <1 ms    <1 ms  192.168.1.1
  2     2 ms     2 ms     1 ms  h254.s98.ts.hinet.net [168.95.98.254]
  3     2 ms     4 ms     2 ms  tpdt-3307.hinet.net [168.95.82.74]
  4     3 ms     2 ms     2 ms  220-128-2-50.hinet-ip.hinet.net [220.128.2.50]
  5     3 ms     2 ms     2 ms  tpdb-3311.hinet.net [220.128.2.253]
  6     3 ms     2 ms     2 ms  211-22-229-97.hinet-ip.hinet.net [211.22.229.97]
  7     2 ms     3 ms     1 ms  203-75-250-217.hinet-ip.hinet.net [203.75.250.217]
  8    32 ms    31 ms    31 ms  ae31-0.icr01.tyo30.ntwk.msn.net [104.44.42.82]
  9   125 ms   125 ms   125 ms  be-100-0.ibr01.tyo30.ntwk.msn.net [104.44.20.29]
 10   125 ms   125 ms   125 ms  be-5-0.ibr01.tyo79.ntwk.msn.net [104.44.17.190]
 11   126 ms   125 ms   125 ms  be-7-0.ibr01.pdx30.ntwk.msn.net [104.44.18.167]
 12   126 ms   125 ms   125 ms  be-2-0.ibr01.pdx31.ntwk.msn.net [104.44.7.101]
 13   121 ms   121 ms   124 ms  ae23-0.ear04.pdx31.ntwk.msn.net [104.44.33.255]
 14   124 ms   124 ms   124 ms  ae33-0.ear01.maa30.ntwk.msn.net [104.44.41.250]
 15     *        *     ^C
C:\Users\joshhu>
```

▲ 圖 5-34 資料封包在兩個路由器之間往復轉發

5.4 ARP

網路層協定還包括 ARP，該協定只在乙太網中使用，用來將電腦的 IP 位址解析成 MAC 位址。

5.4.1 ARP 的作用

網路中有兩個乙太網和一個點到點鏈路，電腦和路由器介面的位址如圖 5-35 所示，圖中的 MA、MB、…、MH 代表對應介面的 MAC 位址。下面講解電腦 A 和本網段的電腦 B 通訊的過程，以及電腦 A 和電腦 H 跨網段通訊的過程。

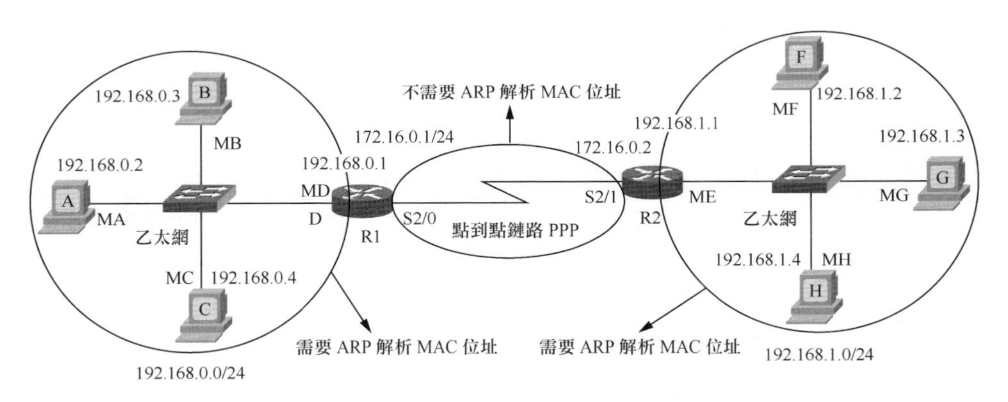

▲ 圖 5-35 乙太網需要 ARP

如果電腦 A ping 電腦 C 的位址 192.168.0.4，電腦 A 判斷目標 IP 位址和自己在一個網段，資料連結層封裝的目標 MAC 位址就是電腦 C 的 MAC 位址，圖 5-36 所示是電腦 A 發送給電腦 C 的幀。

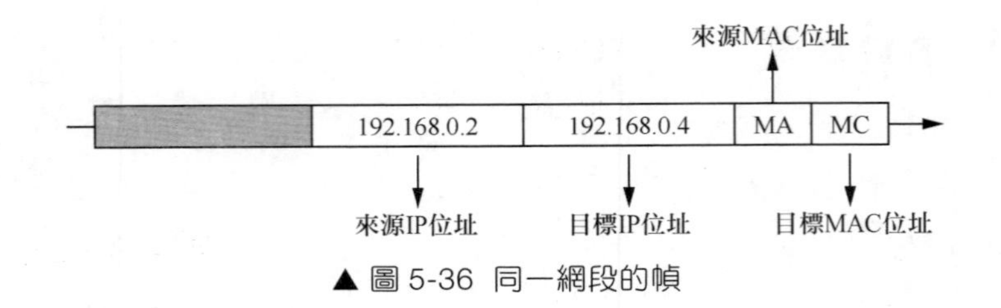

▲ 圖 5-36 同一網段的幀

如果電腦 A ping 電腦 H 的位址 192.168.1.4，電腦 A 判斷目標 IP 位址和自己不在一個網段，資料連結層封裝的目標 MAC 位址是閘道的 MAC 位址，也就是路由器 R1 的 D 介面的 MAC 位址，如圖 5-37 所示。

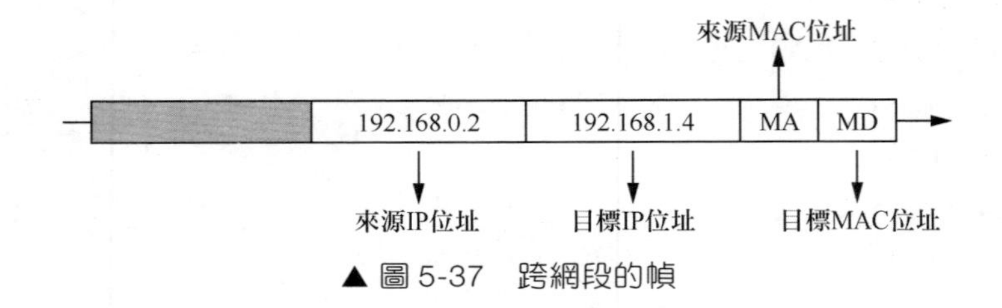

▲ 圖 5-37 跨網段的幀

電腦連線乙太網，我們只需給電腦設定 IP 位址、子網路遮罩和閘道，並沒有告訴電腦網路中其他電腦的 MAC 位址。電腦和目的電腦通訊前必須知道目標 MAC 位址。問題來了，電腦 A 是如何知道電腦 C 的 MAC 位址或閘道的 MAC 位址的？

在 TCP/IP 協定層的網路層有 ARP（Address Resolution Protocol，位址解析通訊協定），在電腦和目的電腦通訊之前，需要使用該協定解析到目的電腦的 MAC 位址（同一網段通訊）或閘道的 MAC 位址（跨網段通訊）。下面介紹 ARP 的工作過程和存在的安全隱憂。

這裡讀者需要知道：ARP 只在乙太網中使用，點到點鏈路使用 PPP 通訊，PPP 幀的資料連結層根本不用 MAC 位址，所以也不用 ARP 解析 MAC 位址。

5.4.2 ARP 的工作過程和安全隱憂

下面以圖 5-35 中的電腦 A 和電腦 C 通訊為例，說明 ARP 的工作過程。

（1）電腦 A 和電腦 C 通訊之前，先要檢查 ARP 快取中是否有電腦 C 的 IP 位址對應的 MAC 位址。如果沒有，就啟用 ARP 發送一個 ARP 廣播請求解析 192.168.0.4 的 MAC 位址，ARP 廣播幀的目標 MAC 位址是 ff:ff:ff:ff:ff:ff。

ARP 請求資料封包的主要內容表示：我的 IP 位址是 192.168.0.2，我的硬體位址是 MA，我想知道 IP 位址為 192.168.0.4 的主機的 MAC 位址。

（2）交換機將 ARP 廣播幀轉發到同一個網路的全部介面。這就表示同一個網段中的電腦都能夠收到該 ARP 請求。

（3）正常情況下，只有電腦 C 收到該 ARP 請求後發送 ARP 回應訊息。還有不正常的情況，網路中的任何一個電腦都可以發送 ARP 回應訊息，有可能告訴電腦 A 一個錯誤的 MAC 位址（ARP 欺騙）。

（4）電腦 A 將解析到的結果保存在 ARP 快取中，並保留一段時間，後續通訊就使用快取的結果，就不再發送 ARP 請求解析 MAC 位址。

圖 5-38 所示的是使用封包截取工具捕捉的 ARP 請求資料封包，第 27 幀是電腦 192.168.80.20 解析 192.168.80.30 的 MAC 位址發送的 ARP 請求資料封包。注意觀察目標 MAC 位址為 ff: ff: ff: ff: ff: ff。其中 Opcode 是選項程式，指示當前封包是請求封包還是回應封包，ARP 請求封包的值是 0x0001，ARP 回應封包的值是 0x0002。

ARP 是建立在網路中各個主機互相信任的基礎上的。電腦 A 發送 ARP 廣播幀解析電腦 C 的 MAC 位址，同一個網段中的電腦都能夠收到這個 ARP 請求訊息，任何一個主機都可以給電腦 A 發送 ARP 回應訊息，可能告訴電腦 A 一個錯誤的 MAC 位址。電腦 A 收到 ARP 回應封包時並不會檢測該封包的真實性，就將其記入本機的 ARP 快取中，這樣就存在一個安全隱憂——ARP 欺騙。

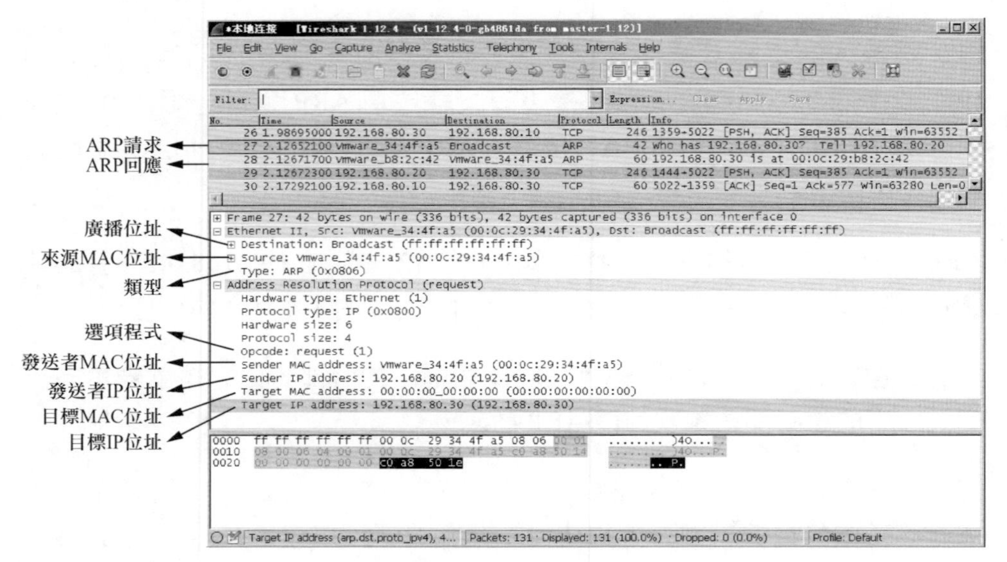

▲ 圖 5-38 ARP 請求幀

在 Windows 作業系統中運行 arp -a 可以查看快取的 IP 位址和 MAC 位址對應表。

```
C:\Users\hanlg>arp -a
介面: 192.168.2.161 --- 0xb
  Internet 位址          物理位址               類型
  192.168.2.1           d8-c8-e9-96-a4-61     動態
  192.168.2.169         04-d1-3a-67-3d-92     動態
  192.168.2.182         c8-60-00-2e-6e-1b     動態
  192.168.2.219         6c-b7-49-5e-87-48     動態
  192.168.2.255         ff-ff-ff-ff-ff-ff     靜態
```

5.5 IGMP

Internet 組管理協定（Internet Group Management Protocol，IGMP）是 Internet 協定家族中的多點傳輸協定。該協定運行在主機和多點傳輸路由器之間，IGMP 是網路層協定。要想弄明白 IGMP 的作用和用途，先要弄明白什麼是多點傳輸通訊，多點傳輸也稱為「多播」。

5.5.1 什麼是多點傳輸

電腦通訊分為一對一通訊、多點傳輸通訊和廣播通訊。

教室中有一個串流媒體伺服器，課堂上老師安排學生線上學習串流媒體伺服器上的課程 "Excel VBA"，教室中每台電腦存取串流媒體伺服器觀看這個視訊就是一對一通訊，可以看到串流媒體伺服器到交換機的流量很大，如圖 5-39 所示。

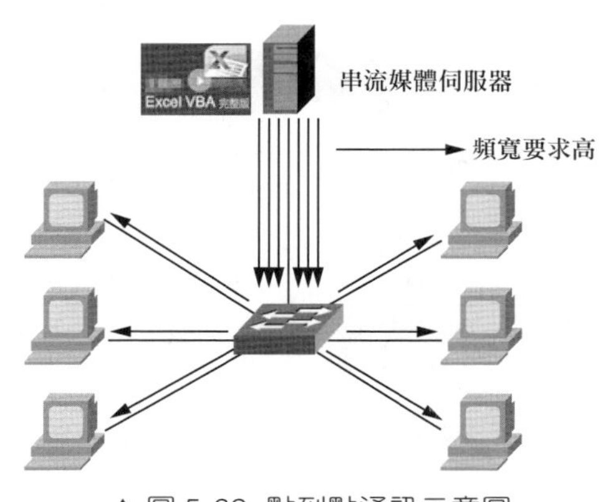

▲ 圖 5-39 點到點通訊示意圖

我們知道，電視台發送視訊節目訊號可以讓無數台電視機同時收看節目。現在老師安排學生同時學習 "Excel VBA" 這個課程，在網路中也可以讓串流媒體伺服器像一個電視台一樣，不同的視訊節目使用不同的多點傳輸位址（相當於電視台的不同的頻道）發送到網路中。網路中的電腦要想收到某個視訊流，只需將網路卡綁定對應的多點傳輸位址即可，這個綁定過程通常由應用程式來實現，多點傳輸節目檔案就附帶了多點傳輸位址資訊，使用者只要使用暴風影音或其他視訊播放軟體播放，就會自動給電腦網路卡綁定該多點傳輸位址。

上午 8 點，學校老師安排 1 班學生學習 "Excel VBA" 視訊，安排 2 班學生學習 "PPT2010" 視訊。機房管理員提前就設定好了串流媒體伺服器，8 點鐘準時使用 224.4.5.4 這個多點傳輸位址發送 "Excel VBA" 課程視訊，使用 224.4.5.3 這個多點傳輸位址發送 "PPT 2010" 課程視訊，如圖 5-40 所示。

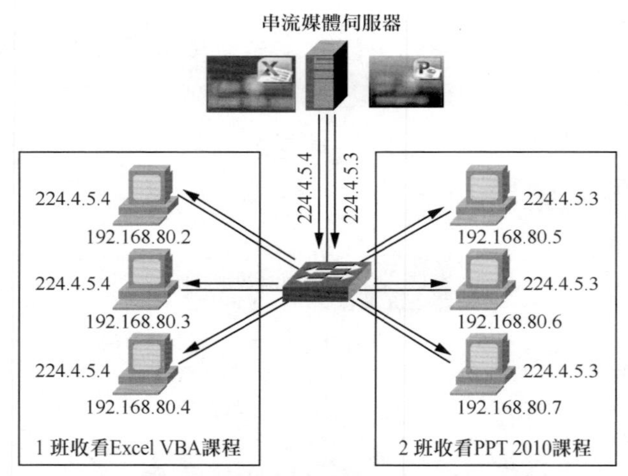

▲ 圖 5-40 多點傳輸示意圖

網路中的電腦除了需要設定唯一位址，收看多點傳輸視訊還需要綁定多點傳輸位址，在觀看多點傳輸視訊的學習過程中學生不能「快進」或「倒退」。這樣串流媒體伺服器的頻寬壓力大大降低，網路中有 10 個學生收看視訊和有 1000 個學生收看視訊對串流媒體伺服器來説流量是一樣的。

透過上面的案例，讀者是否更進一步地了解了多點傳輸這個概念呢？「組」就是一組電腦綁定相同的位址。如果一台電腦同時收看多個多點傳輸視訊，該電腦的網路卡需要同時綁定多個多點傳輸位址。

5.5.2 多點傳輸 IP 位址

我們知道，在 Internet 中每一個主機必須有一個全球唯一的 IP 位址。如果某個主機現在想接收某個特定多點傳輸的資料封包，就需要給網路卡綁定這個多點傳輸位址。

IP 位址中的 D 類 IP 位址是多點傳輸位址。D 類 IP 位址的前 4 位元是 1110，因此 D 類 IP 位址的範圍是 224.0.0.0 ～ 239.255.255.255。下面就用每一個 D 類 IP 位址標示一個多點傳輸組。這樣，D 類 IP 位址總共可標示 2^{28} 個多點傳輸組。多點傳輸資料封包也是「盡最大努力發表」，不保證一定能夠發表給多點傳輸組內的所有成員。因此，多點傳輸資料封包和一般的 IP 資料封包的區別就是它使用 D 類 IP 位址作為目的位址。顯然，多點傳輸位址只能用於目的位址，而不能用於來源位址。此外，對多點傳輸資料封包不產生 ICMP 差錯封包。因此，若在 ping 命令後面輸入多點傳輸位址，將永遠收不到回應。但 D 類 IP 位址中有一些是不能隨意使用的，因為有的位址已經在（RFC 3330）中被 IANA 指派為永久組位址了，如下所示。

224.0.0.0：基底位址（保留）。

224.0.0.1：在本子網路上的所有參加多點傳輸的主機和路由器。

224.0.0.2：在本子網路上的所有參加多點傳輸的路由器。

224.0.0.3：未指派。

224.0.0.4：DVMRP 路由器。

……

224.0.1.0 ～ 238.255.255.255：全球範圍都可使用的多點傳輸位址。

239.0.0.0 ～ 239.255.255.255：限制在一個組織的範圍。

IP 多播可以分為兩種。一種是只在本區域網上進行硬體多點傳輸，另一種則是在 Internet 的範圍內進行多點傳輸。前一種雖然比較簡單，但很重要，因為現在大部分主機是透過區域網連線 Internet 的。在 Internet 上進行多點傳輸的最後階段，還是要把多點傳輸資料封包在區域網上用硬體多點傳輸，硬體多點傳輸也就是乙太網中的多點傳輸資料封包在資料連結層要使用多點傳輸 MAC 位址封裝，多點傳輸 MAC 位址由多點傳輸 IP 位址構造出來。下面詳細講解多點傳輸 MAC 位址。

5.5.3 多點傳輸 MAC 位址

目標位址是多點傳輸 IP 位址的資料封包到達乙太網就要使用多點傳輸 MAC 位址封裝，多點傳輸 MAC 位址使用多點傳輸 IP 位址構造。

為了支援 IP 多點傳輸，IANA 已經為乙太網的 MAC 位址保留了一個多點傳輸位址區間：01-00-5E- 00-00-00 ～ 01-00-5E-7F-FF-FF。多點傳輸 MAC 位址 48 位元的 MAC 位址中的高 25 位元是固定的，為了映射一個 IP 多播位址到 MAC 層的多點傳輸位址，IP 多播位址的低 23 位元可以直接映射為 MAC 層多點傳輸位址的低 23 位元，如圖 5-41 所示。

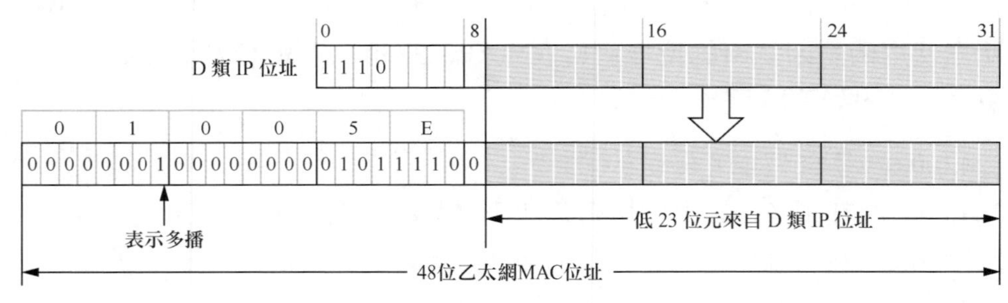

▲ 圖 5-41　多點傳輸 MAC 位址

舉例來說，多點傳輸 IP 位址 224.128.64.32 使用上面的方法構造出的 MAC 位址為 01-00-5E- 00-40-20，如圖 5-42 所示。

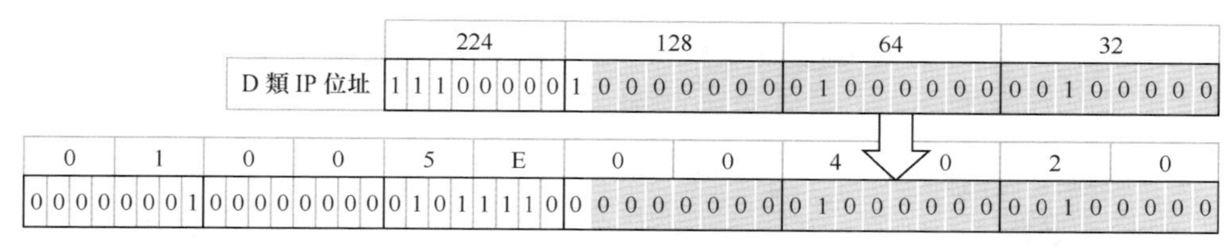

▲ 圖 5-42 多點傳輸位址的構造

多點傳輸 IP 位址 224.0.64.32，使用上面的方法構造出的 MAC 位址也為 01-00-5E-00-40-20，如圖 5-43 所示。

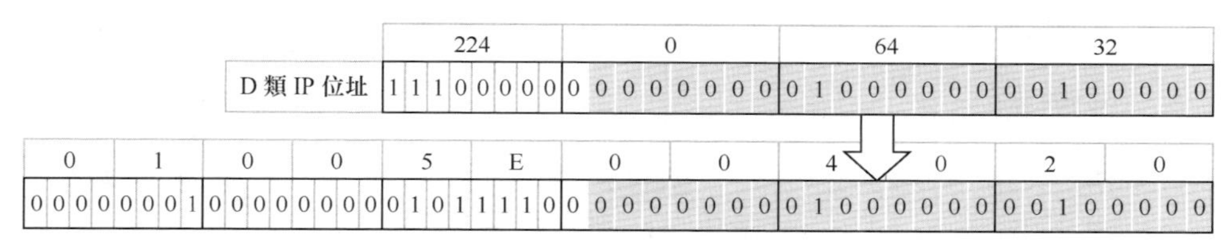

▲ 圖 5-43 構造的多點傳輸位址有可能重複

仔細觀察，就會發現這兩個多點傳輸 IP 位址構造出來的多點傳輸 MAC 位址一樣，也就是說多點傳輸 IP 位址與乙太網硬體位址的映射關係不是唯一的，因此收到多點傳輸資料封包的主機還要進一步根據 IP 位址判斷是否應該接收該資料封包，以便把不該本主機接收的資料封包捨棄。

5.5.4 多點傳輸管理協定（IGMP）

前面介紹的多點傳輸是串流媒體伺服器和接收多點傳輸的電腦在同一個網段的情景，多點傳輸也可以跨網段。舉例來說，串流媒體伺服器在北京總公司的網路中，上海分公司和石家莊分公司的電腦接收串流媒體伺服器的多點傳輸視訊，如圖 5-44 所示。這就要求網路中的路由器啟用多播轉發，多點傳輸資料流程要從路由器 R1 發送到 R2，路由器 R2 將多點傳輸資料流程同時轉發到路由器 R3 和 R4。

如果上海分公司的電腦不再接收 224.4.5.4 多點傳輸視訊，路由器 R4 就會告訴路由器 R2，路由器 R2 就不再向路由器 R4 轉發該多點傳輸資料封包。上海分公司的網路中只要有一台電腦接收該多點傳輸視訊，路由器 R4 就會向路由器 R2 申請該多點傳輸資料封包。

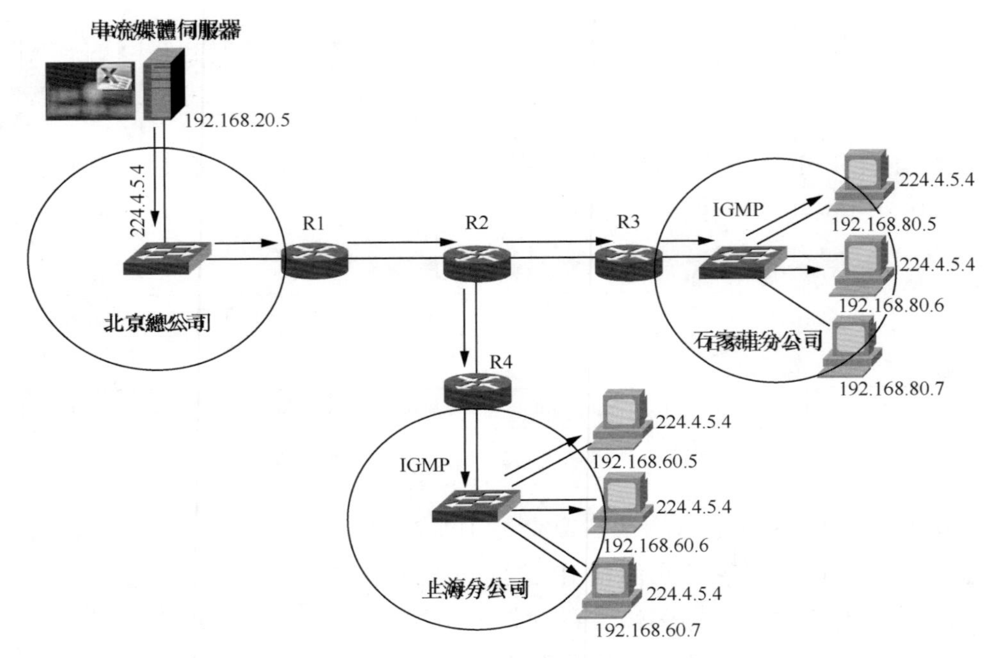

▲ 圖 5-44 路由器轉發多點傳輸串流

這就要求上海分公司的路由器必須知道網路中的電腦正在接收哪些多點傳輸，就要用到 IGMP，上海分公司的主機與本機路由器（R4）之間使用 Internet 組管理協定（IGMP）來進行多點傳輸組成員資訊的互動，用於管理多點傳輸組成員的加入和離開。

IGMP 可以實現以下雙向的功能。

（1）主機透過 IGMP 通知路由器希望接收或拒絕某個特定多點傳輸組的資訊。

（2）路由器透過 IGMP 週期性地查詢區域網內的多點傳輸組成員是否處於活動狀態，實現所連網段組成員關係的收集與維護。

5.6 習題

1. ARP 實現的功能是（　　）。
   A. 域名位址到 IP 位址的解析
   B. IP 位址到域名位址的解析
   C. IP 位址到物理位址的解析
   D. 物理位址到 IP 位址的解析
2. 主機 A 發送 IP 資料封包給主機 B，途中經過了兩個路由器，如圖 5-45 所示。請問在 IP 資料封包的發送過程中哪些網路要用到 ARP ？

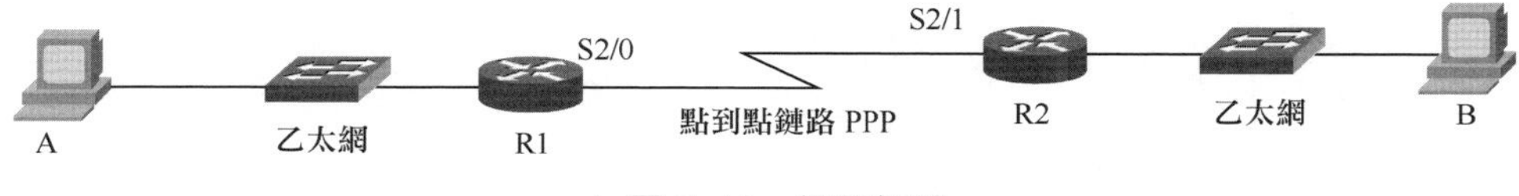

▲ 圖 5-45　網路拓撲

3. 網路層向上提供的服務有哪兩種？試比較其優缺點。
4. 網路互連有何實際意義？進行網路互連時，有哪些共同的問題需要解決？
5. 作為中繼裝置，路由器和閘道有何區別？
6. 試簡單說明 IP、ARP、ICMP、IGMP 的作用。
7. 什麼是最大傳輸單元 MTU ？它和 IP 資料封包表頭中的哪個欄位有關係？
8. 在 Internet 中是將分片傳輸的 IP 資料封包在最後的目的主機進行組裝的。還可以有另一種做法，即資料封包片透過一個網路就進行一次組裝。試比較這兩種方法的優劣。
9. 圖 5-46 所示是為一家企業排除網路故障時捕捉的資料封包。你能發現什麼問題？是哪一台主機在網路上發送 ARP 廣播封包？

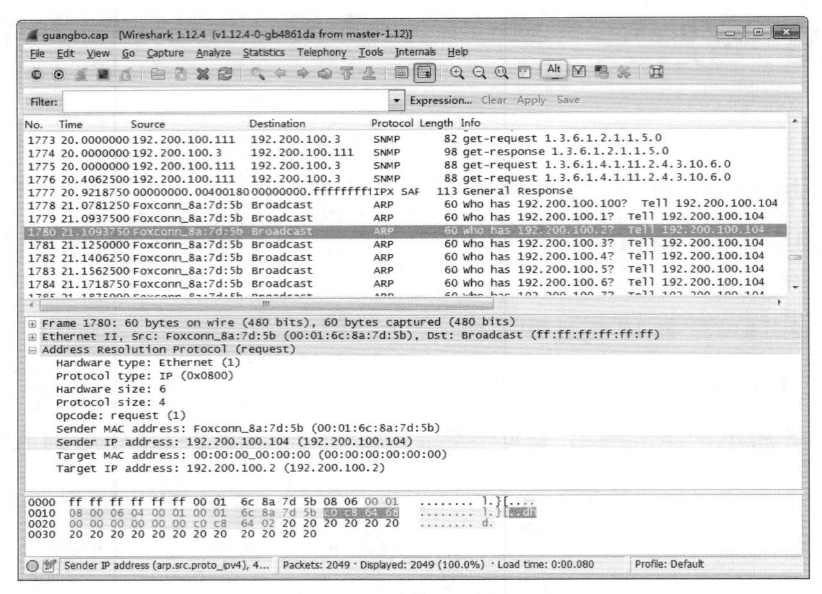

▲ 圖 5-46 封包截取結果

10. 圖 5-47 所示的第 300 個資料封包是一個分片，如何找到和這個分片屬於同一個資料封包的後繼分片？

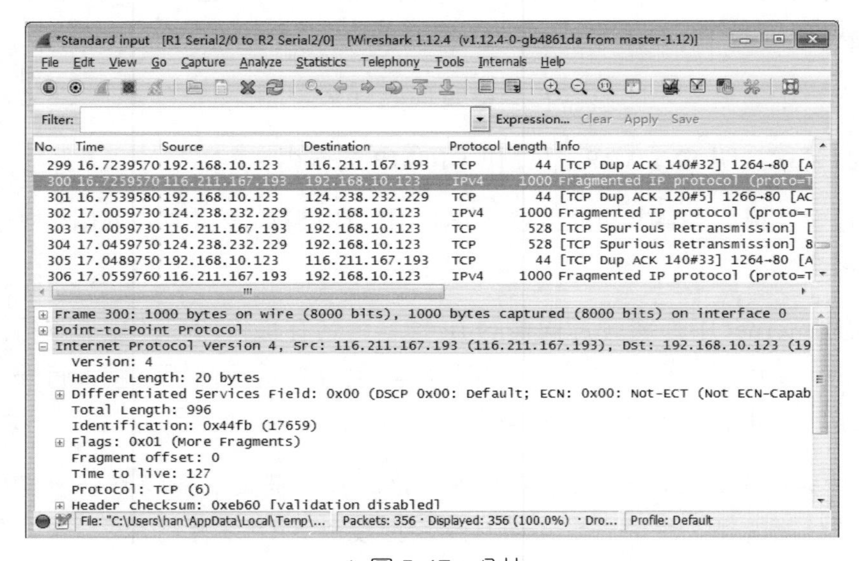

▲ 圖 5-47 分片

11. 連接在同一個交換機上的兩個電腦 A 和 B 的 IP 位址、子網路遮罩和閘道的設定如圖 5-48 所示。電腦 A ping 電腦 B，是否能通？為什麼？

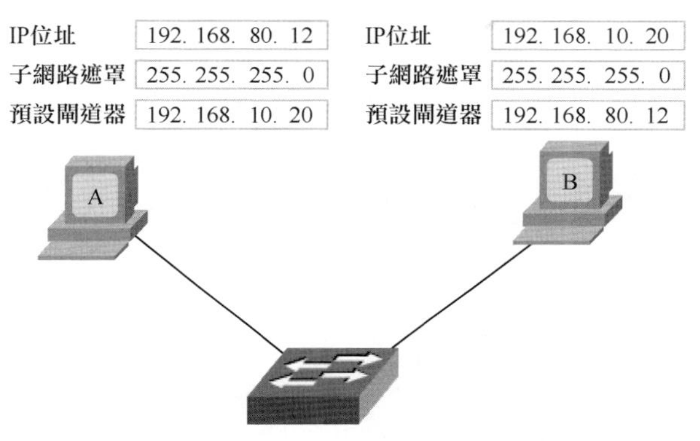

▲ 圖 5-48 連接同一個交換機的兩個電腦

Chapter 06

資料連結層協定

• 本章主要內容 •

- 資料連結層的 3 個基本問題
- 點到點通道的資料連結
- 廣播通道的資料連結
- 擴充乙太網
- 高速乙太網

不同的網路類型有不同的通訊機制（資料連結層協定），資料封包在傳輸過程中透過不同類型的網路，就要使用該網路通訊使用的協定，同時資料封包也要重新封裝成該網路的框架格式。

圖 6-1 所示為兩端使用同軸電纜組建的網路，電腦 A 和電腦 D 通訊要經過鏈路 1、鏈路 2、鏈路 3 和鏈路 4。鏈路通俗一點來講就是一段用於通訊的纜線。鏈路 1 和鏈路 2 是同軸電纜，一條鏈路上有多台電腦，這些電腦使用同一條鏈路進行通訊，這樣的鏈路就是廣播通道。鏈路 2 和鏈路 3 只有兩端連接裝置，這樣的鏈路稱為「點到點通道」。

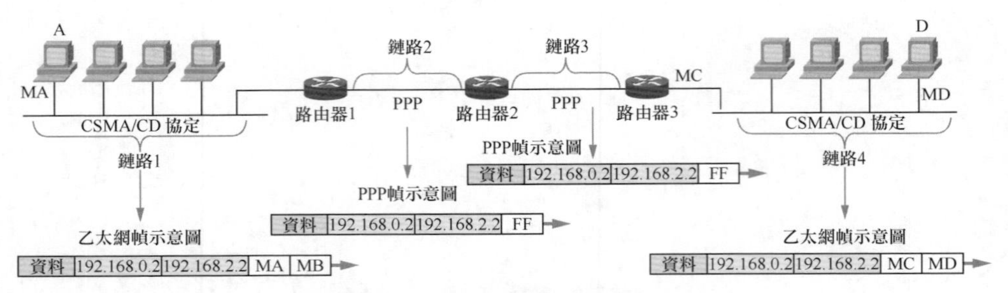

▲ 圖 6-1　鏈路和資料連結層協定

鏈路加上資料連結層協定才能實現資料傳輸，資料連結層協定負責把資料從鏈路的一端發送到另一端，資料連結層協定的甲方和乙方是同一鏈路上的裝置。

本章先講解資料連結層要解決的 3 個基本問題：封裝成幀、透明傳輸、差錯檢驗；再講解兩種類型的資料連結層，即點到點通道的資料連結層和廣播通道的資料連結層，這兩種資料連結層的通訊機制不一樣，使用的協定也不一樣，點到點通道使用 PPP（Point to Point Protocol），廣播通道使用帶衝突檢測的載體監聽多路存取協定（CSMA/CD 協定）。

使用集線器或同軸電纜組建的網路就是廣播通道的網路，網路中的電腦發送資料就要使用 CSMA/CD 協定，使用 CSMA/CD 協定的網路就是乙太網，乙太網框架格式如圖 6-1 所示。

圖 6-1 中的路由器 1 和路由器 2、路由器 2 和路由器 3 相連的鏈路就是點到點通道。適合在點到點通道通訊的協定有 PPP，PPP 框架格式如圖 6-1 所示。在點到點通道中也可以使用其他協定，如高階資料連結控制（High-Level Data Link Control，HDLC）協定，不過 HDLC 框架格式和 PPP 框架格式不同。

當然網路的類型也不是只有這兩種，如框架轉送（frame relay）交換機連接的網路類型，資料封包透過框架轉送的網路，就要封裝成框架轉送協定的框架格式。

6.1 資料連結層的 3 個基本問題

6.1.1 資料連結和幀

請讀者注意，在本書中鏈路和資料連結是有區別的。

鏈路（Link）是指從一個節點到相鄰節點的一段物理線路（有線或無線），中間沒有任何其他的交換節點。電腦通訊的路徑往往要經過許多段這樣的鏈路。鏈路只是一條路徑的組成部分。

電腦 A 到電腦 B 要經過鏈路 1、鏈路 2、鏈路 3、鏈路 4 和鏈路 5，如圖 6-2 所示。集線器不是交換節點，因此電腦 A 和路由器 1 之間是一條鏈路，而電腦 B 和路由器 3 之間使用交換機連接，這就是兩條鏈路──鏈路 4 和鏈路 5。

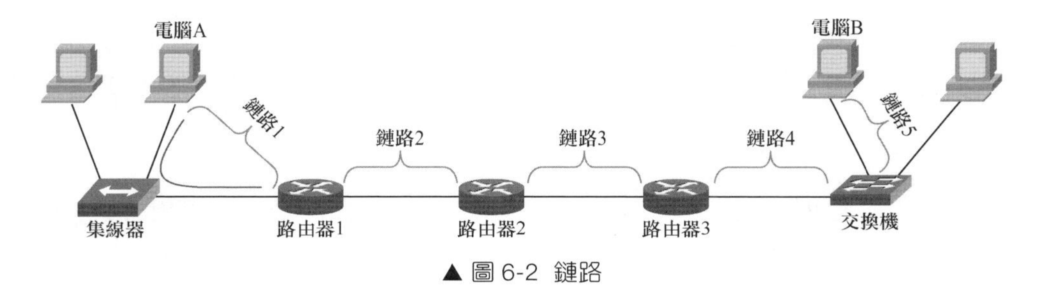

▲ 圖 6-2 鏈路

資料連結（data link）則是另一個概念，這是因為當需要在一筆線路上傳輸資料時，除了必須有一條物理線路外，還必須有一些必要的通訊協定來控制這些資料的傳輸。若把實現這些協定的硬體和軟體加到鏈路上，就組成了資料連結。現在最常用的方法是使用網路介面卡（既有硬體也有軟體）來實現這些協定。一般的介面卡包括資料連結層和物理層這兩層的功能。

早期的資料通訊協定曾叫作「通訊規程」(procedure)。因此，在資料連結層，規程和協定是同義字。

下面介紹點對點通道的資料連結層的協定資料單元──幀。

資料連結層把網路層交下來的資料封裝成幀發送到鏈路上，並把接收到的幀中的資料取出上交給網路層。在 Internet 中，網路層的協定資料單元就是 IP 資料封包（或簡稱為「資料封包」、「分組」或「封包」）。資料連結層封裝的幀，在物理層變成數位訊號在鏈路上傳輸，如圖 6-3 所示。

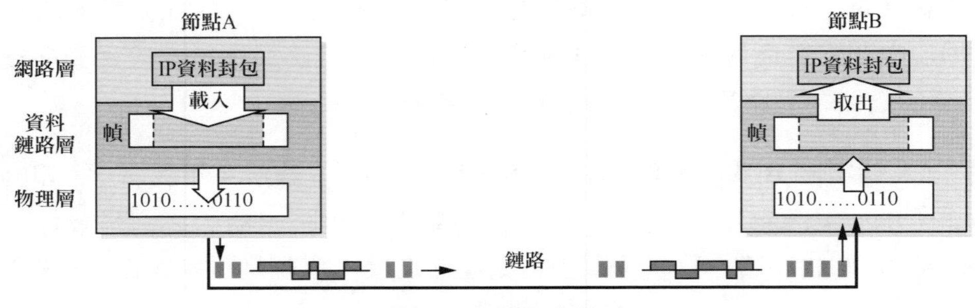

▲ 圖 6-3 3 層簡化模型

本章探討資料連結層，就不考慮物理層如何實現位元傳輸的細節，我們可以簡單地認為資料幀透過資料連結由節點 A 發送到節點 B，如圖 6-4 所示。

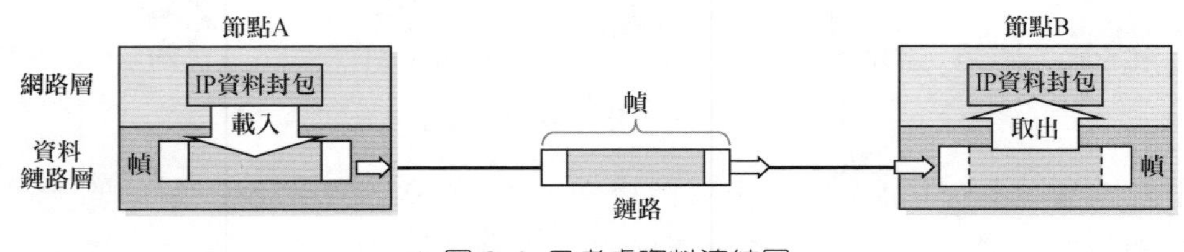

▲ 圖 6-4 只考慮資料連結層

資料連結層把網路層交下來的 IP 資料封包增加表頭和尾部後封裝成幀，節點 B 收到後檢測幀在傳輸過程中是否產生差錯。如果無差錯，節點 B 將把 IP 資料封包上交給網路層；如果有差錯，則捨棄。

6.1.2 資料連結層的 3 個基本問題詳解

資料連結層的協定有許多種，但有 3 個基本問題是共同的。這 3 個基本問題是：封裝成幀、透明傳輸和差錯檢驗。下面針對這 3 個基本問題進行詳細討論。

1. 封裝成幀

封裝成幀就是將網路層的 IP 資料封包的前後分別增加表頭和尾部，這樣就組成了一個幀。不同的資料連結層協定的幀的表頭和尾部包含的資訊有明確的規定，幀的表頭和尾部有幀開始符和幀結束符號，稱為「幀界定符號」，如圖 6-5 所示。接收方收到物理層傳過來的數位訊號，就從幀開始符一直讀取到幀結束符號，這被認為接收到了一個完整的幀。

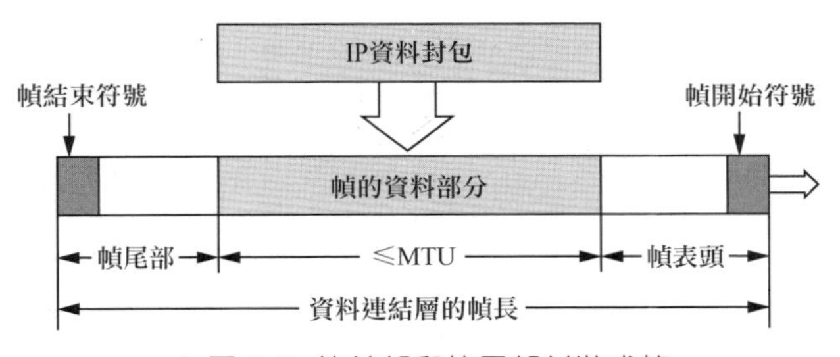

▲ 圖 6-5 幀首部和幀尾部封裝成幀

當資料傳輸中出現差錯時，幀界定符號的作用更加明顯。如果發送端在尚未發送完一個幀時突然出現故障，中斷發送，接收端收到了只有幀開始符沒有幀結束符號的幀，就會認為是一個不完整的幀，必須捨棄。

為了提高資料連結層的傳輸效率，應當使幀的資料部分盡可能大於表頭和尾部的長度。但是每一種資料連結層協定都規定了所能傳輸的幀的資料部分長度的上限——最大傳輸單元（Maximum Transfer Unit，MTU），乙太網的 MTU 為 1500 位元組，MTU 指的是資料部分的長度，如圖 6-5 所示。

2. 透明傳輸

幀開始符和幀結束符號最好選擇不會出現在幀的資料部分的字元，通常能夠透過鍵盤輸入的字元是 ASCII 字元程式表中的列印字元。在 ASCII 字元程式表中還有非列印控制字元，其中有兩個字元專門用來做幀界定符號，如圖 6-6 所示。程式 SOH（start of header）作為幀開始界定符號，對應的二進位編碼為 0000 0001；程式 EOT（end of transmission）作為幀結束界定符號，對應的二進位編碼為 0000 0100。本例說明幀界定符號最好避免和要傳輸的資料相同，不同的資料連結層協定定義了不同的幀界定符號。如果傳輸的資料恰巧出現了幀界定符號，那麼資料連結層協定就要定義解決辦法，比如 PPP 幀的零位元填充法和字元填充法。

ASCII control characters			ASCII printable characters						Extended ASCII characters							
00	NULL	(Null character)	32	space	64	@	96	`	128	Ç	160	á	192	└	224	Ó
01	SOH	(Start of Header)	33	!	65	A	97	a	129	ü	161	í	193	┴	225	ß
02	STX	(Start of Text)	34	"	66	B	98	b	130	é	162	ó	194	┬	226	Ô
03	ETX	(End of Text)	35	#	67	C	99	c	131	â	163	ú	195	├	227	Ò
04	EOT	(End of Trans.)	36	$	68	D	100	d	132	ä	164	ñ	196	─	228	õ
05	ENQ	(Enquiry)	37	%	69	E	101	e	133	à	165	Ñ	197	┼	229	Õ
06	ACK	(Acknowledgement)	38	&	70	F	102	f	134	å	166	ª	198	ã	230	µ
07	BEL	(Bell)	39	'	71	G	103	g	135	ç	167	º	199	Ã	231	þ
08	BS	(Backspace)	40	(	72	H	104	h	136	ê	168	¿	200	╚	232	Þ
09	HT	(Horizontal Tab)	41	)	73	I	105	i	137	ë	169	®	201	╔	233	Ú
10	LF	(Line feed)	42	*	74	J	106	j	138	è	170	¬	202	╩	234	Û
11	VT	(Vertical Tab)	43	+	75	K	107	k	139	ï	171	½	203	╦	235	Ù
12	FF	(Form feed)	44	,	76	L	108	l	140	î	172	¼	204	╠	236	ý
13	CR	(Carriage return)	45	-	77	M	109	m	141	ì	173	¡	205	═	237	Ý
14	SO	(Shift Out)	46	.	78	N	110	n	142	Ä	174	«	206	╬	238	¯
15	SI	(Shift In)	47	/	79	O	111	o	143	Å	175	»	207	¤	239	´
16	DLE	(Data link escape)	48	0	80	P	112	p	144	É	176	░	208	ð	240	≡
17	DC1	(Device control 1)	49	1	81	Q	113	q	145	æ	177	▒	209	Ð	241	±
18	DC2	(Device control 2)	50	2	82	R	114	r	146	Æ	178	▓	210	Ê	242	‗
19	DC3	(Device control 3)	51	3	83	S	115	s	147	ô	179	│	211	Ë	243	¾
20	DC4	(Device control 4)	52	4	84	T	116	t	148	ö	180	┤	212	È	244	¶
21	NAK	(Negative acknowl.)	53	5	85	U	117	u	149	ò	181	Á	213	ı	245	§
22	SYN	(Synchronous idle)	54	6	86	V	118	v	150	û	182	Â	214	Í	246	÷
23	ETB	(End of trans. block)	55	7	87	W	119	w	151	ù	183	À	215	Î	247	¸
24	CAN	(Cancel)	56	8	88	X	120	x	152	ÿ	184	©	216	Ï	248	°
25	EM	(End of medium)	57	9	89	Y	121	y	153	Ö	185	╣	217	┘	249	¨
26	SUB	(Substitute)	58	:	90	Z	122	z	154	Ü	186	║	218	┌	250	·
27	ESC	(Escape)	59	;	91	[	123	{	155	ø	187	╗	219	█	251	¹
28	FS	(File separator)	60	<	92	\	124	|	156	£	188	╝	220	▄	252	³
29	GS	(Group separator)	61	=	93	]	125	}	157	Ø	189	¢	221	¦	253	²
30	RS	(Record separator)	62	>	94	^	126	~	158	×	190	¥	222	Ì	254	■
31	US	(Unit separator)	63	?	95	_			159	ƒ	191	┐	223	▀	255	nbsp
127	DEL	(Delete)														

▲ 圖 6-6 ASCII 字元程式表 (來源：https://computersciencewiki.org/index.php/ASCII)

如果傳輸的是用文字檔組成的幀時（文字檔中的字元都是使用鍵盤輸入的可列印字元），其資料部分顯然不會出現 SOH 或 EOT 這樣的幀界定符號。可見不管從鍵盤輸入什麼字元，都可以放在這樣的幀中傳輸。

當資料部分是非 ASCII 字元程式表的文字檔時（如二進位碼的電腦程式或圖型等），情況就不同了。如果資料中的某一段二進位碼正好和 SOH 或 EOT 幀界定符號的編碼一樣，接收端就會誤認為這就是幀的邊界。接收端收到資料部分出現 EOT 幀界定符號，就誤認為接收到了一個完整的幀，後面的部分因為沒有幀開始界定符號而被認為是無效幀遭到捨棄，如圖 6-7 所示。

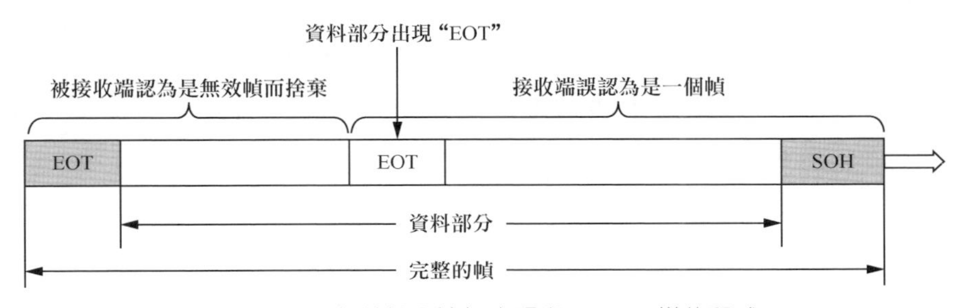

▲ 圖 6-7 資料部分恰好出現與 EOT 一樣的程式

現在就要想辦法，讓接收端能夠區分幀中的 EOT 或 SOH 是資料部分還是幀界定符號，我們可以在資料部分出現的幀界定符號編碼前面插入逸出字元。在 ASCII 字元程式表中，有一個非列印字元（程式是 ESC，二進位編碼為 0001 1011）專門作為逸出字元。接收端收到後提交給網路層之前去掉逸出字元，並認為逸出字元後面的字元為資料，如果資料部分有逸出字元 ESC 的編碼，就需要在 ESC 字元編碼前再插入一個 ESC 字元編碼，接收端收到後去掉插入的逸出字元編碼，並認為後面的 ESC 字元編碼是資料。

舉例來說，節點 A 給節點 B 發送資料幀，在發送到資料連結之前，在資料中出現 SOH、ESC 和 EOT 字元編碼之前的位置插入逸出字元 ESC 的編碼，這個過程就是位元組填充。節點 B 接收之後，再去掉填充的逸出字元，視逸出字元後的字元為資料，如圖 6-8 所示。

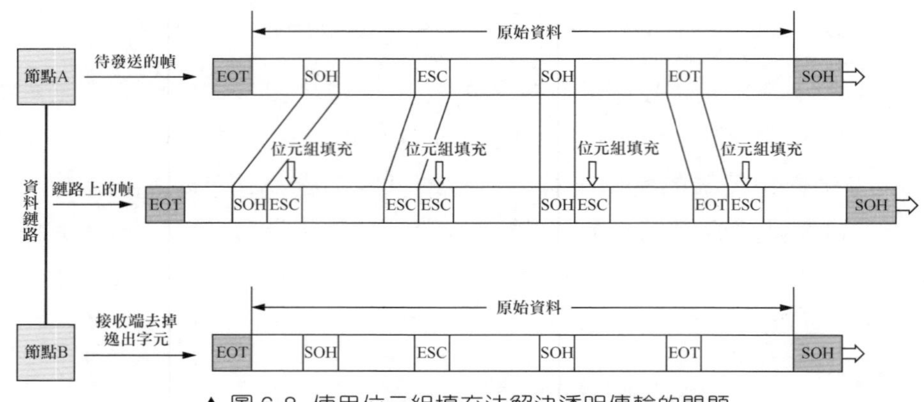

▲ 圖 6-8 使用位元組填充法解決透明傳輸的問題

發送節點 A 在發送幀之前在原始資料中的必要位置插入逸出字元，接收節點 B 收到資料後去掉逸出字元，又得到原始資料，中間插入逸出字元是要確保傳輸的原始資料原封不動地發送到節點 B，這個過程稱為「透明傳輸」。

3. 差錯檢驗

現實的通訊鏈路都不是理想的。這就是說，位元在傳輸過程中可能會產生差錯：1 可能會變成 0，而 0 也可能變成 1，這就叫作「位元差錯」。位元差錯是傳輸差錯中的一種。在一段時間內，傳輸錯誤的位元佔所傳輸的位元總數的比率稱為位元錯誤率（Bit Error Rate，BER）。舉例來說，位元錯誤率為 10^{-10} 時，表示平均每傳輸 1010 個位元就會出現一個位元的差錯。位元錯誤率與訊號雜訊比有很大的關係。如果設法提高訊號雜訊比，就可以使位元錯誤率降低。但實際的通訊鏈路並非理想的，不可能使位元錯誤率下降到零。因此，為了保證資料傳輸的可靠性，在電腦網路傳輸資料時，必須採用各種差錯檢驗措施。目前在資料連結層廣泛使用循環容錯核心對（Cyclic Redundancy Check，CRC）的差錯檢驗技術。

要想讓接收端能夠判斷幀在傳輸過程是否出現差錯，需要在傳輸的幀中包含用於檢測錯誤的資訊，這部分資訊就稱為「幀驗證序列」（Frame Check Sequence，FCS）。

下面透過簡單的例子來說明如何使用循環容錯核心對（CRC）技術來計算幀驗證序列（FCS）。CRC 運算就是在資料（M）的後面增加供差錯檢測用的 n 位元容錯碼，然後組成一個幀發送出去。要使用幀的資料部分和資料連結層表頭合起來的資料（M=101001）來計算 n 位元幀驗證序列（FCS），並放到幀的尾部，如圖 6-9 所示，那麼驗證序列如何計算呢？

▲ 圖 6-9 計算 FCS

首先在要驗證的二進位資料 M=101001 後面增加 n 位元 0，再除以收發雙方事先商定好的 n+1 位元的除數 P，得出的商是 Q，而餘數是 R（n 位元，比除數少一位元），這個 n 位元餘數 R 就是計算出的 FCS。

假如要得到 3 位元幀驗證序列，就要在 M 後面增加 3 個 0，成為 101001000，假設事先商定好的除數 P =1101（4 位元），如圖 6-10 所示，做完除法運算後餘數是 001，001 將增加到幀的尾部作為幀驗證序列（FCS），得到的商 Q =110101，但這個商並沒有什麼用途。

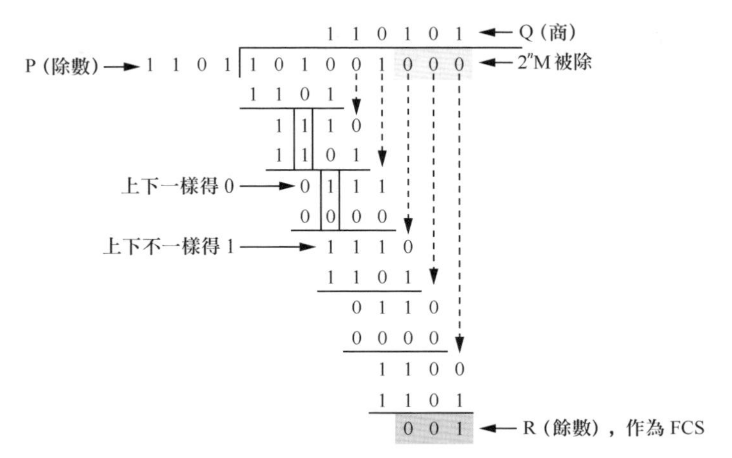

▲ 圖 6-10 循環容錯核心對原理

將計算出的幀驗證序列 FCS=001 和要發送的資料 M=101001 一起發送到接收端，如圖 6-11 所示。

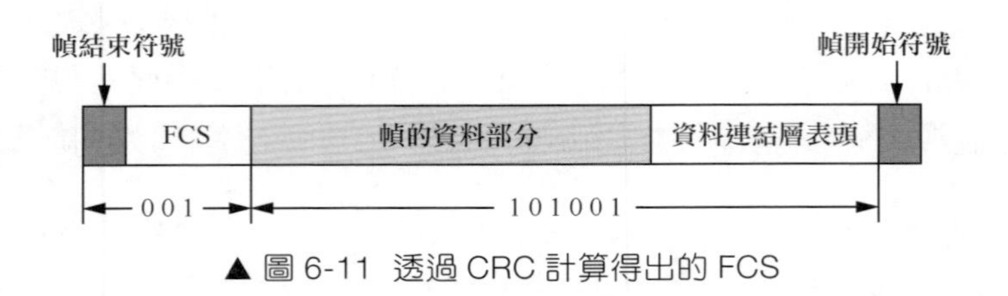

▲ 圖 6-11 透過 CRC 計算得出的 FCS

接收端收到後，會使用 M 和 FCS 合成一個二進位數字 101001001，再除以 P =1101，如果在傳輸過程沒有出現差錯，則餘數是 0。讀者可以自行計算一下，看看結果。如果出現誤碼，餘數為 0 的機率將非常非常小。

接收端對收到的每一幀都進行 CRC 檢驗，如果得到的餘數 R 等於 0，則斷定該幀沒有差錯，就接收。若餘數 R 不等於 0，則斷定這個幀有差錯（無法確定究竟是哪一位元或哪幾位元出現了差錯，也不能校正），就捨棄。這時對通訊的兩個電腦來說，就出現封包遺失現象了，不過通訊的兩個電腦傳輸層的 TCP 可以實現可靠傳輸（如封包遺失重傳）。

電腦通訊往往需要經過多條鏈路，IP 資料封包經過路由器，網路層表頭會發生變化，舉例來說，經過一個路由器轉發，網路層表頭的 TTL（存活時間）會減 1，或經過設定通訊埠位址轉換（PAT）路由器，IP 資料封包的來源位址和來源通訊埠會被修改，這就相當於幀的資料部分被修改，並且 IP 資料封包從一個鏈路發送到下一個鏈路，每條鏈路的協定要是不同，資料連結層表頭格式也會不同，且幀開始符和幀結束符號也會不同。這都需要將幀進行重新封裝，重新計算幀驗證序列。

在資料連結層，發送端幀驗證序列 FCS 的生成和接收端的 CRC 檢驗都是用硬體完成的，處理很迅速，因此並不會延誤資料的傳輸。

6.2 點到點通道的資料連結

點到點通道是指一條鏈路上就只有一個發送端和一個接收端的通道，通常用在廣域網路鏈路。舉例來說，兩個路由器透過序列埠（廣域網路通訊埠）相連，如圖 6-12 所示，或家庭使用者使用數據機透過電話線撥號連線 ISP，如圖 6-13 所示，這都是點到點通道。

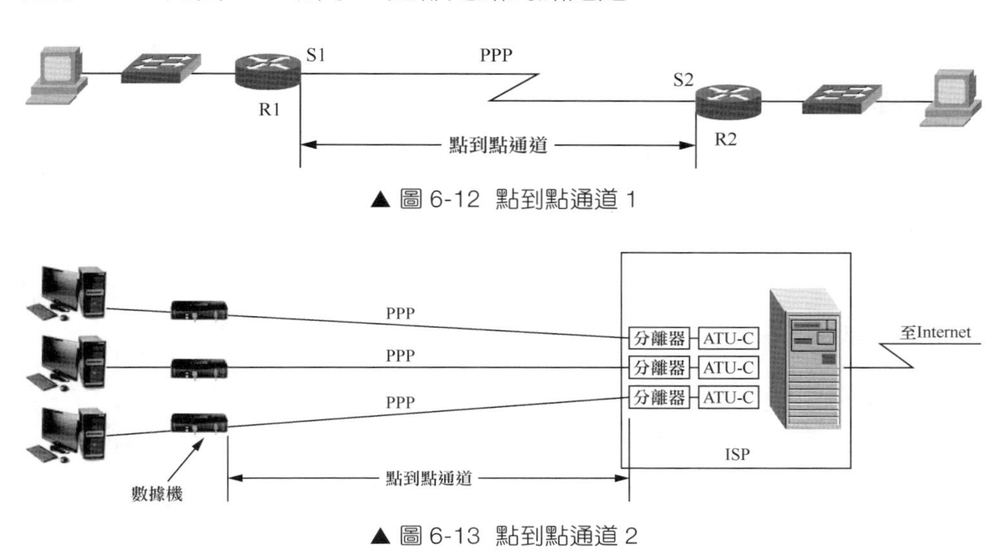

▲ 圖 6-12 點到點通道 1

▲ 圖 6-13 點到點通道 2

在通訊線路品質較差的年代，在資料連結層使用可靠傳輸協定曾經是一種好辦法。因此，能實現可靠傳輸的 HDLC 就成為當時比較流行的資料連結層協定。但現在 HDLC 已很少使用了。對於點到點通道，比 HDLC 簡單得多的點到點協定（PPP）則是目前使用較廣泛的資料連結層協定。

6.2.1 PPP 的特點

適用於點到點通道的協定有很多，當前應用較廣泛的協定是 PPP。PPP 在 1994 年成為 Internet 的正式標準。這表示該協定是開放式協定，是不同廠商的網路裝置都支持的協定。

PPP 有資料連結層的 3 個功能，即封裝成幀、透明傳輸和差錯檢驗，同時還有一些特性。

1. 簡單

PPP 不負責可靠傳輸、校正和流量控制，也不需要給幀編號，接收端收到幀後就進行 CRC 檢驗，如果 CRC 檢驗正確，就接收該幀，反之就直接捨棄，其他什麼也不做。

2. 封裝成幀

PPP 必須規定特殊的字元作為幀界定符號（每種資料連結層協定都有特定的幀界定符號），以便使接收端能從收到的位元流中準確地找出幀的開始和結束位置。

3. 透明傳輸

PPP 必須保證資料傳輸的透明性。這就是說，如果資料中碰巧出現了和幀界定符號一樣的位元組合時，就要採取有效的措施來解決這個問題。

4. 差錯檢驗

PPP 必須能夠對接收端收到的幀進行檢驗，並立即捨棄有差錯的幀。若在資料連結層不進行差錯檢驗，那麼已出現差錯的無用幀就還要在網路中繼續向前轉發，這樣會白白浪費許多網路資源。

5. 支持多種網路層協定

PPP 必須能夠在同一筆物理鏈路上同時支援多種網路層協定（如 IP 和 IPv6 等）的運行。這就表示 IP 資料封包和 IPv6 資料封包都可以封裝在 PPP 幀中進行傳輸。

6. 支持多種類型鏈路

除了要支持多種網路層的協定外，PPP 還必須能夠在多種類型的鏈路上運行。舉例來說，串列的（一次只發送一個位元）或平行的（一次平行地發送多個位元），同步的或非同步的，低速的或高速的，電的或光的，交換的（動態的）或非交換的（靜態的）點到點通道。

7. 自動檢測連接狀態

PPP 必須具有一種機制能夠及時（不超過幾分鐘）自動檢測出鏈路是否處於正常執行狀態。當出現故障的鏈路隔了一段時間後又重新恢復正常執行時，就特別需要有這種及時檢測功能。

8. 可設定最大傳輸單元標準值

PPP 必須對每一種類型的點到點通道設定最大傳輸單元的標準預設值。這樣做是為了促進各種實體之間的互通性。如果高層協定發送的分組過長並超過 MTU 的數值，PPP 就要捨棄這樣的幀，並返回差錯。需要強調的是，MTU 是資料連結層的幀可以酬載的資料部分的最大長度，而非幀的總長度。

9. 網路層位址協商

PPP 必須提供一種機制使通訊的兩個網路層（如兩個 IP 層）的實體能夠透過協商知道或設定彼此的網路層位址。使用 ADSL 數據機撥號存取 Internet，ISP 會給撥號的電腦分配一個公網位址，這就是 PPP 的功能。

10. 資料壓縮協商

PPP 必須提供一種方法來協商使用資料壓縮演算法，但 PPP 並不要求將資料壓縮演算法進行標準化。

6.2.2 PPP 的組成

PPP 由 3 個部分組成，如圖 6-14 所示。

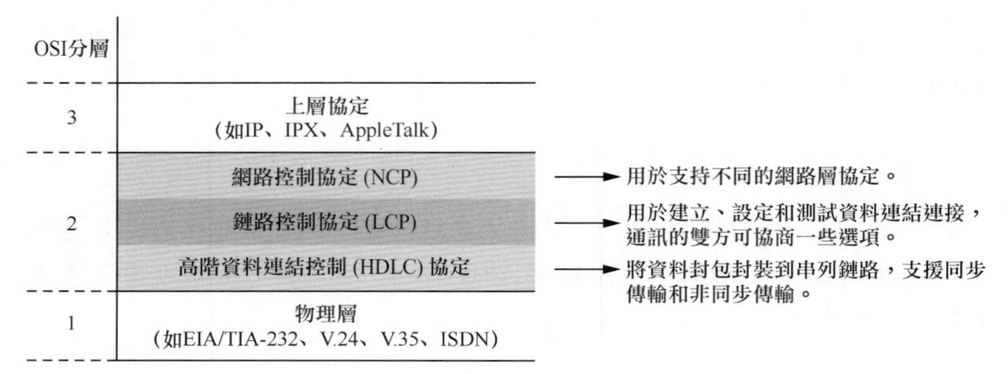

▲ 圖 6-14 PPP 的 3 個組成部分

1. 高階資料連結控制協定

高階資料連結控制（High-level Data Link Control，HDLC）協定是將 IP 資料封包封裝到串列鏈路的方法。PPP 既支援非同步鏈路（無同位的 8 位元資料），也支援針對位元的同步鏈路。IP 資料封包在 PPP 幀中就是其資訊部分，這個資訊部分的長度受 MTU 的限制。

2. 鏈路控制協定

鏈路控制協定（Link Control Protocol，LCP）用於建立、設定和測試資料連結連接，通訊的雙方可協商一些選項。

3. 網路控制協定

網路控制協定（Network Control Protocol，NCP）中的每一個協定支持不同的網路層協定，如 IP、IPv6、DECnet，以及 AppleTalk 等。

6.2.3 同步傳輸和非同步傳輸

點到點通道通常是廣域網路串列通訊。串列通訊可以分為兩種類型：和步通訊和非同步通訊。下面講解一下它們之間的差別。

1. 同步傳輸

在數位通訊中，同步（synchronous）是十分重要的。為了保證傳輸訊號的完整性和準確性，要求接收端時鐘與發送端時鐘保持相同的頻率，以保證單位時間讀取的訊號單元數相同，即保證傳輸訊號的準確性。

同步傳輸（synchronous transmission）以資料幀為單位傳輸資料，可採用字元形式或位元組合形式的幀同步訊號，在短距離的高速傳輸中，該時鐘訊號可由專門的時鐘線路傳輸，由發送端或接收端提供專用於同步的時鐘訊號。電腦網路採用同步傳輸方式時，常將時鐘同步訊號（前同步碼）植入資料訊號幀中，以實現接收端與發送端的時鐘同步。

發送端發送的幀在幀開始界定符號前植入了前同步碼，用於同步接收端時鐘，前同步碼後面是一個完整的幀，如圖 6-15 所示。

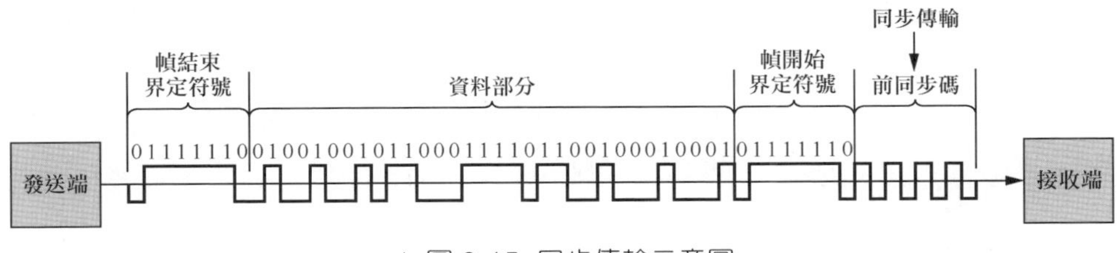

▲ 圖 6-15 同步傳輸示意圖

2. 非同步傳輸

非同步傳輸（asynchronous transmission）以字元為單位傳輸資料，發送端和接收端具有相互獨立的時鐘（頻率相差不能太多），並且兩者中的任意一方都不需要向對方提供時鐘同步訊號。非同步傳輸的發送端與接收端在資料可以傳輸之前不需要協調，發送端可以在任何時刻發送資料，而接收端必須隨時都處於準備接收資料的狀態。電腦主機與輸入、輸出裝置之間一般採用非同步傳輸方式，如鍵盤可以在任何時刻發送一個字元，這取決於使用者何時輸入。

非同步傳輸存在一個潛在的問題，即接收方並不知道資料會在什麼時候到達。在它檢測到資料並做出回應之前，第一個位元已經過去了。這就像有人出乎意料地從後面走上來跟你說話，而你沒來得及反應，就已經漏掉了最前面的幾個詞一樣。因此，每次非同步傳輸的資訊都以一個起始位元開頭，它通知接收端資料已經到達了，這就給了接收端回應、接收和快取資料位元的時間；在傳輸結束時，一個停止位元表示該次傳輸資訊的終止。按照慣例，空閒（沒有傳輸資料）的線路實際攜帶著一個代表二進位 1 的訊號，非同步傳輸的開始位元使訊號變成 0，其他的位元使訊號隨傳輸的資料資訊而變化。最後，停止位元使訊號重新變回 1，該訊號一直保持到下一個開始位元到達。舉例來說，鍵盤上的數字 "1" 按照 8 位元的擴充 ASCII 編碼將發送 "00110001"，同時需要在 8 位元的前面加一個起始位元，後面加一個停止位元。

如果發送端以非同步傳輸的方式發送幀到接收端，則需要將發送的幀拆分成以字元為單位進行傳輸，每個字元前有一位元起始位元，後有一位元停止位元。字元之間的時間間隔不固定。接收端收到這些陸續到來的字元，照樣可以組裝成一個完整的幀，如圖 6-16 所示。

非同步傳輸的實現比較容易，由於每個資訊都加上了「同步」資訊，因此計時的漂移不會產生大的累積，但卻產生了較多的負擔。在上面的例子中，每 8 個位元要多傳輸 2 個位元，整體傳輸負載就增加 25%。對資料傳輸量很小的低速裝置來說問題不大，但對那些資料傳輸量很大的高速裝置來說，25% 的負載加值就相當嚴重了。因此，非同步傳輸常用於低速裝置。

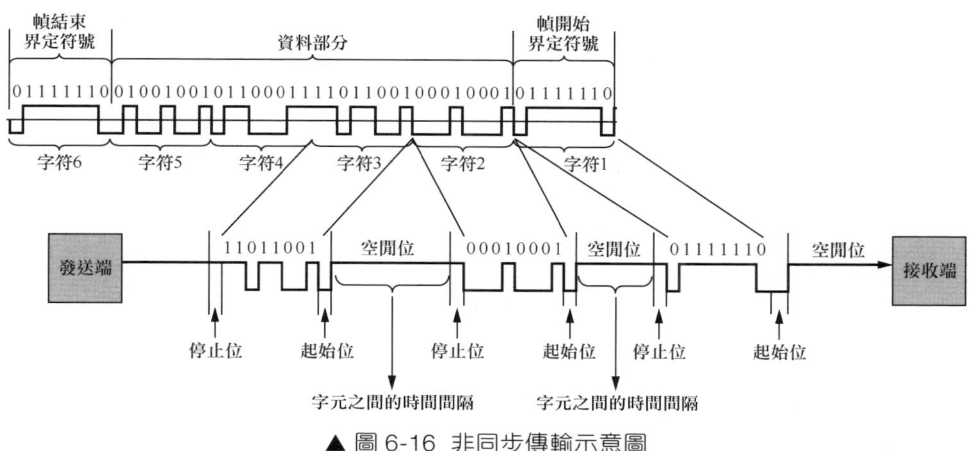

▲ 圖 6-16 非同步傳輸示意圖

非和步傳輸和同步傳輸的差別如下。

（1）非同步傳輸是針對字元的傳輸，而同步傳輸是針對位元的傳輸。

（2）非同步傳輸的單位是字元，而同步傳輸的單位是幀。

（3）非同步傳輸透過字元起止的開始碼和停止碼抓住再同步的機會，而同步傳輸則是從前同步碼中取出同步資訊。

（4）非同步傳輸相比同步傳輸，其效率較低。

6.2.4 封包截取查看 PPP 的幀表頭

打開配套資源第 6 章 "01 PPP" eNSP 模擬器專案，啟動路由器，捕捉路由器 AR1 和 AR2 相連鏈路上的資料封包，同時要確保連接這兩個路由器序列埠通訊使用 PPP，按右鍵路由器 AR1，在彈出的快顯功能表中點擊「資料封包截取」→ "Serial 2/0/0"，如圖 6-17 所示，開始封包截取，在 PC1 上 ping PC2。

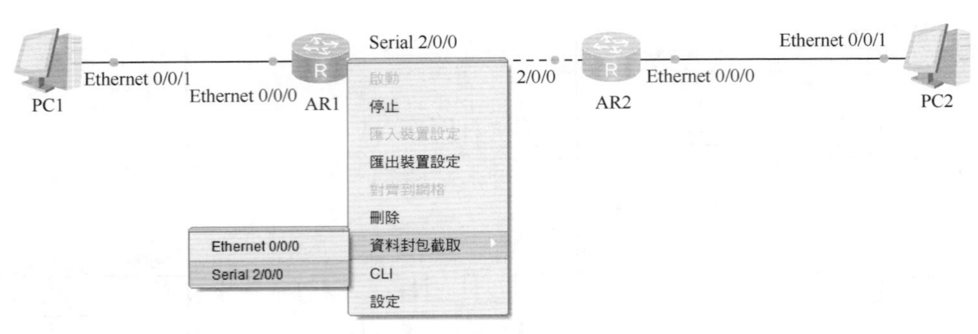

▲ 圖 6-17 捕捉 PPP 資料幀

查看捕捉的 PPP 幀，可以看到前面的幀的協定為 PPP LCP，也就是鏈路控制協定。選中其中第 4 個幀，點擊 Point-to-Point Protocol，可以看到 PPP 幀表頭有 3 個欄位，如圖 6-18 所示。

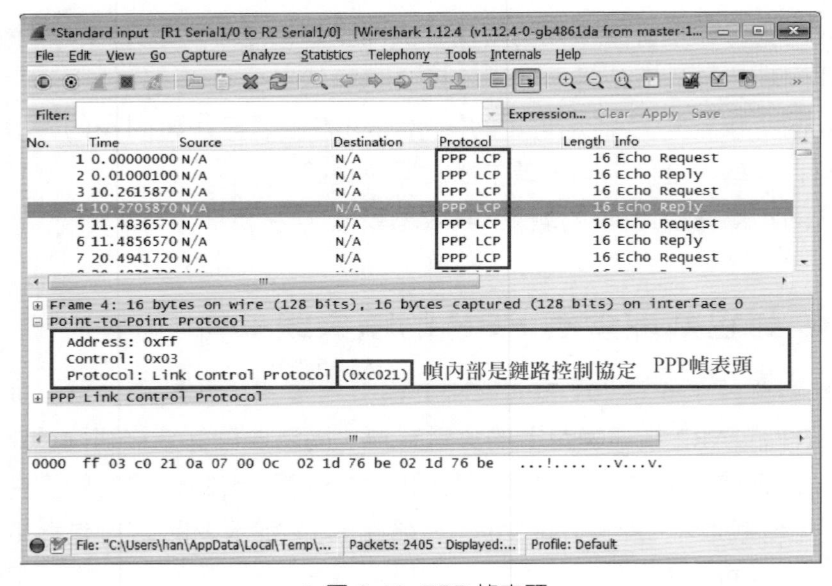

▲ 圖 6-18 PPP 幀表頭

Address 欄位的值為 0xff，0x 表示後面的 ff 為十六進位數，寫成二進位為 1111 1111，佔一位元組的長度。點到點通道 PPP 幀中的位址欄位形同虛設，可以看到沒主動位址和目標位址。

Control 欄位的值為 0x03，寫成二進位為 0000 0011，佔一位元組長度。最初曾考慮過以後對位址欄位和控制欄位的值進行其他定義，但至今也沒列出。

Protocol 欄位佔兩位元組，不同的值用來標識 PPP 幀內的資訊是什麼資料。

0x0021── PPP 幀的資訊欄位就是 IP 資料封包。
0xc021──資訊欄位是 PPP 鏈路控制資料。
0x8021──表示這是網路控制資料。
0xc023──資訊欄位是安全性認證 PAP。
0xc025──資訊欄位是 LQR。
0xc223──資訊欄位是安全性認證 CHAP。

選中後面捕捉到的資料封包，查看一個 Protocol 是 TCP 的幀，可以看到資料幀表頭的 Protocol 欄位為 0x0021，表示 PPP 幀的資訊欄位就是 IP 資料封包，如圖 6-19 所示。

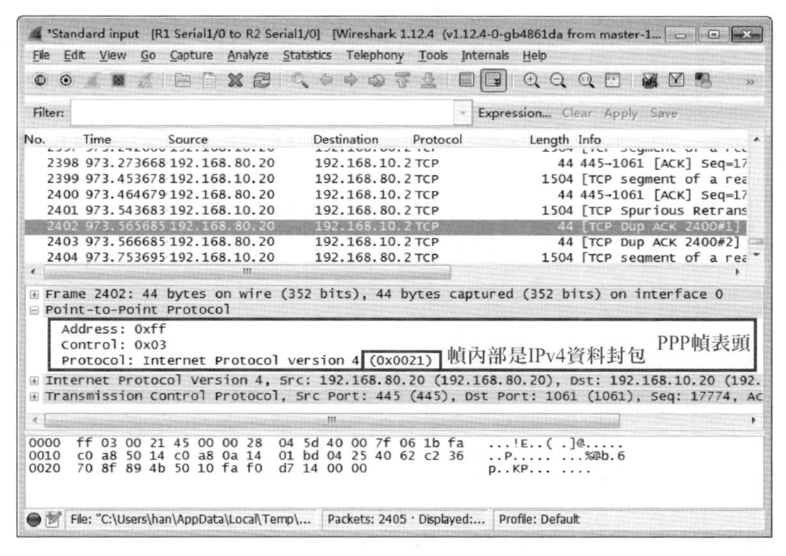

▲ 圖 6-19 PPP 幀表頭的 Protocol 欄位

6.2.5 PPP 框架格式

前面分析了 PPP 幀表頭格式，並沒有看到幀表頭的幀開始界定符號，也沒有看到幀尾部的幀驗證序列（FCS）以及幀結束界定符號。請讀者想想這是為什麼？

幀開始界定符號和幀結束界定符號是用來定位幀的開始和結束的，只是在網路卡接收幀時用到，網路卡並不保存這些欄位；幀驗證序列只是用來檢測接收的幀是否出現誤碼，也不會被保存。至於那些在發送端插入的逸出字元，接收端也會刪掉後再提交給封包截取工具。所以使用封包截取工具看不到逸出字元、幀界定符號和幀驗證序列。

PPP 幀的表頭和尾部如圖 6-20 所示。表頭有 5 位元組，其中 F 欄位為幀開始界定符號（0x7E），佔 1 位元組；A 欄位為位址欄位，佔 1 位元組；C 欄位為控制欄位，佔 1 位元組。尾部有 3 位元組，其中 2 位元組是幀驗證序列，1 位元組是幀結束界定符號（0x7E）。資訊部分不超過 1500 位元組。

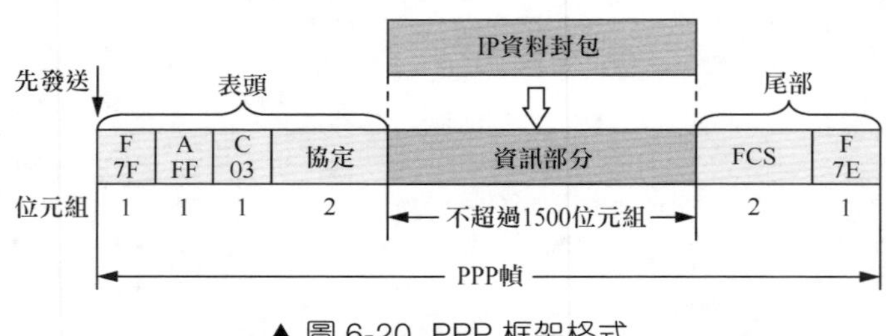

▲ 圖 6-20 PPP 框架格式

PPP 是針對位元組的，所有的 PPP 幀的長度都是整數組。

6.2.6 PPP 幀填充方式

當資訊欄位中出現和幀開始界定符號和幀結束界定符號一樣的位元（0x7E）組合時，就必須採取一些措施，使這種形式上和標示欄位一樣的位元組合不出現在資訊欄位中。

1. 非同步傳輸使用位元組填充

在非同步傳輸的鏈路上，資料傳輸以位元組為單位，PPP 幀的逸出字元定義為 0x7D，並使用位元組填充，（RFC 1662）規定了如下所述的填充方法，如圖 6-21 所示。

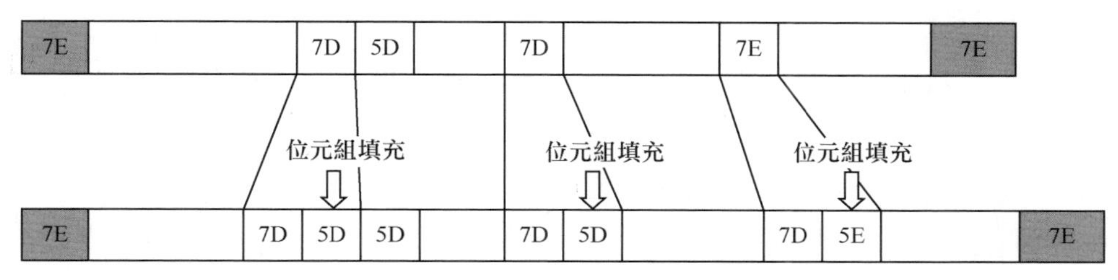

▲ 圖 6-21 PPP 幀位元組填充

（1）把資訊欄位中出現的每一個 0x7E 位元組轉變為 2 位元組序列（0x7D，0x5E）。

（2）若資訊欄位中出現一個 0x7D 的位元組（出現了和逸出字元一樣的位元組合），則把 0x7D 轉變為 2 位元組序列（0x7D，0x5D）。

（3）若資訊欄位中出現 ASCII 碼的控制字元（數值小於 0x20 的字元），則在該字元的前面加入一個 0x7D 位元組，同時將該字元的編碼加以改變。舉例來說，出現 0x03（在控制字元中是「傳輸結束」ETX）就要把它轉變為 2 位元組序列（0x7D，0x23）。

由於在發送端進行了位元組填充，因此在鏈路上傳輸的資訊位元組數就超過了原來的資訊位元組數。但接收端在收到資料後會進行與發送端位元組填充相反的變換，就可以正確地恢復出原來的資訊。

請讀者思考，若接收端收到 7D 5E FE 27 7D 5D 7D 5D 65 7D 5E 資料部分，則真正的資料部分是什麼？

參照填充規則進行反向替換：7D 5E → 7E，7D 5D → 7D。
得到真正的資料部分應該是：7E FE 27 7D 7D 65 7E。

2. 同步傳輸使用零位元填充

在同步傳輸的鏈路上，資料傳輸以幀為單位，PPP 採用零位元填充方法來實現透明傳輸。把 PPP 幀界定符號 0x7E 寫成二進位 0111 1110，可以看到中間有連續的 6 個 1，只要想辦法在資料部分不要出現連續的 6 個 1，就肯定不會出現這種界定符號。具體辦法就是「零位元填充法」。

零位元填充的具體做法是：在發送端，先掃描整個資訊欄位（通常是用硬體實現的，但也可以用軟體實現，只是會慢些）。只要發現有連續的 5 個 1，則立即填入一個 0。經過這種零位元填充後的資料，就可以保證在資訊欄位中不會出現連續的 6 個 1。接收端在收到一個幀後，先找到標示欄位 F 以確定一個幀的邊界，接著再用硬體對其中的位元流進行掃描。每當發現連續的 5 個 1 時，就把這連續的 5 個 1 後的 0 刪除，以還原成原來的資訊位元流，如圖 6-22 所示。這樣就保證了透明傳輸：在所傳輸的資料位元流中可以傳輸任意組合的位元流，而不會引起對幀邊界的錯誤判斷。

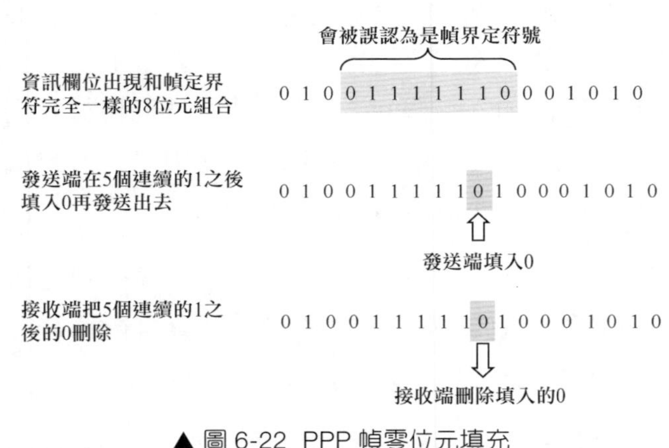

▲ 圖 6-22 PPP 幀零位元填充

請讀者思考這種情況，如果發送端發送的資料是 010011111010001010，經過零位元填充會是什麼結果呢？填充後就成了 0100111110010001010，接收端收到後數到 5 個連續的 1 就去掉後面的 0，就可以還原原來的資料 010011111010001010。

6.3 廣播通道的資料連結

前面講的點到點通道更多地應用於廣域網路通訊，廣播通道更多地應用於區域網通訊。

6.3.1 廣播通道的區域網

區域網（Local Area Network，LAN）是在一個局部的地理範圍（如一個學校、工廠和機關）內，一般是方圓幾公里以內，將各種電腦、外部裝置和資料庫等互相連接起來組成的電腦通訊網。

現在大多數企業有自己的網路，通常企業購買網路裝置組建內部辦公網路，區域網嚴格意義上講是封閉型的，這樣的網路通常不對 Internet 使用者開放，允許存取 Internet，使用保留的私網位址。

最初的區域網使用同軸電纜進行網路拓樸，採用匯流排型拓撲，如圖 6-23 所示。和點到點通道的資料連結相比，一條鏈路透過 T 型介面連接多個網路裝置（網路卡），當鏈路上的兩個電腦進行通訊時，如電腦 A 給電腦 B 發送一個幀，同軸電纜會把承載該幀的數位訊號傳輸到所有終端，鏈路上的所有電腦都能收到（所以稱為「廣播通道」）。要在這樣的廣播通道實現點到點通訊，就需要給發送的幀增加來源位址和目標位址，這就要求網路中的每個電腦的網路卡都有唯一的物理位址（MAC 位址），僅當幀的目標 MAC 位址和電腦的網路卡 MAC 位址相同時，網路卡才接收該幀；對於不是發給自己的幀，則捨棄。這和點到點通道不同，點到點通道的幀不需要來源位址和目標位址。

廣播通道中的電腦發送資料的機會均等，但是鏈路上又不能同時傳輸多個電腦發送的訊號，因為會產生訊號疊加，相互干擾，因此每台電腦在發送資料之前要判斷鏈路上是否有訊號在傳，開始發送後還要判斷是否和其他正在鏈路上傳過來的數位訊號發生衝突。如果發生衝突，就要等一個隨機時間再次嘗試發送，這種機制就是帶衝突檢測的載體監聽多路存　取（Carrier Sense Multiple Access with Collision Detection，CSMA/CD）。CSMA/CD 就是廣播通道使用的資料連結層協定，使用 CSMA/CD 協定的網路就是乙太網。點到點通道不用進行衝突檢測，因此沒必要使用 CSMA/CD 協定。

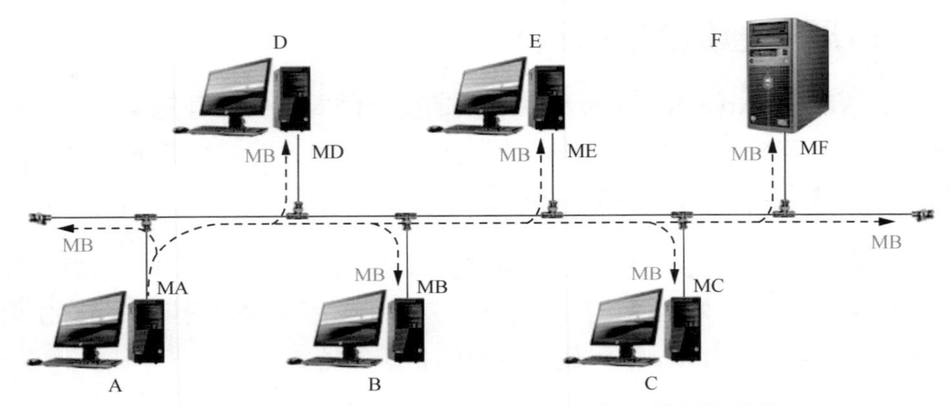

▲ 圖 6-23 匯流排型廣播通道

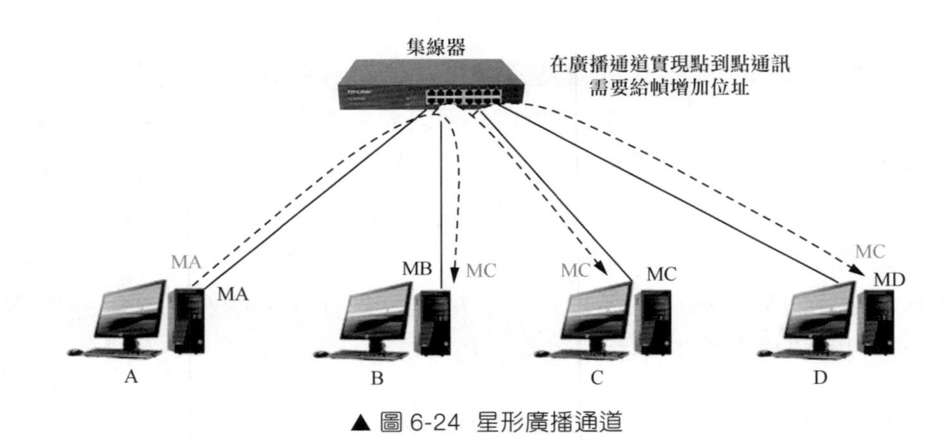

▲ 圖 6-24 星形廣播通道

廣播通道除了匯流排型拓撲，使用集線器裝置還可以連接成星形拓撲，如圖 6-24 所示。電腦 A 發送給電腦 C 的數位訊號會被集線器發送到所有介面（這和匯流排型拓撲一樣），網路中的電腦 B、C 和 D 的網路卡都能收到，該幀的目標 MAC 位址和電腦 C 的網路卡相同，所以只有電腦 C 接收該幀。為了避免衝突，電腦 B 和電腦 D 就不能同時發送幀了，因此連接在集線器上的電腦也要使用 CSMA/CD 協定進行通訊。

6.3.2 乙太網標準

乙太網（Ethernet）是一種電腦區域網網路拓樸技術。IEEE 制定的 IEEE 802.3 標準列出了乙太網的技術標準，即乙太網的媒體存取控制協定（CSMA/CD 協定）及物理層技術規範（包括物理層的連線、電訊號和媒體存取層協定的內容）。

乙太網是當前應用最普遍的區域網技術，它很大程度上取代了其他區域網標準，如權杖環、光纖分散式資料介面（Fiber Distributed Data Interface，FDDI）。

最初乙太網只有 10Mbit/s 的傳輸量，使用的是帶衝突檢測的載體監聽多路存取（CSMA/CD）的存取控制方法。這種早期的 10Mbit/s 乙太網被稱為「標準乙太網」，乙太網可以使用粗同軸電纜、細同軸電纜、非遮蔽雙絞線、隱藏雙絞線和光纖等多種傳輸媒體進行連接。

在 IEEE 802.3 標準中，為不同的傳輸媒體制定了不同的物理層標準，標準中前面的數字表示傳送速率，單位是 Mbit/s，最後一個數字表示單段網線長度（基準單位是 100m），Base 表示「基頻」的意思。

標準乙太網的標準如表 6-1 所示。

表 6-1　標準乙太網的標準

名稱	傳輸介質	網段最大長度	特點
10Base-5	粗同軸電纜	500m	早期電纜，已經廢棄
10Base-2	細同軸電纜	185m	不需要集線器

名稱	傳輸介質	網段最大長度	特點
10Base-T	非遮蔽雙絞線	100m	最便宜的系統
10Base-F	光纖	2000m	適合樓間使用

6.3.3 CSMA/CD 協定

使用同軸電纜或集線器組建的網路都是匯流排型網路。匯流排型網路的特點就是一台電腦發送資料時，匯流排上的所有電腦都能夠檢測到這個數位訊號，這種鏈路就是廣播通道。要想實現點到點通訊，網路中的電腦的網路卡必須有唯一的位址，發送的資料幀也要有目標位址和來源位址。

匯流排型網路使用 CSMA/CD 協定進行通訊，即帶衝突檢測的載體監聽多路存取技術。下面就對這個協定進行詳細說明。

在匯流排型網路中很容易增加連線的電腦，這就是多點連線。

在廣播通道中的電腦發送資料的機會均等，但不能同時有兩個電腦發送資料，因為匯流排上只要有一台電腦在發送資料，匯流排的傳輸資源就被佔用。因此電腦在發送資料之前要先監聽匯流排是否有訊號，只有檢測到沒有訊號傳輸才能發送資料，這就是載體監聽。

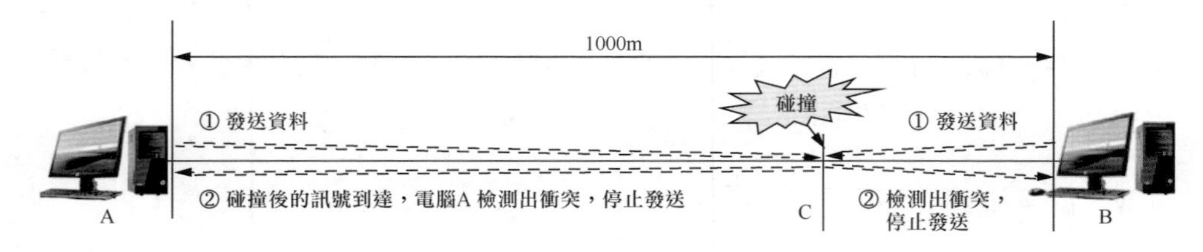

▲ 圖 6-25 衝突檢測示意圖

即使檢測出匯流排上沒有訊號，開始發送資料後也有可能和迎面而來的訊號在鏈路上發生碰撞。如圖 6-25 所示，電腦 A 發送的訊號和電腦 B 發送的訊號在鏈路 C 處發生碰撞，碰撞後的訊號相互疊加，在匯流排上電壓變化幅度將增加，發送端檢測到電壓變化超過一定的門限值時，就認為發生衝突，這就是衝突檢測。

訊號產生疊加就無法從中恢復出有用的資訊。一旦發現匯流排上出現了碰撞，發送端就要立即停止發送，免得繼續進行無效的發送，白白浪費網路資源，並等待一個隨機時間後再次發送。

顯然，在使用 CSMA/CD 協定時，一個站不可能同時進行發送和接收。因此使用 CSMA/CD 協定的乙太網不可能進行全雙工通訊，而只能進行雙向交替通訊（半雙工通訊）。

6.3.4 乙太網最短幀

為了能夠檢測到正在發送的幀在匯流排上是否產生衝突，乙太網的幀不能太小，如果太小就有可能檢測不到自己發送的幀產生了衝突。下面探討乙太網的幀最小應該是多少位元組。

要想讓發送端能夠檢測出發生在鏈路上任何地方的碰撞，那就要探討一下廣播通道中發送端進行衝突檢測最長需要多少時間，以及在此期間發送了多少位元，也就能夠算出廣播通道中檢測到發送衝突的最小幀。

以 1000m 的同軸電纜、頻寬為 10Mbit/s 的網路卡為例，來計算從電腦 A 發送資料到檢測出衝突需要的最長時間，以及在此期間發送了多少位元，以此來計算該網路的最小幀，如圖 6-26 所示。

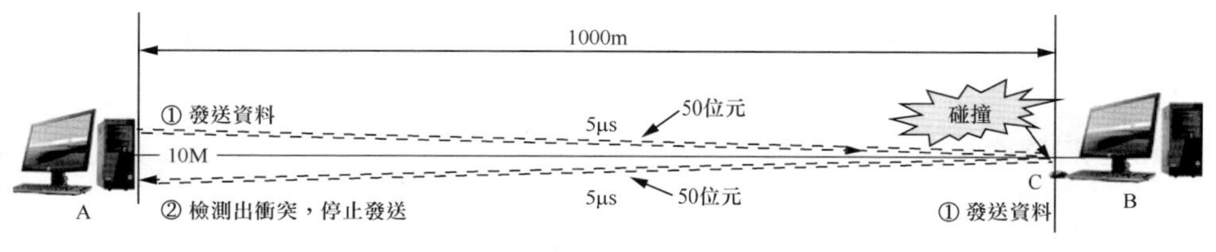

▲ 圖 6-26 乙太網最短幀

電磁波在 1000m 的同軸電纜中傳播的延遲大約為 5μs，匯流排上單程點對點的傳播延遲記為 τ（讀音 tao），衝突檢測用時最長的情況就是電腦 A 發送的資料到達電腦 B 網路卡時，電腦 B 的網路卡剛好也發送資料，電腦 A 檢測出衝突所需的時間為 2τ，也就是 10μs，在此期間電腦 A 網路卡發送的位元數量為 10Mbit/s × 10μs $=10^7$bit/s × 10^{-5}s=100bit。

1000m 的同軸電纜使用 10Mbit/s 頻寬發送數位訊號，單程鏈路上有 50 位元，雙程就有 100 位元，可以計算出每個位元在鏈路上的長度為 1000/50=20m，如圖 6-26 所示。

如果發送端發送的幀小於 100 位元，就有可能檢測不到該幀在鏈路上產生衝突。電腦 A 發送的幀只有 60 位元，在鏈路的 C 處與電腦 B 發送的訊號發生碰撞，發送完畢時，碰撞後的訊號還沒有到達電腦 A，電腦 A 認為發送成功，等碰撞後的訊號到達電腦 A，電腦 A 已經沒法判斷是自己發送的幀發生了碰撞，還是匯流排上的其他電腦發送的幀發生了碰撞，如圖 6-27 所示。

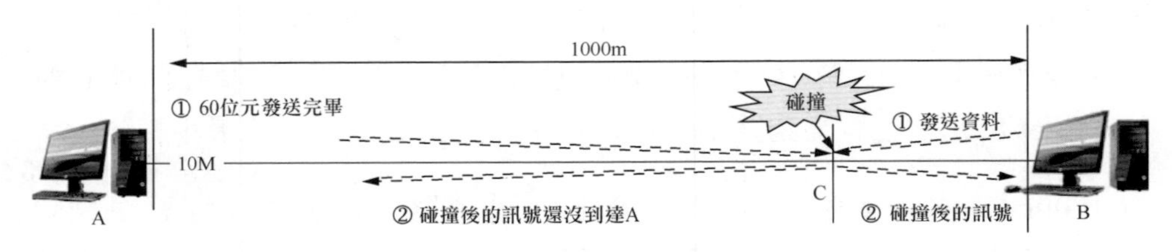

▲ 圖 6-27 乙太網最短幀

因此在本案例的長度為 1000m 同軸電纜、頻寬為 10Mbit/s 的廣播通道中，發送端要想檢測出在鏈路任何地方發生的衝突，發送的幀最小為 100 位元，也就是該鏈路上的最小幀。這就要求使用 CSMA/CD 這種協定的鏈路上的幀必須大於最小幀。

最小幀和傳輸延遲以及頻寬有關，因為電磁波的傳送速率和媒體有關，如果鏈路傳輸媒體不變，也可以認為最小幀和鏈路長度以及頻寬有關。

舉例來說，同軸電纜還是 1000m，傳輸延遲不變，網路卡頻寬改為 100Mbit/s，那麼能夠檢測出碰撞的最小幀為 $100\text{Mbit/s} \times 10\mu s = 10^8\text{bit/s} \times 10^{-5}\text{s} = 1000\text{bit}$。

再如，網路卡頻寬還是 10Mbit/s，同軸電纜改為 500m，傳輸延遲為原來的一半，那麼能夠檢測出碰撞的最小幀為 $10\text{Mbit/s} \times 5\mu s = 10^7\text{bit/s} \times 5 \times 10^{-6}\text{s} = 50\text{bit}$。

乙太網設計最大點對點長度為 5km（實際上的乙太網覆蓋範圍遠遠沒有這麼大），單程傳播延遲大約為 25.6μs，往返傳播延遲為 51.2μs，10Mbit/s 標準乙太網最小幀為 $10\text{Mbit/s} \times 51.2\mu s = 10^7\text{bit/s} \times 51.2 \times 10^{-6}\text{s} = 512\text{bit}$。

512 位元也就是 64 位元組，這就表示乙太網發送資料幀時如果前 64 位元組沒有檢測出衝突，後面發送的資料就一定不會發生衝突。換句話說，如果發生碰撞，就一定在前 64 位元組之內。由於一旦檢測出衝突就立即終止發送，這時發送的資料一定小於 64 位元組，因此凡是長度小於 64 位元組的幀都是由於衝突而異常終止的無效幀，只要收到了這種無效幀，就應當立即將其終止。

6.3.5 衝突解決方法——截斷二進位指數退避演算法

匯流排型網路中的電腦數量越多，在鏈路上發送資料產生衝突的機會就越多。舉例來說，電腦 A 發送到匯流排上的訊號和電腦 E、電腦 F 發送的訊號發生碰撞，如圖 6-28 所示。發送端檢測到碰撞後就要等待一個隨機時間再次發送，乙太網使用截斷二進位指數退避演算法來確定碰撞後的重傳時機。

電腦要想知道發送的幀在鏈路上是否發生碰撞必須等待 2τ，2τ 稱為「爭用期」。

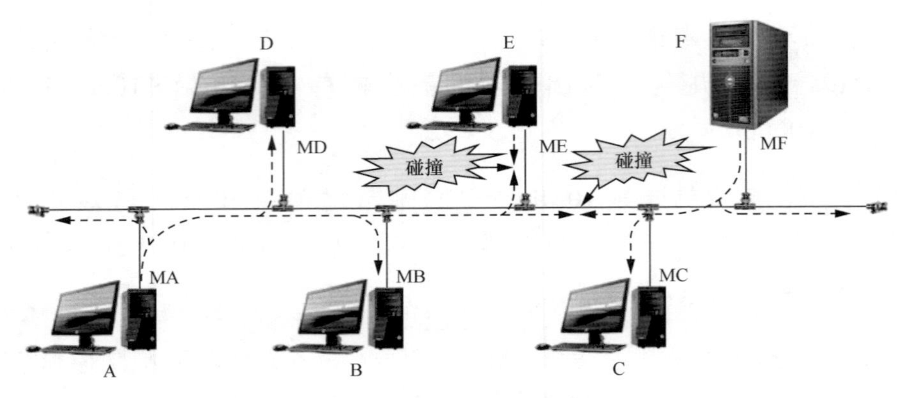

▲ 圖 6-28 匯流排型網路衝突

乙太網使用截斷二進位指數退避（Truncated Binary Exponential Back-off，TBEB）演算法來解決碰撞問題，該演算法並不複雜。這種演算法讓發生碰撞的幀在停止發送資料後，不是等待通道變為空閒後就立即發送資料，而是延後（也叫作「退避」）一個隨機的時間。這樣做是為了使重傳時再次發生衝突的機率減小。具體的演算法如下。

（1）確定基本退避時間，它就是爭用期 2τ。乙太網把爭用期定為 51.2μs。對於 10Mbit/s 乙太網，在爭用期內可發送 512 位元，即 64 位元組。也可以說爭用期是 512 位元時間。1 位元時間就是發送 1 位元所需的時間。所以這種時間單位與資料率密切相關。

（2）從離散的整數集合 $[0,1,...,(2k-1)]$ 中隨機取出一個數，記為 r。重傳應推後的時間就是 r 倍的爭用期。上面的參數 k 按下面的公式計算。

$$k = \min[\text{重傳次數}, 10]$$

可見當重傳次數不超過 10 時，參數 k 等於重傳次數；但當重傳次數超過 10 時，k 就不再增大而一直等於 10。

（3）當重傳 16 次仍不能成功時（這表示同時打算發送資料的站太多，以致連續發生衝突），則捨棄該幀，並向高層報告。

舉例來說，在第 1 次重傳時，$k=1$，隨機數從整數 {0,1} 中選一個。因此重傳的站可選擇的重傳延後時間是 0 或 2τ，即在這兩個時間中隨機選擇一個。

若再發生碰撞，則在第 2 次重傳時，$k=2$，隨機數 r 就從整數 {0,1,2,3} 中選一個。因此重傳延後的時間是在 0、2τ、4τ 和 6τ 這 4 個時間中隨機選擇一個。

同樣，若再發生碰撞，則重傳時 $k=3$，隨機數 r 就從整數 {0,1,2,3,4,5,6,7} 中隨機選擇一個，依此類推。

若連續多次發生碰撞，就表示可能有較多的站參與爭用通道。但使用上述退避演算法可使重傳需要延後的平均時間隨重傳次數而增大（也稱為「動態退避」），從而減小發生碰撞的機率，有利於整個系統的穩定。

匯流排上的電腦發送資料，網路卡每發送一個新幀，就要執行一次 CSMA/CD 演算法，每個網路卡根據嘗試發送的次數選擇退避時間。到底哪個電腦能夠獲得發送機會，完全看運氣。舉例來說，電腦 A 和電腦 B 前兩次發送都出現衝突，正在嘗試第 3 次發送時，電腦 A 選擇了 6τ 作為退避時間，電腦 B 選擇了 12τ，這時電腦 C 第一次重傳，退避時間選擇 2τ，因此電腦 C 獲得發送機會。

6.3.6 乙太網框架格式

常用的乙太網 MAC 框架格式有兩種標準，一種是 Ethernet V2 標準（乙太網 V2 標準），另一種是 IEEE 802.3 標準。使用最多的是乙太網 V2 的 MAC 框架格式。

圖 6-29 所示是在 Windows 作業系統上使用封包截取工具捕捉的乙太網資料封包，觀察和分析乙太網幀的表頭。

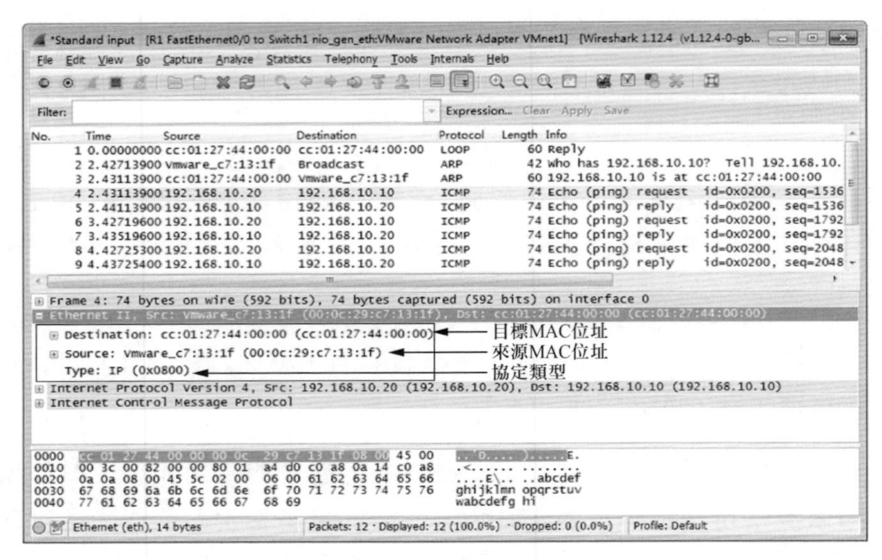

▲ 圖 6-29 觀察乙太網幀表頭

封包截取工具捕捉的幀只有這 3 個欄位，在這裡看不到幀界定符號、幀驗證序列，因為這些欄位在接收幀以後就去掉了。圖 6-30 所示的是 Ethernet II 幀的結構。

Ethernet II Frame Structure and Field Size

7 Bytes	1 Byte	6 Bytes	6 Bytes	2 Bytes	46 – 1500 Bytes	4 Bytes
Preamble	SFD	Destination Address	Source Address	Type	Data Payload	Frame Check Sequence (FCS)

▲ 圖 6-30 Ethernet II 幀結構

（來源：https://commons.wikimedia.org/wiki/File:Ethernet_II_Frame_Structure.png）

Ethernet II 幀比較簡單，由 5 個欄位組成。前兩個欄位分別為 6 位元組長的目標 MAC 位址和來源 MAC 位址欄位。第三個欄位是 2 位元組的類型欄位，用來標示上一層使用的是什麼協定，以便把收到的 MAC 幀的資料上交給上一層的這個協定。舉例來說，當類型欄位的值是 0x0800 時，就表示上層使用的是 IP 資料封包；若類型欄位的值為 0x8137，則表示該幀是由 Novell IPX 發過來的。第四個欄位是資料欄位，其長度在 46 ～ 1500 位元組的範圍內（46 位元組是這樣得出的：最小長度 64 字節減去 18 位元組的表頭和尾部就得出資料欄位的最小長度）。最後一個欄位是 4 位元組的幀檢驗序列 FCS（使用 CRC 檢驗）。

Ethernet II 幀沒有幀結束界定符號，那麼接收端如何斷定幀結束呢？乙太網使用曼徹斯特編碼，這種編碼的重要特點就是：在曼徹斯特編碼的每一個鮑率（不管鮑率是 1 或 0）的正中間一定有一次電壓的轉換（從高到低或從低到高）。當發送端把一個乙太網幀發送完畢後，就不再發送其他鮑率了（既不發送 1，也不發送 0）。因此，發送端網路介面卡的介面上的電壓也就不再變化了。這樣，接收端就可以很容易地找到乙太網幀的結束位置。從這個位置往前數 4 位元組（FCS 欄位的長度是 4 位元組），就能確定資料欄位的結束位置。

在數位通訊中常常用時間間隔相同的符號來表示一個二進位數字，這樣的時間間隔內的訊號叫作（二進位）鮑率。

當資料欄位的長度小於 46 位元組時，資料連結層就會在資料欄位的後面加入一個整數組的填充欄位，以保證乙太網的 MAC 幀長不小於 64 位元組，接收端還必須能夠將增加的位元組去掉。我們應當注意到，MAC 幀的表頭並沒有指出資料欄位的長度是多少。在有填充欄位的情況下，接收端的資料連結層在剝去表頭和尾部後就把資料欄位和填充欄位一起交給上層協定。現在的問題是：上層協定如何知道填充欄位的長度呢？

這就要求 IP 層捨棄沒有用處的填充欄位。上層協定必須具有辨識有效的資料欄位長度的功能。後面會講到在網路層表頭有一個「總長度」欄位，用來指明網路資料封包的長度，根據網路層表頭標注的資料封包總長度，會去掉資料連結層提交的填充位元組。舉例來說，圖 6-31 所示的接收端的資料連結層將幀的資料部分提交給網路層，網路層根據 IP 資料封包網路層表頭的「總長度」欄位得知資料封包總長度為 42 位元組時，就會去掉填充的 4 位元組。

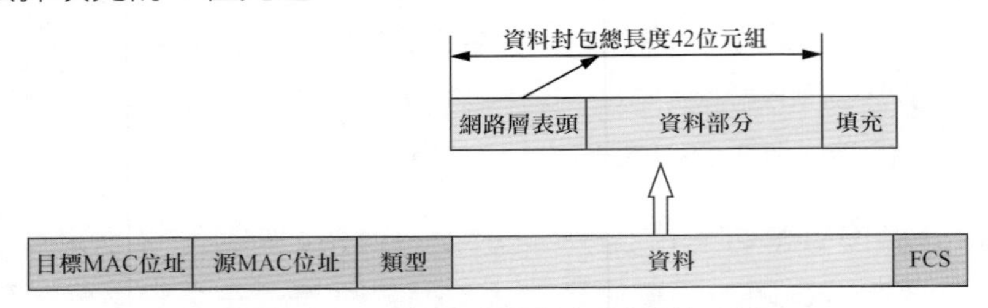

▲ 圖 6-31 網路層表頭指定資料封包長度

從圖 6-30 中可看出，在傳輸媒體上實際傳輸的要比 MAC 幀還多 8 位元組。這是因為當一個站剛開始接收 MAC 幀時，由於介面卡的時鐘尚未與到達的位元流的時鐘達成同步，因此 MAC 幀的最前面的許多位就無法接收，結果使整個 MAC 成為無用的幀。為了使接收端迅速實現位元同步，從資料連結層向下傳到物理層時還要在幀的前面插入 8 位元組（由硬體生成），它由兩個欄位組成。第一個欄位是 7 位元組的前同步碼（1 和 0 交替碼），作用是使接收端的介面卡在接收 MAC 幀時能夠迅速調整其時鐘頻率，使之和發送端的時鐘同步，也就是「實現位元同步」，第二個欄位是幀開始界定符號，定義為 10101011。它的前 6 位元的作用和前同步碼一樣；最後兩個連續的 1 是告訴接收端介面卡：「MAC 幀的資訊馬上就要來了，請介面卡注意接收」。MAC 幀的 FCS 欄位的檢驗範圍不包括前同步碼和幀開始界定符號。

順便指出，在乙太網上傳輸資料時是以幀為單位傳輸的。乙太網在傳輸幀時，各幀之間還必須有一定的間隙。因此，接收端只要找到幀開始界定符號，在其後面連續到達的位元流就都屬於同一個 MAC 幀。可見乙太網既不需要使用幀結束界定符號，也不需要使用位元組插入來保證透明傳輸。

IEEE 802.3 標準規定凡出現下列情況之一，即視為無效的 MAC 幀。

（1）幀的長度不是整數組。

（2）用收到的幀檢驗序列 FCS 查出有差錯。

（3）收到的 MAC 幀的資料欄位的長度不在 46 ～ 1500 位元組的範圍內。考慮到 MAC 幀表頭和尾部的長度共有 18 位元組，因此可以得出有效的 MAC 幀長度應在 64 ～ 1518 位元組的範圍內。

對於檢查出的無效 MAC 幀就簡單地捨棄，乙太網並不負責重傳捨棄的幀。

6.3.7 乙太網通道使用率

下面學習乙太網通道使用率，以及想要提高通道使用率需要做哪些努力。

假如一個 10Mbit/s 的乙太網有 10 台電腦連線，每個電腦能夠分到的頻寬似乎應該是總頻寬的 1/10（1Mbit/s 頻寬）。其實不然，這 10 台電腦在乙太網的鏈路上進行通訊會產生碰撞，然後電腦會採用截斷二進位指數退避演算法來解決碰撞問題。通道資源實際上被浪費了，扣除碰撞所造成的通道損失後，乙太網整體通道使用率並不能達到 100%。這就表示乙太網中這 10 台電腦，每台電腦實際能夠獲得的頻寬小於 1Mbit/s。

使用率是指發送資料的時間佔整個時間的比例。平均發送一幀所需要的時間，經歷了 n 倍爭用期 2τ，T_0 為發送該幀所需時間，τ 為該幀的傳播延遲，如圖 6-32 所示。

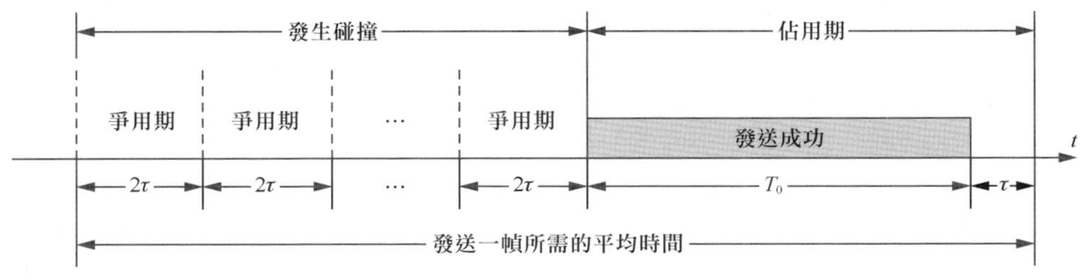

▲ 圖 6-32 發送一幀所需的平均時間

通道使用率計算公式如下。

$$S=\frac{T_0}{n2\tau+T_0+\tau}$$

從公式中可以看出，要想提高通道使用率最好 n 為 0，這就表示乙太網上的各個電腦發送資料不會產生碰撞（這種情況顯然已經不是 CSMA/CD 的作用，而需要一種特殊的排程方法），並且能夠非常有效地利用網路的傳輸資源，即匯流排一旦空閒就有一個站立即發送資料。以這種情況計算出來的通道使用率是極限通道使用率。

這樣發送一幀佔用的線路時間是 $T_{0+}\tau$，因此極限通道使用率計算公式如下。

$$S_{\max}=\frac{T_0}{T_0+\tau}=\frac{1}{1+\dfrac{\tau}{T_0}}$$

從以上公式可以看出，即使是乙太網，極限通道使用率也不能達到 100%。要想提高極限通道使用率就要降低公式中 $\frac{\tau}{T_0}$ 的比值。τ 值和乙太網連線的長度有關，即 τ 值要小，乙太網網線的長度就不能太長。頻寬一定的情況下，T_0 和幀的長度有關，這就表示，乙太網的幀不能太短。

6.3.8 網路卡的作用

電腦與外界區域網是透過在主主機殼內插入一片網路介面板來連接的（或是在可攜式筆記型電腦中插入一片 PCMCIA 卡）。網路介面板又稱為「通訊介面卡」、「網路介面卡」（network adapter）或「網路介面卡」（Network Interface Card，NIC），更多的人願意使用更為簡單的名稱「網路卡」。

網路卡是工作在資料連結層和物理層的網路元件，是區域網中連接電腦和傳輸媒體的介面，不僅能實現與區域網傳輸媒體之間的物理連接和電訊號符合，還有關幀的發送與接收、幀的封裝與拆封、幀的差錯驗證、媒體存取控制（乙太網使用 CSMA/CD 協定）、資料的編碼與解碼以及資料快取等功能，如圖 6-33 所示。

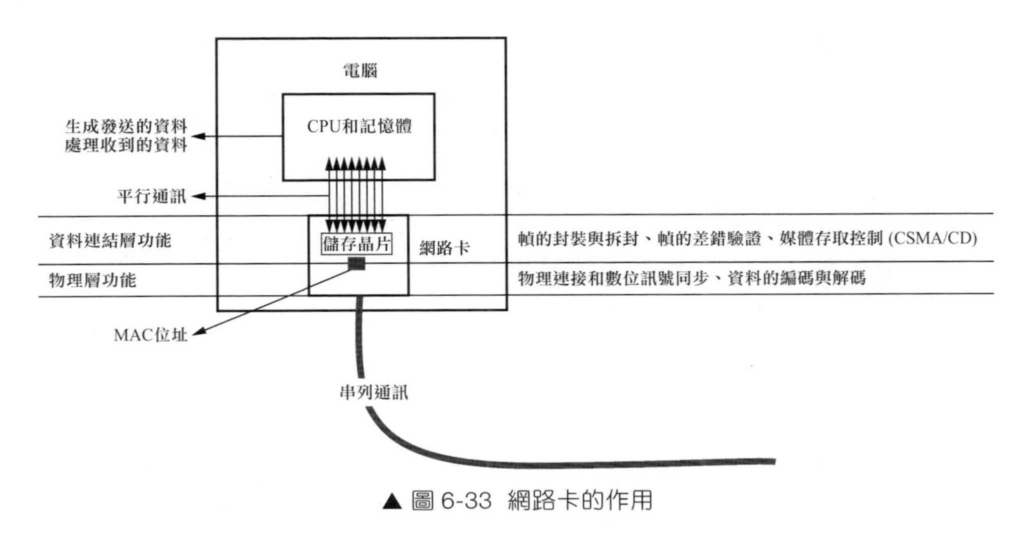

▲ 圖 6-33 網路卡的作用

不管是整合網路卡還是獨立網路卡，裝上驅動就能夠實現資料連結層功能和物理層功能。

網路卡上面裝有處理器和記憶體（包括 RAM 和 ROM）。網路卡和區域網之間的通訊是透過電纜或雙絞線以序列傳輸方式進行的。而網路卡和電腦之間的通訊則是透過電腦主機板上的 I/O 匯流排以平行傳輸方式進行的。因此，網路卡的重要功能就是要進行串列和平行轉換。由於網路上的資料率和電腦匯流排上的資料率並不相同，因此在網路卡中必須裝有對資料進行快取的儲存晶片。

介面卡還要能夠實現乙太網協定（CSMA/CD）、幀的封裝和拆封功能，這些工作都是由網路卡來實現的，電腦的 CPU 根本不關心這些事情。介面卡接收和發送各種幀時不使用電腦的 CPU，這時 CPU 可以處理其他任務。當介面卡收到有差錯的幀時，就把這個幀捨棄而不必通知電腦。當介面卡收到正確的幀時，它就使用中斷來通知電腦並發表給協定層中的網路層。當電腦要發送 IP 資料封包時，就由協定層把 IP 資料封包向下交給介面卡，組裝成幀後發送到區域網。

物理層功能實現網路卡和網路的連接、數位訊號同步、資料的編碼（曼徹斯特編碼）與解碼。

6.3.9 MAC 位址

在廣播通道實現點到點通訊，需要網路中的每個網路卡都有一個位址。這個位址稱為「物理位址」或「MAC 位址」(因為這種位址用在 MAC 幀中)。IEEE 802 標準為區域網規定了一種 48 位元的全球位址（一般簡稱為「位址」)。

在生產介面卡（網路卡）時，這種 6 位元組的 MAC 位址已被寫死在網路卡的 ROM 中。因此，MAC 位址也叫作「硬體位址」(hardware address）或「物理位址」。當這片網卡插入（或嵌入）某台電腦後，網路卡上的 MAC 位址就成為這台電腦的 MAC 位址了。

如何確保各網路卡生產廠商生產的網路卡的 MAC 位址全球唯一呢？這時就要有一個組織為這些網路卡生產廠商分配位址區塊。IEEE 的註冊管理機構（Registration Authority，RA）是區域網全球位址的法定管理機構，它負責分配位址欄位的 6 位元組中的前 3 位元組（高 24 位元)。世界上凡是生產區域網介面卡的廠商都必須向 IEEE 購買由這 3 位元組成的號碼（即位址片)，號碼的正式名稱是「組織唯一識別碼」(Organizationally Unique Identifier，OUI)，通常也叫作「公司識別符號」(company_id)。舉例來說，3Com 公司生產的介面卡（網路卡）的 MAC 位址的前 3 位元組是 02-60-8C，如圖 6-34 所示。位址欄位中的後 3 位元組（低 24 位元）則由廠商自行指派，稱為「擴充識別符號」(extended identifier)，只要保證生產出來的介面卡沒有重複位址即可。可見用一個位址區塊可以生成 2^{24} 個不同的位址。

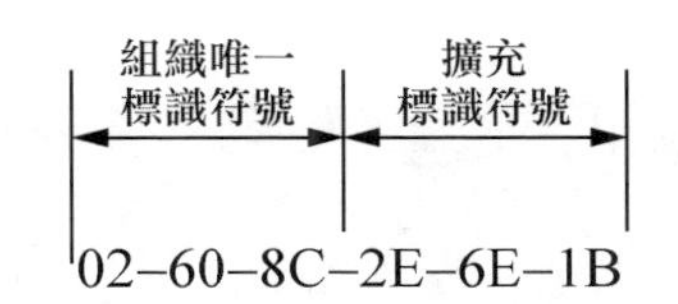

▲ 圖 6-34 3Com 公司的網路卡位址

連接在乙太網上的路由器介面和電腦網路卡一樣，也有 MAC 位址。

我們知道介面卡有過濾功能，介面卡從網路上每收到一個 MAC 幀，就先用硬體檢查 MAC 幀中的目標位址。如果是發往本站的幀則收下，然後再進行其他的處理；否則就將此幀捨棄，不再進行其他的處理。這樣做不會浪費主機的處理機和記憶體資源。這裡的「發往本站的幀」包括以下 3 種幀。

（1）單一傳播（unicast）幀（一對一），即收到的幀的 MAC 位址與本站的硬體位址相同。

（2）廣播（broadcast）幀（一對全體），即發送給本區域網上所有網站的幀（全 1 位址）。

（3）多播（multicast）幀（一對多），即發送給本區域網上一部分網站的幀。

所有的介面卡都至少應當能夠辨識前兩種幀，即能夠辨識單一傳播幀和廣播幀的位址。有的介面卡可用程式設計方法辨識多播幀的位址。當作業系統啟動時，它就把介面卡初始化，使介面卡能夠辨識某些多播幀的位址。顯然，只有目標位址才能使用廣播位址和多播位址。

6.3.10 查看和更改 MAC 位址

在 Windows 7 作業系統中打開命令提示符號，輸入 "ipconfig /all" 可以看到網路卡的物理位址，也就是 MAC 位址，如圖 6-35 所示，這裡以十六進位的方式顯示物理位址，一個十六進位數表示 4 位元二進位數字。

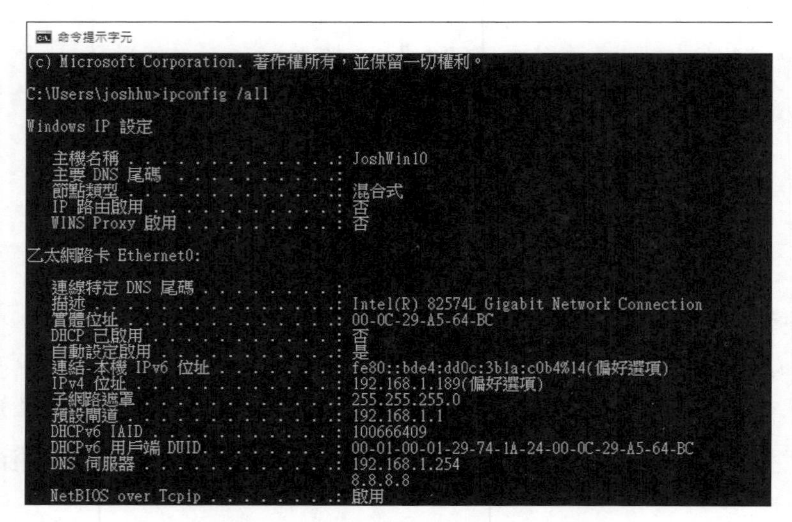

▲ 圖 6-35 查看電腦網路卡的 MAC 位址

MAC 位址在出廠時就已經寫死到網路卡晶片上了，但是我們也可以讓電腦不使用網路卡上的 MAC 位址，而使用指定的 MAC 位址。

打開電腦網路連接，按右鍵「區域連線」圖示，點擊「內容」選項，如圖 6-36 所示。

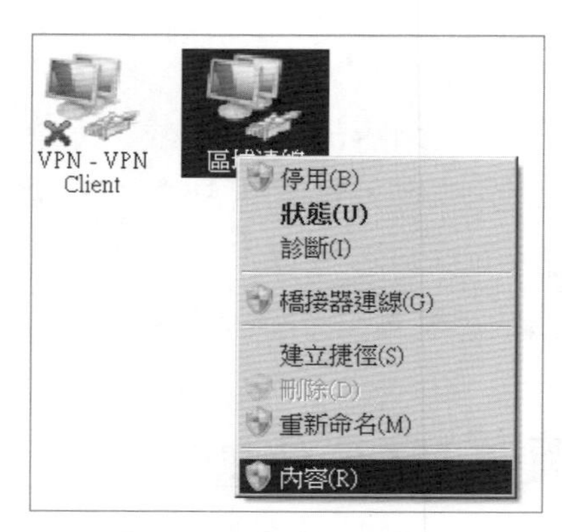

▲ 圖 6-36 打開網路卡內容

在出現的「區域連線 內容」對話方塊中的「網路」標籤下點擊「設定」按鈕，如圖 6-37 所示。

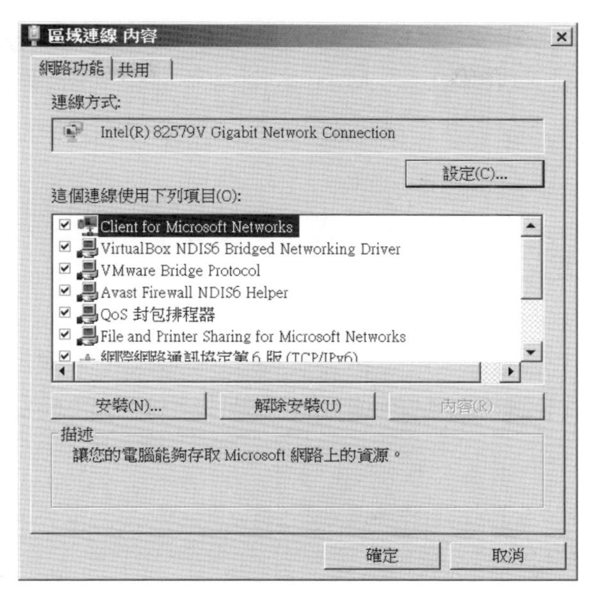

▲ 圖 6-37 更改設定

在出現的網路卡內容對話方塊中的「進階」標籤下，選中「網路位址」選項可以輸入 MAC 位址，如圖 6-38 所示。

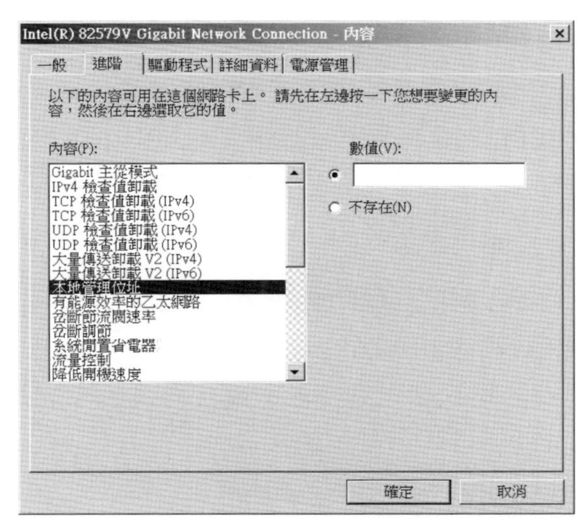

▲ 圖 6-38 指定網路卡使用的 MAC 位址

輸入時一定要注意格式。記住這種方式並沒有更改網路卡晶片上的 MAC 位址，而是讓電腦使用指定的 MAC 位址，不使用網路卡晶片上的 MAC 位址。

6.4 擴充乙太網

下面講如何擴充乙太網，先討論從距離上如何擴充，讓乙太網覆蓋更大的範圍；再討論從資料連結層擴充乙太網，也就是如何從資料連結層最佳化乙太網。

6.4.1 集線器

傳統乙太網最初使用的是粗同軸電纜，後來使用比較便宜的細同軸電纜，最後發展為使用更便宜和更靈活的雙絞線。傳統乙太網採用星形拓撲，在星形的中心增加了一種可靠性非常高的裝置，叫作「集線器」(hub)，如圖 6-39 所示。雙絞線乙太網總是和集線器配合使用。每個站需要兩對非遮蔽雙絞線(用在一根電纜內)，分別用於發送和接收。雙絞線的兩端使用 RJ-45 插頭。由於集線器使用了大型積體電路晶片，因此可靠性大大提高。1990 年，IEEE 制定出星形乙太網 10BASE-T 的標準 802.3i。10 代表 10Mbit/s 的資料率，BASE 表示連接線上的訊號是基頻訊號，T 代表雙絞線。

10BASE-T 乙太網的通訊距離稍短，每個站到集線器的距離不超過 100m。這種對比值很高的 10BASE-T 雙絞線乙太網的出現，是區域網發展史上的非常重要的里程碑。它為乙太網在區域網中的統治地位奠定了牢固的基礎。

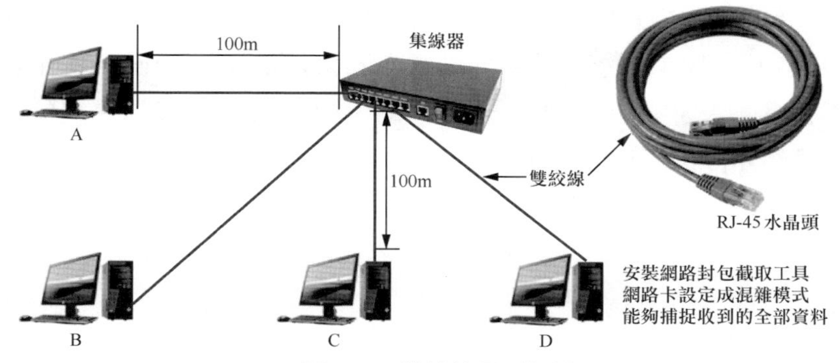

▲ 圖 6-39 雙絞線星形拓撲

用集線器組建的乙太網中的電腦共用頻寬，電腦數量越多，平分下來的頻寬越低。如果在網路中的電腦 D 上安裝封包截取工具，該網路卡就工作在混雜模式，只要收到資料幀，不管目標 MAC 位址是否是自己的統統能夠捕捉，因此乙太網有與生俱來的安全隱憂。

集線器和網線一樣工作在物理層，因為它的功能和網線一樣只是將數位訊號發送到其他通訊埠，並不能辨識哪些數位訊號是前同步碼、哪些是幀界定符號、哪些是網路層資料表頭。

6.4.2 電腦數量和距離上的擴充

一間教室使用一個集線器連接，每個教室就是一個獨立的乙太網，電腦數量受集線器介面數量的限制，電腦和電腦之間的距離也被限制在 200m 以內，如圖 6-40 所示。

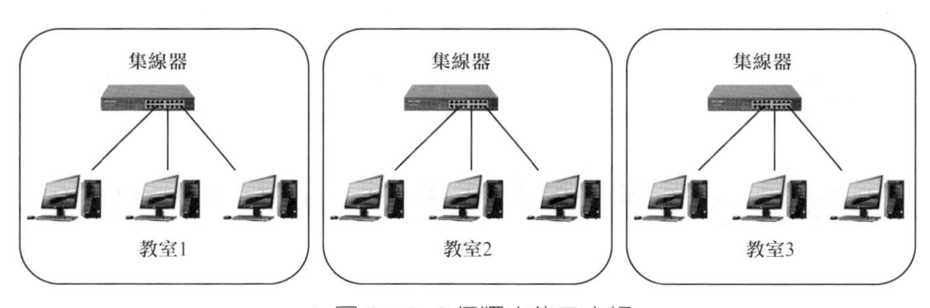

▲ 圖 6-40 3 個獨立的乙太網

可以將多個集線器連接在一起，形成一個更大的乙太網，這不僅可以擴充乙太網中電腦的數量，而且可以擴充乙太網的覆蓋範圍。使用主幹集線器連接各教室中的集線器，形成一個大的乙太網，電腦之間的最大距離可以達到 400m，如圖 6-41 所示。

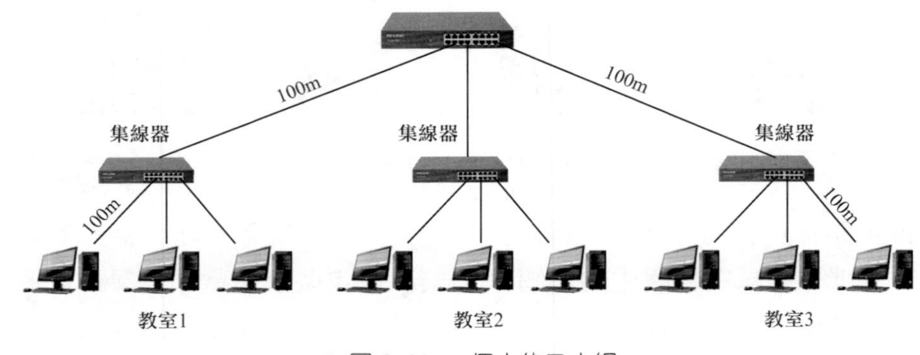

▲ 圖 6-41　一個大的乙太網

這樣做的好處如下。

（1）乙太網的電腦數量增加。

（2）乙太網的覆蓋範圍增加。

這樣做帶來的問題如下。

（1）合併後的乙太網成了一個大的衝突域，隨著網路中的電腦數量增加，衝突機會也增加，每台電腦平分到的頻寬降低。

（2）相連的集線器要求每個介面頻寬要一樣。假如教室 1 是 10Mbit/s 的乙太網，教室 2 和教室 3 是 100Mbit/s 的乙太網，連接之後大家都只能工作在 10Mbit/s 的速率下，這是因為集線器介面不能快取幀。

將集線器連接起來，能夠擴充乙太網覆蓋的範圍和增加乙太網中電腦的數量。要是兩個集線器的距離超過 100m，還可以用光纖將兩個集線器連接起來，如圖 6-42 所示，集線器之間透過光纖連接，可以將相距幾公里的集線器連接起來，但需要透過光電轉換器實現光訊號和電訊號的相互轉換。

▲ 圖 6-42 距離上的擴充

6.4.3 使用橋接器最佳化乙太網

將多個集線器連接，組建成一個大的乙太網，形成一個大的衝突域，如圖 6-43 所示。集線器 1 和集線器 2 連接後，電腦 A 給電腦 B 發送幀，數位訊號會透過集線器之間的網線到達集線器 2 的所有介面，這時連接在集線器 2 上的電腦 D 就不能和電腦 E 通訊，這就是一個大的衝突域。隨著乙太網中電腦數量的增加，網路使用率就會大大降低。

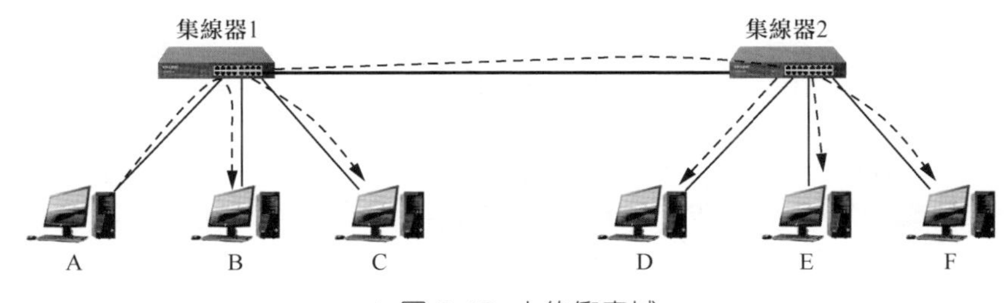

▲ 圖 6-43 大的衝突域

為了最佳化乙太網，將衝突控制在一個小範圍，出現了橋接器這種裝置。圖 6-44 所示的橋接器有兩個介面，E0 介面連接集線器 1，E1 介面連接集線器 2，在橋接器中有 MAC 位址表，記錄了 E0 介面左側全部的網路卡 MAC 位址和 E1 介面右側全部的網路卡 MAC 位址。當電腦 A 給電腦 B 發送一個幀，橋接器的 E0 介面接收到該幀，查看該幀的目標 MAC 位址是 MB，比較 MAC 位址表，發現 MB 這個 MAC 位址在介面 E0 這一側，該幀不會被橋接器轉發到 E1 介面，這時集線器 2 上的電腦 D 可以向電腦 E 發送資料幀，不會和電腦 A 發送給電腦 B 的幀產生衝突。同樣，電腦 D 發送給電腦 E 的幀也不會被橋接器轉發到 E0 介面。

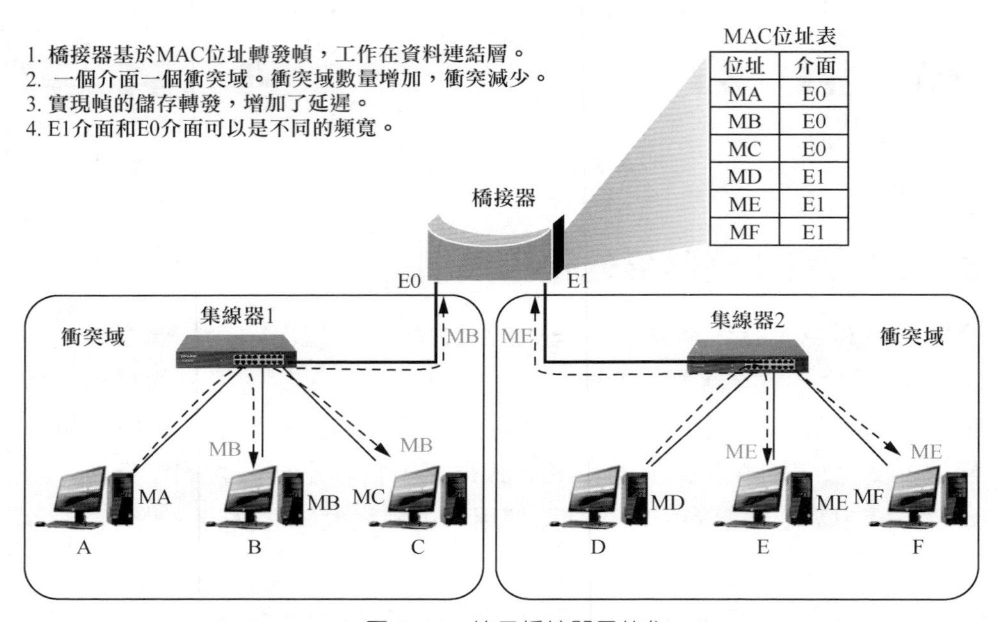
1. 橋接器基於MAC位址轉發幀，工作在資料連結層。
2. 一個介面一個衝突域。衝突域數量增加，衝突減少。
3. 實現幀的儲存轉發，增加了延遲。
4. E1介面和E0介面可以是不同的頻寬。
MAC位址表
位址 介面
MA E0
MB E0
MC E0
MD E1
ME E1
MF E1
橋接器
E0
E1
集線器1
集線器2
衝突域
衝突域
MB
ME
MA
MB
MC
MD
ME
MF
A
B
C
D
E
F

▲ 圖 6-44　使用橋接器最佳化

這就表示橋接器裝置的引入，將一個大的乙太網的衝突域劃分成了多個小的衝突域，降低了衝突，最佳化了乙太網。

電腦 A 發送給電腦 E 的幀，橋接器的 E0 介面接收該幀，會判斷該幀是否滿足最小幀要求，CRC 驗證該幀是否出錯，如果沒有錯誤，將尋找 MAC 位址表選擇出口，看到 MAC 位址 ME 對應的是 E1 介面，E1 介面再使用 CSMA/CD 協定將該幀發送出去，集線器 2 中的電腦都能接收到該幀，如圖 6-45 所示。

總之一句話，橋接器根據幀的目標 MAC 位址轉發幀，這就表示橋接器能夠看懂幀資料連結層的表頭和尾部，因此我們說橋接器是資料連結層裝置，也稱為「二層裝置」。

橋接器的介面可以是不同的頻寬，舉例來說，圖 6-45 中橋接器的 E0 介面是 10Mbit/s 的頻寬，E1 介面可以是 100Mbit/s 頻寬。這一點和集線器不同。

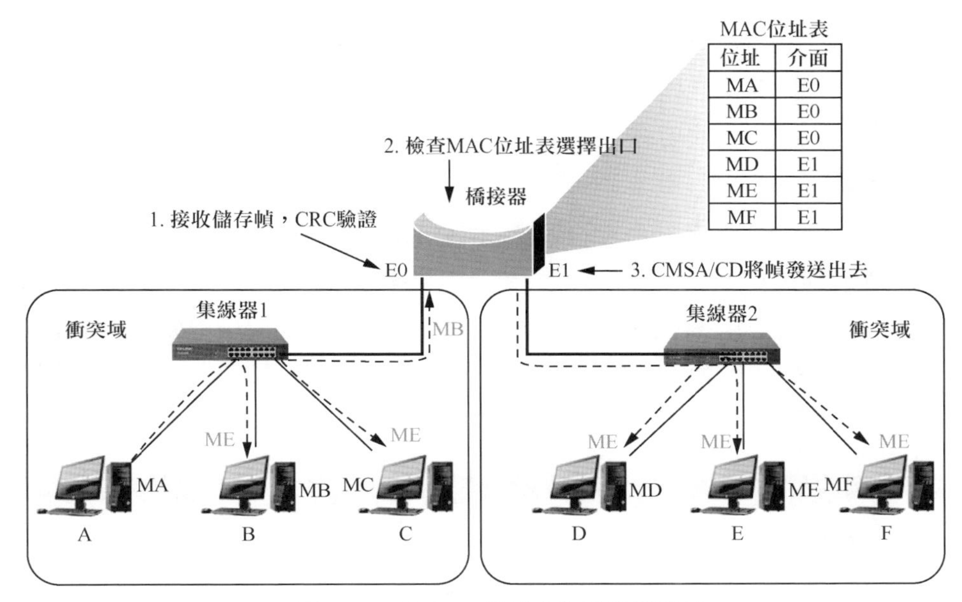

▲ 圖 6-45 以 MAC 位址表為基礎轉發幀

橋接器的介面和集線器介面不同，橋接器的介面對資料幀進行儲存，然後根據幀的目標 MAC 位址進行轉發，轉發之前還要運行 CSMA/CD 演算法，即發送時發生碰撞要退避，增加了延遲。

6.4.4 橋接器自動建構 MAC 位址表

使用橋接器最佳化乙太網，網路中的電腦是沒有感覺的，也就是說乙太網中的電腦並不知道網路中有橋接器存在，也不需要網路系統管理員設定橋接器的 MAC 位址表，因此我們稱橋接器是「透明橋接」。

橋接器連線乙太網時，MAC 位址表是空的，橋接器會在電腦通訊過程中自動建構 MAC 位址表，這稱為「自我學習」。

1. 自我學習

橋接器的介面收到一個幀，就要檢查 MAC 位址表中與收到的幀的來源 MAC 位址有無符合的項目，如果沒有，就在 MAC 位址表中增加該介面和該幀的來源 MAC 位址的對應關係以及進入介面的時間；如果有，則對原有的項目進行更新。

2. 轉發幀

橋接器介面收到一個幀，就檢查 MAC 位址表中有沒有與該幀的目標 MAC 位址相對應的通訊埠，如果有，就將該幀轉發到對應的通訊埠；如果沒有，則將該幀轉發到全部通訊埠（接收通訊埠除外）。如果轉發表中列出的介面就是該幀進入橋接器的介面，則應該捨棄這個幀（因為這個幀不需要經過橋接器進行轉發）。

下面舉例說明 MAC 位址表的建構過程，如圖 6-46 所示，橋接器 1 和橋接器 2 剛剛連線乙太網，MAC 位址表是空的。

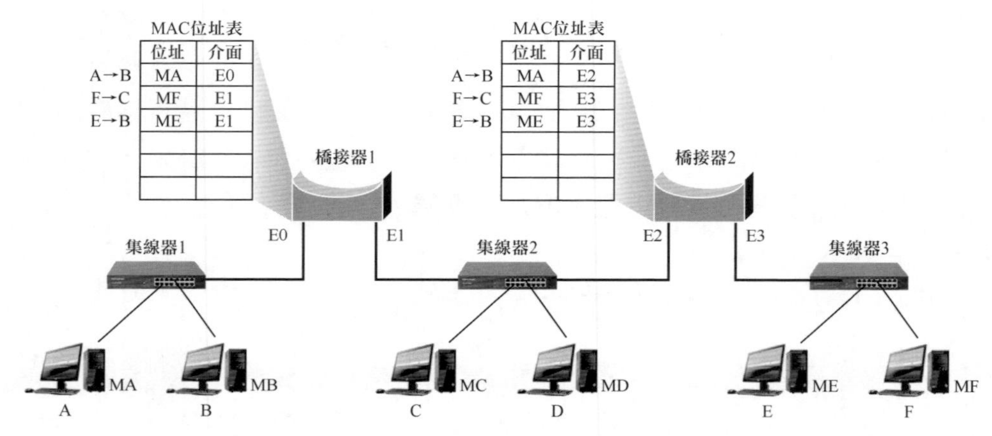

▲ 圖 6-46 MAC 位址表建構過程

（1）電腦 A 給電腦 B 發送一個幀，來源 MAC 位址為 MA，目標 MAC 位址為 MB。橋接器 1 的 E0 介面收到該幀，查看該幀的來源 MAC 位址是 MA，就可以斷定 E0 介面連接著 MA，於是在 MAC 位址表中記錄一筆對應關係 MA 和 E0，這就表示以後要有到達 MA 的幀，需要轉發給 E0。

（2）橋接器 1 在 MAC 位址表中沒有找到關於 MB 和介面的對應關係，就會將該幀轉發到 E1。

（3）橋接器 2 的 E2 介面收到該幀，查看該幀的來源 MAC 位址，就會在 MAC 位址表中記錄一筆 MA 和 E2 的對應關係。

（4）這時，電腦 F 給電腦 C 發送一個幀，會在橋接器 2 的 MAC 位址表中增加一筆 MF 和 E3 的對應關係。由於橋接器 2 的 MAC 位址表中沒有 MC 和介面的對應關係，該幀會被發送到 E2 介面。

（5）橋接器 1 的 E1 介面收到該幀，會在 MAC 位址表中增加一筆 MF 和 E1 的對應關係，同時將該幀發送到 E0 介面。

（6）同樣，電腦 E 給電腦 B 發送一個幀，會在橋接器 1 的 MAC 位址表中增加 ME 和 E1 的對應關係，在橋接器 2 的 MAC 位址表中增加 ME 和 E3 的對應關係。

只要橋接器收到的幀的目標 MAC 位址能夠在 MAC 位址表中找到和介面的對應關係，就會將該幀轉發到指定介面。

橋接器 MAC 位址表中的 MAC 位址和介面的對應關係只是臨時的，這是為了適應網路中的電腦發生的調整。舉例來說，連接在集線器 1 上的電腦 A 連接到了集線器 2，或電腦 F 從網路中移除了，橋接器中的 MAC 位址表中的項目就不能一成不變。讀者需要知道，介面和 MAC 位址的對應關係有時間限制，如果過了幾分鐘沒有使用該對應關係轉發幀，該項目將從 MAC 位址表中刪除。

6.4.5 多介面橋接器——交換機

隨著技術的不斷發展，橋接器的介面日益增多，橋接器的介面就不再透過集線器，而是直接連接電腦了，橋接器也發展成現在的交換機。現在組建企業區域網基本都會使用交換機，橋接器這類裝置已經成為歷史。圖 6-47 展示了交換機網路拓樸的優點。

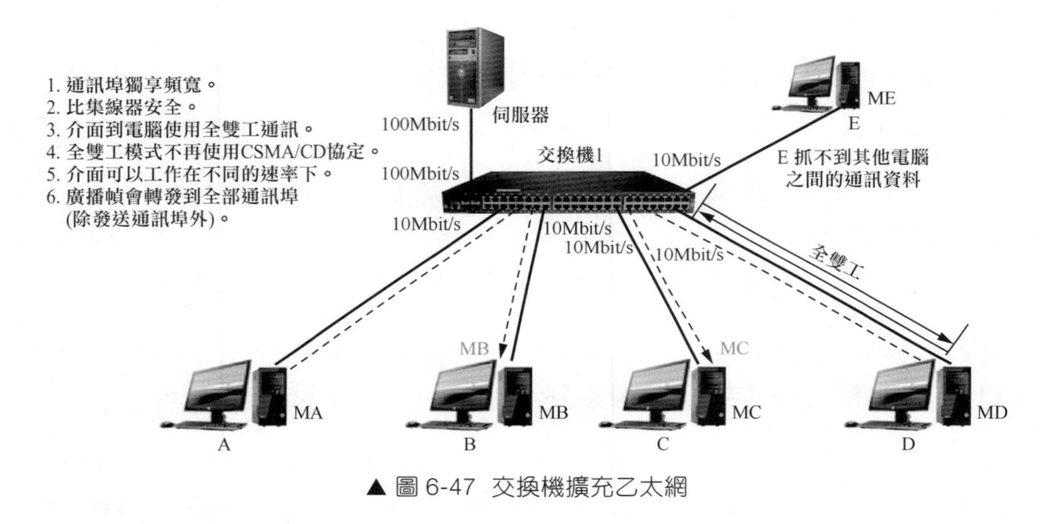
1. 通訊埠獨享頻寬。
2. 比集線器安全。
3. 介面到電腦使用全雙工通訊。
4. 全雙工模式不再使用CSMA/CD協定。
5. 介面可以工作在不同的速率下。
6. 廣播幀會轉發到全部通訊埠
(除發送通訊埠外)。
100Mbit/s
伺服器
100Mbit/s
交換機1
10Mbit/s
ME
E
E 抓不到其他電腦
之間的通訊資料
10Mbit/s
10Mbit/s
10Mbit/s
10Mbit/s
全雙工
MB
MC
MA
MB
MC
MD
A
B
C
D

▲ 圖 6-47 交換機擴充乙太網

使用交換機網路拓樸與集線器網路拓樸相比有以下特點。

1. 通訊埠獨享頻寬

交換機的每個通訊埠獨享頻寬，10Mbit/s 的交換機每個通訊埠的頻寬是 10Mbit/s，24 通訊埠的 10Mbit/s 的交換機，交換機的整體交換能力是 240Mbit/s，這和集線器不同。

2. 安全

使用交換機組建的網路比使用集線器組建的網路安全。舉例來說，電腦 A 給電腦 B 發送的幀，以及電腦 D 給電腦 C 發送的幀，交換機根據 MAC

位址表只轉發到目標通訊埠，電腦 E 根本收不到其他電腦通訊的數位訊號，即使安裝了封包截取工具也沒用。

3. 全雙工通訊

交換機介面和電腦直接相連，電腦和交換機之間的鏈路可以使用全雙工通訊。

4. 全雙工模式不再使用 CSMA/CD 協定

交換機介面和電腦直接相連，使用全雙工通訊資料連結層，就不再需要使用 CSMA/CD 協定，但我們還是稱交換機組建的網路是乙太網，因為框架格式和乙太網一樣。

5. 介面可以工作在不同的速率下

交換機使用儲存轉發，也就是交換機的每一個介面都可以儲存幀，從其他通訊埠轉發出去時，可以使用不同的速率。通常連接伺服器的介面要比連接普通電腦的介面頻寬高，交換機連接交換機的介面也比連接普通電腦的介面頻寬高。

6. 轉發廣播幀

廣播幀會轉發到除了發送通訊埠以外的全部通訊埠。廣播幀是指目標 MAC 位址的 48 位元二進位全是 1 的幀，如圖 6-48 所示。封包截取工具捕捉的廣播幀的目標 MAC 位址為 ff:ff:ff:ff:ff:ff，圖中捕捉的資料幀是 TCP/IP 中網路層協定 ARP 發送的廣播幀，將本網段電腦的 IP 位址解析到 MAC 位址。有些病毒也會在網路中發送廣播幀，造成交換機忙於轉發這些廣播幀而影響網路中正常電腦的通訊，造成網路堵塞。

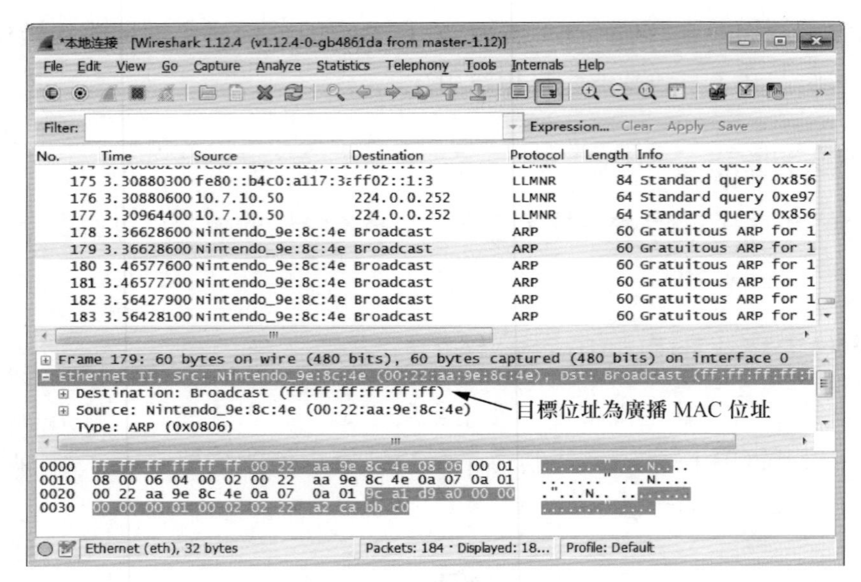

▲ 圖 6-48　廣播幀的 MAC 位址

因此我們說交換機組建的乙太網就是一個廣播域，路由器負責在不同網段轉發資料，廣播資料封包不能跨路由器，所以說路由器隔絕廣播。

圖 6-49 所示的交換機和集線器連接組建的兩個乙太網使用路由器連接。連接在集線器上

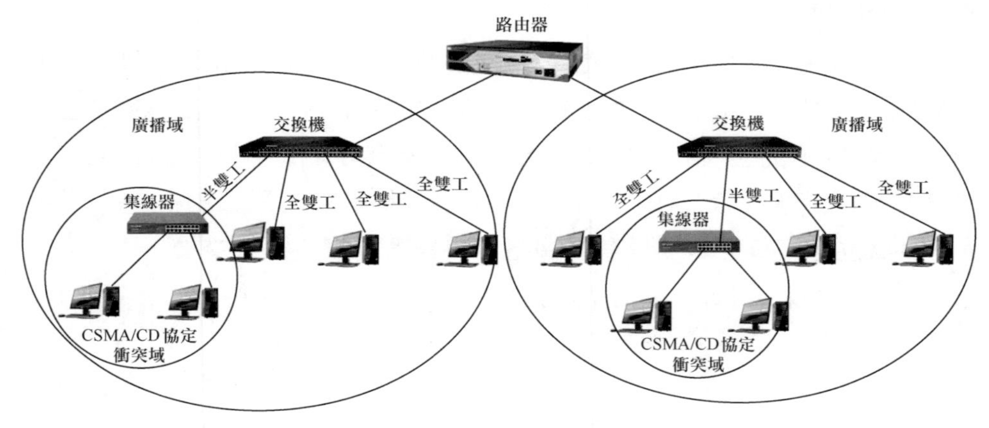

▲ 圖 6-49　路由器隔絕廣播域

的電腦就在一個衝突域中，交換機和集線器連接形成一個大的廣播域。連接在集線器上的裝置只能工作在半雙工模式下，使用 CSMA/CD 協定，交換機和電腦連接的介面工作在全雙工模式下，資料連結層不再使用 CSMA/CD 協定。

6.4.6 查看交換機的 MAC 位址表

下面就用 eNSP 模擬器參照圖 6-50 所示架設一個網路環境，在 PC1 上 ping PC2、PC3、PC4、PC5，觀察交換機 LSW1 上的 MAC 位址表。

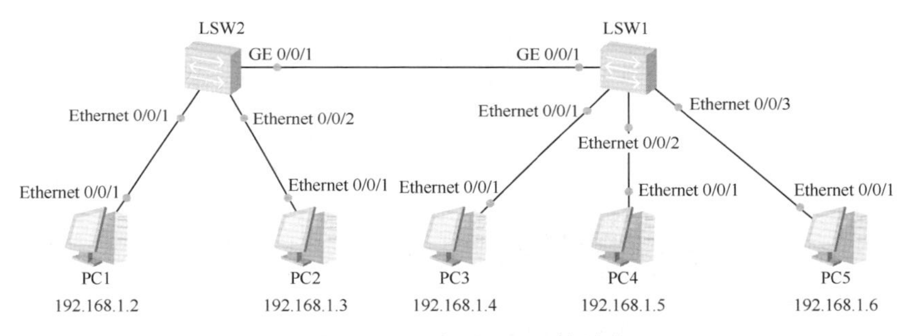

▲ 圖 6-50　查看 MAC 位址表

輸入 "display mac-address" 可以看到交換機上的 MAC 位址表，可以看到 GE0/0/1 介面對應兩個 MAC 位址，如圖 6-51 所示。Type 為 dynamic，這說明 MAC 位址是動態學到的，過一段時間沒有用到的項目會自動清除。

```
LSW1
[Huawei]display mac-address
MAC address table of slot 0:
-------------------------------------------------------------------------------
MAC Address    VLAN/       PEVLAN CEVLAN Port            Type      LSP/LSR-ID
               VSI/SI                                              MAC-Tunnel
-------------------------------------------------------------------------------
5489-9811-3ab2 1           -      -      GE0/0/1         dynamic   0/-
5489-98d2-04c1 1           -      -      Eth0/0/3        dynamic   0/-
5489-9863-3d0e 1           -      -      Eth0/0/1        dynamic   0/-
5489-98e8-76e7 1           -      -      Eth0/0/2        dynamic   0/-
5489-9857-76d6 1           -      -      GE0/0/1         dynamic   0/-
-------------------------------------------------------------------------------
Total matching items on slot 0 displayed = 5

[Huawei]
```

▲ 圖 6-51　MAC 位址表

6.4.7 生成樹狀協定

現在組建企業區域網通常使用交換機。交換機有連線層交換機、匯聚層交換機之分。如圖 6-52 所示，電腦連接連線層交換機，連線層交換機再連接到匯聚層交換機，匯聚層交換機連接企業伺服器。這是規範的網路拓樸方式，但這種方式存在一個問題，那就是單點故障。如圖 6-52 所示，連線層到匯聚層的鏈路出現故障，會造成電腦不能存取企業伺服器，或匯聚層交換機出現故障，則全部的連線層交換機都不能存取企業伺服器。

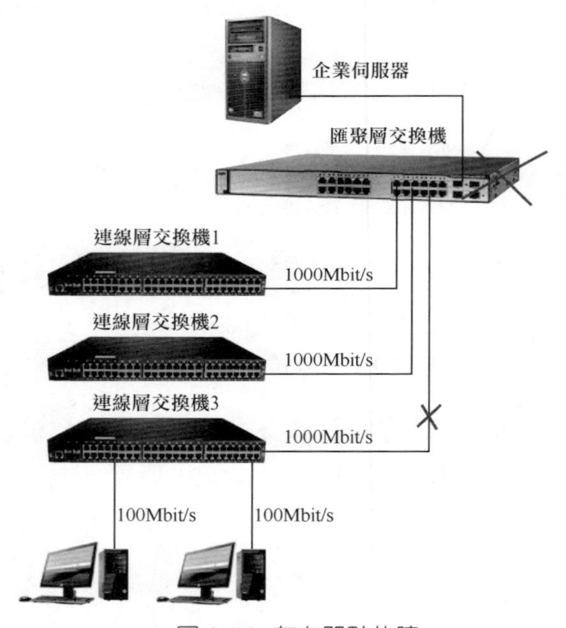

▲ 圖 6-52 存在單點故障

如果企業的業務對網路的要求非常高，不允許發生長時間的網路中斷，就需要考慮增加容錯裝置，以避免硬體故障造成網路中斷。

為了讓交換機組建的網路更加可靠，在網路中部署兩個匯聚層交換機，這樣即使壞掉一個匯聚層交換機或斷掉一條鏈路，連線層交換機也可以透過另一個匯聚層交換機存取企業伺服器，如圖 6-53 所示。

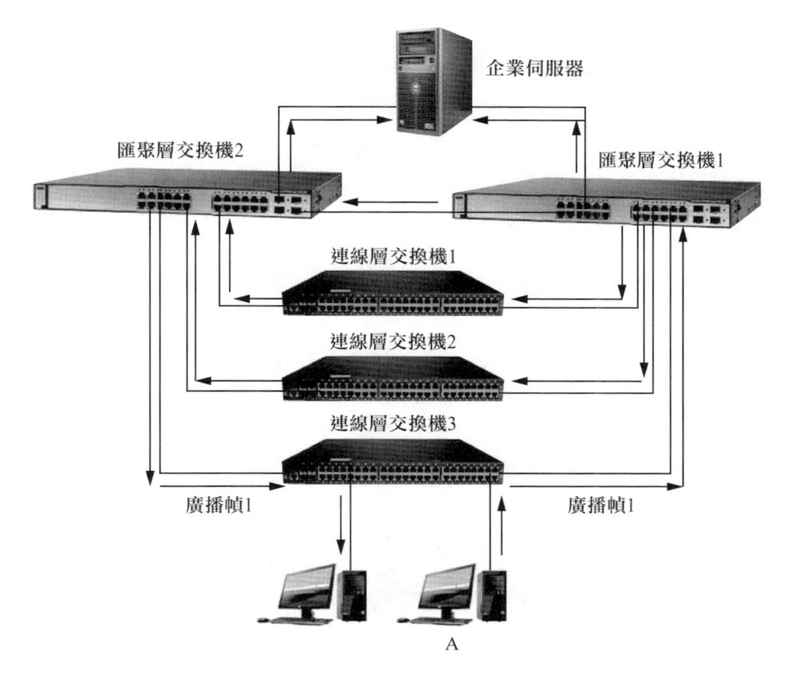

▲ 圖 6-53 雙匯聚層網路架構

但這樣的網路拓撲就形成了多個環路，前面講了，交換機組建的網路就是一個大的廣播域，交換機會把廣播幀發送到全部通訊埠（除了發送通訊埠），有環路之後，只要有電腦發送一個廣播幀，該幀就在環路中進行無數次轉發，這就形成了廣播風暴。

圖 6-53 所示的電腦 A 發送一個廣播幀，該幀由連線層交換機 3 轉發到匯聚層交換機 1，再被轉發到其他連線層交換機，又經匯聚層交換機 2 回到連線層交換機 3，連線層交換機 3 並不知道這是自己發送的廣播幀又回來了，於是又開始了新一輪的轉發。

其實交換機形成環路很容易，兩個交換機也能形成環路。圖 6-54 所示的電腦 A 發送一個廣播幀，就會在環路中無限次轉發，同時網路中的所有電腦都能無數次收到該廣播幀，如果在電腦 B 安裝封包截取工具，該廣播幀會被抓到無數次。

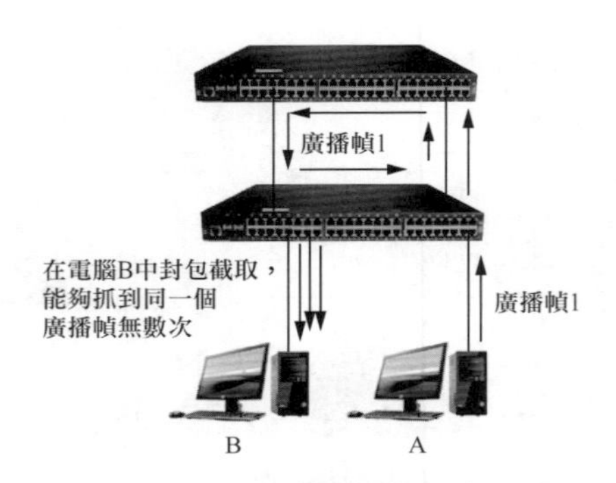

▲ 圖 6-54 兩個交換機形成環路

一個交換機也可以連接成環路，將一個交換機的兩個介面使用網線連接起來，廣播幀會在環路中永不消失，造成網路堵塞，如圖 6-55 所示。

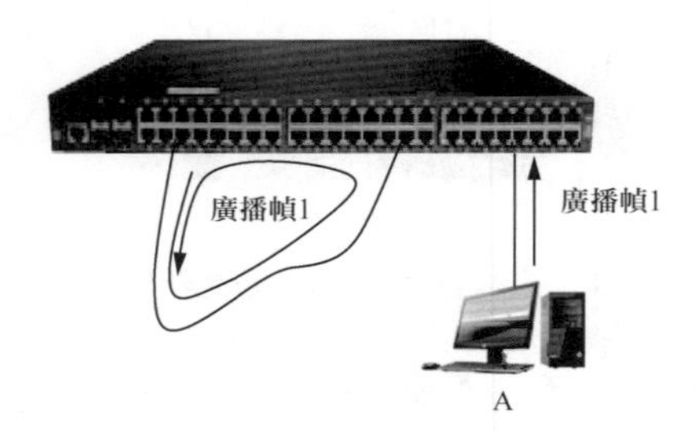

▲ 圖 6-55 一個交換機也可以形成環路

交換機為了避免廣播風暴，使用生成樹（spanning tree）協定來阻斷環路，大家都知道樹狀結構是沒有環路的。該協定將交換機的某些通訊埠設定成阻斷狀態，這些通訊埠就不再轉發電腦發送的任何資料，一旦鏈路發生變化，生成樹狀協定將重新設定通訊埠的阻斷或轉發狀態。

網路中的交換機都要運行生成樹狀協定，生成樹狀協定會把一些交換機的通訊埠設定成阻斷狀態，電腦發送的任何幀都不轉發，這種狀態不是一成不變的，當鏈路發生變化後，會重新設定哪些通訊埠應該阻斷，哪些通訊埠應該轉發，如圖 6-56 所示。

當連線層交換機 3 連接匯聚層交換機 1 的鏈路被拔掉後，生成樹狀協定會將 F1 通訊埠由阻斷狀態設定成轉發狀態，如圖 6-57 所示。

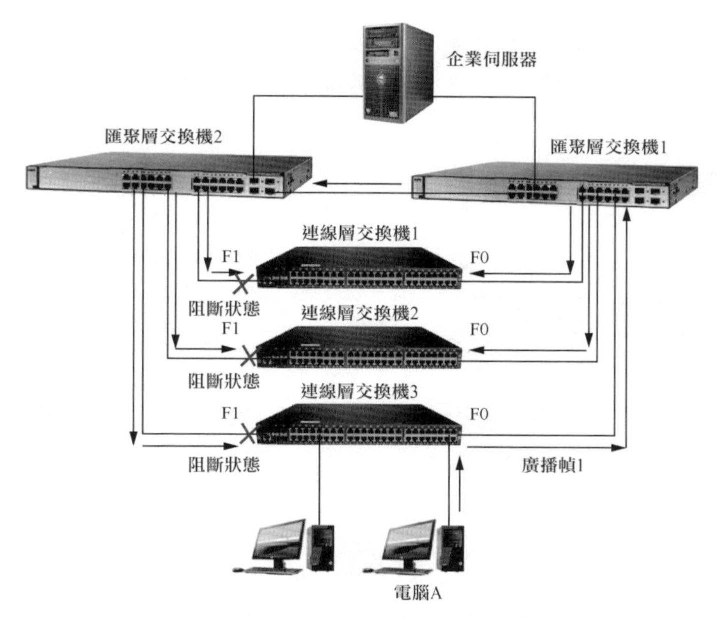

▲ 圖 6-56 在雙匯聚網路架構中運行生成樹狀協定（一）

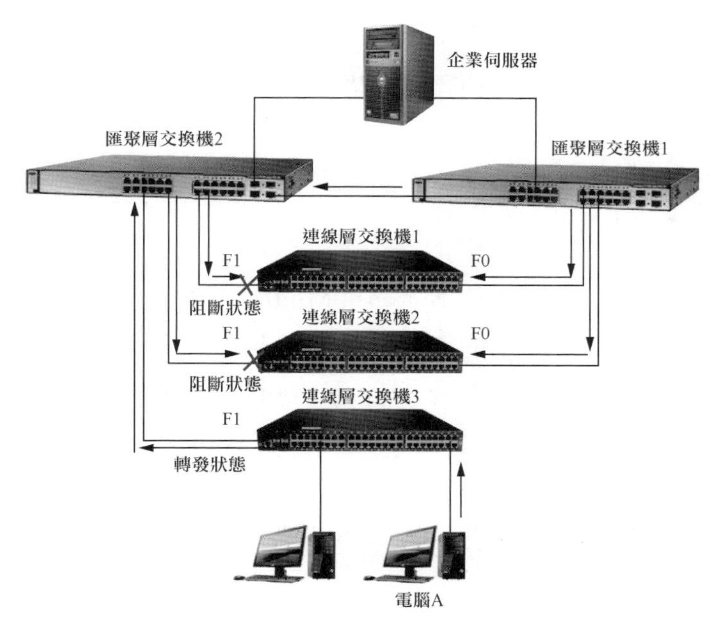

▲ 圖 6-57 在雙匯聚網路架構中運行生成樹狀協定（二）

綜上所述，為了使交換機組建的區域網更加可靠，我們使用雙匯聚層網路架構，這樣會形成環路，產生廣播風暴。交換機中運行的生成樹狀協定能夠阻斷環路，如果鏈路發生變化，生成樹狀協定很快就能把阻斷通訊埠設定為轉發狀態。

6.5 高速乙太網

速率達到或超過 100Mbit/s 的乙太網稱為「高速乙太網」。IEEE 802.3 標準還針對不同的頻寬進一步定義了對應的標準，下面列出不同頻寬的乙太網標準代號。

IEEE 802.3－CSMA/CD 存取控制方法與物理層規範。
IEEE 802.3i－10BASE-T 存取控制方法與物理層規範。
IEEE 802.3u－100BASE-T 存取控制方法與物理層規範。
IEEE 802.3ab－1000BASE-T 存取控制方法與物理層規範。
IEEE 802.3z－1000BASE-SX 和 1000BASE-LX 存取控制方法與物理層規範。

6.5.1 100Mbit/s 乙太網

100BASE-T 是指在雙絞線上傳輸 100Mbit/s 基頻訊號的星形拓撲的乙太網，仍使用 IEEE 802.3 的 CSMA/CD 協定，又稱為「快速乙太網」（FastEthernet）。使用者只要更換一張 100Mbit/s 的網路卡，再配上一個 100Mbit/s 的集線器，就可以很方便地由 10BASE-T 乙太網直接升級到 100Mbit/s，而不必改變網路的拓撲結構。現在的網路卡大多能夠支持 10Mbit/s、100Mbit/s、1000Mbit/s 這 3 個速率，並能夠根據連接端的速率自動協商頻寬。

使用交換機組建的 100BASE-T 乙太網，可在全雙工模式下工作而無衝突發生。因此，CSMA/CD 協定對全雙工模式工作的快速乙太網是不起作用的（但在半雙工模式工作時，則一定要使用 CSMA/CD 協定）。讀者也許會問，不使用 CSMA/CD 協定為什麼還能夠叫乙太網呢？這是因為快速乙太網使用的 MAC 框架格式仍然是 IEEE 802.3 標準規定的框架格式。

前面講了，乙太網的最短幀與頻寬和鏈路長度有關，100Mbit/s 乙太網的速率是 10Mbit/s 乙太網速率的 10 倍。要想和 10Mbit/s 乙太網相容，就要確保最短幀也是 64 位元組，那就將電纜最大長度由 1000m 降到 100m，因此乙太網的爭用期依然是 5.12μs，最短幀依然是 64 位元組。

快速乙太網的標準如表 6-2 所示。

表 6-2　快速乙太網的標準

名稱	傳輸介質	網段最大長度	特點
100BASE-TX	銅纜	100m	兩對 UTP5 類線或隱藏雙絞線
100BASE-T4	銅纜	100m	4 對 UTP3 類線或 5 類線
100BASE-FX	光纖	2000m	兩根光纖，發送和接收各用一根，全雙工，長距離

1995 年 IEEE 把 1000BASE-T 的快速乙太網定為正式標準，其代號為 IEEE 802.3u，是對 IEEE 802.3 標準的補充。

6.5.2 GB 乙太網

1996 年夏季，GB 乙太網（又稱為「GB 乙太網」）的產品問世，頻寬達到 1000Mbit/s。IEEE 在 1997 年通過了 GB 乙太網的標準 802.3z，並在 1998 年成為正式標準。

GB 乙太網的標準 IEEE 802.3z 有以下幾個特點。

（1）允許在 1Gbit/s 下以全雙工和半雙工兩種模式工作。

（2）使用 IEEE 802.3 協定規定的框架格式。
（3）在半雙工模式下使用 CSMA/CD 協定（全雙工模式不需要使用 CSMA/CD 協定）。
（4）與 10BASE-T 和 100BASE-T 技術向後相容。

GB 乙太網的標準如表 6-3 所示。

表 6-3　GB 乙太網的標準

名稱	傳輸介質	網段最大長度	特點
1000BASE-SX	光纖	550m	多模光纖（10 和 62.5μm）
1000BASE-LX	光纖	5000m	單模光纖（10μm）、多模光纖（50μm 和 62.5μm）
1000BASE-CX	銅線	25m	使用兩對隱藏雙絞線電纜 STP
1000BASE-T	銅線	100m	使用 4 對 UTP 5 類線

GB 乙太網既可用作現有網路的主幹網，也可在高頻寬（高速率）的應用場景中（如醫療圖型或 CAD 的圖形等）用來連接工作站和伺服器。

GB 乙太網工作在半雙工時，必須進行碰撞檢測，資料速率提高了，要想和 10Mbit/s 乙太網相容，就要確保最短幀也是 64 位元組，這只能透過減少最大電纜長度來實現，乙太網最大電纜長度就要縮短到 10m，短到幾乎沒有什麼實用價值。

為了增加 GB 乙太網的最大傳輸距離，將最短幀增加到 4096 位元，1000Mbit/s 乙太網如何和 10Mbit/s 乙太網的最短幀相容呢？這又有了新的問題，因為乙太網最短幀長是 64 位元組，發送最短的資料幀只需要 512 位元。資料幀發送結束之後，可能在遠端發生衝突，衝突訊號傳到發送端時，資料幀已經發送完成，發送端也就感知不到衝突了。最終的解決辦法就是當資料幀長度小於 512 位元組（4096 位元）時，在 FCS 域後面增加「載體延伸」（carrier extension）域。主機發送完短資料幀之後，繼續發送載體延伸訊號。這樣一來，當衝突訊號傳回來時，發送端就能感知到了，如圖 6-58 所示。

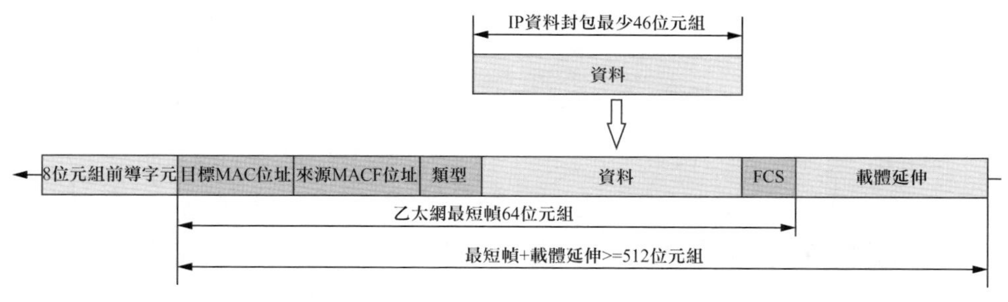

▲ 圖 6-58 1000Mbit/s 乙太網載體延伸示意圖

再考慮另一個問題。如果發送的資料幀都是 64 位元組的短封包，那麼鏈路的使用率就很低，因為「載體延伸」域將佔用大量的頻寬。GB 乙太網標準中，引入了「分組突發」(packet bursting) 機制來改善這個問題。當很多短幀要發送時，第一個短幀採用上面所説的載體延伸方法進行填充，隨後的一些短幀則可以一個接一個發送，它們之間只需要留必要的幀間最小間隔即可，如圖 6-59 所示。這樣就形成一串分組突發，直到達到 1500 位元組或稍多一些為止。這樣就提高了鏈路的使用率。

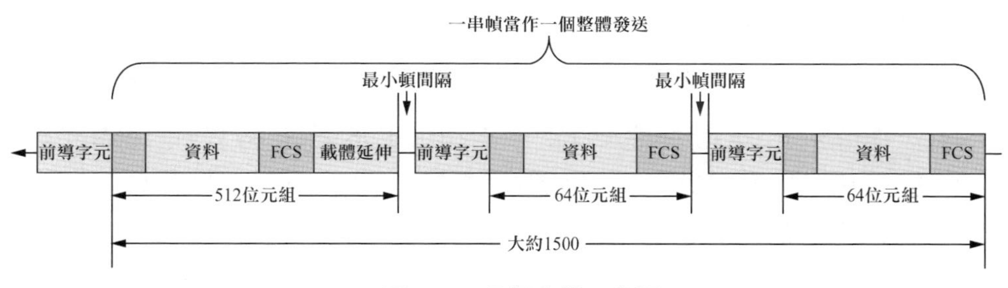

▲ 圖 6-59 分組突發示意圖

「載體延伸」和「分組突發」僅用於 GB 乙太網的半雙工模式；而全雙工模式不需要使用 CSMA/CD 機制，也就不需要這兩個特性。

GB 乙太網鏈路通常用於實現交換機和交換機之間的連接，以及交換機和伺服器之間的連接，如圖 6-60 所示。

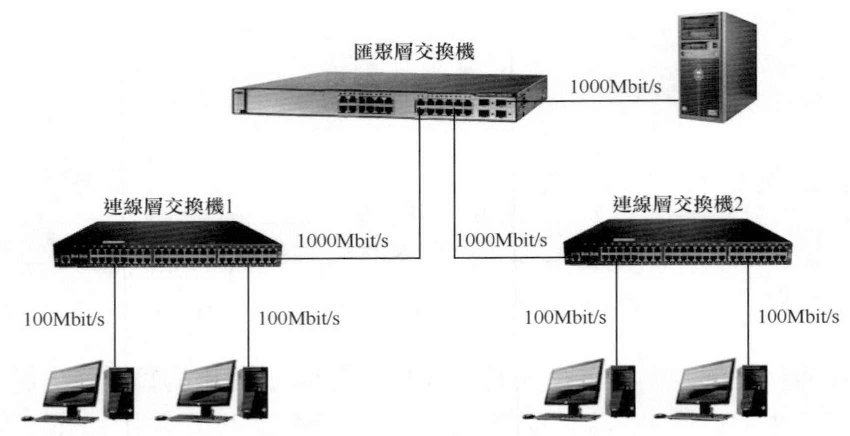

▲ 圖 6-60 GB 乙太網

6.5.3 10GB 乙太網

就在 GB 乙太網標準 IEEE 802.3z 透過後不久，在 1999 年 3 月，IEEE 成立了高速研究組，其任務是致力於 10GB 乙太網（10GE）的研究，10GE 的正式標準已在 2002 年 6 月完成。10GB 乙太網也就是「10GB 乙太網」。

10GE 並非將 GB 乙太網的速率簡單提高到 10 倍。這裡有許多技術上的問題需要解決。10GE 的主要特點有：10GE 的框架格式與 10Mbit/s、100Mbit/s 和 1Gbit/s 乙太網的框架格式完全相同；10GE 還保留了 IEEE 802.3 標準規定的乙太網最小幀長和最大幀長，這就讓使用者在將其已有的乙太網進行升級時，仍能和較低速率的乙太網很方便地通訊。

由於資料率很高，10GE 不再使用銅線而只使用光纖作為傳輸媒體。它使用長距離（40km）的光收發器與單模光纖介面，以便能夠工作在廣域網路和都會區網路的範圍內。10GE 也可使用較便宜的多模光纖，但這種光纖傳輸距離為 65 ～ 300m。

10GE 只工作在全雙工模式，因此不存在爭用問題，也不使用 CSMA/CD 協定。這就使得 10GE 的傳輸距離不再受碰撞檢測的限制。

由於 10GE 的出現，乙太網的工作範圍已經從區域網（校園網、企業網）擴大到都會區網路和廣域網路，從而實現了點對點的乙太網傳輸。這種工作方式的好處如下。

（1）乙太網是一種經過實踐證明的成熟技術，無論是 Internet 服務提供者（ISP）還是端使用者都很願意使用乙太網。當然對 ISP 來說，使用乙太網還需要在更大的範圍進行試驗。

（2）乙太網的互通性也很好，不同廠商生產的乙太網都能可靠地進行交互操作。

（3）在廣域網路中使用乙太網時，其價格大約只有同步光纖網路（Synchronous Optical Network，SONET）的 1/5 和 ATM 的 1/10。乙太網還能夠適應多種傳輸媒體，如銅纜、雙絞線以及各種光纖。這就使得具有不同傳輸媒體的使用者在進行通訊時不必重新佈線。

（4）點對點的乙太網連接使幀的格式全都是乙太網的格式，而不需要再進行幀的格式轉換，這就簡化了操作和管理。但是，乙太網和現有的其他網路，如框架轉送或 ATM 網路，仍然需要有對應的介面才能進行互連。

10GB 乙太網的標準如表 6-4 所示。

表 6-4　10GB 乙太網的標準

名　稱	傳輸介質	網段最大長度	特　點
10GBASE-SR	光纖	300m	多模光纖（0.85μm）
10GBASE-LR	光纖	10km	單模光纖（1.3μm）
10GBASE-ER	光纖	40km	單模光纖（1.5μm）
10GBASE-CX4	銅線	15m	使用 4 對雙芯同軸電纜
10GBASE-T	銅線	100m	使用 4 對 6A 類 UTP 雙絞線

6.6 習題

1. 橋接器是在（　　）上實現不同網路的互連裝置。

   A. 資料連結層　　B. 網路層　　C. 對話層　　D. 物理層

2. PPP 和 CSMA/CD 是第________層協定。

3. 在一個採用 CSMA/CD 協定的網路中，傳輸媒體是一根完整的電纜，傳輸速率為 1Gbit/s，電纜中的訊號傳播速度是 200 000km/s。若最小資料幀的長度減少 800 位元，則最遠的兩個網站之間的距離至少需要（　　）。

   A. 增加 160m　　B. 增加 80m　　C. 減少 160m　　D. 減少 80m

4. 將一組資料組裝成幀在相鄰兩個節點間傳輸屬於 OSI 參考模型的（　　）層功能。

   A. 物理層　　B. 資料連結層　　C. 網路層　　D. 傳輸層

5. CRC 驗證可以查出幀傳輸過程中的（　　）差錯。

   A. 基本位元差錯　　B. 幀遺失　　C. 幀重複　　D. 幀失序

6. PPP 採用同步傳輸技術傳輸位元串 01101 11111 11111 00，則零位元填充後的位元串為________。

7. 假設待傳輸的一組資料 $M = 101001$（現在 $k = 6$），除數 $P = 1101$。則要在 M 的後面再增加供差錯檢驗用的 n 位元容錯碼一起發送。計算 CRC 驗證值，發送序列是什麼？

8. 資料連結層要傳輸的二進位資料為 1010011，現在需要計算 CRC 驗證值，選擇了除數為 1101，要求列出計算豎式。

9. 某區域網採用 CSMA/CD 協定實現媒體存取控制，資料傳輸率為 100Mbit/s，主機甲和主機乙的距離為 2km，訊號傳播速率是 200 000km/s，計算該乙太網最短幀。

10. CSMA/CD 是 IEEE 802.3 所定義的協定標準，它適用於（　　）。
    A. 權杖環網　B. 權杖匯流排網　C. 網路互連　D. 乙太網

11. 假設 1km 長的 CSMA/CD 網路的資料率為 1Gbit/s，假設訊號在網路上的傳播速率為 200 000km/s，則能夠使用此協定的最短幀長為（　　）。
    A. 5000bit　B. 10000bit　C. 5000Byte　D. 10000Byte

12. 資料連結（邏輯鏈路）與鏈路（物理鏈路）有何區別？「電路接通」與「資料連結接通」的區別何在？

13. 資料連結層中的鏈路控制包括哪些功能？試討論將資料連結層做成可靠的鏈路層有哪些優點和缺點。

14. 網路介面卡的作用是什麼？網路介面卡工作在哪一層？

15. 資料連結層的 3 個基本問題（封裝成幀、透明傳輸和差錯檢驗）為什麼都必須加以解決？

16. 如果在資料連結層不進行幀定界，會發生什麼問題？

17. PPP 的主要特點是什麼？為什麼 PPP 不使用幀的編號？ PPP 適用於什麼情況？為什麼 PPP 不能使資料連結層實現可靠傳輸？

18. 區域網的主要特點是什麼？為什麼區域網採用廣播通訊方式而廣域網路不採用呢？

19. 常用的區域網網路拓撲有哪些種類？現在最流行的是哪種結構？為什麼早期的乙太網選擇匯流排型拓撲結構而不使用星形拓撲結構，但現在卻改為使用星形拓撲結構？

20. 什麼叫作傳統乙太網？乙太網有哪兩個主要標準？

21. 請說明 10BASE-T 中的 "10"、"BASE" 和 "T" 所代表的意思。

22. 乙太網使用的 CSMA/CD 協定以爭用方式連線共用通道，這與傳統的分時重複使用 TDM 相比有哪些優缺點？

23. 10Mbit/s 乙太網升級到 100Mbit/s、1Gbit/s 和 10Gbit/s 時，都需要解決哪些技術問題？為什麼乙太網能夠在發展的過程中淘汰掉自己的競爭對手，並使自己的應用範圍從區域網一直擴充到都會區網路和廣域網路？

24. 乙太網交換機有何特點？

25. 橋接器的工作原理和特點是什麼？橋接器與轉發器、乙太網交換機有何異同？

26. 橋接器中的轉發表是用自我學習演算法建立的。如果有的網站總是不發送資料而僅接收資料，那麼在轉發表中是否就沒有與這樣的網站相對應的項目？如果要向這個網站發送資料幀，橋接器能否把資料幀正確轉發到目的位址？

Chapter

07

物理層

• 本章主要內容 •

- 物理層的基本概念
- 資料通訊基礎
- 通道和調變
- 傳輸媒體
- 通道重複使用技術
- 寬頻連線技術

本章講解電腦網路通訊的物理層，主要講解通訊方面的知識，也就是如何在各種媒體（如光纖、銅線等）中更快地傳輸數位訊號和類比訊號，如圖 7-1 所示。本章的通訊知識有類比訊號、數位訊號、全雙工通訊、半雙工通訊、單工通訊、編碼方式和調變方式，以及通道的極限容量。

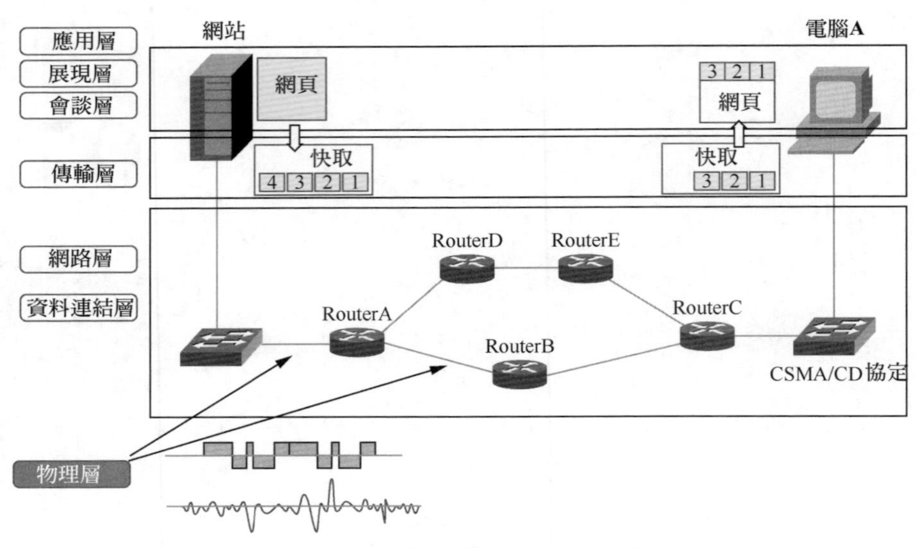

▲ 圖 7-1 訊號透過媒體在物理層中傳輸

物理層使用的傳輸媒體有雙絞線、同軸電纜、光纖，還有無線傳輸。

在通訊線路上更快地傳輸資料的技術有頻分重複使用、分時重複使用、波長區分重複使用和分碼重複使用技術。

寬頻連線技術有銅線連線技術、HFC 技術、光纖連線技術和行動網際網路連線技術。

7.1 物理層的基本概念

物理層定義了與傳輸媒體的介面有關的一些特性。定義了這些介面的標準，各廠商生產的網路裝置介面才能相互連接和通訊，舉例來說，思科的交換機使用雙絞線就能夠連接。物理層包括以下幾方面的定義。

（1）機械特性：指明介面所用接線器的形狀和尺寸、接腳的數目和排列、固定的鎖定裝置等。平時常見的各種規格的接插部件都有嚴格的標準化規定。這很像平時常見的各種規格的電源插頭，其尺寸都有嚴格的規定。圖 7-2 所示為某廣域網路介面和纜線介面。

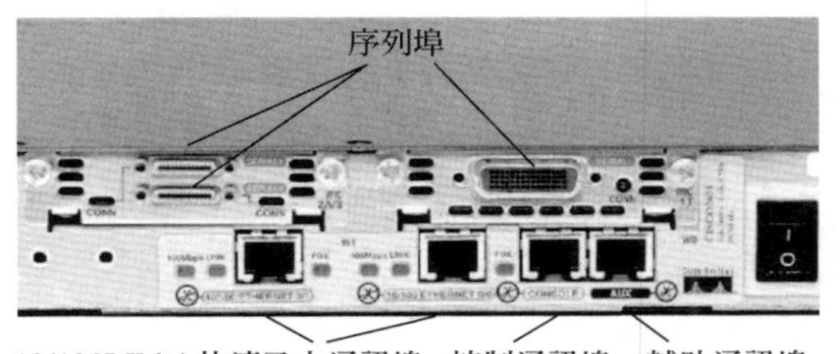

▲ 圖 7-2 物理介面機械特性

(2) 電氣特性：指明在介面電纜的各條線上出現的電壓範圍，如在 −10V ～ +10V 的範圍內。

(3) 功能特性：指明某條線上出現的某一電位的電壓表示何種意義。

(4) 過程特性：定義了在訊號線上進行二進位位元流傳輸的一組操作過程，包括各訊號線的工作順序和時序，使得位元流傳輸得以完成。

7.2 資料通訊基礎

7.2.1 資料通訊模型

下面列出幾種常見的電腦通訊模型。

1. 區域網通訊模型

圖 7-3 所示是使用集線器或交換機組建的區域網，電腦 A 和電腦 B 通訊，電腦 A 將要傳輸的資訊變成數位訊號，透過集線器或交換機發送給電腦 B，這個過程不需要對數位訊號進行轉換。

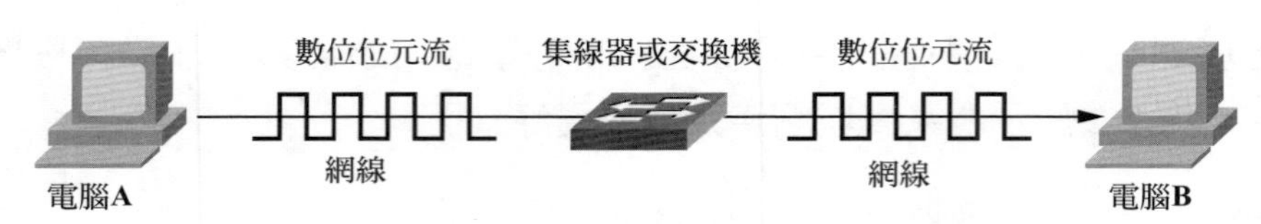

▲ 圖 7-3 區域網通訊模型

2. 廣域網路通訊模型

為了對電腦發出的數位訊號進行長距離傳輸，需要把要傳輸的數位訊號轉換成類比訊號或光訊號。舉例來說，現在家庭使用者的電腦透過 ADSL 連線 Internet，就需要將電腦網路卡的數位訊號調變成類比訊號，以適合在電話線上長距離傳輸，接收端需要使用數據機將類比訊號轉換成數位訊號，以便和 Internet 中的電腦 B 通訊，如圖 7-4 所示。後面會講解如何透過頻分重複使用技術提高類比訊號的通訊速率。

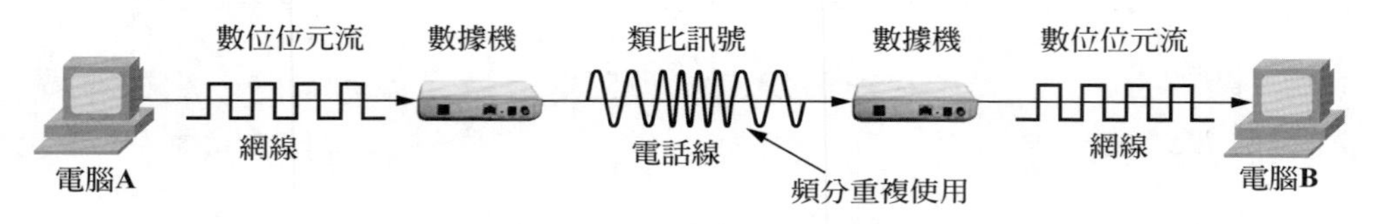

▲ 圖 7-4 廣域網路通訊模型

現在很多家庭使用者已經透過光纖連線 Internet 了，這就需要將電腦網路卡的數位訊號透過光電轉換裝置轉換成光訊號進行長距離傳輸，在接收端再使用光電轉換裝置轉換成數位訊號，如圖 7-5 所示。本章後面會講解如何透過波長區分重複使用技術充分利用光纖的通訊速率。

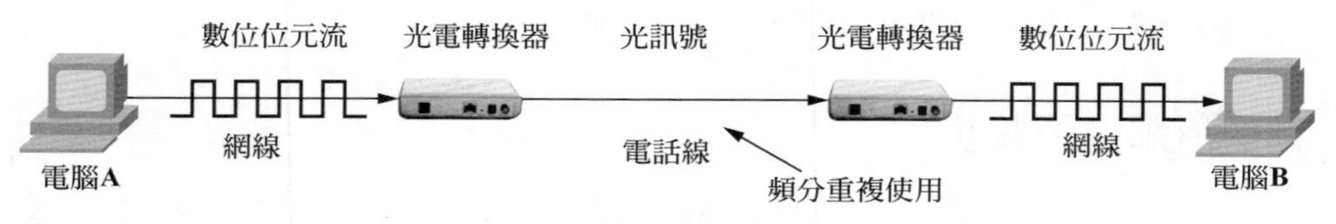

▲ 圖 7-5 廣域網路通訊模型

7.2.2 資料通訊的一些常用術語

資訊（message）：通訊的目的是傳輸資訊，如文字、圖型、視訊和音訊等都是資訊。

資料（data）：資訊在傳輸之前需要進行編碼，編碼後的資訊就變成資料。

訊號（signal）：資料在通訊線路上傳輸需要變成電訊號或光訊號。

圖 7-6 所示是使用瀏覽器存取網站的過程，展現了資訊、資料和訊號之間的關係，網頁的內容就是要傳輸的資訊，經過 M 字元集（字元集就是給一種文字或字元進行編碼，英文字元集有 ASCII，中文字元集有 GBK、UTF-8 等，為了方便説明字元集的作用，以下案例中的字元集只是列舉了 4 個字元）進行編碼，變成二進位資料，網路卡將數位訊號變成電訊號在網路中傳遞，接收端網路卡接收到電訊號，轉化為資料，再經過 M 字元集解碼，得到資訊。

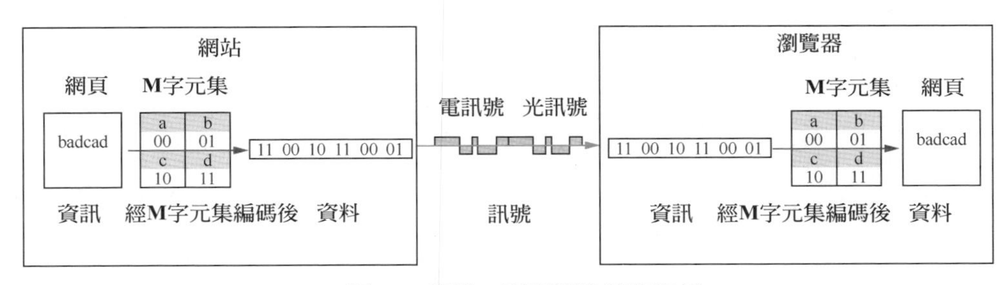

▲ 圖 7-6 資訊、資料和訊號的關係

當然為了傳輸聲音或圖片檔案，可以將圖片中的每一個圖元顏色都使用資料來表示，將音效檔的聲音高低使用資料來表示，這樣聲音和圖片都可以編碼成資料。

7.2.3 類比訊號和數位訊號

根據訊號中代表資訊的參數的設定值方式不同，訊號可以分為以下兩大類。

1. 類比訊號（連續訊號）

類比訊號是指用連續變化的物理量所表達的資訊，如溫度、濕度、壓力、長度、電流、電壓等，我們通常又把類比訊號稱為「連續訊號」，它在一定的時間範圍內可以有無限多個不同的設定值。

舉例來說，從第一天 08 時到第二天 05 時的溫度變化就適合使用類比訊號來表達，如圖 7-7 所示。

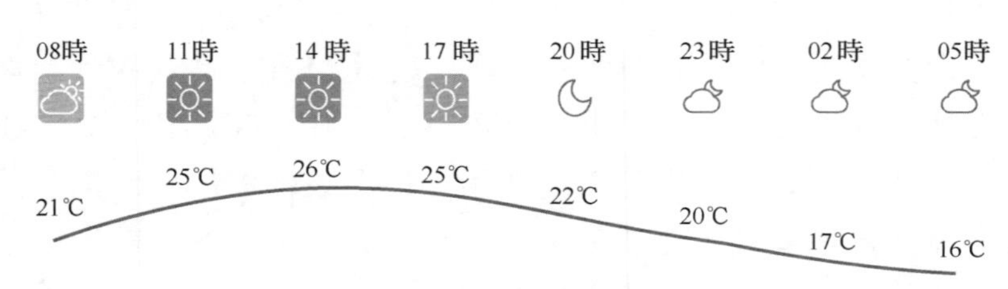

▲ 圖 7-7 用類比訊號表示溫度變化

聲音訊號也適合使用類比訊號來表達，如圖 7-8 所示。

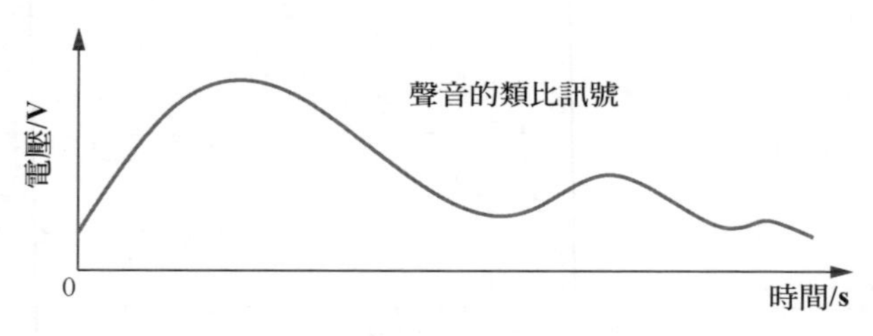

▲ 圖 7-8 用類比訊號表示聲音

在傳輸過程中如果出現訊號干擾，類比訊號的波形會發生變形，很難校正，如圖 7-9 所示。

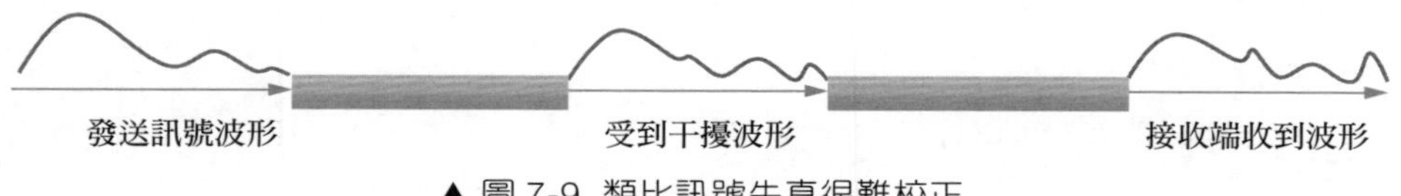

▲ 圖 7-9 類比訊號失真很難校正

前些年，有線電視線路向使用者提供的是有線電視模擬電視訊號，訊號強圖型就清晰，訊號弱或受到干擾圖型就伴有「雪花點」。目前，各有線電視管理部門對機房裝置和有線電視線路進行了升級改造，透過有線電視線路向使用者提供了數位電視節目訊號。那麼數位電視有什麼優點呢？下面介紹數位訊號。

2. 數位訊號（離散訊號）

數位訊號是指代表資訊的參數的設定值是離散的，在數位通訊中常常用時間間隔相同的符號來表示一個二進位數字，這樣的時間間隔內的訊號稱為（二進位）「鮑率」。舉例來說，電腦傳輸二進位資料1110110001100101010011 00，就可以使用數位訊號進行表示。圖 7-10 所示是二進位鮑率，一個鮑率表示一個二進位數字。

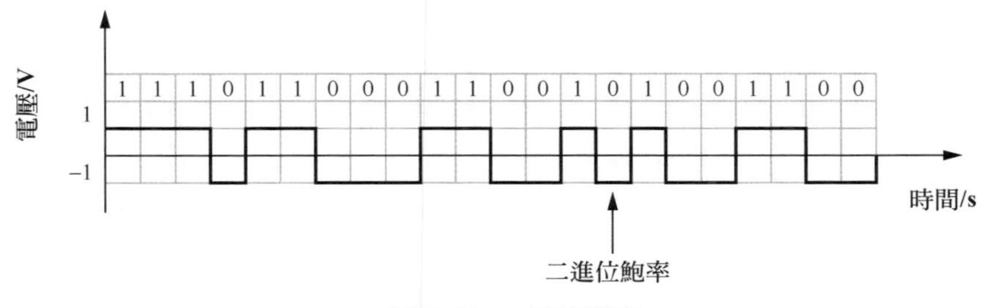

▲ 圖 7-10 二進位鮑率

我們也可以使用一個鮑率表示兩位二進位數字，兩位二進位數字的設定值有 00、01、10 和 11 這 4 個，這就要求鮑率有 4 個波形。對上面的一組二進位數字進行分組：11 10 11 00 01 10 01 01 01 00 11 00，將分組後的二進位數字轉換成數位訊號，波形如圖 7-11 所示，可以看出，同樣傳輸這些二進位數字，需要的鮑率數量減少了。

當然我們也可以使用一個鮑率表示 3 位元二進位數字。3 位元二進位數字的設定值有 000、001、010、011、100、101、110、111 這 8 種設定值，這就要求鮑率有 8 個波形。對上面的一組二進位數字進行分組：111 011

000 110 010 101 001 100，並將分組後的二進位數字轉換成數位訊號，波形如圖 7-12 所示。

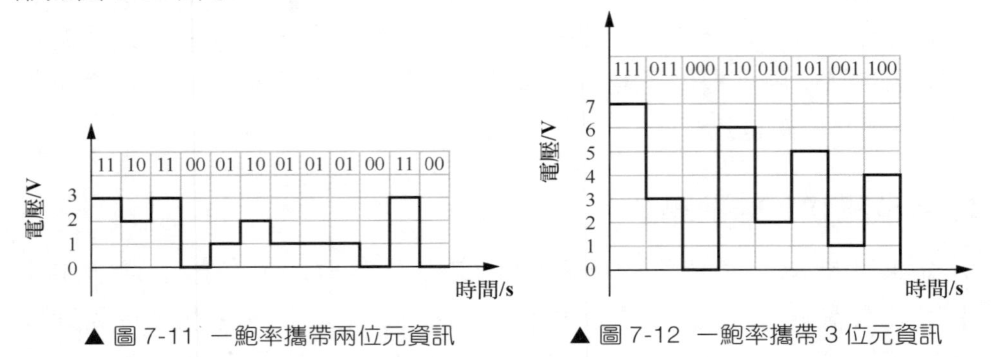

▲ 圖 7-11 一鮑率攜帶兩位元資訊

▲ 圖 7-12 一鮑率攜帶 3 位元資訊

透過上面的學習，可見如果打算讓一個鮑率承載 4 位元二進位數字，則需要的鮑率的波形有 16 種，這樣的鮑率就是十六進位鮑率。可以看到，要想讓一個鮑率承載更多的資訊就需要更多的波形。

數位訊號在傳輸過程中由於通道本身的特性及雜訊干擾，會使得數位訊號波形產生失真和訊號衰減。為了消除這種波形失真和訊號衰減，每隔一定的距離需增加「再生中繼器」，經過「再生中繼器」的波形恢復到發送訊號的波形，如圖 7-13 所示。類比訊號沒有辦法消除雜訊干擾造成的波形失真，所以現在的電視訊號逐漸由數位訊號替換掉以前的類比訊號。

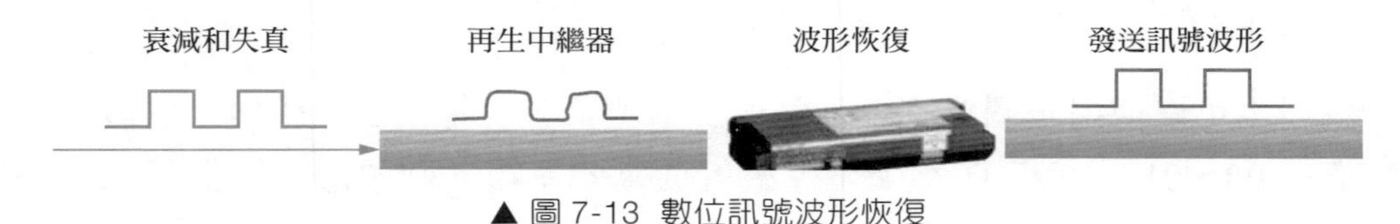

▲ 圖 7-13 數位訊號波形恢復

7.2.4 類比訊號轉換成數位訊號

類比訊號和數位訊號之間可以相互轉換：類比訊號一般透過脈碼調變（Pulse Code Modulation，PCM）方法量化為數位訊號。類比訊號經過取樣、對取樣的值進行量化，對量化的取樣進行數位化編碼，將編碼後的資料轉換成數位訊號發送，如圖 7-14 所示。圖中採用 3 位元編碼，將模擬號誌化為 $2^3=8$ 個量級。可以看到數位訊號只能近似表示類比訊號。

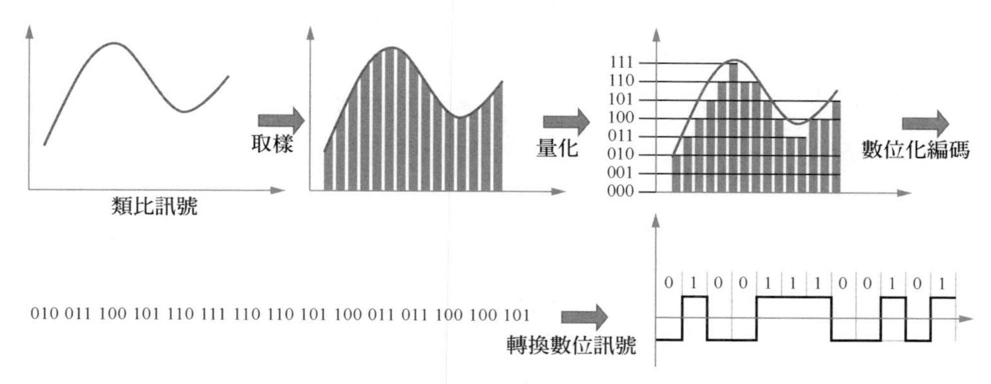

▲ 圖 7-14 類比訊號轉換成數位訊號的過程

電腦中的音效檔也是以數位訊號的形式儲存的，需要將聲音的類比訊號轉為資料進行儲存。使用酷我音樂盒下載音樂，和一首歌會有超品音質、高品音質和流暢音質的差別，不同品質的檔案大小不同，音質也不一樣，如圖 7-15 所示。

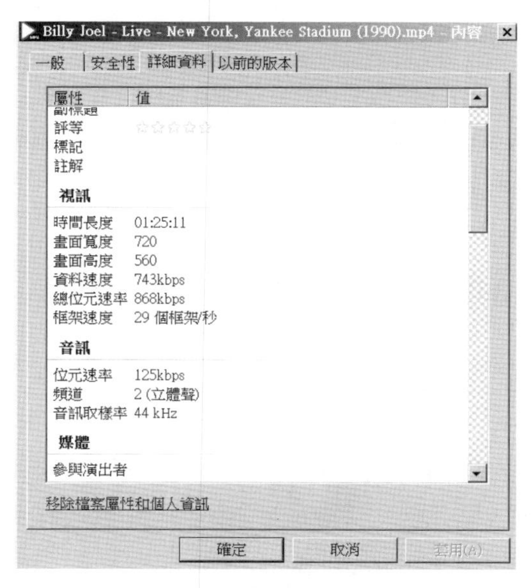

▲ 圖 7-15 不同品質的檔案大小不一樣

音樂的品質取決於取樣頻率和取樣精度。圖 7-16 所示的類比訊號採用 5 位元編碼將模擬號誌化為 2^5=32 個數量級，取樣頻率也提高了，這樣數位訊號可以更精確地表示類比訊號，編碼後會產生更多的二進位數字，這就是為什麼高品音質的 MP3 檔案比流暢音質的 MP3 檔案容量更大，播放音質更加接近原聲。通常我們的語音訊號採用 8 位元編碼，將模擬號誌化為 2^8=256 個量級。

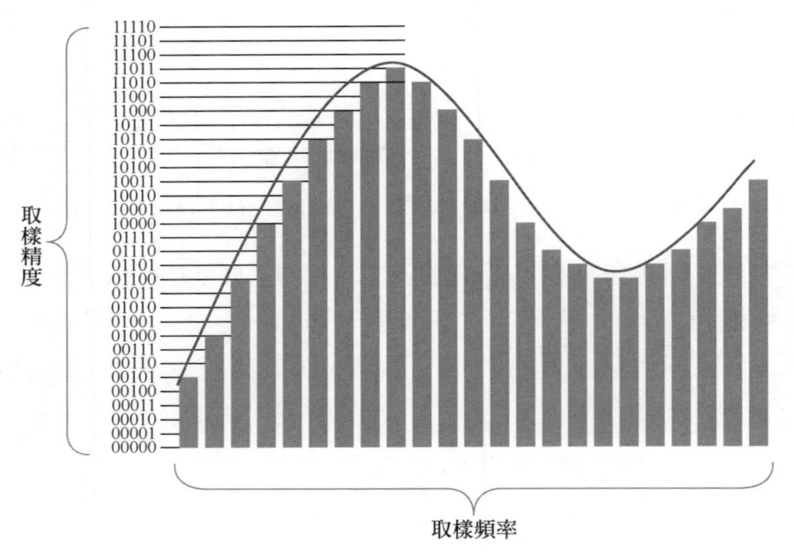

▲ 圖 7-16 取樣頻率和取樣精度決定音樂的品質

7.3 通道和調變

7.3.1 通道

通道（channel）是資訊傳輸的通道，即資訊傳輸時所經過的一條通路。通道的一端是發送端，另一端是接收端。一條傳輸媒體上可以有多條通道（多工）。圖 7-17 所示的電腦 A 和電腦 B 透過頻分重複使用技術將一條物理線路劃分為兩個通道。對於通道 1，電腦 A 是發送端，電腦 B 是接收端；對於通道 2，電腦 B 是發送端，電腦 A 是接收端。

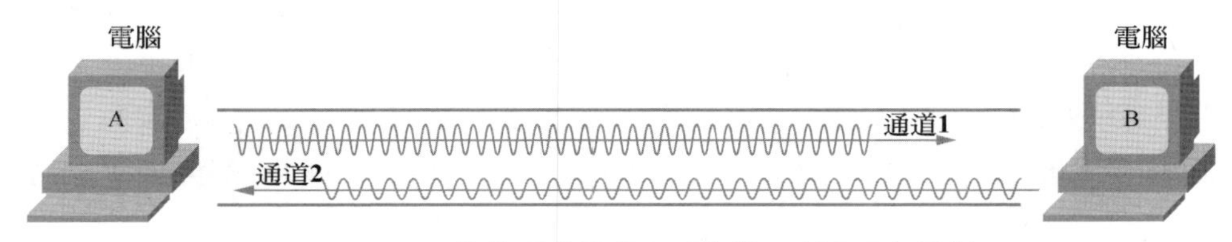

▲ 圖 7-17　一條物理線路頻分重複使用劃分多個通道

與訊號分類相對應，通道可以分為用來傳輸數位訊號的數位通道和用來傳輸類比訊號的模擬通道。圖 7-17 所示的兩個通道是模擬通道。數位訊號經過「數→模轉換」後可以在模擬通道上傳輸；類比訊號經過「模→數轉換」後可以在數位通道上傳輸。

7.3.2 單工、半雙工和全雙工通訊

按照訊號的傳輸方向與時間的關係，資料通訊可以分為 3 種類型：單工通訊、半雙工通訊與全雙工通訊。

（1）單工通訊，又稱為「單向通訊」，即訊號只能向一個方向傳輸，任何時候都不能改變訊號的傳輸方向。舉例來說，無線電廣播或有線電視廣播就是單工通訊，訊號只能是廣播電台發送，收音機接收。

（2）半雙工通訊，又稱為「雙向交替通訊」，訊號可以雙向傳輸，但是必須交替進行，一個時間只能向一個方向傳輸。舉例來說，有些對講機就是採用半雙工通訊，A 端說話 B 端接聽，B 端說話 A 端接聽，不能同時說和聽。

（3）全雙工通訊，又稱為「雙向同時通訊」，即訊號可以同時雙向傳輸。舉例來說，我們用手機打電話，聽和說可以同時進行。

圖 7-17 中的電腦 A 和電腦 B 透過一條線路創建的兩個通道能夠實現同時收發訊號，所以就是全雙工通訊。

7.3.3 調變

來自信來源的訊號通常稱為「基頻訊號」(基本頻帶訊號)，如電腦輸出的代表各種文字或影像檔的資料訊號都屬於基頻訊號。基頻訊號往往包含有較多的低頻訊號，甚至有直流訊號，而許多通道不能傳輸這種低頻分量或直流分量。為了解決這一問題，必須對基頻訊號進行調變(modulation)。

調變可以分為兩大類，如圖 7-18 所示。一類僅對基頻訊號的波形進行變換，使它能夠與通道的特性相適應。變化後的訊號仍然是基頻訊號，這類調變稱為「基頻調變」。由於這種基頻調變是把數位訊號轉換成另一種形式的數位訊號，因此大家更願意把這種過程稱為「編碼」(coding)。另一類則需要使用載體(carrier)進行調變，把基頻訊號的頻率範圍搬移到較高的頻段以便在通道中傳輸。經過載體調變後的訊號稱為「帶通訊號」(僅在一段頻率範圍內能夠透過通道)，而使用載體的調變稱為「帶通調變」。

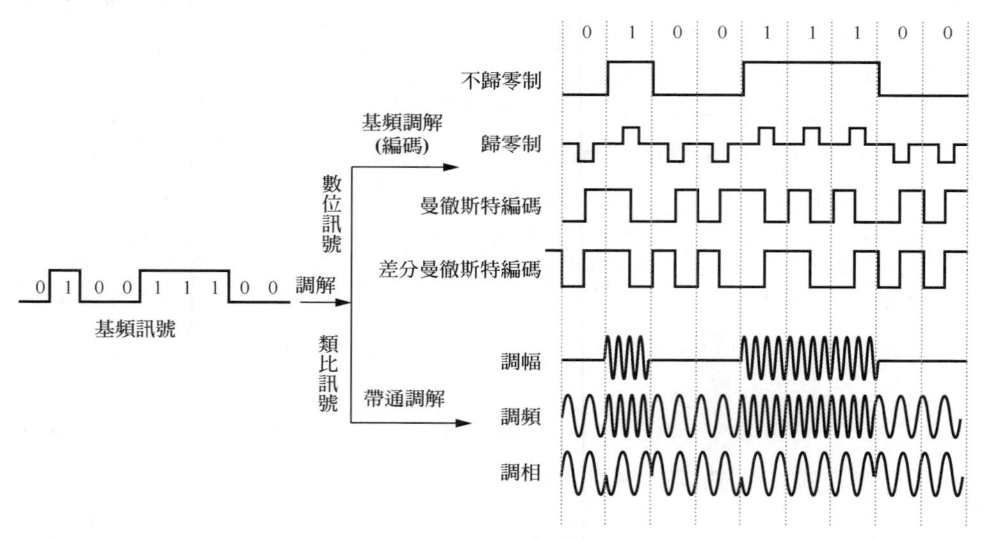

▲ 圖 7-18 調變技術分類

1. 常用編碼方式

（1）不歸零制：正電平代表 1，負電平代表 0。不歸零制編碼是效率最高的編碼，但如果發送端發送連續的 0 或連續的 1，接收端不容易判斷鮑率的邊界。

（2）歸零制：鮑率中間訊號回歸到零電位，每傳輸完一位資料，訊號返回到零電位，也就是說，訊號線上會出現 3 種電位，即正電平、負電平和零電位。因為每位傳輸之後都要歸零，所以接收端只要在訊號歸零後取樣即可，不再需要單獨的時鐘訊號，這樣的訊號也叫作「自同步」（self-clocking）訊號。歸零制雖然省了時鐘資料線，但還是有缺點的，因為在歸零制編碼中，大部分的資料頻寬用於傳輸「歸零」而浪費掉了。使用歸零制編碼，一位需要 3 個鮑率。

（3）曼徹斯特編碼：在曼徹斯特編碼中，每一位的中間有一個跳變，位中間的跳變既做時鐘訊號，又做資料訊號；從低到高跳變表示 1，從高到低跳變表示 0，常用於區域網傳輸。曼徹斯特編碼將時鐘和資料封包含在資料流程中，在傳輸程式資訊的同時，也將時鐘同步訊號一起傳輸給對方。每位編碼中有跳變，不存在直流分量，因此具有自同步能力和良好的抗干擾性能。但每一個鮑率都被調變成兩個電位，所以資料傳輸速率只有調變速率的 1/2。使用曼徹斯特編碼，一位需要兩個鮑率。

（4）差分曼徹斯特編碼：在訊號位元開始時改變訊號極性，表示邏輯 0；在訊號位元開始時不改變訊號極性，表示邏輯 1。辨識差分曼徹斯特編碼主要看兩個相鄰的波形，如果後一個波形和前一個波形相同，則後一個波形表示 0；如果波形不同，則表示 1。因此，繪製差分曼徹斯特波形要列出初始波形。

差分曼徹斯特編碼比曼徹斯特編碼的變化要少，因此更適合於傳輸高速的資訊，被廣泛應用於寬頻高速網中。然而，由於每個時鐘位元都必須有一次變化，所以這兩種編碼的效率僅可達到 50% 左右。使用差分曼徹斯特編碼，一位也需要兩個鮑率。

2. 常用的帶通調變方法

最基本的二元制調變方法有以下幾種。

（1）調幅（AM）：載體的振幅隨基頻數位訊號而變化。舉例來說，0 或 1 分別對應無載體或有載體輸出。

（2）調頻（FM）：載體的頻率隨基頻數位訊號而變化。舉例來說，0 或 1 分別對應頻率 f1 或 f2。

（3）調相（PM）：載體的初始相位隨基頻數位訊號而變化。舉例來說，0 或 1 分別對應相位 0° 或 180°。

7.3.4 通道的極限容量

任何實際的通道都不是理想的，在傳輸訊號時會產生各種失真以及帶來多種干擾。數位通訊的優點就是在接收端只要能夠從失真的波形辨識出原來的訊號，那麼這種失真對通訊品質就沒有影響。圖 7-19 所示的訊號透過實際通道後雖然有失真，但接收端還可以辨識出原來的鮑率。

▲ 圖 7-19 有失真但可辨識

圖 7-20 所示的訊號透過通道後，鮑率的波形已經嚴重失真，接收端已經不能辨識鮑率是 1 還是 0。鮑率傳輸的速率越高，或訊號傳輸的距離越遠，或雜訊干擾越大，或傳輸媒體質量越差，在通道的接收端，波形的失真就越嚴重。

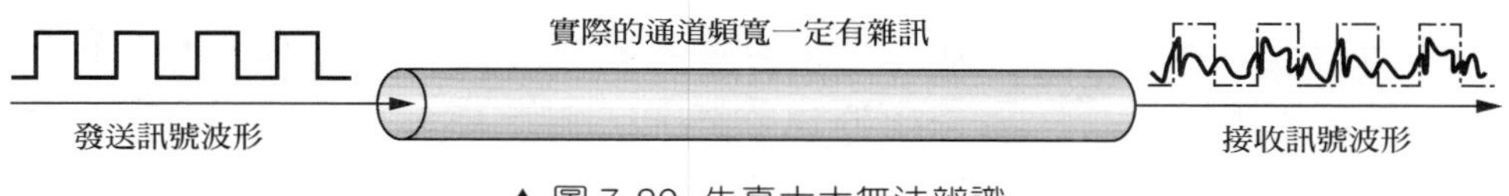

▲ 圖 7-20 失真太大無法辨識

影響通道上的數位資訊的傳輸速率的因素有兩個：鮑率的傳輸速率和每個鮑率承載的位元資訊量。鮑率的傳輸速率受通道能夠透過的頻率範圍影響，每個鮑率承載的位元資訊量則受通道的訊號雜訊比影響。

1. 通道能夠透過的頻率範圍

在通道上傳輸的數位訊號其實是使用多個頻率的類比訊號進行多次諧波而成的方波。假如數位訊號的頻率為 1000Hz，需要使用 1000Hz 的類比訊號作為基波，基波訊號和更高頻率的諧波疊加形成接近數位訊號的波形，經過多次更高頻率的波進行諧波，可以形成接近數位訊號的波形，如圖 7-21 所示。現在讀者明白為什麼數位訊號中包含更高頻率的諧波了吧。

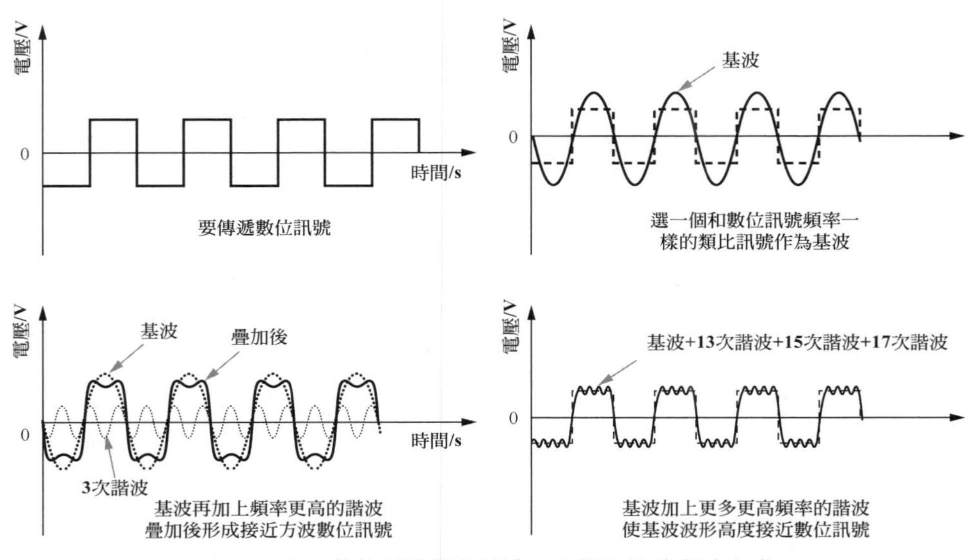

▲ 圖 7-21 數位訊號是在基波上由類比訊號諧波而成

具體的通道所能透過的類比訊號的頻率範圍總是有限的。能夠透過的最高頻率減去最低頻率，就是該通道的頻寬。假設電話線允許頻率範圍為 300 ～ 3300Hz 的類比訊號透過，低於 300Hz 或高於 3300Hz 的類比訊號均不能透過，則該電話線的頻寬為 3300−300=3000Hz，如圖 7-22 所示。

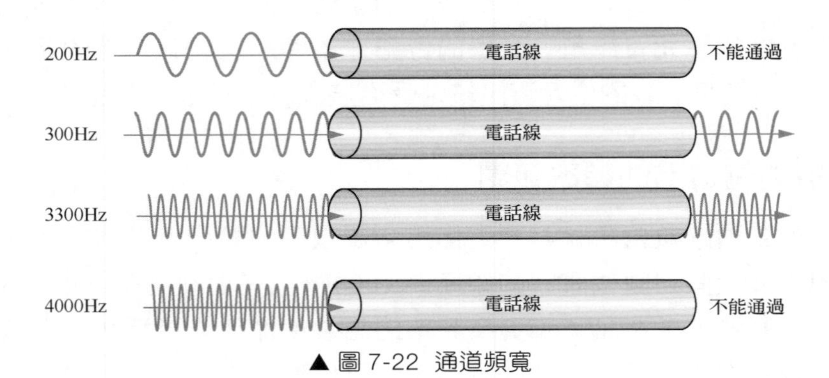

▲ 圖 7-22 通道頻寬

前面講了類比訊號透過通道的頻率是有一定範圍的，數位訊號經過通道，數位訊號中的高頻分量（高頻類比訊號）有可能不能透過通道或產生衰減，接收端接收到的波形前端和後沿就變得不那麼陡峭，鮑率之間所佔用的時間界限也不再明顯，而是前後都拖了「尾巴」，如圖 7-23 所示。這樣，在接收端收到的訊號波形就失去了鮑率之間清晰的界限，這種現象叫作「碼間串擾」。嚴重的碼間串擾將使得本來分得很清楚的一串鮑率變得模糊而無法辨識。

▲ 圖 7-23 數位訊號的高頻分量不能透過通道

在任何通道中，鮑率傳輸的速率是有上限的，否則就會出現碼間串擾的問題，使接收端對鮑率的判決（即辨識）成為不可能。

如果通道的頻帶越寬，也就是能夠透過的訊號高頻分量越多，那麼就可以使用更高的速率傳遞鮑率而不出現碼間串擾。早在 1924 年，奈奎斯特

（Nyquist）就推導出了著名的奈氏準則。他列出了在假設的理想條件下，為了避免碼間串擾，鮑率的傳輸速率的上限值。

理想低通訊道的最高鮑率傳輸速率 =2W Baud
W 是理想低通訊道的頻寬，單位為 Hz。
Baud 是波特，是鮑率傳輸速率的單位。

使用奈氏準則列出的公式，可以根據通道的頻寬計算出鮑率的最高傳輸速率。

2. 訊號雜訊比

既然鮑率的傳輸速率有上限，如果打算讓通道更快地傳輸資訊，就需要讓一個鮑率承載更多的位元資訊量。其中的二進位鮑率，一個鮑率表示一位；八進位鮑率，一個鮑率表示 3 位元；十六進位鮑率，一個鮑率表示 4 位元。要是可以無限提高一鮑率攜帶的位元資訊量，通道傳輸資料的速率豈不是可以無限提高？這是不行的，其實通道傳輸資訊的能力也是有上限的。

雜訊存在於所有的電子裝置和通訊通道中。由於雜訊是隨機產生的，它的瞬時值有時會很大。在電壓範圍一定的情況下，十六進位鮑率波形之間的差別要比八進位鮑率波形之間的差別小，如圖 7-24 所示。在真實通道中，傳輸時由於雜訊干擾，鮑率波形差別太小的在接收端就不易清晰辨識。那麼，通道的極限資訊傳輸速率受哪些因素影響呢？

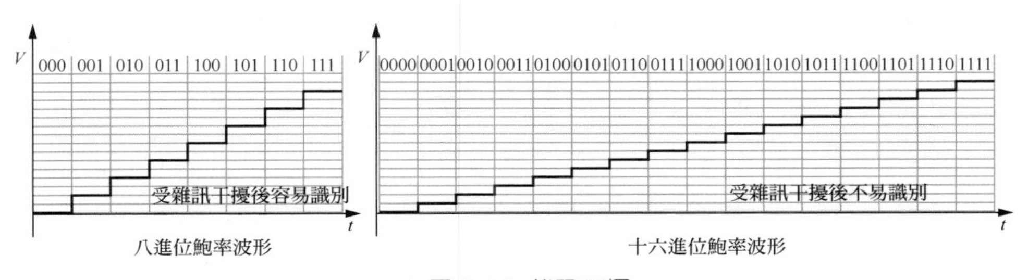

▲ 圖 7-24 雜訊干擾

雜訊的影響是相對的，如果訊號相對較強，那麼雜訊的影響就相對較小。因此訊號雜訊比就很重要。所謂訊號雜訊比就是訊號的平均功率和雜訊的平均功率之比，常記為 S/N，並用分貝（dB）作為度量單位。

$$訊號雜訊比=10\log_{10}(S/N)$$

舉例來說，當 S/N=10 時，訊號雜訊比為 10dB；而當 S/N=1000 時，訊號雜訊比為 30dB。

1948 年，資訊理論的創始人香農（Shannon）推導出了著名的香農公式。

$$C=W\log_2(1+S/N)$$

其中，C 為通道的極限資訊傳輸速率（單位為 bit/s），W 為通道的頻寬（單位為 Hz）；S 為通道內所傳訊號的平均功率；N 為通道內部的高斯雜訊功率。

香農公式顯示，通道的頻寬或通道中的訊號雜訊比越大，資訊的極限傳輸速率就越高。香農公式指出了資訊傳輸速率的上限。香農公式的意義在於：只要資訊傳輸速率低於通道的極限資訊傳輸速率，就一定可以找到某種辦法來實現無差錯的傳輸。不過，香農沒有指出具體的實現方法。

7.4 傳輸媒體

傳輸媒體也被稱為「傳輸媒體」或「傳輸媒介」，是指資料傳輸系統中在發送端和接收端之間的物理通路。傳輸媒體可分為兩大類，即導向傳輸媒體和非導向傳輸媒體。在導向傳輸媒體中，電磁波被導向沿著固體媒體（如銅線或光纖等）傳播，而非導向傳輸媒體是指自由空間，非導向傳輸媒體中電磁波的傳輸常被稱為「無線傳輸」。

7.4.1 導向傳輸媒體

1. 雙絞線

雙絞線是最古老也最常用的傳輸媒體之一。把兩根互相絕緣的銅導線並排放在一起，然後用規則的方法絞合（twist）起來就組成了雙絞線。用這種絞合方式，不僅可以抵禦一部分來自外界的電磁波干擾，也可以降低多對雙絞線之間的相互干擾。使用雙絞線最多的地方就是電話系統。幾乎所有的電話都用雙絞線連接到電話交換機。這段從使用者電話機到交換機的雙絞線被稱為「使用者線」或「使用者環路」（subscribe loop）。電話公司通常將一定數量的這種雙絞線捆成電纜，並在其外面包上護套。

模擬傳輸和數位傳輸都可以使用雙絞線，其通訊距離一般為幾到十幾公里。距離太長時就要加放大器，以便將衰減了的訊號放大到合適的數值（對於模擬傳輸）；或加上中繼器，以便將失真了的數位訊號進行整形（對於數位傳輸）。導線越粗，其通訊距離就越遠，導線的價格也越高。在數位傳輸時，若傳輸速率為每秒幾 MB 位元，則傳輸距離可達幾公里。由於雙絞線的價格便宜且性能也不錯，因此使用十分廣泛。

為了提高雙絞線抗電磁干擾的能力，可以在雙絞線的外面再加上一層用金屬絲編織而成的遮蔽層，這就是遮蔽雙絞線（Shielded Twisted Pair，STP）。它的價格當然比非遮蔽雙絞線（Unshielded Twisted Pair，UTP）要貴一些。圖 7-25 所示是非遮蔽雙絞線，圖 7-26 所示是隱藏雙絞線。

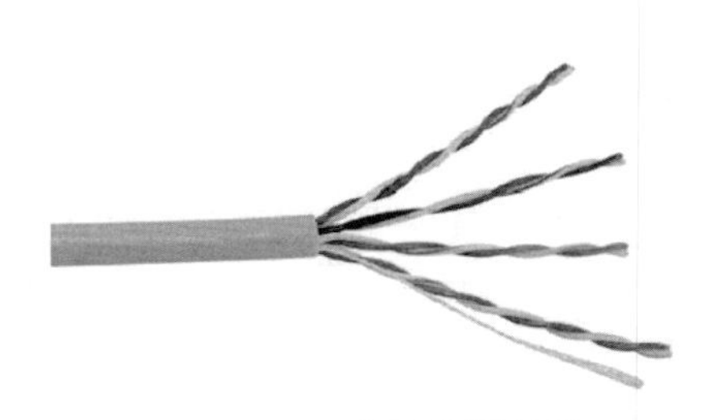

▲ 圖 7-25 非遮蔽雙絞線

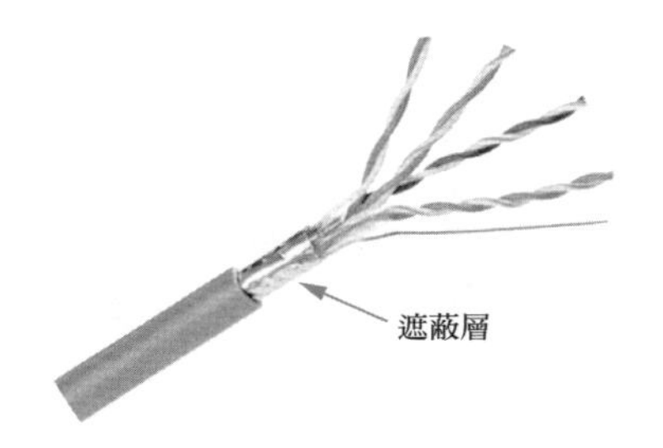

▲ 圖 7-26 遮蔽雙絞線

1991 年，美國電子工業協會（Electronic Industries Association，EIA）和電信產業協會（Telecommunications Industries Association，TIA）聯合發佈了一個標準── 商用建築物電信佈線標準（Commercial Building Telecommunications Cabling Standard，CBTCS）。這個標準規定了用於室內傳輸資料的非遮蔽雙絞線和遮蔽雙絞線的標準。隨著區域網上資料傳輸速率的不斷提高，EIA/TIA 也不斷對其佈線標準進行更新。

表 7-1 所示為常用雙絞線的類別、頻寬和典型應用。無論是哪種類別的雙絞線，衰減都隨頻率的升高而增大。使用更粗的導線可以降低衰減，但卻增加了導線的價格和重量；線對之間的絞合度（單位長度內的絞合次數）和線對內兩根導線的絞合度都必須經過精心的設計，並在生產中加以嚴格的控制，使干擾在一定程度上得以抵消，這樣才能提高線路的傳輸特性。使用更大的和更精確的絞合度，就可以獲得更高的頻寬。在設計佈線時，要考慮受到衰減的訊號應當有足夠大的振幅，以便在有雜訊干擾的條件下能夠在接收端正確地被檢測出來。雙絞線究竟能夠傳輸多高速率（Mbit/s）的資料還與數位訊號的編碼方法有很大的關係。

表 7-1　常用雙絞線的類別、頻寬和典型應用

雙絞線類別	頻寬	典型應用
3	16MHz	低速網路；模擬電話
4	20MHz	短距離的 10BASE-T 乙太網
5	100MHz	10BASE-T 乙太網；某些 100BASE-T 快速乙太網
5E（超 5 類）	100MHz	100BASE-T 快速乙太網；某些 1000BASE-TGB 乙太網
6	250MHz	1000BASE-TGB 乙太網；ATM 網路
7	600MHz	只使用 STP，可用於 10GB 乙太網

現在電腦連接交換機使用的網線就是雙絞線，其中有 8 根線，網線兩頭連接 RJ-45 接頭（俗稱「水晶頭」）。對傳輸訊號來說，它們所起的作用分別是：1、2 用於發送，3、6 用於接收，4、5 和 7、8 是雙向線。對與其相連接的雙絞線來說，為降低相互干擾，標準要求 1、2 必須是絞纏的一

對線，3、6 也必須是絞纏的一對線，4、5 相互絞纏，7、8 相互絞纏。

8 根線的接法標準分別為 TIA/EIA 568B（T568B）和 TIA/EIA 568A（T568A）。

TIA/EIA 568B：1—白橙，2—橙，3—白綠，4—藍，5—白藍，6—綠，7—白棕，8—棕。

TIA/EIA 568A：1—白綠，2—綠，3—白橙，4—藍，5—白藍，6—橙，7—白棕，8—棕。

網線的水晶頭兩端的線序如果都是 T568B，就稱其為直通線；如果網線一端的線序是 T568B，另一端是 T568A，就稱其為交換線，如圖 7-27 所示。不同的裝置相連，要注意線序，不過現在的電腦網路卡大多能夠自我調整線序。

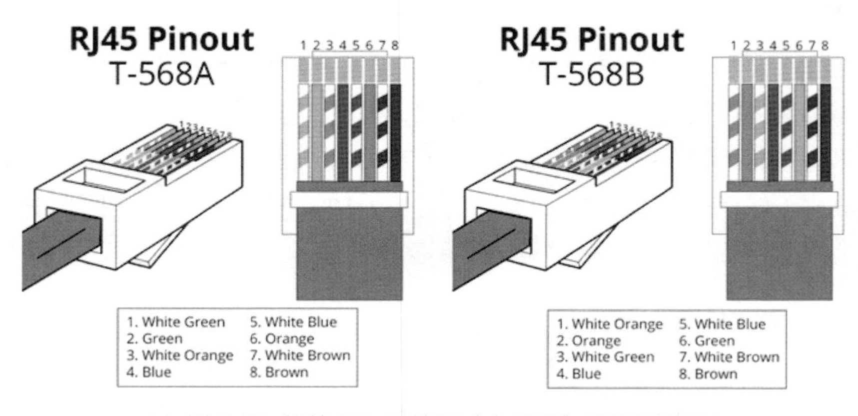

▲ 圖 7-27　網線 RJ-45 接頭（水晶頭）排線示意圖）
（來源：https://www.itread01.com/content/1544537649.html）

2. 同軸電纜

同軸電纜由內導體銅質芯線（單股實心線或多股雙絞線）、絕緣層、網狀編織的外導體隱藏層（也可以是單股的）以及塑膠的絕緣保護層組成，如圖 7-28 所示。由於外導體隱藏層的作用，同軸電纜具有很好的抗干擾特性，廣泛用於傳輸較高速率的資料。

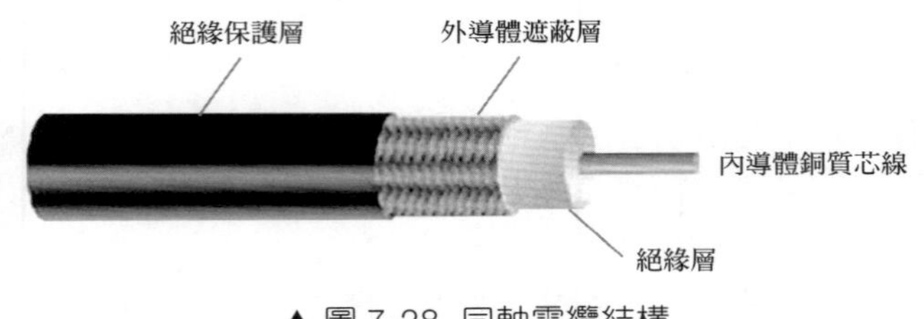

▲ 圖 7-28 同軸電纜結構

在區域網發展的初期曾廣泛地使用同軸電纜作為傳輸媒體。但隨著技術的進步，在區域網領域基本上都是採用雙絞線作為傳輸媒體。目前同軸電纜主要用在有線電視網的居民社區中。同軸電纜的頻寬取決於電纜的品質，目前高品質的同軸電纜的頻寬已接近 1GHz。

3. 光纖

從 20 世紀 70 年代到現在，通訊和電腦領域都發展得非常快。近 30 多年來，電腦的運行速度大約每 10 年提高 10 倍。但在通訊領域，資訊的傳輸速率則提高得更快，從 20 世紀 70 年代的 56kbit/s 提高到現在的幾到幾十 Gbit/s（使用光纖通訊技術），相當於每 10 年提高 100 倍。因此光纖通訊就成為現代通訊技術中一個十分重要的領域。

光纖通訊就是利用光導纖維（以下簡稱為「光纖」）傳遞光脈衝來進行通訊的。有光脈衝相當於 1，而沒有光脈衝相當於 0。由於可見光的頻率非常高，約為 108MHz 的量級，因此一個光纖通訊系統的傳輸頻寬遠遠大於目前其他各種傳輸媒體的頻寬。

光纖是光纖通訊的傳輸媒體。在發送端有光源，可以採用發光二極體或半導體雷射器，它們在電脈衝的作用下能產生出光脈衝。在接收端利用光電二極體做成光檢測器，在檢測到光脈衝時可以還原出電脈衝。

光纖通常由非常透明的石英玻璃拉成細絲製成，主要由纖芯和包層組成雙層通訊圓柱體。纖芯很細，其直徑只有 8 ～ 100μm（$1\mu m=10^{-6}m$）。光波正是透過纖芯進行傳導的。包層較纖芯有較低的折射率，當光線從高折射率的媒體射向低折射率的媒體時，其折射角將大於入射角，如圖 7-29 所示。因此，如果入射角足夠大，就會出現全反射，即光線碰到包層時就會折射回纖芯。這個過程不斷重複，光波也就沿著光纖傳輸下去。

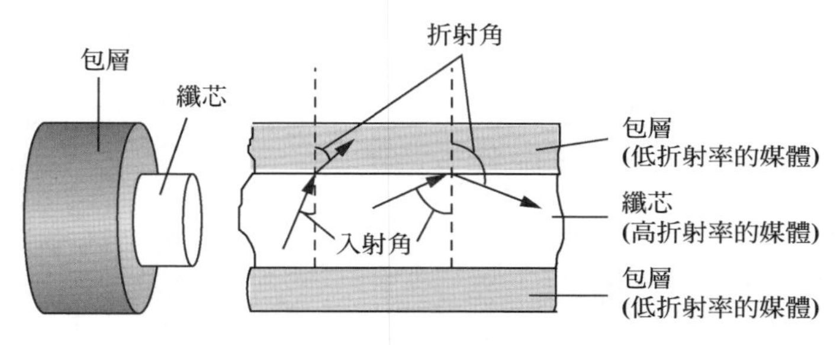

▲ 圖 7-29 光線在光纖中折射

圖 7-30 所示為光波在纖芯中傳輸的示意圖。現代的生產製程可以製造出超低損耗的光纖，即做到光線在纖芯中傳輸數公里而基本上沒有什麼損耗，這一點是光纖通訊得到高速發展的最關鍵因素。

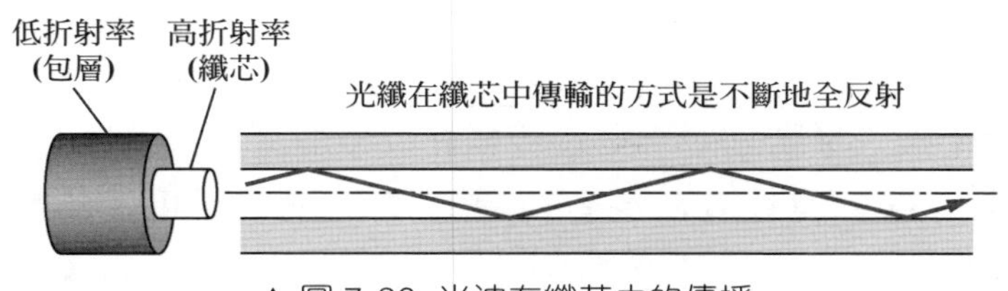

▲ 圖 7-30 光波在纖芯中的傳播

圖 7-30 只畫了一條光波，實際上只要從纖芯中射到纖芯表面的光線的入射角大於某一個臨界角度，就可產生全反射。因此，可以存在許多條不同角度入射的光線在一條光纖中傳輸。這種光纖被稱為「多模光纖」（見圖 7-31a）。光脈衝在多模光纖中傳輸時會逐漸展寬，造成失真。因此多模光纖只適合近距離傳輸。若光纖的直徑減小到只有一個光的波長，則光纖

就像一根波導那樣，可使光線一直向前傳播，而不會產生多次反射。這樣的光纖被稱為「單模光纖」(見圖 7-31b)。單模光纖的纖芯很細，其直徑只有幾個微米，製造起來成本較高。同時，單模光纖的光源要使用昂貴的半導體雷射器，而不能使用較便宜的發光二極體。但單模光纖的損耗較小，在 2.5Gbit/s 的高速率下可傳輸數十公里而不必採用中繼器。

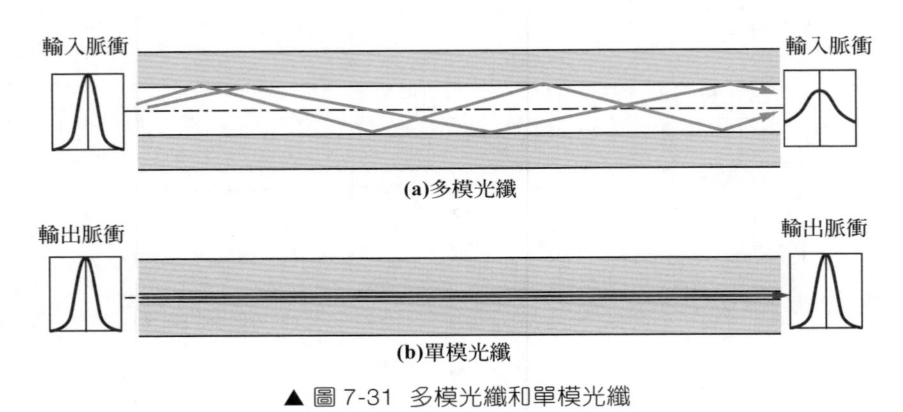

▲ 圖 7-31 多模光纖和單模光纖

光纖不僅具有通訊容量非常大的優點，還具有其他一些特點。

(1) 傳輸損耗小，中繼距離長，對遠距離傳輸特別經濟。
(2) 抗雷電和電磁干擾性能好。這在有大電流脈衝干擾的環境下尤為重要。
(3) 無串音干擾，保密性好，不易被竊聽或截取資料。
(4) 體積小，重量輕。這在現有電纜管道已壅塞不堪的情況下特別有利。舉例來說，1km 長的 1000 對雙絞線電纜約重 8000kg，而同樣長度但容量大得多的一對兩芯光纖僅重 100kg。

但光纖也有一定的缺點，要將兩根光纖精確地連接需要專用裝置，安裝難度較大。

7.4.2 非導向傳輸媒體

前面介紹了 3 種導向傳輸媒體。如果通訊線路透過一些高山或島嶼，就會很難施工。即使是在城市中，挖開馬路敷設電纜也不是一件容易的事。當通訊距離很遠時，敷設電纜既昂貴又費時。但利用無線電波在自由空間的傳播就可較快地實現多種通訊。這種通訊方式不使用上一小節所介紹的各種導向傳輸媒體，因此就將自由空間稱為「非導向傳輸媒體」。

特別要指出的是，由於資訊技術的發展，社會的節奏加快了。人們不僅要求能夠在運動中進行電話通訊（行動電話通訊），而且要求能夠在運動中進行電腦資料通訊（俗稱「上網」），現在的智慧型手機大多使用 4G 技術存取 Internet。因此最近十幾年無線電通訊發展得特別快，因為利用無線通道進行資訊傳輸，是在運動中通訊的唯一手段。

1. 無線電波通訊

無線傳輸可使用的頻段很廣，如圖 7-32 所示。現在已經利用了好幾個波段進行通訊，紫外線和更高的波段目前還不能用於通訊。國際電信聯盟（International Telecommunication Union，ITU）給不同波段取了正式名稱。舉例來說，LF 波段的波長是從 1km 到 10km（對應於 30kHz 到 300kHz），LF、MF 和 HF 的中文名稱分別是「低頻」、「中頻」和「高頻」。更高的頻段中的 V、U、S 和 E 分別對應於 Very、Ultra、Super 和 Extremely，對應的頻段的中文名稱分別是「甚高頻」、「特高頻」、「超高頻」和「極高頻」。在低頻 LF 的下面其實還有幾個更低的頻段，如甚低頻（VLF）、特低頻（ULF）、超低頻（SLF）和極低頻（ELF）等，因其不用於一般的通訊，故未在圖中畫出。

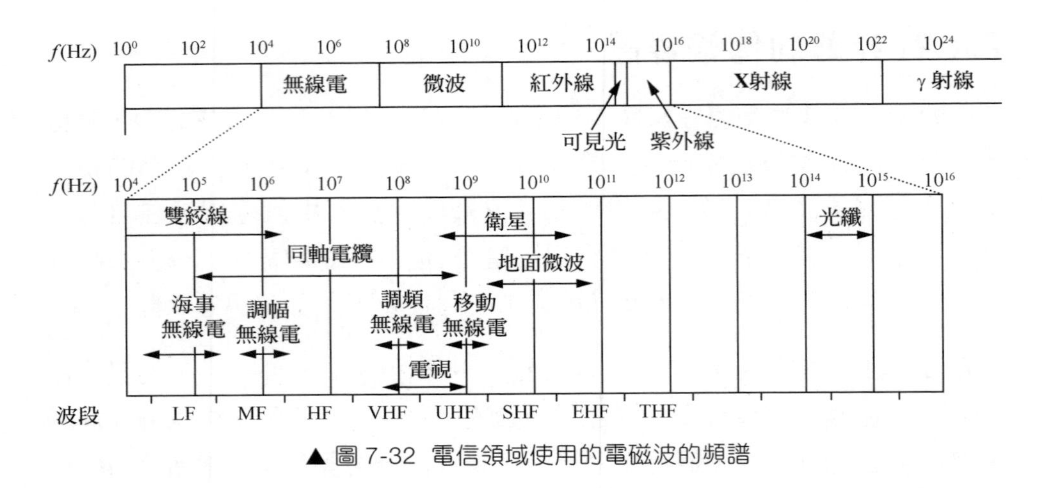

▲ 圖 7-32 電信領域使用的電磁波的頻譜

表 7-2 所示為無線電波頻段的名稱、頻率範圍、波段名稱和波長範圍。

表 7-2 常用無線電波分類

頻段名稱	頻率範圍	波段名稱	波長範圍
甚低頻（VLF）	3 kHz ～ 30 kHz	萬公尺波，甚長波	10 km ～ 100 km
低頻（LF）	30 kHz ～ 300 kHz	公里波，長波	1 km ～ 10 km
中頻（MF）	300 kHz ～ 3000 kHz	百公尺波，中波	100 m ～ 1000 m
高頻（HF）	3 MHz ～ 30 MHz	十公尺波，短波	10 m ～ 100 m
甚高頻（VHF）	30 MHz ～ 300 MHz	米波，超短波	1 m ～ 10 m
特高頻（UHF）	300 MHz ～ 3000 MHz	分米波	10 cm ～ 100 cm
超高頻（SHF）	3 GHz ～ 30 GHz	釐米波	1 cm ～ 10 cm
極高頻（EHF）	30 GHz ～ 300 GHz	毫米波	1 mm ～ 10 mm
	300 GHz ～ 3000 GHz	亞毫米波	0.1 mm ～ 1 mm

2. 短波通訊

短波通訊即高頻通訊，主要是靠電離層的反射。人們發現，當電波以一定的入射角到達電離層時，它也會像光學中的反射那樣以相同的角度離開電離層。顯然，電離層越高或電波進入電離層時與電離層的夾角越小，電波從發射點經電離層反射到達地面的跨越距離就越大，這就是短波可以進行遠端通訊的根本原因。而且，電波返回地面時又可能被大地反射而再次進入電離層，形成電離層的第二次、第三次反射，如圖 7-33 所示。由於電離層對電波的反射作用，這就使本來直線傳播的電波有可能到達地球的背面或其他任何一個地方。電波經電離層一次反射稱為「單躍點」，單躍點的跨越距離取決於電離層的高度。

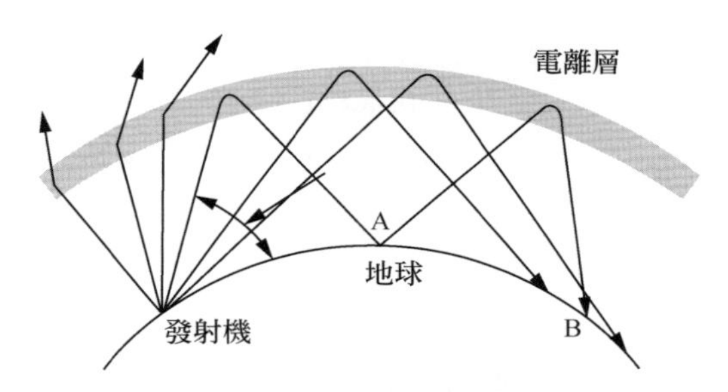

▲ 圖 7-33 短波通訊

但電離層的不穩定所產生的衰落現象和電離層反射所產生的多徑效應，使得短波通道的通訊品質較差。因此，當必須使用短波無線電台傳輸資料時，一般都是低速傳輸，即一個標準模擬話路速率為幾十至幾百位元 / 秒。只有在採用複雜的調製解調技術後，才能使資料的傳輸速率達到幾千位元 / 秒。

3. 微波通訊

微波通訊在資料通訊中佔有重要地位。微波的頻率範圍為 300MHz ～ 300GHz（波長為 0.1mm ～ 1m），主要是使用 2 ～ 40GHz 的頻率範圍。微波在空間中主要是直線傳播。由於微波會穿透電離層進入宇宙空間，因此它不像短波那樣可以經電離層反射傳播到地面上很遠的地方。傳統的微波通訊主要有兩種方式：地面微波接力通訊和衛星通訊。

由於微波在空間中是直線傳播，而地球表面是個曲面，地球上還有高山或高樓等障礙，因此其傳播距離會受到限制，一般只有 50km 左右。但若採用 100m 高的天線塔，則傳播距離可增大到 100km。為實現遠距離通訊，必須在一條無線電通訊通道的兩個終端之間建立許多個中繼站，如圖 7-34 所示。中繼站把前一站送來的訊號經過放大後再發送到下一站，故稱為「接力」。

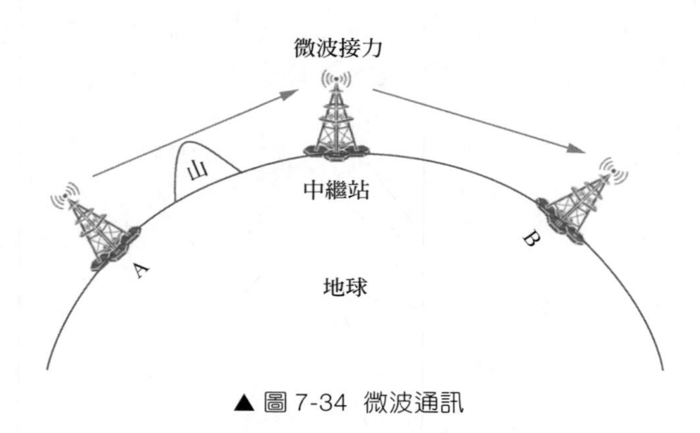

▲ 圖 7-34 微波通訊

微波通訊可傳輸電話、電報、圖型、資料等資訊。其主要特點如下。

（1）微波波段頻率很高，其頻率範圍也很寬，因此其通訊通道的容量很大。

（2）因為工業干擾和天電干擾的主要頻譜成分比微波頻率低得多，所以這些干擾對微波通訊的危害比對短波小得多，因而微波傳輸品質較高。

（3）與相同容量和長度的電纜載體通訊相比，微波接力通訊建設投資少、見效快，其訊號易於跨越山區、江河。

當然，微波通訊也存在以下一些缺點。

（1）相鄰站之間必須能直視，不能有障礙物。有時一個天線發射出的訊號也會分成幾條略有差別的路徑到達接收天線，因而造成失真。

（2）微波的傳播有時也會受到惡劣氣候的影響。

（3）與電纜通訊系統相比，微波通訊的隱蔽性和保密性較差。

（4）大量中繼站的使用和維護要耗費較多的人力和物力。

另一種微波中繼是使用地球衛星，如圖 7-35 所示。衛星通訊是在地球站之間利用位於約 36000km 高空的人造地球同步衛星作為中繼器的一種微波接力通訊。對地靜止通訊衛星就是在太空的無人值守的微波通訊的中繼站。衛星通訊的主要優缺點大致上和地面微波通訊差不多。

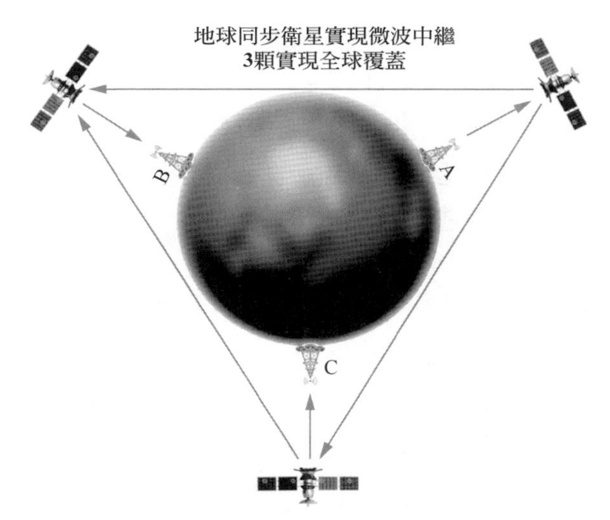

▲ 圖 7-35 微波通訊使用衛星中繼

衛星通訊的最大特點是通訊距離遠，且通訊費用與通訊距離無關。地球同步衛星發射出的電磁波能輻射地球上的通訊覆蓋區的跨度達 18000 多公里，面積約佔全球的 1/3。只要在地球赤道上空的同步軌道上等距離地放置 3 顆衛星，兩顆衛星間的夾角為 120°，就能基本實現全球的通訊。和微波通訊相似，衛星通訊的頻帶很寬，通訊容量很大，訊號所受到的干擾也較小，通訊比較穩定。為了避免產生干擾，衛星之間夾角如果不小於 2°，那麼整個赤道上空只能放置 180 個同步衛星。好在人們想出可以在衛星上使用不同的頻段來進行通訊。因此整體通訊容量還是很大的。

衛星通訊的另一特點是具有較大的傳播延遲。由於各地球站的天線仰角並不相同，因此不管兩個地球站之間的地面距離是多少（相隔一條街或相隔上萬公里），從一個地球站經衛星到另一個地球站的傳播延遲在 250 ～

300ms 的範圍內，一般可取為 270ms。這和其他通訊有較大差別（請注意，這和兩個地球站之間的距離沒有關係）。地面微波接力通訊鏈路的傳播延遲一般取為 3.3μs/km。

請注意，「衛星通道的傳播延遲較大」並不等於「用衛星通道傳輸資料的延遲較大」。這是因為總延遲除了傳播延遲外，還有傳輸延遲、處理延遲和排隊延遲等。傳播延遲在總延遲中所佔的比例有多大，取決於具體情況。但利用衛星通道進行互動式的網上遊戲顯然是不適合的。衛星通訊非常適合用於廣播通訊，因為它的覆蓋面很廣。但從安全方面考慮，衛星通訊系統的保密性是較差的。

4. 無線區域網

從 20 世紀 90 年代起，無線行動通訊和 Internet 一樣，獲得了高速的發展。與此同時，使用無線通道的電腦區域網也獲得了越來越廣泛的應用。我們知道，要使用某一段無線電頻段進行通訊，通常必須得到本國政府有關無線電頻段管理機構的許可證。但是，也有一些無線電頻段是可以自由使用的（只要不干擾他人在這個頻段中的通訊），這正好滿足電腦無線區域網的需求。圖 7-36 所示為美國的 ISM 頻段，現在的無線區域網就使用其中的 2.4GHz 和 5.85GHz 頻段。ISM 是 Industrial Scientific and Medical（工業、科學與醫藥）的縮寫，即所謂的「工、科、醫頻段」。

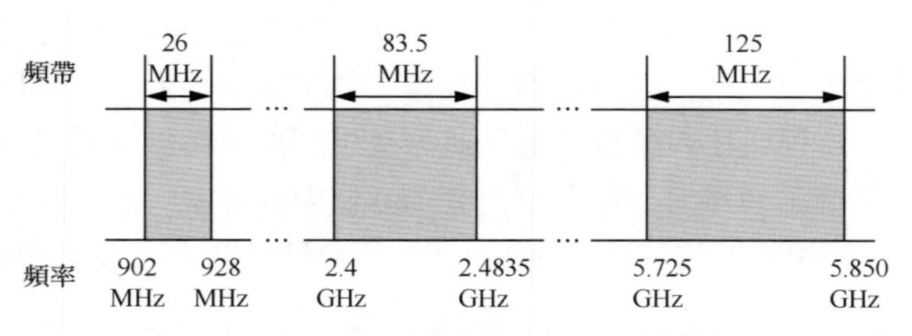

▲ 圖 7-36 無線區域網使用的 ISM 頻段

7.5 通道重複使用技術

重複使用（multiplexing）是通訊技術中的基本概念。在電腦網路中的通道廣泛地使用各種重複使用技術。下面對通道重複使用技術進行簡單介紹。

圖 7-37 所示為 A_1、B1 和 C1 分別使用一個單獨的通道與 A2、B2 和 C2 進行通訊，總共需要 3 個通道。

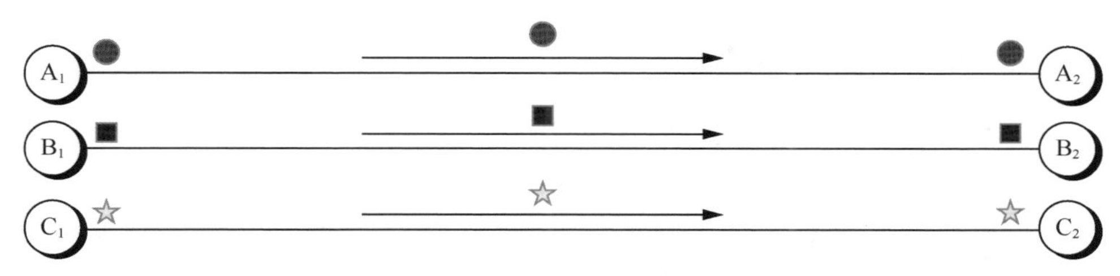

▲ 圖 7-37 使用單獨的通道

但如果在發送端使用一個重複使用器，就可以讓大家合起來使用一個共用通道進行通訊。在接收端再使用分用器，把合起來傳輸的資訊分別送到對應的終點。圖 7-38 所示為重複使用的示意圖。當然重複使用也要付出一定代價（共用通道由於頻寬較大，所以費用也較高，還得再加上重複使用器和分用器的費用）。但如果重複使用的通道數量較大，那麼在經濟上還是合算的。

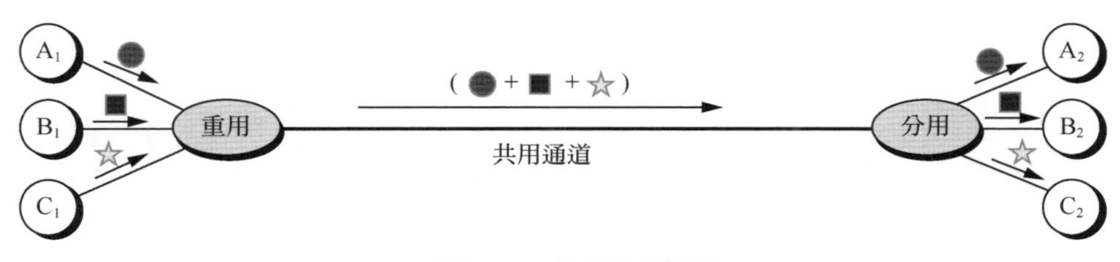

▲ 圖 7-38 使用共用通道

通道重複使用技術中，發送端要用到重複使用器（multiplexer），接收端要用到分用器（demultiplexer），重複使用器和分用器成對地使用。在重複使用器和分用器之間是使用者共用的高速通道。分用器的作用正好和重複使用器相反，它把高速通道傳輸過來的資料進行分用，分別送交給對應的使用者。

通道重複使用技術有頻分重複使用、分時重複使用、波長區分重複使用和分碼重複使用，下面逐一進行講解。

7.5.1 頻分重複使用

頻分重複使用（Frequency Division Multiplexing，FDM）最簡單，適合於類比訊號，其特點如圖 7-39 所示。使用者在分配到一定的頻帶後，在通訊過程中自始至終都佔用這個頻帶。可見頻分重複使用的所有使用者在同樣的時間佔用不同的頻寬資源（請注意，這裡的「頻寬」是頻率頻寬，而非資料的發送速率）。

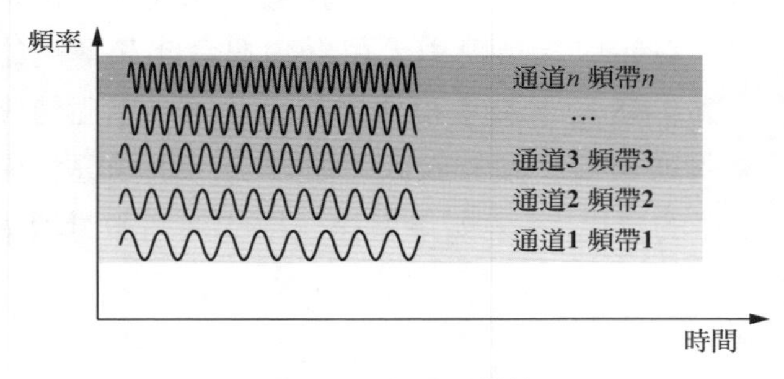

▲ 圖 7-39 頻分重複使用

圖 7-40 所示為頻分重複使用的細節，A1 → A2 通道使用頻率 *f*1 調變載體，B1 → B2 通道使用頻率 *f*2 調變載體，C1 → C2 通道使用頻率 *f*3 調變載體，不同頻率調變後的載體透過重複使用器將訊號疊加後發送到通道。接收端的分用器將訊號發送到 3 個濾波器，濾波器過濾出特定頻率的載體訊號，再經過解調得到信來源發送的類比訊號。

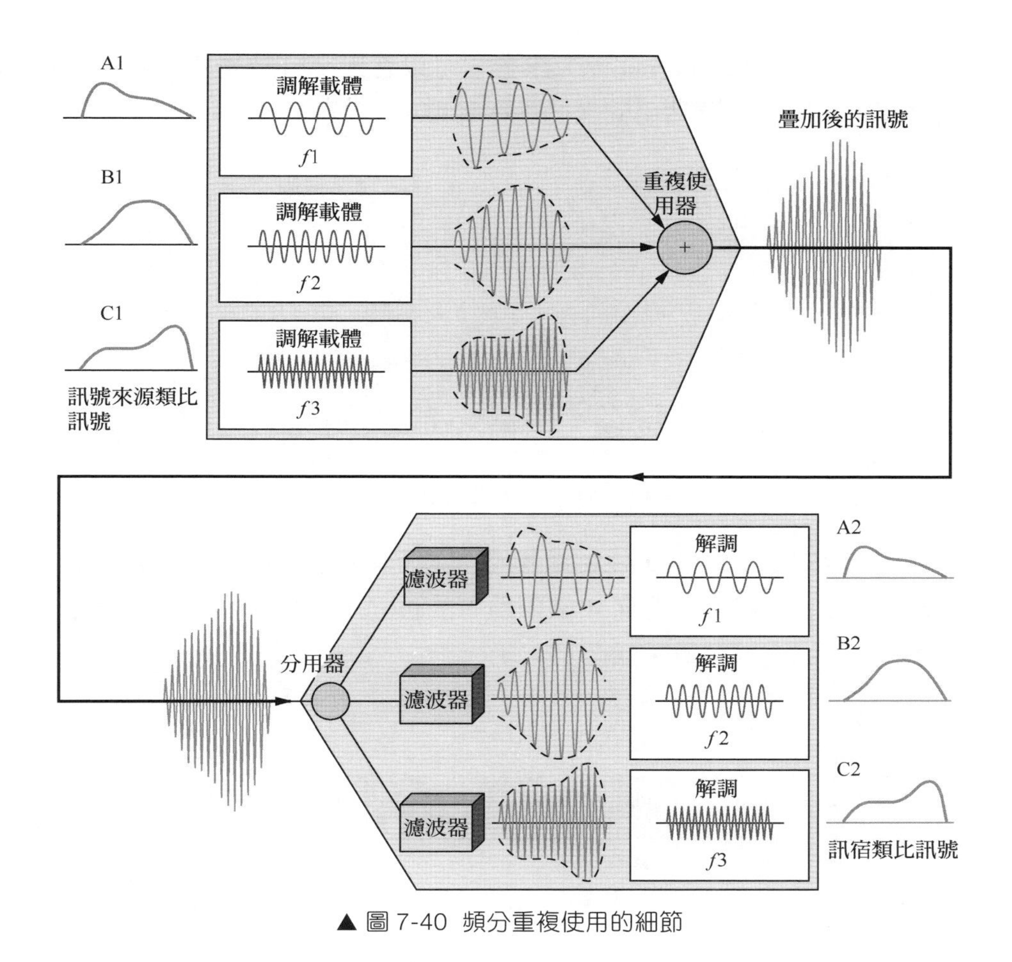

▲ 圖 7-40 頻分重複使用的細節

7.5.2 分時重複使用

數位訊號的傳輸更多使用分時重複使用（Time Division Multiplexing，TDM）技術。分時重複使用採用同一物理連接的不同時段來傳輸不同的訊號，將時間劃分為一段段等長的分時重複使用幀（TDM 幀）。每一個分時重複使用的使用者在每一個 TDM 幀中佔用固定序號的時間槽。簡單起見，在圖 7-41 中只列出了 4 個使用者 A、B、C 和 D。每一個使用者所佔用的時間槽週期性地出現（其週期就是 TDM 幀的長度）。因此 TDM 訊號也稱為「等時」（isochronous）訊號。可以看出，分時重複使用的所有使用者是在不同的時間佔用同樣的頻帶寬度。

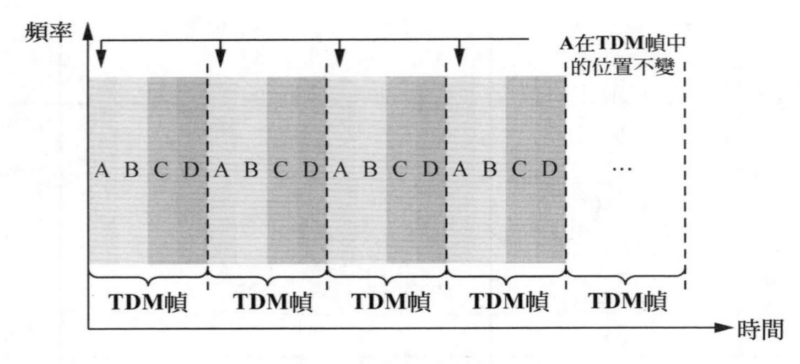

▲ 圖 7-41 分時重複使用（一）

4 個使用者 A、B、C 和 D 分時重複使用傳輸數位訊號，透過重複使用器，每一個 TDM 幀都包含了 4 個使用者的位元，在接收端再使用分用器將 TDM 幀中的資料分離，如圖 7-42 所示。

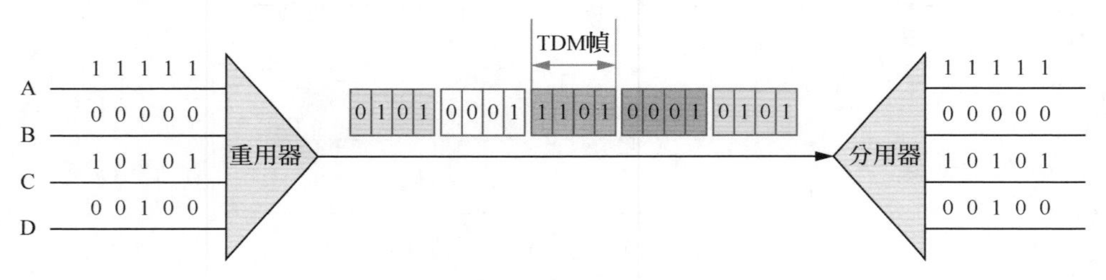

▲ 圖 7-42 分時重複使用（二）

當使用者在某一段時間暫時無資料傳輸時，那就只能讓已經分配到手的子通道空閒著，而其他使用者也無法使用這個暫時空閒的線路資源。圖 7-43 說明了這一概念。這裡假設有 4 個使用者 A、B、C 和 D 進行分時重複使用。重複使用器按 A → B → C → D 的順序依次對使用者的時間槽進行掃描，然後組成一個個分時重複使用幀。圖中共畫出了 4 個分時重複使用幀，每個分時重複使用幀有 4 個時間槽。可以看出，當某使用者暫時無數據發送時，在分時重複使用幀中分配給該使用者的時間槽只能處於空閒狀態，其他使用者即使一直有資料要發送，也不能使用這些空閒的時間槽。這就導致重複使用後的通道使用率不高。

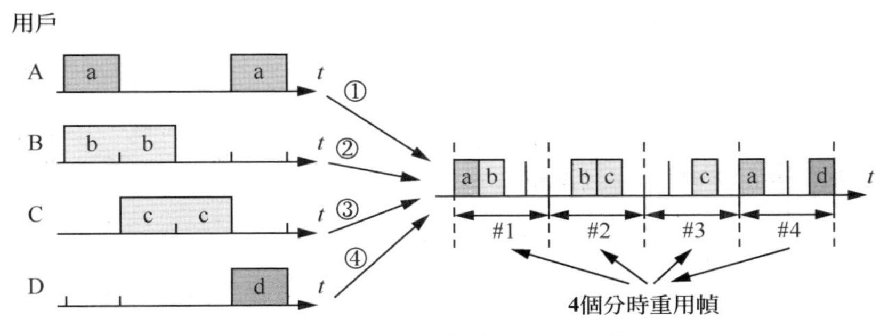

▲ 圖 7-43 分時重複使用有浪費

統計分時重複使用（Statistical Time Division Multiplexing，STDM）是一種改進的分時重複使用，它能明顯地提高通道的使用率。圖 7-44 所示是統計分時重複使用的原理圖。一個使用統計分時重複使用的集中器連接 4 個低速使用者，然後將它們的資料集中起來透過高速線路發送到另一端。統計分時重複使用要求每一個使用者的資料需要增加位址資訊或通道標識資訊，接收端根據位址或通道標識資訊分離出各個通道的資料。舉例來說，在交換機幹道鏈路就使用統計分時重複使用技術，透過在幀中插入標記來區分不同的 VLAN 幀，框架轉送交換機使用資料連結連接識別符號（Data Link Connect Identifier，DLCI）區分不同的使用者。

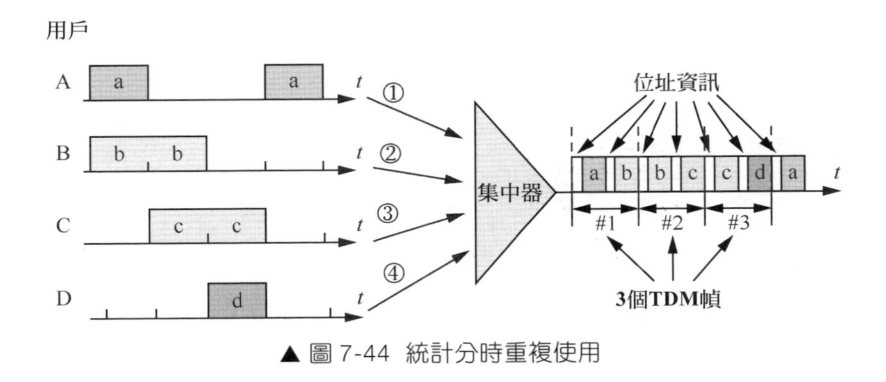

▲ 圖 7-44 統計分時重複使用

7.5.3 波長區分重複使用

光纖技術的應用使得資料的傳輸速率空前提高。目前一根單模光纖的傳輸速率可達到 2.5Gbit/s，再想提高傳輸速率就比較困難了。為了提高光纖傳輸訊號的速率，也可以進行頻分重複使用，由於光載體的頻率很高，因此習慣上用波長而不用頻率來表示所使用的光載體，這樣就引出了波長區分重複使用這一概念。

波長區分重複使用（Wavelength Division Multiplexing，WDM）是將兩種或多種不同波長的光載體訊號（攜帶各種資訊）在發送端經重複使用器（又稱為「合波器」）匯合在一起，並耦合到光線路的同一根光纖中進行傳輸；在接收端，經解重複使用器（又稱為「分波器」或「去重複使用器」，Demultiplexer）將各種波長的光載體分離，然後由光接收機做進一步處理以恢復原訊號。這種在同一根光纖中同時傳輸兩個或多個不同波長光訊號的技術，稱為「波長區分重複使用」。

最初，一根光纖上只能重複使用兩路光載體訊號。隨著技術的發展，在一根光纖上重複使用的光載體訊號路數越來越多，現在已能做到在一根光纖上重複使用 80 路或更多路數的光載體訊號。於是就出現了密集波長區分重複使用（Dense Wavelength Division Multiplexing，DWDM）這一概念。圖 7-45 所示為波長區分重複使用示意圖。

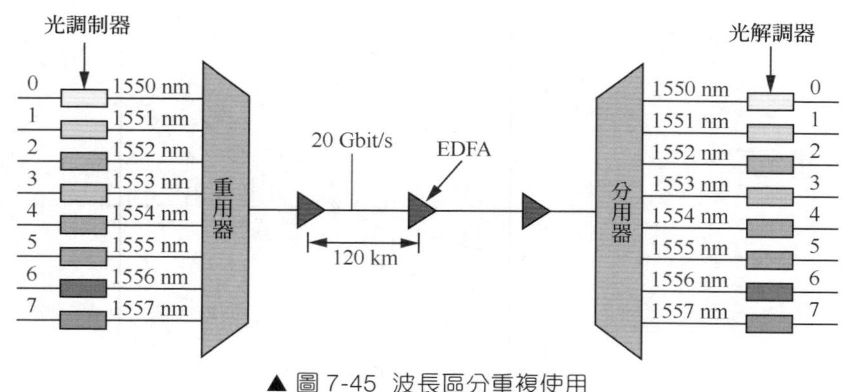

▲ 圖 7-45 波長區分重複使用

7.5.4 分碼重複使用

分碼重複使用（Code Division Multiplexing，CDM）又稱為「分碼多址」（Code Division Multiple Access，CDMA），是在擴頻通訊技術（數位技術的分支）的基礎上發展起來的一種全新而又成熟的無線通訊技術。CDM與FDM（頻分多工）和TDM（分時多工）不同，它既共用通道的頻率，也共用時間，是一種真正的動態重複使用技術。

分碼重複使用最初用於軍事通訊，因為這種系統發送的訊號有很強的抗干擾能力，其頻譜類似於白色雜訊，不易被敵人發現，後來才廣泛使用在民用的行動通訊中。它的優越性在於可以提高通訊的話音品質和資料傳輸的可靠性，減少干擾對通訊的影響，增大通訊系統的容量，降低手機的平均發射功率等。

分碼重複使用的原理是每位時間被分成 m 個更短的時間切片，稱為「碼片」（chip），大部分的情況下每位有 64 個或 128 個碼片。每個網站被指定一個唯一的 m 位的程式（碼片序列）。當發送 1 時網站就發送碼片序列，發送 0 時就發送碼片序列的反碼。當兩個或多個網站同時發送時，各路數據在通道中被線性相加。

電信的基地台和 A 手機之間透過 CDMA 進行通訊，為了說明方便，下面假設 A 手機的碼片為 8 位碼片（−1,−1,−1,+1,+1,−1,+1,+1），要發送的資料為 110，現在基地台只向 A 手機發送訊號。基地台發送的訊號如圖 7-46 所示，A 手機收到訊號後使用自己的碼片與收到的碼片進行格式化內積（Inner Product）計算得到資料 110。

現假設基地台向 A 手機發送資訊的資料率為 n bit/s，由於發送 1 位元佔用 m 個位元的碼片，因此基地台實際上發送的資料率提高到 $m \times n$ bit/s，同時基地台佔用的頻帶寬度也提高到原來數值的 m 倍。這種通訊方式是擴頻（spread spectrum）通訊中的一種。

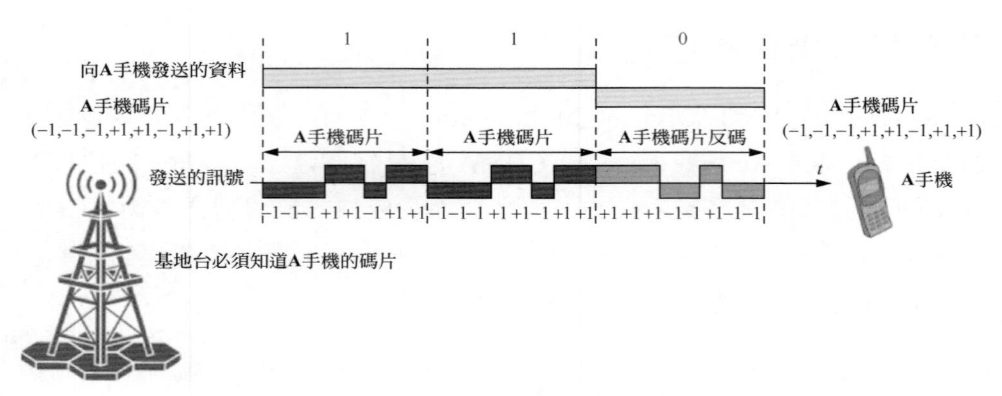

▲ 圖 7-46 碼片和訊號之間的關係

為了從通道中分離出各路訊號，要求每個站分配的碼片序列不僅必須各不相同，而且各個站的碼片序列要相互正交（orthogonal）。

什麼是相互正交呢？兩個不同站的碼片序列正交，就是指向量 A 和 B 的格式化內積（Inner Product）都是 0，令向量 A 表示站 *A* 的碼片向量，令向量 *B* 表示其他任何站的碼片向量。

$$\boldsymbol{A} \cdot \boldsymbol{B} = \frac{1}{m} \sum_{i=1}^{m} A_i B_i = 0$$

任何一個碼片向量和該碼片向量自己的格式化內積都是 1，一個碼片向量和該碼片反碼的向量的格式化內積是 −1。

現舉例說明格式化內積的演算法。

假設 A 手機的碼片序列為 A，A 的 8 位碼片序列為（−1,−1,−1,+1,+1,−1,+1,+1），B 手機的碼片序列為 B，B 的 8 位碼片序列為（−1,−1,+1,+1,+1,+1,+1,−1）。8 位碼片即公式中 m=8。

A 碼片序列第一位是 −1，B 碼片序列第一位是 −1，相乘得 1。
A 碼片序列第二位是 −1，B 碼片序列第二位是 −1，相乘得 1。
A 碼片序列第三位是 −1，B 碼片序列第三位是 +1，相乘得 −1。

A 碼片序列第四位是 +1，B 碼片序列第四位是 +1，相乘得 1。

A 碼片序列第五位是 +1，B 碼片序列第五位是 +1，相乘得 1。

A 碼片序列第六位是 −1，B 碼片序列第六位是 +1，相乘得 −1。

A 碼片序列第七位是 +1，B 碼片序列第七位是 +1，相乘得 1。

A 碼片序列第八位是 +1，B 碼片序列第八位是 −1，相乘得 −1。

把相乘的結果相加得 0，再除以 m，依然得 0。這就是格式化內積的演算法，結果為 0 就說明 A 序列和 B 序列正交。

按照上面的演算法，計算 A 手機自己的碼片序列 A，自己和自己的格式化內積，為 1。

$$\boldsymbol{A}\cdot\boldsymbol{A}=\frac{1}{m}\sum_{i=1}^{m}A_i\cdot A_i=\frac{1}{m}\sum_{i=1}^{m}A_i^2=\frac{1}{m}\sum_{i=1}^{m}(\pm1)^2=1$$

按照上面的演算法，計算 A 手機自己的碼片序列 A，自己和自己的反碼序列 −A 的格式化內積，為 −1。

$$-\boldsymbol{A}\cdot\boldsymbol{A}=\frac{1}{m}\sum_{i=1}^{m}-A_i\cdot A_i=\frac{1}{m}\sum_{i=1}^{m}-A_i^2=\frac{1}{m}\sum_{i=1}^{m}-(\pm1)^2=-1$$

為了讓大家好了解碼片和要傳輸的資料之間的關係，圖 7-46 展示了基地台給一個手機發送資料時發送的訊號。要是基地台同時給多個手機發送資料，就要用到分碼重複使用技術了。圖 7-47 展示了分碼重複使用技術，基地台同時給兩個手機發送訊號，基地台向手機 A 發送數位訊號 110，向手機 B 發送數位訊號 010，可以看到基地台發出的訊號是向 A 手機和 B 手機發送訊號的疊加訊號。

假如基地台發送了碼片序列（0,0,−2,+2,0,−2,0,+2），A 手機的碼片序列為（−1,−1,−1,+1,+1,−1,+1,+1），B 手機的碼片序列為（−1,−1,+1,−1,+1,+1,+1,−1），C 手機的碼片序列為（−1,+1,−1,+1,+1,+1,−1,−1），請問這 3 個手機，分別收到了什麼訊號？

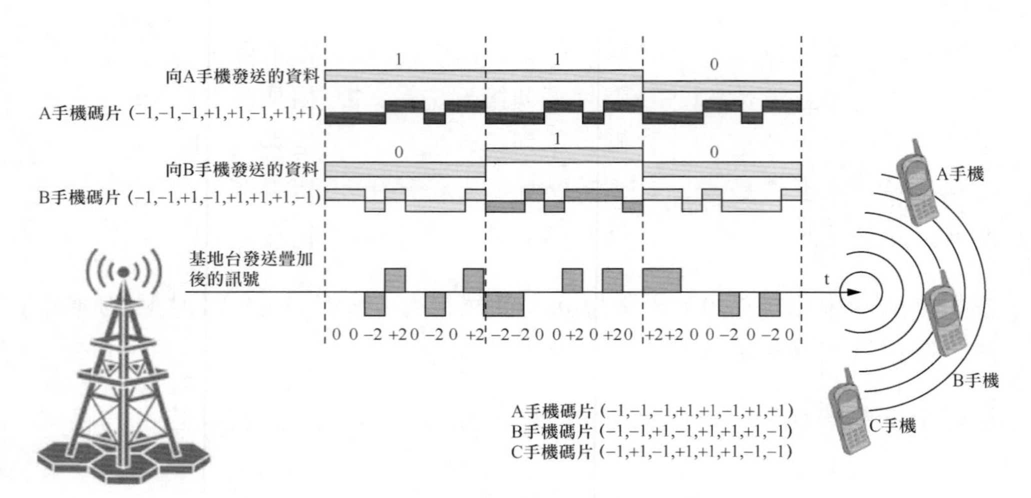

▲ 圖 7-47 基地台為多個手機同時發送訊號

A、B、C 這 3 個手機的碼片序列和收到的碼片序列做格式化內積，如果得數是 1，說明收到的數位訊號是 1；如果得數是 −1，說明收到的數位訊號是 0；如果得數是 0，說明該手機沒有收到訊號。

將 A 手機的碼片序列和基地台發送的碼片序列做格式化內積如下。

$$0\times(-1)+0\times(-1)+(-2)\times(-1)+2\times1+0\times1+(-2)\times(-1)+0\times1+2\times1=8$$

各項求和後得 8，再除以碼片長度 8，得 1，A 手機收到一位數位訊號 1。

將 B 手機的碼片序列和基地台發送的碼片序列做格式化內積如下。

$$0\times(-1)+0\times(-1)+(-2)\times1+2\times(-1)+0\times1+(-2)\times1+0\times1+2\times(-1)=-8$$

各項求和後得 −8，再除以碼片長度 8，得 −1，B 手機收到一位數位訊號 0。

將 C 手機的碼片序列和基地台發送的碼片序列做格式化內積如下。

$$0\times(-1)+0\times1+(-2)\times(-1)+2\times1+0\times1+(-2)\times1+0\times(-1)+2\times(-1)=0$$

各項求和後得 0，再除以碼片長度 8，依然得 0，C 手機沒有收到數位訊號。

7.6 寬頻連線技術

使用者要想連線 Internet，必須經過 ISP（Internet 服務提供者，如電信、移動、聯通等）。為廣大家庭使用者提供到 Internet 的連線，目前最好的方式是利用使用者家裡現有的線路，不用再單獨佈線。現在非常普及的就是利用電話和家庭有線電視，本節講解如何使用電話線和家庭有線電視的同軸電纜提供給使用者 Internet 連線。隨著 Internet 的發展，ISP 專門為使用者連線 Internet 的光纖已經部署到城市的各個社區。隨著智慧型手機的普及，移動、聯通、電信等公司也為智慧型手機提供了 Internet 連線，由 3G 到 4G、5G，提供了更高的網速。

為了提高使用者的上網速率，近年來已經有很多寬頻技術進入使用者的家庭。寬頻連線是相對於窄頻連線而言的，一般把速率超過 1Mbit/s 的連線稱為寬頻連線。寬頻連線技術主要包括銅線連線技術（電話線）、HFC 技術（有線電視線路）、光纖連線技術和行動網際網路連線技術（3G、4G、5G 技術）。

目前，「寬頻」尚無統一的定義。有人認為只要連線速率超過 56kbit/s 就是寬頻，美國聯邦傳播委員會（Federal Communications Commission，FCC）認為只要雙向速率之和超過 200kbit/s 就是寬頻。也有人認為資料率要達到 1Mbit/s 以上才能算是寬頻。

7.6.1 銅線連線技術

傳統的銅線連線技術，即透過數據機撥號實現使用者的連線，速率為 56kbit/s（通訊一方為數位線路連線），但是這種速率遠遠不能滿足使用者對寬頻業務的需求。雖然銅線的傳輸頻寬非常有限，但是現在電話網非常普及，電話線佔全球使用者線的 90% 以上，充分利用這些寶貴資源，需要先進的調變技術和編碼技術。

銅線寬頻連線技術也就是 xDSL 技術。xDSL 是「數位用戶線路」（digital subscriber line）的總稱，包括 ADSL、RADSL、VDSL、SDSL、IDSL 和 HDSL 等，就是用數位技術對現有的模擬電話使用者線進行改造，使它能夠承載寬頻業務。雖然標準模擬電話訊號的頻帶被限制在 300 ～ 3400kHz 內，但使用者線實際可透過的訊號頻率仍然超過 1MHz。因此 xDSL 技術就把 0 ～ 4kHz 低端頻段留給傳統電話使用，而把原來沒有被利用的高端頻段留給使用者上網使用。採取的調變方式不同，獲得的訊號傳輸速率和距離就不同，以及上行通道和下行通道的對稱性也不同。

各種 xDSL 的描述和速率以及模式和應用場景如表 7-3 所示。

表 7-3　各種 xDSL 簡介

類型	描述	資料速率	模式	應用
IDSL	ISDN 數位用戶線路	128kbit/s	對稱	ISDN 服務於語音和資料通訊
HDSL	高資料速率數位用戶線路	1.5Mbit/s ～ 2Mbit/s	對稱	T1/E1 服務於 WAN、LAN 存取和伺服器存取
SDSL	單線對數位用戶線路	1.5Mbit/s ～ 2Mbit/s	對稱	與 HDSL 應用相同，另外為對稱服務提供場所存取
ADSL	非對稱使用者數位線路	上行：最高 640kbit/s 下行：最高 6Mbit/s	非對稱	Internet 存取，視訊點播、單一視訊、過程 LAN 存取、互動多媒體
G.Lite	無分離器數位用戶線路	上行：最高 512kbit/s 下行：最高 1.5Mbit/s	非對稱	標準 ADSL，在使用者場所無須安裝 splitter（分離器）
VDSL	甚高資料速率數位用戶線路	上行： 1.5Mbit/s ～ 2.3Mbit/s 下行： 13Mbit/s ～ 52Mbit/s	非對稱	與 ADSL 相同，另外可以傳輸 DHTV 節目

各種 xDSL 的極限傳輸距離與資料速率，以及使用者線的線徑都有很大的關係（使用者線越細，訊號傳輸時的衰減就越大），而所能得到的最高

資料傳輸速率與實際的使用者線上的訊號雜訊比密切相關。舉例來説，0.5mm 線徑的使用者線，傳輸速率為 1.5Mbit/s ～ 2.0Mbit/s 時可傳輸 5.5km，但當傳輸速率提高到 6.1Mbit/s 時，傳輸距離就縮短為 3.7km。如果把使用者線的線徑減小到 0.4mm，那麼在 6.1Mbit/s 的傳輸速率下就只能傳輸 2.7km。

下面重點介紹 ADSL。

ADSL 屬於 xDSL 技術的一種，全稱為非對稱數位用戶線路（asymmetric digital subscriber line），亦可稱作「非對稱數位使用者環路」。ADSL 考慮了使用者存取 Internet 主要目的是獲取網路資源，需要更多的下載流量、較少的上行流量，因此 ADSL 上行和下行頻寬設計為不對稱。上行指從使用者到 ISP，而下行指從 ISP 到使用者。

ADSL 在使用者線的兩端各安裝一個 ADSL 數據機。這種數據機的實現方案有許多種，目前採用的方案是離散多音調（Discrete Multi-Tone，DMT）技術，多音調指「多載體」或「多子通道」。DMT 調變技術採用頻分重複使用的方法，把 40kHz ～ 1.1MHz 的高端頻段劃分為許多子通道，其中 25 個子通道用於上行通道，249 個子通道用於下行通道，如圖 7-48 所示。每個子通道佔據 4kHz 頻寬（嚴格講是 4.3125kHz），並使用不同的載體（即不同的音調）進行數位調變。這種做法相當於在一對使用者線上使用許多小的數據機平行地傳輸資料。

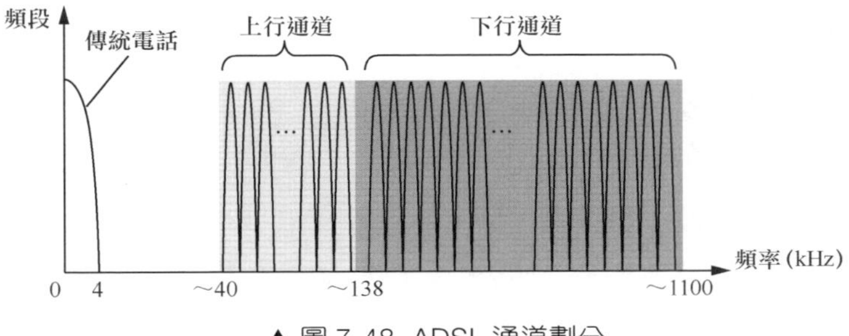

▲ 圖 7-48　ADSL 通道劃分

常見的 ADSL 連接方式如圖 7-49 所示，以 ADSL 為基礎的連線網由以下 3 部分組成：數位用戶線路連線重複使用器（DSL Access Multiplexer，DSLAM）、使用者線和使用者家中的一些設施。

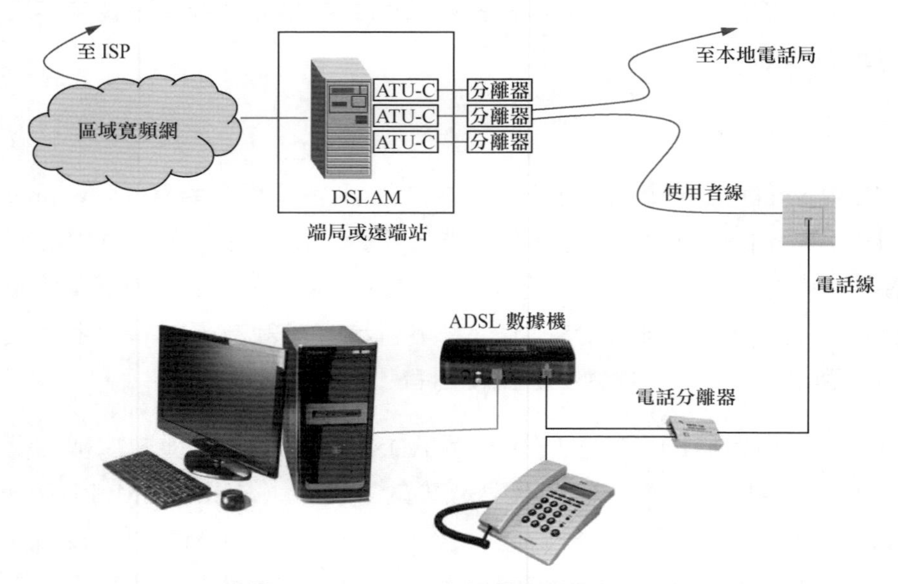

▲ 圖 7-49 以 ADSL 為基礎的連線網的組成

數位用戶線路連線重複使用器包括許多 ADSL 數據機。ADSL 數據機又稱為「連線端接單元」（Access Termination Unit，ATU）。由於 ADSL 數據機必須成對使用，因此在電話端局（或遠端站）和使用者家中所用的 ADSL 數據機分別記為 ATU-C（C 代表端局 Central Office）和 ATU-R（R 代表遠端 remote）。

使用者電話透過電話分離器（POTS Splitter，PS）和 ATU-R 連在一起，經使用者線到端局，並再次經過一個電話分離器（PS）把電話連到本機電話局。電話分離器（PS）是被動的，它利用低通濾波器將電話訊號與數位訊號分開。電話分離器做成被動的是為了在停電時不影響傳統電話的使用。一個 DSLAM 可支援多達 500 ～ 1000 個使用者。若按 6Mbit/s

計算，則具有 1000 個通訊埠的 DSLAM（這就需要用 1000 個 ATU-C）應有高達 6Gbit/s 的轉發能力。由於 ATU-C 要使用數位訊號處理技術，因此 DSLAM 的價格較高。

7.6.2 HFC 技術

HFC 是 Hybrid Fiber Coax 的縮寫，光纖同軸 HFC 網（混合網）在 1988 年被提出。HFC 網是在目前覆蓋面很廣的有線電視（Cable Television，CATV）網的基礎上開發的一種居民寬頻連線網，除可以傳輸有線電視訊號，還提供電話、資料和其他寬頻互動型業務。現有的 CATV 網是樹狀拓撲結構的同軸電纜網路，它採用模擬技術的頻分重複使用對電視節目進行單向傳輸。

CATV 網所使用的同軸電纜系統具有以下一些缺點。首先，原有同軸電纜的頻寬相對居民所需的寬頻業務仍顯不足。其次，同軸電纜每隔 30m 就要產生約 1dB 的衰減，因此每隔約 600m 就要加入一個放大器。大量放大器的加入將使整個網路的可靠性下降，因為任何一個放大器出了故障，其下游的使用者就無法收看電視節目。再次，訊號的品質在遠離頭端（headend）處較差，因為經過了可能多達幾十次的放大所帶來的失真將是很明顯的。最後，要將電視訊號的功率很均勻地分佈給所有的使用者，在設計上和操作上都是很複雜的。

為了提高傳輸的可靠性和電視訊號的品質，HFC 網把原 CATV 網中的同軸電纜的主幹部分替換為光纖，如圖 7-50 所示。光纖從頭端連接到光纖節點（fiber node）。在光纖節點光訊號被轉為電訊號，然後透過同軸電纜傳輸到每個使用者家庭。從頭端到使用者家庭所需的放大器數目也就只有 4、5 個，這就大大提高了網路的可靠性和電視訊號的品質。連接到光纖節點的典型使用者數量是 500 個左右，不超過 2000 個。

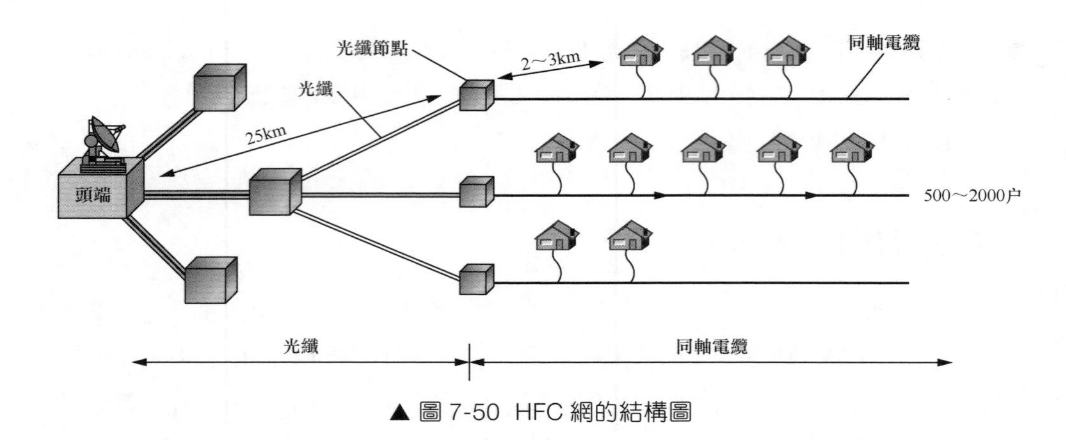

▲ 圖 7-50 HFC 網的結構圖

原來有線電視的最高傳輸頻率是 450MHz，並且僅用於電視訊號的下行傳輸。HFC 網具有比 CATV 網更寬的頻段，且具有雙向傳輸功能。目前的 HFC 網的頻段劃分如圖 7-51 所示。

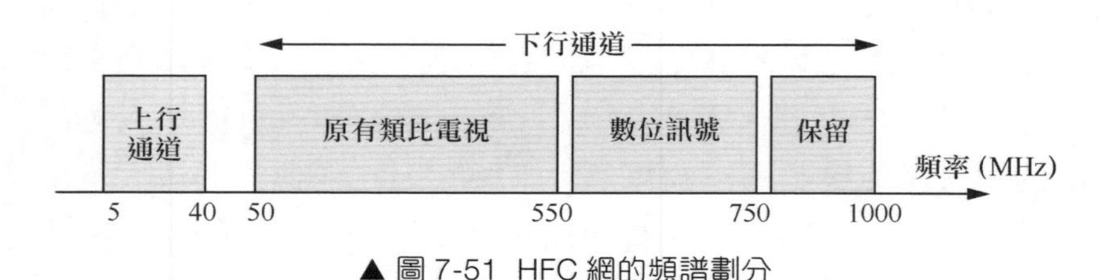

▲ 圖 7-51 HFC 網的頻譜劃分

要使現有的類比訊號電視機能接收數位電視訊號，需要把一個叫作機上盒的裝置連接在同軸電纜和使用者的電視機之間，但為了讓使用者能夠利用 HFC 網連線 Internet，以及在上行通道中傳輸互動數位電視所需要的資訊，我們還需要增加一個 HFC 網專用數據機，它又被稱為「纜線數據機」(cable modem)。纜線數據機既可以做成一個單獨的裝置（類似被 ADSL 的數據機），也可以做成內建的，安裝在電視機的機上盒裡面。使用者只要把自己的電腦連接到纜線數據機，就可以連線 Internet 了。

纜線數據機比在普通電話線上使用的數據機要複雜得多，並且不是成對使用的，而是只安裝在使用者端。纜線數據機的媒體連線控制（Media

Access Control，MAC）子層協定還必須解決上行通道中可能出現的衝突問題。產生衝突的原因是 HFC 網的上行通道是一個使用者群共用的，每個使用者都可在任何時刻發送上行資訊，這和乙太網上爭用通道是相似的。當所有的使用者都要使用上行通道時，每個使用者所能分配到的頻寬就會減少。

7.6.3 光纖連線技術

Internet 上已經有大量的視訊資訊資源，因此近年來寬頻上網的普及率增長得很快。為了更快地下載視訊檔案，更流暢地線上觀看高畫質視訊節目，儘快提升使用者的上網速度就成為 ISP 的重要任務。從技術上講，光纖到戶（Fiber To The Home，FTTH）應當是最好的選擇。所謂「光纖到戶」，就是把光纖一直鋪設到使用者家庭，在使用者家中才把光訊號轉換成電訊號，這樣使用者可以得到更高的上網速率。

光纖到府有兩個問題：先是價格貴，一般家庭使用者難以承受；再就是一般家庭使用者也沒有這樣高的資料率的要求，要實現在網上流暢地觀看視訊節目，有數兆位元的網速就可以了，不一定非要 100Mbit/s 或更高速率。

在這種情況下，出現了多種寬頻光纖連線方式，稱為 FTTx（Fiber-To-The-x）光纖連線，其中 x 代表不同的光纖存取點。

根據光纖到使用者的距離分類，可分成光纖到社區（Fiber To The Zone，FTTZ）、光纖到路邊（Fiber To The Curb，FTTC）、光纖到大樓（Fiber To The Building，FTTB）、光纖到戶（Fiber To The Home，FTTH）以及光纖到桌面（Fiber To The Desk，FTTD）等。

7.6.4 行動網際網路連線技術

隨著寬頻無線連線技術和行動終端技術的高速發展，人們迫切希望能夠隨時隨地，甚至在移動過程中都能方便地從網際網路獲取資訊和服務，行動網際網路應運而生並迅速發展。

行動網際網路將行動通訊和網際網路二者結合成為一體，是將網際網路的技術、平台、商業模式和應用與行動通訊技術結合並實踐的活動的總稱。4G 時代的開啟以及行動終端裝置的普及必將為行動網際網路的發展注入巨大的能量。

4G 即第四代行動電話通訊標準，又指第四代行動通訊技術，這種新網路可使行動電話使用者以無線形式實現全方位虛擬連接。4G 最突出的特點之一，就是網路傳輸速率達到了前所未有的 100Mbit/s，完全能夠滿足使用者的上網需求。簡單來講，4G 是一種超高速無線網路，一種不需要電纜的超級資訊公路。

4G 系統整體技術目標和特點可以概括為以下幾點。

(1) 系統具有更高的資料率、更好的業務品質（QoS）、更高的頻譜使用率、更高的安全性、更高的智慧性、更高的傳輸品質、更高的靈活性。
(2) 4G 系統應能支援非對稱性業務，並能支持多種業務。
(3) 4G 系統應表現移動與無線連線網和 IP 網路不斷融合的發展趨勢。

下面介紹行動網際網路的 IP 網路架構。

在 4G 中網路的設計架構將簡化。對於以 IP 網路為基礎的寬頻無線連線，可以有兩種設計架構，一種是全 IP 網路架構，如圖 7-52 所示。在這種網路設計模型中，基地台不僅可以具有訊號的物理傳輸功能，還可以對無線資源進行管理，扮演連線路由器的功能；缺點是會引入較大的負擔，尤其是在行動終端從一個基地台移動到另一個基地台時，需要對行動 IP 位址重新設定。

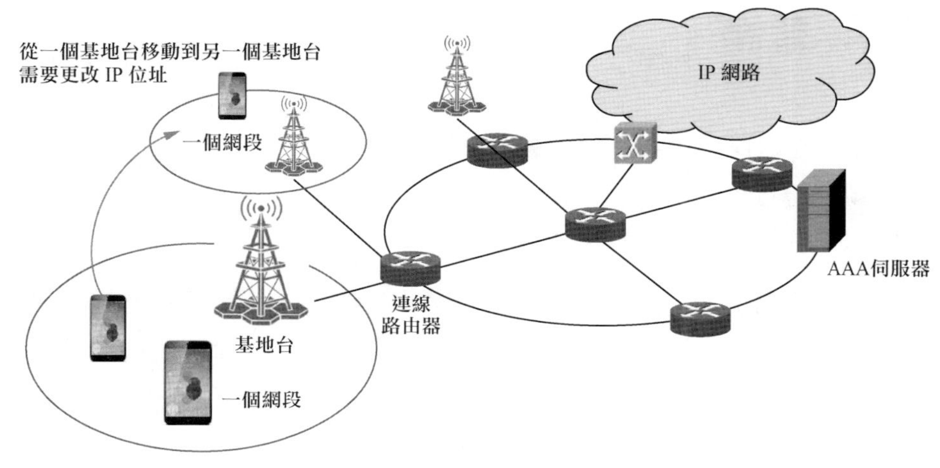

▲ 圖 7-52 4G 全 IP 網路架構

另一種是以子網路為基礎的 IP 架構，如圖 7-53 所示，其中幾個相鄰基地台組成子網路連線以 IP 連線網為基礎的路由器。這時，基地台和連線路由器分別負責管理第二層和第三層的協定，當使用者在相鄰基地台間發生切換時，只牽涉第二層的切換協定，不需要改變第三層的行動 IP 的位址。

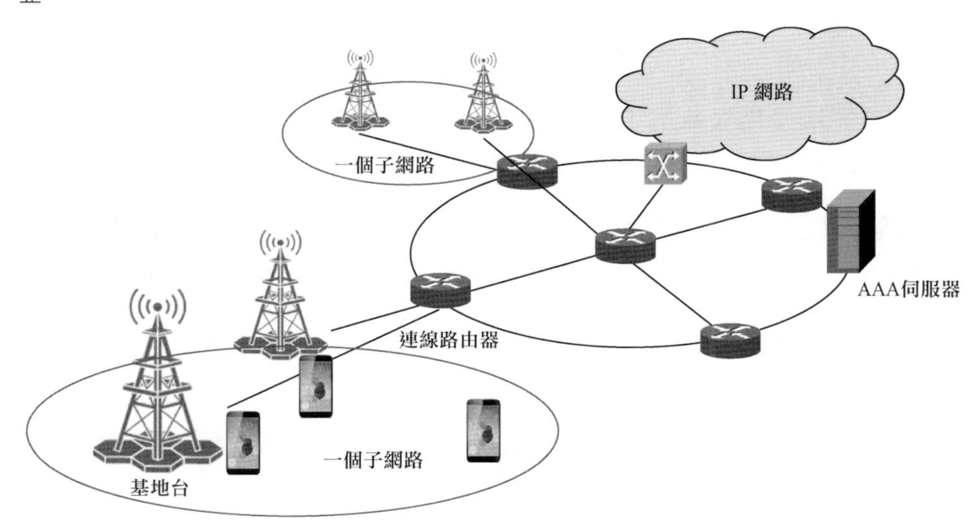

▲ 圖 7-53 以子網路為基礎的 4G IP 網路架構

7.7 習題

1. ADSL 服務採用的多工技術屬於（　　）。

   A. 頻分多工　　B. 分時多工

   C. 波長區分多工　　D. 分碼多工

2. 設鮑率傳輸速率為 3600Baud，調變電位數為 8，則資料傳輸速率為（　　）。

   A. 1200bit/s　　B. 7200bit/s　　C. 10800bit/s　　D. 14400bit/s

3. 將數位訊號調變成類比訊號的方法有調幅、________、調相。

4. 觀察圖 7-54，採用曼徹斯特編碼，鮑率傳輸速率為 1000Baud，資料率是________bit/s。

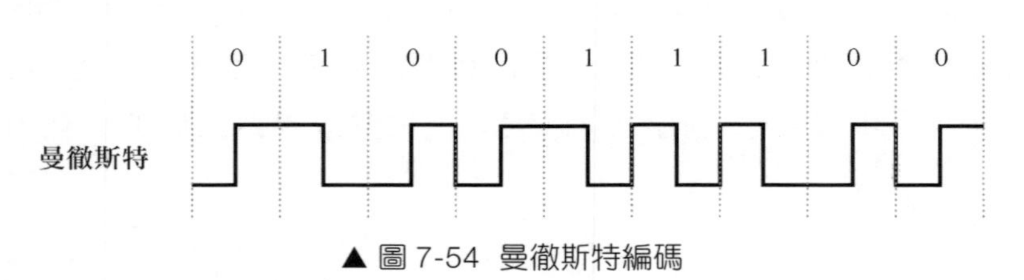

▲ 圖 7-54 曼徹斯特編碼

5. 通道重複使用技術有分時重複使用、________、波長區分重複使用、分碼重複使用。

6. 請解釋以下名詞：資料，訊號，模擬資料，類比訊號，基頻訊號，帶通訊號，數位資料，數位訊號，鮑率，單工通訊，半雙工通訊，全雙工通訊，序列傳輸，平行傳輸。

7. 物理層的介面有哪幾個方面的特性？各包含什麼內容？

8. 資料在通道中的傳輸速率受哪些因素的限制？訊號雜訊比能否任意提高？香農公式在資料通訊中的意義是什麼？「位元 /s」和「鮑率 /s」有何區別？

9. 假設某通道受奈氏準則限制的最高鮑率速率為 20000 鮑率 /s。如果採用振幅調變，把鮑率的振幅劃分為 16 個不同的等級來傳輸，那麼可以獲得多高的資料率（bit/s）？

10. 假設要用 3kHz 頻寬的電話通道傳輸 64kbit/s 的資料（無差錯傳輸），試問這個通道應具有多高的訊號雜訊比（分別用比值和分貝來表示）？這個結果說明什麼問題？

11. 假設通道頻寬為 3100Hz，最大資訊傳輸速率為 35kbit/s，那麼若想使最大資訊傳輸速率增加 60%，問訊號雜訊比 S/N 應增大到多少倍？如果在剛才計算結果的基礎上將訊號雜訊比 S/N 再增大 10 倍，問最大資訊傳輸速率能否再增加 20% ？請用香農公式計算一下。

12. 共有 4 個站進行分碼多址 CDMA 通訊。4 個站的碼片序列如下所示。

    A.（−1,−1,−1,+1,+1,−1,+1,+1）

    B.（−1,−1,+1,−1,+1,+1,+1,−1）

    C.（−1,+1,−1,+1,+1,+1,−1,−1）

    D.（−1,+1,−1,−1,−1,−1,+1,−1）

    這 4 個站收到這樣的碼片序列：（−1,+1,−3,+1,−1,−3,+1,+1）。請問哪個站接收到了資料？收到的是 1 還是 0 ？

13. 請用為什麼在 ADSL 技術中，在不到 1MHz 的頻寬中傳輸速率卻可以高達每秒幾 MB 位元？

14. 雙絞線中電纜相互絞合的作用是（　　）。

    A. 使纜線更粗　　　　B. 使纜線更便宜

    C. 使纜線強度加強　　D. 減弱雜訊

15. 10BASE-T 中的 T 代表（　　）。

    A. 基頻訊號　　　　B. 雙絞線

    C. 光纖　　　　　　D. 同軸電纜

16. 在物理層介面特性中，用於描述完成每種功能的事件發生順序的是（　　）。

A. 機械特性　　B. 功能特性　　C. 過程特性　　D. 電氣特性

17. 在基本的帶通調變方法中，使用 0 對應頻率 f 1，使用 1 對應頻率 f 2，這種調變方法叫作（　　）。

A. 調幅　　B. 調頻　　C. 調相　　D. 正交振幅調變

18. 以下關於 100BASE-T 的描述中錯誤的是（　　）。

A. 資料傳輸速率為 100Mbit/s

B. 訊號類型為基頻訊號

C. 採用 5 類 UTP，其最大傳輸距離為 185m

D. 支援共用式和交換式兩種網路拓樸方式

19. 理想低通訊道的頻寬為 3000Hz，不考慮熱雜訊及其他干擾，若 1 個鮑率攜帶 4bit 的資訊量，請回答下面的問題。

(1) 最高鮑率的傳輸速率為多少 Baud？

(2) 資料的最大傳輸速率是多少？

Chapter

08

電腦網路和協定

• 本章主要內容 •

- 認識網路
- 開放式系統互聯（OSI）參考模型
- TCP/IP 通訊過程
- 電腦網路的性能指標
- 網路分類
- 企業區域網設計

前面講解了電腦通訊使用的協定，這些協定按其實現的功能分層，可分為應用層協定、傳輸層協定、網路層協定、資料連結層協定、物理層協定（標準）。

國際標準組織將電腦通訊的過程分為 7 層，即開放式系統互聯（OSI）參考模型。本章講解 OSI 參考模型和 TCP/IP 的關係。

本章先利用圖示的方式介紹電腦使用 TCP/IP 通訊的過程、資料封裝和解封的過程，然後講解集線器、交換機和路由器這些網路裝置分別工作在 OSI 參考模型的哪一層。最後講解電腦網路的性能指標── 速率、頻寬、傳輸量、延遲、延遲頻寬積、往返時間和網路使用率，以及電腦網路的分類和企業區域網的設計。

8.1 認識網路

本節介紹網路、網際網路、企業網際網路、家庭組建的網際網路，以及全球最大的網際網路——Internet。

8.1.1 最大的網際網路—— Internet

Internet 是全球最大的網際網路，家庭透過電話線使用 ADSL 撥號上網連線的就是 Internet，企業的網路透過光纖連線 Internet，現在人們使用智慧型手機透過行動網際網路連線技術也可以很容易連線 Internet。Internet 正在深刻地改變著人們的生活，網上購物、網上訂票、預約掛號、LINE 聊天、支付寶轉帳、共用單車等都離不開 Internet。下面先講解 Internet 的產生和發展過程。

最初的電腦是獨立的，沒有相互連接，在電腦之間複製檔案和程式很不方便，於是人們就用同軸電纜將一個辦公室內（短距離、小範圍）的電腦連接起來組成網路（區域網），電腦透過網路介面卡（網路卡）與同軸電纜連接，如圖 8-1 所示。

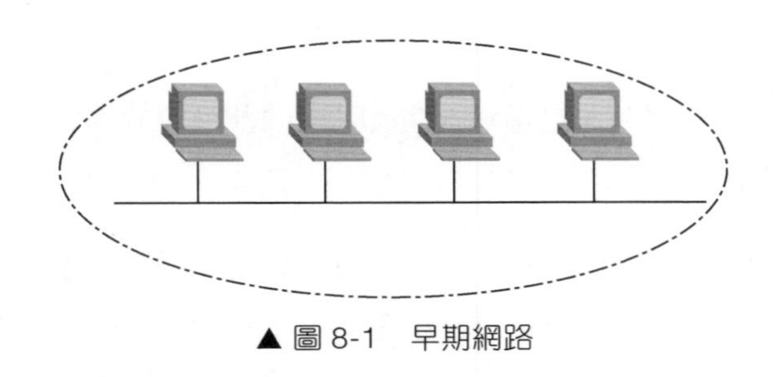

▲ 圖 8-1　早期網路

如果位於異地的多個辦公室的網路需要通訊，如圖 8-2 所示，就要透過路由器連接，這樣就形成了網際網路。路由器有廣域網路介面用於長距離的資料傳輸，路由器負責在不同網路之間轉發資料封包。

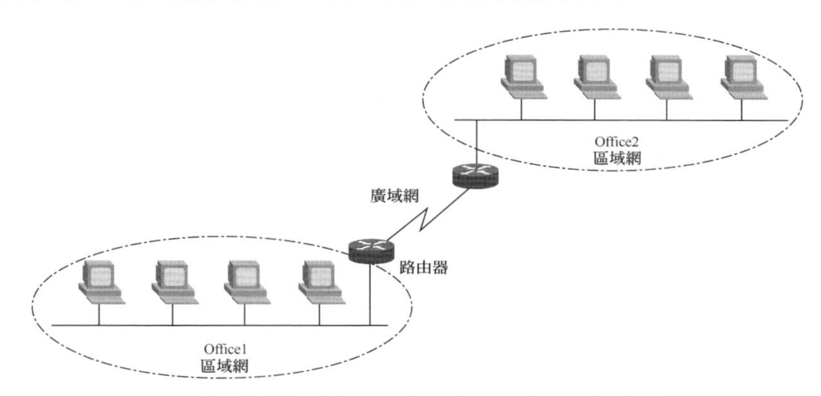

▲ 圖 8-2　路由器連接多個網路形成網際網路

最初，只有美國各大學和科學研究機構的網路進行互聯，隨後，越來越多的公司、政府機構也連線網路。這個在美國產生的開放式的網路後來又不侷限於美國，越來越多國家的網路透過海底光纖、衛星連線這個開放式的網路，如圖 8-3 所示，這樣就形成了現在的 Internet。

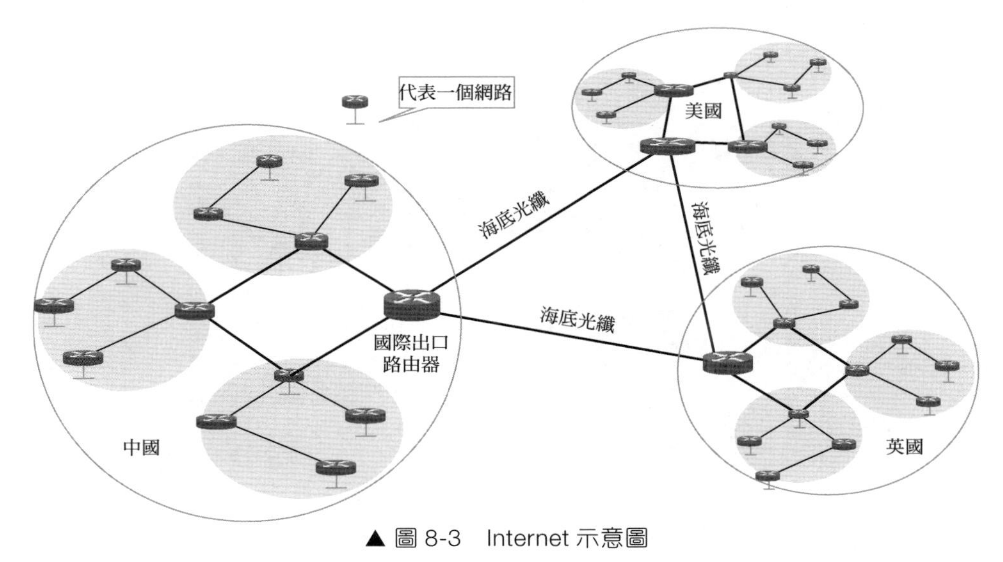

▲ 圖 8-3　Internet 示意圖

Internet 是全球最大的網際網路。在這張圖中，讀者應該能體會到路由器的重要性，如何規劃網路、設定路由器為資料封包選擇最佳路徑是網路工程師主要和重要的工作。當然，學完本課程，讀者也能掌握對 Internet 的網路位址進行規劃和簡化路由器的路由表的方法。

首先來介紹 Internet 連線，目前，無論在鄉村還是城市，電話已經廣泛普及，電信和網通利用現有的電話網絡可以方便地提供給使用者 Internet 連線伺服器，當然需要使用 ADSL 數據機連接電腦和電話線。A 社區的使用者使用 ADSL 連接到中心局，再透過中心局連接到電信，而 B 社區的使用者使用 ADSL 連接到網通。因為廣大網民上網的主要目的是瀏覽網頁、下載視訊，從 Internet 獲取資訊，ADSL 就是針對這類應用設計的，它的下載速度快、上傳速度慢。

如果企業的網路需要連線 Internet，可以使用光纖直接連線。如果為企業伺服器分配公網位址，那麼企業的網路就成為 Internet 的一部分。

如果公司的網站需要為網民提供服務，自己又沒有建設機房，就需要將伺服器託管在機房，提供 7×24 小時的高可用服務。機房不能輕易停電，需要保持無塵環境，並且溫度、濕度、防火裝置都有特殊要求，總之，和桌機的「待遇」不一樣。

▲ 圖 8-4 Google 擁有自己的機房
（來源：https://kknews.cc/photography/4xpm2b2.html）

▲ 圖 8-5 目前的機房大部分都是雲端機房了

8.2 開放式系統互聯（OSI）參考模型

當網路剛開始出現時，典型情況下，只能在同一製造商的電腦產品之間進行通訊。20 世紀 70 年代後期，國際標準組織（International Organization for Standardization，ISO）創建了開放式系統互聯（Open Systems Interconnection，OSI）參考模型，從而打破了這一門檻。

8.2.1 分層的方法和好處

OSI 參考模型將電腦通訊過程按功能劃分為 7 層，並規定了每一層實現的功能。這樣網際網路裝置的廠商以及軟體公司就能參照 OSI 參考模型來設計自己的硬體和軟體，不同供應商的網路裝置之間就能夠互相協作工作。

OSI 參考模型不是具體的協定，TCP/IP 是具體的協定，怎麼來了解它們之間的關係呢？

舉例來說，定義汽車參考模型，汽車要有動力系統、轉向系統、煞車系統、變速系統，這就相當於 OSI 參考模型定義電腦通訊每一層要實現的功能。參照這個汽車參考模型，汽車廠商可以研發自己的汽車，如奧迪汽車，它實現了汽車參考模型的全部功能，此時奧迪汽車就相當於 TCP/IP。當然還有寶馬汽車，它也實現了汽車參考模型的全部功能，它相當於 IPX/SPX 協定。這些不同的汽車，它們的動力系統有的使用汽油，有的使用柴油；引擎有的是 8 缸，有的是 10 缸，但實現的功能都是汽車參考模型的動力系統。變速系統有的是手排，有的是自排；有的是 4 檔變速，有的是 6 檔變速，有的是無段變速；實現的功能都是汽車參考模型的變速功能。

OSI 參考模型只是定義了電腦通訊每一層實現的功能，並沒有定義每一層功能具體如何實現。

分層後的好處如下。

（1）各層之間是獨立的。某一層並不需要知道它的下一層如何實現，而只需要知道該層透過層間介面所提供的服務。上層對下層來說就是要處理的資料，如圖 8-6 所示。

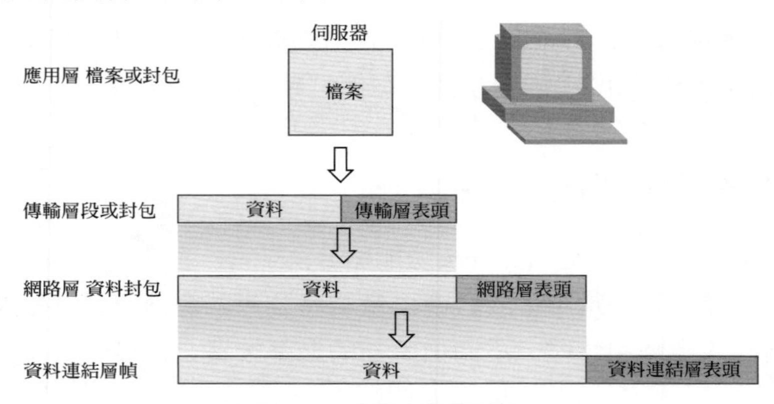

▲ 圖 8-6　各層之間的關係

（2）靈活性好。每一層有所改進和變化，不會影響其他層。舉例來說，IPv4 實現的是網路層功能，現在升級為 IPv6，實現的仍然是網路層功能，傳輸層 TCP 和 UDP 不用做任何變動，資料連結層使用的協定也不用做任何變動，電腦可以使用 IPv4 和 IPv6 進行通訊，如圖 8-7 所示。

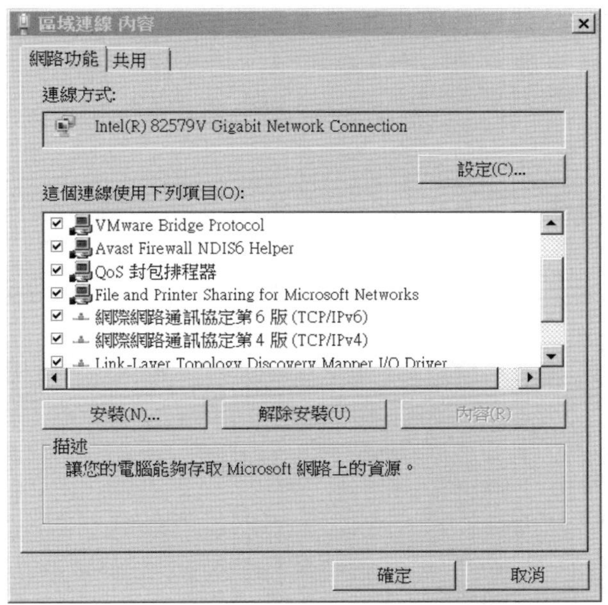

▲ 圖 8-7 IPv4 和 IPv6 實現的功能一樣

（3）各層都可以採用最合適的技術來實現。舉例來說，適合佈線的就使用雙絞線連接網路，有障礙物的就使用無線覆蓋。

（4）促進標準化工作。路由器實現網路層功能，交換機實現資料連結層功能，不同廠商的路由器和交換機能夠相互連接實現電腦通訊，就是因為有了網路層標準和資料連結層標準。

（5）分層後有助將複雜的電腦通訊問題拆分成多個簡單的問題，有助排除網路故障。舉例來說，電腦沒有設定閘道造成網路故障屬於網路層問題，MAC 位址衝突造成的網路故障屬於資料連結層問題，IE 瀏覽器設定了錯誤的代理伺服器造訪不了網站屬於應用層問題。

上面介紹了分層的方法和好處，那麼電腦通訊分哪些層呢？每一層實現什麼功能呢？下面介紹電腦通訊的分層，也就是 OSI 參考模型。

8.2.2 OSI 參考模型詳解

國際標準組織（ISO）把電腦通訊分成了 7 層，從上到下依次為：應用層、展現層、會談層、傳輸層、網路層、資料連結層、物理層，如圖 8-8 所示。

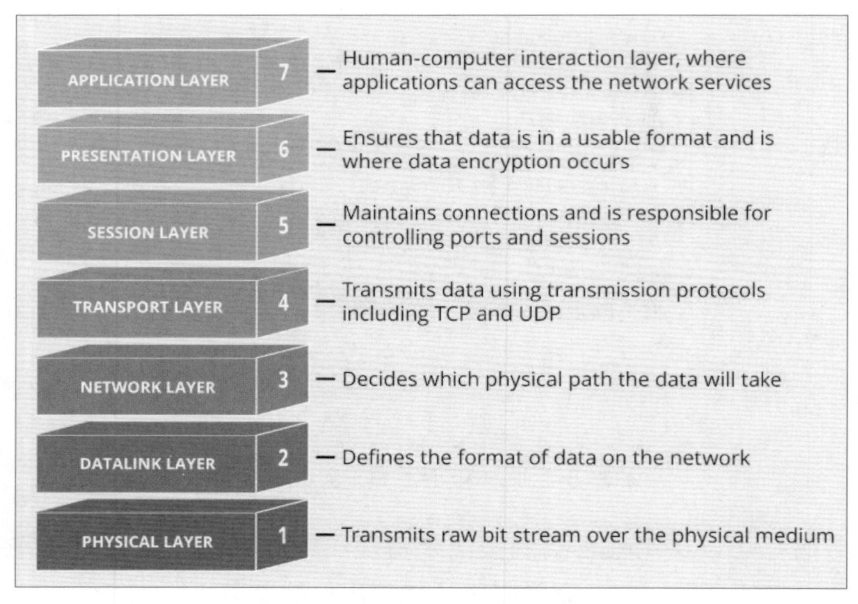

▲ 圖 8-8　OSI 參考模型 (來源：https://computersciencewiki.org/)

網路層協定是多方協定，包括通訊兩端的電腦和沿途所經過的路由器。

而資料連結層協定的甲方、乙方是同一鏈路上的網路卡介面或交換機介面、路由器介面，有效範圍就是一筆鏈路。圖中的箭頭表示資料流程向。

下面講解 OSI 參考模型定義的各層實現的功能。

（1）應用層。應用層協定實現應用程式的功能，將實現方法標準化就形成應用層協定。Internet 中的應用有很多，如存取網站、收發電子郵件、存取檔案伺服器等，因此應用層協定也有很多。定義用戶端能夠向伺服器發送哪些請求（命令），伺服器能夠向用戶端返回哪些回應，以及用到的封包格式，命令的互動順序，都屬於應用層協定應該包含的內容。

（2）展現層。應用程式要傳輸的資訊要轉換成資料。如果是字元檔案，要使用字元集轉換成資料。如果是圖片或應用程式這些二進位檔案也要進行編碼轉換成資料，資料在傳輸前是否壓縮、是否加密處理都是展現層要解決的問題。發送端的展現層和接收端的展現層是協定的雙方，加密和解密、壓縮和解壓縮、將字元檔案編碼和解碼要遵循展現層協定的規範。

（3）會談層。會談層為通訊的用戶端和伺服器端程式建立階段、保持階段和斷開階段。建立階段：A、B 兩台電腦之間需要通訊，要建立一筆階段供他們使用，在建立階段的過程中會有身份驗證、許可權鑑定等環節。保持階段：通訊階段建立後，通訊雙方開始傳遞資料，當資料傳遞完成後，OSI 會談層不一定會立即將這兩者的通訊階段斷開，它會根據應用程式和應用層的設定對階段進行維護，在階段維持期間，兩者可以隨時使用階段傳輸資料。斷開階段：當應用程式或應用層規定的逾時到期後，或 A、B 電腦重新啟動、關機，或手動斷開階段時，OSI 會斷開 A、B 之間的階段。

（4）傳輸層。傳輸層負責向兩個主機中處理程序之間的通訊提供通用的資料傳輸服務。傳輸層有傳輸控制協定（TCP）和使用者資料封包通訊協定（UDP）兩種協定。

- 傳輸控制協定（TCP）：提供連線導向的、可靠的資料傳輸服務，其資料傳輸的單位是封包段。
- 使用者資料封包通訊協定（UDP）：提供不需連線的、盡最大努力發表的資料傳輸服務，其資料傳輸的單位是使用者資料封包。

舉例來說，在 Windows 作業系統的電腦 A 上打開「執行」對話方塊，輸入伺服器 B 的 IP 位址，存取伺服器 B 的共用資源，如圖 8-9 所示，輸入帳號密碼後進入如圖 8-10 所示，這就是建立的階段。如果不重新啟動電腦 A，或電腦 A 的當前使用者不登出，這個階段會一直維持，再次存取共用，不需要再次輸入帳號和密碼。

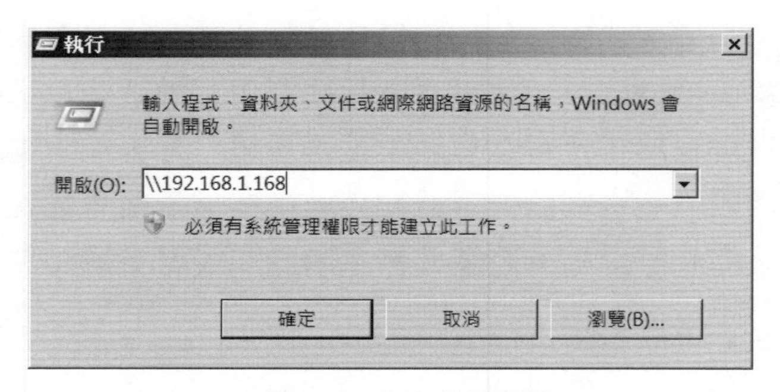

▲ 圖 8-9　存取共用資源

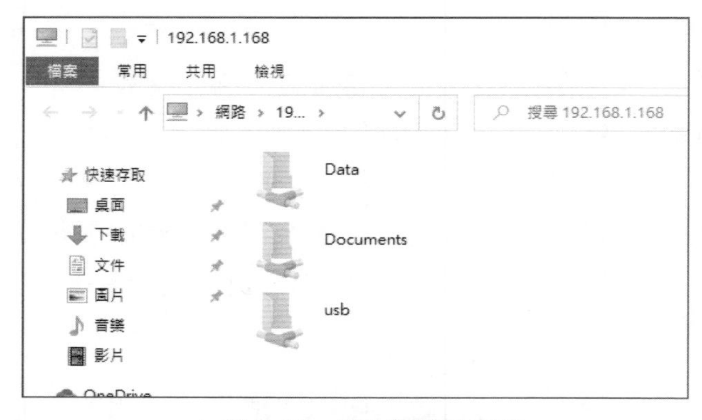

▲ 圖 8-10　輸入帳號和密碼

可以在電腦 A 上打開命令提示視窗，輸入 "net use" 可以看到斷開的階段和保持的階段；輸入 "net use \\192.168.1.168 /del" 可以刪除建立的階段，如圖 8-11 所示。再次存取共用資料夾，這時就需要再次輸入帳號和密碼，重新建立階段。

▲ 圖 8-11　查看階段狀態

（5）網路層。網路層為資料封包跨網段通訊選擇轉發路徑。

（6）資料連結層。兩台主機之間的資料通訊，總是在一段一段的鏈路上傳輸的，這就需要專門的鏈路層協定。資料連結層就是將資料封包封裝成能夠在不同鏈路傳輸的幀。資料封包在傳輸過程中要經過不同的網路，如集線器或交換機組建的網路就是乙太網，乙太網使用載體監聽多路存取協定（CSMA/CD），路由器和路由器之間的連接是點到點，點到點通道可以使用 PPP 或框架轉送協定。資料封包要想在不同類型的鏈路上傳輸需要封裝成不同的框架格式。舉例來說，乙太網的幀要加上目標 MAC 位址和來源 MAC 位址，而點到點通道上的幀就不用增加 MAC 位址。

（7）物理層。物理層規定了網路裝置的介面標準、電壓標準，要是不定義這些標準，各個廠商生產的網路裝置就不能連接到一起，更不可能相互相容了。物理層也包括通訊技術，那些專門研究通訊的人就要想辦法讓物理線路（銅線或光纖）透過頻分重複使用技術、分時重複使用技術或編碼技術更快地傳輸資料。

8.2.3 電腦通訊分層的好處

OSI 參考模型將電腦通訊分為 7 層，每一層為上一層提供服務，每一層實現特定的功能。某一層有變化不會影響其他層。

電腦通訊分層，也把 IT 人員的工作進行了分工。程式設計師開發網路應用程式，他們負責解決應用層、展現層和會談層的問題，他們只關心應用程式之間如何通訊，通訊是否需要加密和壓縮，避免出現亂碼。他們並不關心網路問題，無論用戶端存取伺服器到底是區域網還是廣域網路，到底是有線還是無線通訊，傳輸媒體是銅線還是光纖，只要網路暢通，應用程式就能正常執行，所以說程式設計師工作在 OSI 參考模型的高層，如圖 8-12 所示。

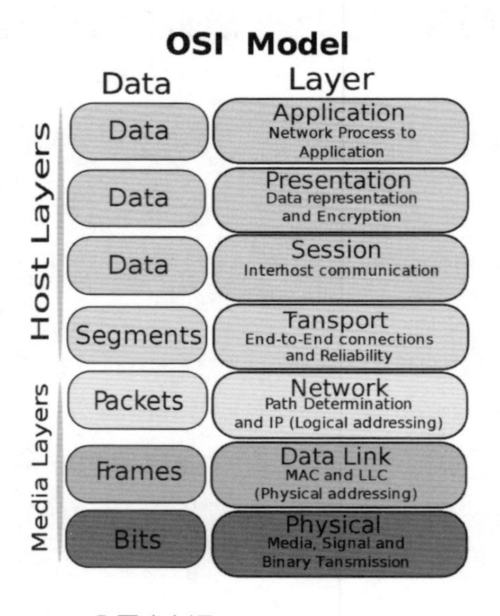

▲ 圖 8-12　OSI 分層（來源：https://commons.wikimedia.org/）

網路工程師負責設定網路中的路由器為資料封包選擇轉發路徑，所以我們說網路工程師工作在 OSI 參考模型的網路層。網路工程師還需要設定交換機，交換機是資料連結層裝置，所以網路工程師也負責 OSI 參考模型的資料連結層，如圖 8-12 所示。但網路工程師並不關心程式設計師開發的程式實現什麼功能、程式傳輸資料的編碼方式，也不關心訊號如何線上路上傳輸。他們只需要精通路由器和交換機的設定，那些考取了思科網路工程師認證的人員可以負責維護企業網路。

通訊工程師，如奈奎斯特（Nyquist）和香農（Shannon）這些通訊領域的老前輩，專門研究如何在通訊線路上更快地、無差錯地傳輸訊號，他們不關心傳遞的訊號是打電話的語音訊號，還是電腦通訊的資料流量。通訊速度的提升，不會造成資料連結層和網路層更改，更不需要重新開發網路應用程式。

8.3 TCP/IP

當前 Internet 通訊使用的是 TCP/IP，該協定層沒有嚴格按照 OSI 參考模型的分層來設計，而是進行了合併，把電腦通訊分成了 4 層。OSI 參考模型、TCP/IP 如圖 8-13 所示。

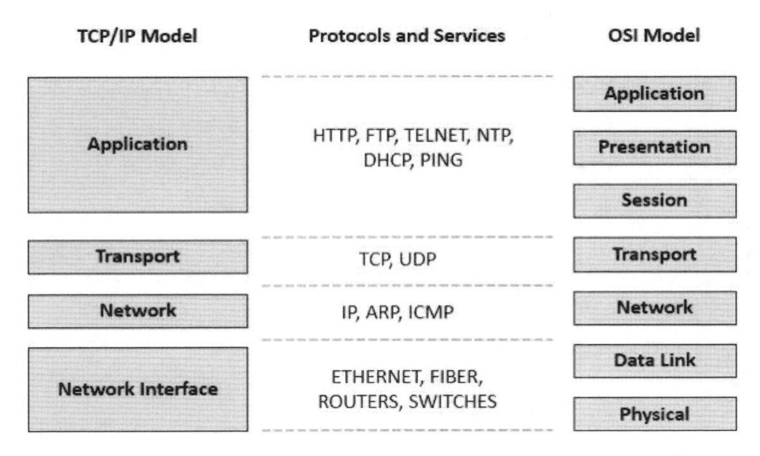

▲ 圖 8-13 OSI 參考模型、TCP/IP 分層對應關係
（來源：https://dikapedia.com/wiki/OSI_Model_%26_TCP/IP_Model）

OSI 參考模型將電腦通訊分成 7 層，TCP/IP 了合併簡化，其應用層實現了 OSI 參考模型的應用層、展現層和會談層的功能，並將資料連結層和物理層合併成網路介面層。

讀者請看 TCP/IP 協定層中的協定，協定層是指網路中各層協定的總和，這裡一定要明白，我們通常所說電腦通訊使用的是 TCP/IP，並不是說電腦通訊只使用兩個協定，而是指一組協定。

本書後面的內容就以 TCP/IP 分層來劃分，為了講解得更加清楚，將 TCP/IP 協定層的網路介面層按照 OSI 參考模型拆分成資料連結層和物理層。

8.3.1 通訊協定三要素

網路中的電腦在進行通訊時，必須使用通訊協定。通訊協定是指通訊各方事前約定的通訊規則，網路如果沒有統一的通訊協定，電腦之間的資訊就無法傳遞。協定可以簡單地了解為各電腦之間相互階段所使用的共同語言。

協定有三要素：語法、語義和同步。語法是資料和控制資訊的結構和格式；語義是控制資訊的含義；同步規定了資訊交流的次序，舉例來說，傳輸層使用 TCP 進行可靠傳輸，需要先建立 TCP 連接，再傳輸資料，傳輸結束後，要釋放連接。應用協定通訊，對所執行的命令也有順序要求，舉例來說，使用 POP3 接收郵件，必須先驗證電子郵件帳號和密碼，再接收郵件。

▲ 圖 8-14 電子郵件必須先接收帳號密碼

8.3.2 TCP/IP 通訊過程

下面就以 5 層結構為例，講解瀏覽器造訪 Web 伺服器的過程。Web 伺服器的 IP 位址為 10.0.0.2，網路卡的 MAC 位址是 MA，瀏覽器的 IP 位址是 10.0.1.2，MAC 位址是 MF，路由器的介面相當於網路卡，也有 MAC 位址和 IP 位址，如圖 8-15 所示。

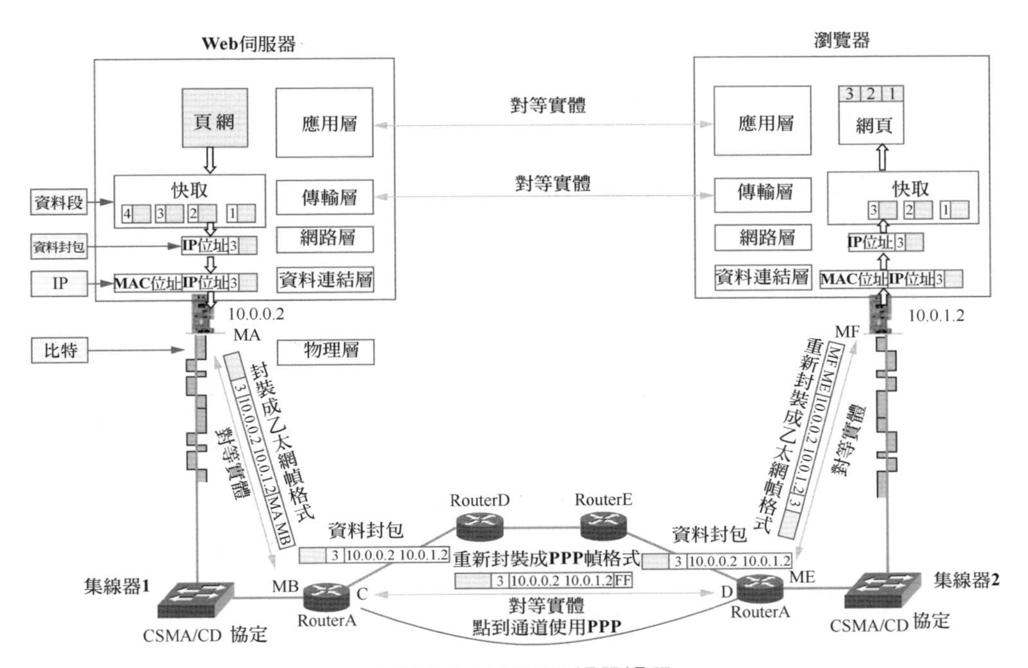

▲ 圖 8-15 TCP/IP 通訊過程

透過圖 8-15，你還可以掌握的額外知識如下。

（1）目標 MAC 位址決定了資料幀下一次轉發由哪個裝置接收。

（2）目標 IP 位址決定了資料封包最終到達哪台電腦。

（3）不同網路資料連結層使用不同的協定，框架格式也不相同，路由器在不同網路轉發資料封包，需要將資料封包重新封裝。

1. 應用層

瀏覽器向 Web 伺服器發送造訪網頁的請求，Web 伺服器向瀏覽器發送網頁，這屬於高層對話，Web 伺服器和瀏覽器是對等實體，瀏覽器和 Web 伺服器通訊使用應用層協定（HTTP），該協定定義了造訪網站有哪些方法以及網站回應封包有哪些狀態。

2. 傳輸層

網頁在傳輸之前先放到快取中，將資料分段後加上傳輸層表頭，傳輸層表頭的格式以及每個欄位是為了實現傳輸層功能，如可靠傳輸、流量控制、壅塞避免。傳輸層表頭格式和每個欄位代表什麼在後面的內容中進行詳細講解，傳輸層表頭一個重要的功能是給這些資料編號。瀏覽器的傳輸層將收到的資料放到快取中，它能夠看懂傳輸層增加的表頭，因此 Web 伺服器的傳輸層和瀏覽器的傳輸層是對等實體，傳輸層表頭的各個欄位以及各個欄位的數值代表的含義就是傳輸層使用的協定。增加了傳輸層表頭 3 的 TCP 的資料單元被稱為「資料段」（segment），而 UDP 的資料單元被稱為「資料封包」（datagram）。

3. 網路層

要想透過網路發送資料段到瀏覽器，必須給資料段增加來源 IP 位址和目標 IP 位址，以及網路層控制資訊，也就是網路層表頭。網路層表頭的格式和每個欄位是為了實現網路層功能，以便網路中的路由器依據網路層表頭為資料封包選擇路徑。因此瀏覽器的網路層，以及網路中沿途經過的路由器必須能夠了解 Web 伺服器在網路層增加表頭的格式以及每個欄位所代表的含義，因此 Web 伺服器的網路層、沿途經過的路由器以及瀏覽器的網路層是對等實體。它們的共同語言就是網路層表頭，網路層表頭就是網路層使用的協定。加了網路層表頭的資料段被稱為「資料封包」（packet），為了表示方便，圖中只使用來源 IP 位址和目標 IP 位址代表網路層表頭 | 3 | 10.0.0.2 10.0.1.2 |。

4. 資料連結層

資料封包要想在網路中傳遞，就要針對不同的網路進行不同的封裝，也就是封裝成不同格式的幀。

使用集線器組建的網路就是乙太網，連接在集線器的電腦使用 CSMA/CD 協定進行通訊，連接在集線器上的裝置都有物理位址（MAC 位址），電腦的網路卡和路由器的介面也都有 MAC 位址。資料封包從伺服器發送到瀏覽器，需要先轉給路由器 RouterA。在資料連結層增加資料連結層表頭，其中包括來源 MAC 位址 MA、目標 MAC 位址 MB [| 3 | 10.0.0.2 10.0.1.2 | MA | MB]，增加了資料連結層表頭的資料封包被稱為「幀」（Frame），伺服器的網路卡和路由器 RouterA 的乙太網介面是資料連結層的對等實體。

資料封包需要從路由器 RouterA 轉發到 RouterB，C 和 D 的鏈路是點到點通道，這樣的鏈路上沒有其他裝置，發送資料幀就不需要增加物理層位址，而是使用 PPP，因此資料封包從 C 到 D 需要重新封裝成 PPP 的框架格式。使用十六進位 FF 代表位址，其實該位址形同虛設，既不代表來源位址也不代表目標位址 [| 3 | 10.0.0.2 10.0.1.2 | FF]，介面 C 和 D 是資料連結層的對等實體。

從路由器 RouterA 將資料封包發送到瀏覽器的網路卡，需要將資料封包封裝成乙太網的框架格式，需要增加目標 MAC 位址 MF 和來源 MAC 位址 ME [| 3 | 10.0.0.2 10.0.1.2 | ME | MF]，路由器 RouterB 的乙太網介面和瀏覽器的網路卡是資料連結層的對等實體。

可以看到資料封包在傳輸過程中不變，資料連結層會根據不同網路封裝成不同的框架格式。

說句題外話，現在讀者還可以明白為什麼電腦通訊需要物理位址和 IP 位址，因為物理位址決定了資料幀下一次轉發給誰，而 IP 位址決定了資料封包最終給誰。如果全球的電腦都使用集線器或交換機連接，就可以只使用 MAC 位址進行通訊了。

5. 物理層

伺服器將資料封包封裝成幀後，網路卡將數位訊號變成電訊號傳輸到網線，稱為「位元」(bit)。伺服器的網路卡和 RouterA 的乙太網介面同時也是物理層對等實體，電壓標準和介面標準必須一致。路由器 RouterA 的 C 介面和路由器 RouterB 的 D 介面同時也是物理層對等實體，廣域網路線路介面標準和電壓標準必須一致。

8.3.3 網路裝置和分層

參照 OSI 參考模型將電腦通訊劃分的層，再根據網路裝置在電腦通訊過程的作用，就可以知道不同的網路裝置工作在不同的層，路由器根據網路層表頭資訊，為資料封包選擇轉發路由，我們就稱路由器為「網路層裝置」或「三層裝置」。交換機根據資料連結層位址轉發資料幀，我們就稱其為「資料連結層裝置」，即「二層裝置」。集線器只負責傳遞數位訊號，但看不懂幀的任何內容，因此我們稱集線器為「物理層裝置」。

圖 8-16 所示的電腦 A 給電腦 B 發送資料，電腦 A 的應用程式準備發送資料，傳輸層負責可靠傳輸，增加傳輸層表頭，增加傳輸層表頭後的資料被稱為「資料段」。為了讓資料段發送到目的電腦 B，需要增加網路層表頭，增加網路層表頭後的資料被稱為「資料封包」。為了讓資料封包經過集線器發送給路由器，需要增加乙太網資料連結層表頭，增加乙太網表頭後的資料被稱為「乙太網幀」。這個過程就稱為「封裝」。網路卡負責將資料封包封裝成幀，以及將資料幀變成位元流，因此網路卡工作在物理層和資料連結層。

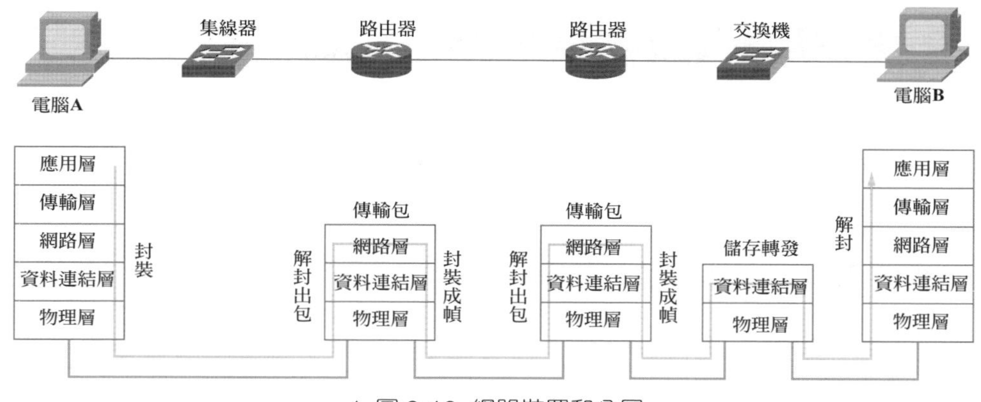

▲ 圖 8-16 網路裝置和分層

集線器只是將電訊號傳遞到全部介面，它和網線一樣，收到的只是位元流，分不清傳遞的電訊號哪些是資料連結層表頭，哪些是網路層表頭，也不關心電訊號在傳遞過程中有沒有錯誤。因此我們稱集線器為「物理層裝置」。

路由器的介面接收到位元流，判斷資料幀的目標 MAC 位址是否和自己的 MAC 位址一樣，如果一樣就去掉資料連結層表頭提交給路由器；路由器收到資料封包後，根據網路層表頭的目標 IP 位址選擇路徑，重新封裝成幀發送出去；路由器根據資料封包的網路層表頭轉發資料封包，因此我們稱路由器為「三層裝置」。有的讀者就會問了，路由器有物理層和資料連結層功能麼？當然有了，要不然它如何接收數位訊號，如何判斷幀是否是給自己的呢？只不過路由器的介面工作在物理層和資料連結層。

交換機的介面接收到位元流，儲存資料幀，然後根據資料連結層表頭封裝的目標 MAC 位址轉發資料幀，交換機能看懂資料連結層封裝，並工作在資料連結層，因此我們稱交換機為「二層裝置」。交換機看不到網路層表頭，更看不到傳輸層的表頭。

資料幀到了接收端的電腦，會去掉資料連結層表頭、網路層表頭、傳輸層表頭，最終組裝成一個完整的檔案，這個過程稱為「解封」。

8.4 電腦網路的性能指標

性能指標用來從不同的方面度量電腦的性能，下面介紹常用的 7 個性能指標。

8.4.1 速率

電腦通訊需要將發送的資訊轉換成二進位數字來傳輸，一位二進位數字稱為一個「位元」(bit)，二進位數字轉換成數位訊號線上路上傳輸，如圖 8-17 所示。

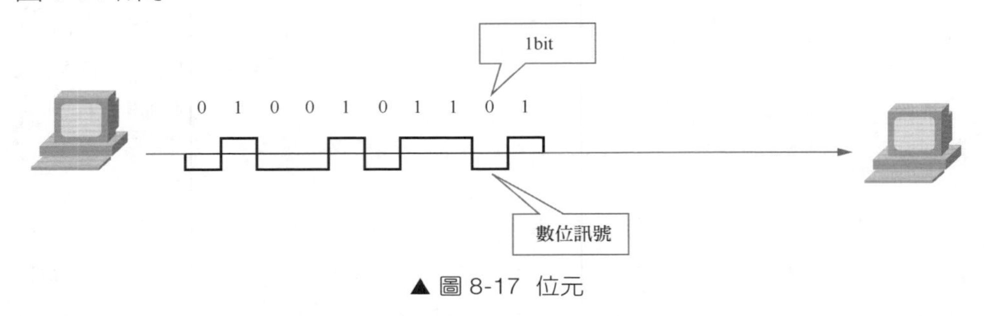

▲ 圖 8-17 位元

網路技術中的速率指的是每秒傳輸的位元數量，稱為「資料率」(Data Rate) 或「取樣率」(Bit Rate)，速率的單位為 bit/s。當速率較高時，就可以用 kbit/s ($k=10^3$= 千)、Mbit/s ($M=10^6$= 兆)、Gbit/s ($G=10^9$= 吉) 或 Tbit/s ($T=10^{12}$= 太)。現在人們習慣用更簡潔但不嚴格的說法來描述速率，如 10M 網速，而省略了單位中的 bit/s。

在 Windows 作業系統中，速率以位元組為單位。如果安裝了測速軟體，就有頻寬測速器，如圖 8-18 所示，可以用來檢測電腦存取 Internet 時的下載網速。不過這裡的單位是 B/s，大寫的 B 代表位元組，是 byte 的縮寫，8 位元 =1 位元組。在 Windows 7 作業系統中透過網路複製檔案，也可以看到以位元組為單位的速率，如圖 8-19 所示，轉換成以位元為單位的速率要乘 8，因此一定要注意速率是大寫的 B 還是小寫的 b。

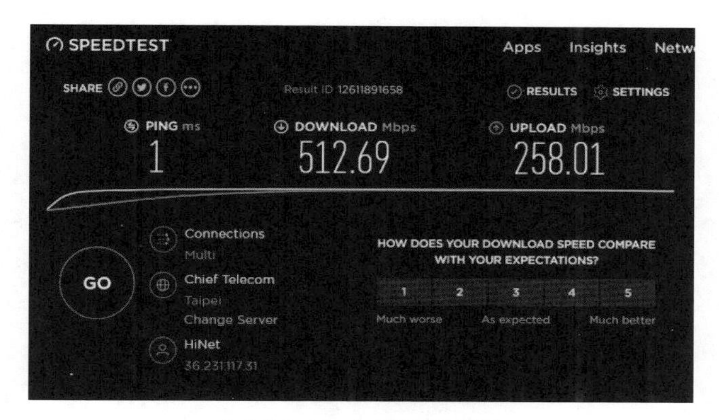

▲ 圖 8-18 作業系統測速

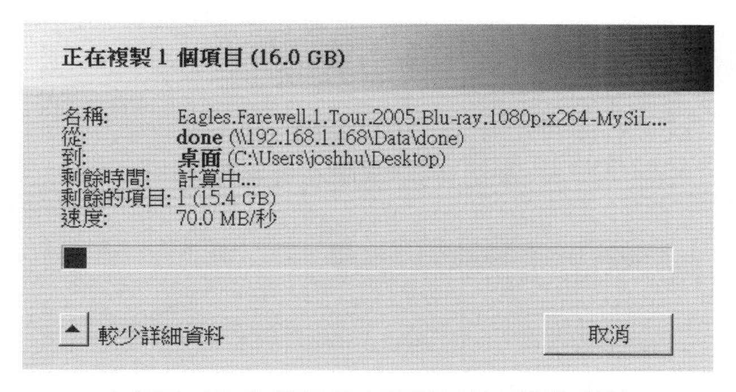

▲ 圖 8-19 作業系統上網速以位元組為單位

8.4.2 頻寬

在電腦網路中，頻寬用來表示網路通訊線路傳輸資料的能力，即最高速率。可攜式電腦網路卡連接交換機，從「區域連線 狀態」對話方片可以看到，速率為 100Mbps，說明網路卡最快每秒傳輸 100M 位元，如圖 8-20 所示。

目前主流的可攜式電腦網路卡能夠支援 10Mbit/s、100Mbit/s、1000Mbit/s 這 3 個速率。點擊「內容」按鈕，在出現的「區域連線 內容」對話方塊中點擊「設定」按鈕，如圖 8-21 所示。

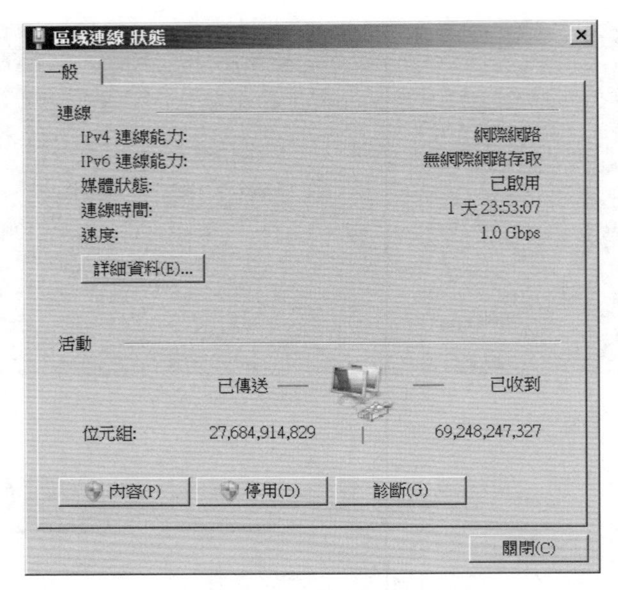

▲ 圖 8-20 網路卡的頻寬

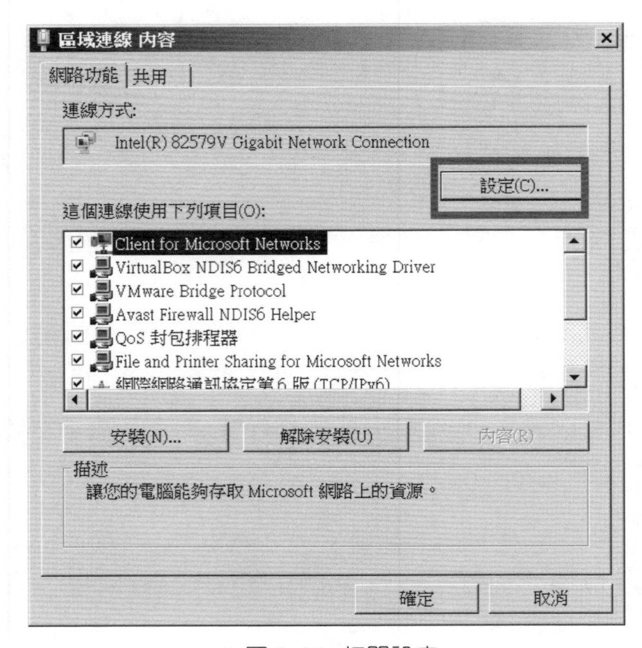

▲ 圖 8-21 打開設定

出現對應的網路卡對話方片，在「進階」標籤下選中「速度和雙工」選項，可以看到網路卡支援的頻寬，如圖 8-22 所示。可以指定網路卡的頻寬，預設是「自動交涉」，這表示，將可攜式電腦連接到 100Mbit/s 介面的交換機上，會自動協商成 100Mbit/s 頻寬；連接到 1000Mbit/s 頻寬也就是 1Gbit/s 介面的交換機上，該網路卡的頻寬就會協商成 1Gbit/s。

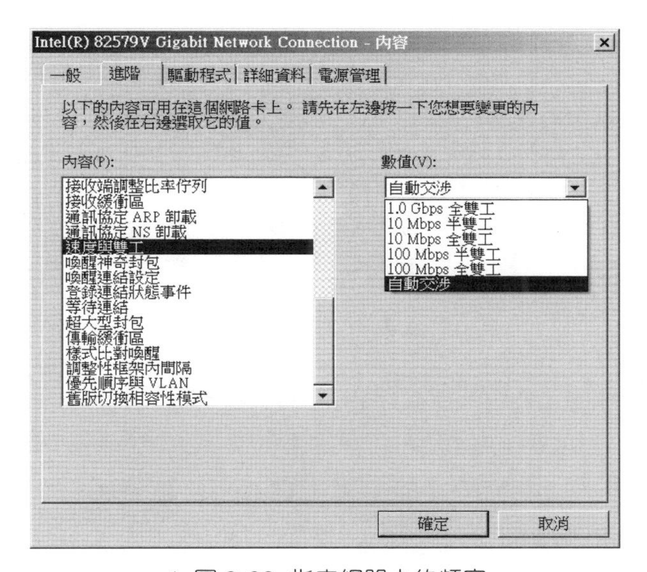

▲ 圖 8-22 指定網路卡的頻寬

再如家庭上網使用 ADSL 撥號，有 4Mbit/s 頻寬、8Mbit/s 頻寬，這裡說的頻寬是指存取 Internet 的最高頻寬，但具體的上網頻寬要由 ISP 來控制。

8.4.3 傳輸量

傳輸量表示在單位時間內透過某個網路或介面的資料量，包括全部上傳和下載的流量。如果電腦 A 同時瀏覽網頁、線上看電影、向 FTP 伺服器上傳檔案，如圖 8-23 所示，存取網頁的下載速率為 30kbit/s，播放視訊的下載速率為 40kbit/s，向 FTP 伺服器上傳檔案的速率為 20kbit/s，電腦 A 的傳輸量就是全部上傳和下載速率的總和，即 30+40+20=90（kbit/s）。

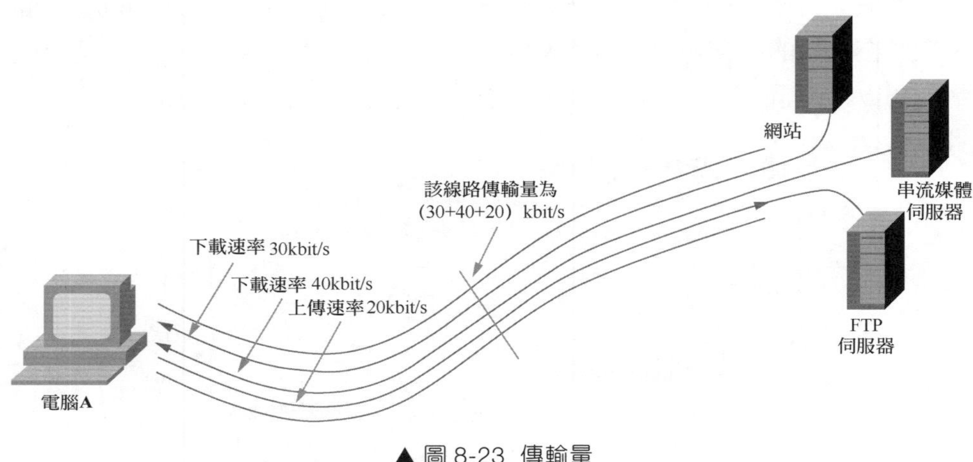

▲ 圖 8-23 傳輸量

傳輸量受網路頻寬或網路額定速率的限制，電腦的網路卡如果連接交換機，網路卡就可以工作在全雙工模式下，即能夠同時接收和發送資料。如果網路卡工作在 100Mbit/s 的全雙工模式下，就表示網路卡的最大傳輸量為 200Mbit/s，如圖 8-24 所示。

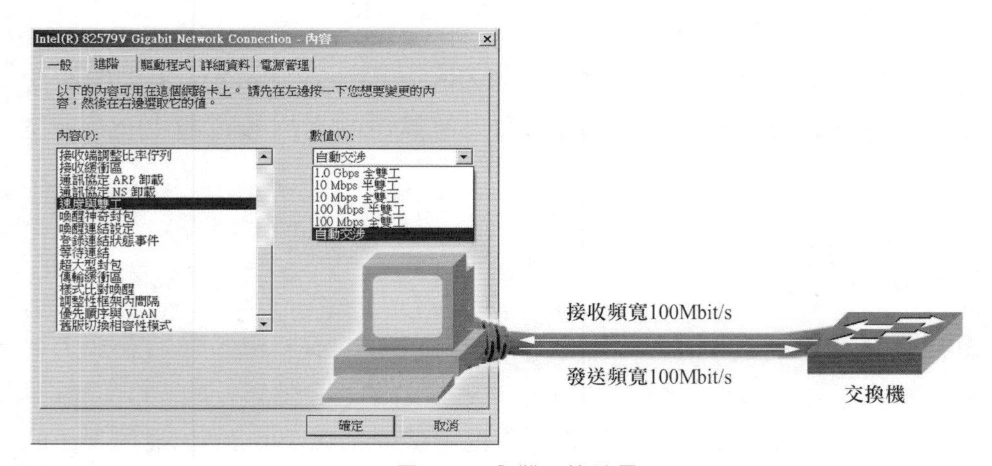

▲ 圖 8-24 全雙工傳輸量

如果電腦的網路卡連接的是集線器，網路卡就只能工作在半雙工模式下，即不能同時發送和接收資料。網路卡工作在 100Mbit/s 的半雙工模式下，其最大傳輸量為 100Mbit/s。關於集線器為什麼只能工作在半雙工模式下，在後面的內容中會詳細說明。

8.4.4 延遲

延遲（delay 或 latency）是指數據（一個資料封包或位元）從網路的一端傳輸到另一端所需要的時間。延遲是一個很重要的性能指標，有時也稱為「延遲」或「遲延」。

下面就以電腦 A 給電腦 B 發送資料為例，來說明網路中的延遲包括哪幾部分，如圖 8-25 所示。

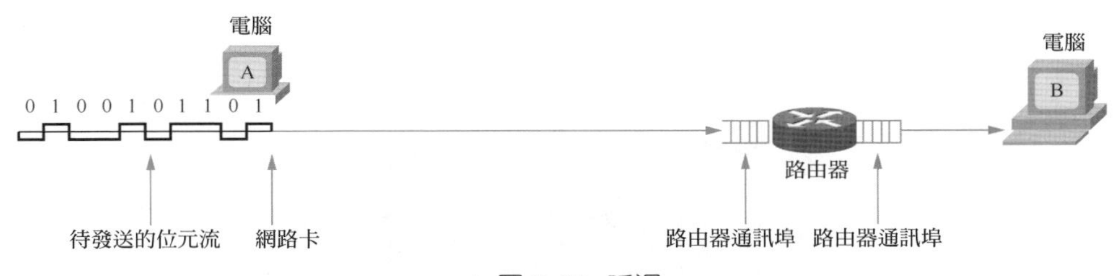

▲ 圖 8-25 延遲

1. 發送延遲

發送延遲（transmission delay）是主機或路由器發送資料幀所需的時間，也就是從發送資料幀的第一個位元開始，到該幀最後一個位元發送完畢所需要的時間，如圖 8-26 所示。

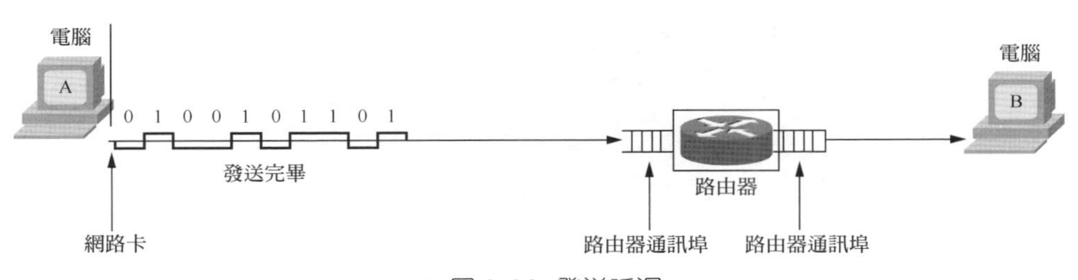

▲ 圖 8-26 發送延遲

$$\text{發送延遲} = \frac{\text{資料幀長度 (b)}}{\text{發送速率 (bit/s)}}$$

可以看到發送延遲和資料幀長度和發送速率有關，發送速率就是網路卡的頻寬，100Mbit/s 的網路卡就表示 1s 能夠發送 100×10^6 位元。

乙太網資料幀最大為 1518 位元組，再加上 8 位元組前導字元，共計 1526 位元組，1526×8=12208 位元，網路卡頻寬如果是 10Mbit/s，發送一個最大乙太網資料幀的發送延遲 $=\frac{12208}{10000000}$ =1.2ms。ms 為毫秒，1s=1000ms。

讀者知道資料封包越大，發送延遲越大，那麼如何驗證呢？如果電腦能夠造訪 Internet，可以使用 ping 命令測試到 Internet 上某個網站的資料封包往返延遲。舉例來說，ping 9.9.9.9，參數 l 用來指定資料封包的大小，注意，參數是英文 L 的小寫，如圖 8-27 所示。可以看到資料封包為 64 位元組的往返延遲比 1500 位元組的往返延遲少 1ms，這個差距就是因為發送延遲不同產生的。

```
C:\Users\joshhu>PING 9.9.9.9 -l 64

Ping 9.9.9.9 (使用 64 位元組的資料):
回覆自 9.9.9.9: 位元組=64 時間=104ms TTL=52
回覆自 9.9.9.9: 位元組=64 時間=103ms TTL=52
回覆自 9.9.9.9: 位元組=64 時間=103ms TTL=52
回覆自 9.9.9.9: 位元組=64 時間=104ms TTL=52

9.9.9.9 的 Ping 統計資料:
    封包: 已傳送 = 4，已收到 = 4, 已遺失 = 0 (0% 遺失)，
大約的來回時間 (毫秒):
    最小值 = 103ms，最大值 = 104ms，平均 = 103ms

C:\Users\joshhu>PING 9.9.9.9 -l 1400

Ping 9.9.9.9 (使用 1400 位元組的資料):
回覆自 9.9.9.9: 位元組=1400 時間=103ms TTL=52
回覆自 9.9.9.9: 位元組=1400 時間=104ms TTL=52
回覆自 9.9.9.9: 位元組=1400 時間=104ms TTL=52
回覆自 9.9.9.9: 位元組=1400 時間=103ms TTL=52

9.9.9.9 的 Ping 統計資料:
    封包: 已傳送 = 4，已收到 = 4, 已遺失 = 0 (0% 遺失)，
大約的來回時間 (毫秒):
    最小值 = 103ms，最大值 = 104ms，平均 = 103ms
```

▲ 圖 8-27 測試發送延遲

2. 傳播延遲

傳播延遲（propagation delay）是電磁波在通道中傳播一定的距離需要花費的時間。從最後一位元發送完畢到最後一位元到達路由器介面所需要的時間就是傳播延遲，如圖 8-28 所示。

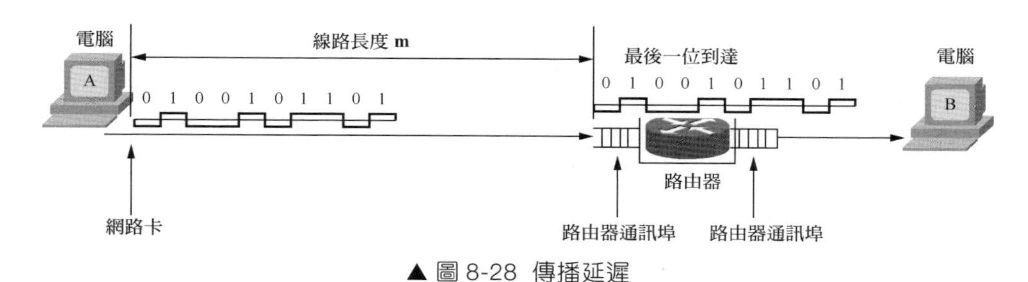

▲ 圖 8-28 傳播延遲

$$傳播延遲 = \frac{通道長度（m）}{電磁波在通道上的傳播速率 (m/s)}$$

電磁波在自由空間的傳播速率是光速，即 3.0×10^5km/s。電磁波在網路中傳播的速率比在自由空間要略低一些：在銅線電纜中的傳播速率約為 2.3×10^5km/s，在光纖中的傳播速率約為 2.0×10^5km/s。舉例來說，在 1000km 長的光纖線路上產生的傳播延遲大約為 5ms。

電磁波在指定媒體中的傳播速率是固定的，從公式可以看出，通道長度固定了，傳播延遲也就固定了，沒有辦法改變。

網路卡的頻寬不同，改變的只是發送延遲，而非傳播延遲。4Mbit/s 頻寬的網路卡發送 10 位元需要 2.5μs，2Mbit/s 頻寬的網路卡發送 10 位元需要 5μs，如圖 8-29 所示。1s（秒）=1000ms（毫秒）=1000000μs（微秒）。如果同時從 A 端向 B 端發送，4Mbit/s 的網路卡發送完 10 位元，2Mbit/s 網路卡剛剛發送完 5 位元。

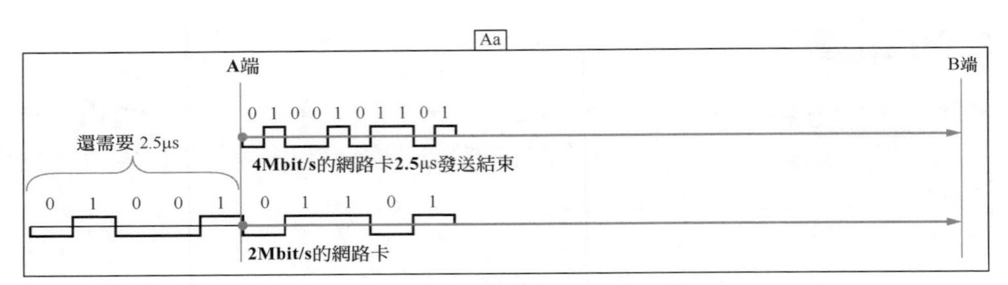

▲ 圖 8-29 頻寬和發送延遲的關係

3. 排隊延遲

分組在經過網路傳輸時，要經過許多的路由器。但分組在進入路由器後要先在輸入佇列中排隊等待處理。在路由器確定了轉發介面後，還要在輸出佇列中排隊等待轉發，這就產生了排隊延遲，如圖 8-30 所示。排隊延遲的長短往往取決於網路當時的通訊量。當網路的通訊量很大時會發生佇列溢位，使分組遺失，這相當於排隊延遲為無限大。

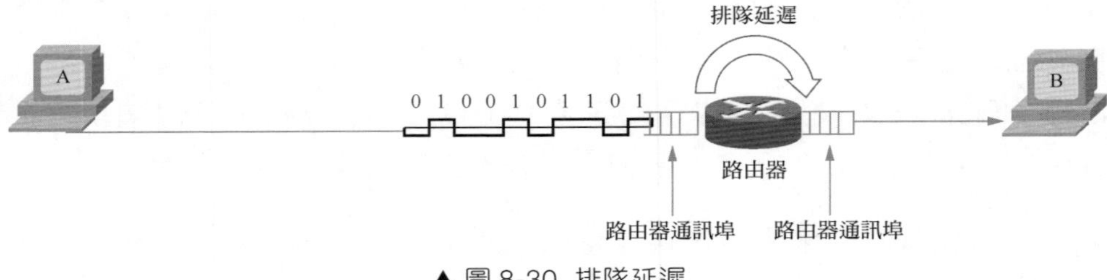

▲ 圖 8-30 排隊延遲

4. 處理延遲

路由器或主機在收到資料封包時，要花費一定時間進行處理，如分析資料封包的表頭、進行表頭差錯檢驗，尋找路由表為資料封包選定轉發出口，這就產生了處理延遲。

資料在網路中經歷的總延遲就是以上 4 種延遲的總和。

總延遲 = 發送延遲 + 傳播延遲 + 處理延遲 + 排隊延遲

8.4.5 延遲頻寬積

把鏈路上的傳播延遲和頻寬相乘，就會得到延遲頻寬積。這對以後計算乙太網的最短幀非常有幫助。

延遲頻寬積 = 傳播延遲 × 頻寬

這個指標可以用來計算通訊線路上有多少位元。下面透過案例來看看延遲頻寬積的意義。

圖 8-31 所示為 A 端到 B 端是 1km 的銅線路，電磁波在銅線中的傳播速率為 2.3×10^5km/s，在 1km 長的銅線中的傳播延遲大約為 4.3×10^{-6}s，A 端網路卡頻寬為 10Mbit/s，A 端向 B 端發送資料時，請問鏈路上有多少位元？我們只需要計算 4.3×10^{-6}s 的時間內 A 端網路卡發送多少位元，即可得出鏈路上有多少位元，這就是延遲頻寬積。

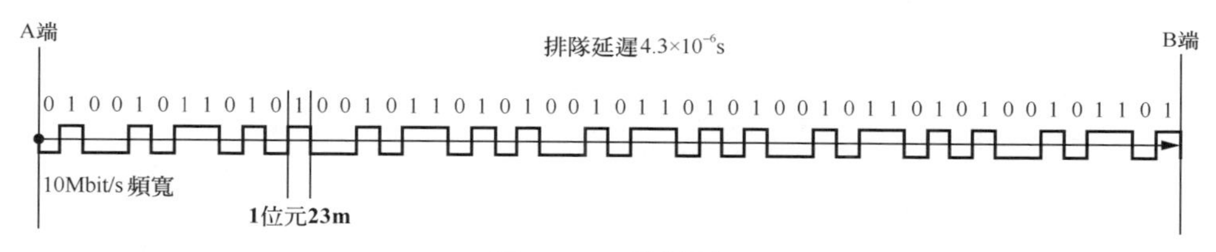

▲ 圖 8-31 延遲頻寬積

延遲頻寬積 = 4.3×10^{-6}s $\times 10 \times 10^6$bit/s = 43bit，進一步計算得出每位元在銅線中的長度是 23m。

如果發送端的頻寬為 100Mbit/s，則延遲頻寬積 =4.3×10^{-6}s $\times 100 \times 10^6$bit/s = 430bit。這表示 1km 銅線中可以容納 430bit，每位元 2.3m。

8.4.6 往返時間

在電腦網路中，往返時間（Round-Trip Time，RTT）也是一個重要的性能指標，它表示從發送端發送資料開始，到發送端接收到來自接收端的確認（發送端收到後立即發送確認），總共經歷的時間。

往返時間頻寬積可以用來計算當發送端連續發送資料時，接收端如發現有錯誤，立即向發送端發送通知使發送端停止，發送端在這段時間發送的位元量。

在 Windows 作業系統中使用 ping 命令也可以顯示往返時間。分別 ping 閘道、國內的網站和美國的網站，可以看到每一個資料封包的往返時間和統計的平均往返時間，可以看到途經的路由器越多距離越遠，往返時間也會越長，如圖 8-32 所示。

注意：大部分的情況下，企業內網之間電腦互相 ping 的往返時間小於 10ms，如果大於 10ms，就要安裝封包截取工具分析網路中的資料封包是否有惡意的廣播封包，以找到發廣播封包的電腦。

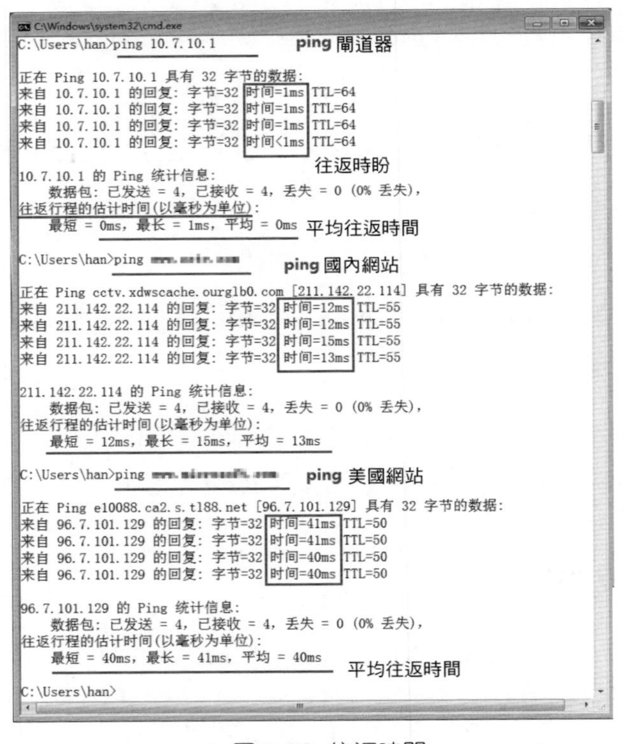

▲ 圖 8-32 往返時間

8.4.7 網路使用率

網路使用率是指網路有百分之幾的時間是被利用的（有資料透過），沒有資料透過則網路使用率為零。網路使用率越高，資料分組在路由器和交換機處理時就需要排隊等待，因此延遲也就越大。下面的公式表示網路使用率和延遲之間的關係。

$$D = \frac{D_0}{1-U}$$

U 是網路使用率，D 表示網路當前的延遲，D_0 表示網路空閒時的延遲。圖 8-33 所示為網路使用率和延遲之間的關係，當網路的使用率接近最大值 1 時，網路的延遲就趨於無限大。因此，一些擁有較大主幹網的 ISP 通常控制他們的通道使用率不超過 50%。如果超過了就要準備擴充，以增大線路的頻寬。

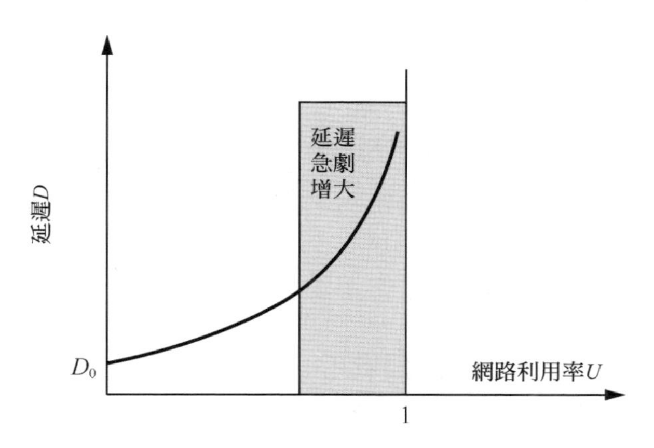

▲ 圖 8-33 時延和網路使用率的關係

8.5 網路分類

電腦網路按不同分類標準可以分為多種類別。

8.5.1 按網路的範圍分類

區域網（Local Area Network，LAN）是在一個局部的地理範圍內（如一個學校、工廠和機關內），一般是方圓幾公里以內，將各種電腦、外部裝置和資料庫等互相連接起來組成的電腦通訊網。通常是單位自己採購裝置組建區域網，當前使用交換機組建的區域網頻寬為 10Mbit/s、100Mbit/s 或 1000Mbit/s，無線區域網為 54Mbit/s。

廣域網路（Wide Area Network，WAN）通常跨接很大的物理範圍，所覆蓋的範圍從幾十公里到幾千公里，能連接多個城市或國家，或橫跨幾個洲，並能提供遠距離通訊，形成國際性的遠端網路。舉例來說，有個企業在北京和上海有兩個區域網，把這兩個區域網連接起來，就是廣域網路的一種。廣域網路大部分的情況下需要租用 ISP 的線路，每年向 ISP 支付一定的費用購買頻寬，頻寬和支付的費用相關，有 2Mbit/s 頻寬、4Mbit/s 頻寬、8Mbit/s 頻寬等標準。

都會區網路（Metropolitan Area Network，MAN）的作用範圍一般是一個城市，可跨越幾個街區甚至整個城市，其作用距離約為 5 ～ 50km。都會區網路可以為一個或幾個單位所擁有，但也可以是一種公用設施，用來將多個區域網進行互連。目前很多都會區網路採用乙太網技術，因此有時也將其併入區域網的範圍進行討論。

個人區域網（Personal Area Network，PAN）就是在個人工作的地方把屬於個人使用的電子裝置（如可攜式電腦等）用無線技術連接起來的網路，因此也常稱為「無線個人區域網」（Wireless PAN，WPAN），如無線路由器組建的家用網路就是一個 PAN，其範圍大約在幾十公尺左右。

8.5.2 按網路的使用者分類

公用網（public network）是指電信公司出資建造的大型網路。「公用」的意思就是所有按電信公司的規定交納了費用的人都可以使用這種網路。因此公用網也可稱為「公眾網」，Internet 就是全球最大的公用網絡。

私人網路（private network）是某個部門為本單位的特殊業務需要而建造的網路。這種網路不向本單位以外的人提供服務。舉例來說，軍隊、鐵路、電力等系統均有本系統的私人網路。

公用網和私人網路都可以傳輸多種業務。如果傳輸的是電腦資料，則分別是公用電腦網路和專用電腦網路。

8.6 企業區域網設計

根據網路規模，企業的網路可以設計成二層結構或三層結構。透過本節的學習，讀者會知道企業內網的交換機如何部署和連接，以及伺服器部署的位置。

8.6.1 二層結構的區域網

下面以某大學軟體學院的網路為例介紹校園網的網路拓撲。在教室 1、教室 2 和教室 3 分別部署一台交換機，對教室內的電腦進行連接，如圖 8-34 所示。教室中的交換機要求介面多，這樣能夠將更多的電腦連線網路，這一級別的交換機被稱為「連線層交換機」，接電腦的通訊埠頻寬為 100Mbit/s。

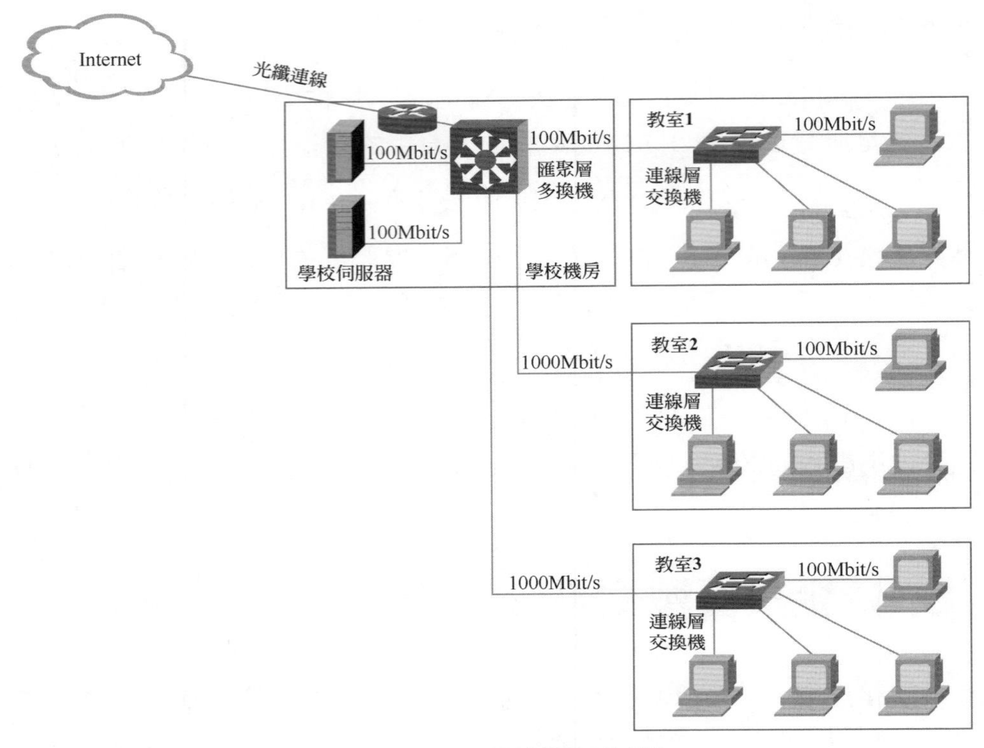

▲ 圖 8-34 二層結構的區域網

學校機房部署一台交換機，該交換機連接學校的伺服器和教室中的交換機，並透過路由器連接 Internet，同時匯聚教室中交換機的流量，該等級的交換機被稱為「匯聚層交換機」。可以看到這一級別的交換機通訊埠不一定太多，但通訊埠頻寬要比連線層交換機的頻寬更大，否則就會成為限制網速的瓶頸。

8.6.2 三層結構的區域網

可以看到軟體學院的區域網採用了兩個等級的交換機，在規模比較大的學校，區域網可能採用三級結構。某大學有很多學院，每個學院有自己的機房和網路，某大學的網路中心為全部學院提供 Internet 連線，各學院的匯聚層交換機連接到網路中心的交換機，網路中心的交換機被稱為「核心層交換機」，網路中心的伺服器連線核心層交換機，為整個學校提供服務，如圖 8-35 所示。

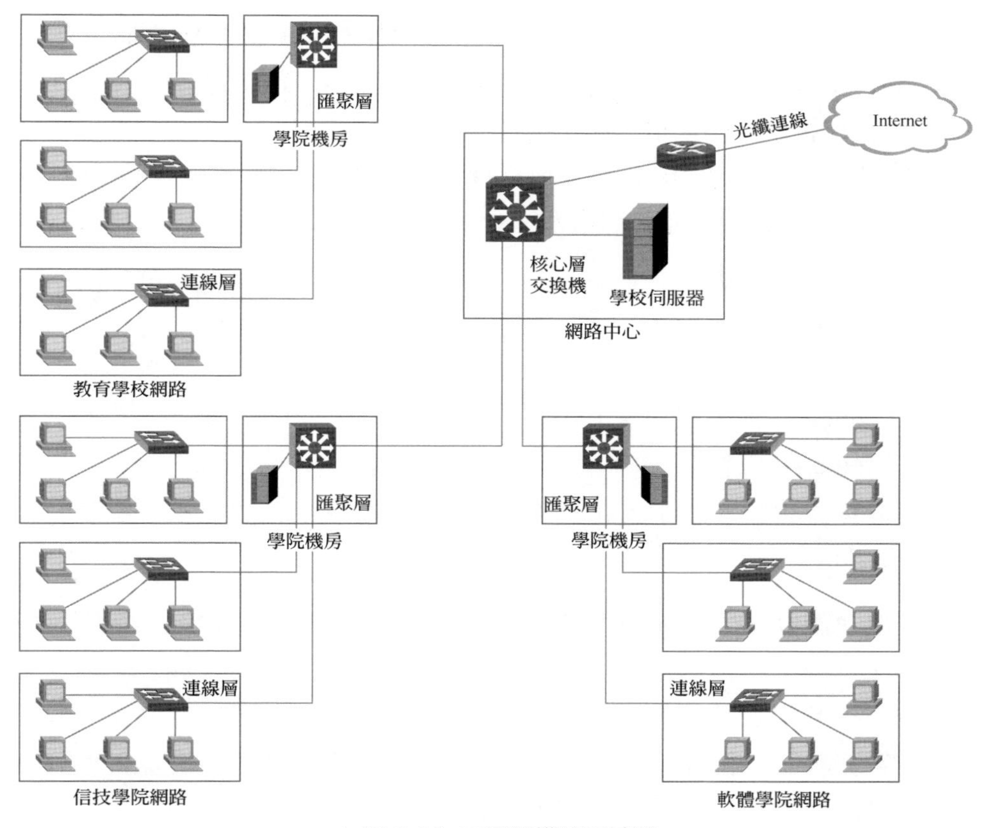

▲ 圖 8-35 三層結構的區域網

三層結構的區域網中的交換機有 3 個等級：連線層交換機、匯聚層交換機和核心層交換機。層次模型可以用來幫助設計、實現和維護可擴充、可靠、性能價格比高的層次化網際網路。

8.7 習題

1. 電腦通訊網有哪些性能指標？

2. 收發兩端之間的傳輸距離為 1000km，訊號在媒體上的傳播速率為 2×10^8m/s。請計算以下兩種情況的發送延遲和傳播延遲。

   (1) 資料長度為 10^7 bit，資料發送速率為 100kbit/s。

   (2) 資料長度為 10^3 bit，資料發送速率為 1Gbit/s。

   從以上計算結果可得出什麼結論？

3. 假設訊號在媒體上的傳播速率為 2.3×10^8m/s，媒體長度 L 分別如下。

   (1) 10cm（網路介面卡）。

   (2) 100m（區域網）。

   (3) 100km（都會區網路）。

   (4) 5000km（廣域網路）。

   請計算當資料率為 1Mbit/s 和 10Gbit/s 時在以上媒體中正在傳播的位元數。

4. 長度為 100 位元組的應用層資料交給傳輸層傳輸，需加上 20 位元組的 TCP 表頭。再交給網路層傳輸，需加上 20 位元組的 IP 表頭。最後交給資料連結層的乙太網傳輸，加上表頭和尾部共 18 位元組。請計算資料的傳輸效率。資料的傳輸效率是指發送的應用層資料除以所發送的總數據（應用資料加上各種表頭和尾部的額外負擔）。若應用層資料長度為 1000 位元組，資料的傳輸效率是多少？

5. 網路架構為什麼要採用分層次的結構？試列出一些與分層系統結構的思想相似的日常生活場景。

6. 網路通訊協定的三要素是什麼？各有什麼含義？

7. 為什麼一個網路通訊協定必須把各種不利的情況都考慮到？

8. 試述具有 5 層協定的網路架構的要點，包括各層的主要功能。

9. 在 OSI 的 7 層參考模型中，工作在網路層的裝置是（　　）。
   A. 集線器　　B. 路由器
   C. 交換機　　D. 閘道

10. 下列選項中，不屬於網路架構中所描述的內容是（　　）。
   A. 網路的層次　　B. 每一層使用的協定
   C. 協定的內部實現細節　　D. 每一層必須完成的功能

11. 企業網要與 Internet 互聯，必需的互聯裝置是（　　）。
   A. 中繼器　　B. 數據機
   C. 交換機　　D. 路由器

12. 局部地區的通訊網路簡稱「區域網」，英文縮寫為（　　）。
   A. WAN　　B. LAN
   C. SAN　　D. MAN

13. OSI 參考模型自下至上將網路分為________層、________層、________層、________層、________層、________層和________層。

14. 當一台電腦從 FTP 伺服器下載檔案時，在該 FTP 伺服器上對資料進行封裝的 5 個轉換步驟是（　　）。
   A. 位元，資料幀，資料封包，資料段，資料
   B. 資料，資料段，資料封包，資料幀，位元
   C. 資料封包，資料段，資料，位元，資料幀
   D. 資料段，資料封包，資料幀，位元，資料

8.7 習題

Chapter

09

IPv6

• 本章主要內容 •

- IPv6 詳解
- IPv6 位址
- 給電腦設定 IPv6 位址的方法
- 設定 IPv6 路由
- IPv6 和 IPv4 共存技術

隨著 Internet 中電腦數量的增加，IPv4 面臨著一個巨大的問題，那就是網路位址資源有限，嚴重限制了網際網路的應用和發展。IPv6 的使用，不僅解決了網路位址資源數量的問題，而且清除了多種連線裝置連入 Internet 的障礙。

本章將介紹 IPv6 相對 IPv4 有哪些方面的改進、IPv6 表頭、IPv6 的位址系統、IPv6 下的電腦位址設定方式，以及 IPv6 和 IPv4 共存技術、雙重堆疊技術、6to4 隧道技術和 NAT-PT 技術。

圖 9-1 展示了 IPv6 和 IPv4 協定層的區別，可以看到 IPv6 協定層和 IPv4 協定層只是網路層發生了改變，這就表示應用層、傳輸層、網路介面層

都沒有變化。從 IPv4 升級到 IPv6 只需要升級網路中的路由器作業系統，讓其支援 IPv6 即可，網路中交換機不用做任何變化，傳輸層和應用層也不用做任何調整。

TCP/IPV4協定層		TCP/IPv6協定層
HTTP FTP TELNET SMTP POP3 RIP TFTP DNS DHCP	應用層	HTTP FTP TELNET SMTP POP3 RIP TFTP DNS DHCP
TCP UDP	傳輸層	TCP UDP
ICMP IGMP IPv4 ARP	網路層	NDP MLD IPv6 ICMPv6
CSMA/CD PPP HDLC Frame Relay x.25	網路介面層	CSMA/CD PPP HDLC Frame Relay x.25

▲ 圖 9-1 IPv4 和 IPv6 協定層比較

9.1 IPv6 詳解

從 20 世紀 70 年代開始，網際網路技術就以超出人們想像的速度迅速發展。然而，隨著以 IPv4 為基礎的電腦網路，特別是 Internet 的迅速發展，網際網路在產生了巨大的經濟效益和社會效益的同時也曝露出其自身固有的問題，如安全性不高、路由表過度膨脹，特別是 IPv4 位址的日益匱乏。隨著網際網路的進一步發展，特別是未來電子、電器裝置和行動通訊裝置對 IP 位址的巨大需求，IPv4 的約 42 億個位址空間是根本無法滿足要求的。這也是推動下一代網際網路協定 IPv6 研究的主要動力。

9.1.1 IPv4 的不足之處

IPv4 的不足之處主要表現在以下幾個方面。

1. 位址空間的不足

在 Internet 發展的初期，人們認為 IP 位址是不可能分配完的，這就導致了 IP 位址分配時的隨意性。IP 位址不是一個接一個地分配的，其結果就是 IP 位址的使用率較低。而且由於缺乏經驗，按 IP 位址分類分配位址，造成了大量的位址浪費。

分配的過程是按時間順序進行的，剛開始的時候一個學校可以擁有一個 A 類網路，而後來一個國家可能只能擁有一個 C 類網路。A 類網路的數目並不多，因此問題的焦點就集中在 B 類和 C 類網路位址上，A 類網路太大，而 C 類網路太小。後來幾乎所有申請者都願意申請一個 B 類網路，但一個 B 類網路可以擁有 65 534 個主機位址，而往往實際上根本用不了這麼多的位址。由於這樣低效率的分配方法，導致 B 類位址消耗得特別快。這樣也就導致了對現有的 IP 位址的分配速率很快，產生了 IP 位址即將被分配完的局面。

2. 對現有路由技術的支援不夠

由於歷史，今天的 IP 位址空間的拓撲結構都只有兩層或三層，這從路由選擇上來看是非常糟糕的。各級路由器中路由表的數目過度增長，最終的結果是使路由器不堪重負，Internet 的路由選擇機制因此而崩潰。

當前，Internet 發展的瓶頸已經不再是物理線路的速率，ATM 技術和 100MB、GB 乙太網技術的出現使得物理線路的表現有了顯著的改善，路由器的處理速度成為現在阻礙 Internet 發展的主要因素。而 IPv4 設計上的天生缺陷更大大加重了路由器的負擔。

首先，IPv4 的分組表頭的長度是不固定的，這樣不利於在路由器中直接利用硬體來實現分組的路由資訊的提取、分析和選擇。

其次，目前的路由選擇機制仍然不夠靈活，對每個分組都進行同樣過程的路由選擇，沒有充分利用分組間的相關性。

最後，由於 IPv4 在設計時未能完全遵循點對點通訊的原則，加上當時物理線路的位元錯誤率比較高，使得路由器還要具備以下兩個功能。

（1）根據線路的 MTU 來分段和重組過大的 IP 分組。

（2）逐段進行資料驗證。

這些同樣會造成路由器處理速度降低。

3. 無法提供多樣的 QoS

隨著 Internet 的成功和發展，商家們已經把更多的關注投向了 Internet，他們意識到這其中蘊含著巨大的商機，今天乃至將來，有很多的業務應用都希望在 Internet 上進行。在這些業務中包括對即時性和頻寬要求很高的多媒體業務如語音、圖型等，包括對安全性要求很高的電子商務業務以及發展越來越迅速的行動 IP 業務等。這些業務對網路 QoS 的要求各不相同。但是，IPv4 在設計時沒有引入 QoS 這樣的概念，設計上的不足使得它很難對應地提供豐富的、靈活的 QoS 選項。

雖然人們提出了一系列的技術，如 NAT、CIDR、VLSM、RSVP 等來緩解這些問題，但這些方法都只是權宜之計，解決不了因位址空間不大及位址結構不合理而導致的位址短缺的根本問題，最終 IPv6 應運而生。

9.1.2 IPv6 的改進

IPv6 相對 IPv4 來說有以下幾方面的改進。

1. 擴充的位址空間和結構化的路由層次

位址長度由 IPv4 的 32 位元擴充到 128 位元，全域單點位址採用支援無分類域間路由的位址聚類機制，可以支援更多的位址層次和更多的節點數目，並且使自動設定位址更加簡單。

2. 簡化了表頭格式

IPv4 表頭中的一些欄位被取消或是變成可選項，儘管 IPv6 的位址是 IPv4

的 4 倍，但是 IPv6 的基本表頭只是 IPv4 表頭長度的兩倍。取消了對表頭中可選項長度的嚴格限制，增加了靈活性。

3. 簡單的管理：隨插即用

透過實現一系列的自動發現和自動設定功能，簡化網路節點的管理和維護。已實現的典型技術包括最大傳輸單元發現（MTU discovery）、鄰接節點發現（neighbor discovery）、路由器通告（router advertisement）、路由器請求（router solicitation）、節點自動設定（auto- configuration）等。

4. 安全性

在制定 IPv6 技術規範的同時，產生了 IPSec（IPSecurity），用於提供 IP 層的安全性。目前，IPv6 實現了認證表頭（Authentication Header，AH）和封裝安全酬載（Encapsulated Security Payload，ESP）兩種機制。前者實現資料的完整性及對 IP 封包來源的認證，保證分組確實來自來源位址所標記的節點；後者提供資料加密功能，實現點對點的加密。

5. QoS 能力

表頭中的「標籤」欄位用於鑑別同一資料流程的所有封包，因此路徑上所有路由器可以鑑別一個串流的所有封包，實現非預設的服務品質或即時的服務等特殊處理。

9.1.3 IPv6 協定層

圖 9-2 所示是 IPv4 和 IPv6 協定層的比較。

IPv6 網路層的核心協定包括以下幾種。

（1）IPv6 取代 IPv4，支援 IPv6 的動態路由式通訊協定都屬於 IPv6，如本章講到的 RIPng、OSPFv3。

（2）Internet 控制訊息協定 IPv6 版（ICMPv6）取代 ICMP，它報告錯誤和其他資訊以幫助診斷不成功的資料封包傳輸。

（3）鄰居發現（Neighbor Discovery，ND）協定取代 ARP，它管理相鄰 IPv6 節點間的互動，包括自動設定位址和將下一躍點的 IPv6 位址解析為 MAC 位址。

（4）多播監聽器發現（Multicast Listener Discovery，MLD）協定取代 IGMP，它管理 IPv6 多播組成員身份。

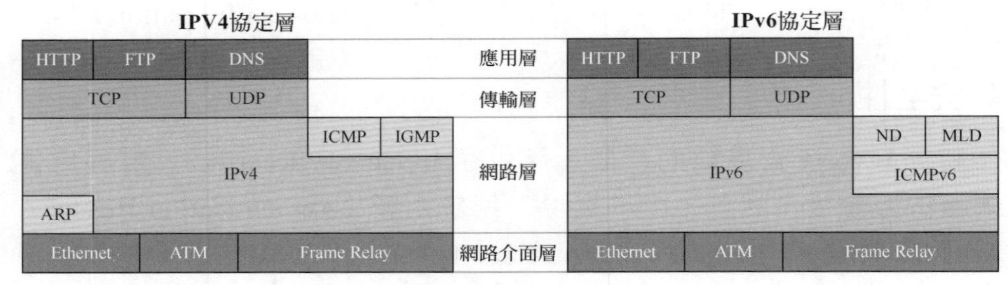

▲ 圖 9-2 協定層比較

9.1.4 ICMPv6 的功能

IPv6 使用的是 ICMP for IPv4 的更新版本。這一新版本叫作 "ICMPv6"，它執行常見的 ICMP for IPv4 功能，報告傳輸或轉發中的錯誤並為疑難排解提供簡單的回應服務。ICMPv6 協定還為 ND 和 MLD 訊息提供訊息結構。

1. 鄰居發現（ND）

ND 是一組 ICMPv6 訊息和過程，用於確定相鄰節點間的關係。ND 取代了 IPv4 中使用的 ARP、ICMP 路由器發現和 ICMP 重新導向，提供了更豐富的功能。

主機可以使用 ND 完成以下任務。

（1）發現相鄰的路由器。

（2）發現並自動設定位址和其他設定參數。

2. 位址解析

IPv6 位址解析包括交換「鄰居請求」和「鄰居公佈」訊息，從而將下一躍點的 IPv6 位址解析為其對應的 MAC 位址。發送主機在適當的介面上發送一筆多播「鄰居請求」訊息。「鄰居請求」訊息包括發送節點的 MAC 位址。

當目標節點接收到「鄰居請求」訊息後，將使用「鄰居請求」訊息中包含的來源位址和 MAC 位址的項目更新其鄰居快取（相當於 ARP 快取）。接著，目標節點向「鄰居請求」訊息的發送方發送一筆包含它的 MAC 位址的單一傳播「鄰居公佈」訊息。

接收到來自目標節點的「鄰居公佈」訊息後，發送主機根據其中包含的 MAC 位址使用目標節點項目來更新它的鄰居快取。此時，發送主機和鄰居請求的目標就可以發送單一傳播 IPv6 通訊量了。

3. 路由器發現

主機透過路由器發現過程嘗試發現本機子網路上的路由器集合。除了設定預設路由器，IPv6 路由器發現還設定以下設定。

（1）IPv6 標頭中的「躍點限制」欄位的預設設定。

（2）用於確定節點是否應當從 DHCP 伺服器獲得 IPv6 位址或 DNS 等設定。

（3）為鏈路定義網路字首清單。如果指示了網路字首，主機便使用該網路字首來構造 IPv6 位址設定，而不使用位址設定協定。

IPv6 路由器發現過程如下。

（1）IPv6 路由器定期在子網路上發送多播「路由器公佈」訊息，以公佈它們的路由器身份資訊和其他設定參數（如位址字首和預設躍點限制）。本機子網路上的 IPv6 主機接收「路由器公佈」訊息，並使用其內容來設定位址、預設路由器和其他設定參數。

（2）一個正在啟動的主機發送多播「路由器請求」訊息。收到「路由器請求」訊息後，本機子網路上的所有路由器都向反射式路由器請求的主機發送一筆單一傳播「路由器公佈」訊息。該主機接收「路由器公佈」訊息並使用其內容來設定位址、預設路由器和其他設定參數。

4. 位址自動設定

IPv6 的非常有用的特點是，它無須使用位址設定協定（如動態主機設定通訊協定 IPv6 版 DHCPv6）就能夠自動進行自我設定。預設情況下，IPv6 主機能夠為每個介面設定一個在子網路上使用的位址。透過使用路由器發現，主機還可以確定路由器的位址、其他位址和其他設定參數。「路由器公佈」訊息指示是否使用位址設定協定。

5. 多播監聽器發現（MLD）

MLD 實現 IPv4 中的 IGMP 的功能。

9.1.5 IPv6 的基本表頭

IPv6 引起的主要變化如下。

（1）更大的位址空間。IPv6 把位址從 IPv4 的 32 位元增大到 128 位元，使位址空間增大為原來的 4 倍。這樣大的位址空間在可預見的將來是不會用完的。

（2）擴充的位址層次結構。IPv6 位址空間很大，因此可以劃分為更多的層次。

（3）靈活的表頭格式。IPv6 資料封包的表頭和 IPv4 的並不相容。IPv6 定義了許多可選的擴充表頭，不僅可提供比 IPv4 更多的功能，而且還可提高路由器的處理效率，這是因為路由器對擴充表頭不進行處理（除逐轉發擴充表頭外）。

（4）改進的選項。IPv6 允許資料封包包含有選項的控制資訊，因而可以包含一些新的選項。我們知道，IPv4 所規定的選項是固定不變的。

（5）允許協定繼續擴充。這一點很重要，因為技術總是在不斷地發展（如網路硬體的更新），而新的應用也還會出現。但我們知道，IPv4 的功能是固定不變的。

（6）支援隨插即用（自動設定）。

（7）支持資源的預分配。IPv6 支持即時視訊等要求保證一定的頻寬和延遲的應用。

（8）IPv6 表頭改為 8 位元組對齊（表頭長度必須是 8 位元組的整數倍）。原來的 IPv4 表頭是 4 位元組對齊。

IPv6 資料封包在基本表頭（base header）的後面允許有零個或多個擴充表頭（extension header），再後面是資料。但請注意，所有的擴充表頭都不屬於 IPv6 資料封包的表頭。所有的擴充表頭和資料合起來叫作資料封包的「有效酬載」（payload）或「淨負荷」，如圖 9-3 所示。

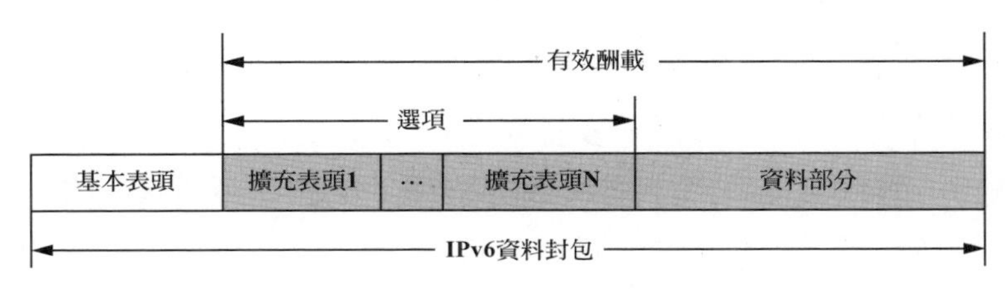

▲ 圖 9-3 有效酬載長度欄位

（1）取消了標識、標示和片偏移欄位，因為這些功能已包含在分片擴充表頭中。

（2）把 TTL 欄位改稱為「轉發數限制欄位」，但作用是一樣的（名稱與作用更加一致）。

（3）取消了協定欄位，改用下一個表頭欄位。

（4）取消了檢驗和欄位，這樣就加快了路由器處理資料封包的速度。我們知道，在資料連結層，對檢測出有差錯的幀就捨棄。在傳輸層，當使用 UDP 時，若檢測出有差錯的使用者資料封包就捨棄；當使用 TCP 時，對檢測出有差錯的封包段就重傳，直到正確傳輸到目標處理程序為止。因此在網路層的差錯檢測可以精簡。

（5）取消了選項欄位，而用擴充表頭來實現選項功能。

由於把表頭中不必要的功能取消了，使得 IPv6 表頭的欄位數減少到只有 8 個（雖然表頭長度增大了一倍）。

下面解釋 IPv6 基本表頭中各欄位的作用。

（1）版本（version），佔 4 位元。它指明了協定的版本，對 IPv6 該欄位是 6。

（2）通訊量類別（traffic class），佔 8 位元。這是為了區分不同的 IPv6 資料封包的類別或優先順序。目前正在進行不同的通訊量類別性能的實驗。

（3）串流標誌（flow label），佔 20 位元。IPv6 的新機制是支持資源預分配，並且允許路由器把每一個資料封包與一個指定的資源設定相關聯。IPv6 提出流（flow）的抽象概念。所謂「流」就是網際網路上從特定來源點到特定終點（單一傳播或多播）的一系列資料封包（如即時音訊或視訊傳輸），而在這個「流」所經過的路徑上的路由器都保證指明的服務品質。所有屬於同一個流的資料封包都具有同樣的流標誌，因此流標誌對即時音訊或視訊資料的傳輸特別有用。對於傳統的電子郵件或非即時資料，流標誌則沒有用處，把它置為 0 即可。

（4）有效酬載長度（payload length），佔 16 位元。它指明 IPv6 資料封包除基本表頭以外的位元組數（所有擴充表頭都算在有效酬載之內）。這個欄位的最大值是 64KB（65536 位元組）。

（5）下一個表頭（next header），佔 8 位。它相當於 IPv4 的協定欄位或可選欄位。當 IPv6 資料封包沒有擴充表頭時，「下一個表頭」欄位的作用和 IPv4 的協定欄位一樣，它的值指出了基本表頭後面的資料應發表給

IP 上面的哪一個高層協定（舉例來說，6 或 17 分別表示應發表給 TCP 或 UDP）。當出現擴充表頭時，「下一個表頭」欄位的值就標識後面第一個擴充表頭的類型。

（6）轉發數限制（hop limit），佔 8 位元。它用來防止資料封包在網路中無限期地存在。來源點在每個資料封包發出時即設定某個轉發數限制（最大為 255 次轉發）。每個路由器在轉發資料封包時，要先把「轉發數限制」欄位中的值減 1。當轉發數限制的值為 0 時，就要把這個資料封包捨棄。

（7）來源位址，佔 128 位元。它是資料封包的發送端的 IPv6 位址。

（8）目標位址，佔 128 位元。它是資料封包的接收端的 IPv6 位址。

下一小節先討論 IPv6 的擴充表頭。

9.1.6 IPv6 的擴充表頭

大家知道，IPv4 的資料封包如果在其表頭中使用了選項，那麼沿資料封包傳輸的路徑上的每一個路由器都必須對這些選項一一進行檢查，這就降低了路由器處理資料封包的速度。然而實際上很多的選項在中途的路由器上是不需要檢查的（因為不需要使用這些選項的資訊）。

IPv6 把原來 IPv4 表頭中選項的功能都放在擴充表頭中，並把擴充表頭留給路徑兩端的來源點和終點的主機來處理，而資料封包途中經過的路由器都不處理這些擴充表頭（只有一個表頭例外，即逐轉發選項擴充表頭），這樣就大大提高了路由器的處理效率。在（RFC 2460）中定義了以下 6 種擴充表頭。

（1）逐轉發選項。
（2）路由選擇。
（3）分片。
（4）鑑別。

（5）封裝安全有效酬載。
（6）目的站選項。

如果 IPv6 基本表頭的「下一個表頭」欄位相當於 IPv4 表頭中的「協定」欄位，用來指明基本表頭後面的資料應發表給 IP 層上面的哪一個高層協定（如 6 表示應發表給傳輸層的 TCP，17 表示應發表給傳輸層的 UDP）。

如果有擴充表頭要如何表示呢？下面是規範中定義的所有擴充表頭對應的「下一個表頭」的設定值。

（1）逐轉發選項表頭 0。
（2）路由選擇表頭 43。
（3）分片表頭 44。
（4）鑑別表頭 51。
（5）封裝安全有效酬載表頭 50。
（6）目的站選項表頭 60。

每一個擴充表頭都由許多個欄位組成，它們的長度也各不相同。但所有擴充表頭的第一個欄位都是 8 位元的「下一個表頭」欄位。此欄位的值指出了在該擴充表頭後面的欄位是什麼。當使用多個擴充表頭時，應按以上的先後順序出現。高層表頭總是放在最後面，如圖 9-4 所示。

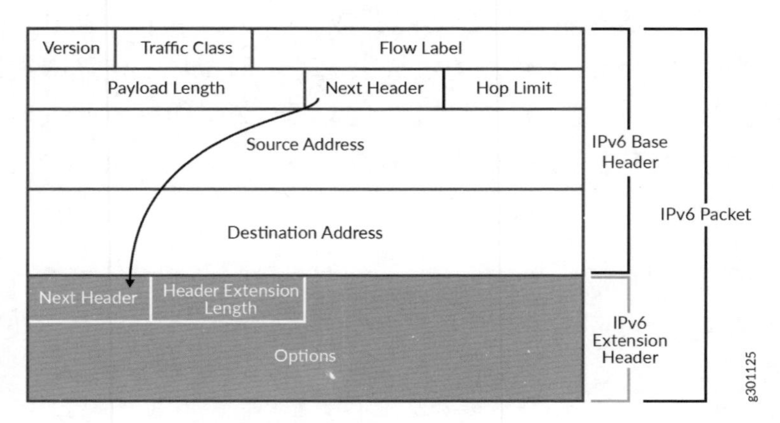

▲ 圖 9-4 IPv6 擴充表頭 (來源：juniper.net)

9.2 IPv6 編址

9.2.1 IPv6 位址概述

IPv6 是 Internet 工程任務組（IETF）設計的一套規範，是網路層協定的第二代標準協定，也是 IPv4（Internet protocol version 4）的升級版本。IPv6 與 IPv4 的最顯著區別是，IPv4 位址採用 32 位元，而 IPv6 位址採用 128 位元。128 位元的 IPv6 位址可以劃分更多位址層級、擁有更廣闊的位址分配空間，並支援位址自動設定。IPv4 位址空間已經消耗殆盡，近乎無限的位址空間是 IPv6 的最大優勢，如圖 9-5 所示。

版本	長度	位址數量
IPv4	**32**位元	4 294 967 296
IPv6	**128**位元	304 282 366 920 938 463 374 607 431 768 211 456

▲ 圖 9-5 IPv4 和 IPv6 位址數量比較

如圖 9-6 所示，IPv6 位址的長度為 128 位元，用於標識一個或一組介面。IPv6 位址通常寫作 xxxx:xxxx:xxxx:xxxx:xxxx:xxxx:xxxx:xxxx，其中 xxxx 是 4 個十六進位數，等於一個 16 位元的二進位數字；8 組 xxxx 共同組成了一個 128 位元的 IPv6 位址。一個 IPv6 位址由 IPv6 位址字首和介面 ID 組成，IPv6 位址字首用來標識 IPv6 網路，介面 ID 用來標識介面。

由於 IPv6 位址的長度為 128 位元，因此書寫時會非常不方便。此外，IPv6 位址的巨大位址空間使得位址中往往會包含多個 0。為了應對這種情況，IPv6 提供了壓縮方式來簡化位址的書寫，壓縮規則如下所示。

每 16 位元中的前導 0 可以省略。位址中包含的連續兩個或多個均為 0 的組，可以用雙冒號（::）來代替。需要注意的是，在一個 IPv6 位址中只能使用一次雙冒號（::），不然裝置將壓縮後的位址恢復成 128 位元時，無法確定每段中 0 的個數，如圖 9-7 所示。

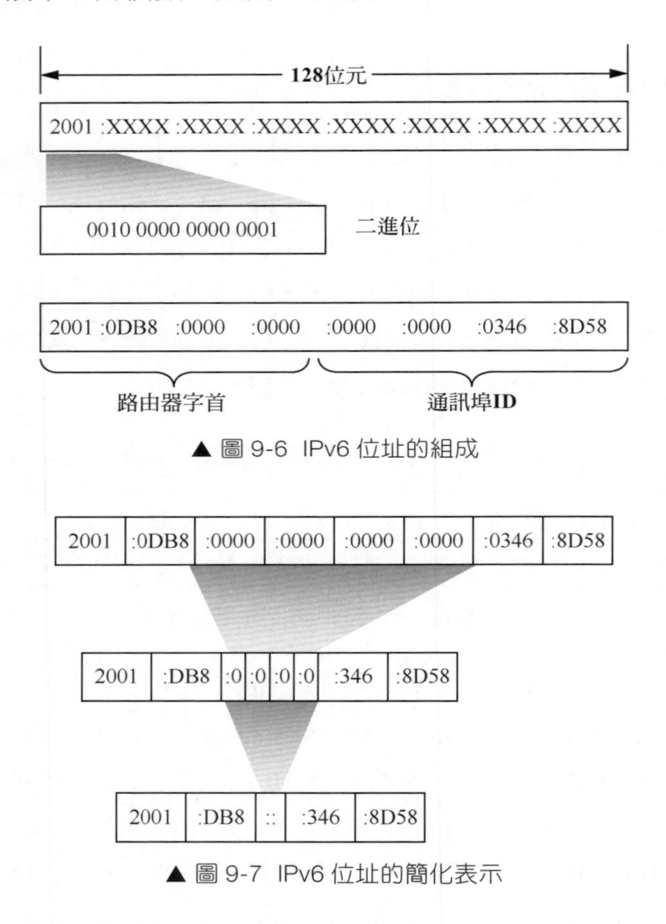

▲ 圖 9-6 IPv6 位址的組成

▲ 圖 9-7 IPv6 位址的簡化表示

圖 9-7 展示了如何利用壓縮規則對 IPv6 位址進行簡化表示。

IPv6 位址分為 IPv6 位址字首和介面 ID，子網路遮罩使用位址字首標識。表示形式是：IPv6 位址 / 字首長度，其中「字首長度」是一個十進位數字，表示該位址的前多少位元是位址字首。舉例來說，IPv6 位址是 F00D :4598:7304:3210:FEDC:BA98:7654:3210，其位址字首是 64 位元，可以表示為 F00D:4598:7304: 3210:FEDC:BA98:7654:3210/64。

9.2.2 IPv6 位址分類

根據 IPv6 位址字首，可將 IPv6 位址分為單一傳播（unicast）位址、多播（multicast）位址和任播（anycast）位址。如圖 9-8 所示，IPv6 沒有定義廣播位址（broadcast address）。在 IPv6 網路中，所有廣播的應用層場景都會被 IPv6 多點傳輸所取代。

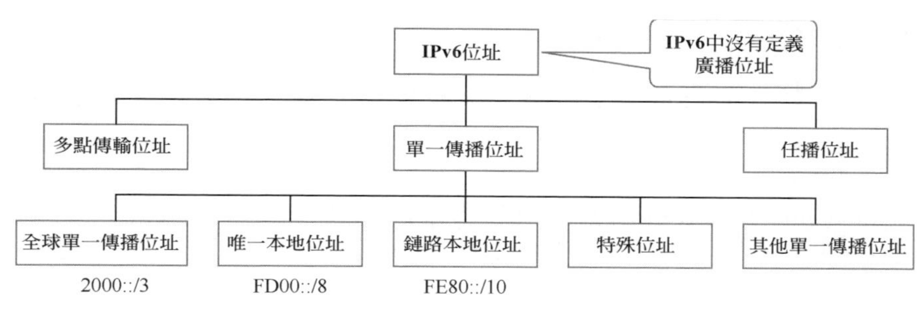

▲ 圖 9-8　IPv6 位址分類

1. 單一傳播位址

單一傳播位址是點對點通訊時使用的位址，此位址僅標識一個介面，網路負責把給單一傳播位址發送的資料封包傳送到該介面上。

一個 IPv6 單一傳播位址可以分為以下兩部分。

- 網路字首（network prefix）：n 位元，相當於 Pv4 位址中的網路 ID。
- 介面標識（interface identify）：（$128-n$）位元，相當於 IPv4 位址中的主機 ID。

常見的 IPv6 單一傳播位址如全球單一傳播位址（global unicast address）、鏈路本機位址等，要求網路字首和介面標識必須為 64 位元。

一般情況下，全球單一傳播位址的格式如圖 9-9 所示。

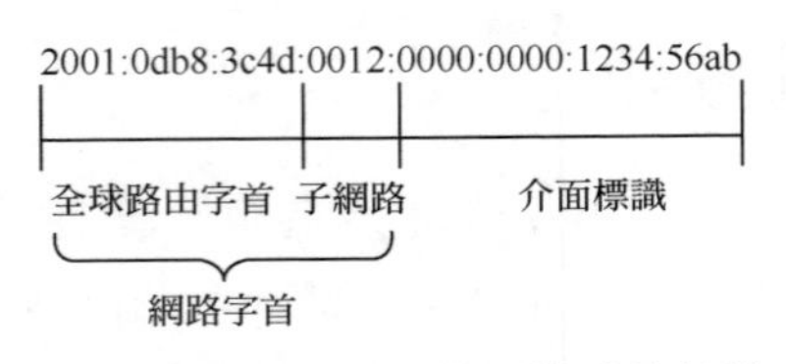

▲ 圖 9-9 全球單一傳播位址的結構

全球路由字首（global routing prefix）：典型的分層結構，根據 ISP 來組織，用來給網站（site）分配位址，網站是子網路 / 鏈路的集合。

子網路標識（subnet identify）：網站內子網路的識別符號，由網站的管理員分層建構。

介面標識（interface identify）：用來標識鏈路上的介面，在同一子網路內是唯一的。

IPv6 全球單一傳播位址的分配方式如下：頂級位址聚集機構 TLA（即大的 ISP 或位址管理機構）獲得大區塊位址，負責給次級位址聚集機構 NLA（中小規模 ISP）分配位址，NLA 給網站級位址聚集機構 SLA（子網路）和網路使用者分配位址。

IPv6 中有種網址類別型叫作鏈路本機位址，該位址用於同一子網路中的 IPv6 電腦之間的通訊。自動設定、鄰居發現以及沒有路由器的鏈路上的節點都使用這類位址。鏈路本機位址有效範圍是本機鏈路，如圖 9-10 所示，字首為 FE80::/10。任意需要將資料封包發往單一鏈路上的裝置，以及不希望資料封包發往鏈路範圍外的協定都可以使用鏈路本機位址。當設定一個單一傳播 IPv6 位址的時候，介面上會自動設定一個鏈路本機位址。鏈路本機位址和可路由的 IPv6 位址共存。

10 位元	54 位元	16 位元	64 位元
1111 1101 10	0	子網路標識	通訊埠標識
	固定為0		

▲ 圖 9-10 鏈路本機位址範圍 FE80::/10

唯一本機位址（Unique Local Address，ULA）是 IPv6 私網位址，只能在內網使用。該位址空間在 IPv6 公網中不可被路由，因此不能直接存取公網。如圖 9-11 所示，唯一本機位址使用 FC00::/7 位址區塊，目前僅使用了 FD00::/8 位址段，FC00::/8 預留為以後擴充用。唯一本機地雖然只在有限範圍內有效，但也具有全球唯一的字首（雖然隨機產生，但是衝突機率很低）。

8 位元	40 位元	16 位元	64 位元
1111 1101	全球標識	子網路標識	通訊埠標識

▲ 圖 9-11　唯一本機位址範圍 FC00::17

2. 多播位址

多播位址又稱多點傳輸位址，用於標識一組介面（一般屬於不同節點）。當資料封包的目的位址是多播位址時，網路儘量將其發送到該組的所有介面上。信來源利用多播功能只需要生成一次封包即可將其分發給多個接收者。多播位址以 11111111（FF）開頭。

3. 任播位址

任播位址用於標識一組介面，它與多播位址的區別在於發送資料封包的方法。向任播位址發送的資料封包並未被分發給組內的所有成員，而是發往該位址標識的「最近的」那個介面。

如圖 9-12 所示，Web 伺服器 1 和 Web 伺服器 2 分配了相同的 IPv6 位址 2001:0DB8::84C2，該單一傳播位址就成了任播位址，PC1 和 PC2 需要造訪 web 服務，向 2001:0DB8::84C2 位址發送請求，PC1 和 PC2 就會存取到距離它們最近（路由負擔最小，也就是路徑最短）的 Web 伺服器。

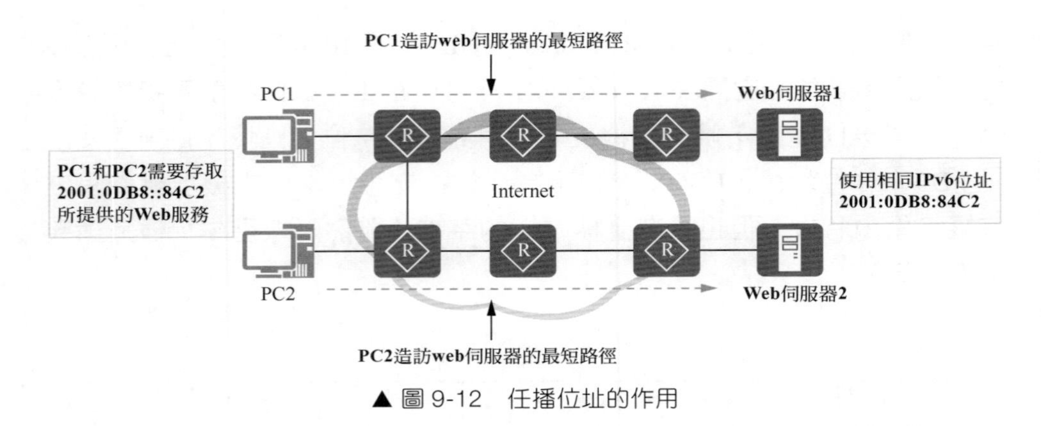

▲ 圖 9-12　任播位址的作用

任播過程牽涉一個任播封包發起方和一個或多個響應方。

任播封包的發起方通常為請求某一服務（舉例來說，Web 服務）的主機。任播位址與單一傳播位址在格式上無任何差異，唯一的區別是一台裝置可以給多個具有相同位址的裝置發送封包。

在網路中運用任播位址有很多優勢如下所列。

- 業務容錯。比如，使用者可以透過多台使用相同位址的伺服器來獲取同一個服務（舉例來說，Web 服務）。這些伺服器都是任播封包的回應方。如果不採用任播位址通訊，當其中一台伺服器發生故障時，使用者需要獲取另一台伺服器的位址才能重新建立通訊。如果採用的是任播位址，當一台伺服器發生故障時，任播封包的發起方能夠自動與使用相同位址的另一台伺服器通訊，從而實現業務容錯。
- 提供更優質的服務。比如，某公司在 A 省和 B 省各部署了一台提供相同 Web 服務的伺服器。以路由優選規則為基礎，A 省的使用者在存取本公司提供的 Web 服務時，會優先存取部署在 A 省的伺服器，提高存取速度，降低存取延遲，大大提升了使用者體驗。

任播位址從單一傳播位址空間中分配，使用單一傳播位址的格式。因而，在語法上，任播位址與單一傳播位址沒有區別。當一個單一傳播位址被分配給多於一個的介面時，就被轉為任播位址。被分配有任播位址的節點必須得到明確的設定，這才能知道它是一個任播位址。

圖 9-13 列出了 IPv6 常見的網址類別型和位址範圍。

位址範圍	描述
2000::/3	全球單一傳播位址
2001:0DB8::/32	保留位址
FE80::/10	鏈路本地位址
FF00::/8	多點傳輸位址
::/128	未指定位址
::1/128	環路位址

▲ 圖 9-13 IPv6 常見的網址類別型和位址範圍

目前，有一小部分全球單一傳播位址已經由 IANA（網際網路名稱與數字位址分配機構 ICANN 的分支）分配給了使用者。單一傳播位址的格式是 2000::/3，代表公共 IP 網路上任意可到達的位址。IANA 負責將該段位址範圍內的位址分配給多個區域網際網路註冊管理機構（RIR）。RIR 負責全球 5 個區域的位址分配。以下幾個位址範圍已經分配：2400::/12(APNIC)、2600::/12(ARIN)、2800::/12(LACNIC)、2A00::/12(RIPE) 和 2C00::/12 (AFRINIC)，它們使用單一位址字首標識特定區域中的所有位址。

2000::/3 位址範圍還為文件範例預留了位址空間，例如 2001:0DB8::/32。

鏈路本機位址只能在同一網段的節點之間通訊使用。以鏈路本機位址為來源位址或目的位址的 IPv6 封包不會被路由器轉發到其他鏈路。鏈路本機位址的字首是 FE80::/10。使用 IPv6 通訊的電腦會同時擁有鏈路本機位址和全球單一傳播位址。

多點傳輸位址的字首是 FF00::/8。多點傳輸位址範圍內的大部分位址是為特定多點傳輸組保留的。跟 IPv4 一樣，IPv6 多點傳輸位址還支持路由式通訊協定。IPv6 中沒有廣播位址，用多點傳輸位址替代廣播位址可以確保封包只發送給特定的多點傳輸組，而非 IPv6 網路中的任意終端。

0:0:0:0:0:0:0:0/128 等於 ::/128。這是 IPv4 中 0.0.0.0 的等值物，代表 IPv6 未指定位址。
0:0:0:0:0:0:0:1 等於 ::1。這是 IPv4 中 127.0.0.1 的等值物，代表本機環路位址。

本機鏈路單一傳播位址（link-local unicast address）的使用情況是這樣的。有些組織的網路使用 TCP/IP，但並沒有連接到 Internet 上。這可能是由於擔心 Internet 不是很安全，也可能是由於還有一些準備工作需要完成。連接在這樣的網路上的主機都可以使用這種本機位址相互通訊，但不能和 Internet 上的其他主機通訊。

FF00::/8，多點傳輸位址範圍。
3FFF:FFFF::/32，為範例和文件保留的位址。
2001:0DB8::/32，也是為範例和文件保留的位址。
2002::/16，用於 IPv6 到 IPv4 的轉換系統，這種結構允許 IPv6 封包透過 IPv4 網路進行傳輸，而無須顯性設定隧道。

9.3 給電腦設定 IPv6 位址的方法

使用 IPv6 通訊的電腦，本機鏈路可以同時有兩個 IPv6 位址，一個是本機鏈路位址，用於和本網段的電腦通訊；另一個是網路系統管理員規劃的位址，即本機唯一或全球唯一的位址，用於跨網段通訊。

使用 IPv6 通訊的電腦，IPv6 位址可以人工指定，稱為「靜態位址」，還可以自動生成 IPv6 位址，網路中的路由器告訴電腦所在的網路 ID，電腦就知道了 IPv6 位址的前 64 位元（網路部分），IPv6 位址的後 64 位元（主機部分）由電腦的 MAC 位址構造生成，這種方式生成的 IPv6 位址稱為「無狀態自動設定」；另一種自動設定是由 DHCP 伺服器分配 IPv6 位址，這種自動獲得 IPv6 位址的方式稱為「有狀態自動設定」。

9.3.1 設定靜態 IPv6 位址

Windows 10 和 Windows Server 2016 或 Linux 作業系統都極佳地支援了 IPv6，下面使用虛擬機器來展示設定 Windows 10 作業系統使用靜態 IPv6 位址，讓讀者看看 IPv6 的本機鏈路位址和管理員指定的靜態 IPv6 位址。

本實驗需要兩個虛擬機器，一個 Windows 10 作業系統，另一個 Windows 7 作業系統，測試兩個虛擬機器使用靜態 IPv6 位址進行通訊，因此要先關閉 Windows 防火牆。設定 Windows 10 虛擬機器的 IPv6 位址和子網路字首長度，如圖 9-14 所示。設定 Windows 7 虛擬機器的 IPv6 位址和子網路字首長度，如圖 9-15 所示。

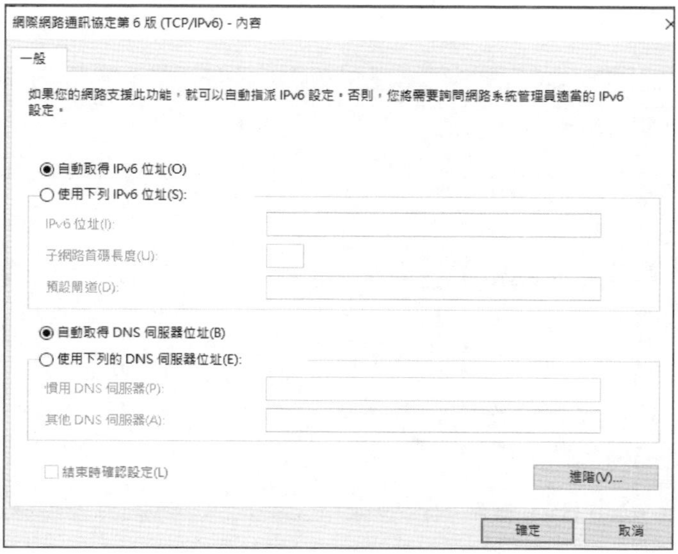

▲ 圖 9-14　Windows 10 指定 IPv6 位址

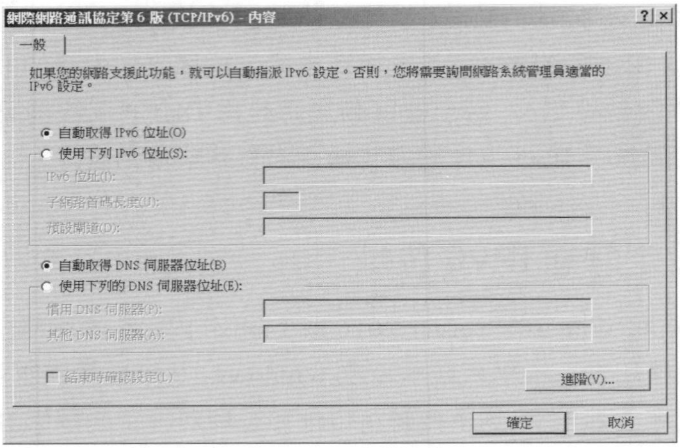

▲ 圖 9-15 Windows 7 指定 IPv6 位址

在 Windows 10 虛擬機器上打開「命令提示符號」視窗，輸入 "ipconfig" 可以看到 IPv6 的本機鏈路位址和全域位址，如圖 9-16 所示。在命令提示符號處 ping Windows7 電腦名稱，可以看到優先使用本機鏈路位址通訊，ping Windows 7 的靜態 IPv6 位址也能 ping 通，如圖 9-17 所示。使用 IPv6 通訊的電腦會保留本機鏈路位址和全域 IPv6 位址。

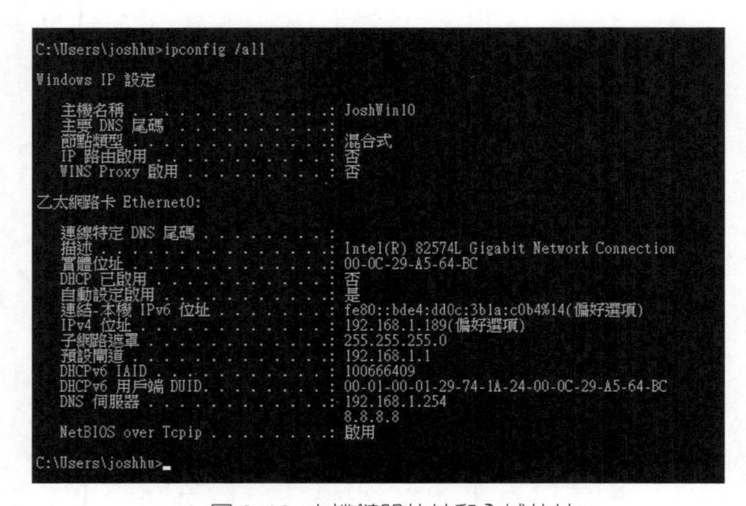

▲ 圖 9-16 本機鏈路位址和全域位址

```
系統管理員: Command Prompt

C:\Users\joshhu>ping fe80::4573:720f:f50c:be86%32

Ping fe80::4573:720f:f50c:be86%32 (使用 32 位元組的資料):
回覆自 fe80::4573:720f:f50c:be86%32: time<1ms
回覆自 fe80::4573:720f:f50c:be86%32: time<1ms
回覆自 fe80::4573:720f:f50c:be86%32: time<1ms
回覆自 fe80::4573:720f:f50c:be86%32: time<1ms

fe80::4573:720f:f50c:be86%32 的 Ping 統計資料:
    封包: 已傳送 = 4，已收到 = 4, 已遺失 = 0 (0% 遺失)，
大約的來回時間 (毫秒):
    最小值 = 0ms，最大值 = 0ms，平均 = 0ms

C:\Users\joshhu>
```

▲ 圖 9-17　使用 IPv6 通訊

9.3.2 自動設定 IPv6 位址的兩種方法

下面就以 3 個網段的 IPv6 網路為例，說明電腦 IPv6 位址的自動設定過程。網路中有 3 個 IPv6 網段，路由器介面都已經設定了 IPv6 位址，如圖 9-18 所示。PC1 的 IPv6 位址設定成自動獲得，PC1 連線網路後主動反射式路由器請求（RS）封包給網路中的路由器，請求位址字首資訊。路由器 AR1 收到 RS 封包後會立即向 PC1 單一傳播（本機鏈路位址）回應 RA 封包，告知 PC1 IPv6 位址字首（所在的 IPv6 網段）和相關設定參數。PC1 再使用網路卡的 MAC 位址構造一個 64 位元的 IPv6 介面 ID，就生成了一個全域 IPv6 位址，IPv6 位址的這種自動設定被稱為「無狀態自動設定」。

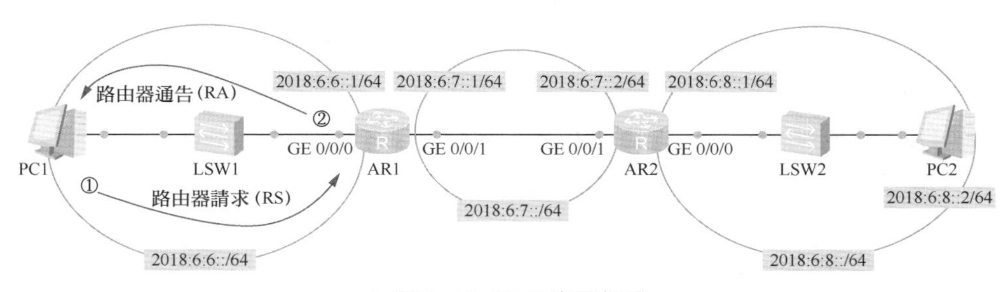

▲ 圖 9-18 IPv6 實驗拓撲

使用無狀態自動設定，電腦只是獲得了位址字首，RA 封包中沒有 DNS 等設定資訊，所以有時候還需要 DHCPv6 伺服器給網路中的電腦分配 IPv6 位址和其他設定。使用 DHCPv6 伺服器設定 IPv6 位址，被稱為「有狀態自動設定」。

使用 DHCPv6 設定 IPv6 位址的過程如下，如圖 9-19 所示。

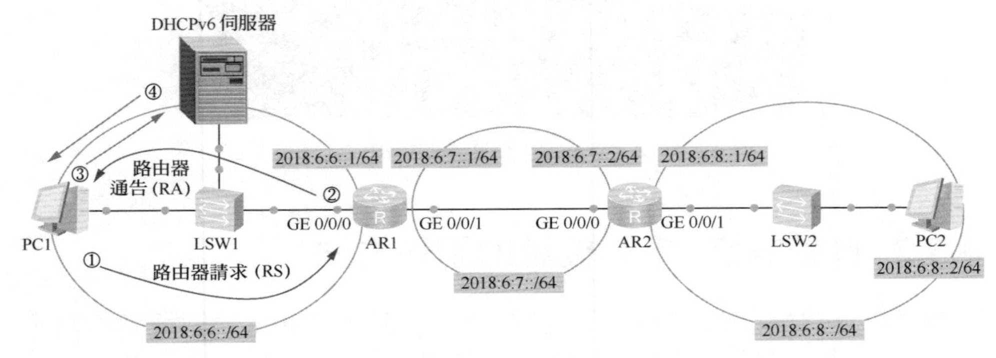

▲ 圖 9-19　使用 DHCPv6 設定 IPv6 位址

（1）PC1 反射式路由器請求（RS）。

（2）路由器 AR1 反射式路由器通告（RA）。RA 封包中有兩個標示位元，M 標記位元是 1，告訴 PC1 從 DHCPv6 伺服器獲取位址字首；O 標記位元是 1，告訴 PC1 從 DHCPv6 伺服器獲取 DNS 等其他設定。如果這兩個標記位元都是 0，則是無狀態自動設定，不需要 DHCPv6 伺服器。

（3）PC1 發送 DHCPv6 徵求訊息。徵求訊息實際上就是多點傳輸訊息，目標位址為 ff02::1:2，是所有 DHCPv6 伺服器和中繼代理的多點傳輸位址。

（4）DHCPv6 伺服器給 PC1 提供 IPv6 位址和其他設定。

9.3.3 IPv6 位址無狀態自動設定

實驗環境如圖 9-20 所示，有 3 個 IPv6 網路，需要參照拓撲中標注的位址設定路由器 AR1 和 AR2 介面的 IPv6 位址。拖曳 Cloud 和物理機的 VMNet1 網路卡綁定，將 VMware Workstation 中虛擬機器 Windows 10 的網路卡指定到 VMNet1，將虛擬機器 Windows 7 的 IPv6 位址設定成自動獲取 IPv6 位址，實現無狀態自動設定。

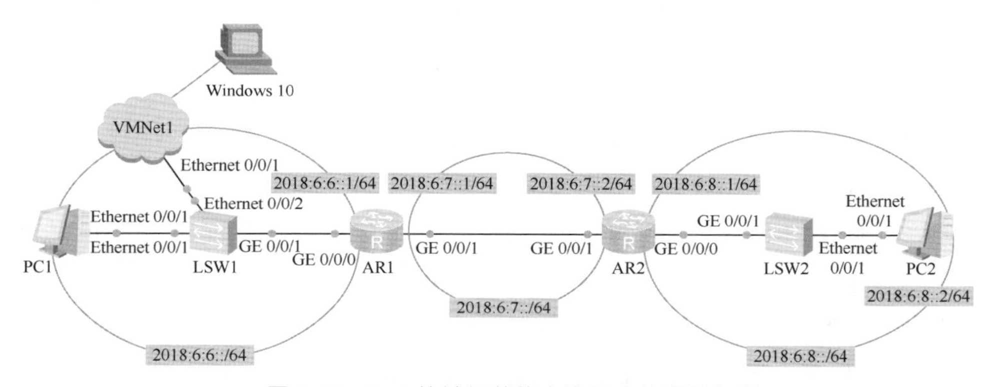

▲ 圖 9-20 IPv6 位址無狀態自動設定的實驗拓撲

路由器 AR1 上的設定如下。

```
[AR1]ipv6                                          -- 全域開啟對 IPv6 的支持
[AR1]interface GigabitEthernet 0/0/0
[AR1-GigabitEthernet0/0/0]ipv6 enable              -- 在介面上啟用 IPv6 支援
[AR1-GigabitEthernet0/0/0]ipv6 address 2018:6:6::1 64     -- 增加 Ipv6 位址
[AR1-GigabitEthernet0/0/0]ipv6 address auto link-local    -- 設定自動生成本機鏈路位址
[AR1-GigabitEthernet0/0/0]undo ipv6 nd ra halt      -- 允許發送位址字首以及其他設定資訊
[AR1-GigabitEthernet0/0/0]quit
[AR1]display ipv6 interface GigabitEthernet 0/0/0  -- 查看介面的 IPv6 位址
GigabitEthernet0/0/0 current state : UP
IPv6 protocol current state : UP
IPv6 is enabled, link-local address is FE80::2E0:FCFF:FE29:31F0 -- 本機鏈路位址
```

```
  Global unicast address(es):
    2018:6:6::1, subnet is 2018:6:6::/64       -- 全域單一傳播位址
  Joined group address(es):                    -- 綁定的多播位址
    FF02::1:FF00:1
    FF02::2                          -- 路由器介面綁定的多播位址
    FF02::1                          -- 所有啟用了 IPv6 的介面綁定的多播位址
    FF02::1:FF29:31F0
  MTU is 1500 bytes
  ND DAD is enabled, number of DAD attempts: 1  --ND 網路發現，位址衝突檢測
  ......
  ND router advertisement max interval 600 seconds, min interval 200
seconds
  ND router advertisements live for 1800 seconds
  ND router advertisements hop-limit 64
  ND default router preference medium
  Hosts use stateless autoconfig for addresses    -- 主機使用無狀態自動設定
```

打開 VMWare Workstation 中的 Windows 10 虛擬機器，更改虛擬機器設定，將網路卡指定到 VMNet1，如圖 9-21 所示。

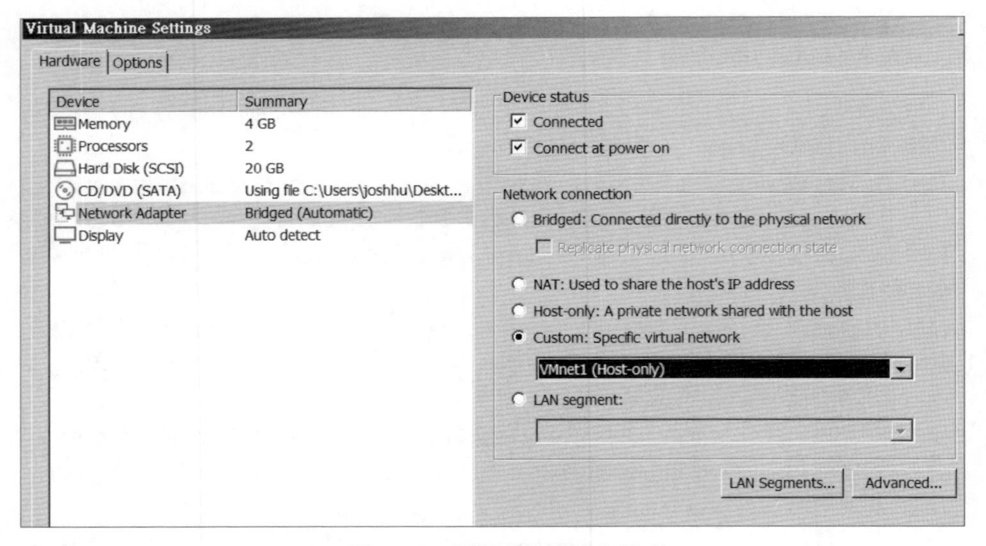

▲ 圖 9-21 虛擬機器網路卡設定

在虛擬機器 Windows 10 中，設定 IPv6 位址自動獲得。打開「命令提示符號」視窗，輸入 "ipconfig /all" 可以看到無狀態自動設定生成的 IPv6 位址，同時也能看到本機鏈路位址，IPv6 閘道是路由器的本機鏈路位址，如圖 9-22 所示。

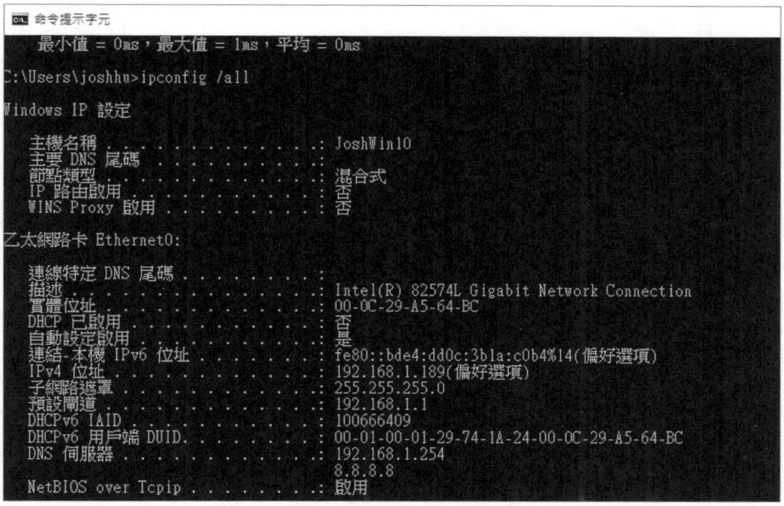

```
命令提示字元
    最小值 = 0ms，最大值 = 1ms，平均 = 0ms

C:\Users\joshhu>ipconfig /all

Windows IP 設定

   主機名稱 . . . . . . . . . . . . . : JoshWin10
   主要 DNS 尾碼 . . . . . . . . . . :
   節點類型 . . . . . . . . . . . . . : 混合式
   IP 路由啟用 . . . . . . . . . . . : 否
   WINS Proxy 啟用 . . . . . . . . . : 否

乙太網路卡 Ethernet0:

   連線特定 DNS 尾碼 . . . . . . . . :
   描述 . . . . . . . . . . . . . . . : Intel(R) 82574L Gigabit Network Connection
   實體位址 . . . . . . . . . . . . . : 00-0C-29-A5-64-BC
   DHCP 已啟用 . . . . . . . . . . . : 否
   自動設定啟用 . . . . . . . . . . . : 是
   連結-本機 IPv6 位址 . . . . . . . : fe80::bde4:dd0c:3b1a:c0b4%14(偏好選項)
   IPv4 位址 . . . . . . . . . . . . : 192.168.1.189(偏好選項)
   子網路遮罩 . . . . . . . . . . . . : 255.255.255.0
   預設閘道 . . . . . . . . . . . . . : 192.168.1.1
   DHCPv6 IAID . . . . . . . . . . . : 100666409
   DHCPv6 用戶端 DUID. . . . . . . . : 00-01-00-01-29-74-1A-24-00-0C-29-A5-64-BC
   DNS 伺服器 . . . . . . . . . . . . : 192.168.1.254
                                       8.8.8.8
   NetBIOS over Tcpip . . . . . . . . : 啟用
```

▲ 圖 9-22 無狀態自動設定生成的 IPv6 位址

9.3.4 封包截取分析 RA 和 RS 資料封包

IPv6 位址支援無狀態位址自動設定，無須使用諸如 DHCP 之類的輔助協定，主機即可獲取 IPv6 字首並自動生成介面 ID。路由器發現的功能是 IPv6 位址自動設定功能的基礎，主要透過以下兩種封包實現。

（1）RA 封包。每台路由器為了讓二層網路上的主機和其他路由器知道自己的存在，定期以多點傳輸方式發送攜帶網路設定參數的 RA 封包。RA 封包的 Type 欄位值為 134。

（2）RS 封包。主機連線網路後可以主動發送 RS 封包。RA 封包是由路由器定期發送的，但是如果主機希望能夠儘快收到 RA 封包，它可以立刻主動發送 RS 封包給路由器。網路上的路由器收到 RS 封包後會立即向對應的主機單一傳播回應 RA 封包，告知主機該網段的預設路由器和相關設定參數。RS 封包的 Type 欄位值為 133。

下面就使用封包截取工具捕捉路由器 AR1 上介面的資料封包，分析捕捉 RA 封包和 RS 封包。

按右鍵路由器 AR1，點擊「資料封包截取」→ "GE 0/0/0"，打開封包截取工具，開始封包截取，如圖 9-23 所示。

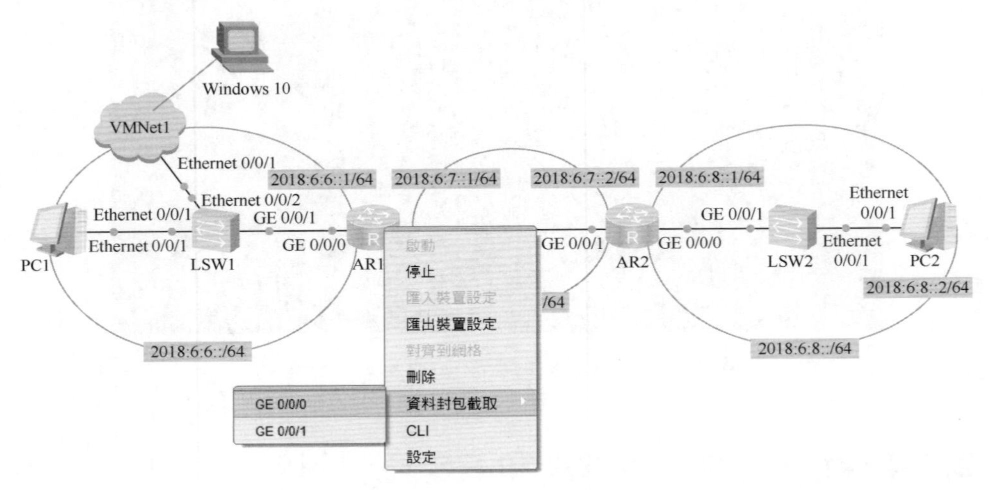

▲ 圖 9-23 封包截取

在虛擬機器 Windows 10 上禁用、啟用網路卡，在網路卡啟用過程中會發送 RS 封包，路由器會回應 RA 封包。

封包截取工具捕捉的資料封包中，第 18 個資料封包是虛擬機器 Windows 7 發送的路由器請求（RS）封包，使用的是 ICMPv6，類型欄位是 133，可以看到目標位址是多播位址 ff02::2，代表網路中所有啟用了 IPv6 的路由器介面，來源位址是虛擬機器 Windows 7 的本機鏈路位址，如圖 9-24 所示。

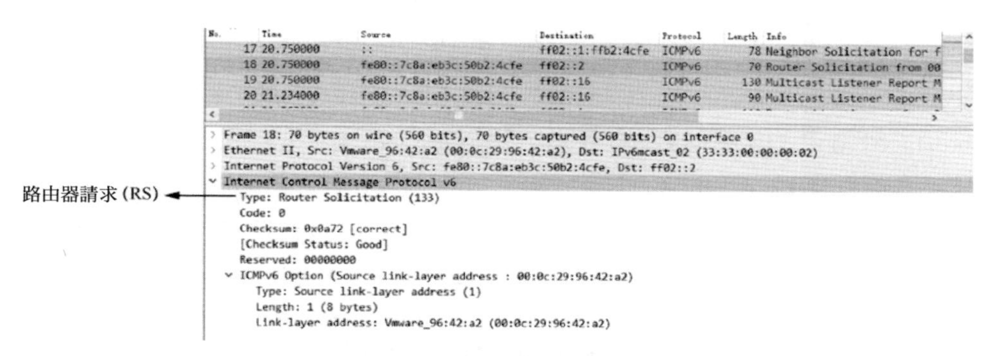

▲ 圖 9-24 封包截取工具捕捉的資料封包

第 21 個資料封包是路由器發送的路由器通告（RA）封包，目標位址是多播位址 ff02::1（代表網路中所有啟用了 IPv6 的路由器介面），使用的是 ICMPv6，類型欄位是 134。可以看到 M 標記位元為 0，O 標記位元為 0，這就告訴虛擬機器 Windows 7，使用無狀態自動設定，位址字首為 2018:6:6::，如圖 9-25 所示。

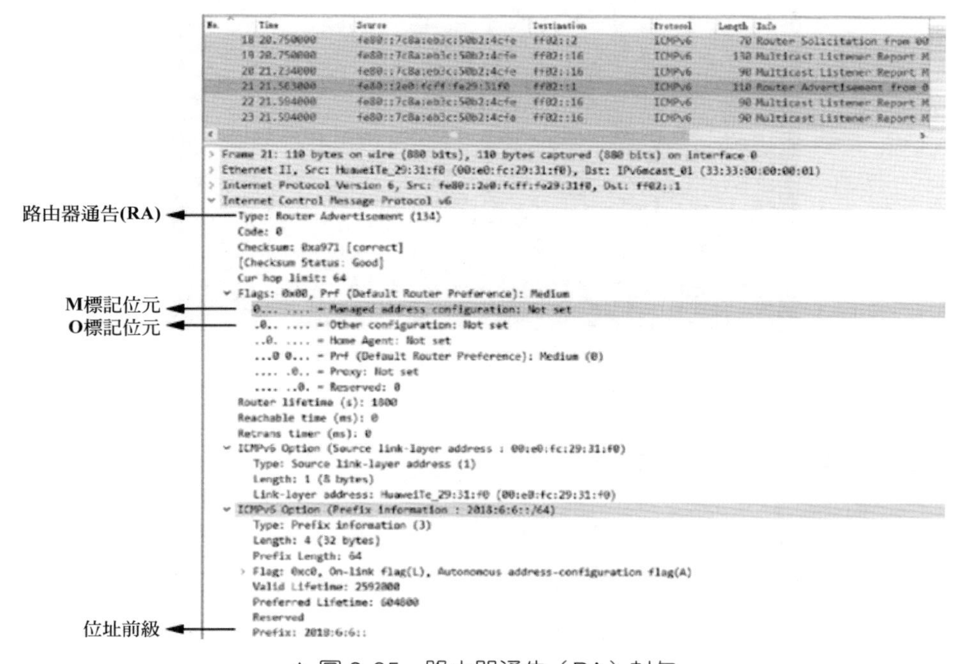

▲ 圖 9-25 路由器通告（RA）封包

在虛擬機器 Windows 10 上查看 IPv6 的設定，如圖 9-26 所示。打開「命令提示符號」視窗，輸入 "netsh"，輸入 "interface ipv6"，再輸入 "show interface" 查看 "Ethernet0" 的索引，可以看到是 4。再輸入 "show interface 4"，可以看到 IPv6 相關的設定參數。「受管理的位址設定」是 disabled，即不從 DHCPv6 伺服器獲取 IPv6 位址；「其他有狀態的設定」是 disabled，即不從 DHCPv6 伺服器獲取 DNS 等其他參數，也就是無狀態自動設定。

```
netsh interface ipv6>show interfaces

Idx     Met         MTU          狀態                名稱
---  ----------  ----------  ------------  ---------------------------
  1          75  4294967295  connected     Loopback Pseudo-Interface 1
 14          25        1500  connected     Ethernet0

netsh interface ipv6>show interfaces 14

介面 Ethernet0 參數
----------------------------------------------
IfLuid                             : ethernet_32769
IfIndex                            : 14
狀態                               : connected
計量                               : 25
連結 MTU                           : 1500 個位元組
可連線的時間                       : 35500 ms
可連線的基礎時間                   : 30000 毫秒
重新傳送間隔                       : 1000 毫秒
DAD 傳送數量                       : 1
網站首碼長度                       : 64
網站識別碼                         : 1
轉寄                               : disabled
公告                               : disabled
芳鄰探索                           : enabled
芳鄰無法連線偵測                   : enabled
路由器探索                         : enabled
受管理的位址組態                   : disabled
其他具狀態的組態                   : disabled
弱式主機傳送                       : disabled
弱式主機接收                       : disabled
使用自動計量                       : enabled
忽略預設路由                       : disabled
公告的路由器存留期                 : 1800 seconds
公告預設路由                       : disabled
目前的躍點限制                     : 0
強制 ARPND 喚醒模式                : disabled
導向的 MAC 喚醒模式                : disabled
ECN 功能                           : application
採用 RA 的 DNS 組態 (RFC 6106)     : enabled
```

▲ 圖 9-26　查看 IPv6 的設定

9.3.5 IPv6 位址有狀態自動設定

IPv6 位址無狀態自動設定非常方便，但有些選項是無狀態自動設定實現不了的，如 DNS 伺服器、域名服務，或其他許多選項，這些都是 DHCP 在 IPv4 自動設定中一直提供的。這就是在大多數情況下，可能仍然要在 IPv6 中使用 DHCP 的原因。

在 IPv4 中，系統開機過程中用戶端發送出一個 DHCP 發現訊息，請求 IP 位址。但在 IPv6 中，電腦先反射式路由器字首請求（RS），路由器發送字首公告訊息（RA），如果路由器想要讓電腦從 DHCP 伺服器獲得 IPv6 位址，RA 中有 M 標記位元（managed address configuration flag），當 M 被置為 1 時，收到該 RA 訊息的主機將從 DHCP 伺服器來獲取 IPv6 位址；RA 中還有 O 標記位元（other stateful configuration flag），如果 O 是 1，則收到該 RA 訊息的主機將從 DHCP 伺服器來獲取 DNS、域名尾碼等設定。

下面展示 IPv6 有狀態位址自動設定，網路環境如圖 9-27 所示。設定路由器 AR1 為 DHCPv6 伺服器，設定 GE 0/0/0 介面，路由器通告封包中的 M 標記位元為 1，O 標記位元也為 1，虛擬機器 Windows 10 會從 DHCPv6 伺服器獲取 IPv6 位址。

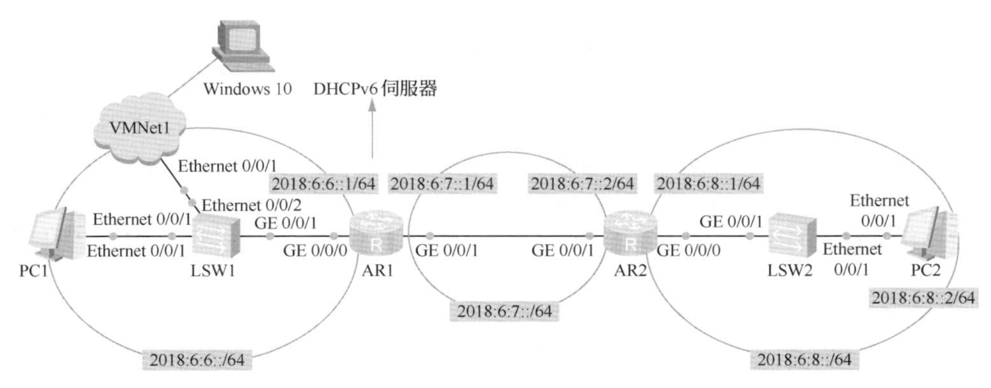

▲ 圖 9-27 有狀態自動設定的網路拓撲

```
[AR1]dhcp enable                              -- 啟用 DHCP 功能
[AR1]dhcpv6 duid ?                            -- 生成 DHCP 唯一標識的方法
  ll   DUID-LL
  llt  DUID-LLT
[AR1]dhcpv6 duid llt                          -- 使用 llt 方法生成 DHCP 唯一標識
[AR1]display dhcpv6 duid                      -- 顯示 DHCP 唯一標識
The device's DHCPv6 unique identifier: 0001000122AB384A00E0FC2931F0
[AR1]dhcpv6 pool localnet                   -- 創建 IPv6 位址集區，名稱為 localnet
```

```
[AR1-dhcpv6-pool-localnet]address prefix 2018:6:6::/64      -- 位址字首
[AR1-dhcpv6-pool-localnet]excluded-address 2018:6:6::1      -- 排除的位址
[AR1-dhcpv6-pool-localnet]dns-domain-name 91xueit.com       -- 域名尾碼
[AR1-dhcpv6-pool-localnet]dns-server 2018:6:6::2000         --DNS 伺服器
[AR1-dhcpv6-pool-localnet]quit
```

查看設定的 DHCPv6 位址集區。

```
<AR1>display dhcpv6 pool
DHCPv6 pool: localnet
  Address prefix: 2018:6:6::/64
    Lifetime valid 172800 seconds, preferred 86400 seconds
    2 in use, 0 conflicts
  Excluded-address 2018:6:6::1
  1 excluded addresses
  Information refresh time: 86400
  DNS server address: 2018:6:6::2000
  Domain name: 91xueit.com
  Conflict-address expire-time: 172800
  Active normal clients: 2
```

設定路由器 AR1 的 GE 0/0/0 介面。

```
[AR1]interface GigabitEthernet 0/0/0
[AR1-GigabitEthernet0/0/0]dhcpv6 server localnet     -- 指定從 localnet 位址
集區選擇位址
[AR1-GigabitEthernet0/0/0]undo ipv6 nd ra halt       -- 允許發送 RA 封包
[AR1-GigabitEthernet0/0/0]ipv6 nd autoconfig managed-address-flag  --M 標
記位元為 1
[AR1-GigabitEthernet0/0/0]ipv6 nd autoconfig other-flag   --O 標記位元為 1
[AR1-GigabitEthernet0/0/0]quit
```

運行封包截取工具，捕捉路由器 AR1 上 GE 0/0/0 介面的資料封包，禁用、啟用 Windows 10 虛擬機器的網路卡，從封包截取工具中找到路由器通告（RA）封包，如圖 9-28 所示，可以看到 M 標記位元和 O 標記位元的值都為 1。這就表示網路中電腦的 IPv6 位址和其他設定是從 DHCPv6 伺服器獲得的。

```
No.   Time        Source                      Destination  Protocol  Length  Info
   59 30.110000   fe80::2e0:fcff:fe29:31f0    ff02::1      ICMPv6    110 Router Advertisement from 00:e0:
   60 30.125000   fe80::7c8a:eb3c:50b2:4cfe   ff02::16     ICMPv6     90 Multicast Listener Report Messag

> Frame 59: 110 bytes on wire (880 bits), 110 bytes captured (880 bits) on interface 0
> Ethernet II, Src: HuaweiTe_29:31:f0 (00:e0:fc:29:31:f0), Dst: IPv6mcast_01 (33:33:00:00:00:01)
> Internet Protocol Version 6, Src: fe80::2e0:fcff:fe29:31f0, Dst: ff02::1
v Internet Control Message Protocol v6
    Type: Router Advertisement (134)
    Code: 0
    Checksum: 0xa8b1 [correct]
    [Checksum Status: Good]
    Cur hop limit: 64
  v Flags: 0xc0, Managed address configuration, Other configuration, Prf (Default Router Preference): Medium
      1... .... = Managed address configuration: Set
      .1.. .... = Other configuration: Set
      ..0. .... = Home Agent: Not set
      ...0 0... = Prf (Default Router Preference): Medium (0)
      .... .0.. = Proxy: Not set
      .... ..0. = Reserved: 0
    Router lifetime (s): 1800
    Reachable time (ms): 0
```

路由器通告(RA)
M標記位元
O標記位元

▲ 圖 9-28 捕捉的 RA 資料封包

在虛擬機器 Windows 10 中打開「命令提示符號」視窗，輸入 "ipconfig / all" 可以看到從 DHCPv6 伺服器獲得的 IPv6 設定，也可以看到從 DHCP 伺服器獲得的 DNS 有 2018:6:6::2000，如圖 9-29 所示。打開「命令提示符號」視窗，輸入 "netsh"，輸入 "interface ipv6"，輸入 "show interface 4"，可以看到「受管理的位址設定」為 enabled，「其他有狀態的設定」為 enabled，如圖 9-30 所示。

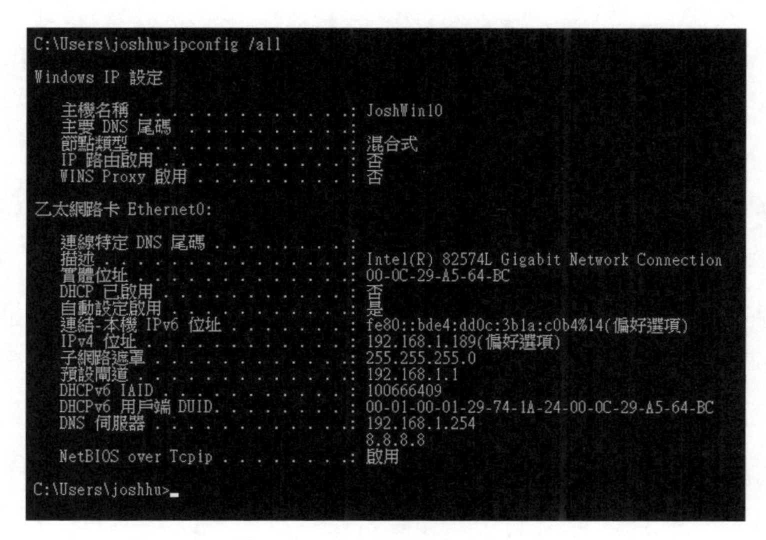

▲ 圖 9-29 從 DHCP 伺服器獲得的 IPv6 位址和 DNS

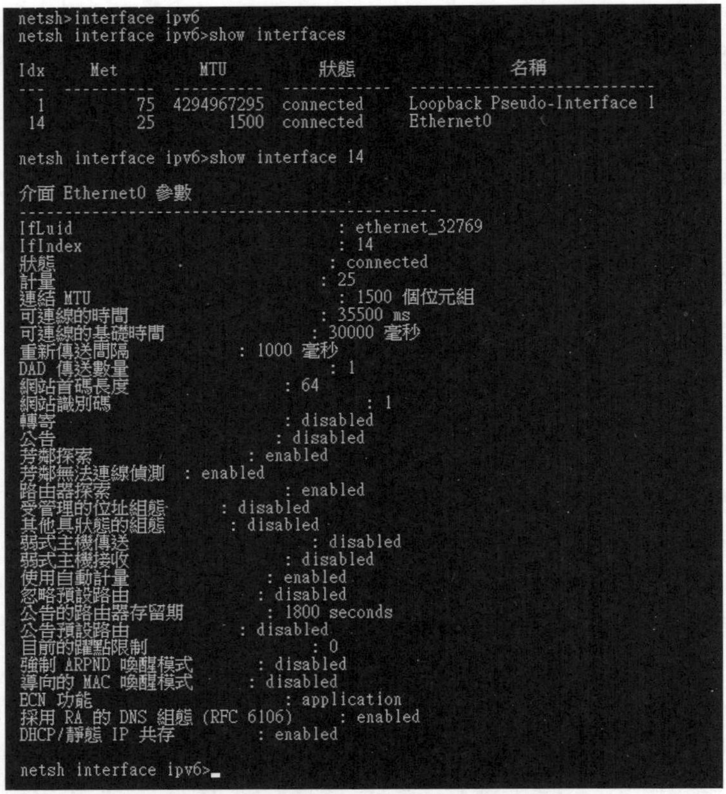

```
netsh>interface ipv6
netsh interface ipv6>show interfaces

Idx     Met         MTU          狀態                名稱
---  ----------  ----------  ------------  --------------------------
  1          75  4294967295  connected     Loopback Pseudo-Interface 1
 14          25        1500  connected     Ethernet0

netsh interface ipv6>show interface 14

介面 Ethernet0 參數
----------------------------------------------
IfLuid                             : ethernet_32769
IfIndex                            : 14
狀態                               : connected
計量                               : 25
連結 MTU                           : 1500 個位元組
可連線的時間                       : 35500 ms
可連線的基礎時間                   : 30000 毫秒
重新傳送間隔              : 1000 毫秒
DAD 傳送數量                       : 1
網站首碼長度                   : 64
網站識別碼                             : 1
轉寄                           : disabled
公告                           : disabled
芳鄰探索                   : enabled
芳鄰無法連線偵測   : enabled
路由器探索                     : enabled
受管理的位址組態          : disabled
其他具狀態的組態          : disabled
弱式主機傳送                       : disabled
弱式主機接收                   : disabled
使用自動計量                 : enabled
忽略預設路由                 : disabled
公告的路由器存留期           : 1800 seconds
公告預設路由              : disabled
目前的躍點限制                     : 0
強制 ARPND 喚醒模式          : disabled
導向的 MAC 喚醒模式          : disabled
ECN 功能                       : application
採用 RA 的 DNS 組態 (RFC 6106)     : enabled
DHCP/靜態 IP 共存            : enabled

netsh interface ipv6>_
```

▲ 圖 9-30 查看從 DHCPv6 伺服器獲得的 IPv6 設定

9.4 設定 IPv6 路由

IPv6 網路暢通的條件和 IPv4 一樣，資料封包有去有回網路才能通。對於沒有直連的網路，需要人工增加靜態路由，或使用動態路由式通訊協定學習到各個網段的路由。

支援 IPv6 的動態路由式通訊協定也都需要新的版本。在第 6 章中討論過許多動態路由式通訊協定的功能和設定，在這裡將以幾乎一樣的方式繼續得到應用。大家知道，在 IPv6 中取消了廣播位址，因此完全使用廣播流量的任何協定都不會再用了，這是一件好事，因為它們消耗大量的頻寬。

在 IPv6 中仍然使用的路由式通訊協定都有了新的名字，支持 IPv6 的 RIP 稱為 RIPng（下一代 RIP），支持 IPv6 的 OSPF 協定是 OSPFv3（OSPF 第 3 版），支持 IPv4 的 OSPF 協定是 OSPFv2（OSPF 第 2 版）。

以下將演示設定 IPv6 的靜態路由，以及設定支援 IPv6 的動態路由式通訊協定 RIPng 和 OSPFv3。

9.4.1 IPv6 靜態路由

網路中有 3 個 IPv6 網段、兩個路由器，參照圖中標注的位址設定路由器介面的 IPv6 位址，如圖 9-31 所示。在路由器 AR1 和 AR2 上增加靜態路由，使得這 3 個網路能夠相互通訊。

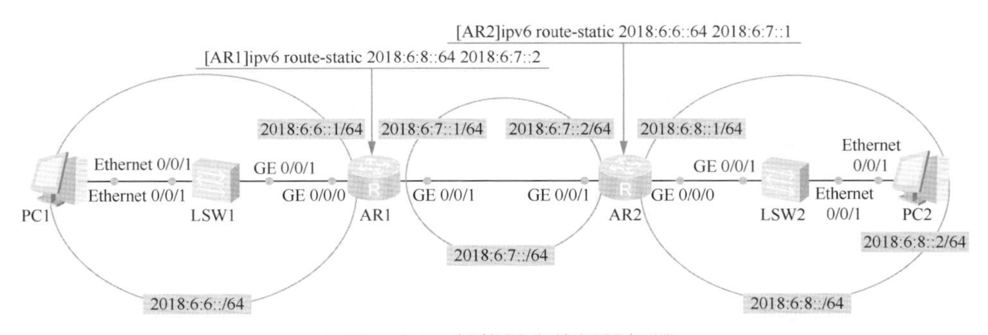

▲ 圖 9-31　靜態路由的網路拓撲

在路由器 AR1 上啟用 IPv6，設定介面啟用 IPv6，設定介面的 IPv6 位址，增加到 2018:6:8::/64 網段的靜態路由。

```
[AR1]ipv6
[AR1]interface GigabitEthernet 0/0/0
[AR1-GigabitEthernet0/0/0]ipv6 enable
[AR1-GigabitEthernet0/0/0]ipv6 address 2018:6:6::1 64
[AR1-GigabitEthernet0/0/0]ipv6 address auto link-local
```

```
[AR1-GigabitEthernet0/0/0]undo ipv6 nd ra halt
[AR1-GigabitEthernet0/0/0]quit
[AR1]interface GigabitEthernet 0/0/1
[AR1-GigabitEthernet0/0/1]ipv6 enable
[AR1-GigabitEthernet0/0/1]ipv6 address 2018:6:7::1 64
[AR1-GigabitEthernet0/0/1]quit
```

增加到 2018:6:8::/64 網段的靜態路由。

```
[AR1]ipv6 route-static 2018:6:8:: 64 2018:6:7::2
```

顯示 IPv6 靜態路由。

```
[AR1]display ipv6 routing-table protocol static
Public Routing Table : Static
Summary Count : 1
Static Routing Table's Status : < Active >
Summary Count : 1
 Destination   : 2018:6:8::                   PrefixLength : 64
 NextHop       : 2018:6:7::2                  Preference   : 60
 Cost          : 0                            Protocol     : Static
 RelayNextHop  : ::                           TunnelID     : 0x0
 Interface     : GigabitEthernet0/0/1         Flags        : RD

Static Routing Table's Status : < Inactive >
Summary Count : 0
```

顯示 IPv6 路由表。

```
[AR1]display ipv6 routing-table
```

設定路由器 AR2 啟用 IPv6，在介面上啟用 IPv6，設定介面的 IPv6 位址，增加到 2018:6:6::/64 網段的靜態路由。

```
[AR2]ipv6
[AR2]interface GigabitEthernet 0/0/1
[AR2-GigabitEthernet0/0/1]ipv6 enable
[AR2-GigabitEthernet0/0/1]ipv6 address 2018:6:7::2 64
```

```
[AR2-GigabitEthernet0/0/1]quit
[AR2]interface GigabitEthernet 0/0/0
[AR2-GigabitEthernet0/0/0]ipv6 enable
[AR2-GigabitEthernet0/0/0]ipv6 address 2018:6:8::1 64
[AR2-GigabitEthernet0/0/0]quit
[AR2]ipv6 route-static 2018:6:6:: 64 2018:6:7::1
```

在路由器 AR1 上測試到 2018:6:8::1 是否暢通。

```
<AR1>ping ipv6 2018:6:8::1
  PING 2018:6:8::1 : 56  data bytes, press CTRL_C to break
    Reply from 2018:6:8::1 bytes=56 Sequence=4 hop limit=64  time = 20 ms
    Reply from 2018:6:8::1 bytes=56 Sequence=5 hop limit=64  time = 20 ms
    Reply from 2018:6:8::1 bytes=56 Sequence=5 hop limit=64  time = 20 ms
    Reply from 2018:6:8::1 bytes=56 Sequence=4 hop limit=64  time = 20 ms
    Reply from 2018:6:8::1 bytes=56 Sequence=5 hop limit=64  time = 20 ms

  --- 2018:6:8::1 ping statistics ---
    5 packet(s) transmitted
    5 packet(s) received
    0.00% packet loss
    round-trip min/avg/max = 10/32/80 ms
```

在 PC1 上 ping PC2。

```
PC>ping 2018:6:8::2
```

刪除 IPv6 靜態路由。為設定下面的 RIPng 準備好環境。

```
[AR1]undo ipv6 route-static 2018:6:8:: 64
[AR2]undo ipv6 route-static 2018:6:6:: 64
```

9.4.2 RIPng

RIPng 的主要特性與 RIPv2 是一樣的。它仍然是距離向量協定，最大轉發數為 15，使用水平分割、毒性逆轉和其他的防環機制，但它現在使用的是 UDP，通訊埠編號為 521。

RIPng 仍然使用多點傳輸來發送更新資訊，但在 IPv6 中，它將 ff02::9 作為傳輸位址。在 RIPv2 中，該多點傳輸位址是 224.0.0.9。因此，在新的 IPv6 多點傳輸範圍中，位址的最後仍然有一個 9。事實上，大多數路由式通訊協定像 RIPng 這樣，保留了一部分 IPv4 的特徵。

當然，新版本肯定與舊版本有不同之處，否則它就不是新版本了。我們知道，路由器在其路由表中，為每個目標網路保留了其鄰居路由器的下一次轉發位址。對 RIPng 而言，其不同之處在於，路由器使用鏈路本機位址而非遠端位址來追蹤下一次轉發位址。

在 RIPng 中，最大的改變是，需要從介面模式下設定或啟用網路中的通告（所有的 IPv6 路由式通訊協定都是如此），而非在路由式通訊協定設定模式下使用 network 命令來通告。

下面展示設定 RIPng 的過程，如圖 9-32 所示，網路中的路由器介面位址已經設定完成，現在需要在路由器 AR1 和 AR2 上設定 RIPng。

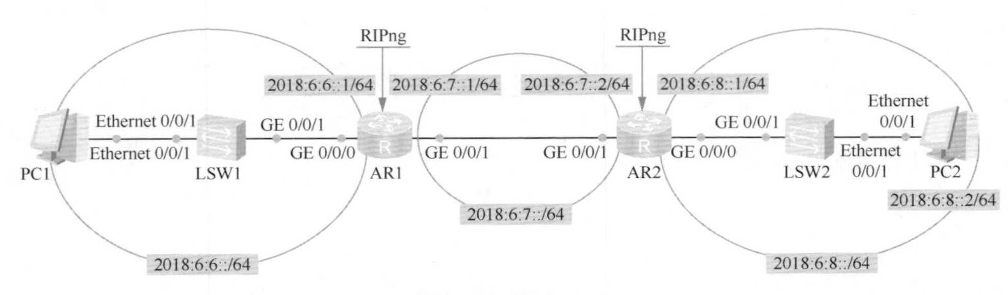

▲ 圖 9-32 設定 RIPng

路由器 AR1 上的設定如下。

```
[AR1]ripng 1                                    -- 啟用 RIPng，指定處理程序號
為 1
[AR1-ripng-1]quit
[AR1-GigabitEthernet0/0/0]ripng 1 enable        -- 在介面上啟用 ripng 1
[AR1-GigabitEthernet0/0/0]quit
[AR1]interface GigabitEthernet 0/0/1
```

```
[AR1-GigabitEthernet0/0/1]ripng 1 enable      -- 在介面上啟用 ripng 1
[AR1-GigabitEthernet0/0/1]quit
```

路由器 AR2 上的設定如下。啟用 RIPng，指定處理程序號為 2，可以和路由器 AR1 上的 RIPng 處理程序號不一樣。

```
[AR2]ripng 2                                --啟用 RIPng，指定處理程序號為 2
[AR2-ripng-2]quit
[AR2]interface GigabitEthernet 0/0/0
[AR2-GigabitEthernet0/0/0]ripng 2 enable
[AR2-GigabitEthernet0/0/0]quit
[AR2]interface GigabitEthernet 0/0/1
[AR2-GigabitEthernet0/0/1]ripng 2 enable
[AR2-GigabitEthernet0/0/1]quit
```

查看透過 RIPng 學到的路由。NextHop 是路由器 AR2 上 GE 0/0/1 介面的鏈路本機位址。

```
[AR1]display ipv6 routing-table protocol ripng
Public Routing Table : RIPng
Summary Count : 1

RIPng Routing Table's Status : < Active >
Summary Count : 1

 Destination  : 2018:6:8::                 PrefixLength : 64
 NextHop      : FE80::2E0:FCFF:FE1E:7774   Preference   : 100
 Cost         : 1                          Protocol     : RIPng
 RelayNextHop : ::                         TunnelID     : 0x0
 Interface    : GigabitEthernet0/0/1       Flags        : D

RIPng Routing Table's Status : < Inactive >
Summary Count : 0
```

禁用 RIPng 後，會自動從路由器介面取消 RIPng 設定，為下面設定 OSPFv3 準備好環境。

```
[AR1]undo ripng 1
[AR2]undo ripng 2
```

9.4.3 OSPFv3

新版本的 OSPF 與 IPv4 中的 OSPF 有許多相似之處。

OSPFv3 和 OSPFv2 的基本概念是一樣的，它仍然是鏈路狀態路由式通訊協定，它將整個網路或自治系統分成區域，從而使網路層次分明。

在 OSPFv2 中，路由器 ID（RID）由分配給路由器的最大 IP 位址決定（也可以由使用者來分配）。在 OSPFv3 中，可以分配 RID、地區 ID 和鏈路狀態 ID，鏈路狀態 ID 仍然是 32 位元的值，但卻不能再使用 IP 位址找到了，因為 IPv6 的位址為 128 位元。根據這些值的不同分配，會有對應的改動，從 OSPF 封包的表頭中還刪除了 IP 位址資訊，這使得新版本的 OSPF 幾乎能透過任何網路層協定來進行路由。

在 OSPFv3 中，鄰接和下一次轉發內容使用鏈路本機位址，但仍然使用多點傳輸流量來發送更新和回應資訊。對於 OSPF 路由器，位址為 FF02::5；對於 OSPF 指定路由器，位址為 FF02::6，這些新位址分別用來替換 224.0.0.5 和 224.0.0.6。

下面展示設定 OSPFv3 的過程。網路中的路由器介面位址已經設定完成，現在需要在路由器 AR1 和 AR2 上設定 OSPFv3，如圖 9-33 所示。

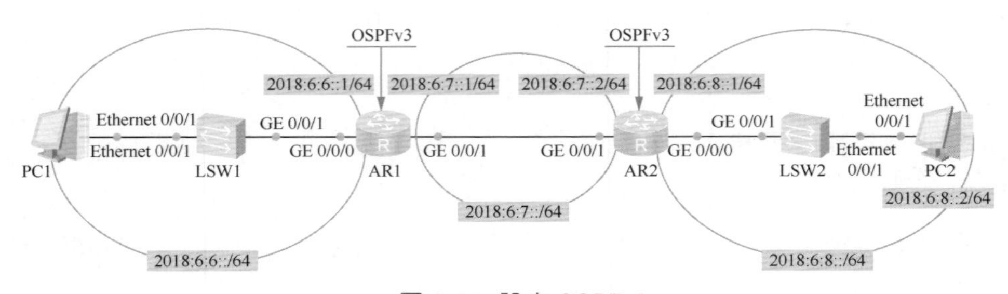

▲ 圖 9-33 設定 OSPFv3

路由器 AR1 上的設定如下。

```
[AR1]ospfv3 1                                 -- 啟用 OSPFv3，指定處理程序號
[AR1-ospfv3-1]router-id 1.1.1.1               -- 指定 router-id，必須唯一
[AR1-ospfv3-1]quit
[AR1]interface GigabitEthernet 0/0/0
[AR1-GigabitEthernet0/0/0]ospfv3 1 area 0     -- 在介面上啟用 OSPFv3，指定區
域編號
[AR1-GigabitEthernet0/0/0]quit
[AR1]interface GigabitEthernet 0/0/1
[AR1-GigabitEthernet0/0/1]ospfv3 1 area 0
[AR1-GigabitEthernet0/0/1]quit
```

路由器 AR2 上的設定如下。

```
[AR2]ospfv3 1                                 -- 啟用 OSPFv3，指定處理程序號
[AR2-ospfv3-1]router-id 1.1.1.2
[AR2-ospfv3-1]quit
[AR2]interface GigabitEthernet 0/0/0
[AR2-GigabitEthernet0/0/0]ospfv3 1 area 0
[AR2-GigabitEthernet0/0/0]quit
[AR2]interface GigabitEthernet 0/0/1
[AR2-GigabitEthernet0/0/1]ospfv3 1 area 0
[AR2-GigabitEthernet0/0/1]quit
```

查看 OSPFv3 學習到的路由。

```
[AR1]display ipv6 routing-table protocol ospfv3
Public Routing Table : OSPFv3
Summary Count : 3
OSPFv3 Routing Table's Status : < Active >
Summary Count : 1
 Destination  : 2018:6:8::                   PrefixLength : 64
 NextHop      : FE80::2E0:FCFF:FE1E:7774     Preference   : 10
 Cost         : 2                            Protocol     : OSPFv3
 RelayNextHop : ::                           TunnelID     : 0x0
 Interface    : GigabitEthernet0/0/1         Flags        : D
......
```

9.5 IPv6 和 IPv4 共存技術

.在目前以 IPv4 為基礎的網路技術如此成熟的情況下，不可能馬上拋開原有 IPv4 網路來建 IPv6 網路，只能透過分步實施的方法來逐步過渡。因此，在今後相當長的一段時間內，IPv6 網路將和 IPv4 網路共存。如何以合理的代價逐步將 IPv4 網路過渡到 IPv6 網路、解決好 IPv4 與 IPv6 共存將是我們迫切需要考慮的問題。針對以上問題，目前主要提出了 3 種過渡技術：雙重堆疊（dual stack）、隧道技術（tunnel）、位址協定轉換（NAT-PT）。當然，這些過渡技術都不是普遍適用的，每一種技術都只適用於某種或幾種特定的網路情況，在實際應用時需綜合考慮各方面的現實情況，然後選擇合適的共存技術。

下面講解 6to4 隧道技術實現 IPv4 網路連接兩個 IPv6 網路。

隧道技術是將 IPv6 的封包封裝到 IPv4 的封包中，封包的來源位址和目標位址分別是隧道入口和出口的 IPv4 位址。隨著 IPv6 網路的發展，將出現許多局部的 IPv6 網路，但是這些 IPv6 網路被運行 IPv4 的主幹網絡分隔開來。IPv6 網路就像是處於 IPv4「海洋」中的「孤島」，為了使這些「IPv6 孤島」可以互通，必須使用隧道技術一要求隧道兩端的節點（路由器）支持 IPv4/IPv6 兩種協定，其通訊方式如圖 9-34 所示。

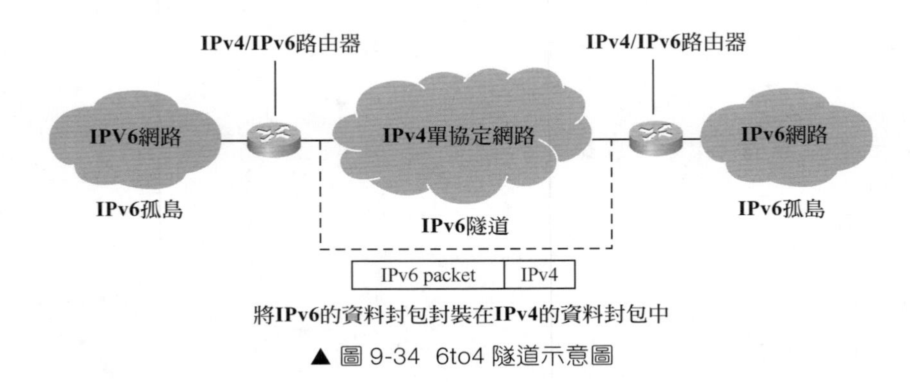

▲ 圖 9-34 6to4 隧道示意圖

在隧道的入口處，路由器將 IPv6 的資料封包封載入 IPv4 中，IPv4 資料封包的來源位址和目標位址分別是隧道入口和出口的 IPv4 位址。在隧道的出口處，再將 IPv6 資料封包取出轉發給目標網站。隧道技術只要求在隧道的入口和出口處進行修改，對其他部分沒有要求，因而很容易實現。但是隧道技術不能實現 IPv4 主機和 IPv6 主機的直接通訊。

下面就以 6to4 隧道技術為例，使用 IPv4 網路連接 IPv6 孤島。圖 9-27 所示的兩個 IPv6 網路透過 IPv4 網路連接，在路由器 AR1 和 AR3 上創建隧道介面 Tunnel 0/0/0，就相當於在路由器 AR1 和路由器 AR3 之間連接一根網線，兩端的隧道介面要設定 IPv6 位址，這樣來看 IPv6 就有了 3 個網段：2001:1::/64、2001:2::/64 和 2001:3::/64。需要在路由器 AR1 上增加到 2001:3::/64 網段的路由，在路由器 AR3 上增加到 2001:1::/64 網段的路由。隧道協定為 IPv6 over IPv4，也就表示將 IPv6 資料封包封裝在 IPv4 資料封包中。圖 9-35 中畫出了 PC1 發送給 PC2 的 IPv6 資料封包，在經過 IPv4 網路後被封裝起來。

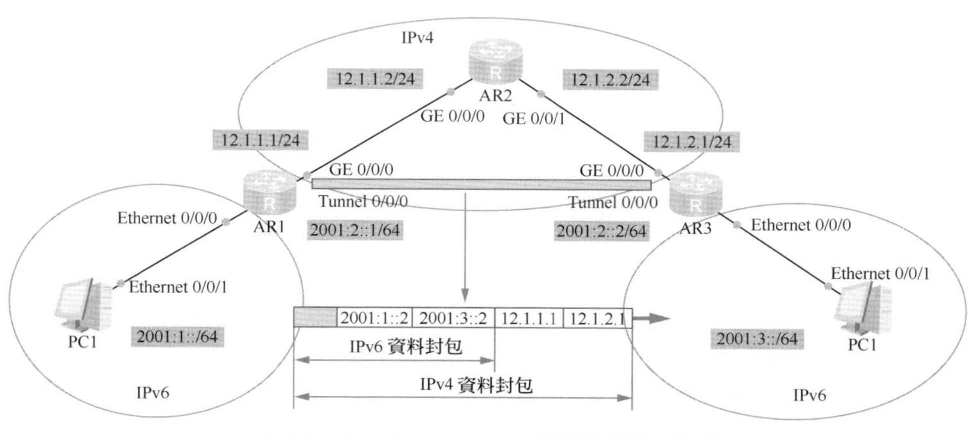

▲ 圖 9-35 IPv6 over IPv4 隧道技術示意圖

以圖 9-35 所示的網路拓撲為例，設定 IPv6 over IPv4。確保 IPv4 網路暢通，路由器 AR1 能夠 ping 通路由器 AR3 上 GE 0/0/0 介面的位址 12.1.2.1。

路由器 AR1 上的設定如下。

```
[AR1]ipv6                                          -- 啟用 IPv6
[AR1]interface Tunnel 0/0/0                        -- 創建隧道介面，編號自訂
[AR1-Tunnel0/0/0]tunnel-protocol ?                 -- 查看支持的隧道協定
  gre         Generic Routing Encapsulation
  ipsec       IPSEC Encapsulation
  ipv4-ipv6   IP over IPv6 encapsulation           -- 將 IPv4 資料封包封裝在 IPv6
資料封包中
  ipv6-ipv4   IPv6 over IP encapsulation           -- 將 IPv6 資料封包封裝在 IPv4
資料封包中
  mpls        MPLS Encapsulation
  none        Null Encapsulation
[AR1-Tunnel0/0/0]tunnel-protocol ipv6-ipv4         -- 本案例是 IPv6 over IPv4
[AR1-Tunnel0/0/0]source 12.1.1.1                   -- 指定隧道的來源位址
[AR1-Tunnel0/0/0]destination 12.1.2.1              -- 指定隧道的目標位址
[AR1-Tunnel0/0/0]ipv6 enable                       -- 在介面上啟用 IPv6 支援
[AR1-Tunnel0/0/0]ipv6 address 2001:2::1 64         -- 給隧道介面指定 IPv6 位址
[AR1-Tunnel0/0/0]quit
[AR1]ipv6 route-static 2001:3:: 64 2001:2::2 -- 增加到 2001:3::/64 網段的靜
態路由
```

路由器 AR3 上的設定如下。

```
[AR3]ipv6
[AR3]interface Tunnel 0/0/0
[AR3-Tunnel0/0/0]tunnel-protocol ipv6-ipv4
[AR3-Tunnel0/0/0]source 12.1.2.1
[AR3-Tunnel0/0/0]destination 12.1.1.1
[AR3-Tunnel0/0/0]ipv6 enable
[AR3-Tunnel0/0/0]ipv6 address 2001:2::2 64
[AR3-Tunnel0/0/0]quit
[AR3]ipv6 route-static 2001:1:: 64 2001:2::1
```

封包截取分析 IPv6 over IPv4 資料封包。

按右鍵路由器 AR2，點擊「資料封包截取」→ "GE 0/0/0"，如圖 9-36 所示。

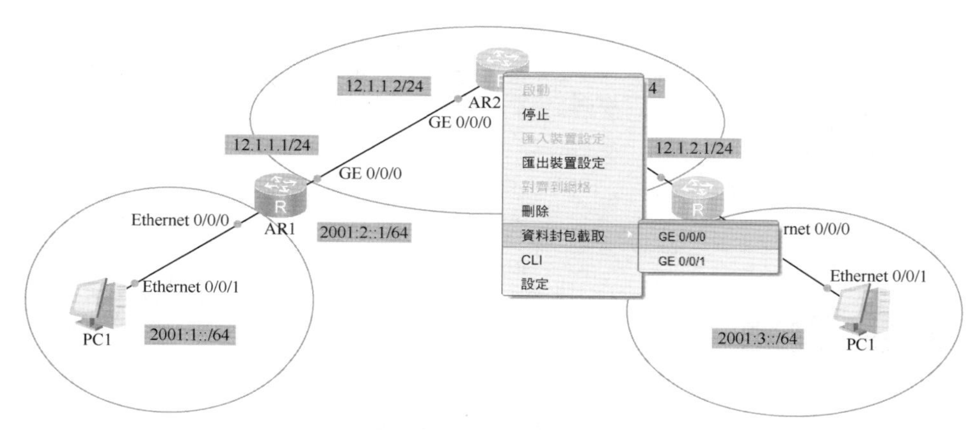

▲ 圖 9-36 封包截取

在 PC1 上 ping PC2 的 IPv6 位址。

```
PC>ping 2001:3::2
Ping 2001:3::2: 32 data bytes, Press Ctrl_C to break
Request timeout!
From 2001:3::2: bytes=32 seq=2 hop limit=253 time=47 ms
From 2001:3::2: bytes=32 seq=3 hop limit=253 time=31 ms
From 2001:3::2: bytes=32 seq=4 hop limit=253 time=32 ms
From 2001:3::2: bytes=32 seq=5 hop limit=253 time=31 ms

--- 2001:3::2 ping statistics ---
  5 packet(s) transmitted
  4 packet(s) received
  20.00% packet loss
  round-trip min/avg/max = 0/35/47 ms
```

可以看到封包截取工具捕捉的 ICMP 資料封包有兩個網路層，IPv4 資料封包中是 IPv6 資料封包，如圖 9-37 所示，現在讀者就能領悟 IPv6 over IPv4 的實質了。

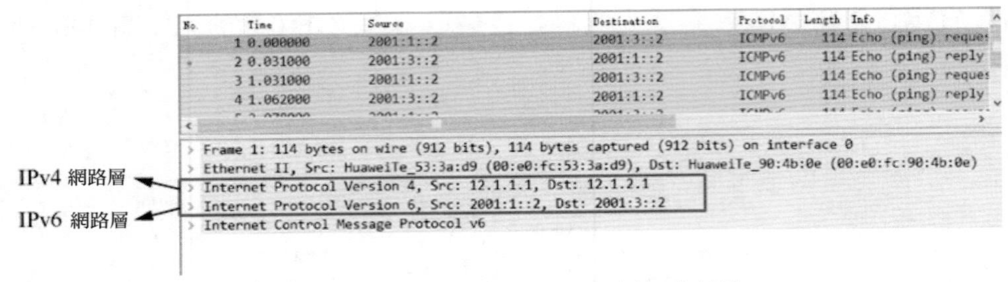

No.	Time	Source	Destination	Protocol	Length	Info
1	0.000000	2001:1::2	2001:3::2	ICMPv6	114	Echo (ping) reque
2	0.031000	2001:3::2	2001:1::2	ICMPv6	114	Echo (ping) reply
3	1.031000	2001:1::2	2001:3::2	ICMPv6	114	Echo (ping) reque
4	1.062000	2001:3::2	2001:1::2	ICMPv6	114	Echo (ping) reply

▲ 圖 9-37 IPv6 over IPv4 資料封包的封裝

9.6 習題

1. 關於 IPv6 位址 2031:0000:720C:0000:0000:09E0:839A:130B，下列哪些縮寫是正確的？（　　）（選擇兩個答案）

   A. 2031:0:720C:0:0:9E0:839A:130B

   B. 2031:0:720C:0:0:9E:839A:130B

   C. 2031::720C::9E:839A:130B

   D. 2031:0:720C::9E0:839A:130B

2. 下列哪些 IPv6 位址可以被手動設定在路由器介面上？（　　）（選擇兩個答案）

   A. fe80:13dc::1/64　　B. ff00:8a3c::9b/64

   C. ::1/128　　D. 2001:12e3:1b02::21/64

3. 下列關於 IPv6 的描述中正確的是（　　）。（選擇兩個答案）

   A. IPv6 的位址長度為 64 位元

   B. IPv6 的位址長度為 128 位元

   C. IPv6 位址有狀態設定使用 DHCP 伺服器分配位址和其他設定

   D. IPv6 位址無狀態設定使用 DHCPv6 伺服器分配位址和其他設定

4. IPv6 位址中不包括下列哪種類型的位址？（　　）

   A. 單一傳播位址　　B. 多點傳輸位址

   C. 廣播位址　　D. 任播位址

5. 下列選項中，哪個是鏈路本機位址的位址字首？（　　）

   A. 2001::/10　　B. fe80::/10

   C. feC0::/10　　D. 2002::/10

6. 下面哪筆命令是增加 IPv6 預設路由的命令？（　　）

   A. [AR1]ipv6 route-static :: 0 2018:6:7::2

   B. [AR1]ipv6 route-static ::1 0 2018:6:7::2

   C. [AR1]ipv6 route-static :: 64 2018:6:7::2

   D. [AR1]ipv6 route-static :: 128 2018:6:7::2

7. IPv6 網路層協定有哪些？（　　）

   A. ICMPv6、IPv6、ARP、ND

   B. ICMPv6、IPv6、MLD、ND

   C. ICMPv6、IPv6、ARP、IGMPv6

   D. ICMPv6、IPv6、MLD、ARP

8. 在 VRP 系統中設定 DHCPv6，下列哪些形式的 DUID 可以被設定？（　　）

   A. DUID-LL　　B. DUID-LLT

   C. DUID-EN　　D. DUID-LLC

Chapter

10

網路安全

• 本章主要內容 •

- 網路安全概述
- 對稱加密和非對稱加密
- 發送數位簽章和數位加密的郵件
- 安全通訊端層
- 網路層安全 IPSec

資訊安全主要包括以下 5 個方面的內容，即需保證資訊的保密性、真實性、完整性、未授權複製的安全性和所寄生系統的安全性。網路環境下的資訊安全系統是保證資訊安全的關鍵，包括電腦安全作業系統、各種安全協定、各種安全機制（如數位簽章、訊息認證、資料加密等），直到安全系統，只要存在安全性漏洞便可能威脅全域安全。

本章只討論資料在傳輸過程中的安全，資料儲存安全、作業系統安全等不在本章的討論範圍。本章說明的安全有應用層安全協定（如發送數位簽章的電子郵件、發送加密的電子郵件）、在傳輸層和應用層之間增加的安全通訊端層（如存取網站使用 HTTPS）、在網路層實現的安全（IPSec）等，如圖 10-1 所示。

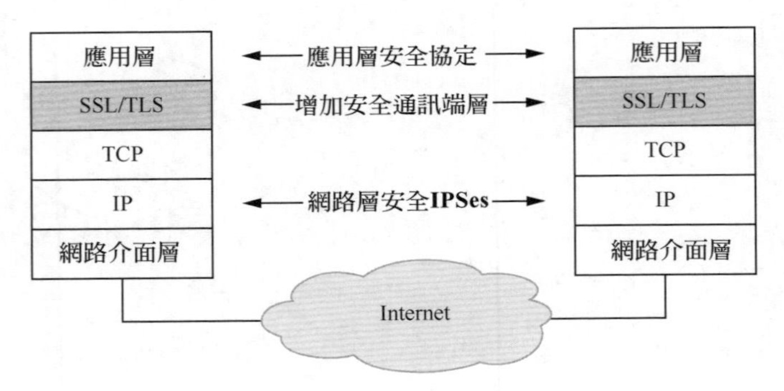

▲ 圖 10-1 本章說明的網路安全

10.1 網路安全概述

本節討論電腦網路通訊面臨的安全威脅和一般的資料加密模型。

10.1.1 電腦網路通訊面臨的安全威脅

電腦網路通訊通常面臨以下兩大威脅，即主動攻擊和被動攻擊，如圖 10-2 所示。

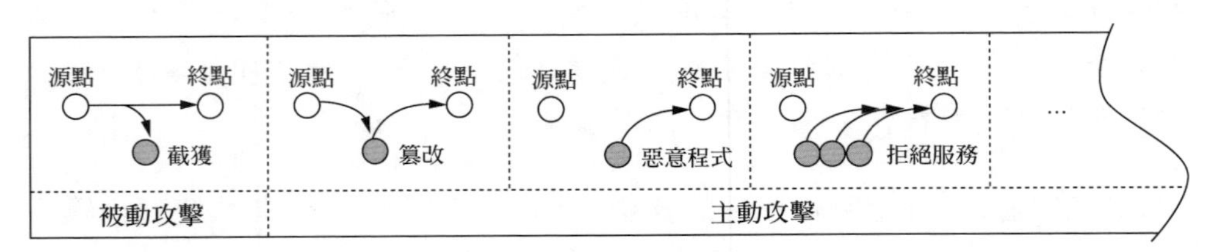

▲ 圖 10-2 電腦網路通訊面臨的安全威脅

1. 截獲

攻擊者從網路上竊聽他人的通訊內容，通常把這類攻擊稱為「截獲」。在被動攻擊中，攻擊者只是觀察和分析某一個協定資料單元（PDU，這裡使用 PDU 這一名詞是考慮到所關聯的可能是不同的層次）而不干擾資訊流。即使這些資料對攻擊者來說是不易了解的，他也可以透過觀察 PDU 的協定控制資訊部分，了解正在通訊的協定實體的位址和身份；研究 PDU 的長度和傳輸的頻度，以便了解所交換的資料的某種性質。這種被動攻擊又被稱為「流量分析」（traffic analysis）。

舉例來說，公司內網透過撥號伺服器連接 Internet，內網電腦造訪 Internet 的流量都要經過撥號伺服器，如果在撥號伺服器上安裝封包截取工具，就能捕捉內網電腦上網流量，如圖 10-3 所示。如果帳號和密碼是明文傳輸，那就危險了。當然，在撥號伺服器上也可以安裝流量分析軟體，檢測內網電腦上網流量和造訪了哪些網站。這就是被動攻擊。

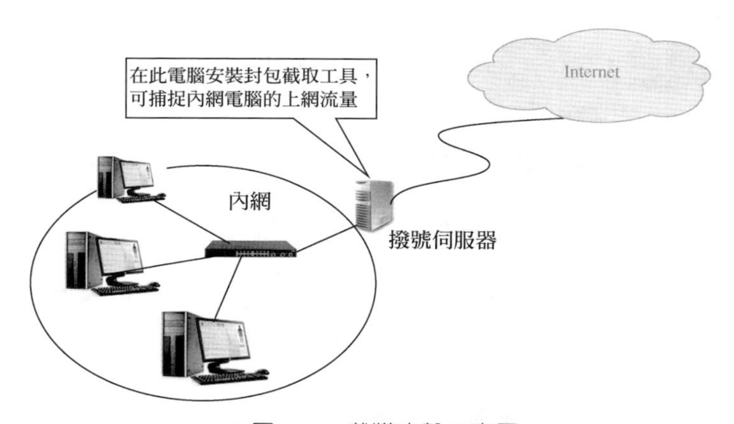

▲ 圖 10-3　截獲攻擊示意圖

2. 篡改

攻擊者篡改網路上傳輸的封包。這裡也包括徹底中斷傳輸的封包，甚至把完全偽造的封包傳輸給接收方，這種攻擊方式有時也稱為「更改封包串流」。

DNS 綁架又稱「域名綁架」，是十分常見的一種網路攻擊手段，且不易被人察覺。使用者用域名造訪某個網站時，域名解析的回應封包被篡改，將解析到的 IP 位址修改成釣魚網站的 IP 位址，讓使用者造訪到釣魚網站。

舉例來說，某銀行的網站 IP 位址是 113.207.33.16，在 Internet 上有個假冒某銀行的網站，該網站用來騙取使用者的銀行卡號和密碼，其 IP 位址是 23.20.12.18，如圖 10-4 所示。

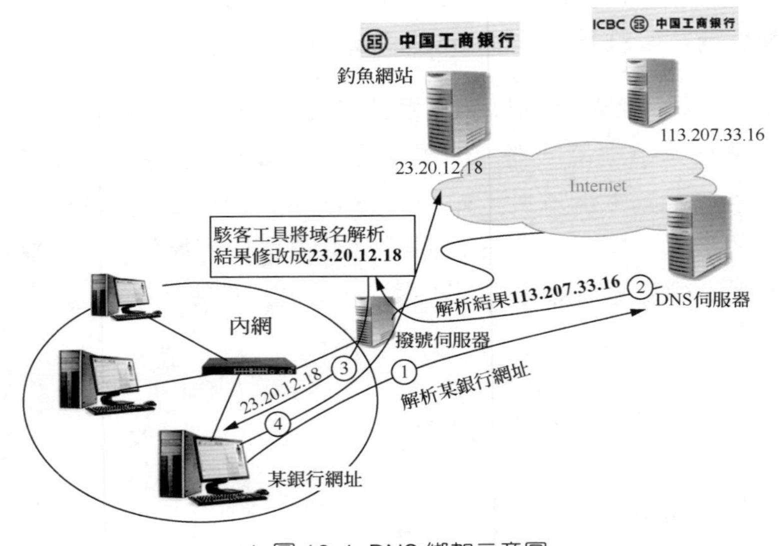

▲ 圖 10-4 DNS 綁架示意圖

在撥號伺服器上安裝一個軟體 Cain，設定該軟體重新定義某銀行網址域名解析 DNS 回應封包的 IP 位址為 23.20.12.18，如圖 10-5 所示。

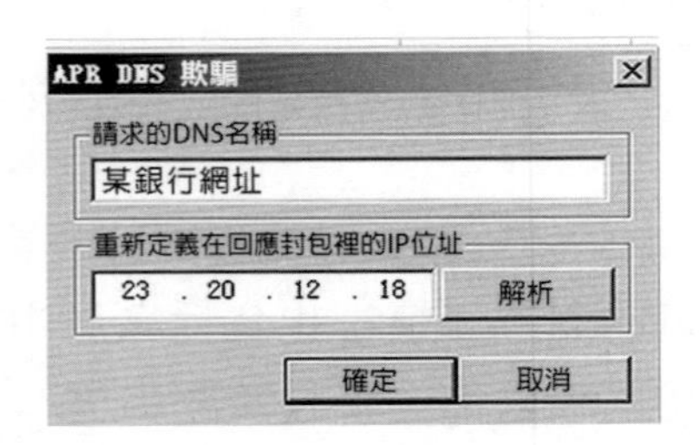

▲ 圖 10-5 設定 ARP DNS 欺騙

內網電腦輸入域名造訪某銀行網站，域名解析的回應封包會被重新定義，將解析出的位址修改成 23.20.12.18 發送給內網電腦，內網電腦造訪的是偽造的某銀行網站，而使用者對此全然不知。

圖 10-6 所示是在撥號伺服器上捕捉的內網電腦域名解析的資料封包，第 15 個資料封包是透過 Internet 上的 DNS 伺服器解析某銀行網址域名的回應封包。讀者可以查看解析的結果，該封包中的 IP 位址是某銀行網站的位址，多個 Web 伺服器運行該網站，所以有多個 IP 位址。

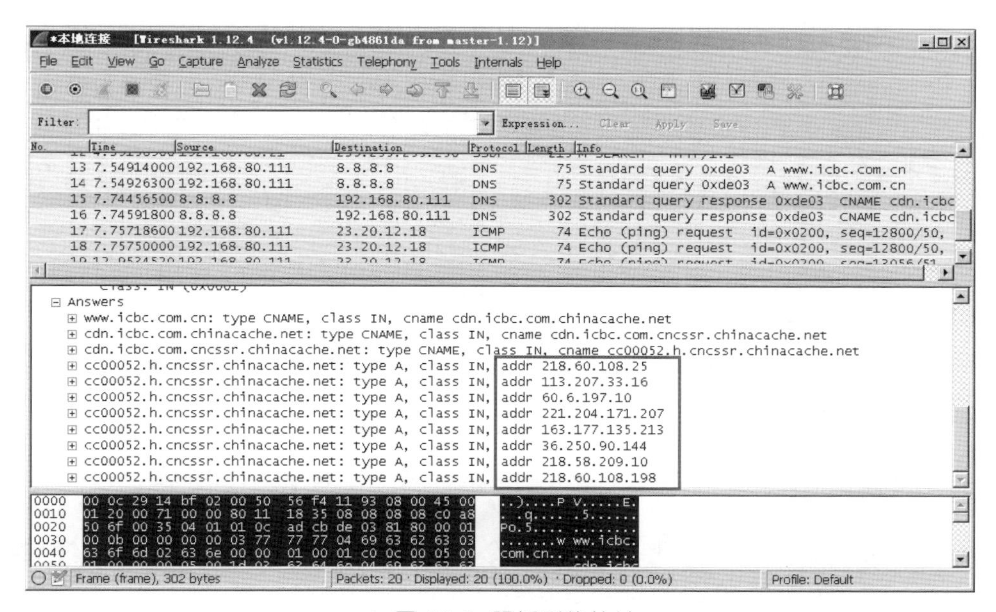

▲ 圖 10-6 解析到的位址

第 16 個資料封包是 Cain 軟體修改第 15 個封包產生的新的 DNS 響應封包，把其中的 IP 位址都寫成了 23.20.12.18，如圖 10-7 所示。注意觀察，只是修改了回應封包的內容，資料封包的來源位址和目標位址並沒有改變，內網的電腦並不知道域名解析的回應封包被修改。

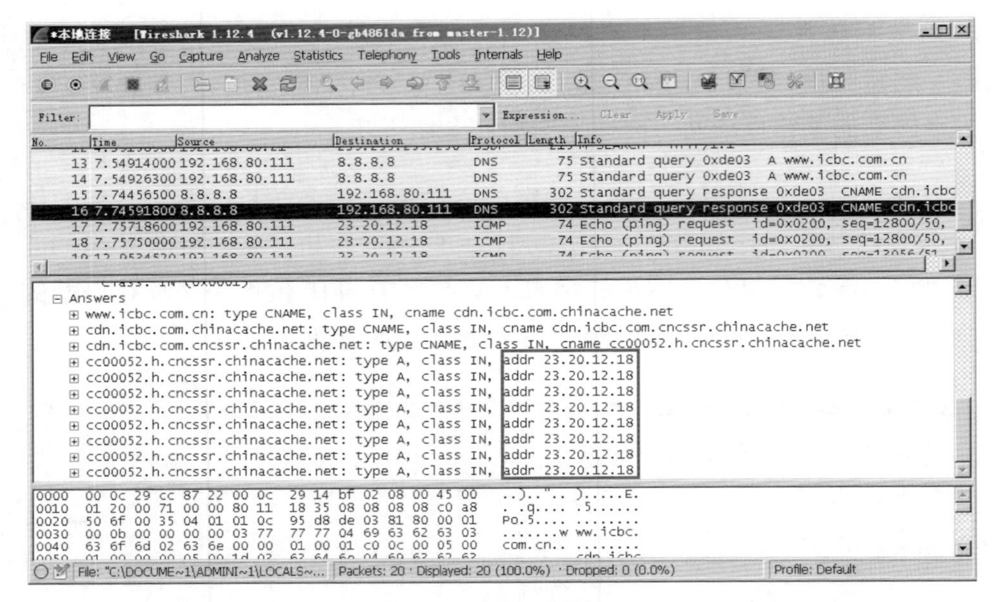

▲ 圖 10-7 篡改解析的結果

DNS 綁架是篡改的應用，有很多進階防火牆（如微軟的 TMG 防火牆）可以直接修改 HTTP 請求到的頁面中的內容，完全可以把網頁中的某些超連結替換成它指定的 URL。

3. 惡意程式

還有一種特殊的主動攻擊就是惡意程式（rogue program）的攻擊。惡意程式種類繁多，對網路安全威脅較大的主要有以下幾種。

（1）電腦病毒（computer virus），是一種會「傳染」其他程式的程式，「傳染」是透過修改其他程式來把自身或其變種複製進去完成的。

（2）電腦蠕蟲（computer worm），是一種透過網路的通訊功能將自身從一個節點發送到另一個節點並自動啟動運行的程式。

（3）木馬程式（trojan horse program）通常又稱為「木馬」、「惡意程式碼」等，潛伏在電腦中，與一般的病毒不同，它不會自我繁殖，也並不會「刻意」地去感染其他檔案，是可受外部使用者控制以竊取本機資訊或控制權的程式。它既可以盜取 LINE 帳號、遊戲帳號甚至銀行帳號，也可以用來遠端控制或監控電腦（如「灰鴿子」木馬），或將本機作為工具來攻擊其他裝置等。電腦病毒有時也以「特洛伊」木馬的形式出現。

（4）邏輯炸彈（logic bomb）是一種當運行環境滿足某種特定條件時，執行其他特殊功能的程式。舉例來說，一個編輯程式在平時運行得很好，但當系統時間為 13 日，又為星期五時，就會刪去系統中所有的檔案，這種程式就是一種邏輯炸彈。

病毒是應用程式，病毒程式不會儲存在交換機、路由器這些網路裝置中，因此這些裝置不會中病毒，但病毒可以透過交換機和路由器等網路裝置傳播到網路中的其他電腦。電腦中了病毒也會影響網路裝置的正常執行，舉例來說，有些病毒會在網路中發送大量的 ARP 廣播封包，造成企業內網堵塞，還有些病毒每秒向 Internet 的某個位址建立幾千個 TCP 連接，佔用上網頻寬。

4. 拒絕服務

攻擊者向 Internet 上的伺服器不停地發送大量分組，使 Internet 或伺服器無法提供正常服務，這種攻擊被稱為拒絕服務（Denial of Service，DoS）。若攻擊者操縱 Internet 上成百上千的網站集中攻擊一個網站，則稱為「分散式拒絕服務」（Distributed Denial of Service，DDoS）。有時也把這種攻擊稱為「網路頻寬攻擊」或「連通性攻擊」。

有一種 DDoS 攻擊叫作「挑戰黑洞」（Challenge Collapsar，CC）攻擊，攻擊者借助代理伺服器生成指向攻擊目標的合法請求。CC 主要是用來攻擊網站的。讀者或許有這樣的經歷，在造訪討論區時，如果同時造訪這個討論區的人比較多，打開頁面的速度就會比較慢。存取的人越多，網路流量就越高，造成網路堵塞，伺服器系統資源就消耗越多，進而會引起伺服器停止回應。CC 攻擊就是操縱 Internet 上的成百上千個 Web 代理伺服器同時存取一個網站的 Web 頁面，造成該網站停止響應或網路堵塞。

攻擊者安裝 CC 攻擊軟體，匯入 Internet 上的 1500 個免費代理伺服器，輸入攻擊目標 91 學 IT 網站的網址，點擊「開始」按鈕，該軟體就會向這 1500 個代理伺服器發送請求，造訪目標網站，這 1500 個代理伺服器造訪目標網站的流量匯聚到機房路由器，就會造成電信業者機房網路堵塞，正常的存取將被拒絕，如圖 10-8 所示。

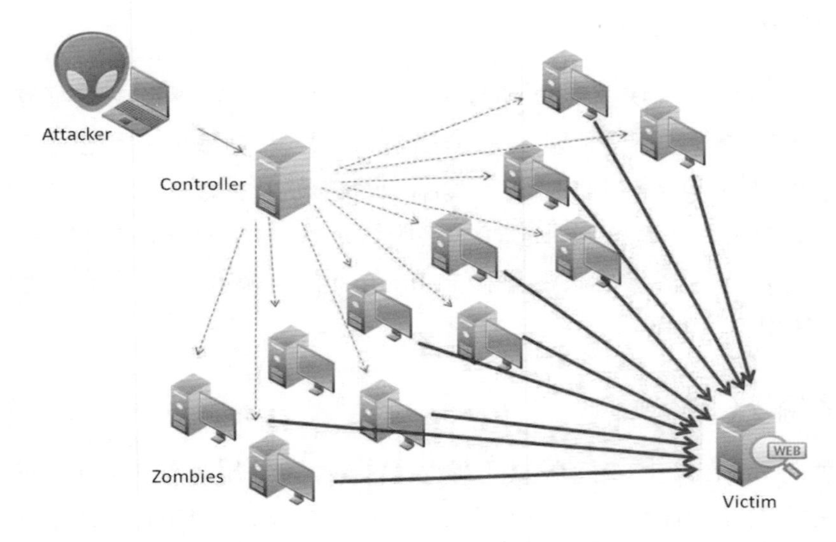

▲ 圖 10-8 DDoS 攻擊示意圖（來源：維基百科）

對於主動攻擊，可以採用適當的措施加以檢查。但對於被動攻擊，通常是檢測不出來的。根據這些特點，可得出電腦網路通訊安全的目標如下。

（1）防止析出封包內容和流量分析。
（2）防止惡意程式。
（3）檢測封包串流更改和拒絕服務。

對付被動攻擊可採用各種資料加密技術，而對付主動攻擊，則需要加密技術和適當的鑑別技術相結合。

10.1.2 一般的資料加密模型

一般的資料加密模型如圖 10-9 所示。網路中的電腦 A 和電腦 B 打算進行加密通訊，防止網路中的電腦 C 使用封包截取工具封包截取後查看電腦 A、B 之間的通訊內容。這就要求電腦 A 將資料加密後發給電腦 B，電腦 B 收到加密資料後進行解密，得到明文。這需要事先協商好一個金鑰 K，電腦 A 向電腦 B 發送明文 X，透過加密演算法 E 運算後，就得出加密 Y。

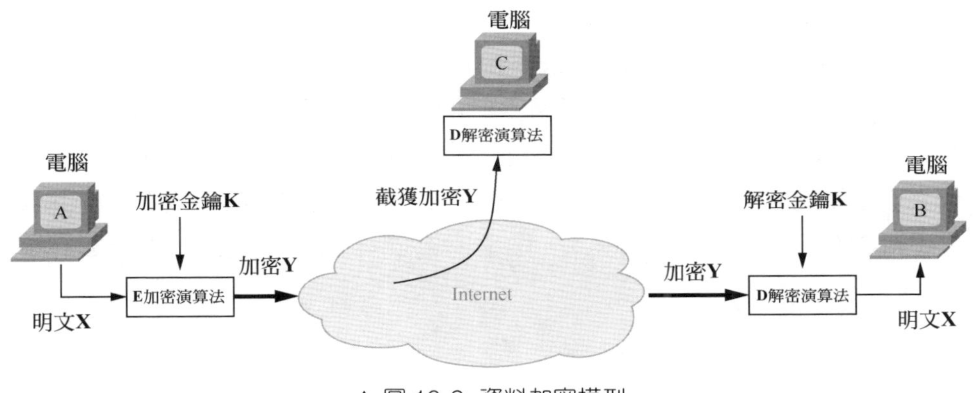

▲ 圖 10-9 資料加密模型

圖 10-9 所示的加密和解密用的金鑰 K（Key）是一串秘密的字串（或位元串）。明文透過加密演算法變成加密的一般表示方法如下。

$$Y=E_K(X)$$

在傳輸過程中可能出現截取者（或攻擊者、入侵者）。截取者即使知道解密演算法，但是不知道解密金鑰，也沒有辦法解密得到明文 X。

接收端 B 使用解密演算法 D 和解密金鑰 K，解出明文 X。解密演算法是加密演算法的逆運算。在進行解密運算時如果不使用事先約定好的金鑰就無法解出明文。解密運算表示如下。

$$D_K(Y)=D_K(E_K(X))=X$$

如果加密金鑰和解密金鑰是同一個金鑰，這種加密技術就稱為「對稱加密」。如果加密金鑰和解密金鑰不是同一個金鑰，這種加密技術就稱為「非對稱加密」，但非對稱加密的加密金鑰和解密金鑰要有某種相關性。

密碼編碼學（cryptography）是密碼體制的設計學，而密分碼析學（cryptanalysis）則是在未知金鑰的情況下從加密推演出明文或金鑰的技術。密碼編碼學與密分碼析學合起來即為密碼學（cryptology）。

如果不論截取者獲得了多少加密，但在加密中都沒有足夠的資訊來唯一地確定出對應的明文，則這一密碼體制被稱為「無條件安全的」，或被稱為「理論上不可破的」。在無任何限制的條件下，目前幾乎所有實用的密碼體制均是可破的。因此，人們關心的是要研製出在計算上（而非在理論上）不可破的密碼體制。如果一個密碼體制中的密碼不能在一定時間內被可以使用的運算資源破譯，則這一密碼體制就被稱為「在計算上是安全的」。

10.2 對稱加密和非對稱加密

10.2.1 對稱金鑰密碼體制

所謂對稱金鑰密碼體制，即加密金鑰與解密金鑰是相同的。

資料加密標準 DES 屬於對稱金鑰密碼體制。它由 IBM 公司研製，於 1977 年被美國定為聯邦資訊標準後，在國際上引起了極大的關注。ISO 曾將 DES 作為資料加密標準。

DES 是一種區塊編碼器。在加密前，先對整個明文進行分組。每一個組為 64 位元長的二進位資料。然後對每一個 64 位元二進位資料進行加密處理，產生一組 64 位元加密資料。最後將各組加密串接起來，即得出整個加密。使用的金鑰的長度為 64 位元（實際金鑰長度為 56 位元，有 8 位元用於同位）。

DES 的保密性僅取決於對金鑰的保密，而演算法是公開的。DES 目前較為嚴重的問題是其金鑰長度。56 位元長的金鑰表示共有 2^{56} 種可能的金鑰，也就是説，共約有 2^{56} 種金鑰。假設一台電腦 1μs 可執行一次 DES 加密，同時假設平均只需搜索金鑰空間的一半即可找到金鑰，那麼破譯 DES 要超過 1000 年。

但現在已經設計出搜索 DES 金鑰的專用晶片。舉例來説，在 1999 年有一批人在 Internet 上合作，借助於一台不到 25 萬美金的專用電腦，在略超過 22 小時的時間內就破譯了 56 位元金鑰的 DES。若借助價格為 100 萬美金或 1000 萬美金的電腦，則預期的搜索時間分別為 3.5h 或 21min。

在 DES 之後又出現了國際資料加密演算法（International Data Encryption Algorithm，IDEA）。IDEA 使用 128 位元金鑰，因而更不容易被攻破。計算指出，當金鑰長度為 128 位元時，若每微秒可搜索一百萬次，則破譯 IDEA 密碼需要花費 5.4×10^{18} 年。這顯然是比較安全的。

在對稱加密演算法中常用的演算法有 DES、3DES、TDEA、Blowfish、RC2、RC4、RC5、IDEA、SKIPJACK、AES 等。

對稱加密演算法的優點是演算法公開、計算量小、加密速度快、加密效率高。

對稱加密演算法的缺點是在資料傳輸前，發送方和接收方必須商定好金鑰，然後雙方都必須保存好金鑰。如果一方的金鑰被洩露，那麼加密資訊也就不安全了。另外，每對使用者每次使用對稱加密演算法時，都需要使用其他人不知道的唯一金鑰，這會使得收、發雙方所擁有的鑰匙數量巨大，金鑰管理成為雙方的負擔。如果企業內使用者有 n 個，則整個企業共需要 $n \times (n-1)/2$ 個金鑰，金鑰的生成和分發將成為企業資訊部門的噩夢。

10.2.2 公開金鑰密碼體制

公開金鑰密碼體制（又稱為「公開金鑰密碼體制」）的概念是由史丹佛（Stanford）大學的研究人員 Diffe（迪菲）與 Hellman（赫爾曼）於 1976 年提出的。公開金鑰密碼體制使用不同的加密金鑰與解密金鑰，故稱為非對稱加密。

非對稱加密演算法需要兩個金鑰來進行加密和解密，這兩個金鑰是公開金鑰（public key，簡稱「公開金鑰」）和私有金鑰（private key，簡稱「私密金鑰」），且不能透過公開金鑰推算出私密金鑰。公開金鑰與私有金鑰還必須成對使用，如果用公開金鑰對資料進行加密，那麼只有用對應的私有金鑰才能解密；如果用私有金鑰對資料進行加密，那麼只有用對應的公開金鑰才能解密。

下面舉例説明公開金鑰密碼體制的加密和解密過程。圖 10-10 所示的電腦 A 要給電腦 B 發送加密資料，第一步是電腦 B 產生一個金鑰對（電腦 B 的公開金鑰 PK_B 和電腦 B 的私密金鑰 SK_B）。電腦 B 將公開金鑰 PKB 透過網路傳輸給電腦 A。假如在此過程中，電腦 C 截獲了電腦 B 的公開金鑰 PK_B。

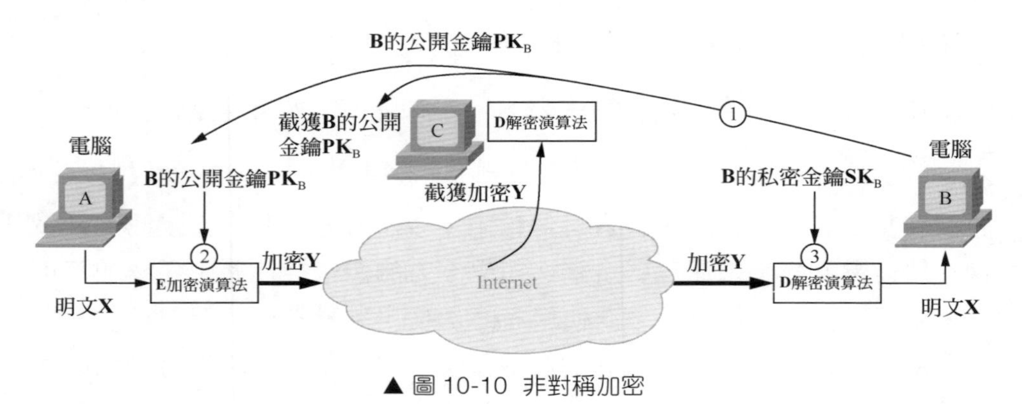

▲ 圖 10-10 非對稱加密

電腦 A 使用電腦 B 的公開金鑰 PK_B 加密明文，得到加密 Y，發送給電腦 B。

電腦 C 捕捉加密 Y，使用前面截獲的電腦 B 的公開金鑰 PKB，不能解密出明文（公開金鑰加密必須用私密金鑰才能解密），即使知道解密演算法也無濟於事。

加密 Y 到達電腦 B，使用電腦 B 的私密金鑰 SKB 解密得到明文 X。電腦 B 的私密金鑰千萬不能洩露，否則其他人也可以解密發給它的資訊。

非對稱加密與對稱加密相比，其安全性更好：對稱加密的通訊雙方使用相同的金鑰，如果一方的金鑰遭洩露，那麼整個通訊就會被破解。而非對稱加密使用一對金鑰，一個用來加密，一個用來解密，而且公開金鑰是公開的，私密金鑰是自己保存的，不需要像對稱加密那樣在通訊之前要先同步金鑰。

非對稱加密的缺點是加密和解密花費時間長、速度慢，只適合對少量資料進行加密。

在非對稱加密中使用的主要演算法有 RSA、ElGamal、背包演算法、Rabin、D-H、ECC（橢圓曲線加密演算法）等。

注意：任何加密方法的安全性取決於金鑰的長度，以及攻破加密所需的計算，而非簡單地取決於加密的體制（公開金鑰密碼體制或傳統加密體制）。還要指出的是，公開金鑰密碼體制並沒有使傳統密碼體制成為陳舊過時的，因為目前公開金鑰加密演算法的負擔較大，在可見的將來還看不出有放棄傳統的加密方法的可能性。

10.2.3 非對稱加密細節

對稱加密演算法的優點是演算法公開、計算量小、加密速度快、加密效率高。但金鑰在網路中傳輸存在被截獲的風險。而非對稱加密，公開金鑰可以在網路中傳輸，不用擔心被截獲，但非對稱加密和解密花費時間長、速度慢，只適合對少量資料進行加密。

如何將這兩種加密技術的優點相結合呢？

圖 10-11 所示的電腦 A 給電腦 B 發送一個 500MB 的檔案，如果使用電腦 B 的公開金鑰 PK_B 直接加密這麼大的檔案，耗時較長而且效率不高。電腦 A 產生一個對稱金鑰，如 "123abc"，使用該對稱式金鑰密碼編譯 500MB 的檔案，雖然檔案很大，但對稱加密效率高，會很快完成。加密完成後，再使用電腦 B 的公開金鑰加密對稱金鑰 "123abc"，雖然非對稱加密效率低，但加密這個對稱金鑰還是很快的。

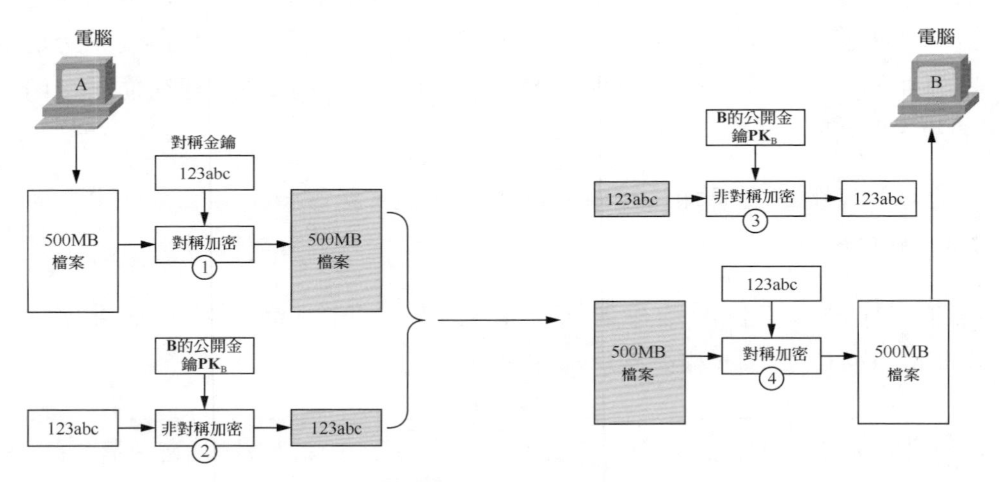

▲ 圖 10-11 非對稱加密細節

電腦 A 把加密後的 500MB 檔案和加密後的對稱金鑰一起發給電腦 B，電腦 B 收到後，使用電腦 B 的私密金鑰 SK_B 解密，得到對稱金鑰 "123abc"，然後再使用 "123abc" 解密這 500MB 的檔案，效率很高。

這種方式既利用了對稱加密、解密速度快，效率高的優點，也利用了非對稱加密的公開金鑰可以在網上傳輸的優點。

上面講的是非對稱加密的細節，很多應用程式在使用非對稱加密技術加密資料時，結合應用了對稱加密技術。

10.2.4 數位簽章細節

非對稱加密還可以用來實現數位簽章。在講數位簽章之前，先想一想你是否找主管簽過字呢？找主管簽字的目的和意義是什麼呢？

舉例來說，我要去外地參加一個會議，要預支出差費，找財務人員填寫了一個出差申請表，填寫好申請人、出差目的、地點、時間，最關鍵的是領取出差費的金額，填寫找到主管簽字後，就可以去財務人員那裏領取出差費了。

如果我填寫出差申請單，領取出差費金額的那一欄不填寫就去找主管簽字，他會同意麼？如果他先填寫「同意」，簽了他的名字。我要隨意填寫出差費金額，去財務人員那裏領錢，怎麼辦？因此主管在簽名前一定會認真查看所有的內容，確保完整無誤，才簽名。簽名之後就不能再更改其中的內容，如果財務人員看到塗改過的出差申請單，雖然有主管簽字，還是會讓你重填一份，再找主管簽字。

由此可知，工作中主管簽名的意義如下。

（1）有你的簽名，說明你看過這個檔案。

（2）簽名後，就不允許更改檔案中的內容。

在 Internet 中的數位簽章也是為了實現以上兩個目的，保證資訊傳輸的完整性、驗證發送者的身份和防止否認發生。

數位簽章如何實現呢？

圖 10-12 所示的電腦 A 要發送一個數位簽章的檔案給電腦 B，這要求電腦 A 有一個金鑰對（電腦 A 的私密金鑰 SK_A 和電腦 A 的公開金鑰 PKA）。使用雜湊函數生成該檔案的摘要，再使用電腦 A 的私密金鑰 SKA 加密摘要（這個過程叫作「簽名」，私密金鑰持有者才能做這個操作）。然後將加密後的摘要、電腦 A 的公開金鑰 PKA 和檔案（不加密該檔案）一起發送給電腦 B。

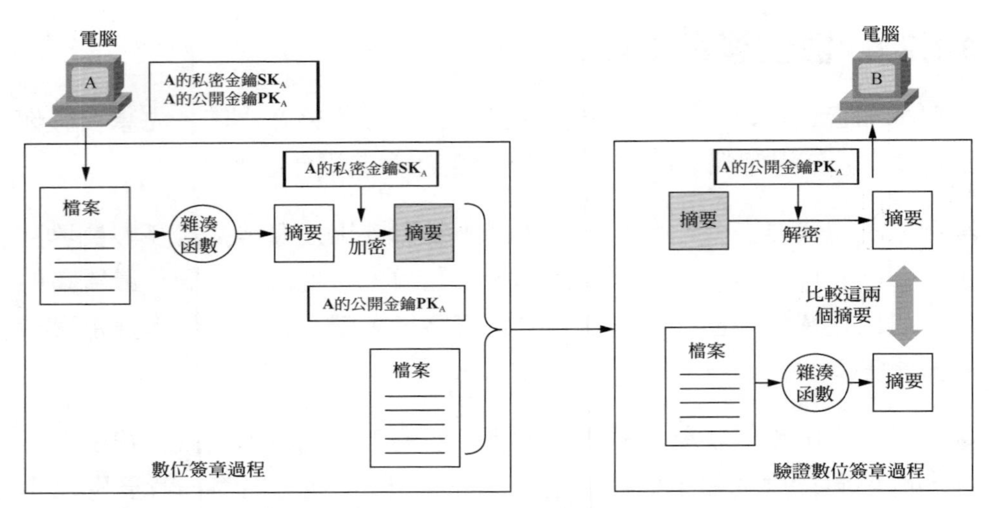

▲ 圖 10-12 數位簽章細節

電腦 B 收到後，就要驗證該檔案在傳輸過程中是否被更改、數位簽章是否有效。電腦 B 將加密的摘要使用電腦 A 的公開金鑰 PKA 解密得到一個摘要，電腦 B 將收到的檔案透過雜湊函數生成一個摘要，比較這兩個摘要，如果一樣，就認為電腦 A 簽名有效。

雜湊函數又稱「單向雜湊函數」，指的是根據輸入訊息（任何位元組串，如文字字串、Word 文件、JPG 檔案等）輸出固定長度數值的演算法，輸出數值也稱為「雜湊值」或「訊息摘要」，其長度取決於所採用的演算法，通常在 128 ～ 256 位元的範圍內。單向雜湊函數旨在創建用於驗證訊息的完整性的簡短摘要。

綜上所述，數位簽章有兩種功效：一是能確定訊息確實是由發送方簽名併發出來的，因為別人假冒不了發送方的簽名；二是數位簽章能確定訊息的完整性，因為數位簽章的特點是它代表了檔案的特徵，檔案如果發生改變，數字摘要的值也將發生變化，不同的檔案將得到不同的數字摘要。

10.2.5 數位憑證頒發機構（CA）

在 Internet 中，通訊雙方的電腦自己生成金鑰對，將公開金鑰出示給對方來驗證自己的簽名，接收方依然很難斷定對方的身份。這就和我們的身份證一樣，如果我們可以自己製作身份證，在身份證上隨意填寫個人資訊，你向其他人出示自己製作的身份證，沒人相信。當你出示公安局頒發的身份證時，其他人就相信你身份證上的資訊是真實的。其他人不相信你，但相信公安局，相信公安局給你發證時已經確定了你的身份資訊。

在 Internet 上進行交易的企業或個人，他們使用的金鑰對也要由專門機構發放，在電腦中這些金鑰對是以數位憑證的形式出現的，數位憑證中還包含了使用者的個人資訊、發證機構。

電子商務認證授權機構（Certificate Authority，CA）也稱為「電子商務認證中心」，是負責發放和管理數位憑證的權威機構，並作為電子商務交易中受信任的第三方，承擔公開金鑰系統中公開金鑰的合法性檢驗的責任。

10.2.6 憑證授權層次

CA 認證中心是一個負責發放和管理數位憑證的權威機構。認證中心通常採用多層次的分級結構，如圖 10-13 所示，上級認證中心負責簽發和管理下級認證中心的證書，最下一級的認證中心直接針對最終使用者發放證書。大部分的情況下，從屬 CA 針對特定用途發放證書，如安全電子郵件、以 Web 為基礎的身份認證或智慧卡身份認證等。

層次結構的頂級 CA 稱為「根 CA」，根 CA 的子 CA 稱為「從屬 CA」。即憑證階層的層次包括根 CA、由根 CA 認證的從屬 CA，當然從屬 CA 也可以給它的下級 CA 發證。上級 CA 給下級 CA 的數位憑證簽名。

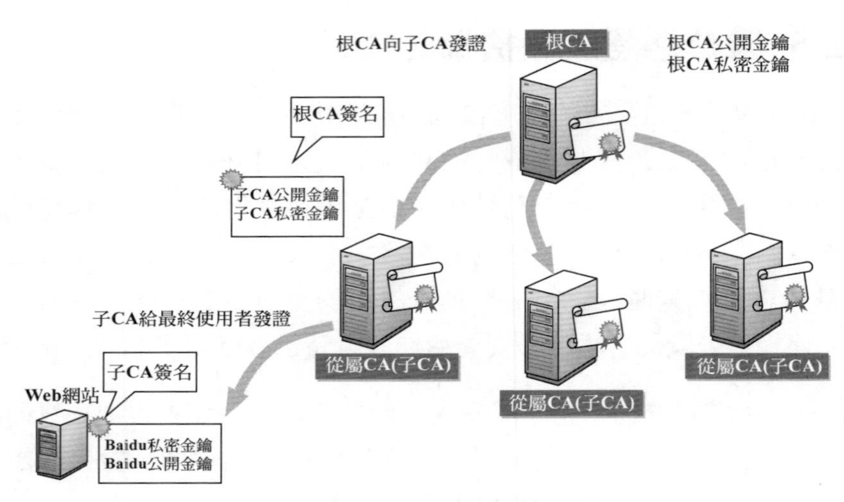

▲ 圖 10-13 憑證授權層次

Internet 中的使用者只需信任根憑證授權，就能信任其所有從屬 CA，就能驗證所有從屬 CA 頒發的使用者證書或伺服器憑證。舉例來說，百度網站從子 CA 申請了 Web 伺服器憑證，如圖 10-14 所示。用戶端瀏覽百度網站，百度網站向用戶端出示 Web 證書—— 子 CA 的證書（只含公開金鑰），在 CA 的證書中有根 CA 的簽名。用戶端信任根憑證授權，就有根憑證授權的公開金鑰。

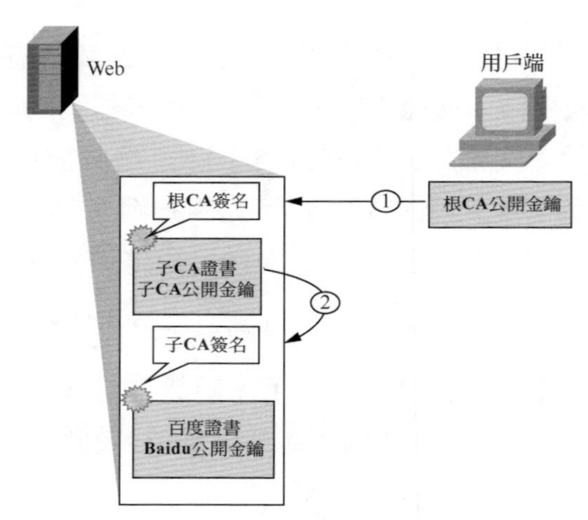

▲ 圖 10-14 使用根 CA 的公開金鑰驗證完整證書的過程

驗證過程如下。

（1）用戶端先使用根 CA 公開金鑰驗證子 CA 的證書是否是根 CA 頒發的。
（2）驗證通過，再使用子 CA 的公開金鑰驗證 Web 證書是否是子 CA 頒發的。

所以說用戶端只需要信任根憑證授權即可。下面來看看百度網站給使用者出示的數位憑證。

10.2.7 使用 CA 頒發的證書籤名和驗證簽名

本小節講解使用 CA 頒發的證書進行簽名和驗證數位簽章的過程。

憑證授權先要給自己生成一個金鑰對，CA 的私密金鑰和 CA 的公開金鑰，以後給使用者頒發數位憑證時，都用 CA 的私密金鑰進行簽名，如圖 10-15 所示。網路中的使用者只要信任這個憑證授權，也就是有 CA 的公開金鑰，就可以使用 CA 的公開金鑰驗證別人出示的證書是不是這個 CA 頒發的，如果驗證通過，就能夠相信這個證書上的資訊是真實的，確實有這樣的使用者。

電腦 A 向 CA 提交證書申請，CA 確定電腦 A 提交的資訊，為電腦 A 產生一個數位憑證，該數位憑證包含電腦 A 的個人資訊、電腦 A 的私密金鑰、電腦 A 的公開金鑰還有證書頒發者等資訊，該證書用 CA 的私密金鑰簽名。

電腦 A 得到的數位憑證包含電腦 A 的私密金鑰和電腦 A 的公開金鑰，可以從該證書中單獨匯出電腦 A 的公開金鑰，當然該公開金鑰也有 CA 的數位簽章。

電腦 A 給電腦 B 發送一個數位簽章的文件，這時電腦 B 首先要做的是確定電腦 A 的身份，驗證電腦 A 出示的證書（只有公開金鑰）是否是 CA

頒發的。這時電腦 B 必須有 CA 的公開金鑰，使用 CA 的公開金鑰驗證電腦 A 證書是否來自 CA。驗證通過後，再使用電腦 A 的公開金鑰驗證其簽名的檔案。

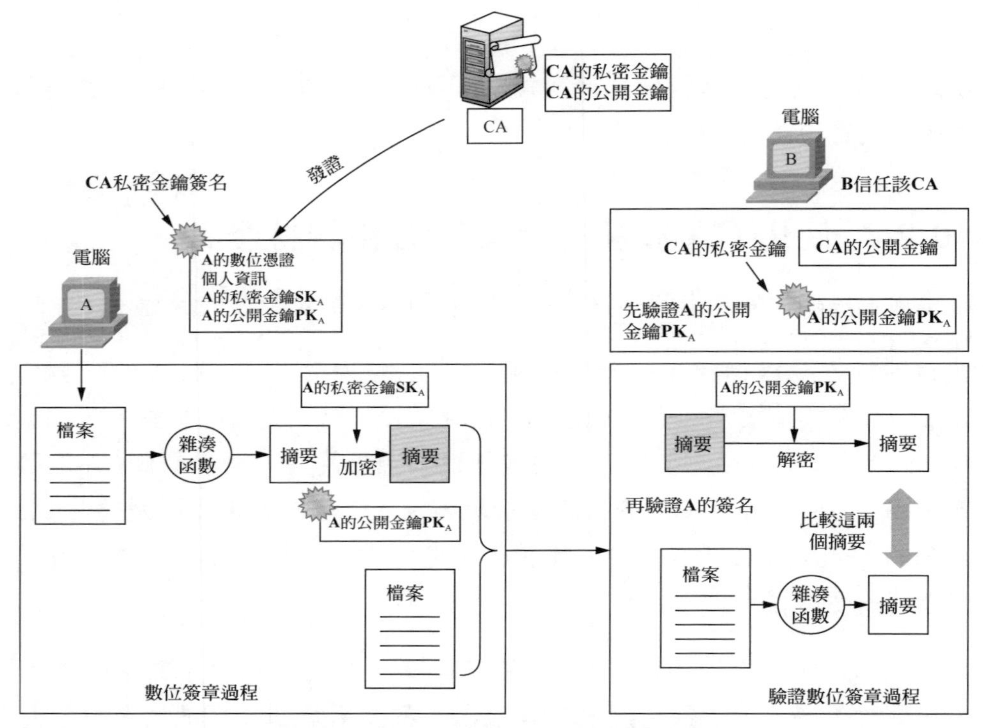

▲ 圖 10-15　使用 CA 頒發的證書籤名和驗證簽名

這樣電腦 A 和電腦 B 雖然都是網路中的使用者，互不信任，沒辦法知道對方的身份，只要電腦 A 出示的證書是電腦 B 信任的憑證授權頒發的，電腦 B 就可以使用該憑證授權的公開金鑰驗證電腦 A 出示的證書（公開金鑰）是否來自該 CA，然後再使用電腦 A 出示的證書（公開金鑰）驗證其數位簽章的檔案。

10.3 安全通訊端層

TCP/IP 本來是 4 層：應用層、傳輸層、網路層、網路介面層。這 4 層，沒有一層是專門負責通訊安全的。

當 Internet 能夠提供網上購物時，安全問題馬上就被提到桌面上。舉例來說，使用者透過瀏覽器進行網上購物時，需要採取以下一些安全措施。

（1）顧客需要確保所瀏覽的伺服器屬於真正的廠商而非假冒的廠商。因為顧客不願意把他的信用卡號交給一個冒充者。換言之，伺服器必須被鑑別。在有些應用中伺服器還需要驗證顧客的身份，如是否是 VIP 會員。

（2）顧客與銷售商需要確保購物封包在傳輸過程中沒有被篡改。舉例來說，100 元的帳單一定不能被篡改為 1000 元的帳單。

（3）顧客與銷售商需要確保諸如信用卡、登入網址的帳號和密碼等敏感資訊不被 Internet 的入侵者截獲，這就需要對購物的封包進行加密。

使用 HTTP 存取網站存在以下風險。

（1）竊聽風險（eavesdropping risk）：第三方可以獲知通訊內容。

（2）篡改風險（tampering risk）：第三方可以修改通訊內容。

（3）冒充風險（pretending risk）：第三方可以冒充他人身份參與通訊。

為了避免以上風險，在應用層和傳輸層之間增加了一層—安全通訊端層，來解決上述安全問題。安全通訊端層廣泛使用兩個協定：SSL 和 TLS，如圖 10-16 所示。

SSL/TLS 協定是為了解決上述三大風險而設計的，希望達到以下目的。

（1）所有資訊都是加密傳播，第三方無法竊聽。

（2）具有驗證機制，一旦被篡改，通訊雙方會立刻發現。

（3）配備身份證書，防止身份被冒充。

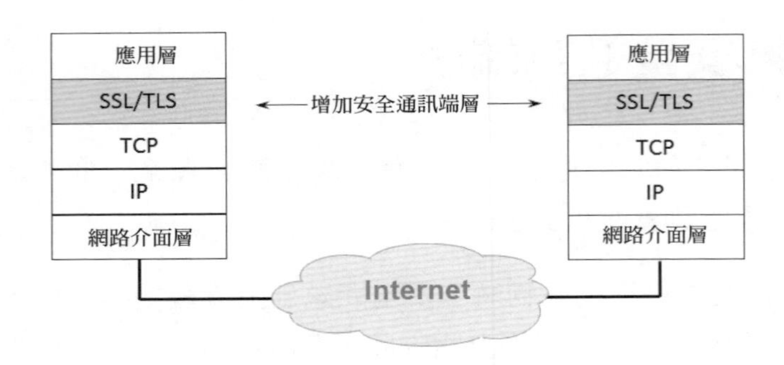

▲ 圖 10-16 新增安全通訊端層

10.3.1 安全通訊端層（SSL）和傳輸層安全（TLS）

安全通訊端層（Secure Socket Layer，SSL）是 Netscape 公司在 1994 年開發的安全協定。SSL 作用在應用層和傳輸層之間，為存取網站的 HTTP 流量建立一個安全的通道。SSL 最新的版本是 1996 年的 SSL 3.0。雖然它還沒有成為正式標準，但已經是保護 Internet 的 HTTP 通訊公認的事實上的標準了。

1995 年 Netscape 公司把 SSL 轉交給 IETF，希望能夠把 SSL 標準化。IETF 將 SSL 做了標準化，即 RFC 2246，並將其稱為 TLS（transport layer security）。從技術上講，TLS 1.0 與 SSL 3.0 的差異非常微小。

安全通訊端層應用最多的就是 HTTP，但不侷限於 HTTP。當應用層協定使用安全通訊端實現安全傳輸時，就會使用另一個通訊埠，同時列出一個新的名字，即在原協定名字後面增加 S，S 代表 security，舉例如下。

HTTP 使用安全通訊端層，協定名稱就變為 HTTPS，通訊埠為 443。
IMAP 使用安全通訊端層，協定名稱就變為 IMAPS，通訊埠為 993。
POP3 使用安全通訊端層，協定名稱就變為 POP3S，通訊埠為 995。
SMTP 使用安全通訊端層，協定名稱就變為 SMTPS，通訊埠為 465。

SSL 提供的安全服務可歸納為以下 3 種。

（1）SSL 伺服器鑑別，允許使用者證實伺服器的身份。支援 SSL 的用戶端透過驗證來自伺服器的證書來鑑別伺服器的真實身份，並獲取伺服器的公開金鑰。

（2）SSL 客戶鑑別，允許伺服器證實客戶的身份。這個資訊對伺服器是重要的。舉例來說，當銀行把有關財務的保密資訊發送給客戶時，就必須檢驗接收者的身份。

（3）加密的 SSL 階段，客戶和伺服器互動的所有資料都在發送方加密，在接收方解密。SSL 還提供了一種檢測資訊是否被攻擊者篡改的機制。

在 Windows 作業系統安裝完畢，微軟公司就已經將 Internet 上那些知名的憑證授權增加到電腦和使用者的受信任的根憑證授權了，我們的電腦就有了這些根憑證授權的公開金鑰。當伺服器出示的證書是這些頒發機構頒發的，就可以使用憑證授權的公開金鑰來鑑別網站的身份。

10.3.2 安全通訊端層工作過程

要使伺服器和用戶端使用 SSL 進行安全的通訊，伺服器必須有伺服器憑證。證書用來進行身份驗證或身份確認。證書和伺服器的域名綁定，這就要求用戶端必須使用域名存取伺服器，伺服器向用戶端出示伺服器憑證，用戶端就要檢查存取的域名和證書中的域名是否相同，不同則會出現安全提示。

伺服器憑證中必須有一對金鑰（公開金鑰和私密金鑰），這兩個金鑰用來對訊息進行加密和解密，以確保在 Internet 上傳輸時的隱秘性和機密性。

證書既可以是自簽（self-signed）證書，也可以是頒發（issued）證書。自簽證書是伺服器自己產生的證書，要求用戶端信任該證書。如果是憑證授權頒發給伺服器的證書，用戶端必須信任該憑證授權才行。

下面以 Internet 應用為例來說明 SSL 的工作過程。

現在很多網站當跳躍到需要輸入敏感資訊的頁面時，就會使用安全通訊端來實現其安全存取。舉例來說，使用者造訪某銀行的網站，在瀏覽器中輸入網址，使用 HTTP 存取，當使用者點擊「個人網上銀行」按鈕時，會跳躍到 HTTPS 連接，實現安全通訊。建立安全階段的簡要過程如圖 10-17 所示。

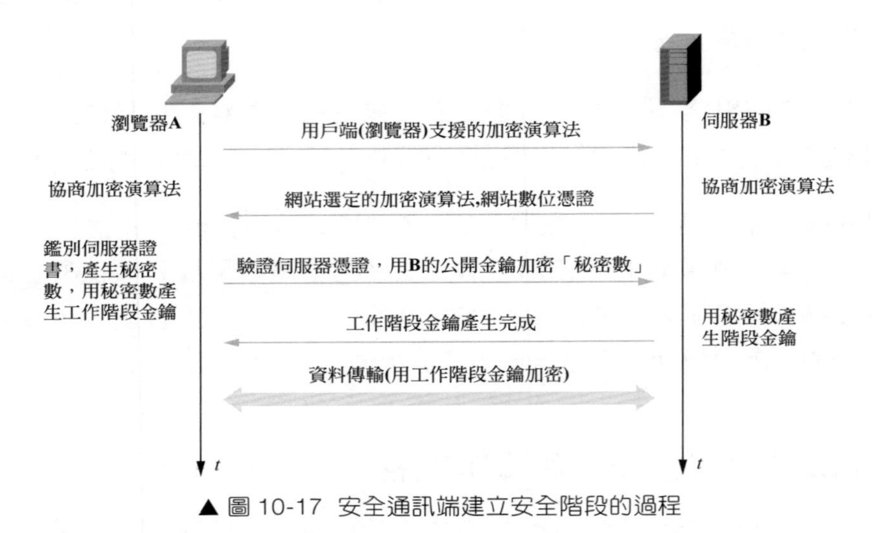

▲ 圖 10-17　安全通訊端建立安全階段的過程

（1）瀏覽器 A 將自己支援的一套加密演算法發送給伺服器 B。

（2）伺服器 B 從中選出一組加密演算法與雜湊演算法，並將自己的身份資訊以證書的形式發回給瀏覽器。證書裡包含了網站域名、加密公開金鑰，以及憑證授權等資訊。

（3）驗證證書的合法性（是否信任憑證授權，證書中包含的網站域名位址是否與正在存取的位址一致，證書是否過期等），如果證書受信任，瀏覽器欄裡會顯示一個小鎖頭圖示，否則會列出證書不受信任的提示。如果證書受信任，或是使用者接受了不受信任的證書，瀏覽器會產生秘密數，用戶端使用秘密數產生工作階段金鑰。秘密數使用伺服器 B 提供的公開金鑰加密，發送給伺服器。

（4）伺服器用私密金鑰解密秘密數，雙方根據協商的演算法產生工作階段金鑰，這和瀏覽器 A 產生的工作階段金鑰相同。

（5）安全資料傳輸。雙方用工作階段金鑰加密和解密它們之間傳輸的資料並驗證其完整性。

10.4 網路層安全 IPSec

前面講過使用 Outlook Express 進行數位簽章和數位加密是在應用層實現的安全，也就是需要應用程式來實現對電子郵件的數位簽章和加密。而安全通訊端實現的安全則是在應用層和傳輸層之間插入了一層來實現資料通訊的安全。

現在要講的 IPSec 是在網路層實現的安全，不需要應用程式支援，只要設定電腦之間通訊的安全規則，傳輸層的資料傳輸單元就會被加密後封裝到網路層，實現資料通訊安全。IPSec 協定工作在 OSI 參考模型的第三層，可以實現以 TCP 或 UDP 為基礎的通訊安全，前面講的安全通訊端層（SSL）就不能保護 UDP 層的通訊流。

IPSec 協定

IPSec 就是「IP 安全（security）協定」的縮寫，是一種開放標準的框架結構，透過使用加密的安全服務以確保在 Internet 協定（IP）網路上進行保密且安全的通訊。IPSec 定義了在網路層使用的安全服務，其功能包括資料加密、對網路單元的存取控制、資料來源位址驗證、資料完整性檢查和防止重放攻擊。

在 IPSec 中最主要的兩個協定就是鑑別表頭（Authentication Header，AH）協定和封裝安全有效酬載（Encapsulation Security Payload，ESP）

協定。AH 協定提供來源點鑑別和資料完整性，但不能保密。而 ESP 協定比 AH 協定複雜得多，它提供來源點鑑別、資料完整性和保密。IPSec 支持 IPv4 和 IPv6，但在 IPv6 中，AH 協定和 ESP 協定都是擴充表頭的一部分。

AH 協定的功能都已包含在 ESP 協定中，因此使用 ESP 協定就可以不使用 AH 協定。但 AH 協定早已在一些商品中使用，因此 AH 協定還不能被廢棄。下面我們不再討論 AH 協定，而只討論 ESP 協定。

使用 IPSec 協定的 IP 資料封包被稱為「IPSec 資料封包」，它可以在兩個主機之間、兩個路由器之間，或一個主機和一個路由器之間發送。在發送 IPSec 資料封包之前，在來源實體和目標實體之間必須創建一條網路邏輯連接，即安全連結（Security Association，SA）。

圖 10-18 所示的電腦 Client 到 Web 伺服器的安全連結為 SA1，電腦 Client 到 SQL 伺服器的安全連結為 SA2。當然，要想實現安全通訊，Web 伺服器也要有到電腦 Client 的安全連結，SQL 伺服器也要有到電腦 Client 的安全連結。

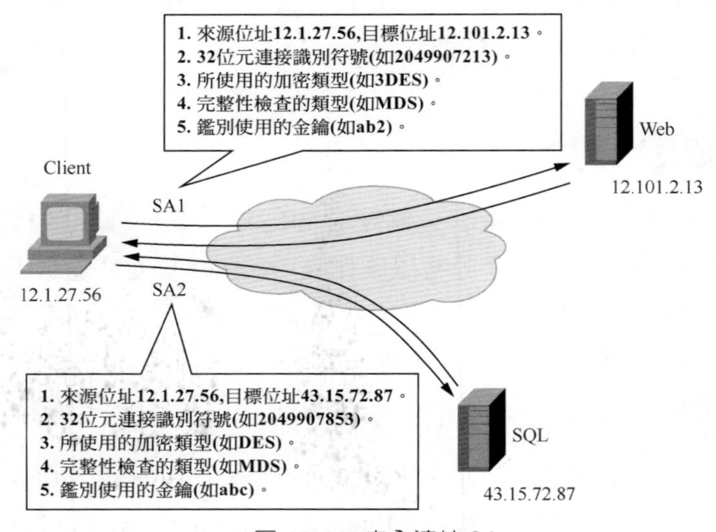

▲ 圖 10-18 安全連結 SA